空间非合作目标安全接近控制技术

陈小前　白玉铸　赵勇　陈致钧　著

科学出版社
北京

内 容 简 介

空间非合作目标安全接近控制是航天器在轨服务任务的基础技术。本书考虑空间非合作目标的翻滚运动、复杂外形、不确定条件等影响因素，研究了目标外形表征、近距离相对运动建模、可达域构建与碰撞风险评估等问题，提出了多种复杂条件下的非合作目标安全接近控制方法，并结合地面实验系统和在轨飞行实验对相关方法进行了验证。本书系统阐述了作者团队持续十余年的研究成果，可为我国开展复杂条件下的在轨服务任务提供理论支撑。

本书可供飞行器设计、航天动力学与控制等相关专业从业人员、研究生及高年级本科生参考与学习使用。

图书在版编目(CIP)数据

空间非合作目标安全接近控制技术 / 陈小前等著. —北京：科学出版社，2023.3
ISBN 978-7-03-075272-7

Ⅰ. ①空… Ⅱ. ①陈… Ⅲ. ①航天器—飞行控制—研究 Ⅳ. ①V448.2

中国国家版本馆 CIP 数据核字(2023)第 067429 号

责任编辑：徐杨峰 / 责任校对：谭宏宇
责任印制：黄晓鸣 / 封面设计：殷 靓

科学出版社 出版
北京东黄城根北街 16 号
邮政编码：100717
http：//www.sciencep.com

南京展望文化发展有限公司排版
苏州市越洋印刷有限公司印刷
科学出版社发行 各地新华书店经销

*

2023 年 3 月第 一 版 开本：B5(720×1000)
2023 年 3 月第一次印刷 印张：22 1/2
字数：439 000

定价：180.00 元

序

自 1957 年苏联发射世界上第一颗人造地球卫星以来，航天任务一直面临着一个困境，即大量造价高昂的航天器，一旦在轨出现遥控无法修复的故障或者是燃料耗尽等情况，除了放弃别无选择。为此，早在 20 世纪 60 年代，研究人员就提出了"航天器在轨服务"的设想。航天器在轨服务主要包括在轨加注、在轨维护、在轨装配、碎片清除等多种任务类型。采用航天器在轨服务技术，可对航天器进行保养补给以延长在轨寿命，对航天器进行维护维修以降低任务风险，对航天器进行在轨组装以构建大型空间系统，还可清除特殊轨道的空间碎片以维护空间环境，该技术具有非常重要的意义，已成为各航天大国竞相发展的重点方向。

对航天器在轨服务任务而言，**安全接近目标**是必要的前提条件。这里的"**安全接近**"包括两方面要求：一是"**安全**"，即要求接近过程中不发生碰撞，避免造成损害；二是"**接近**"，要求服务航天器运动至目标附近，相对距离与航天器尺度相当，并与目标航天器保持相对静止。而这里的"**目标**"，除己方正常工作的航天器，即合作目标外，还包括己方故障航天器、非己方航天器及空间碎片等大量非合作目标。这些非合作目标通常具有未预先安装合作标志器、不能传输其姿态和轨道信息、没有为抓捕对接设计特殊接口等特点，因此对安全接近问题带来了更大的技术挑战。

近年来，航天器在轨服务技术发展十分迅速，典型的如美国 2007 年"轨道快车"计划、2021 年的 MEV－2 在轨延寿任务等在轨服务任务均取得圆满成功。但这些任务中，在轨服务对象多为合作目标，例如，"轨道快车"计划中，目标航天器是与服务航天器共同发射入轨的 NextSat；MEV－2 在轨延寿任务中，目标航天器是签署了合作协议且处于正常运行状态的 Intelsat 10－02。任务过程中，目标航天器的各种状态已明确，并可根据任务要求执行相应配合动作。而对于非合作目标，由于无法完全确定其外形结构或者控制其运动状态，任务难度将大大增加。事实上,国际上已有多个对非合作目标的接近和服务任务失败或中止。例如,2005 年,在美国的自主交会技术(Demonstration of Autonomous Rendezvous Technology,DART)验证计划中,由于目标航天器的非合作特性影响,服务航天器在接近过程中与其发生碰撞导致任务失败,事后,美国国防部与美国国家航空航天局(National Aeronautics and Space Administration, NASA)共同总结了失败原因,认为"(对非合作目标的)逼进操作技术,是一种在未来的卫星服务中至关重要的技术"。2019 年,联盟 MS-14 无人飞船与国际空间站自主交会对接的最后阶段,当飞船接近至距空间站 90 m 处并悬停时,由于空间站的交会雷达出现故障,其从合作目标变为部分非合作目标。经地面评估,飞船无法进一步完成接近,此次交会对接任务中止。可见,对非合作目标开展安全接近技术研究非常迫切和关键,安全接近技术的成熟将为非合作目标在轨服务技术的工程实用进一步夯实基础。

该书作者团队是国内首批开展在轨服务技术研究的团队之一,自 2004 年起,在国家自然科学基金、国家高技术研究发展计划(863 计划)、国家安全重大基础研究计划(国防 973)等持续支持下,历经十余年的潜心研究,基础研究与工程应用并重,扎扎实实地完成了一系列研究工作。特别是近年来,作者所在团队与哈尔滨工业大学段广仁院士、西北工业大学袁建平教授等带领的团队合作,深入开展了空间非合作目标捕获过程中的控制理论与技术研究,并侧重于完成其中的安全接近技术基础理论与工程验证,已成功开展了多项在轨实验。在此基础上完成的《空间非合作目标安全接近控制技术》一书,是我国在空间非合作目标接近技术领域的首部专著,凝练了作者团队十余年的科研经历和人才培养成果,该书有 20 余篇学位论文、60 余篇学术论文、20 余项发明专利作为基础,内容非常翔实,具有重要的学术与工程应用价值。

通读全书后,我认为该书具有以下突出特点。一是系统全面,书中对非合作目标安全接近过程所涉及的动力学建模问题、非合作目标外形表征方法、安全避障问题、复杂外形影响下的安全接近方法、悬停观测方法、碰撞预警问题等核心技术群进行了详细分析与重点攻关,由远及近、由易到难,系统地涵盖和打通了非合作目标安全接近任务的全流程。二是原创性强,本书从航天器轨道的基础科学问题出发,结合非线性系统及任务规划的前沿技术,提出了基于对偶四元数的非奇异终端滑模姿轨耦合控制方法、基于混合势函数的避障与安全接近控制方法、基于高斯混合模型的固定时间控制方法、基于临界安全曲线的改进水流法等多种理论方法,特别是其中的旋转势函数安全接近法、复杂外形高斯混合模型构建法、双复杂外形临界安全曲线法等,都是从非合作目标安全接近具体的任务背景出发提出的原创性解决方案,很好地丰富和发展了航天器控制技术。三是工程实用,书中详细描述了地面气浮仿真实验系统,围绕路经约束、跟踪控制、安全接近三种实验场景,对最优控制、模型预测控制、非奇异滑模控制和基于高斯混合模型的安全接近控制算法进行了实验验证,也简要介绍了其飞行实验的初步结果,为本书的理论研究成果提供了很好的验证,也为其工程应用奠定了坚实基础。

该书中的研究方案与技术路线,目前仍是国内外非合作目标安全接近技术的热门选题和前沿课题,对于开展相关研究的工程技术人员、高等院校师生等均具有重要参考价值,对于我国非合作目标在轨服务技术的深入发展具有良好的指导意义。

该书的定稿恰逢举世瞩目的“党的二十大”胜利召开,报告中明确提出要加快建设航天强国,为中华民族的飞天梦想谱写崭新华章。站在新时代、新征程的起点上,我衷心地祝愿,作者团队能充分发挥多年来积累的优势,紧抓机遇、不负韶华,加速推动非合作目标安全接近技术的工程应用,为我国的航天事业作出更大贡献!

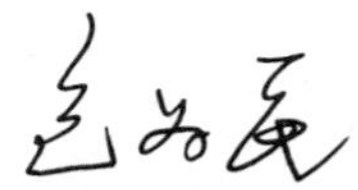

中国科学院院士

中国航天科技集团有限公司科技委主任

2023 年 3 月

前 言

随着航天活动的不断发展与深入，在轨运行的航天器数量逐年增多。传统的航天器多设计为一次性使用，部分航天器由于部组件故障或受到空间复杂环境的影响，最终成为失效航天器，甚至在解体后产生大量空间碎片。这些故障或失效航天器、空间碎片等空间目标，具有运动状态不清晰、结构特征不适配、机动行为不受控、信息渠道不沟通等非合作特征。空间非合作目标泛指这类不能提供有效合作信息或配合操作的空间物体，包括空间碎片、己方故障航天器及非己方航天器。航天器在轨服务技术是面向此类目标孕育而生的新兴航天技术，具体包括在轨组装建造、故障维修、模块更换、燃料加注、碎片清除等，这些操作能够辅助一次性设计的传统航天器延长使用寿命、扩展任务功能、降低任务成本。

基于目标的非合作特征及空间操作的安全性要求，如何安全可靠地对空间非合作目标实现接近，进而完成在轨服务任务，对于航天器控制技术是一个极大的挑战。安全接近控制，便是在传统航天器控制方法基础上演化出来的一种新技术。“安全接近”一词包含两个关键信息：“安全”指接近过程中不发生碰撞；“接近”是服务航天器通过机动缩短与目标距离，直至可开展在轨操作的过程，最终的距离往往与航天器自身尺度相当，而且在轨操作任务通常要求服务航天器与目标间保持相对静止。

与传统交会对接或编队飞行等空间任务不同，对非合作目标的安全接近存在如下难点：第一，非合作目标可能由于无法进行正常姿态控制而处于自由翻滚状态，接近过程最终需要实现服务航天器对目标的抵近和相对静止，对轨道和姿态控制提出了更高要求；第二，在超近距离尺度下，目标的帆板、天线等复杂外伸结构将对接近路径带来阻挡，在复杂姿态运动的共同作用下，对接近过程的安全性带来“姿态+结构”的耦合影响；第三，目标的非合作特性使得目标自身外形结构与质量信息缺失，对其测量信息的完备性与精确性不足，导致相对导航信息精度偏低,此类不确定性的存在将导致更大的碰撞风险。上述难点给空间非合作目标的接近过程带来了很大挑战,本书围绕上述难题,开展安全接近控制技术相关研究,保证在不确定性、强干扰、强耦合等多种因素的影响下对目标实现安全可靠的接近。

近年来,验证空间近距离操作技术的航天任务快速发展,囊括了航天器交会对接、空间碎片抓捕、航天器在轨维护等多种类型,这些任务都涉及安全接近技术的研究探索。例如,中国空间站与"天舟"系列货运飞船的多次成功对接,表明我国已熟练掌握针对合作目标的安全接近技术;欧洲的太空碎片移除(RemoveDEBRIS)任务和脱轨(E.Deorbit)计划在空间碎片包络外的一段距离实现安全接近和捕获;美国的任务拓展飞行器(Mission Extension Vehicle, MEV)系列卫星实现了对在轨通信卫星的接近和延寿。在上述任务中,主要是针对合作目标进行演示验证,RemoveDEBRIS 任务虽然针对非合作目标,但目标尺度和任务操作方式决定了不需要接近至目标结构包络内即可完成任务。可以预见的是,在不久的未来,对于空间中大量存在的非合作目标实施近距离操作将会成为航天技术发展的主要方向之一,这对安全接近控制技术也提出了更高的要求。

作者自 2008 年开始研究空间非合作目标安全接近问题,在国家自然科学基金重大项目,以及国家高技术研究发展计划(863 计划)、国家安全重大基础研究计划(国防 973)等项目的支持下,对空间非合作目标安全接近控制构建了较为完备的理论方法和实验技术。考虑空间非合作目标的姿态翻滚运动、复杂外形结构、多种不确定条件等影响因素,作者团队研究了目标外形表征、近距离相对运动建模、可达域构建与碰撞风险评估等问题,提出了多种复杂条件下的非合作目标安全接近控制方法,并结合自主研发的地面气浮平台实验系统对相关方法进行了验证。本书具有以下特色与创新之处。

(1) 瞄准国家重大需求。在轨服务技术是抢占航天领域制高点的一项核心技术,本书紧扣我国空间计划对航天器在轨服务、大型航天器在轨构建等复杂在轨操作技术的需求,开展任务过程中安全接近控制技术的研究。近年,国内外相继实施了多项在轨服务研究计划,我国也成功完成了多次在轨服务技术试验。同时,更复杂的在轨服务项目也在未来的计划中。本书紧扣当下的研究热点与技术瓶颈,相关理论成果将能广泛应用于在轨服务等任务。

(2) 注重基础理论创新。已有研究中,采用安全走廊和人工势函数方法解决了视目标航天器为球形或椭球形、视服务航天器为质点的安全接近问题,采用可达域方法解决了机动能力受限下的航天器相对可达问题。本书进一步解决了不确定性影响下的姿轨耦合动力学建模、椭球和长方体外形目标航天器的安全接近控制、具备复杂外形且姿态翻滚目标航天器的安全接近控制等问题,同时在外形约束、控制器约束、不确定性影响及目标姿态变化等因素作用下的近距离相对运动可达性研究中取得了一定突破。本书是对现有安全接近理论的丰富和发展,相关进展可为姿态翻滚的复杂外形非合作目标的安全接近控制提供有效方法。

(3) 结合工程实践检验。安全接近技术综合了导航、控制、规划等多种方法,是实现在轨服务任务的技术前提,作者及团队成员利用自行设计的地面气浮实验系统,验证了本书所提出的多种安全接近控制方法,提升了方法的可信度和泛化性;并且,部分理论成果已成功应用于团队研制的“天拓”系列卫星姿轨控制系统中,实现了初步在轨验证,并已纳入后续试验计划。本书可为我国未来更加复杂条件下的在轨服务任务提供较好支撑。

本书共分为以下五个部分:第一部分为第 1 章绪论,主要介绍空间非合作目标的概念与特征、安全接近问题的特点、国内外安全接近任务概况和相关学术研究进展现状;第二部分由第 2 章和第 3 章组成,主要介绍非合作目标近距离相对运动建模方法和姿轨跟踪控制方法;第三部分由第 4~7 章组成,重点介绍复杂外形下的安全接近控制技术,提出非合作目标外形表征方法,并由浅入深地提出多种安全接近控制方法;第四部分由第 8 章和第 9 章组成,重点研究不确定条件下的非合作目标安全接近和悬停控制问题,探索相对运动安全区和可达域的构建方法;第五部分是第 10 章和第 11 章,利用地面和飞行实验验证安全接近控制算法,最后对相关技术进行总结与展望。

本书内容是集体智慧的结晶,其中,第 1 章主要由陈小前、白玉铸、周恒、赵勇撰写,第 2 章主要由杨维维、陈小前、陈致钧、许展鹏撰写,第 3 章主要由陈致钧、白玉铸、许展鹏、王璟贤撰写,第 4 章主要由陈荣、倪庆、王祎撰写,第 5 章主要由倪庆、冯丽程、陈小前撰写,第 6 章主要由陈荣、王祎、白玉铸撰写,第 7 章主要由王璟贤、陈荣、白玉铸撰写,第 8 章主要由曹译、陈致钧、赵勇撰写,第 9 章主要由许展鹏、杨维维、王璟贤撰写,第 10 章主要由陈致钧、陈荣、赵勇、陈小前撰写,第 11 章主要由周恒、陈致钧、白玉铸、陈小前撰写。本书的框架设计与统稿工作由陈小前、白玉铸、赵勇、陈致钧完成。

感谢哈尔滨工业大学的段广仁院士,多年来,段院士持续关注非合作目标安全接近控制的研究,本书作者团队有幸参加了段院士主持的国家自然科学基金重大项目“空间翻滚目标捕获过程中的航天器控制理论与方法”(61690213)的研究工作,书中相当一部分内容来自该研究成果。感谢西北工业大学的袁建平教授,作为与本书研究紧密相关的国防 973 某项目的首席科学家,他为本书部分研究内容提供了思路上的指导、需求上的牵引和技术上的把关。特别感谢中国航天科技集团有限公司的包为民院士为本书作序推荐,他一直是我们在航天器在轨服务技术研究方向睿智的领路人和坚定的支持者。

本书的研究工作,得到了国家自然科学基金委员会、中国共产党中央军事委员会装备发展部、中国共产党中央军事委员会科学技术委员会等领导机关的大力支持,得到了哈尔滨工业大学、西北工业大学、中国空间技术研究院、上海航天技术研究院等兄弟单位的鼎力相助,作者在此表示衷心感谢。感谢科学出版社为本书的出版提供宝贵机会和辛劳付出。此外,还有部分没有列出的老师和研究生为本书作出了贡献,在此一并表示感谢。最后,感谢此书的广大读者们,希望本书能够对投身航天相关工作研究的学者、研究人员及学生有所裨益。书中或有不足之处,恳请读者批评指正!

2023 年 3 月

目　录

第 2 章 航天器近距离相对运动建模方法

第 3 章 非合作目标近距离姿轨跟踪控制

第 4 章　空间非合作目标外形表征方法

第 5 章　非合作目标安全接近的势函数控制方法

第 6 章 复杂外形非合作目标安全接近控制方法

第 7 章 复杂外形双航天器安全接近控制方法

第 8 章　不确定条件下的航天器近距离悬停控制

第 9 章　非合作目标相对运动可达域与安全区构建

第 10 章　非合作目标安全接近控制实验技术

第 1 章

绪　　论

随着航天探索应用活动的发展进步,世界各国对航天器进行在轨维护、维修及轨道垃圾清理等任务的需求越来越迫切。根据美国空间编目数据库(US Space Surveillance Catalogue)的数据显示,截至 2023 年 3 月 1 日,人类已向太空中发射了 14 828 颗航天器,而在轨正常运行航天器的数量只有 7 480 颗,可见失效或故障航天器数量之多。相比之下,空间碎片的数量更加庞大,目前仅仅登记在册的尺寸大于 10 cm 的空间碎片已有 4 万多块。当前的空间环境已相当拥挤,若不对空间碎片的增长加以抑制,将极大遏制人类的太空探索活动。此外,随着航天器质量的增大和成本的提高,发射新航天器替换故障航天器或寿命到期航天器的代价也越来越高,迫切需要可对在轨航天器执行维修或延寿的技术。为了解决上述问题,在轨服务的概念孕育而出,航天器在轨服务主要包括延长航天器寿命、提升航天器任务执行能力、改善空间环境等在轨操作,目前已成为航天领域理论研究与工程应用的前沿领域。

对空间目标的安全接近是实现在轨服务的前提,目前已有多项太空计划对该技术进行了验证。当实施安全接近操作时,服务航天器与非合作目标之间的距离逐渐缩小,当相对距离运动至约百米范围内时,接近过程的安全性将受到严峻考验。非合作目标往往具有复杂的外形特征,并且可能由于姿态控制能力失效,在各类摄动力作用下处于翻滚状态,极大程度上增加了接近过程的碰撞风险。特别是针对含有大型太阳帆板或天线的航天器,在进行超近距离接近任务时,若不考虑目标航天器的复杂外形,不对结构部件进行规避,可能在接近过程中与这些部件发生碰撞,导致任务失败。

本章首先介绍非合作目标的概念与特征,分析安全接近问题的内涵与特点,然后概述国内外安全接近有关任务发展情况,总结近年来的国内外相关学术研究现状,最后介绍本书的主要内容。

1.1　空间非合作目标的概念与特征

广义的空间目标是指距地球表面 100 km 以上所有物体的总称,包括自然物体和人造物体。本书中的空间目标是狭义的概念,指常驻太空的和飞越太空的所有人造物体,具体包括航天器、运载火箭、进入空间的弹道导弹及空间碎片。其中,空间碎片特指太空中不能正常工作的所有人造物体,包括失效的航天器和火箭、空间任务产生的抛弃物、碰撞或爆炸产生的碎块等。

空间非合作目标(space non-cooperative target)泛指一类不能提供有效合作信息或配合操作的空间物体,主要包括空间碎片、己方故障航天器及非己方航天器等[1],本书中的非合作目标是相对主动航天器的角度而言的。非合作可以是主观的,如非己方的正常运作航天器,其具有对抗能力或机动防御能力;非合作也可以是客观的,如我方故障航天器与空间碎片,对其无法进行有效控制。本书研究主要面向我方的故障航天器与失效航天器,两者之间的区别主要在于是部分失效还是整体失效。

空间非合作目标具有在信息层面上不沟通、运动状态上不匹配、机动行为上不配合、结构特征上不适配等特点,尽管非合作特性的表征和程度有所不同,但大都具有如下具体特征:

(1) 没有预先安装合作标志器;

(2) 没有合作链路传输其姿态和轨道等信息;

(3) 没有供抓捕或对接而设计的专用接口;

(4) 姿态控制能力可能失效,在各类摄动力作用下通常处于翻滚状态;

(5) 可能具有复杂的外形特征,如含有大型太阳帆板或外伸天线。

1.2 安全接近问题的内涵与特点

1.2.1 安全接近问题的内涵与描述

1. 安全接近问题的内涵

在轨服务主要分为接触式和非接触式在轨服务,接触式在轨服务能够获取可利用部件,并能够实现对目标的主动控制,是目前在轨服务的主要形式。接触式在轨服务需要靠近目标进行操作,使服务航天器与目标到达同一轨道位置。随后,根据任务的具体需要,对目标进行近距离感知,获取目标运动、形状等信息;还可以进一步与目标进行对接,或是通过机械臂等方式对目标进行连接等,使服务航天器与目标在结构上连接为一个整体。本书主要研究接触式在轨服务,不涉及非接触式在轨服务。

对空间目标实现接近飞行是在轨服务的前序任务。按接近飞行任务相对距离区间来划分,本书研究的安全接近段属于整个接近过程的最后飞行段,即在接近过程中需要考虑到航天器和空间目标自身结构与姿态影响的阶段,根据不同任务场景，这一范围自航天器与空间目标相距自身尺度的数倍至数十倍开始，逐渐接近至可以实现在轨操作时停止，调相段、远程导引段和近程导引段不在本书研究范围内。“安全接近”一词包含两个关键信息，“安全”指接近过程中不发生碰撞，“接近”是主动航天器通过机动缩短与目标的距离，直至可开展在轨操作的过程，最终的距离往往与航天器自身尺度相当，而且在轨操作任务通常要求服务航天器与目标航天器间保持相对静止。

2. 接近问题的描述

现有的空间目标接近任务大多是针对合作目标的，接近策略主要是直线接近，如 V - bar 和 R - bar[2]。在非合作目标接近过程中，目标航天器不具备主动配合能力，无法维持对接轴的固定朝向来配合操作。因此，非合作目标的接近除了要考虑目标的质心运动外，还要考虑服务点(servicing port, SP)的运动。SP 相对于目标本体位置固定，但相对于服务航天器来说是运动的，运动取决于目标航天器的旋转运动状态。

目标航天器不发生旋转时，SP 的朝向是固定的，SP 跟随目标航天器一起做平移运动，这是 SP 运动的最简单情况。目标航天器发生旋转时，SP 有两种运动模式，运动模式取决于旋转角速度矢量相对 SP 轴的关系。如果角速度矢量垂直于 SP 轴，SP 做圆周运动，运动轨迹组成的平面通过目标航天器的中心，如图 1.1 所示；如果角速度矢量不垂直于 SP 轴，SP 轴扫过的平面不会通过目标航天器的中心，在这种情况下，SP 轴扫过的轨迹是一个锥面。注意，此处仅描述了目标航天器的定轴旋转运动，未涉及进动、章动等更加复杂的翻滚运动。

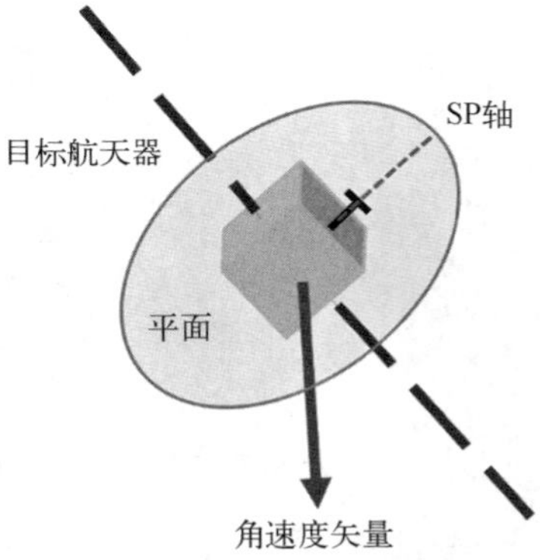

图 1.1　目标航天器旋转时 SP 轴与旋转轴的关系

在描述服务航天器和目标之间的相对运动时常采用当地垂直当地水平(local vertical local horizontal, LVLH)坐标系(以目标质心为原点，x 轴由地心指向目标质心，z 轴沿目标轨道角动量方向，y 轴、x 轴和 z 轴构成右手系，详细定义见第 2 章)。轨道接近运动模型可以分为两部分：轨道平面内的运动(x 和 y 方向)和轨道平面外的运动(z 方向)，如图 1.2 所示。轨道平面内 x 和 y 方向的运动存在耦合，z 方向是相对独立的正弦运动，沿着 z 方向接近存在较高的风险，实际操作中多采用轨道平面内的接近。

3. 安全问题的描述

交会对接是指服务航天器与目标进行“有计划的碰撞”，对应地讲，安全接近就是要在接近过程中避免计划外的碰撞。为直观描述非合作空间目标近距离接近过程中的碰撞风险，将目标航天器附近的空间区域划分为三个球形区域，分别标记

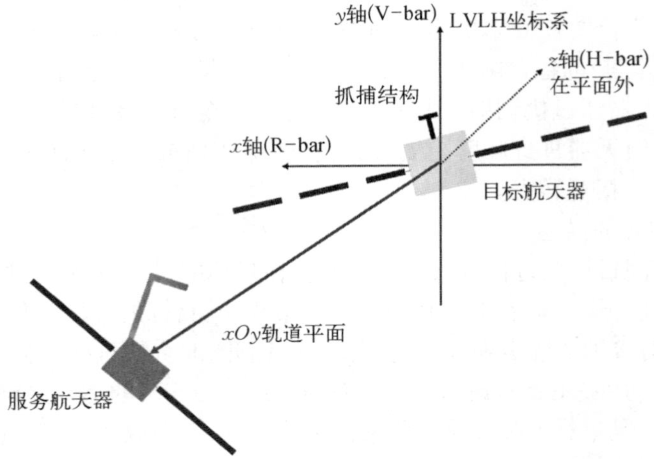

图 1.2 LVLH 坐标系下服务航天器和目标航天器的相对运动

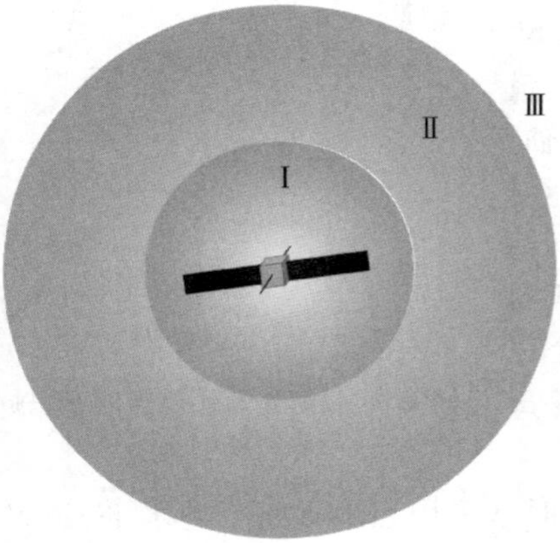

图 1.3 空间非合作目标邻近区域划分

为Ⅰ、Ⅱ、Ⅲ，如图 1.3 所示，分别将其定义为超近距离接近区、安全机动区和远距离接近区。当服务航天器距离空间目标较远，即位于Ⅱ、Ⅲ区域时，考虑避撞问题时，可以将目标航天器的外形简单地用球形包络代替，如Ⅰ区域的球面所示。但是大多数在轨任务，如在轨加注、在轨服务、接管操作等需要服务航天器接近到空间目标航天器的外包络球范围内（Ⅰ区域）进行操作，此时就必须考虑航天器的复杂外形结构及姿态翻转问题，避免超近距离下发生碰撞。同时，由于非合作空间目标往往不能主动提供位姿和结构尺寸等信息，增大了接近过程中的碰撞风险。

区域划分思想在国际空间站得到了部分体现，如图 1.4 所示，国际空间站的安全区域定义包含外部控制区域和内部控制区域两部分，其中外部控制区域是一个中心在国际空间站质心的椭球，又称为接近椭球，所有的来访航天器必须在接近椭球外点 S2 的过程中不与接近椭球发生碰撞。内部控制区域又称为禁飞球，是以国际空间站质心为中心的球体，要求来访航天器从禁飞球区域外到达点 S3 的过程中不与禁飞球发生碰撞。

考虑非合作目标的特点，安全问题与接近问题将进一步耦合，非合作目标的安全接近过程比空间站这类合作目标的交会对接过程更加复杂，航天器的外凸结构、

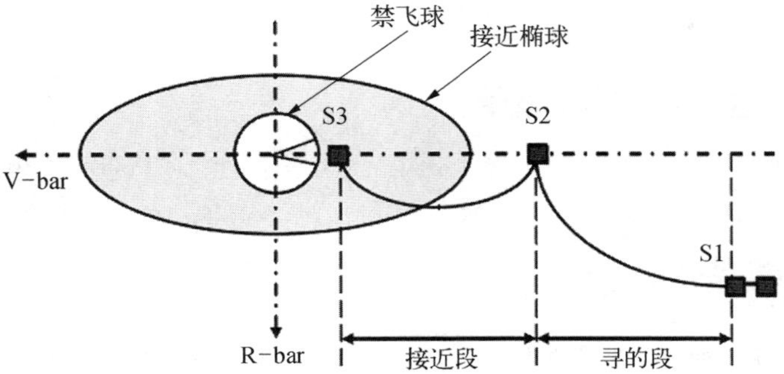

图 1.4 国际空间站安全区域

翻滚状态及不确定性环境都将增加碰撞的风险。当服务航天器靠近目标时,如图1.5 所示,不能再把两个航天器看作简单的质点,其外形结构之间互为障碍物,对接近路径产生阻碍,增大了碰撞的可能。因此,需要合理描述航天器在超近距离下的安全约束,提出相应的安全接近控制理论与方法,从而实现非合作目标安全接近的任务。

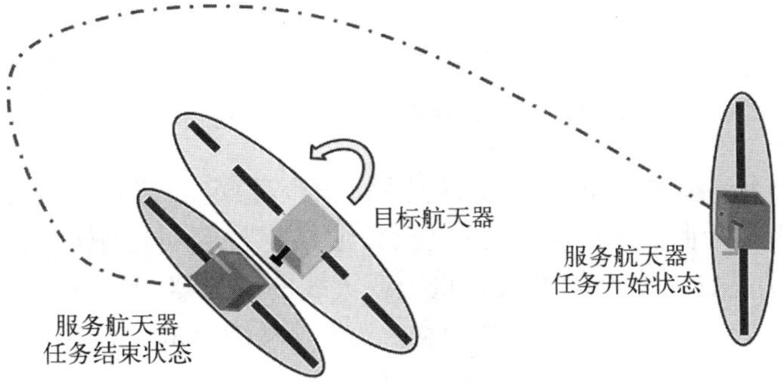

图 1.5 安全接近过程的简化描述

1.2.2 空间非合作目标安全接近的特点

空间非合作目标运动状态不清晰、结构特征不适配、机动行为不受控、信息渠道不沟通,接近过程中忽略任何一点均会大幅增加碰撞风险,相比传统合作目标,非合作目标安全接近问题存在的技术挑战如图 1.6 所示。具体而言,安全接近问题具有以下特点。

(1) 非合作目标结构外形复杂。在轨操作任务要求两航天器距离非常近,对于合作目标的交会对接任务,通常依靠姿态控制将目标的对接点保持在适宜对接的位置,避免了外伸结构与接近轨迹的交叉,大幅降低了碰撞风险,如图 1.6(a)所

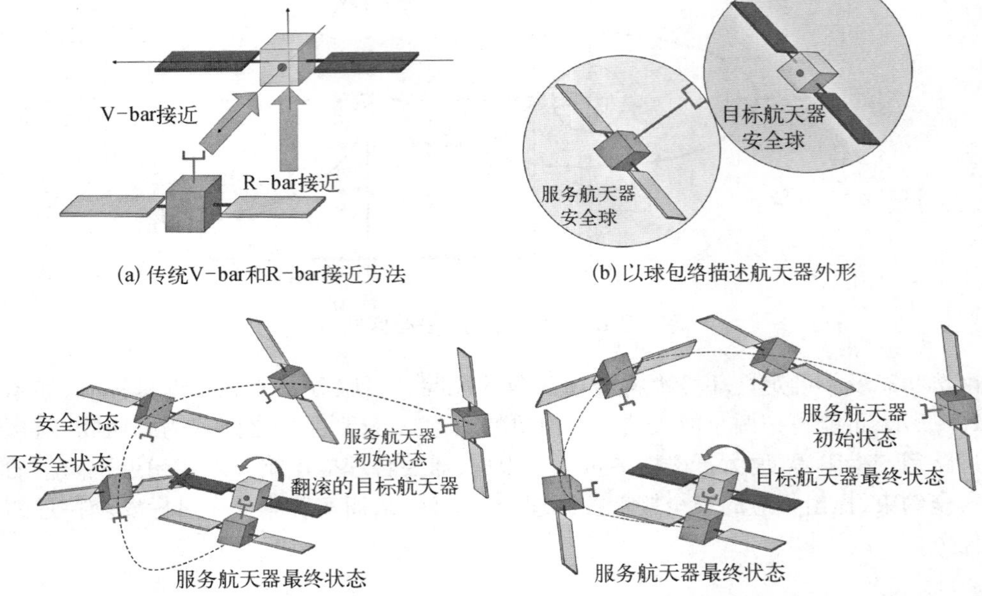

(a) 传统V-bar和R-bar接近方法

(b) 以球包络描述航天器外形

(c) 空间目标失效翻滚

(d) 综合考虑不确定条件下服务航天器与目标的复杂外形和姿态运动

图 1.6　空间非合作目标安全接近的技术挑战

示,传统的 V - bar 和 R - bar 接近方法适用于姿态稳定的空间目标,此时复杂外形影响小。当目标为非合作目标时,其复杂外形结构将会对近距离操作造成极大的碰撞风险,特别是针对含有大型太阳帆板或天线的航天器,服务航天器预想到达服务点的接近轨迹可能与目标复杂外形交叉,造成碰撞事故。传统的以球包络描述航天器外形的方法虽然能够避免碰撞,但是该方法过于保守,可能导致机械臂等操作机构无法到达目标位置,如图 1.6(b)所示。

(2) 非合作目标运动情况复杂。非合作目标可能由于无法进行正常姿态控制而处于自由翻滚状态,服务点会随着本体一同旋转,接近过程最终需要实现服务航天器对服务点的抵近和相对静止,对于位姿控制提出了更高要求。此外,接近过程要避免与翻滚运动的结构部件发生碰撞,若对目标航天器的复杂外形和翻滚运动处理不当,很可能在接近过程中与这些部件发生碰撞,造成任务失败。如图 1.6(c)所示,当空间目标失效翻滚时,若不能同时控制姿态和处理外形约束,服务航天器与目标会在接近过程中产生碰撞。

(3) 非合作目标不确定性要素多。非合作目标存在信息层面上不沟通、运动状态上不匹配、机动行为上不配合等非合作性,将会导致多种不确定性。由于这些非合作性，安全接近任务往往缺乏必要的先验信息，服务航天器需要通过自身传感器对目标进行近距离观测，以获得目标的外形参数、运动状态参数等信息，而通过测量得到的信息存在着多种不确定性。在实际的航天任务中，往往会因为目标信息的不确定性造成碰撞风险。根据 Fehse[3] 的观点，将航天器动力学中的不确定性因素大致分为三类：模型不确定性、导航不确定性与控制不确定性。非合作目标安全接近的模型不确定性体现在近距离相对运动姿轨耦合动力学模型的不确定性及非合作目标外形建模的不确定性。导航不确定性：一方面是非合作目标运动信息被动测量缺乏完备性与精确性不足带来的不确定性；另一方面是由非合作性带来的期望接近终点位置的动态不确定性。控制不确定性：一方面是服务航天器控制精度问题；另一方面是由目标非合作运动引起接近机动控制中的不确定性。

在复杂外形、非合作运动与多种不确定性的共同影响下，针对非合作目标的接近任务风险大幅增加。因此，综合考虑不确定条件下服务航天器与目标的复杂外形和姿态运动对于实现安全接近和在轨操作具有重要参考价值和指导意义，如图1.6(d)所示。

1.3 国内外安全接近任务研究概况

目前，以空间近距离操作技术为核心的航天任务发展迅速，包括航天器交会对接、空间碎片抓捕、在轨航天器维护等多种安全接近任务，这些任务都涉及安全接近技术的研究探索和演示验证。本节将介绍几种典型的空间近距离操作在轨服务任务，分析其中的安全接近技术实现过程，探讨空间近距离操作任务的发展前景。

1.3.1 交会对接类任务

空间站交会对接是实施空间运输补给、航天员交换等在轨道服务任务的关键技术。空间站的交会对接包含航天飞机、卫星和空间运输器等与空间站的安全接近技术，特别是在空间站的复杂外形结构下，近距离安全接近与对接任务具有较大的风险。下面分别对国际空间站(International Space Station, ISS)和我国“天宫”号空间站的交会对接任务进行说明。

1. 龙飞船 Demo－1 与 ISS 对接任务

美国太空探索技术公司(SpaceX)研制的龙飞船 Demo－1 于 2019 年 3 月 2 日在肯尼迪航天中心发射，次日与 ISS 成功对接，对接效果示意图如图 1.7 所示。此次对接操作与之前的货运飞船具有很大不同：以往货运飞船在 ISS 附近执行货运任务时，是由 ISS 宇航员操作机械臂将其捕获，然后缓慢拉近实现对接，而这次的龙飞船 Demo－1 使用自身的推进系统实现了与 ISS 的对接。Demo－1 首先远距离接近到距 ISS 约 3 km 的视野范围内，在获准进入 ISS 碰撞预警范围后慢慢接近 ISS；在离对接端口不到 150 m 的地方，ISS 宇航员向 Demo－1 发出撤退命令，撤回到离 ISS 大约 180 m 的位置停留 10 min，这个测试确保 ISS 宇航员可以发出命令使飞船停止靠近，避免与 ISS 相撞；随后，Demo－1 安全接近到 20 m 远的另一个短暂停留点，最后再缓慢近距离安全接近 ISS 实现对接。Demo－1 对 ISS 进行安全接近的过程证明了未来近距离安全接近技术在空间站的应用前景十分广阔，是重要的技术研究方向。

图 1.7 龙飞船 Demo－1 与 ISS 对接效果图

2. "天舟一号"货运飞船任务

2017 年 4 月 20 日，"天舟一号"货运飞船在文昌航天发射场搭载长征七号改遥二运载火箭成功发射。"天舟一号"是我国自主研制的首个货运飞船，具备最大质量为 6.5 t 的货物空间运输能力，其主要任务如下：① 与"天宫二号"空间站对接，验证推进剂在轨加注技术；② 检验自身货运功能和性能；③ 验证快速交会对接技术，以及与"天宫二号"空间站组成组合体，验证组合体控制技术；④ 开展空间应用及技术实验[4]。2019 年 9 月 12 日，"天舟一号"成功完成了世界首次全自主快速交会对接任务，如图 1.8 所示，比 2012 年俄罗斯"进步 M－16M"货运飞船在地面测控干预下开展的快速对接测试[5]更为先进。同时，"天舟一号"还设计并验证了前向、后向和径向的绕飞方案，以适应"天宫二号"多对接口对接需求。另外，"天舟一号"还释放了立方星"丝路一号"科学试验卫星 01 星，并完成在轨捕获立方星实验。"天舟一号"作为我国的空间货运飞船，成功实现了近距离安全接近"天宫二号"并对接的操作，还进行了立方星近距离捕获实验。此后，"天舟二号"和"天舟三号"分别在 2021 年 5 月 29 日和 2021 年 9 月 20 日发射，均成功与天和核心舱实现了对接，且都进行了脱离绕飞再对接操作。空间站与天舟货运飞船的多次成功交会对接表明我国已熟练掌握合作目标的安全接近技术,取得了较为丰厚的阶段性成果。

图 1.8 "天舟一号"与"天宫二号"对接

1.3.2 空间碎片抓捕类任务

当前,地球轨道空间中的空间碎片数量巨大,为保障人类航天探索任务的安全与可持续发展,空间碎片清除技术得到了广泛的研究。空间碎片清除一般采用"捕获+离轨"的方法,首先需要服务航天器安全接近到空间碎片附近,然后通过机械臂或飞网等抓捕机构捕获,最后将空间碎片拖离轨道进行销毁。下面介绍 RemoveDEBRIS 任务和 E.Deorbit 计划。

1. RemoveDEBRIS 任务

RemoveDEBRIS[6] 任务首次成功演示了在轨空间碎片主动清除一系列技术。该计划于 2014 年底开始,由英国萨里大学主导,任务内容见图 1.9,主要进行了四项技术实验:① 利用渔网抓捕预先布置的目标航天器,验证空间柔性在轨捕获技术;② 利用鱼叉射击预先布置的空间靶,验证鱼叉式在轨捕获技术;③ 验证快速离轨技术:利用大型拖曳帆快速衰减轨道,最终进入地球大气层销毁;④ 基于视觉导航的近距离交会接近探测技术。2018 年 4 月 2 日,该任务系统搭载 SpaceX 公司的"猎鹰 9 号"火箭发射升空,先将主要载荷送入 ISS,然后于 2018 年 6 月 20 日通过日本"希望"号实验舱和机械臂释放到预定轨道。2018 年 9 月 16 日,在轨"渔网"捕获实验成功,随后在 2019 年 2 月 8 日,"鱼叉"捕获实验也取得了成功。

在 RemoveDEBRIS 任务的捕获操作技术验证中,目标航天器与服务航天器彼此之间距离很近,但并没有接近到超近距离接近区内(即目标航天器的外形球形包络内部)进行操作,且被抓捕的目标是预先布置的,外形特征及位姿信息十分明确,属于合作目标。因此,该任务可以忽略由目标外形或姿态变化造成碰撞的可能性,从而顺利进行近距离捕获操作。值得注意的是,“鱼叉”抓捕方法会对目标造成损伤。另外,柔性机构捕获目标后可能存在对目标控制能力有限的问题。在未来的空间碎片清除任务中,“渔网”捕获技术具有较好的前景,但对于具有维修价值的航天器并不适用。

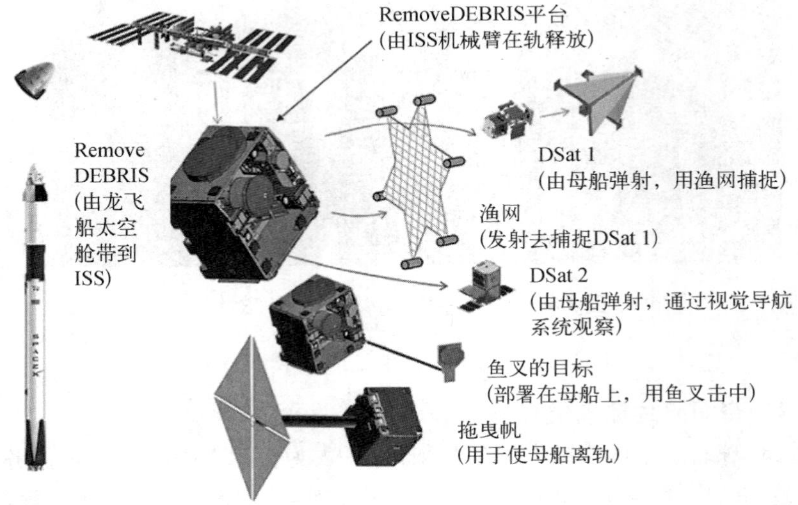

图 1.9 RemoveDEBRIS 任务示意图[6]

2. E.Deorbit 计划

2012 年,欧洲航空局提出了一项太空清洁方案,即 E.Deorbit[7] 计划,目的在于对近地轨道上的空间碎片、失效航天器等非合作空间目标进行在轨清除。该计划是首次针对非合作空间目标进行在轨抓捕与离轨,主要验证研究以下三个关键技术: ① 非合作空间目标交会对接与编队飞行;② 非合作空间目标在轨抓捕与控制;③ 航天器自适应导航、制导与控制技术。E.Deorbit 计划于 2023 年正式实施,将搭载“织女星”运载火箭发射至预定轨道。进行清除任务时,首先利用一种“网枪”兜住处于低轨道上的失效卫星或碎片,如图 1.10 所示,然后通过拖曳飞行将废弃卫星拖入大气层销毁。

E. Deorbit 计划尚处于计划阶段,面向非合作空间目标研究在轨捕获与清除技术,首先肯定要使服务航天器近距离安全接近到目标附近,这就需要用到近距离安全接近控制技术,这也是本书的主要研究工作。但该计划中的抓捕方法与 RemoveDEBRIS 任务的飞网抓捕相类似,主要对无价值的空间目标开展清理工作。

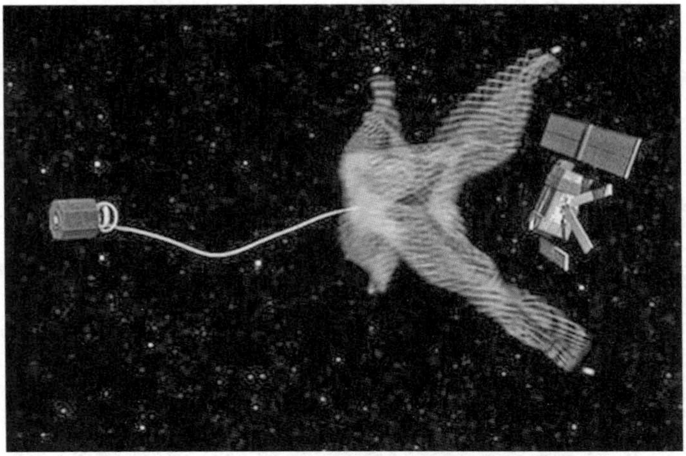

图 1.10　E.Deorbit 计划中的飞网抓捕场景

1.3.3　在轨维护类任务

在轨加注服务类似于飞机空中加油，通过服务航天器对缺乏燃料的目标航天器进行近距离接近对接，补给气、液燃料，可大幅延长在轨航天器的使用寿命，具有很高的经济价值。除了直接对航天器补加燃料外，另一种延长航天器寿命的方法是服务航天器与目标航天器对接形成组合体，接管目标航天器的姿轨控制系统，保障目标航天器继续正常执行功能。在轨加注或组合体延寿都需要使服务航天器近距离接近目标，安全接近控制技术具有举足轻重的作用。下面分别列举两种近年开展的在轨延寿任务与计划。

1. MEV－1 任务

MEV－1[8] 是诺斯罗普·格鲁曼公司制造的首个商业在轨服务飞行器——任务延寿飞行器 1 号，于 2019 年 10 月 9 日在拜科努尔航天中心搭载“质子号”运载火箭和“微风－M”上面级发射升空。MEV－1 的总质量为 2.3 t，具有 15 年的设计寿命，主要任务是与地球同步轨道上的一颗通信卫星 Intelsat 901 实施近距离接近与对接，然后利用自身的太阳能电动推进器延长 Intelsat 901 卫星的使用寿命。MEV－1 与 Intelsat 901 在地球静止轨道上方 300 km 的坟墓轨道上成功实现远距离交会，于 2020 年 2 月 25 日实现近距离接近并完成最后的对接操作。对接之后，它们成为一个组合体，MEV－1 提供姿轨控制功能，Intelsat 901 继续行使通信卫星功能，预计延寿时间可长达 5 年，任务场景如图 1.11 所示。

MEV－1 对 Intelsat 901 开展在轨延寿服务，进入了服务目标 Intelsat 901 的复杂外形影响区域，会对 MEV－1 的近距离安全接近操作造成一定的碰撞风险。

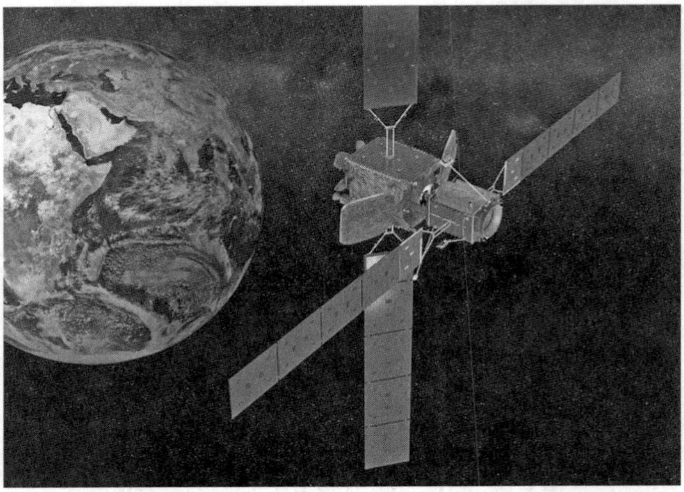

图 1.11 MEV－1 在轨延寿任务场景

MEV－1 对 Intelsat 901 实施的近距离安全接近操作过程可概括如下：首先通过绕飞逼近到距 Intelsat 901 后面约 80 m 的位置悬停，等待地面下达指令后，再自动地从 80 m 处的悬停点接近到 20 m 处的悬停点；然后，MEV－1 在 20 m 远的位置保持悬停，在地面下一个命令下达后，再继续接近到距离 Intelsat 901 仅 1 m 远的悬停位置，这个位置称为捕获停留点；最后，MEV－1 向 Intelsat 901 伸出对接机构，插入其远地点发动机的尾喷管并固定，将两颗卫星连在一起实现对接。在这个任务场景中，虽然 Intelsat 901 卫星是一个合作空间目标，且 MEV－1 的近距离接近操作需要地面人员的干预，但整个过程验证了部分自主安全接近控制技术。在接近过程中，MEV－1 充分考虑了碰撞风险，在 100 m 范围内设置了 3 个悬停点，分阶段逼近，最终通过延伸机构实现对接，验证了其安全接近控制技术的有效性。此后，MEV－2 于 2021 年 4 月 2 日成功与 Intelsat 10－02 实现对接，顺利完成了在轨延寿任务。虽然 MEV－1 是面向合作无旋目标的安全接近任务，但其成功表明未来针对非合作目标的接近控制具有可行性和重要应用前景。

2. OSAM－1 计划

2020 年 5 月 27 日，NASA 的在轨服务、装配和制造任务 1 号（On-Orbit Servicing, Assembly and Manufacturing mission 1, OSAM－1）成功通过了美国联邦审计总署关键决策点 C（Key Decision Point－C, KDP－C）评估，该评估确认了该任务的开发计划和预算，任务进入全面硬件生产和测试阶段，并计划于 2023 年 12 月发射。OSAM－1 项目原名为 Restore－L[9]，原计划采用 NASA 关于航天器在轨维修与加注燃料的所有技术，对近地轨道卫星——陆地卫星 7 号（Landsat－7）实现交会对接与燃料加注，为 Landsat－7 提供在轨服务以延长寿命，任务场景如图 1.12 所示。任务的性质与 MEV－1 任务相似，都是为服务对象提供延长寿命服务，不同之处在于 Restore－L 项目是针对近地轨道航天器实施在轨燃料加注，而 MEV－1 任务是通过组合接管的方式延寿。由于资金和技术等问题，Restore－L 项目不断延期，后续 NASA 对 Restore－L 项目的航天器进行了改造，增加了有效载荷“蜘蛛”（一个长度为 5 m 的轻型机械臂，用于演示在轨组装 3 m 长的通信天线），改名为 OSAM－1。关于 OSAM－1 计划具体的实施步骤尚未可知，但可以猜测的是，此项计划与 MEV－1 任务类似，需要近距离安全接近技术作为支撑。

图 1.12 OSAM－1 对 Landsat－7 实施在轨服务场景

1.3.4 总结评述

现有的空间近距离操作技术任务和计划已经在安全接近控制技术方面进行了较为充分的研究和发展验证，积累了一定的技术和经验。但除了空间碎片的清除计划属于对非合作目标进行操作以外，主要还是针对合作的空间目标进行演示验证。以 RemoveDEBRIS“渔网”抓捕任务为例，服务航天器安全接近非合作目标时无须考虑非合作目标的运动情况和结构尺寸，只需掌握空间碎片的位置情况，驱动服务航天器运动至空间碎片附近约 6 m 时，发射 5 m 长的拦截网，即可对多个空间碎片进行捕获,但是“渔网”抓捕无法对捕获后的非合作目标进行精确的姿态轨道控制,因此该方法只适用于在轨捕获回收非合作目标或将非合作目标拖入坟墓轨道,而无法实现己方非合作目标的在轨维护接管控制。

可以预见的是,在不久的未来,对于空间中大量存在的非合作空间目标实施近距离操作将成为航天技术发展的重要方向,这对安全接近控制技术提出了更为严格的要求。由于非合作空间目标具备不提供信息、不配合操作等非合作性,且考虑到其往往具有外形复杂甚至姿态旋转等客观约束,超近距离安全接近过程将面临很大的碰撞风险。因此,本书研究的非合作空间目标安全接近控制技术有着广阔的应用前景。

1.4 国内外相关理论研究进展

本节将围绕非合作目标安全接近控制技术对国内外相关理论研究进展进行综述,具体分为以下七个方面:航天器相对运动建模方法、航天器控制理论与方法、航天器复杂外形重构、航天器安全接近控制方法、航天器近距离安全区与可达理论、航天器不确定性分析及非合作目标地面实验。

1.4.1 航天器相对运动建模方法研究进展

为了实现对空间非合作目标超近距离下的安全接近与抓捕,建立服务航天器与空间非合作目标的姿轨耦合相对运动模型是首个需要解决的问题。众多学者对空间操作问题中航天器姿轨耦合产生的原因进行了分析,可以总结为以下几点:① 执行机构安装偏差导致的耦合[10];② 重力梯度力矩和推力矢量导致的耦合[11];③ 姿态转换矩阵引起的耦合[12]。针对姿轨耦合建模,学者们有采用传统的位置运动和姿态运动分开建模的方法,也有采用基于代数向量的姿轨一体化建模方法,下面将分别介绍两大类不同的姿轨耦合建模方法。

1. 传统姿轨耦合相对运动模型建模方法

传统姿轨耦合相对运动模型建模方法普遍是将位置相对运动和姿态相对运动分开进行建模。Ma 等[13]针对翻滚目标接近过程的建模问题,将相对位置和相对姿态分开建模,利用 Clohessy-Wiltshire(C - W)方程建立相对位置动力学方程,利用修正罗德里格系数建立相对姿态动力学方程,在此基础上设计了最优控制方法,实现在二维平面内对目标的跟踪控制。Wilde 等[14]也采用分开建模的方法,在基于 C - W 方程的三自由度动力学方程的基础上利用普通四元数建立姿态相对运动方程,提出了逆动力学方法实现对旋转目标的对接。朱彦伟[15]针对无控旋转目标,分别对姿态运动和位置运动进行建模,并加入位姿耦合项,建立了六自由度同步控制逼近模型,在惯量参数不确定性条件下分别提出了基于自适应输出反馈的轨道控制律和姿态控制律。李鹏等[16]在六自由度动力学模型中引入了摄动耦合和动力学耦合,提出积分退步控制器实现跟踪控制目标。Xu 等[17]在建模时考虑了耦合因素,并提出了一种针对同步飞行问题的次优控制方法。Zagaris 等[18, 19]在分开建模的姿轨耦合相对运动模型基础上,分析了服务航天器在有限机动能力下的初始可行问题,采用可达理论对可达区进行分析,给出了可达区的时空演化模型。上述学者在研究姿轨耦合模型建模问题时分别建立了姿态运动和轨道运动的动力学模型,未考虑到姿态与轨道的动力学耦合[20],这会导致以下问题[21]:① 由于姿态和轨道分开建模,在控制过程中,姿态控制与位置控制将分别进行操作,两者来回反复切换,控制时间较长,不利于实现快速控制的目标;② 建模和实际情况不同,系统中的不确定性和未知干扰并不能得到有效消除,难以满足复杂空间在轨操作对高精度控制的要求。

2. 基于代数向量的姿轨耦合建模方法

另一种建模方法是基于代数向量的姿轨耦合建模方法。各国学者反复研究,寻求了多种数学方法解决航天器姿轨耦合建模问题,提出了包括基于代数向量和基于螺旋理论的建模方法。在力学发展史中,人们将平动动量和转动动量同时考虑,发展出了多种描述螺旋运动的数学方法。其中,对偶四元数[22-24](dual quaternion)方法便是一种通过将四元数与对偶数结合,用来描述螺旋运动的数学工具,其可以同时表征刚体的姿态运动和位置运动,广泛应用在机械臂、机器人动力学建模上。根据查理定律,任何刚体的一般性运动都可以描述为螺旋运动。航天器姿轨耦合相对运动模型同时考虑了航天器的平动和转动,便是一种螺旋运动。对偶四元数融合了传统四元数的运算法则和对偶数计算的优势,在数学运算上具有一定的规范性,这一方法为航天器相对运动问题建模提供了一种可行的方案。在航天应用研究中,Filipe 等[25]利用对偶四元数方法对两航天器的编队飞行问题进行描述,建立了姿轨耦合相对运动模型,提出了自适应比例微分控制方法。Wang 等[20, 26]针对航天器编队问题,利用对偶四元数方法建立了考虑模型不确定性和未知外部扰动的姿轨耦合模型,并进一步设计了滑模控制器。郝宇星等[27]基于对偶四元数相对运动模型,提出了双环滑模控制方法,实现对空间翻滚目标的相对绕飞。

综上所述,航天器姿轨相对运动建模方法包括了传统姿轨分开建模的方法和基于代数向量的姿轨一体化建模方法。传统的姿轨耦合建模方法将姿态运动和轨道运动分开建模,未考虑姿轨耦合影响因素,不利于航天器近距离任务的高精度操作;而在基于对偶四元数的代数向量框架下,将姿态相对运动和位置相对运动放在同一数学工具中描述,能够满足姿轨耦合建模的精确性和控制的同步性要求。

1.4.2 航天器控制理论与方法研究进展

空间非合作目标是一类燃料耗尽或驱动系统发生故障的航天器或因受撞击而产生的空间碎片，其常处于无控旋转状态。对非合作空间目标进行跟踪接近操作，一方面是为了对故障航天器进行在轨维修或加注延寿，使其继续在轨运行提供对地服务；另一方面，是为了对无用的空间碎片或失效航天器进行清理。对航天器近距离跟踪控制方法已有大量的研究成果，其中针对姿轨耦合控制方法的研究较多，下面将对这些工作进行介绍。

针对航天器姿轨耦合跟踪控制问题，学者们以姿轨耦合动力学模型为研究对象，提出了一系列的方法对其进行控制。Ma 等[28]针对航天器安全接近任意旋转刚体目标问题，利用 Pontryagin 最大值原理设计了前馈最优姿轨耦合控制策略，使时间/燃料消耗最小化。Li 等[29]建立了考虑摄动影响的两航天器近距离相对运动姿轨耦合动力学模型，然后经过推导得到反步积分控制器，并提出了沿目标最大惯量主轴线性同步逼近的策略，以实现旋转非合作目标的最终逼近控制。Xin 等[30]将弯曲变形抑制和姿轨耦合模型考虑到最优控制系统中，采用 $\theta-D$ 非线性最优控制技术得到了一个闭环反馈控制器，从而安全接近旋转目标。高登巍等[31]应用 Lyapunov 极值定理设计了 $\theta-D$ 修正控制器，以减小接近和跟踪非合作目标时姿轨耦合控制的误差，提高系统控制性能。韩飞等[32]针对不确定性、外部干扰及抖振抑制问题设计了双滑模面姿轨耦合控制律，以逼近和跟踪旋转目标。此外，由于姿轨耦合模型具有较高的复杂性，许多控制方法不能适用，为了降低复杂度，王伟林等[33]基于微分几何理论将两航天器相对运动模型解耦为服务航天器视线瞬时旋转平面内的相对运动和该平面的转动，简化了翻滚目标的安全接近控制设计问题。

针对航天器近距离接近控制的理论与方法，学者们进一步将跟踪控制与避撞方法相结合，实现了对目标航天器近距离条件下的安全接近。刘将辉等[34]提出了一种混合势函数安全制导方法，基于服务航天器视线与随目标旋转的对接轴之间的夹角设计锥面形安全走廊，保证接近过程的安全性；文献[35]中，刘将辉基于反馈线性化设计了增广比例导引控制算法，使服务航天器沿视线对失控旋转目标实现安全接近。Li 等[36]提出了一种模型预测控制策略，基于 C-W 模型，考虑避撞、控制输入饱和等约束，预测对旋转目标的安全接近轨迹。Zagaris 等[37]利用可达域理论，分析了无界控制输入和有界控制输入条件下服务航天器能实现对旋转目标接近对接的可达初始条件集。Stoneman 等[38]提出了一种在线全局搜索的并行非线性优化方法，优化得到服务航天器接近旋转目标的最优参考轨迹。

目前，针对空间非合作目标近距离接近控制的理论与方法研究成果较为广泛，相关控制方法能够实现较高的跟踪精度，但算法复杂度也较高，其跟踪精度与控制方法的复杂度往往成正比关系。现阶段，航天器近距离跟踪控制方法并不能很好地解决复杂外形目标航天器的安全接近问题，在近距离接近过程中，目标的复杂外形会对接近路径带来巨大的碰撞风险,因此需要探索创新复杂外形空间目标安全接近控制方法,这也是本书所要解决的主要问题之一。

1.4.3 航天器复杂外形重构研究进展

空间目标往往具有较为复杂的外形,如卫星展开的大型太阳帆板和天线、空间站的多组合体结构、空间碎片的不规则形状等。当服务航天器在超近距离条件下接近具有复杂外形的空间非合作目标时,由于复杂外形的影响,发生碰撞的风险将大大增加。因此,在对空间目标进行接近与抓捕前,需要对目标的复杂外形进行精确的重构,目前针对复杂外形空间目标的外形重构方法主要分为三类:基于外形包络的重构方法、安全走廊方法及计算碰撞概率的方法。

针对复杂外形问题,目前已有的研究中广泛采用最小尺寸外形包络的方法设计避撞约束。例如,冯丽程[39]为障碍物和航天器均设计了球形包络,并给出球形包络之间的最短距离计算方法,用于评判碰撞和设计避撞控制算法。但是用单一圆球包络过于保守,Chakravarthy 等[40]将目标物体按几何特征划分为几块,提出了多个圆球包络相叠加的表征形式,能模糊地描述目标外形特征。吴小健[41]通过超二次曲面包络的方法对障碍物几何外形建立包围盒模型,然后通过设计人工势函数实现避撞控制效果。

安全走廊方法是另一种能够描述复杂外形约束的方法,通过严格限制接近操作的运动空间,从而避开超近距离接近过程中复杂外形的影响。刘将辉等[34]通过服务航天器视线与目标对接轴的夹角约束形成锥面安全走廊,结合圆球包络法设计了混合势函数约束运动空间实现避撞。张大伟等[42]基于椭圆蔓叶曲面设计了一个外部开口大而内部收紧的安全走廊,结合势函数方法解决了面向非合作目标的自主交会对接避撞问题。

第三种方法是针对复杂外形影响的碰撞概率计算方法。杨维维等[43]对航天器碰撞概率计算方法的研究进展进行了总结,主要方法包括 Foster 等[44]提出的在极坐标系中建立的二维数值积分方法,Patera[45, 46]提出的沿截面轮廓的一维积分法,Alfano[47]提出的沿轴向的一维积分法,以及 Chan[48]提出的近似解析计算方法。基于碰撞概率计算方法,Wang 等[49–51]针对凸多边形外形的航天器,将其几何外形划分为几部分,计算各部分在不确定性影响下的碰撞概率,然后将航天器周围空间中碰撞概率相同的点连在一起形成等碰撞概率线或等碰撞概率面,以此描绘由航天器外形和不确定性共同影响的运动空间安全性大小分布,并生成沿等碰撞概率曲线/面梯度方向的控制力,实现避撞控制。

综上所述,传统的针对复杂外形空间目标的外形重构方法通常是利用球形包络法等几何包络法近似重构空间目标的复杂外形,但不能直观呈现复杂外形的几何特征。而安全走廊方法虽然安全性很高,但严格限制运动空间,会导致一些本可以安全运动的空间被限制，影响避撞机动的性能，并增加了推进消耗或者延长任务时间。碰撞概率计算方法给出了目标周围空间发生碰撞的概率估计，但无法确切判断是否会发生碰撞。每种方法都有各自的局限性与优势，对于任意复杂外形空间非合作目标的外形重构方法仍有待深入研究。

1.4.4 航天器安全接近控制方法研究进展

航天器安全接近方法主要研究在两航天器之间处于超近距离时的规避碰撞与到达期望位置问题，目前普遍将其分为基于优化的方法和基于解析的方法两种框架，下面将分别展开介绍。

1. 基于优化的方法

基于优化的方法是指基于变分原理，结合系统的动力学、路径、燃料、时间等约束条件确定控制系统的边界条件，再经过最优控制理论的处理得到次优或者最优轨迹。目前，很多学者将基于优化方法的避障控制问题转化为一个优化问题。Henshaw 等[52, 53]采用主矢量的办法，利用状态协方差矩阵对原有的状态量进行扩展，最后构造两者的边值问题来求解最优轨迹。针对采用现有规划方法处理带约束控制的系统的问题，Phillips 等[54]基于引导扩展空间树方法设计了满足约束控制的路径。Rosell 等[55]通过将概率栅格分解与调和函数组合在一起形成一种新的组合框架，该组合框架把调和函数从低维推广到高维构形空间，进而作路径规划处理。有研究人员[56–58]采用伪谱法，通过正交处置方法把无限维度的最优控制问题简化为有限维度非线性规划问题，在此基础上进一步解决了失效航天器的安全接近控制问题[59]。针对交会对接任务的安全性问题，Luo 等[60–63]建立了考虑不确定影响下的交会对接轨迹安全性定量评价系统及其评价指标的计算方法，而且给出了最优的安全交会对接轨迹的设计思路，并对最优安全交会对接轨迹的特性进行了分析。Sun 等[64–66]建立了考虑消除概率冲淡法的交会轨迹安全性能评价系统，并且基于该评价系统解决了处于共位约束静止轨道的交会对接安全轨迹的优化问题。此外，针对不同的场景和约束条件，研究人员[67–69]基于优化的思路分别得到了最优安全轨迹。

目前，基于优化的方法普遍采用一个类似的总体思路：首先，通过优化算法优化出一条安全路径；然后，采用闭环控制算法来控制航天器按照优化出来的轨迹运行；最后，服务航天器对主动探查到的实际运动与设计轨迹的偏差进行快速矫正，来确保其安全特性。然而，在基于优化方法的航天器避障路径设计中，安全性仅仅作为一个优化指标，因此不能保障服务航天器的安全性。此外，基于优化的方法还具有较大的计算负担，这些缺陷限制了其工程应用。

2. 基于解析的方法

基于解析的避障方法是指表达式简单、能获得解析表达式生成控制力的避障方法,目前常用的解析方法是人工势函数方法[70]。人工势函数方法最初来自机器人路径规划问题,为了实现机器人与障碍物的避障,该方法通过设计的人工势函数对相对位置求梯度,其负方向作为避障控制力,具有在复杂环境下表达形式简单、计算量小、便于理论分析等特点,因此受到了广泛关注。有研究人员[71-74]首次将人工势函数方法应用到航天器近距离交会对接领域中,之后的多位学者将人工势函数方法应用到编队飞行[75-80]、编队重构[81-83]和接近控制[84-87]等更为复杂的场景。

为了扩展人工势函数方法在工程中的应用,针对不同的航天任务需求,目前普遍采用不同的控制算法与人工势函数方法相结合。具体来说,针对参考卫星为圆轨道的多个航天器近距离交会对接问题,McCamish 等[88]联合线性二次型调节器(linear quadratic regulator, LQR)和人工势函数方法提出了一种新的制导算法,并且在空间自主编队飞行实验(Space-borne Autonomous Formation Flying Experiment, SAFE)验证了制导算法的有效性。对于考虑外部干扰和避撞要求的卫星编队飞行控制器设计,Lim 等[89]将滑模控制与人工势函数相结合,提高了控制器的抗干扰能力。Munoz 等[90]针对静态障碍物提出一种自适应的人工势函数方法,并且将其应用在航天器近距离操作的姿轨耦合控制中,相较于传统人工势函数方法,自适应人工势函数方法消耗的燃料更少。在此基础上,高鹏等[91]针对动态障碍物,进一步研究了更节省燃料且具有较高控制精度的自适应人工势函数避障方法。为满足势函数值在期望状态时为 0 的条件,冯丽程等[92]对人工势函数的斥力函数进行了修正,同时结合有限时间滑模变结构控制来保障航天器交会对接过程中的安全性。针对非合作航天器的碰撞规避问题,Zhang 等[93]结合人工势函数方法和模糊控制提出了一种新型避障方法。杨维维[94]通过对近距离相对动力学、非线性控制方法及碰撞风险评估方法的研究,提出了一套动态智能避障控制方法。

但是,在基于人工势函数的避障方法中,人工势函数可能存在局部极小值,会导致避障失败。梁海霞等[95]通过在局部极小值附近一定距离内增加虚拟存在的障碍物,然后通过虚拟障碍物和原障碍物的共同作用产生避障控制力,从而避免了局部极小值问题。鲁新军等[96]基于虚拟水流法对人工势函数方法进行改进,进而克服了势场法的局部极小值问题,但是该方法的效率不高。于振中等[97]和殷路等[98]通过在人工势场中引进速度信息来克服极小值问题。同时,在近距离操作过程中,人工势函数尚未考虑航天器形状和控制偏差等不确定性的影响。因此,为了扩展人工势函数在工程中的应用,有必要对其进一步优化。

综上所述,航天器的安全接近不仅需要符合轨道动力学,而且还需要在满足最短时间、终端状态和推力器性能等约束的同时,保证航天器安全接近运动轨迹具有平滑性特点,这些要求都给安全接近控制方法带来了挑战。同时,在安全接近过程中,目标复杂外形、空间多维不确定性等因素将会带来更为复杂的影响,因此提出一套更具普适性的安全接近方法是本书的主要工作之一。

1.4.5 航天器近距离安全区与可达理论发展现状

1. 安全区基本概念与发展现状

安全接近策略通常通过设置禁飞区来表示轨迹的安全性。禁飞区是航天器禁止飞入的区域,一般以目标航天器质心为中心,依据目标航天器和服务航天器的构形与尺寸来确定[99]。与禁飞区互补的区域即安全区,服务航天器在安全区内不会与目标发生碰撞。

在近距离操作过程中,由于环境复杂,且需要考虑航天器形状的影响,如含有大型太阳帆板的追踪航天器,其在完成翻滚空间目标近距离操作任务时,采用传统的构建球形禁飞区的包络方法[100]不能满足任务需求,航天器的外形会对航天器自主规避产生重要影响。目前,国内外学者对基于复杂外形空间目标安全区的安全接近方法也进行了一定研究。Patera[45, 46, 101, 102]通过极坐标变化和坐标转换,进一步将二维概率密度函数的积分问题简化为围绕积分区域周长的一维积分。同时,该方法不需要将空间目标简化为球形,可以对任意外形的空间目标进行碰撞概率计算。程陶等[103]和冯昊[104]分析了航天器的几何尺寸、测量误差和交会相对距离对碰撞概率计算的影响,并且研究了其对预警阈值选择的影响。Alfiend 等[105]考虑了目标航天器或者空间碎片等空间目标的几何外形和尺寸对碰撞概率计算的影响,并在特定条件下将二维概率密度函数的积分简化为对一维函数求积分的形式。Bai 等[106]提出了一种考虑航天器的几何尺寸、测量误差和交会相对距离的最大碰撞概率计算方法。同时,吴小健[41]在考虑障碍物几何外形和航天器携带柔性附件的情况下,基于超二次曲面对空间物体进行处理,并且建立了包围盒模型,根据人工势函数和包围盒之间的距离实现障碍物避障控制。

2. 可达域基本概念与发展现状

可达理论研究系统在有限控制输入条件下在某一时刻所能到达的范围,常用于系统检验和验证,在航空[107-109]、机动车辆[110]及混杂系统等领域的研究较为广泛。随着航天事业的发展,近几年逐步有学者在航天领域开展了可达研究。

2009 年,Holzinger 等[111, 112]率先将哈密顿-雅可比(Hamilton-Jacobi)可达理论应用到空间安全态势感知中,研究了基于椭球的可达区求解方法,得到了一般非线性系统可达区的计算方法,并以航天器平面相对运动模型为例进行了计算分析。HomChaudhuri 等[113]研究了航天器在连续推力作用下满足视场角约束的到达-躲避问题,并求出了最省燃料情况下的到达-躲避状态集合。对于空间翻滚目标接近问题,Zagaris 等[114, 115]假设目标定轴匀速转动,基于目标体坐标系下的平面相对运动模型,采用多参数工具箱(multi-parametric toolbox, MPT),求解了不同控制输入幅值、控制时长及目标不同转速下能够实现接近的初始状态集合。后来,Zagaris 等[116]进一步将研究拓展到六自由度非线性模型,通过在指定状态子空间求解不同样本点到达目标状态的最短时间,并将相同最短时间的样本点进行连接,画出等时间线或面,进而分析求解在有界控制输入条件下的可达问题。

此外,国内学者将可达的定义从"某一时刻"扩展到"某一段时间",并从轨道力学特性出发,研究航天器在一定时间段内的可达范围。在绝对轨道运动方面,雪丹等[117]研究了卫星沿任意方向施加有界平面脉冲作用下的轨道可达范围,并分析了初始轨道为圆轨道和小偏心率椭圆轨道两种情况下的可达范围特征。后来,雪丹等[118]又提出了针对椭圆轨道任意偏心率下的卫星可达范围优化计算方法。Wen 等[119, 120]则将卫星单脉冲可达范围的求解拓展到了三维空间。在相对轨道运动方面,李雪华等[121]基于 C-W 方程,提出了燃料一定时,在连续推力作用下卫星的相对可达区域确定方法。Wen[122]和石昊等[123]则分别求解了考虑初值不确定性下的航天器的相对可达区域。

需要指出的是,国外学者的研究多是基于传统的可达理论,即系统在某一时刻的可达范围,所用方法大多来源或适用于一般的动力学系统,而国内学者的研究中所采用的方法则大多仅仅适用于特定的轨道力学环境。考虑到其他领域已有的丰硕研究成果,基于可达理论的航天器近距离相对运动研究相对偏少,开展该方面研究工作有助于对航天器近距离相对运动问题的求解提供新的思路。

1.4.6 航天器不确定性分析研究进展

偏差传播分析是指考虑环境对系统的作用,综合系统自身不确定因素,由系统输入得到输出结果,并对结果中的不确定性的传播和分布进行分析[124]。实际轨道偏离设计轨道的偏差主要分为三类: ① 轨道摄动及其模型偏差;② 导航偏差;③ 执行机构及发动机故障引起的控制偏差。通过定义,偏差演化分析的目的是得到偏差在一定时间内的演化结果,确定航天器终端时刻出现的位置和相应的概率。偏差演化分析方法分为概率方法和非概率方法,在工程中,概率方法的应用范围更广,这是因为概率分布的数学模型完善,传播方式为解析方式,更容易得到解析结果,构建偏差演化的模型。

针对空间非合作目标信息难以获取且可能做失效运动的特性[125],在对其执行近距离悬停任务时,需要充分考虑到导航带来的偏差并分析偏差演化的分布,以此来降低任务执行过程中的碰撞概率。为了研究偏差的传播,传统的方法采用蒙特卡洛(Monte Carlo, MC)[126]打靶仿真,该方法的优点是普适性高,能够针对任意概率分布的动力学模型;缺点是打靶需要大量的重复运算,增加了偏差演化处理的计算时间,并给在轨计算器带来很大的负担。Luo 等[62]总结了多种轨道偏差演化分析方法,包括线性协方差分析(linear covariance analysis, LinCov)法[127]、协方差分析描述函数法(covariance analysis description equation technique, CADET)[128]等线性方法,以及无迹变换(unscented transformation, UT)法[129]、状态转移张量(state transformation tensors, STT)法[130]和高斯混合模型(Gaussian mixture model,

GMM)[131]等非线性方法,偏差演化分析方法的简单框架见图 1.13。

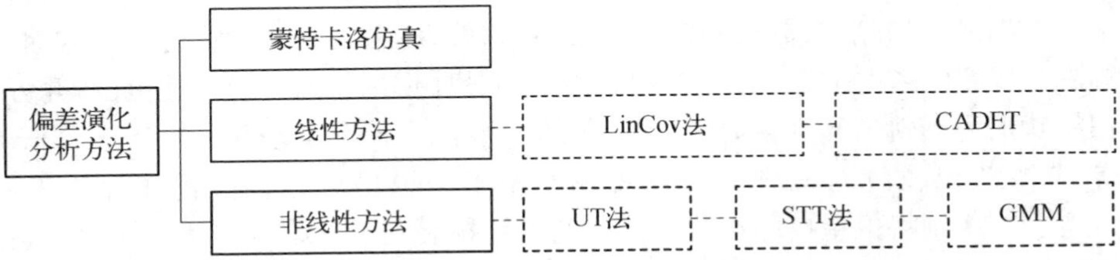

图 1.13 偏差演化分析方法简单框架

上述方法中,CADET 和 GMM 分别为解决线性和非线性问题的常用分析方法。其中,CADET 为解析算法,通过求解线性统计模型的协方差,对该模型的均值和协方差的演化进行分析,可以得到整个系统的概率演化特性。与前面提到的蒙特卡洛打靶仿真相比,该方法无须重复打靶,降低了在线计算的时间和负担。GMM 则假设模型的概率符合高斯分布,使用期望最大(expectation maximization, EM)算法进行聚类训练。GMM 是一种比较精准的针对非高斯问题的研究方法,只要根据偏差的初始状态,以及多个高斯模型的权重、均值及协方差矩阵,就可以对偏差的传播模型进行构建。相比单个高斯模型,GMM 综合多个高斯分布进行处理,使得概率演化模型更加精确。Lee 等[132]和 Vishwajeet 等[133]利用 GMM 构建了卫星相对运动过程中的偏差传播模型,矫正并预测相对过程中的碰撞,并作出预警。

解析方法的难点在于可解析模型的构建,为了降低构建难度,同时保证计算速度,研究人员相继提出了半解析方法,例如,Yang 等[134]将 STT 法与 GMM 融合,针对非线性的绝对运动提出了半解析的偏差演化分析模型,并利用蒙特卡洛打靶进行验证。针对动力学系统中的测量误差和初始状态不确定性,Vishwajeet 等[135]提出了一种动态选择高斯核进行拆分合并的自适应 GMM,给出了沿多个方向分割多维高斯分布的自适应方法,自适应过程中将 Kolmogorov 方程的误差最小化,并验证了模型的准确性,但是该方法的解析性也较强。

综上所述,针对不同动力学系统复杂度,可应用多种不确定性传播的描述和计算方法。线性计算方法在计算成本上有优势,但是对于大初始偏差传播或长时间偏差传播问题,将产生较大的计算误差。而非线性方法的计算复杂度较高,但是能得到更精确的不确定性传播结果。

1.4.7 非合作目标地面实验研究进展

航天技术探索需要高昂的资金支持,开发新的技术验证更是耗费巨大。开展安全接近在轨实验存在巨大的碰撞风险,会面临巨大的资金及安全问题,需要通过多重论证后方可真正实施。地面半物理仿真实验系统能够以低成本、小风险的演示验证方法检验新技术的有效性，大大减小安全接近技术应用于实际空间任务的失败率，因此得到了广泛应用。近距离相对运动地面模拟实验系统可以模拟空间中的微重力环境，目前已有的微重力模拟方法包括水浮法[136]、悬吊法[137]、静平衡法[138]及气浮法[139]。

气浮法是航天器空间相对运动模拟实验所采用的最为广泛的研究方法，该方法的主要装置包括气浮装置和平台。基于气浮法进行实验的主要过程[140, 141]如下：气浮装置放置在平台上，通过自身的高压储气瓶向平台持续喷出压缩气体，使气浮装置与平台之间产生一层气膜，从而将系统“浮”起来，实现微重力和微摩擦效果，微重力水平一般可达到$(10^{-3} \sim 10^{-5})g$[142]。气浮实验装置在平台上一般具备平面运动和垂直平面转动共三个自由度的运动能力，平台一般选用硬度高、光滑性好、平整度高的材料，如大理石、玻璃、环氧树脂等。关于气浮平台系统的研究，美国在20世纪50年代就建立了超过20个气浮台，如美国NASA马歇尔太空飞行中心搭建的能提供200磅（1磅≈0.45 kg）重力的载人和无人三自由度气浮平台系统[139]。为了对大型卫星实施全物理仿真，我国也曾引进一个承载能力可达6 t的大型三自由度气浮台[143]。

如今，气浮平台系统已得到了广泛深入的研究，不仅改善了系统的性能，还提高了系统的自由度，如美国海军研究院最新的三自由度气浮平台系统[144]，德国宇航中心[145]和韩国延世大学[146]搭建的五自由度气浮系统，美国伦斯勒理工学院[147]搭建的六自由度气浮台系统等。我国在气浮台系统的研究上也取得了一定的进步，如哈尔滨工业大学设计的空间机械臂气浮实验系统[148]和中国科学院研制的空间六自由度飞行器地面测试气浮台装置[149]。目前，大多数气浮装置是通过气浮系统自身储存气体来充当气源，仿真时长受储气罐的体积与压强的限制。俄罗斯克尔德什应用数学研究所[150]提出，可在平台表面以20 nm为间隔、1 mm为直径进行打孔，孔的底部与外部气源连接，从而提供源源不断的气浮力，延长气浮系统工作时间，为气浮平台系统搭建提供了新的思路。

地面气浮实验装置在模拟航天器空间相对运动问题上已有成熟的研究成果，适合于验证航天器空间机动控制算法。本书所研究的非合作目标安全接近控制技术也在实验室搭建的地面气浮实验平台上进行了验证，并通过实验的方法验证了算法的可行性。

1.5 本书主要内容

第1章绪论部分介绍空间非合作目标的概念与特征、安全接近问题的内涵与特点，并概述国内外安全接近任务发展现状，总结国内外在安全接近领域的学术研究进展。

第 2 章围绕航天器近距离相对运动动力学建模问题,分别给出轨道相对运动模型、姿态相对运动模型和姿轨耦合相对运动模型。

第 3 章针对空间非合作目标近距离姿轨跟踪控制问题,分别提出三种姿轨控制方法:基于状态相关黎卡提方程控制算法、模型预测控制算法和非奇异终端滑模控制算法。

第 4 章针对空间非合作目标的外形表征方法,介绍最小体积包络法和空间目标距离估计法,并提出高斯混合模型采样重构法,以满足安全接近过程中的避撞约束。

第 5 章针对空间非合作目标安全避障问题,介绍几种典型势函数方法,然后基于 Sigmoid 势函数设计避障控制方法,并结合多种势函数开展安全接近的六自由度控制方法研究。

第 6 章针对空间非合作目标复杂外形影响下的安全接近问题,分别考虑目标姿态稳定与姿态旋转情况下的接近问题,设计复杂外形非合作目标安全接近控制律。

第 7 章针对复杂外形双航天器安全接近控制问题,在二维和三维场景下分别构建复杂外形航天器的避撞约束,对复杂外形双航天器的安全接近轨迹进行规划,面向非旋和旋转目标分别设计控制器,以实现姿轨跟踪控制。

第 8 章针对不确定性条件下的航天器近距离悬停控制问题,提出不确定条件下的碰撞风险评估方法、导航偏差影响下的悬停误差带建立和基于降维固定时间的欠驱动悬停控制方法。

第 9 章围绕非合作目标相对运动的可达域与安全区构建问题展开讨论,介绍可达域的基本概念,提出基于奇诺多面体的可达域构建方法,然后初步探讨相对运动安全区及其在航天器碰撞预警中的应用。

第 10 章通过实验对本书所设计的姿轨跟踪控制、安全接近控制算法等进行验证,搭建地面气浮模拟实验系统并开展安全接近地面实验,同时介绍作者团队完成的相关飞行实验情况。

第 11 章对空间非合作目标安全接近控制技术的发展进行总结与展望。

参考文献

[1] Foster B L. Orbit determination for a microsatellite rendezvous with a non-cooperative target [D]. Hoboken: Air Force Institute of Technology, 2003.

[2] Romano M, Friedman D A, Shay T J. Laboratory experimentation of autonomous spacecraft approach and docking to a collaborative target [J]. Journal of Spacecraft and Rockets, 2007, 44(1): 164.

[3] Fehse W. Automated Rendezvous and Docking of Spacecraft [M]. New York: Cambridge

University Press, 2009.
[4] 白明生，金勇，雷剑宇，等. 天舟一号货运飞船研制[J]. 载人航天，2019，25(2)：249－255.
[5] 俄罗斯货运飞船首次测试快速对接模式[J]. 载人航天，2012，18(5)：37.
[6] Aglietti G S, Taylor B, Fellowes S, et al. Survey paper RemoveDEBRIS: an in-orbit demonstration of technologies for the removal of space debris[J]. The Aeronautical Journal, 2020, 124(1271): 1－23.
[7] Biesbroek R, Innocenti L, Wolahan A, et al. E. Deorbit—ESA's active debris removal mission [C]. Darmstadt: Proceedings of the 7th European Conference on Space Debris, 2017: 10.
[8] 诺格公司成为美国国防高级研究计划局在轨服务商业伙伴[J]. 中国航天，2020，3(4)：67.
[9] Coll G T, Webster G, Pankiewicz O, et al. Satellite servicing projects division Restore-L propellant transfer subsystem progress 2020 [C]. AIAA Propulsion and Energy 2020 Forum, 2020.
[10] 吴宏鑫，胡海霞，解永春. 自主交会对接若干问题[J]. 宇航学报，2003，24(2)：132－138.
[11] Pan H Z, Kapila V. Adaptive nonlinear control for spacecraft formation flying with coupled translational and attitude dynamics[C]. Orlando: Proceedings of the 40th IEEE Conference on Decision and Control, 2010.
[12] 何孝港，李永斌. 在轨服务的相对运动耦合动力学建模与分析[J]. 飞行器测控学报，2011，30(5)：66－71.
[13] Ma Z H, Ma O, Shashikanth B N. Optimal control for spacecraft to rendezvous with a tumbling satellite in a close range[C]. Beijing: 2006 IEEE/RSJ International Conference on Intelligent Robots and Systems, 2006.
[14] Wilde M, Ciarcià M, Grompone A, et al. Experimental characterization of inverse dynamics guidance in docking with a rotating target[J]. Journal of Guidance, Control, and Dynamics, 2016, 39(6): 1173－1187.
[15] 朱彦伟. 航天器近距离轨迹规划与控制研究[D]. 长沙：国防科学技术大学，2009.
[16] 李鹏，岳晓奎，袁建平. 对翻滚非合作目标终端逼近的姿轨耦合退步控制[J]. 哈尔滨工业大学学报，2013，45(1)：94－100.
[17] Xu Z P, Chen X Q, Huang Y Y, et al. Nonlinear suboptimal tracking control of spacecraft approaching a tumbling target[J]. Chinese Physics B, 2018, 27(9): 240－250.
[18] Zagaris C, Romano M. Reachability analysis of planar spacecraft docking with rotating body in close proximity[J]. Journal of Guidance, Control, and Dynamics, 2018, 41(6): 1416－1422.
[19] Zagaris C, Romano M. Applied reachability analysis for spacecraft rendezvous and docking with a tumbling object[C]. Kissimmee: Space Flight Mechanics Meeting, 2018.
[20] Wang J Y, Liang H Z, Sun Z W, et al. Finite-time control for spacecraft formation with dual-number-based description[J]. Journal of Guidance, Control, and Dynamics, 2012, 35(3): 950－962.
[21] 朱战霞，史格非，樊瑞山. 航天器相对运动姿轨耦合动力学建模方法[J]. 飞行力学，2018，36(1)：1－6.
[22] Fisher I S. Dual-Number Methods in Kinetics, Statics and Dynamics[M]. BocaRaton: CRC

Press, 1999.
[23] Yang A T. Application of quaternion algebra and dual numbers to the analysis of spital mechanisms[D]. New York: Columbia University, 1964.
[24] Brodsky V, Shoham M. Dual numbers representation of rigid body dynamics[J]. Mechanism and Machine Theory, 1999, 34(5): 693－718.
[25] Filipe N, Tsiotras P. Adaptive position and attitude-tracking controller for satellite proximity operations using dual quaternions[J]. Journal of Guidance, Control, and Dynamics, 2015, 38(4): 566－577.
[26] Wang J Y, Sun Z W. 6－DoF robust adaptive terminal sliding mode control for spacecraft formation flying[J]. Acta Astronautica, 2012, 73: 76－87.
[27] 郝宇星，申麟，李扬. 基于对偶双环滑模的空间翻滚目标相对绕飞控制[J]. 导弹与航天运载技术，2018(5): 57－63, 97.
[28] Ma Z, Ma O, Shashikanth B N. Optimal approach to and alignment with a rotating rigid body for capture[J]. Journal of the Astronautical Sciences, 2007, 55(4): 407－419.
[29] Li P, Yue X K, Yuan J P. Coupled backstepping control for spacecraft to approach with a tumbling non-cooperative object during the final phase[J]. Journal of Harbin Institute of Technology, 2013, 45(1): 94－100.
[30] Xin M, Pan H J. Nonlinear optimal control of spacecraft approaching a tumbling target[J]. Aerospace Science and Technology, 2011, 15(2): 79－89.
[31] 高登巍，罗建军，马卫华，等. 接近和跟踪非合作机动目标的非线性最优控制[J]. 宇航学报，2013, 1(6): 773－781.
[32] 韩飞，吴限德，段广仁，等. 逼近与跟踪翻滚目标的双滑模面姿轨耦合控制[J]. 哈尔滨工程大学学报，2018, 39(1): 23－32.
[33] 王伟林，宋旭民，王磊. 一种用于空间翻滚目标接近控制的相对运动建模方法[J]. 宇航学报，2020, 41(2): 215－223.
[34] 刘将辉，李海阳，陆林，等. 逼近无控旋转目标航天器的混合势函数安全制导[J]. 航空学报，2019, 40(10): 184－196.
[35] 刘将辉，李海阳. 对失控翻滚目标逼近的增广比例导引律控制[J]. 系统工程与电子技术，2018, 40(10): 2311－2316.
[36] Li Q, Yuan J P, Zhang B, et al. Model predictive control for autonomous rendezvous and docking with a tumbling target[J]. Aerospace Science and Technology, 2017, 69(4): 700－711.
[37] Zagaris C, Romano M. Analysis of spacecraft planar docking with rotating body in close proximity[C]. San Antonio: AAS/AIAA Spaceflight Mechanics Meeting, 2017.
[38] Stoneman S, Lampariello R. A nonlinear optimization method to provide real-time feasible reference trajectories to approach a tumbling target satellite[C]. Beijing: ISAIRAS 2016, 2016.
[39] 冯丽程. 空间目标安全接近控制算法研究[D]. 长沙：国防科学技术大学，2016.
[40] Chakravarthy A, Ghose D. Obstacle avoidance in a dynamic environment: a collision cone approach[J]. IEEE Transactions on Systems, Man, and Cybernetics, Part A: Systems and Humans, 1998, 28(5): 562－574.
[41] 吴小健. 基于超二次曲面的柔性航天器避障机动研究[D]. 南京：南京航空航天大

学, 2015.

[42] 张大伟, 宋申民, 裴润, 等. 非合作目标自主交会对接的椭圆蔓叶线势函数制导[J]. 宇航学报, 2010, 23(10): 2259-2268.

[43] 杨维维, 赵勇, 陈小前, 等. 航天器碰撞概率计算方法研究进展[J]. 中国空间科学技术, 2012, 3(6): 8-15.

[44] Foster J L, Estes H S. A parametric analysis of orbital debris collision probability and maneuver rate for space vehicle[R]. Houston: NASA Johnson Space Center, NASA/JSC-25898, 1992.

[45] Patera R P. General method for calculating satellite collision probability [J]. Journal of Guidance, Control and Dynamics, 2001, 24(4): 716-722.

[46] Patera R P. Calculating collision probability for arbitrary space vehicle shapes via numerical quadrature[J]. Journal of Guidance, Control and Dynamics, 2005, 28(6): 1326-1328.

[47] Alfano S. Review of conjunction probability methods for short-term encounters[J]. Advances in the Astronautical Sciences, 2007, 127(2): 719-746.

[48] Chan K. Short-Term vs. Long-term spacecraft encounters [C]. Providence: AIAA/AAS Astrodynamics Specialist Conference and Exhibit, 2004.

[49] Wang Y, Bai Y Z, Xing J J, et al. Equal-collision-probability-curve method for safe spacecraft close-range proximity maneuvers[J]. Advances in Space Research, 2018, 62(9): 2599-2619.

[50] Wang Y, Bai Y Z, Ran D C, et al. Dual-equal-collision-probability-curve method for spacecraft safe proximity maneuvers in presence of complex shape[J]. Acta Astronautica, 2019, 159(7): 65-76.

[51] Wang Y, Chen X Q, Ran D C, et al. Multi-equal-collision-probability-cure method for convex polygon-shape spacecraft safe proximity maneuvres [J]. The Journal of Navigation, 2019, 72(2): 405-429.

[52] Henshaw C G. A variational technique for spacecraft trajectory planning[D]. College Park: University of Maryland, 2003.

[53] Henshaw C G, Sanner R M. Variational technique for spacecraft trajectory planning[J]. Journal of Aerospace Engineering, 2010, 23(3): 147-156.

[54] Philips J M, Bedrossian N, Kavraki L E, et al. Guided expansive spaces trees: a search strategy for motion- and cost-constrained state spaces[C]. New Orleans: IEEE International Conference on Robotics and Automation, 2004.

[55] Rosell J, Iniguez P. Path planning using harmonic functions and probabilistic cell decomposition [C]. Barcelona: IEEE International Conference on Robotics and Automation, 2005.

[56] David B. A Gauss pseudo-spectral transcription for optimal control[D]. Boston: Massachusetts Institute of Technology, 2005.

[57] Chu X Y, Zhang J R, Shan L, et al. Optimised collision avoidance for an ultra-close rendezvous with a failed satellite based on the Gauss pseudospectral method[J]. Acta Astronautica, 2016, 128: 363-376.

[58] Huntington G T. Advancement and analysis of a Gauss pseudospectral transcription for optimal control problem[D]. Boston: Massachusetts Institute of Technology, 2007.

[59] Chu X Y, Zhang J R, Zhang Y, et al. Safe-trajectory optimization and tracking control in ultra-close proximity to a failed satellite[J]. Acta Astronautica, 2018, 144: 339-352.

[60] Luo Y Z, Liang L B, Wang H, et al. Quantitative performance for spacecraft rendezvous trajectory safety[J]. Journal of Guidance, Control, and Dynamics, 2011, 34(4): 1264-1269.

[61] Luo Y Z, Zhang J, Tang G J. Survey of orbital dynamics and control of space rendezvous[J]. Chinese Journal of Aeronautics, 2014, 27(1): 1-11.

[62] Luo Y Z, Yang Z. A review of uncertainty propagation in orbital mechanics[J]. Progress in Aerospace Science, 2017, 89: 23-29.

[63] Yang Z, Luo Y Z, Zhang J, et al. Uncertainty quantification for short rendezvous missions using a nonlinear covariance propagation method[J]. Journal of Guidance, Control, and Dynamics, 2016, 39(9): 2167-2175.

[64] Sun Z J, Luo Y Z, Li H Y. Uncertainty-dependent warning threshold for spacecraft rendezvous collision probability [J]. IEEE Transactions on Aerospace and Electronic Systems, 2018, 55(1): 2-16.

[65] Sun Z J, Luo Y Z, Zhang J, et al. A nonlinear and non-Gaussian propagation method for spacecraft trajectory uncertainty[J]. Journal of Astronautics, 2016, 37(11): 1289-1297.

[66] Sun Z J, Luo Y Z, Lizia P, et al. Nonlinear orbital uncertainty propagation with differential algebra and Gaussian mixture model[J]. Science China Physics, Mechanics and Astronomy, 2019, 62: 34511.

[67] Cao L, Qiao D, Xu J W. Suboptimal artificial potential function sliding mode control for spacecraft rendezvous with obstacle avoidance[J]. Acta Astronautica, 2018, 143: 133-146.

[68] Ramalho G M, Carvalho S R, Finardi E C, et al. Trajectory optimization using sequential convex programming with collision avoidance [J]. Journal of Control, Automation and Electrical Systems, 2018, 29(3): 318-327.

[69] Chu X Y, Hu Q, Zhang J R. Path planning and collision avoidance for a multi-arm space maneuverable robot [J]. IEEE Transactions on Aerospace and Electronic Systems, 2018, 54(1): 217-232.

[70] Khatib O. Real-time obstacle avoidance for manipulators and mobile robots[J]. The International Journal of Robotic Research, 1986, 5(1): 90-98.

[71] Ismael L, McInnes C R. Autonomous rendezvous using artificial potential function guidance[J]. Journal of Guidance, Control and Dynamics, 1995, 18 (2): 237-241.

[72] McInnes C R. Autonomous path planning for on-orbit servicing vehicles [J]. Journal of the British interplanetary Society, 2000, 53(1/2): 26-38.

[73] McInnes C R. Autonomous proximity maneuvering using artificial potential function [J]. ESA Journal, 1993, 17(2): 159-169.

[74] McInnes C R, Badawy A. On-orbit assembly using superquadric potential fields[J]. Journal of Guidance, Control, and Dynamics, 2008, 31: 33-43.

[75] Ni Q, Huang Y Y, Chen X Q. Nonlinear control of spacecraft formation flying with disturbance rejection and collision avoidance[J]. Chinese Physics B, 2017, 26(1): 254-263.

[76] Hu Q L, Dong H Y, Zhang Y M, et al. Tracking control of spacecraft formation flying with collision avoidance[J]. Aerospace Science and Technology, 2015, 42: 353-364.

[77] 马广富，董宏洋，胡庆雷. 考虑避障的航天器编队轨道容错控制律设计[J]. 航空学报，2017, 38(10): 201-211.

[78] 郑重，宋申民. 考虑避免碰撞的编队卫星自适应协同控制[J]. 航空学报，2013，34(8)：1934－1943.
[79] Slater G L, Byram S M, William T W. Collision avoidance for satellites in formation flight[J]. Journal of Guidance, Control, and Dynamics, 2006, 29(5): 1140－1146.
[80] Lee D, Sanyal A K, Butcher E A. Asymptotic tracking control for spacecraft formation flying with decentralized collision avoidance[J]. Journal of Guidance, Control, and Dynamics, 2015, 38(4): 587－600.
[81] Huang X, Yan Y, Zhou Y. Underactuated spacecraft formation reconfiguration with collision avoidance[J]. Acta Astronautica, 2017, 131: 166－181.
[82] Schlanbusch R, Kristiansen R, Nicklasson P J. Spacecraft formation reconfiguration with collision avoidance[J]. Automatica, 2011, 47(7): 1443－1449.
[83] Liao F, Teo R, Wang J L, et al. Distributed formation and reconfiguration control of VTOL UAVs[J]. IEEE Transactions on Control Systems Technology, 2017, 25(1): 270－277.
[84] John-Olcayto E S, McInnes C, Ankersen F. Safety-critical autonomous spacecraft proximity operations via potential function guidance[C]. Reno: 45th AIAA Aerospace Sciences Meeting and Exhibit, 2007.
[85] McCamish S B, Romano M, Yun X P. Autonomous distributed control of simultaneous multiple spacecraft proximity maneuvers[J]. IEEE Transactions on Automation Science and Engineering, 2010, 7(3): 633－644.
[86] Wen H, Chen T, Jin D P, et al. Passivity-based control with collision avoidance for a hub-beam spacecraft[J]. Advance in Space Research, 2017, 59(1): 425－433.
[87] Palacios L, Ceriotti M, Radice G. Close proximity formation flying via linear quadratic tracking controller and artificial potential function[J]. Advances in Space Research, 2015, 56(10): 2167－2176.
[88] McCamish S, Romano M, Yun X P. Autonomous distributed control algorithm for multiple spacecraft in close proximity operations[C]. Hilton Head: AIAA Guidance, Navigation and Control Conference and Exhibit, 2007.
[89] Lim H C, Bang H C, Kim H D. Sliding mode control for the configuration of satellite formation flying using potential functions[J]. International Journal of Aero-nautical and Space Sciences, 2005, 6(2): 56－63.
[90] Munoz J D, Boyarko G, Fitz-Coy N. Rapid path-planning options for autonomous proximity operations of spacecraft[C]. Toronto: AIAA/AAS Astrodynamics Specialist Conference, 2010.
[91] 高鹏，罗建军. 航天器规避动态障碍物的自适应人工势函数制导[J]. 中国空间科学技术，2010，10(5)：1－8.
[92] 冯丽程，白玉铸，陈小前. 航天器避障交会有限时间滑模控制[J]. 宇航学报，2016，37(11)：1342－1348.
[93] Zhang D W, Song S M, Pei R. Safe guidance for autonomous rendezvous and docking with a non-cooperative target[C]. Toronto: AIAA Guidance, Navigation and Control Conference, 2010.
[94] 杨维维. 航天器近距离操作自主防撞控制方法研究[D]. 长沙：国防科学技术大学，2013.
[95] 梁献霞，刘朝英，宋雪玲，等. 改进人工势场法的移动机器人路径规划研究[J]. 计算机仿

真，2018，35(4)：291－294，361.
[96] 鲁新军，陈焕文，谢丽娟，等. 机器人导航中势场局部最小的水流解决法[J]. 微计算机信息，2009，25(2)：241－243.
[97] 于振中，闫继宏，赵杰，等. 改进人工势场法的移动机器人路径规划[J]. 哈尔滨工业大学学报，2011，43(1)：50－55.
[98] 殷路，尹怡欣. 基于动态人工势场法的路径规划仿真研究[J]. 系统仿真学报，2009，21(11)：3325－3341.
[99] 朱仁璋，汤溢，尹艳. 空间交会最终平移轨迹安全模式设计[J]. 宇航学报，2004，25(4)：443－448.
[100] Li B, Zhang H B, Zheng W, et al. Spacecraft close-range trajectory planning via convex optimization and multi-resolution technique[J]. Acta Astronautica, 2020, 175(4): 421－437.
[101] Patera R P. Quick method to determine long-term orbital collision risk[C]. Arlington: AIAA SatMax Conference 2002, 2002.
[102] Patera R P. Conventional form of the collision probability integral for arbitrary space vehicle shape[C]. Providence: AIAA/AAS Astrodynamics Specialist Conference and Exhibit, 2004.
[103] 程陶，刘静，王荣兰，等. 空间碎片预警中的碰撞概率法研究[J]. 空间科学学报，2006，26(6)：452－458.
[104] 冯昊. 空间碎片碰撞概率及其阈值分析和研究[D]. 北京：中国科学院大学，2008.
[105] Alfriend K T, Akella M R, Frisbee J, et al. Probability of collision error analysis[J]. Space Debris, 1999, 1: 21－35.
[106] Bai X Z, Ma C W, Chen L. Maximum collision probability considering variable size, shape, and orientation of covariance ellipse[J]. Advances in Space Research, 2016, 58(6), 950－966.
[107] Ding J, Sprinkle J, Tomlin C J, et al. Reachability calculations for vehicle safety during manned/unmanned vehicle interaction[J]. Journal of Guidance, Control, and Dynamics, 2012, 35(1): 138－152.
[108] Ding J, Sprinkle J, Sastry S, et al. Reachability calculations for automated aerial refueling[C]. Cancun: 47th IEEE Conference on Decision and Control, 2008.
[109] Stapel J, de Visser C, van Kampen E J, et al. Efficient methods for flight envelope estimation through reachability analysis[C]. San Diego: AIAA Guidance, Navigation, and Control Conference, 2016.
[110] Althoff M, Stursberg O, Buss M. Safety assessment of autonomous cars using verification techniques[C]. New York: American Control Conference, 2007.
[111] Holzinger M J, Scheeres D J. Applied Reachability for space situational awareness and safety in spacecraft proximity operations[C]. Chicago: AIAA Guidance, Navigation, and Control Conference, 2009.
[112] Holzinger M J, Scheeres D J. Reachability results for nonlinear systems with ellipsoidal initial sets[J]. IEEE Transactions on Aerospace and Electronic Systems, 2012, 48(2): 1583－1600.
[113] HomChaudhuri B, Oishi M M K, Shubert M, et al. Computing reach-avoid sets for space vehicle docking under continuous thrust[C]. Las Vegas: 55th IEEE Conference on Decision and Control (CDC), 2016.

[114] Zagaris C, Romano M. Reachability analysis of planar spacecraft docking with rotating body in close proximity[J]. Journal of Guidance, Control, and Dynamics, 2018, 41(6): 1416-1422.

[115] Zagaris C, Romano M. Analysis of spacecraft planar docking with rotating body in close proximity[C]. San Antonio: 27th AAS/AIAA Spaceflight Mechanics Meeting, 2017.

[116] Zagaris C, Romano M. Applied reachability analysis for spacecraft rendezvous and docking with a tumbling object[C]. Kissimmee: Space Flight Mechanics Meeting, 2018.

[117] 雪丹，李俊峰，宝音贺西. 平面脉冲作用下卫星轨道的可达范围研究[J]. 宇航学报，2009，30(1)：88-92.

[118] 雪丹，李俊峰. 确定卫星可达范围的优化方法[J]. 清华大学学报(自然科学版)，2009，49(11)：1852-1855.

[119] Wen C X, Zhao Y S, Shi P. Precise determination of reachable domain for spacecraft with single impulse[J]. Journal of Guidance, Control, and Dynamics, 2014, 37(6): 1767-1779.

[120] Wen C X, Zhao Y S, Shi P, et al. Orbital accessibility problem for spacecraft with a single impulse[J]. Journal of Guidance, Control, and Dynamics, 2014, 37(4): 1260-1271.

[121] 李雪华，和兴锁. 连续推力作用下卫星轨道的相对可达区域研究[J]. 飞行力学，2011，29(1)：63-65，88.

[122] Wen C X, Gurfil P. Relative reachable domain for spacecraft with initial state uncertainties[J]. Journal of Guidance Control and Dynamics, 2015, 39(3): 462-473.

[123] 石昊，赵育善，师鹏，等. 初值不确定轨道可达区域计算[J]. 宇航学报，2016，37(4)：411-419.

[124] 陈小前，姚雯，欧阳琦. 飞行器不确定性多学科设计优化理论与应用[M]. 北京：科学出版社，2013.

[125] 黄艺，贾英民. 非合作目标绕飞任务的航天器鲁棒姿轨耦合控制[J]. 控制理论与应用，2018，35(10)：18-27.

[126] Jesus A D C D, Souza M L D O, Prado A F B A. Statistical analysis of non-impulsive orbital transfers under thrust errors. I. [J]. Nonlinear Dynamics and Systems Theory, 2002, 2(2): 157-172.

[127] Battin R H. An Introduction to the Mathematics and Methods of Astrodynamics[M]. Reston: AIAA Educations Series, 1999.

[128] Zarchan P. Complete statistical analysis of nonlinear missile guidance systems — SLAM[J]. Journal of Guidance, Control, and Dynamics, 1979, 2(1): 71-78.

[129] Julier S, Uhlmann J. Unscented filtering and nonlinear estimation[J]. Proceedings of the IEEE, 2004, 92(3): 401-422.

[130] Park R S, Scheeres D J. Nonlinear mapping of Gaussian statistics: theory and applications to spacecraft trajectory design[J]. Journal of Guidance, Control, and Dynamics, 2006, 29(6): 1367-1375.

[131] Terejanu G, Singla P, Singh T, et al. Uncertainty propagation for nonlinear dynamic systems using Gaussian mixture models[J]. Journal of Guidance, Control, and Dynamics, 2008, 31(6): 1623-1633.

[132] Lee S, Lyu H, Hwang I. Analytical uncertainty propagation for satellite relative motion along elliptic orbits[J]. Journal of Guidance, Control, and Dynamics, 2016, 39(7): 1593-1601.

[133] Vishwajeet K, Singla P, Jah M. Nonlinear uncertainty propagation for perturbed two-body orbits [J]. Journal of Guidance, Control, and Dynamics, 2014, 37(5): 1415 - 1425.

[134] Yang Z, Luo Y Z, Lappas V, et al. Nonlinear analytical uncertainty propagation for relative motion near J2-perturbed elliptic orbits[J]. Journal of Guidance, Control, and Dynamics, 2018, 41(4): 888 - 903.

[135] Vishwajeet K, Singla P. Adaptive split/merge-based Gaussian mixture model approach for uncertainty propagation[J]. Journal of Guidance, Control, and Dynamics, 2018, 41(3): 603 - 617.

[136] Xu Y S, Brown H B, Friedman M, et al. Control system of the self-mobile space manipulator [J]. IEEE Transactions on Control Systems Technology, 1994, 2(3): 207 - 219.

[137] White G C, Xu Y. An active vertical-direction gravity compensation system[J]. IEEE Transactions on Instrumentation and Measurement, 1994, 43(6): 786 - 792.

[138] 何雷, 孙汉旭, 贾庆轩, 等. 基于静平衡原理的机械臂重力补偿方法研究[J]. 机电产品开发与创新, 2013, 6(1): 9 - 11.

[139] Schwartz J L, Peck M A, Hall C D. Historical review of air-bearing spacecraft simulators[J]. Journal of Guidance, Control and Dynamics, 2003, 26(4): 513 - 522.

[140] 张海鑫, 高泽普, 邱伟. 对接控制设备仿真试验失重状态模拟三自由度气浮平台设计[J]. 液压与气动, 2017, 11(315): 90 - 94.

[141] 李传东, 王亮. 气浮平台转动惯量测量精度影响因素分析[J]. 应用科技, 2017, 44(5): 57 - 61.

[142] Rybus T, Seweryn K, Oleś J, et al. Application of a planar air-bearing microgravity simulator for demonstration of operations required for an orbital capture with a manipulator[J]. Acta Astronautica, 2019, 155(1): 211 - 229.

[143] 李季苏, 牟小刚, 孙维德, 等. 大型卫星三轴气浮台全物理仿真系统[J]. 控制工程, 2001, 9(3): 22 - 26.

[144] Zappulla R, Virgili Llop J, Zagaris C, et al. Dynamic air-bearing hardware-in-the-loop testbed to experimentally evaluate autonomous spacecraft proximity maneuvers[J]. Journal of Spacecraft and Rockets, 2017, 54(4): 825 - 839.

[145] Cho D M, Jung D, Tsiotras P. A 5-DoF experimental platform for spacecraft rendezvous and docking[C]. Seattle: AIAA Infotech at Aerospace Conference, 2009.

[146] Eun Y, Park C, Park S Y. Design and development of ground-based 5-DoF spacecraft formation flying testbed [C]. San Diego: AIAA Modeling and Simulation Technologies Conference, 2016.

[147] Saulnier K, Perez D, Huang R C, et al. A six-degree-of-freedom hardware-in-the-loop simulator for small spacecraft[J]. Acta Astronautica, 2014, 105(2): 444 - 462.

[148] 杨庆, 汤亚锋, 税海涛. 微型空间机械臂地面试验系统[J]. 兵工自动化, 2010, 3(8): 74 - 76.

[149] 张涛, 汪小华, 查世红, 等. 空间微重力环境下飞行器质量模拟方法研究[J]. 机器人, 2008, 1(6): 528.

[150] Ivanov D E A, Koptev M, Mashtakov Y, et al. Determination of disturbances acting on small satellite mock-up on air bearing table[J]. Acta Astronautica, 2018, 142(7): 265 - 276.

第 2 章

航天器近距离相对运动建模方法

在航天领域,航天器相对运动力学是个比较经典的问题,众多学者开展了大量研究[1-7],根据任务需求选择合理的描述方法是相关研究和应用的前提。相对运动动力学包括轨道相对运动动力学、姿态相对运动动力学和姿轨耦合相对运动动力学。

轨道相对运动动力学模型是航天器接近问题的研究基础。自 20 世纪 60 年代开展空间交会对接技术研究以来,学术界在航天器相对运动建模方面已经积累了极其丰富的理论成果。根据卫星状态描述方法、所考虑的摄动因素和参考轨道类型,可以将现有的轨道相对运动动力学模型划分为两种主流的描述方法——基于相对轨道根数的描述方法和基于运动状态参数的描述方法[2]。其中,基于相对轨道根数的描述方法利用经典轨道根数或准非奇异相对轨道根数描述航天器的相对运动,该方法适用于分析存在长期摄动影响下的航天器相对运动特性和控制机动问题;基于运动状态参数的相对运动模型可分为非线性模型和线性模型两类,非线性模型常见的方法有 Tschauner-Hempl(T－H)方程,线性模型包括 C－W 方程和 Lovell 方程等。其中,C－W 方程作为一种经典的线性相对运动模型,其保留了非线性微分加速度项的一阶项,具有简洁的状态转移矩阵解,这一解析解具备轨道平面内摆线运动和轨道平面外简谐运动的解耦特性,其可靠性先后在多种空间近距离操作任务中得到了飞行验证[6, 7]。

姿态相对运动动力学模型的引入,可以解决在接近过程中涉及的相对姿态指向约束或者姿态同步问题。描述航天器姿态的方法很多,最简单的描述方法是由欧拉定理推导的基于欧拉角、四元数的姿态描述方法[8],此外还有利用修正罗得里格斯(modified Rodrigues)参数的姿态描述方法。选择使用何种描述法取决于实际应用及参数选择,文献[9]对此进行了较全面的总结。虽然四元数较其他描述增加了一维冗余参数,但其省去了欧拉角三角函数的烦琐运算及带来的奇异点问题,近年来,基于四元数的相对姿态控制和滤波技术得到了关注[10, 11]。相比相对轨道运动研究而言,单独的相对姿态研究文献较少,由于相对姿态约束往往与相对位置相关,研究更多关注航天器的姿轨耦合相对运动动力学。

在空间目标接近任务中，往往需要同时精确控制两航天器的相对位置和姿态。传统的航天器轨道和姿态运动是分别描述、独立控制的，而对于控制精度要求较高的航天任务，这种解耦的方法表现出一定的局限性[12]：一方面影响相对位置和相对姿态的精度，另一方面增加了测量和控制系统的复杂性。目前，广泛研究的姿轨耦合动力学模型大致分为以下三种：① 考虑控制指令及控制输入耦合，将基于相对轨道动力学的控制输入转换到目标体坐标系中，建立相对位置和姿态一体化耦合动力学模型[11]；② 基于相对测量信息耦合，以服务航天器体坐标系为参考坐标系建立相对姿态和轨道动力学方程[13]；③ 基于任务约束要求，针对慢旋非合作目标在轨服务任务，在目标体坐标系中建立相对轨道动力学以满足相对位置保持的需求[10]。上述模型本质上是通过耦合项将相对轨道和相对姿态耦合建模。近几年，基于对偶四元数一体化描述方法的姿轨耦合动力学受到了关注和应用。对偶四元数是对偶数[14]与四元数相结合的数学描述方法，其将刚体的旋转运动和平移运动统一考虑，继承了四元数的运算性质，是描述刚体一般运动最简洁、有效的方法之一[15]。作为 21 世纪描述物理学与工程学的数学工具，对偶四元数同样适用于描述航天器姿轨耦合相对运动动力学问题，进一步应用到航天器控制问题中，可以获得很好的控制效果[16-18]。

本章核心内容围绕航天器近距离相对运动建模问题，分别给出轨道相对运动模型、姿态相对运动模型和姿轨耦合相对运动模型。首先，本章定义了书中常用的坐标系，介绍服务航天器与目标航天器之间的近距离轨道相对运动模型；其次，在刚体转动动力学的基础上，介绍航天器姿态相对运动模型，建立线性化的姿态相对运动模型，并对模型误差进行分析；最后，给出基于对偶四元数的姿轨耦合相对运动模型，并与传统的相对运动方程进行对比，分析姿轨耦合特性。

2.1 轨道相对运动模型

本节主要介绍航天器质心运动的轨道相对运动模型，分别在轨道坐标系和目标体坐标系下描述相对运动。其中，轨道坐标系下的相对运动模型主要用于一般情况下的相对运动研究，体坐标系下的相对运动模型主要用于研究空间目标姿态变化时的接近问题。

2.1.1 坐标系定义和转换

1. 坐标系定义

图 2.1 中展现了安全接近任务场景，图中有两个航天器，分别为服务航天器和

目标航天器。为描述航天器接近过程中的相对运动，首先要建立坐标系统。书中涉及的坐标系主要包括三种：地心惯性(earth centered inertial, ECI)坐标系、LVLH 坐标系和航天器体坐标系，分别将其表示为 $F_i = \{O_i, x_i, y_i, z_i\}$、$F_l = \{O_l, x_l, y_l, z_l\}$ 和 $F_b = \{O_b, x_b, y_b, z_b\}$。

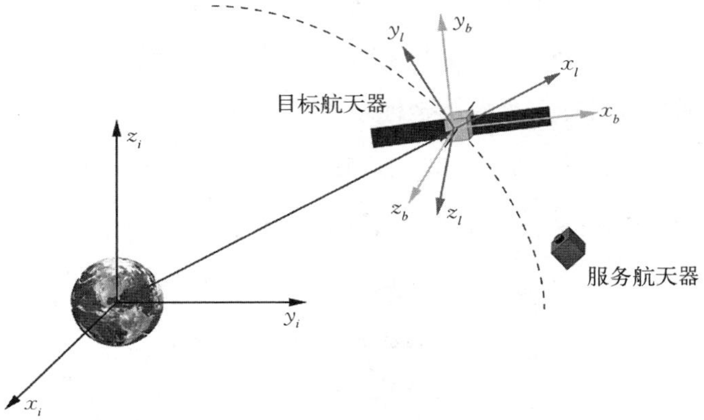

图 2.1　常用坐标系

1) ECI 坐标系 F_i

ECI 坐标系的坐标原点位于地球质心，$x_iO_iy_i$ 平面与地球赤道面重合，其中 x_i 轴指向 J2000.0 平春分点，z_i 轴指向北方且与平赤道面垂直，构成右手直角坐标系。

2) LVLH 坐标系 F_l

LVLH 坐标系是轨道坐标系的一种，是描述航天器相对运动常用的坐标系，以目标航天器的质心为坐标原点，x_l 轴由地心指向目标航天器的质心，z_l 轴沿目标航天器轨道角动量方向，y_l 轴、x_l 轴和 z_l 轴构成右手正交坐标系。

3) 航天器体坐标系 F_b

航天器体坐标系常与 LVLH 坐标系结合用来描述自身的姿态变化，坐标原点位于航天器质心，三个坐标轴方向分别与其三个主惯量轴方向重合。

2. 坐标系变化

坐标系之间的相对姿态关系可以用坐标轴的旋转来表示，描述两个坐标轴之间的旋转关系一般采用转移矩阵。ECI 坐标系到 LVLH 坐标系的转移矩阵为

$$\boldsymbol{M}_{li} = \boldsymbol{M}_z(u_t)\boldsymbol{M}_x(i_t)\boldsymbol{M}_z(\Omega_t) \tag{2.1}$$

式中，u_t、i_t 和 Ω_t 分别表示目标航天器的纬度幅角、轨道倾角和升交点赤经。

$\boldsymbol{M}_m(\alpha)$ 表示绕 m 轴转过角度 α 的初等转换矩阵，具体表达式为

$$M_x(\alpha)=\begin{bmatrix}1&0&0\\0&\cos\alpha&\sin\alpha\\0&-\sin\alpha&\cos\alpha\end{bmatrix},\quad \boldsymbol{M}_y(\alpha)=\begin{bmatrix}\cos\alpha&0&-\sin\alpha\\0&1&0\\\sin\alpha&0&\cos\alpha\end{bmatrix}$$

$$\boldsymbol{M}_z(\alpha)=\begin{bmatrix}\cos\alpha&\sin\alpha&0\\-\sin\alpha&\cos\alpha&0\\0&0&1\end{bmatrix}\tag{2.2}$$

LVLH 坐标系到目标航天器体坐标系的转换矩阵为

$$\boldsymbol{M}_{bl}=\boldsymbol{M}_x(\varphi)\boldsymbol{M}_y(\theta)\boldsymbol{M}_z(\psi)\tag{2.3}$$

式中，ψ、θ 和 φ 是按 3－2－1 顺序定义的欧拉角，其对应的欧拉方程为

$$\begin{cases}\omega_x=\dot{\varphi}-\dot{\psi}\sin\theta\\\omega_y=\dot{\theta}\cos\varphi+\dot{\psi}\cos\theta\sin\varphi\\\omega_z=-\dot{\theta}\sin\varphi+\dot{\psi}\cos\theta\cos\varphi\end{cases}\tag{2.4}$$

式中，ω_x、ω_y 和 ω_z 分别表示角速度矢量的三个分量，反解方程组(2.4)可得

$$\begin{cases}\dot{\varphi}=\omega_x+(\omega_y\sin\varphi+\omega_z\cos\varphi)\tan\theta\\\dot{\theta}=\omega_y\cos\varphi-\omega_z\sin\varphi\\\dot{\psi}=(\omega_y\sin\varphi+\omega_z\cos\varphi)/\cos\theta\end{cases}\tag{2.5}$$

当 $\theta=\pm 90°$ 时，方程(2.5)将会出现奇点，不能得到有效解，而采用欧拉四元数描述坐标系角度变化可以避免奇点问题。四元数定义为 $\boldsymbol{q}=q_0+\bar{\boldsymbol{q}}$，其中 $\bar{\boldsymbol{q}}=[q_1,q_2,q_3]^{\mathrm{T}}$。四元数乘法 $\boldsymbol{pq}$ 有如下关系：

$$\boldsymbol{pq}=p_0q_0-\bar{\boldsymbol{p}}\cdot\bar{\boldsymbol{q}}+\bar{\boldsymbol{p}}q_0+p_0\bar{\boldsymbol{q}}+\bar{\boldsymbol{p}}\times\bar{\boldsymbol{q}}\tag{2.6}$$

四元数与欧拉角及角速度的关系为

$$q_0=\cos\frac{\alpha}{2},\quad q_1=E_x\sin\frac{\alpha}{2},\quad q_2=E_y\sin\frac{\alpha}{2},\quad q_3=E_z\sin\frac{\alpha}{2}\tag{2.7}$$

$$\dot{\boldsymbol{q}}=\frac{1}{2}\bar{\boldsymbol{\omega}}\boldsymbol{q}\tag{2.8}$$

式中，α 为坐标轴 $\boldsymbol{E}=[E_x,\ E_y,\ E_z]^{\mathrm{T}}$ 经角度变换所旋转的角度；$\bar{\boldsymbol{\omega}}=[0\quad\omega_x\quad\omega_y\quad\omega_z]^{\mathrm{T}}$ 为四元数形式的角速度。

以四元数表示的由目标航天器体坐标系到 LVLH 坐标系的转换矩阵为

$$
\boldsymbol{M}_{bl}=\begin{bmatrix} q_0^2+q_1^2-q_2^2-q_3^2 & -2q_0q_3+2q_1q_2 & 2q_0q_2+2q_1q_3 \\ 2q_0q_3+2q_1q_2 & q_0^2-q_1^2+q_2^2-q_3^2 & -2q_0q_1+2q_2q_3 \\ -2q_0q_2+2q_1q_3 & 2q_0q_1+2q_2q_3 & q_0^2-q_1^2-q_2^2+q_3^2 \end{bmatrix} \tag{2.9}
$$

2.1.2　LVLH 坐标系下的相对运动模型

令目标航天器和服务航天器在 ECI 坐标系中的位置矢量分别为 $\boldsymbol{r}_t$ 和 $\boldsymbol{r}_s$，则相对位置矢量为 $\boldsymbol{\rho}=\boldsymbol{r}_s-\boldsymbol{r}_t$，轨道动力学方程可表示为

$$
\ddot{\boldsymbol{r}}_t=-\frac{\mu\boldsymbol{r}_t}{r_t^3}+\boldsymbol{f}_t,\quad \ddot{\boldsymbol{r}}_s=-\frac{\mu\boldsymbol{r}_s}{r_s^3}+\boldsymbol{f}_s \tag{2.10}
$$

式中，$\mu=3.986\times10^{14}\ \mathrm{m^2/s^2}$，为地心引力常数；$r_t=|\boldsymbol{r}_t|$ 和 $r_s=|\boldsymbol{r}_s|$ 分别为目标航天器和服务航天器的地心距；$\boldsymbol{f}_t$ 和 $\boldsymbol{f}_s$ 分别表示除地心引力之外的所有摄动力和控制力带来的加速度。

则两航天器的相对动力学方程在 ECI 坐标系中可表示为

$$
\ddot{\boldsymbol{\rho}}=\ddot{\boldsymbol{r}}_s-\ddot{\boldsymbol{r}}_t=-\left(\frac{\mu}{r_s^3}\boldsymbol{r}_s-\frac{\mu}{r_t^3}\boldsymbol{r}_t\right)+\Delta\boldsymbol{f}=\frac{\mu}{r_t^3}\left[\boldsymbol{r}_t-\left(\frac{r_t}{r_s}\right)^3\boldsymbol{r}_s\right]+\Delta\boldsymbol{f} \tag{2.11}
$$

将式(2.11)转换为 LVLH 坐标系中的表达形式：

$$
\ddot{\boldsymbol{r}}+2\boldsymbol{\omega}\times\dot{\boldsymbol{r}}+\boldsymbol{\omega}\times(\boldsymbol{\omega}\times\boldsymbol{r})+\dot{\boldsymbol{\omega}}\times\boldsymbol{r}=\frac{\mu}{r_t^3}\left[\boldsymbol{r}_t-\left(\frac{r_t}{r_s}\right)^3\boldsymbol{r}_s\right]+\Delta\boldsymbol{f} \tag{2.12}
$$

式中，$\boldsymbol{r}$ 为 LVLH 坐标系下的相对位置矢量；$\boldsymbol{\omega}$ 为 LVLH 坐标系相对于惯性坐标系的角速度；$\Delta\boldsymbol{f}=\boldsymbol{f}_s-\boldsymbol{f}_t$。

在轨道坐标系中，式(2.12)中 $\omega=[0\quad 0\quad n]^{\mathrm{T}}$，$n=\sqrt{\dfrac{\mu}{a^3}}$ 为目标航天器的轨道角速度，a 为目标航天器轨道半长轴。圆轨道假设下有 $a=r_t$，此时轨道角速度保持不变，即 $\dot{\boldsymbol{\omega}}=0$，且有 $2\boldsymbol{\omega}\times\dot{\boldsymbol{r}}=2[-n\dot{y}\quad n\dot{x}\quad 0]^{\mathrm{T}}$，$\boldsymbol{\omega}\times(\boldsymbol{\omega}\times\boldsymbol{r})=[-n^2x\quad -n^2y\quad 0]^{\mathrm{T}}$。两航天器的轨道矢径在目标航天器的轨道坐标系里可以表示为 $\boldsymbol{r}_t=[r_t\quad 0\quad 0]^{\mathrm{T}}$，$\boldsymbol{r}_s=[r_t+x\quad y\quad z]^{\mathrm{T}}$。

在近距离相对运动中，地心距远远大于两航天器之间的相对距离，即 $r_t\gg r$，因此在保证一定精度的情况下可以忽略二阶以上小量，从而简化式(2.12)。将服务航天器地心距表示为 $r_s=[(r_t+x)^2+y^2+z^2]^{\frac{1}{2}}=(r^2+r_t^2+2xr_t)^{\frac{1}{2}}$，则有

$$\left(\frac{r_t}{r_s}\right)^3 = \left(\frac{r^2 + r_t^2 + 2xr_t}{r_t^2}\right)^{-\frac{3}{2}} = \left[1 + \left(\frac{r}{r_t}\right)^2 + \frac{2x}{r_t}\right]^{-\frac{3}{2}} \tag{2.13}$$

对式(2.13)进行展开并忽略二阶及以上高阶小量,可得 $\left(\frac{r_t}{r_s}\right)^3 \approx 1 - 3\frac{x}{r_t}$,则有

$$\boldsymbol{r}_t - \left(\frac{r_t}{r_s}\right)^3 \boldsymbol{r}_s \approx \boldsymbol{r}_t - \left(1 - 3\frac{x}{r_t}\right)(\boldsymbol{r}_t + \boldsymbol{r}) = 3\frac{x}{r_t}\boldsymbol{r}_t - \boldsymbol{r} = \begin{bmatrix} 2x \\ -y \\ -z \end{bmatrix} \tag{2.14}$$

将式(2.14)代入式(2.12)并整理,可得

$$\begin{cases} \ddot{x} = 2n\dot{y} + 3n^2 x + f_x \\ \ddot{y} = -2n\dot{x} + f_y \\ \ddot{z} = -n^2 z + f_z \end{cases} \tag{2.15}$$

式中,f_x、f_y 和 f_z 为 $\Delta\boldsymbol{f}$ 在 LVLH 坐标系下 3 个方向的分量。

式(2.15)即为圆轨道假设下的相对运动方程——C-W 方程,C-W 方程是在圆轨道假设下推导的,若目标航天器轨道为椭圆轨道,则偏心率不为零、轨道角加速度也不为零,此时相对运动方程变为

$$\begin{cases} \ddot{x} = 2\omega_e\dot{y} + \dot{\omega}_e y + \left(\omega_e^2 + 2\frac{\mu}{r_t^3}\right)x + f_x \\ \ddot{y} = -2\omega_e\dot{x} - \dot{\omega}_e x + \left(\omega_e^2 - \frac{\mu}{r_t^3}\right)y + f_y \\ \ddot{z} = -\frac{\mu}{r_t^3}z + f_z \end{cases} \tag{2.16}$$

式中,ω_e 和 $\dot{\omega}_e$ 分别表示目标航天器的轨道角速度和角速度变化率,计算公式如下:

$$\omega_e = \frac{n(1 + e\cos f)^2}{(1 - e^2)^{\frac{3}{2}}}, \quad \dot{\omega}_e = \frac{2n^2(1 + e\cos f)^3 e\sin f}{(1 - e^2)^{\frac{3}{2}}} \tag{2.17}$$

式中,e 为目标航天器的轨道偏心率;f 为真近点角。

外部力 $\Delta\boldsymbol{f}$ 可分为主动控制力 $\boldsymbol{u}$ 和外部扰动力 $\boldsymbol{f}_d$ 两部分,将式(2.16)简写为如下矢量等式:

$$\ddot{\boldsymbol{r}} = \boldsymbol{A}\boldsymbol{r} + \boldsymbol{B}\dot{\boldsymbol{r}} + \boldsymbol{u} + \boldsymbol{f}_d \tag{2.18}$$

式(2.18)即两航天器在 LVLH 坐标系中的近距离相对运动动力学模型,其中

$$\boldsymbol{A} = \begin{bmatrix} \omega_e^2 + 2\dfrac{\mu}{r_t^3} & \dot{\omega}_e & 0 \\ -\dot{\omega}_e & \omega_e^2 - \dfrac{\mu}{r_t^3} & 0 \\ 0 & 0 & -\dfrac{\mu}{r_t^3} \end{bmatrix}, \quad \boldsymbol{B} = \begin{bmatrix} 0 & 2\omega_e & 0 \\ -2\omega_e & 0 & 0 \\ 0 & 0 & 0 \end{bmatrix} \tag{2.19}$$

2.1.3　目标体坐标系下的相对运动模型

式(2.18)为建立在 LVLH 坐标系中的两航天器轨道相对运动动力学模型。当考虑目标航天器姿态变化时,模型(2.18)不能完整地描述姿态影响下两航天器之间的相对位置关系。因此,下面将考虑目标航天器的角速度,在目标航天器体坐标系中建立轨道相对运动动力学模型。

设目标航天器的自旋角速度为 $\boldsymbol{\omega}_b$,即为坐标系 F_b 相对于 F_l 的旋转角速度,两个坐标系之间矢量表达式的变换关系如下:

$$\boldsymbol{r}_l = \boldsymbol{M}_{bl}\boldsymbol{r}_b \tag{2.20}$$

$$\frac{\mathrm{d}\boldsymbol{r}_l}{\mathrm{d}t} = \frac{\delta \boldsymbol{r}_b}{\delta t} + \boldsymbol{\omega}_b \times \boldsymbol{r}_b \tag{2.21}$$

$$\frac{\mathrm{d}^2\boldsymbol{r}_l}{\mathrm{d}t^2} = \frac{\delta^2 \boldsymbol{r}_b}{\delta t^2} + \frac{\delta \boldsymbol{\omega}_b}{\delta t} \times \boldsymbol{r}_b + 2\boldsymbol{\omega}_b \times \frac{\delta \boldsymbol{r}_b}{\delta t} + \boldsymbol{\omega}_b \times (\boldsymbol{\omega}_b \times \boldsymbol{r}_b) \tag{2.22}$$

式中,$\boldsymbol{r}_l$、$\dfrac{\mathrm{d}\boldsymbol{r}_l}{\mathrm{d}t}$ 和 $\dfrac{\mathrm{d}^2\boldsymbol{r}_l}{\mathrm{d}t^2}$ 分别表示 LVLH 坐标系下的相对位置矢量、相对速度矢量和相对加速度矢量;$\boldsymbol{r}_b$、$\dfrac{\delta \boldsymbol{r}_b}{\delta t}$ 和 $\dfrac{\delta^2 \boldsymbol{r}_b}{\delta t^2}$ 分别表示目标航天器体坐标系下的相对位置矢量、相对速度矢量和相对加速度矢量。

将式(2.20)~式(2.22)代入 LVLH 坐标系下的近距离相对运动动力学模型(2.18)中,可得

$$\ddot{\boldsymbol{r}} = (-\boldsymbol{\omega}_b^{\times 2} + \boldsymbol{A}\boldsymbol{M}_{bl} + \boldsymbol{B}\boldsymbol{\omega}_b^{\times} - \dot{\boldsymbol{\omega}}_b^{\times})\boldsymbol{r} + (\boldsymbol{B} - 2\boldsymbol{\omega}_b^{\times})\dot{\boldsymbol{r}} + \boldsymbol{u} + \boldsymbol{f}_d \tag{2.23}$$

式中,斜对称矩阵定义为

$$\boldsymbol{\omega}_b^{\times} = \begin{bmatrix} 0 & -\omega_z & \omega_y \\ \omega_z & 0 & -\omega_x \\ -\omega_y & \omega_x & 0 \end{bmatrix} \in \mathbb{R}^{3\times 3}$$

2.2 姿态相对运动模型

本节主要介绍航天器姿态转动的相对运动动力学模型。在刚体转动动力学的基础上,对空间失效旋转目标姿态同步问题,通过小角度假设来建立线性化的姿态相对运动模型,并对模型误差进行分析。

2.2.1 单刚体转动动力学

根据刚体转动欧拉第二定律,航天器转动动力学为

$$\boldsymbol{J}\dot{\boldsymbol{\omega}} + \boldsymbol{\omega} \times (\boldsymbol{J}\boldsymbol{\omega}) = \boldsymbol{\tau}_u + \boldsymbol{\tau}_d \tag{2.24}$$

式中,$\boldsymbol{J}$ 为航天器的转动惯量;$\boldsymbol{\omega}$ 为航天器相对惯性坐标系的角速度;$\boldsymbol{\tau}_u$ 和 $\boldsymbol{\tau}_d$ 分别为控制输入力矩和扰动力矩。

当采用四元数表示姿态转动时,刚体转动的运动学为

$$\dot{\boldsymbol{q}} = \frac{1}{2}\boldsymbol{q} \otimes \tilde{\boldsymbol{\omega}} \tag{2.25}$$

式中,$\boldsymbol{q} = [q_0, \bar{\boldsymbol{q}}]^{\mathrm{T}}$ 为表征刚体姿态的单位四元数,q_0 和 $\bar{\boldsymbol{q}}$ 分别为四元数的标部和矢部;$\tilde{\boldsymbol{\omega}} = [0, \boldsymbol{\omega}]^{\mathrm{T}}$;$\otimes$ 表示四元数乘法运算,定义如下:

$$\boldsymbol{q} \otimes \boldsymbol{p} = \begin{bmatrix} q_0 p_0 - \bar{\boldsymbol{q}}^{\mathrm{T}} \bar{\boldsymbol{p}} \\ q_0 \bar{\boldsymbol{p}} + p_0 \bar{\boldsymbol{q}} + \bar{\boldsymbol{q}} \times \bar{\boldsymbol{p}} \end{bmatrix}, \quad \boldsymbol{q} = [q_0, \bar{\boldsymbol{q}}]^{\mathrm{T}}, \quad \boldsymbol{p} = [p_0, \bar{\boldsymbol{p}}]^{\mathrm{T}} \tag{2.26}$$

且由四元数 $\boldsymbol{q} = [q_0, q_1, q_2, q_3]^{\mathrm{T}}$ 得到对应的旋转矩阵为

$$\boldsymbol{T} = \begin{bmatrix} q_0^2 + q_1^2 - q_2^2 - q_3^2 & 2(q_1 q_2 - q_0 q_3) & 2(q_1 q_3 + q_0 q_2) \\ 2(q_1 q_2 + q_0 q_3) & q_0^2 - q_1^2 + q_2^2 - q_3^2 & 2(q_2 q_3 - q_0 q_1) \\ 2(q_1 q_3 - q_0 q_2) & 2(q_2 q_3 + q_0 q_1) & q_0^2 - q_1^2 - q_2^2 + q_3^2 \end{bmatrix} \tag{2.27}$$

2.2.2　欧拉角表示的相对姿态动力学

如图 2.2 所示，按 3－2－1 转序定义欧拉角 $\boldsymbol{\alpha}=[\alpha_x, \alpha_y, \alpha_z]^{\mathrm{T}}$ 来表征从服务航天器体坐标系 $\{B_s\}=\{b_{s,x}, b_{s,y}, b_{s,z}\}$ 到目标航天器体坐标系 $\{B_t\}=\{b_{t,x}, b_{t,y}, b_{t,z}\}$ 的姿态变化。若已知目标航天器的角速度为 $\boldsymbol{\omega}_t$，则服务航天器的角速度可写为

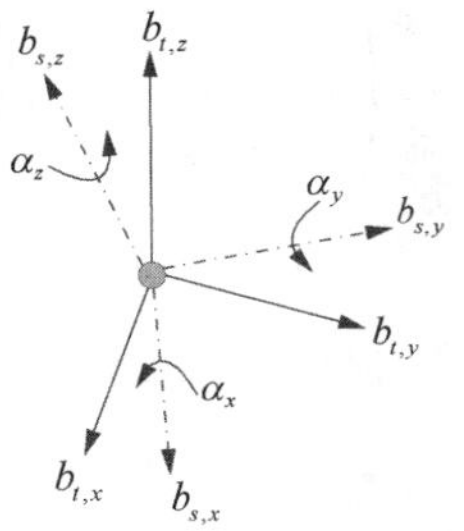

图 2.2　欧拉角表示的相对姿态示意图

$$\boldsymbol{\omega}_s=\dot{\boldsymbol{\alpha}}+(\boldsymbol{I}_3-[\boldsymbol{\alpha}]^{\times})\boldsymbol{\omega}_t \tag{2.28}$$

假设目标航天器的角速度 $\boldsymbol{\omega}_t$ 恒定，忽略外部扰动，将式(2.28)代入姿态动力学方程(2.24)中，可得服务航天器相对目标航天器的姿态动力学方程为

$$\boldsymbol{J}_s(\ddot{\boldsymbol{\alpha}}-[\dot{\boldsymbol{\alpha}}]^{\times}\boldsymbol{\omega}_t)+[\dot{\boldsymbol{\alpha}}+(\boldsymbol{I}_3-[\boldsymbol{\alpha}]^{\times})\boldsymbol{\omega}_t]^{\times}\boldsymbol{J}_s[\dot{\boldsymbol{\alpha}}+(\boldsymbol{I}_3-[\boldsymbol{\alpha}]^{\times})\boldsymbol{\omega}_t]=\boldsymbol{\tau}_u \tag{2.29}$$

进一步假设两航天器的姿态偏差比较小，欧拉角 $\boldsymbol{\alpha}$ 为小量，对式(2.29)只考虑线性项并移项可得

$$\begin{aligned}\boldsymbol{J}_s\ddot{\boldsymbol{\alpha}}=&([\boldsymbol{J}_s\boldsymbol{\omega}_t]^{\times}-[\boldsymbol{\omega}_t]^{\times}\boldsymbol{J}_s-\boldsymbol{J}_s[\boldsymbol{\omega}_t]^{\times})\dot{\boldsymbol{\alpha}}\\&+[\boldsymbol{\omega}_t\boldsymbol{\omega}_t^{\mathrm{T}}\boldsymbol{J}_s-[\boldsymbol{\omega}_t]^{\times}\boldsymbol{J}_s[\boldsymbol{\omega}_t]^{\times}\\&-(\boldsymbol{\omega}_t^{\mathrm{T}}\boldsymbol{J}_s\boldsymbol{\omega}_t)\boldsymbol{I}_3]\boldsymbol{\alpha}-[\boldsymbol{\omega}_t]^{\times}\boldsymbol{J}_s\boldsymbol{\omega}_t+\boldsymbol{\tau}_u\end{aligned} \tag{2.30}$$

将其写成状态空间形式，可得[19]

$$\begin{bmatrix}\dot{\boldsymbol{\alpha}}\\ \ddot{\boldsymbol{\alpha}}\end{bmatrix}=\begin{bmatrix}\boldsymbol{0}_3 & \boldsymbol{I}_3\\ \boldsymbol{A}_{21} & \boldsymbol{A}_{22}\end{bmatrix}\begin{bmatrix}\boldsymbol{\alpha}\\ \dot{\boldsymbol{\alpha}}\end{bmatrix}+\begin{bmatrix}\boldsymbol{0}_3\\ \boldsymbol{J}_s^{-1}\end{bmatrix}\boldsymbol{u} \tag{2.31}$$

其中，

$$\boldsymbol{A}_{21}=\boldsymbol{J}_s^{-1}[\boldsymbol{\omega}_t\boldsymbol{\omega}_t^{\mathrm{T}}\boldsymbol{J}_s-[\boldsymbol{\omega}_t]^{\times}\boldsymbol{J}_s[\boldsymbol{\omega}_t]^{\times}-(\boldsymbol{\omega}_t^{\mathrm{T}}\boldsymbol{J}_s\boldsymbol{\omega}_t)\boldsymbol{I}_3]$$

$$\boldsymbol{A}_{22}=\boldsymbol{J}_s^{-1}([\boldsymbol{J}_s\boldsymbol{\omega}_t]^{\times}-[\boldsymbol{\omega}_t]^{\times}\boldsymbol{J}_s-\boldsymbol{J}_s[\boldsymbol{\omega}_t]^{\times}),\quad \boldsymbol{u}=\boldsymbol{\tau}_u-[\boldsymbol{\omega}_t]^{\times}\boldsymbol{J}_s\boldsymbol{\omega}_t$$

从中可以看出，受目标航天器转动的影响，产生了一个恒定的控制力矩并作用在系统上。同时，所得到的系统是一个线性定常系统，可直接写出解析解。

2.2.3　姿态动力学模型线性化误差分析

分析式(2.31)包含的高阶项，即

$$
\begin{cases}
O(\boldsymbol{\alpha}) = \boldsymbol{J}_s^{-1}[(\boldsymbol{J}_s\dot{\boldsymbol{\alpha}})^{\times}\boldsymbol{\omega}_t^{\times} - \dot{\boldsymbol{\alpha}}^{\times}\boldsymbol{J}_s\boldsymbol{\omega}_t^{\times} + (\boldsymbol{J}_s\boldsymbol{\omega}_t^{\times}\boldsymbol{\alpha})^{\times}\boldsymbol{\omega}_t^{\times} - (\boldsymbol{\omega}_t^{\times}\boldsymbol{\alpha})^{\times}\boldsymbol{J}_s\boldsymbol{\omega}_t^{\times}]\boldsymbol{\alpha} \\
O(\dot{\boldsymbol{\alpha}}) = \boldsymbol{J}_s^{-1}[(\boldsymbol{J}_s\dot{\boldsymbol{\alpha}})^{\times} - \dot{\boldsymbol{\alpha}}^{\times}\boldsymbol{J}_s + (\boldsymbol{J}_s\boldsymbol{\omega}_t^{\times}\boldsymbol{\alpha})^{\times} - (\boldsymbol{\omega}_t^{\times}\boldsymbol{\alpha})^{\times}\boldsymbol{J}_s]\dot{\boldsymbol{\alpha}}
\end{cases}
\tag{2.32}
$$

设保留高阶项时的角度相对/绝对误差为$\delta_{\alpha h} = \|\boldsymbol{\alpha}_{acc} - \boldsymbol{\alpha}_h\| / \|\boldsymbol{\alpha}_{acc}\| \times 100\%$，$\Delta_{\alpha h} = \|\boldsymbol{\alpha}_{acc} - \boldsymbol{\alpha}_h\|$，角速度相对/绝对误差为$\delta_{\omega h} = \|\boldsymbol{\omega}_{acc} - \boldsymbol{\omega}_h\| / \|\boldsymbol{\omega}_{acc}\| \times 100\%$，$\Delta_{\omega h} = \|\boldsymbol{\omega}_{acc} - \boldsymbol{\omega}_h\|$；舍弃高阶项时的角度相对/绝对误差为$\delta_{\alpha f} = \|\boldsymbol{\alpha}_{acc} - \boldsymbol{\alpha}_f\| / \|\boldsymbol{\alpha}_{acc}\| \times 100\%$，$\Delta_{\alpha f} = \|\boldsymbol{\alpha}_{acc} - \boldsymbol{\alpha}_f\|$，角速度相对/绝对误差为$\delta_{\omega f} = \|\boldsymbol{\omega}_{acc} - \boldsymbol{\omega}_f\| / \|\boldsymbol{\omega}_{acc}\| \times 100\%$，$\Delta_{\omega f} = \|\boldsymbol{\omega}_{acc} - \boldsymbol{\omega}_f\|$。其中，$\boldsymbol{\alpha}_{acc}$和$\boldsymbol{\omega}_{acc}$为精确的姿态角和角速度变化。假设目标航天器和服务航天器的转动惯量(单位为 $\mathrm{kg \cdot m^2}$)为

$$
\boldsymbol{J}_t = \boldsymbol{J}_s = \begin{bmatrix} 300 & 0 & 0 \\ 0 & 100 & 0 \\ 0 & 0 & 200 \end{bmatrix}
\tag{2.33}
$$

按照表 2.1 中的参数情况进行误差分析，分析结果见图 2.3。

表 2.1 相对姿态运动线性化模型误差分析工况

工况	仿真时间 t/s	初始相对姿态角 $\boldsymbol{\alpha}_0$/rad	初始相对姿态角速度 $\boldsymbol{\omega}_0$/(rad/s)	目标角速度 $\boldsymbol{\omega}_t$ 变化范围/(rad/s)
1	40	$\boldsymbol{\alpha}_{01}$ = [0.01, 0.01, 0.01]	[0, 0, 0]	[0.01, 0.01, 0.01]~[0.11, 0.11, 0.011]
2		$\boldsymbol{\alpha}_{02}$ = [0.1, 0.1, 0.1]		
3		$\boldsymbol{\alpha}_{03}$ = [0.2, 0.2, 0.2]		
4	10	[0.01, 0.01, 0.01]	$\boldsymbol{\omega}_{01}$ = [0, 0, 0]	[0.01, 0.01, 0.01]~[0.11, 0.11, 0.011]
5			$\boldsymbol{\omega}_{02}$ = [0.01, 0.01, 0.01]	
6			$\boldsymbol{\omega}_{03}$ = [0.02, 0.02, 0.02]	

在仿真工况 1~3 下，保留高阶项和不保留高阶项的角度相对误差和绝对误差对比结果分别如图 2.3(a)和(b)所示，由图可见，误差随$\|\boldsymbol{\alpha}_0\|$和$\|\boldsymbol{\omega}_t\|$的增大而增大，但二者的角度误差相差不大。在仿真工况 4~6 下对保留高阶项和不保留高阶项的角速度相对误差和绝对误差进行对比，结果见图 2.3 (c)和 (d)，由图可知，二者角速度相对误差不大，但图 2.3(d)中不保留高阶项的角速度绝对误差$\Delta_{\omega f}$远大于保留高阶项的$\Delta_{\omega h}$，且在工况 4 下，二者的偏差可达 2%。

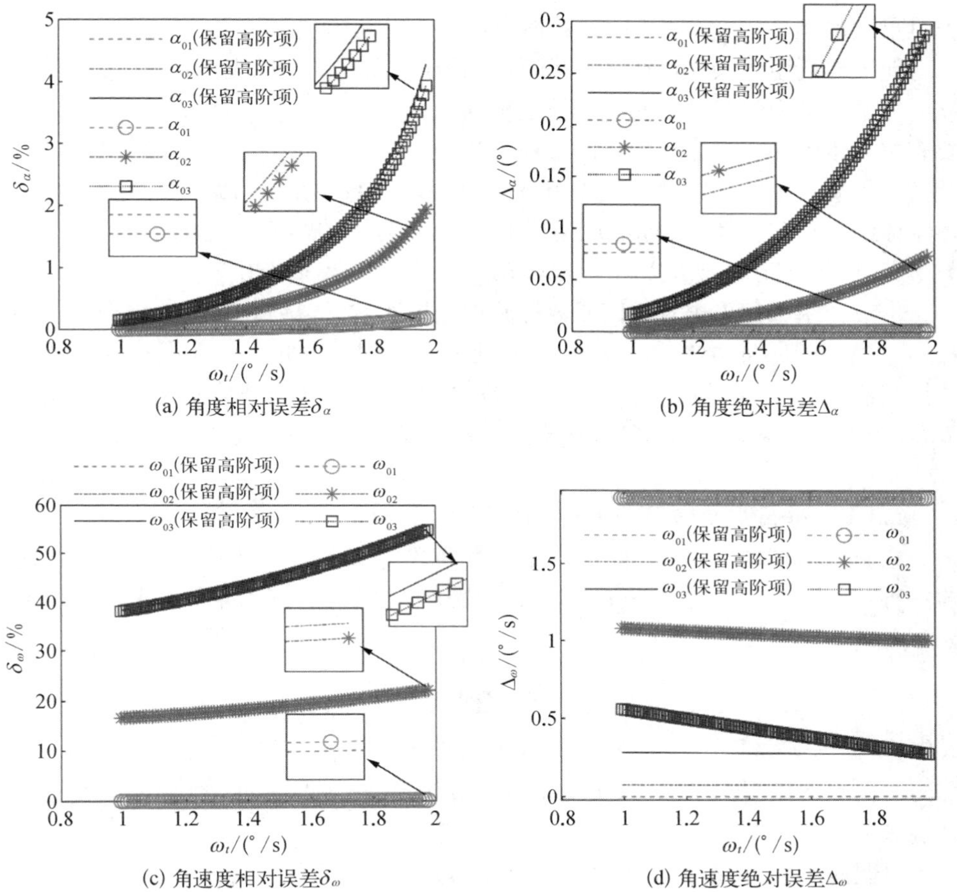

(a) 角度相对误差δ_α　(b) 角度绝对误差Δ_α

(c) 角速度相对误差δ_ω　(d) 角速度绝对误差Δ_ω

图 2.3　保留高阶项与不保留高阶项的线性化误差对比

综上所述,对于姿态动力学模型,考虑到高阶项对角速度的影响,应该予以保留,使得模型线性化偏差更小。

2.3　姿轨耦合相对运动模型

传统的相对运动控制,一般在参考航天器的质心轨道坐标系及控制对象的体坐标系下分别建立相对轨道及相对姿态运动模型,然后分别设计控制器进行控制。对于本书研究的航天器近距离操作,其姿轨运动模型是高度非线性耦合的。众多学者对姿轨耦合产生的原因进行了分析,可以总结为以下几点[20]:① 执行机构安装的位置和偏差导致的相对位置和相对姿态产生的耦合；② 重力梯度力矩和推力矢量导致的耦合；③ 姿态指向及转换矩阵变化引起的耦合。

航天器近距离操作往往需要进行协同控制，以完成预期飞行任务，因此需要建立姿轨耦合动力学模型。针对姿轨建模问题，学者们研究了多种方法，主流方法主要有位置运动和姿态运动耦合的建模方法、基于代数向量的姿轨耦合建模方法，以及基于螺旋理论的姿轨耦合建模方法。对偶四元数便是一种螺旋理论，可统一描述刚体的平动和转动（又称螺旋运动），被证明为描述螺旋运动的最简洁、有效的数学工具[21]，且已成功应用于机器人动力学、惯性导航研究中。

本节介绍一种采用对偶四元数螺旋理论描述航天器姿态与轨道耦合运动的方法，建立航天器质心姿轨耦合相对运动动力学模型。由此可设计同形式的姿轨一体控制器，便于研究非合作目标安全接近机动决策，从而降低控制器设计和实现的复杂度，为实现航天器的高精度相对运动控制奠定基础。

2.3.1 对偶四元数及一般运动描述

在介绍对偶四元数前，首先要提出对偶数的概念。对偶数是由 Clifford 提出的一种数学工具[14]，并由 Study 首次应用于机械机构的运动描述中[22]，其定义如下：

$$\hat{z} = a + \varepsilon b \tag{2.34}$$

式中，a 称为实数部分；b 称为对偶部分；ε 是对偶单位，满足 $\varepsilon^2 = 0$ 且 $\varepsilon \neq 0$；$|\hat{z}|$ 称为对偶数的模，若 $|\hat{z}| = 1$，则称 $\hat{z}$ 为单位对偶数，对偶数的数学意义及其运算法则可参考文献[23]。

对偶四元数，是指其实数部分和对偶部分均为四元数的对偶数，即

$$\hat{q} = \boldsymbol{q} + \varepsilon \boldsymbol{q}' \tag{2.35}$$

式中，$\boldsymbol{q}$ 和 $\boldsymbol{q}'$ 均为四元数。

当然，对偶四元数也可看成实数部分和对偶部分为对偶数的四元数，即 $\hat{q} = [\hat{s}, \hat{\boldsymbol{v}}]$，其中 $\hat{s}$ 为对偶数、$\hat{\boldsymbol{v}}$ 为对偶向量。对偶四元数的范数定义为 $\|\hat{q}\| = \hat{q}\hat{q}^*$，其中 $\hat{q}^* = [\hat{s}, -\hat{\boldsymbol{v}}]$ 为共轭对偶四元数。单位对偶四元数的逆等于其共轭。

对偶四元数的加法和乘法运算与四元数的运算法则相似：

$$\begin{cases} \hat{q}_1 + \hat{q}_2 = \boldsymbol{q}_1 + \boldsymbol{q}_2 + \varepsilon(\boldsymbol{q}'_1 + \boldsymbol{q}'_2) \\ \lambda \hat{q} = \lambda \boldsymbol{q} + \varepsilon \lambda \boldsymbol{q}' \\ \hat{q}_1 \circ \hat{q}_2 = \boldsymbol{q}_1 \circ \boldsymbol{q}_2 + \varepsilon(\boldsymbol{q}_1 \circ \boldsymbol{q}'_2 + \boldsymbol{q}'_1 \circ \boldsymbol{q}_2) \end{cases} \tag{2.36}$$

式中，λ 为标量；$\circ$ 表示对偶四元数的乘法运算符。

此外,对偶四元数具有以下计算性质:

$$
\begin{cases}(\hat{p} \circ \hat{q})^* = \hat{q}^* \circ \hat{p}^* \\ \hat{p} \times \hat{q} = \dfrac{1}{2}(\hat{p} \circ \hat{q} - \hat{q} \circ \hat{p}) = \boldsymbol{p} \times \boldsymbol{q} + \varepsilon(\boldsymbol{p} \times \boldsymbol{q}' + \boldsymbol{p}' \times \boldsymbol{q})\end{cases} \tag{2.37}
$$

假设坐标系 A 到坐标系 B 的变换描述为转动 $\boldsymbol{q}$ 紧接着平移 $\boldsymbol{t}^a$(或先平移 $\boldsymbol{t}^a$ 再转动 $\boldsymbol{q}$),即 $\boldsymbol{t}^b = \boldsymbol{q}^* \circ \boldsymbol{t}^a \circ \boldsymbol{q}$。可以得到坐标系 A 转到坐标系 B 的对偶四元数描述[24]:

$$
\hat{q} = \boldsymbol{q} + \varepsilon \boldsymbol{q}' = \boldsymbol{q} + \varepsilon \frac{1}{2}\boldsymbol{t}^a \circ \boldsymbol{q} = \boldsymbol{q} + \varepsilon \frac{1}{2}\boldsymbol{q} \circ \boldsymbol{t}^b \tag{2.38}
$$

即

$$
\begin{aligned} \boldsymbol{t}^a &= 2\boldsymbol{q}' \circ \boldsymbol{q}^* \\ \boldsymbol{t}^b &= 2\boldsymbol{q}^* \circ \boldsymbol{q}' \end{aligned} \tag{2.39}
$$

进一步,可以得到对偶四元数的运动学方程为[24]

$$
\dot{\hat{q}} = \frac{1}{2}\hat{\omega}_{BA}^a \circ \hat{q} = \frac{1}{2}\hat{q} \circ \hat{\omega}_{BA}^b \tag{2.40}
$$

其中,对偶向量称作速度旋量:

$$
\begin{cases}\hat{\omega}_{BA}^a = \boldsymbol{\omega}_{BA}^a + \varepsilon(\dot{\boldsymbol{t}}^a + \boldsymbol{t}^a \times \boldsymbol{\omega}_{BA}^a) \\ \hat{\omega}_{BA}^b = \boldsymbol{\omega}_{BA}^b + \varepsilon(\dot{\boldsymbol{t}}^b + \boldsymbol{\omega}_{BA}^b \times \boldsymbol{t}^b)\end{cases} \tag{2.41}
$$

式中,$\boldsymbol{\omega}_{BA}^a$ 和 $\boldsymbol{\omega}_{BA}^b$ 分别表示坐标系 B 相对于坐标系 A 的转动角速度在坐标系 A 及坐标系 B 下的投影。

由式(2.38)~式(2.40),可得

$$
\dot{\boldsymbol{t}}^b = \boldsymbol{q}^* \circ (\dot{\boldsymbol{t}}^a + \boldsymbol{t}^a \times \boldsymbol{\omega}_{BA}^a) \circ \boldsymbol{q} \tag{2.42}
$$

对 $\hat{q} \circ \hat{q}^* = [1, 0] + \varepsilon_0$ 两边求导后,结合式(2.40)可得

$$
\dot{\hat{q}}^* = -\frac{1}{2}\hat{\omega}_{BA}^b \circ \hat{q}^* \tag{2.43}
$$

根据动量定理,可以得到基于对偶四元数的刚体动力学方程为[21]

$$
\hat{F}_b = \frac{\mathrm{d}}{\mathrm{d}t}(\hat{M}\hat{\omega}_b) = \hat{M}\dot{\hat{\omega}}_b^b + \hat{\omega}_b \times \hat{M}\hat{\omega}_b = \hat{M}\dot{\hat{\omega}}_b^b + \boldsymbol{\omega}_b \times \hat{M}\hat{\omega}_b \tag{2.44}
$$

式中,刚体对偶惯量 $\hat{M} = \hat{m}\boldsymbol{E} + \hat{\boldsymbol{I}} = \dfrac{\mathrm{d}}{\mathrm{d}\varepsilon}m\boldsymbol{E} + \varepsilon\boldsymbol{I}$, 其中算子 $\dfrac{\mathrm{d}}{\mathrm{d}\varepsilon}$ 与 ε 类似,可使 $\dfrac{\mathrm{d}}{\mathrm{d}\varepsilon}\hat{a} = \dfrac{\mathrm{d}}{\mathrm{d}\varepsilon}(a + \varepsilon a') = a'$, m 为刚体的质量, $\boldsymbol{I}$ 为刚体转动惯量, $\boldsymbol{E}$ 为单位矩阵; $\hat{\omega}_b$ 为刚体质心的速度旋量, $\dot{\hat{\boldsymbol{\omega}}}_b^b$ 为 $\hat{\omega}_b$ 在体坐标系下的导数; $\hat{F}_b = \boldsymbol{f}_b + \varepsilon\boldsymbol{T}_b$, 为作用于刚体的对偶力,其中 $\boldsymbol{f}_b$、$\boldsymbol{T}_b$ 分别表示刚体所受的力和力矩,在航天器动力学与控制问题描述中,该刚体可以视为在轨运行航天器,刚体的质量、转动惯量及所受到的力和力矩都与航天器直接相关。

2.3.2 基于对偶四元数的相对运动模型

设 A 星的体坐标系为 $O_a - x_a y_a z_a$, B 星的体坐标系为 $O_b - x_b y_b z_b$, 两航天器的轨道和姿态的相对运动描述即可表述为坐标系 $O_b - x_b y_b z_b$ 相对于坐标系 $O_a - x_a y_a z_a$ 的螺旋运动,利用对偶四元数描述该运动,即

$$\hat{q}_{BA} = \boldsymbol{q}_{BA} + \varepsilon\frac{1}{2}\boldsymbol{q}_{BA} \circ \boldsymbol{\rho}_{BA}^{b} = \boldsymbol{q}_{BA} + \varepsilon\frac{1}{2}\boldsymbol{\rho}_{BA}^{a} \circ \boldsymbol{q}_{BA} \tag{2.45}$$

B 星相对于 A 星的速度旋量在坐标系 $O_b - x_b y_b z_b$ 中表示为

$$\hat{\boldsymbol{\omega}}_{BA}^{b} = \hat{\omega}_{B}^{b} - \hat{q}_{BA}^{*} \circ \hat{\omega}_{A}^{a} \circ \hat{q}_{BA} = \boldsymbol{\omega}_{BA}^{b} + \varepsilon(\dot{\boldsymbol{\rho}}_{BA}^{b} + \boldsymbol{\omega}_{BA}^{b} \times \boldsymbol{\rho}_{BA}^{b}) \tag{2.46}$$

式中, $\boldsymbol{\rho}_{BA}^{b}$、$\dot{\boldsymbol{\rho}}_{BA}^{b}$、$\boldsymbol{q}_{BA}$、$\boldsymbol{\omega}_{BA}^{b}$ 分别为 B 星相对于 A 星的相对位置、相对速度、姿态四元数及角速度矢量在 B 星体坐标系下的投影,这些量可由 B 星的相对导航与测量系统测量得到; $\hat{q}_{BA}^{*}$ 为 $\hat{q}_{BA}$ 的共轭。

注意:当计算涉及对偶矢量与对偶四元数的运算时,可以把对偶矢量的实部和对偶部看成标量为 0 的四元数。对式(2.46)两边求导,可得

$$\dot{\hat{\boldsymbol{\omega}}}_{BA}^{b} = \dot{\hat{\boldsymbol{\omega}}}_{B}^{b} - \hat{q}_{BA}^{*} \circ \dot{\hat{\boldsymbol{\omega}}}_{A}^{a} \circ \hat{q}_{BA} - \dot{\hat{q}}_{BA}^{*} \circ \hat{\boldsymbol{\omega}}_{A}^{a} \circ \hat{q}_{BA} - \hat{q}_{BA}^{*} \circ \hat{\boldsymbol{\omega}}_{A}^{a} \circ \dot{\hat{q}}_{BA} \tag{2.47}$$

结合式(2.44)~(2.47)可得两航天器相对轨道和姿态的动力学方程:

$$\begin{aligned}\dot{\hat{\boldsymbol{\omega}}}_{BA}^{b} = {} & \hat{M}_{B}^{-1}\hat{F}_{B}^{b} - \hat{M}_{B}^{-1}(\hat{\boldsymbol{\omega}}_{B}^{b} \times \hat{M}_{B}\hat{\boldsymbol{\omega}}_{B}^{b}) - \hat{q}_{BA}^{*} \circ \dot{\hat{\boldsymbol{\omega}}}_{A}^{a} \circ \hat{q}_{BA} \\ & + \frac{1}{2}\hat{\boldsymbol{\omega}}_{BA}^{b} \circ \hat{q}_{BA}^{*} \circ \hat{\boldsymbol{\omega}}_{A}^{a} \circ \hat{q}_{BA} - \frac{1}{2}\hat{q}_{BA}^{*} \circ \hat{\boldsymbol{\omega}}_{A}^{a} \circ \hat{q}_{BA} \circ \hat{\boldsymbol{\omega}}_{BA}^{b}\end{aligned} \tag{2.48}$$

式中, $\hat{M}^{-1} = \dfrac{\mathrm{d}}{\mathrm{d}\varepsilon}\boldsymbol{I}^{-1} + \varepsilon\dfrac{1}{m}\boldsymbol{E}$, 结合式(2.43),可以最终得到航天器基于对偶四元数的相对运动学和动力学方程:

$$
\begin{cases}
\dot{\hat{q}}_{BA} = \dfrac{1}{2}\hat{q}_{BA} \circ \hat{\boldsymbol{\omega}}_{BA}^{b} \\
\dot{\hat{\boldsymbol{\omega}}}_{BA}^{b} = \hat{M}_{B}^{-1}\hat{F}_{B}^{b} - \hat{M}_{B}^{-1}(\hat{\boldsymbol{\omega}}_{B}^{b} \times \hat{M}_{B}\hat{\boldsymbol{\omega}}_{B}^{b}) - \hat{q}_{BA}^{*} \circ \dot{\hat{\boldsymbol{\omega}}}_{A}^{a} \circ \hat{q}_{BA} + \hat{\boldsymbol{\omega}}_{BA}^{b} \times \hat{\boldsymbol{\omega}}_{A}^{b}
\end{cases}
\tag{2.49}
$$

式中，$\hat{\boldsymbol{\omega}}_{A}^{b} = \hat{q}_{BA}^{*} \circ \hat{\boldsymbol{\omega}}_{A}^{a} \circ \hat{q}_{BA}$，$\hat{\boldsymbol{\omega}}_{A}^{a}$ 表示 A 星在体坐标系下的速度旋量；$\hat{\boldsymbol{\omega}}_{B}^{b} = \hat{\boldsymbol{\omega}}_{BA}^{b} + \hat{\boldsymbol{\omega}}_{A}^{b}$；$\dot{\hat{\boldsymbol{\omega}}}_{A}^{a}$ 表示 A 星在体坐标系下的导数；$\hat{F}_{B}^{b}$ 为作用在 B 星上的对偶力，实部为作用力 F_{B}^{b}，对偶部分为作用力矩 $\boldsymbol{T}_{B}^{b}$。

$\hat{\omega}$ 的计算表达式为

$$
\begin{cases}
\hat{\boldsymbol{\omega}}_{A}^{a} = \boldsymbol{\omega}_{A}^{a} + \varepsilon \boldsymbol{v}_{A}^{a} \\
\dot{\hat{\boldsymbol{\omega}}}_{A}^{a} = \dot{\boldsymbol{\omega}}_{A}^{a} + \varepsilon[\boldsymbol{a}_{A}^{a} - \omega_{A}^{a} \times \boldsymbol{v}_{A}^{a}]
\end{cases}
\tag{2.50}
$$

式中，$\boldsymbol{a}_{A}^{a}$ 为 A 星在体坐标系下的作用加速度。

式(2.49)为完整的相对运动模型，其区别于传统利用四元数单一描述刚体转动的形式及利用位置速度描述刚体平动的形式，该方法利用对偶四元数，将两星体坐标系之间的变换进行融合、统一，具有非常简洁的数学描述形式。该模型在假设上未考虑对相对距离及轨道偏心率作任何线性化近似，因此其理论上属于较精确的相对运动模型，适用于任何参考轨道及任意相对距离航天器间的相对运动高精度仿真。

将 $\hat{F}_{B}^{b}$ 分为以下三部分：

$$
\hat{F}_{B}^{b} = \hat{u}_{c}^{b} + \hat{u}_{g}^{b} + \hat{d}^{b} \tag{2.51}
$$

式中，$\hat{u}_{c}^{b}$、$\hat{u}_{g}^{b}$、$\hat{d}^{b}$ 分别为对偶控制力、对偶地心引力及其他摄动引起的对偶力。

对卫星特征尺寸 l 与地心距 R 之比的二阶及以上小量进行忽略处理，则作用在航天器上的对偶地心引力为

$$
\hat{u}_{g}^{b} = -\mu m \boldsymbol{r}_{B}^{b}/r_{B}^{3} + \varepsilon[3\mu(\boldsymbol{r}_{B}^{b} \times \boldsymbol{I}\boldsymbol{r}_{B}^{b})/r_{B}^{5}] \tag{2.52}
$$

式中，μ 为地心引力常数；$r_{B} = \|\boldsymbol{r}_{B}^{b}\|$；$m$ 为刚体质量；I 为转动惯量。

此处假设航天器运行轨道高度 1 000 km 以下，航天器还会受到地球扁率带来的 J_2 项摄动影响及大气阻力摄动的影响[25]。

2.3.3　与传统相对运动方程比较

为说明基于对偶四元数的相对运动模型的合理性，下面将其与传统动力学模型进行对比。本节公式中所有相对状态矢量导数为矢量在动坐标系下的导数，如 $\dot{\boldsymbol{v}}_{BA}^{b} = \mathrm{d}\boldsymbol{v}_{BA}^{b}/\mathrm{d}t$，$\dot{\boldsymbol{\omega}}_{A}^{a} = \mathrm{d}\boldsymbol{\omega}_{A}^{a}/\mathrm{d}t$。

1. 相对运动学方程

$$\hat{q}_{BA} \circ \hat{\omega}_{BA}^{b} = \begin{pmatrix} \boldsymbol{q}_{BA} \\ \dfrac{1}{2}\boldsymbol{q}_{BA} \circ \boldsymbol{\rho}_{BA}^{b} \end{pmatrix} \circ \begin{pmatrix} \boldsymbol{\omega}_{BA}^{b} \\ \dot{\boldsymbol{\rho}}_{BA}^{b} + \boldsymbol{\omega}_{BA}^{b} \times \boldsymbol{\rho}_{BA}^{b} \end{pmatrix} = \begin{pmatrix} \boldsymbol{q}_{BA} \circ \boldsymbol{\omega}_{BA}^{b} \\ \dot{\boldsymbol{q}}_{BA} \circ \boldsymbol{\rho}_{BA}^{b} + \boldsymbol{q}_{BA} \circ \dot{\boldsymbol{\rho}}_{BA}^{b} \end{pmatrix} = 2\dot{\hat{q}}_{BA} \tag{2.53}$$

可以看出,式(2.53)与传统姿态运动学方程一致,且对偶部分运算正确。

2. 相对动力学方程

设 A 星体坐标系下的对偶四元数为 $\hat{\omega}_{A}^{a}$,则在 B 星体坐标系下的描述公式为

$$\begin{aligned} \hat{q}_{BA}^{*} \circ \hat{\omega}_{A}^{a} \circ \hat{q}_{BA} &= \left(\boldsymbol{q}_{BA}^{*} - \varepsilon \frac{1}{2}\boldsymbol{\rho}_{BA}^{b} \circ \boldsymbol{q}_{BA}^{*}\right) \circ (\boldsymbol{\omega}_{A}^{a} + \varepsilon \boldsymbol{v}_{A}^{a}) \circ \left(\boldsymbol{q}_{BA} + \varepsilon \frac{1}{2}\boldsymbol{q}_{BA} \circ \boldsymbol{\rho}_{BA}^{b}\right) \\ &= \boldsymbol{\omega}_{A}^{b} + \varepsilon(\boldsymbol{v}_{A}^{b} + \boldsymbol{\omega}_{A}^{b} \times \boldsymbol{\rho}_{BA}^{b}) \end{aligned} \tag{2.54}$$

同理可得

$$\hat{q}_{BA}^{*} \circ \dot{\hat{\omega}}_{A}^{a} \circ \hat{q}_{BA} = M_{A}^{B}\dot{\boldsymbol{\omega}}_{A}^{a} + \varepsilon(M_{A}^{B}\dot{\boldsymbol{v}}_{A}^{a} + M_{A}^{B}\dot{\boldsymbol{\omega}}_{A}^{a} \times \boldsymbol{\rho}_{BA}^{b}) \tag{2.55}$$

令式(2.48)两端实数部分与对偶部分分别相等,可得

$$\dot{\boldsymbol{\omega}}_{BA}^{b} = \boldsymbol{I}^{-1}\boldsymbol{T}_{B}^{b} - \boldsymbol{I}^{-1}(\boldsymbol{\omega}_{B}^{b} \times \boldsymbol{I}\boldsymbol{\omega}_{B}^{b}) - M_{A}^{B}\dot{\boldsymbol{\omega}}_{A}^{a} + \boldsymbol{\omega}_{BA}^{b} \times \boldsymbol{\omega}_{A}^{b} \tag{2.56}$$

$$\begin{aligned} \dot{\boldsymbol{v}}_{BA}^{b} &= \boldsymbol{a}_{B}^{b} - \boldsymbol{\omega}_{B}^{b} \times \boldsymbol{v}_{B}^{b} - (M_{A}^{B}\dot{\boldsymbol{v}}_{A}^{a} + M_{A}^{B}\dot{\boldsymbol{\omega}}_{A}^{a} \times \boldsymbol{\rho}_{BA}^{b}) + \boldsymbol{v}_{BA}^{b} \times \boldsymbol{\omega}_{A}^{b} + \boldsymbol{\omega}_{BA}^{b} \times (\boldsymbol{v}_{A}^{b} + \boldsymbol{\omega}_{A}^{b} \times \boldsymbol{\rho}_{BA}^{b}) \\ &= \boldsymbol{a}_{B}^{b} - (M_{A}^{B}\dot{\boldsymbol{v}}_{A}^{a} + M_{A}^{B}\dot{\boldsymbol{\omega}}_{A}^{a} \times \boldsymbol{\rho}_{BA}^{b}) - \boldsymbol{\omega}_{B}^{b} \times \boldsymbol{v}_{BA}^{b} - \boldsymbol{\omega}_{A}^{b} \times \boldsymbol{v}_{B}^{b} \\ &= \boldsymbol{a}_{B}^{b} - \boldsymbol{a}_{A}^{b} - M_{A}^{B}\dot{\boldsymbol{\omega}}_{A}^{a} \times \boldsymbol{\rho}_{BA}^{b} - (\boldsymbol{\omega}_{B}^{b} + \boldsymbol{\omega}_{A}^{b}) \times \boldsymbol{v}_{BA}^{b} - \boldsymbol{\omega}_{A}^{b} \times (\boldsymbol{\omega}_{A}^{b} \times \boldsymbol{\rho}_{BA}^{b}) \end{aligned} \tag{2.57}$$

式中,$\boldsymbol{\omega}_{BA}^{b} \times \boldsymbol{\omega}_{A}^{b} = \boldsymbol{\omega}_{BA}^{b} \times \boldsymbol{\omega}_{B}^{b} = \boldsymbol{\omega}_{B}^{b} \times \boldsymbol{\omega}_{A}^{b}$;$\boldsymbol{a}_{B}^{b}$、$\boldsymbol{a}_{A}^{b}$ 分别为 A 星和 B 星所受的加速度。

式(2.56)与一般相对姿态动力学方程一致,式(2.46)对偶部分求导可得

$$\begin{aligned} \dot{\boldsymbol{v}}_{BA}^{b} &= \ddot{\boldsymbol{\rho}}_{BA}^{b} + \dot{\boldsymbol{\omega}}_{BA}^{b} \times \boldsymbol{\rho}_{BA}^{b} + \boldsymbol{\omega}_{BA}^{b} \times \dot{\boldsymbol{\rho}}_{BA}^{b} \\ &= \ddot{\boldsymbol{\rho}}_{BA}^{b} + \dot{\boldsymbol{\omega}}_{B}^{b} \times \boldsymbol{\rho}_{BA}^{b} + 2\boldsymbol{\omega}_{B}^{b} \times \dot{\boldsymbol{\rho}}_{BA}^{b} + \boldsymbol{\omega}_{B}^{b} \times (\boldsymbol{\omega}_{B}^{b} \times \boldsymbol{\rho}_{BA}^{b}) \\ &\quad \underbrace{- M_{A}^{B}\dot{\boldsymbol{\omega}}_{A}^{a} \times \boldsymbol{\rho}_{BA}^{b} + (\boldsymbol{\omega}_{BA}^{b} \times \boldsymbol{\omega}_{A}^{b}) \times \boldsymbol{\rho}_{BA}^{b} - \boldsymbol{\omega}_{A}^{b} \times \dot{\boldsymbol{\rho}}_{BA}^{b} - \boldsymbol{\omega}_{B}^{b} \times \dot{\boldsymbol{\rho}}_{BA}^{b} - \boldsymbol{\omega}_{B}^{b} \times (\boldsymbol{\omega}_{B}^{b} \times \boldsymbol{\rho}_{BA}^{b})}_{\boldsymbol{L}_{1}} \end{aligned} \tag{2.58}$$

由于 $(\boldsymbol{\omega}_{B}^{b} \times \boldsymbol{\omega}_{A}^{b}) \times \boldsymbol{\rho}_{BA}^{b} - \boldsymbol{\omega}_{B}^{b} \times (\boldsymbol{\omega}_{A}^{b} \times \boldsymbol{\rho}_{BA}^{b}) + \boldsymbol{\omega}_{A}^{b} \times (\boldsymbol{\omega}_{B}^{b} \times \boldsymbol{\rho}_{BA}^{b}) = 0$,可得

$$\boldsymbol{L}_{1} = -M_{A}^{B}\dot{\boldsymbol{\omega}}_{A}^{a} \times \boldsymbol{\rho}_{BA}^{b} - (\boldsymbol{\omega}_{B}^{b} + \boldsymbol{\omega}_{A}^{b}) \times \boldsymbol{v}_{BA}^{b} - \boldsymbol{\omega}_{A}^{b} \times (\boldsymbol{\omega}_{A}^{b} \times \boldsymbol{\rho}_{BA}^{b}) \tag{2.59}$$

将式(2.59)代入式(2.58),结合式(2.57)可得

$$\ddot{\boldsymbol{\rho}}_{BA}^{b} + \dot{\boldsymbol{\omega}}_{B}^{b} \times \boldsymbol{\rho}_{BA}^{b} + 2\boldsymbol{\omega}_{B}^{b} \times \dot{\boldsymbol{\rho}}_{BA}^{b} + \boldsymbol{\omega}_{B}^{b} \times (\boldsymbol{\omega}_{B}^{b} \times \boldsymbol{\rho}_{BA}^{b}) = \boldsymbol{a}_{B}^{b} - \boldsymbol{a}_{A}^{b} \tag{2.60}$$

令 $\boldsymbol{\rho}_{AB}^{b} = -\boldsymbol{\rho}_{BA}^{b}$，式(2.60)可写为

$$\ddot{\boldsymbol{\rho}}_{AB}^{b} + \dot{\boldsymbol{\omega}}_{B}^{b} \times \boldsymbol{\rho}_{AB}^{b} + 2\boldsymbol{\omega}_{B}^{b} \times \dot{\boldsymbol{\rho}}_{AB}^{b} + \boldsymbol{\omega}_{B}^{b} \times (\boldsymbol{\omega}_{B}^{b} \times \boldsymbol{\rho}_{AB}^{b}) = \frac{\mu \boldsymbol{r}_{B}^{b}}{r_{B}^{3}} - \frac{\mu \boldsymbol{r}_{A}^{b}}{r_{A}^{3}} + \boldsymbol{a}_{Ad}^{b} - \boldsymbol{a}_{Bd}^{b} \tag{2.61}$$

式中，$\boldsymbol{a}_{Bd}^{b}$ 和 $\boldsymbol{a}_{Ad}^{b}$ 分别为两星受到的扰动加速度。

显然，式(2.58)正是以 B 星为参考航天器，A 星相对于 B 星的运动方程。特别当 B 星的轨道坐标系与体坐标系一致时，式(2.61)为经典 C－W 方程。

2.3.4　姿轨耦合特性分析

由于航天器的实际外形尺寸相比地心距要远远小得多，即 $l/R \ll 1$，其姿态运动对轨道运动几乎没有影响；而航天器的位置和速度却会受到重力梯度力矩、气动力矩的影响，从而对姿态运动产生耦合效应。通常，在六自由度相对运动问题中，只考虑轨道运动对姿态运动带来的影响[26]。当选取的体坐标系为参考坐标系时，即使两星相对位置矢量在惯性坐标系中保持不变，力矩干扰引起的体坐标系的旋转变化也会导致相对位置在参考坐标系中的各分量发生变化。

由前面分析可知，对偶四元数的实部为相对姿态及角速度项，对偶部为相对位置及速度项。相对位置及速度在两星体坐标系中的分量有如下关系：

$$\begin{cases} \boldsymbol{\rho}_{BA}^{b} = \boldsymbol{q}_{BA}^{*} \circ \boldsymbol{\rho}_{BA}^{a} \circ \boldsymbol{q}_{BA} \\ \boldsymbol{v}_{BA}^{b} = \dot{\boldsymbol{\rho}}_{BA}^{b} + \boldsymbol{\omega}_{BA}^{b} \times \boldsymbol{\rho}_{BA}^{b} = \boldsymbol{q}_{BA}^{*} \circ \dot{\boldsymbol{\rho}}_{BA}^{a} \circ \boldsymbol{q}_{BA} \end{cases} \tag{2.62}$$

对于近距离相对运动，两星轨道高度相近，轨道角速度差别较小，相对角速度主要来自相对姿态的变化率。直观上讲，相对位置及速度在惯性坐标系中的描述与相对姿态无关。由于测量输出为相对位置在体坐标系中的投影，这里引入了相对姿态对相对位置的影响，该耦合是坐标系选取导致的，属于计算耦合而非物理耦合。对于惯性坐标系中描述的姿态动力学方程，除前述原因外，两星角速度矢量 $\boldsymbol{\omega}_{A}$、$\boldsymbol{\omega}_{B}$ 包含各自的轨道角速度，因此相对姿态与相对轨道相关，该耦合属于物理耦合。

由式(2.56)可知，假设 B 星的转动惯量 $\boldsymbol{I} = \lambda \boldsymbol{E}$（如匀质球体或正方体卫星），其中 λ 为任意正整数，则有 $\boldsymbol{\omega}_{B}^{b} \times \boldsymbol{I}\boldsymbol{\omega}_{B}^{b} = \boldsymbol{0}$，B 星不受外力矩且 A 星角速度不变，即 $\boldsymbol{T}_{B}^{b} = \boldsymbol{0}_{3\times1}$，$\dot{\boldsymbol{\omega}}_{A}^{a} = \boldsymbol{0}_{3\times1}$，则有如下结论：① 初始角速度 $\boldsymbol{\omega}_{BA}^{b} = \boldsymbol{0}_{3\times1}$ 时，则有 $\dot{q}_{BA} = \boldsymbol{0}_{3\times1}$，$\dot{\boldsymbol{\omega}}_{BA}^{b} = \boldsymbol{0}_{3\times1}$，即两星相对姿态始终保持不变；② 若初始角速度满足 $\boldsymbol{\omega}_{BA}^{b} \times \boldsymbol{\omega}_{A}^{b} = \boldsymbol{0}_{3\times1}$，

则 $\dot{\boldsymbol{\omega}}_{BA}^{b} = \boldsymbol{0}_{3\times1}$，即两星的相对姿态角速度恒定。

2.4 本章小结

本章针对非合作目标的近距离相对运动问题，给出了两星轨道相对运动模型、姿态相对运动模型和姿轨耦合相对运动模型，通过仿真对线性化姿态相对运动模型的角度误差和角速度误差变化规律进行了探讨，验证了线性化算法的可行性。建立了姿轨耦合相对运动模型，理论推导了其与传统的姿态相对运动方程及轨道运动学方程（C－W 方程）本质上的一致性，并对近距离相对运动姿轨耦合特性进行了分析。本章主要工作及结论如下。

（1）给出了近距离相对运动问题所涉及的坐标系及基本概念的定义。针对航天器近距离相对运动特点，采用控制对象体坐标系为参考坐标系，可使得导航、制导及控制系统中各输入/输出状态的坐标系描述一致，省去烦琐的坐标转换。

（2）推导了姿态相对运动的线性化模型，并进行误差分析，将航天器近距离机动问题转换为跟踪控制问题，为后面进行相对运动飞行控制奠定基础。

（3）采用对偶四元数描述航天器的姿态与轨道耦合运动，推导了基于对偶四元数的姿轨耦合相对运动模型，并解析证明其理论上与传统的动力学方程一致，最后分析了由动参考坐标系带来的计算耦合影响。

参考文献

[1] 朱彦伟. 航天器近距离相对运动轨迹规划与控制研究[D]. 长沙：国防科学技术大学，2009.

[2] 蒋方华. 航天器编队飞行相对运动研究[D]. 北京：清华大学，2009.

[3] 杏建军. 编队卫星周期性相对运动轨道设计与构形保持研究[D]. 长沙：国防科学技术大学，2007.

[4] 孟云鹤，韩宏伟，戴金海. J2 摄动作用下近地轨道卫星编队构形长期演化机理分析[J]. 宇航学报，2007，28(2)：253－258.

[5] 安雪滢，杨乐平，张为华，等. 大椭圆轨道航天器编队飞行相对运动分析[J]. 国防科学技术大学学报，2005，27(2)：1－5.

[6] Inalhan G, Tillerson M, How J P. Relative dynamics and control of spacecraft formations in eccentric orbits[J]. Journal of Guidance, Control and Dynamics, 2002, 25(1): 48－59.

[7] Ross I M, J T King, Fahroo F. Designing optimal spacecraft formations[C]. Monterey: AIAA/AAS Astrodynamics Specialist Conference and Exhibit, 2002.

[8] 程国彩. 四元数法及其应用[M]. 长沙：国防科技大学出版社，1991.

[9] Shuster M D. A survey of attitude representations[J]. Journal of the Astronautical Sciences, 1993, 41(4): 439－517.

[10] 刘智勇，何英姿. 相对位置和姿态动力学耦合航天器的自抗扰控制器设计[J]. 航天控制，2010，28(2)：17-22.

[11] 卢伟，耿云海，陈雪芹，等. 在轨服务航天器对目标的相对位置和姿态耦合控制[J]. 航空学报，2011，46(11)：857-865.

[12] 王剑颖，梁海朝，孙兆伟. 基于对偶数的相对耦合动力学与控制[J]. 宇航学报，2010，31(7)：1711-1717.

[13] 张治国，李俊峰. 卫星编队飞行轨道和姿态控制研究[J]. 应用数学和力学，2008，29(1)：38-46.

[14] Clifford W K. Preliminary sketch of biquaternions[J]. Proceedings of London Mathematical Society，1873，4(64)：381-395.

[15] Ficher I. Dual Number Methods in Kinematics，Statics and Dynamics[M]. Los Angeles：CRC Press，1999.

[16] 张泽，段广仁，孙勇. 基于对偶四元数的交会对接相对位姿测量算法[J]. 上海交通大学学报，2011，45(3)：398-402.

[17] Zhang F，Duan G. Robust integrated translation and rotation finite-time maneuver of a rigid spacecraft based on dual quaternion[C]. Portland：AIAA Guidance，Navigation，and Control Conference，2011.

[18] Newman L K，Frigm R C. NASA/GSFC-a single conjunction risk assessment parameter：F-value[C]. Pitlsburgh：2009 AAS/AIAA Astrodynamics Specialist Conference，2010.

[19] Munoz J，Boyarko G，Fitz-Coy N. Rapid path-planning options for autonomous proximity operations of spacecraft[C]. Toronto：AIAA/AAS Astrodynamics Specialist Conference，2010.

[20] 朱战霞，史格非，樊瑞山，等. 航天器相对运动姿轨耦合动力学建模方法[J]. 飞行力学，2018，36(1)：6.

[21] Brodsky V，Shoham M. Dual numbers representation of rigid body dynamics[J]. Mechanism and Machine Theory，1999，34(5)：693-718.

[22] Study E. Geometrie der dynamen[J]. Nature，1904，69(1788)：317.

[23] Pennestrì E，Stefanelli R. Linear algebra and numerical algorithms using dual numbers[J]. Multibody System Dynamics，2007，18(3)：323-344.

[24] 武元新. 对偶四元数导航算法与非线性高斯滤波研究[D]. 长沙：国防科学技术大学，2005.

[25] 郗晓宁，王威，高玉东. 近地航天器轨道基础[M]. 长沙：国防科技大学出版社，2003.

[26] 屠善澄. 卫星姿态动力学与控制[M]. 北京：中国宇航出版社，2001.

第3章

非合作目标近距离姿轨跟踪控制

非合作目标近距离相对运动过程中存在强耦合、强干扰、不确定性等多种影响因素,并需要满足视场角、避撞安全、控制幅值、性能指标等约束条件。在近距离接近与跟踪过程中,良好的控制方法可将上述因素和约束在统一框架下进行表征和求解,本章针对这一问题对非合作目标近距离姿轨跟踪控制方法开展研究。

在对非合作目标接近与跟踪过程中,航天器相对姿轨控制面临复杂构型、相对状态测量不确定、多源干扰力耦合影响等一系列难题。控制算法的鲁棒性便是针对上述不确定性与干扰问题提出的要求,其主要涉及不确定性的处理,可分为两类:一类是采用随机不确定性加入模型中来求解,其优势在于体现了真实系统的特性,但求解运算一般较为复杂;另一类是采用有界不确定性来建模求解,建模求解过程相对简单。对于约束条件,目标航天器视场角约束一般可采用若干平面约束的凸交集表征,处理起来较为容易;而避撞约束一般为非线性约束且具有非凸特性,处理起来较为困难,需要将其进行凸化后进行求解。为了实现在多约束条件下的跟踪控制,学者们结合传统非线性控制理论提出了多种控制算法以满足航天器姿态和轨道快速、精准控制要求。很多非线性控制算法都显示出良好的鲁棒性和控制效果,本章所涉及的算法包括状态相关黎卡提方程(state-dependent Riccati equation, SDRE)控制算法、模型预测控制(model predictive control, MPC)算法、滑模控制(sliding mode control, SMC)算法等,现分述如下。

状态相关黎卡提方程控制算法是一种求解非线性二次型最优调节问题的方法,通过将非线性系统写为状态相关矩阵形式(拟线性化),参照线性二次型调节器,求解状态相关黎卡提方程,进而得到非线性系统的近似最优反馈控制律[1]。该方法通过拟线性化的形式保留了系统的非线性特性,借助调节权重来折中控制消耗和控制精度,设计思路简单且灵活,并可以处理输入饱和、状态约束和时滞等问题,在各领域有着广泛的研究与应用[2]。

模型预测控制算法,又称为滚动时域最优控制(receding horizon optimal control

或 moving horizon optimal control)算法,根据预设的动力学模型和当前状态,求解一个有限时域的开环最优控制问题,使得预测轨迹满足状态约束和控制约束,然后将获得的首个控制单元施加于当前系统上进行演化,如此反复进行,直至系统收敛到目标状态[3]。由于该方法本质上是实时求解优化问题,可以考虑状态和控制约束,且可对指标进行优化。

滑模控制算法是一种非线性控制策略,能够保证系统状态快速收敛并实现有限时间稳定,对系统不确定性具有较强的鲁棒性。但是传统的滑模函数具有奇异问题,滑模面的一阶导数容易出现奇异,导致控制过程中出现较大的跳变。Feng 等[4]提出了一种非奇异终端滑模控制(nonsingular terminal sliding mode control,NTSMC)算法,能够根据滑模面的状态设计滑模面的切换函数[5],有效避免奇异问题的发生,基于此滑模面提出的控制算法实现了卫星姿态的有限时间稳定,极大地提高了系统的鲁棒性。

本章将上述控制方法与空间目标接近问题结合,分别设计三种近距离相对运动姿轨跟踪控制方法:① 基于状态相关黎卡提方程的姿轨联合控制器,解决针对翻滚目标位姿跟踪的六自由度控制问题;② 基于显式模型预测控制算法的姿轨联合控制器,解决针对自旋非合作目标的全局离线姿轨跟踪问题;③ 基于非奇异终端滑模控制和改进状态观测器相结合的方法,解决针对非合作翻滚目标的姿轨耦合跟踪控制问题。本章将分别介绍三种控制方法的设计思路,并通过理论推导进行稳定性证明。

3.1　空间非合作目标翻滚运动描述

空间非合作目标的复杂运动特性是影响两航天器之间相对运动建模的一大关键因素。由于目标的非合作特性,其相对位置、相对姿态、相对线速度和角速度信息未知,需要通过测量采集得到目标的复杂翻滚运动情况。本章研究的前提是非合作目标的位姿信息、复杂外形及特征点位置已经通过传感器采集得到。为了确定目标上特征点的实时运动轨迹,首先需要对非合作目标的姿态运动进行描述,进而推导得到特征点的轨迹变化。本章将空间非合作目标的姿态运动描述为一般性的姿态运动,即欧拉-潘索运动。

3.1.1　空间非合作目标翻滚运动建模

为描述非合作目标特征点的实时运动轨迹,在 LVLH 坐标系下航天器轨道相对运动模型的基础上,考虑非合作目标非质心特征点的相对运动。如图 3.1 所示,假设航天器的体坐标系为 $\{B\}=\{B_x, B_y, B_z\}$,CM 为质心位置,P^i 为航天器表面的一个特征点，$\boldsymbol{P}^i$ 为该特征点在体坐标系下的位置矢量，$\boldsymbol{\rho}$ 和 $\boldsymbol{\rho}_i$ 分别为质心和特征点 P^i 在轨道坐标系下的位置矢量。

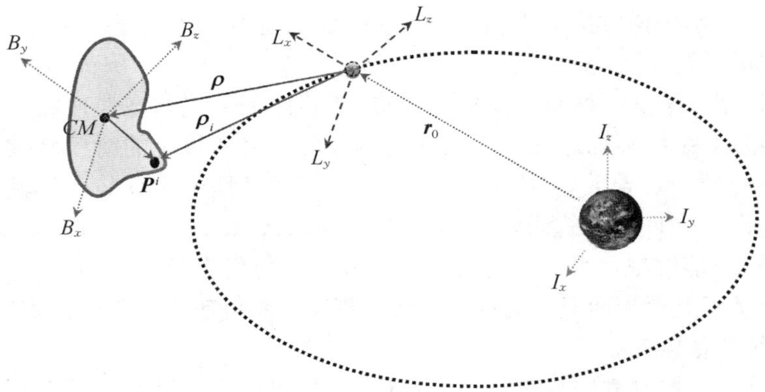

图 3.1　非质心特征点相对运动示意图

由相对位置关系可得如下关系式：

$$\boldsymbol{\rho}_i = \boldsymbol{\rho} + \boldsymbol{P}^i \tag{3.1}$$

另外，由于 LVLH 坐标系 $\{L\}$ 和体坐标系 $\{B\}$ 各自旋转，会产生一个相对角速度 $\boldsymbol{\omega}$：

$$\boldsymbol{\omega} = \boldsymbol{M}_{bl}\boldsymbol{\omega}_b - \boldsymbol{\omega}_l \tag{3.2}$$

式中，$\boldsymbol{\omega}_b$ 和 $\boldsymbol{\omega}_l$ 分别为体坐标系 $\{B\}$ 和 LVLH 坐标系 $\{L\}$ 的角速度；$\boldsymbol{M}_{bl}$ 是矢量从体坐标系 $\{B\}$ 到 LVLH 坐标系 $\{L\}$ 的转换矩阵。

基于式(3.1)和式(3.2)，可得到刚体航天器表面特征点的六自由度运动学模型和动力学模型：

$$\begin{cases} \dot{\boldsymbol{\rho}}^i = \dot{\boldsymbol{\rho}} + \boldsymbol{\omega} \times \boldsymbol{P}^i \\ \dot{\boldsymbol{q}} = \dfrac{1}{2}\boldsymbol{G}(\boldsymbol{q})\boldsymbol{M}_{bl}\boldsymbol{\omega} \end{cases} \tag{3.3}$$

$$\begin{cases} \ddot{\boldsymbol{\rho}}^i = \ddot{\boldsymbol{\rho}} + \dot{\boldsymbol{\omega}} \times \boldsymbol{P}^i + \boldsymbol{\omega} \times (\boldsymbol{\omega} \times \boldsymbol{P}^i) \\ \dot{\boldsymbol{\omega}} = \boldsymbol{M}_{bl}\,\dot{\boldsymbol{\omega}}_b + \boldsymbol{\omega} \times (\boldsymbol{M}_{bl}\boldsymbol{\omega}_b) - \dot{\boldsymbol{\omega}}_l \end{cases} \tag{3.4}$$

式中，$\boldsymbol{q} = [q_0, q_1, q_2, q_3]^{\mathrm{T}}$ 是从体坐标系 $\{B\}$ 到 LVLH 坐标系 $\{L\}$ 的旋转四元数；$\dot{\boldsymbol{\omega}}_b$ 和 $\dot{\boldsymbol{\omega}}_l$ 分别为体坐标系 $\{B\}$ 和 LVLH 坐标系 $\{L\}$ 的角加速度矢量；$\boldsymbol{M}_{bl}$ 与 $\boldsymbol{M}_{lb}$ 互为逆矩阵，且

$$G(\boldsymbol{q})=\begin{bmatrix}-q_1 & -q_2 & -q_3\\ q_0 & -q_3 & q_2\\ q_3 & q_0 & -q_1\\ -q_2 & q_1 & q_0\end{bmatrix}\tag{3.5}$$

将式 (2.4)代入式(3.4)中,并结合式(3.1)~式(3.3),可得

$$\begin{cases}\ddot{x}_i=\omega_y(\omega_x P_y^l-\omega_y P_x^l)-\omega_z(\omega_z P_x^l-\omega_x P_z^l)+\dot{\omega}_y P_z^l-\dot{\omega}_z P_y^l+2\dot{\nu}(\dot{y}_i-\omega_z P_x^l\\ \quad +\omega_x P_z^l)+\ddot{\nu}(y_i-P_y^l)+\dot{\nu}^2(x_i-P_x^l)-\dfrac{\mu(r_0+x_i-P_x^l)}{\hat{r}^3}+\dfrac{\mu}{r_0^2}+F_x\\ \ddot{y}_i=\omega_z(\omega_y P_z^l-\omega_z P_y^l)-\omega_x(\omega_x P_y^l-\omega_y P_x^l)-\dot{\omega}_x P_z^l+\dot{\omega}_z P_x^l-2\dot{\nu}(\dot{x}_i-\omega_y P_z^l\\ \quad +\omega_z P_y^l)-\ddot{\nu}(x_i-P_x^l)-\dot{\nu}^2(y_i-P_y^l)-\dfrac{\mu(y_i-P_y^l)}{\hat{r}^3}+F_y\\ \ddot{z}_i=\omega_x(\omega_z P_x^l-\omega_x P_z^l)-\omega_y(\omega_y P_z^l-\omega_z P_y^l)+\dot{\omega}_x P_y^l-\dot{\omega}_y P_x^l-\dfrac{\mu(z_i-P_z^l)}{\hat{r}^3}+F_z\end{cases}\tag{3.6}$$

$$\begin{aligned}\dot{\boldsymbol{\omega}}&=\boldsymbol{M}_{bl}\boldsymbol{J}^{-1}(M+J\boldsymbol{\omega}_b\times\boldsymbol{\omega}_b)+\boldsymbol{\omega}\times(\boldsymbol{M}_{bl}\boldsymbol{\omega}_b)-\dot{\boldsymbol{\omega}}_l\\ &=\boldsymbol{M}_{bl}\boldsymbol{J}^{-1}\{[J\boldsymbol{M}_{lb}(\boldsymbol{\omega}+\boldsymbol{\omega}_l)]\times[\boldsymbol{M}_{lb}(\boldsymbol{\omega}+\boldsymbol{\omega}_l)]\}\\ &\quad+\boldsymbol{\omega}\times\boldsymbol{\omega}_l-\dot{\boldsymbol{\omega}}_l+\boldsymbol{M}_{bl}\boldsymbol{J}^{-1}M\end{aligned}\tag{3.7}$$

式中,$\hat{r}$ 为质心在轨道坐标系下的位置矢量的模长;$\boldsymbol{\omega}_l=[0,0,\dot{\nu}]^{\mathrm{T}}$;$\dot{\boldsymbol{\omega}}_l=[0,0,\ddot{\nu}]^{\mathrm{T}}$;$[x_i,y_i,z_i]^{\mathrm{T}}$ 和 $[P_x^l,P_y^l,P_z^l]^{\mathrm{T}}$ 分别为矢量 $\boldsymbol{\rho}^i$ 和 $\boldsymbol{P}^i$ 在 LVLH 坐标系 $\{L\}$ 下的分量;$\dot{\nu}$ 表示轨道角速度。

上述所建立的动力学模型可以同时用来表征目标航天器和服务航天器的特征点在轨道坐标系下的运动。此外,不同于文献[6]和[7],相对角速度 $\boldsymbol{\omega}$ 也是在轨道坐标系下定义的,表示不同航天器的相对姿态动力学均在同一个坐标系下表征,避免了不同航天器体坐标系之间的相互转换。

3.1.2　空间非合作目标翻滚运动仿真

假设航天器在参考轨道附近自由飞行,且航天器初始体坐标系与轨道坐标系重合,相关的参数设置如表 3.1 所示。表 3.1 中给出了三种不同目标航天器的翻滚角速度,下面将分别对这三种情况进行翻滚运动分析。

表 3.1 非质心特征点相对运动模型仿真初始参数设置

参数		取值
参考轨道	半长轴/km	7 170
	偏心率	0.05
	初始真近点角/(°)	20
自由飞行航天器	轨道坐标系下质心位置/m	$\boldsymbol{\rho}_0 = [25, 25, 50]^{\mathrm{T}}$
	轨道坐标系下质心速度/(m/s)	$\dot{\boldsymbol{\rho}}_0 = [0, -0.0555, 0]^{\mathrm{T}}$
	翻滚角速度(工况 1)/(°/s)	$\boldsymbol{\omega}_{B1} = [0.06, 0.1, 0.08]^{\mathrm{T}}$
	翻滚角速度(工况 2)/(°/s)	$\boldsymbol{\omega}_{B2} = 5 \times [0.06, 0.1, 0.08]^{\mathrm{T}}$
	翻滚角速度(工况 3)/(°/s)	$\boldsymbol{\omega}_{B3} = 10 \times [0.06, 0.1, 0.08]^{\mathrm{T}}$
	体坐标系下特征点 P 的位置/m	$[1, 0, 0]^{\mathrm{T}}$

图 3.2 给出了三种情况下特征点 P 的位置和速度误差随时间的变化曲线,误差定义为 $\delta\boldsymbol{\rho} = \boldsymbol{\rho}^P - \boldsymbol{\rho}$ 和 $\delta\dot{\boldsymbol{\rho}} = \dot{\boldsymbol{\rho}}^P - \dot{\boldsymbol{\rho}}$。从图中可以看出,位置和速度误差的谐振频

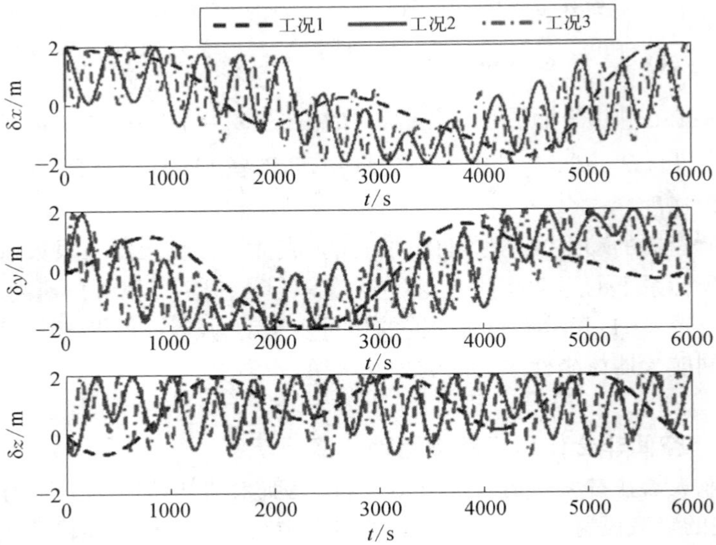

(a) 位置误差分析

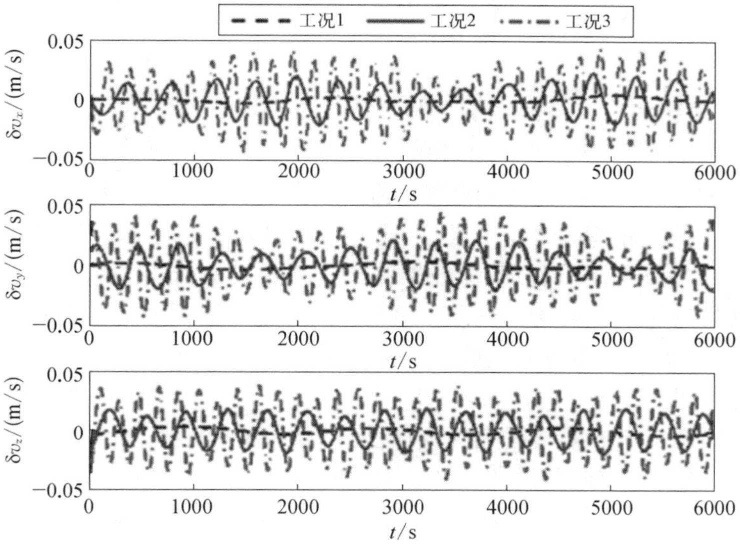

(b) 速度误差分析

图 3.2 非质心特征点模型误差分析

率与航天器的角速度正相关，位置误差的幅值保持不变，速度误差的幅值则同样正比于航天器的角速度。

在分析了非合作目标翻滚运动特性的基础上，下面将设计姿轨控制方法对期望参考点进行跟踪，以实现对目标的对接与捕获。根据所使用的动力学模型，姿轨控制方法可以分为姿轨联合控制方法和姿轨耦合控制方法。其中，姿轨联合控制方法针对轨道运动和姿态转动，独立设计轨道控制器和姿态控制器，分别采用 2.1 节和 2.2 节建立的轨道和姿态相对运动模型，最后实现姿轨联合控制。姿轨耦合控制方法是建立在 2.3 节提出的姿轨耦合控制模型的基础上，提出考虑耦合因素的姿轨耦合控制器，实现姿轨一体化控制。3.2 节和 3.3 节提出两种姿轨联合控制器，3.4 节提出一种姿轨耦合控制器，实现对非合作目标的轨道和姿态同步跟踪。

3.2 基于状态相关黎卡提方程的姿轨联合控制

状态相关黎卡提方程控制算法是将线性二次型调节器扩展到非线性系统的一种近似方法。本节首先对该方法进行简单介绍，然后基于航天器近距离非线性相对运动模型解决航天器近距离相对运动的问题，一方面，针对空间非合作目标接近问题，结合该方法提出一种近似反馈最优跟踪控制器；另一方面，针对传统方法处理路径约束时的不足改进控制器,进而求解几类典型的位置、姿态等路径约束下的跟踪控制问题。

3.2.1 问题描述

1. 非合作目标接近最优控制问题

在对空间非合作目标实施对接或抓捕前,服务航天器需要运动至目标附近实现特征部件的位置跟踪和姿态对准,形成一个准刚体结构。一方面,姿态对准一般通过两航天器的姿态同步实现,但如果体坐标系定义不恰当,姿态同步时,特征部件之间并不能保证相互对准,如图 3.3 所示,服务航天器需要对非合作目标特征部位高精度成像,但是当服务航天器的体坐标系 $\{B_s\} = \{B_{s-x}, B_{s-y}, B_{s-z}\}$ 和目标沿惯量主轴定义的体坐标系 $\{B_{t1}\} = \{B_{t-x1}, B_{t-y1}, B_{t-z1}\}$ 平行时,相机不能对准特征部位;另一方面,随着目标旋转角速度增加,跟踪控制难度也会相应变大,消耗的燃料也会增多,从而给控制器设计带来很大挑战。下面对这两个问题进行分析。

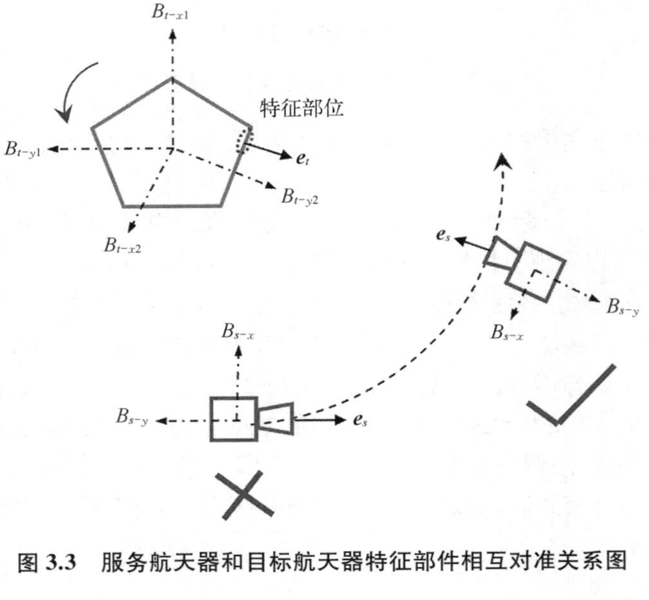

图 3.3 服务航天器和目标航天器特征部件相互对准关系图

2. 体坐标系转换

为保证服务航天器和目标航天器姿态同步时特征部件实现相互对准,需要恰当地定义两航天器的体坐标系。为了实现相互对准,本小节重新定义了目标体坐标系。

如图 3.3 所示,假设服务航天器体坐标系 $\{B_s\}$ 下特征点处的单位外法向矢量为 $\boldsymbol{e}_s$, 目标航天器在原体坐标系 $\{B_{t1}\}$ 下的转动惯量为 $\boldsymbol{J}$, 且特征点处的单位法向

量为 $\boldsymbol{e}_t$，则将目标航天器用新的坐标系 $\{B_{t2}\} = \{B_{t-x2}, B_{t-y2}, B_{t-z2}\}$ 定义，使得 $\{B_s\}$ 和 $\{B_{t2}\}$ 同步时，$\boldsymbol{e}_s$ 和 $\boldsymbol{e}_t$ 恰好对准。由坐标系 $\{B_{t1}\}$ 旋转到 $\{B_{t2}\}$ 的旋转轴和角度为

$$\hat{\boldsymbol{e}} = -\boldsymbol{e}_t \times \boldsymbol{e}_s \tag{3.8a}$$

$$\alpha = \begin{cases} \cos^{-1}(-\boldsymbol{e}_t^{\mathrm{T}}\boldsymbol{e}_s), & -(\boldsymbol{e}_s \times \hat{\boldsymbol{e}})^{\mathrm{T}}\boldsymbol{e}_t \geqslant 0 \\ -\cos^{-1}(-\boldsymbol{e}_t^{\mathrm{T}}\boldsymbol{e}_s), & -(\boldsymbol{e}_s \times \hat{\boldsymbol{e}})^{\mathrm{T}}\boldsymbol{e}_t < 0 \end{cases} \tag{3.8b}$$

相应的四元数为

$$\hat{\boldsymbol{q}} = \left[\cos\frac{\alpha}{2},\ -\hat{e}_x\sin\frac{\alpha}{2},\ -\hat{e}_y\sin\frac{\alpha}{2},\ -\hat{e}_z\sin\frac{\alpha}{2}\right]^{\mathrm{T}} \tag{3.9}$$

式中，$\hat{e}_x$、$\hat{e}_y$ 和 $\hat{e}_z$ 是 $\hat{\boldsymbol{e}}$ 的分量。

在新的体坐标系下，目标航天器的转动惯量也会变化。根据转动惯量的定义，可以计算出在新体坐标系 $\{B_{t2}\}$ 下的惯量矩阵为

$$\begin{aligned} \tilde{J} &= \int_m [(\tilde{\boldsymbol{T}}\boldsymbol{p})^{\mathrm{T}}(\tilde{\boldsymbol{T}}\boldsymbol{p})\boldsymbol{I}_3 - (\tilde{\boldsymbol{T}}\boldsymbol{p})(\tilde{\boldsymbol{T}}\boldsymbol{p})^{\mathrm{T}}]\mathrm{d}m \\ &= \int_m [(\boldsymbol{p}^{\mathrm{T}}\boldsymbol{p})\boldsymbol{I}_3 - \tilde{\boldsymbol{T}}(\boldsymbol{p}\boldsymbol{p}^{\mathrm{T}})(\tilde{\boldsymbol{T}})^{\mathrm{T}}]\mathrm{d}m \\ &= \tilde{\boldsymbol{T}}\left[\int_m (\boldsymbol{p}^{\mathrm{T}}\boldsymbol{p}\boldsymbol{I}_3 - \boldsymbol{p}\boldsymbol{p}^{\mathrm{T}})\mathrm{d}m\right](\tilde{\boldsymbol{T}})^{\mathrm{T}} \\ &= \tilde{\boldsymbol{T}}J(\tilde{\boldsymbol{T}})^{\mathrm{T}} \end{aligned} \tag{3.10}$$

式中，$\boldsymbol{p}$ 为无穷小质量元 $\mathrm{d}m$ 在原体坐标系 $\{B_{t1}\}$ 下的位置矢量；$\boldsymbol{I}_n$ 为 n 维单位阵；$\tilde{\boldsymbol{T}}$ 为将矢量从原体坐标系 $\{B_{t1}\}$ 转到新体坐标系 $\{B_{t2}\}$ 的转换矩阵。

3. 最优控制方法介绍

考虑一般非线性系统无穷时域最优调节问题，目标函数为

$$J = \frac{1}{2}\int_0^{\infty} \boldsymbol{x}^{\mathrm{T}}\boldsymbol{Q}\boldsymbol{x} + \boldsymbol{u}^{\mathrm{T}}\boldsymbol{R}\boldsymbol{u}\mathrm{d}t \tag{3.11}$$

式中，$\boldsymbol{Q}$ 为半正定对称的状态量加权矩阵；$\boldsymbol{R}$ 为正定对称的控制量加权矩阵；$\boldsymbol{x} \in \mathbb{R}^n$ 和 $\boldsymbol{u} \in \mathbb{R}^m$ 分别为状态变量和控制变量，系统的动力学方程为

$$\dot{\boldsymbol{x}} = \boldsymbol{f}(\boldsymbol{x}) + \boldsymbol{B}(\boldsymbol{x})\boldsymbol{u} \tag{3.12}$$

假设 $\boldsymbol{f}(0) = 0$，系统的动力学方程可以用状态相关系数(state-dependent coefficient, SDC)矩阵写为拟线性形式：

$$\dot{\boldsymbol{x}} = \boldsymbol{A}(\boldsymbol{x})\boldsymbol{x} + \boldsymbol{B}(\boldsymbol{x})\boldsymbol{u}, \quad \boldsymbol{f}(\boldsymbol{x}) = \boldsymbol{A}(\boldsymbol{x})\boldsymbol{x} \tag{3.13}$$

则可以得到如下近似最优反馈控制律[8]：

$$\boldsymbol{u} = -\boldsymbol{R}^{-1}\boldsymbol{B}^{\mathrm{T}}(\boldsymbol{x})\boldsymbol{P}(\boldsymbol{x})\boldsymbol{x} \tag{3.14}$$

式中，$\boldsymbol{P}(\boldsymbol{x})$ 是如下状态相关黎卡提方程的解：

$$\boldsymbol{A}^{\mathrm{T}}(\boldsymbol{x})\boldsymbol{P}(\boldsymbol{x}) + \boldsymbol{P}(\boldsymbol{x})\boldsymbol{A}(\boldsymbol{x}) - \boldsymbol{P}(\boldsymbol{x})\boldsymbol{B}(\boldsymbol{x})\boldsymbol{R}^{-1}\boldsymbol{B}^{\mathrm{T}}(\boldsymbol{x})\boldsymbol{P}(\boldsymbol{x}) + \boldsymbol{Q} = 0 \tag{3.15}$$

以上给出了基于状态相关黎卡提方程求解非线性最优调节问题的基本方法。文献[9]中指出，该方法不能直接用来求解最优跟踪控制问题，其中一个原因是采用的二次型指标函数只对渐进稳定参考坐标系统有效。此外，早在 2001 年，文献[10]中就提出了基于该方法求解一般状态约束问题的基本思路，但对于二阶动力学系统的路径约束问题，该方法并不适用。下面分别以航天器近距离相对运动为背景，提出期望输入法和折减指标法两种设计思路。

3.2.2 期望输入法和折减指标法设计

1. 控制方法难点分析

为了实现高精度的姿轨跟踪，并尽可能节省燃料，本节采用 SDRE 来设计近似最优跟踪控制器。然而，因目标翻滚导致期望位置和姿态轨迹随时间不断变化，而传统上，SDRE 的二次型代价函数只对由渐进稳定系统产生的参考轨迹有效[9]。对此，Batmani 等[9, 11]提出采用折减代价函数的方法来将跟踪问题转换为最优调节问题，得到了反馈-前馈结构的跟踪控制律，实现对非稳定系统的跟踪。文献[12]中则将跟踪参考坐标系统所必需的控制输入作为前馈项，并和基于 SDRE 的反馈项结合，同样得到一个反馈-前馈型跟踪控制律。本书将前馈项的计算由液压系统扩展到一般非线性系统。为便于区分，将 Batmani 等的方法称为折减指标法，而将文献[12]中的方法称为期望输入法。

2. 期望输入法

1）控制器设计

考虑一般的能控能观且输入仿射非线性系统：

$$\dot{\boldsymbol{x}} = \boldsymbol{f}(\boldsymbol{x}) + \boldsymbol{B}(\boldsymbol{x})\boldsymbol{u}, \quad \boldsymbol{x}(0) = \boldsymbol{x}_0 \tag{3.16}$$

式中，$\boldsymbol{x} \in \mathbb{R}^{n\times 1}$ 和 $\boldsymbol{u} \in \mathbb{R}^{p\times 1}$ 分别为状态量和控制量。

系统需要跟踪如下参考坐标系统的运动轨迹：

$$\dot{z} = \boldsymbol{g}(z), \quad z(0) = z_0 \tag{3.17}$$

式中，$z \in \mathbb{R}^{n\times 1}$ 和 $\boldsymbol{x}$ 有相同的维数。

为使系统跟踪期望状态 z 的轨迹,需要使如下性能指标最小化[12]:

$$J_1 = \frac{1}{2}\int_0^{\infty} [(\boldsymbol{x}-z)^{\mathrm{T}}\boldsymbol{Q}(\boldsymbol{x}-z)+(\boldsymbol{u}-\boldsymbol{u}_{\mathrm{d}})^{\mathrm{T}}\boldsymbol{R}(\boldsymbol{u}-\boldsymbol{u}_{\mathrm{d}})]\mathrm{d}t \tag{3.18}$$

式中,$\boldsymbol{u}_{\mathrm{d}}$ 为参考的期望控制输入,可选为

$$\boldsymbol{g}(z)=\boldsymbol{A}(\boldsymbol{x})z+\boldsymbol{B}(\boldsymbol{x})\boldsymbol{u}_{\mathrm{d}} \tag{3.19}$$

这表明当系统完全实现跟踪时,$\boldsymbol{x}=z$,$\boldsymbol{u}_{\mathrm{d}}$ 就是恰好所需的控制输入。由于系统能控,$\boldsymbol{B}^{\mathrm{T}}(\boldsymbol{x})\boldsymbol{B}(\boldsymbol{x})$ 可逆,通过移项变换可得

$$\boldsymbol{u}_{\mathrm{d}}=[\boldsymbol{B}^{\mathrm{T}}(\boldsymbol{x})\boldsymbol{B}(\boldsymbol{x})]^{-1}\boldsymbol{B}^{\mathrm{T}}(\boldsymbol{x})[\boldsymbol{g}(z)-\boldsymbol{A}(\boldsymbol{x})z] \tag{3.20}$$

基于假设 $\boldsymbol{f}(0)=0$,非线性函数 $\boldsymbol{f}(\boldsymbol{x})$ 可以写为状态相关形式:

$$\dot{\boldsymbol{x}}=\boldsymbol{A}(\boldsymbol{x})\boldsymbol{x}+\boldsymbol{B}(\boldsymbol{x})\boldsymbol{u} \tag{3.21}$$

且假设 $\{\boldsymbol{A}(\boldsymbol{x}),\boldsymbol{b}(\boldsymbol{x})\}$ 在 $\boldsymbol{x}$ 附近线性意义上满足逐点稳定,并基于状态相关黎卡提方程得到反馈增益项,则整个控制器为[12]

$$\boldsymbol{u}_1=\boldsymbol{u}_{\mathrm{d}}+\boldsymbol{u}_{\mathrm{SD}}=\boldsymbol{u}_{\mathrm{d}}-\boldsymbol{R}^{-1}\boldsymbol{B}^{\mathrm{T}}(\boldsymbol{x})\boldsymbol{P}(\boldsymbol{x})(\boldsymbol{x}-z) \tag{3.22}$$

式中,$\boldsymbol{P}(\boldsymbol{x})$ 是如下状态相关黎卡提方程的解:

$$\boldsymbol{P}(\boldsymbol{x})\boldsymbol{A}(\boldsymbol{x})+\boldsymbol{A}^{\mathrm{T}}(\boldsymbol{x})\boldsymbol{P}(\boldsymbol{x})-\boldsymbol{P}(\boldsymbol{x})\boldsymbol{b}(\boldsymbol{x})\boldsymbol{R}^{-1}\boldsymbol{b}^{\mathrm{T}}(\boldsymbol{x})\boldsymbol{P}(\boldsymbol{x})+\boldsymbol{Q}=0 \tag{3.23}$$

需要说明的是,若参考坐标系统(3.17)渐进稳定,且初始条件为 $z(0)=0$ 时,则期望的控制输入为 $\boldsymbol{u}_{\mathrm{d}}=0$。指标函数(3.18)和控制器[式(3.22)]变为

$$\begin{cases} \boldsymbol{J}'_1=\dfrac{1}{2}\displaystyle\int_0^{\infty}(\boldsymbol{x}^{\mathrm{T}}\boldsymbol{Q}\boldsymbol{x}+\boldsymbol{u}^{\mathrm{T}}\boldsymbol{R}\boldsymbol{u})\mathrm{d}t \\ \boldsymbol{u}'_1=-\boldsymbol{R}^{-1}\boldsymbol{B}^{\mathrm{T}}(\boldsymbol{x})\boldsymbol{P}(\boldsymbol{x})\boldsymbol{x} \end{cases} \tag{3.24}$$

则最优跟踪问题变为调节问题,控制器[式(3.22)]变为标准的状态相关黎卡提方程调节器。

2）最优性分析

分析所设计控制器的最优性,首先将最优跟踪问题转化为最优调节问题。定义误差量 $\boldsymbol{e}=\boldsymbol{x}-z$ 和虚拟期望控制输入 $\boldsymbol{w}=\boldsymbol{u}_1-\boldsymbol{u}_{\mathrm{d}}$,结合式(3.17)和式(3.19)可得误差动力学:

$$\begin{aligned}\dot{\boldsymbol{e}}&=\dot{\boldsymbol{x}}-\dot{z}\\&=\boldsymbol{f}(\boldsymbol{x})+\boldsymbol{b}(\boldsymbol{x})\boldsymbol{u}_1-\boldsymbol{g}(z)\\&=\boldsymbol{f}(\boldsymbol{x})-\boldsymbol{g}(z)+\boldsymbol{b}(\boldsymbol{x})\boldsymbol{u}_{\mathrm{d}}+\boldsymbol{b}(\boldsymbol{x})\boldsymbol{w}\end{aligned}$$

$$
\begin{aligned}
&= \boldsymbol{f}(\boldsymbol{x}) - \boldsymbol{A}(\boldsymbol{x})\boldsymbol{z} + \boldsymbol{b}(\boldsymbol{x})\boldsymbol{w} \\
&= \boldsymbol{A}(\boldsymbol{x})\boldsymbol{e} + \boldsymbol{b}(\boldsymbol{x})\boldsymbol{w}
\end{aligned} \tag{3.25}
$$

性能指标函数变为

$$
J = \frac{1}{2}\int_0^{\infty} (\boldsymbol{e}^{\mathrm{T}}\boldsymbol{Q}\boldsymbol{e} + \boldsymbol{w}^{\mathrm{T}}\boldsymbol{R}\boldsymbol{w})\,\mathrm{d}t \tag{3.26}
$$

注意到 z 的轨迹可由参考动力学方程(3.17)和初始条件 z_0 事先确定,可直接将 $\boldsymbol{A}(\boldsymbol{x}) = \boldsymbol{A}(\boldsymbol{e}+\boldsymbol{z})$ 和 $\boldsymbol{b}(\boldsymbol{x}) = \boldsymbol{b}(\boldsymbol{e}+\boldsymbol{z})$ 看作关于 $\boldsymbol{e}$ 的函数,且控制器[式(3.22)]变为

$$
\boldsymbol{w}_1 = \boldsymbol{u}_1 - \boldsymbol{u}_{\mathrm{d}} = -\boldsymbol{R}^{-1}\boldsymbol{b}^{\mathrm{T}}(\boldsymbol{x})\boldsymbol{P}(\boldsymbol{x})\boldsymbol{e} \tag{3.27}
$$

对于无穷时域最优调节问题[式(3.25)和式(3.26)],系统的 Hamilton 函数为

$$
\begin{aligned}
H(\boldsymbol{e}, \boldsymbol{w}, \boldsymbol{\lambda}) &= \boldsymbol{\lambda}^{\mathrm{T}}\dot{\boldsymbol{e}} + \frac{1}{2}(\boldsymbol{e}^{\mathrm{T}}\boldsymbol{Q}\boldsymbol{e} + \boldsymbol{w}^{\mathrm{T}}\boldsymbol{R}\boldsymbol{w}) \\
&= \boldsymbol{\lambda}^{\mathrm{T}}[\boldsymbol{A}(\boldsymbol{x})\boldsymbol{e} + \boldsymbol{b}(\boldsymbol{x})\boldsymbol{w}] + \frac{1}{2}(\boldsymbol{e}^{\mathrm{T}}\boldsymbol{Q}\boldsymbol{e} + \boldsymbol{w}^{\mathrm{T}}\boldsymbol{R}\boldsymbol{w})
\end{aligned} \tag{3.28}
$$

式中,$\boldsymbol{\lambda}$ 为引入的协态变量。

根据庞特里亚金极小值原理,调节问题的最优解为

$$
\boldsymbol{w}^*(\boldsymbol{e}) = -\boldsymbol{R}^{-1}\boldsymbol{b}^{\mathrm{T}}(\boldsymbol{x})\boldsymbol{\lambda} \tag{3.29}
$$

且应满足如下的最优条件:

$$
\begin{cases}
H(\boldsymbol{e}, \boldsymbol{w}^*, \boldsymbol{\lambda}) = 0 \\
\dfrac{\partial H}{\partial \boldsymbol{w}^*} = 0, \quad \dot{\lambda} = -\dfrac{\partial H}{\partial \boldsymbol{e}}, \quad \dot{\boldsymbol{e}} = \dfrac{\partial H}{\partial \boldsymbol{\lambda}}
\end{cases} \tag{3.30}
$$

式中,第一行等式为哈密顿-雅可比-贝尔曼(Hamilton-Jacobi-Bellman, HJB)方程;第二行的三个等式是满足最优的一阶必要条件。

由于 $\boldsymbol{A}(\boldsymbol{x}) = \boldsymbol{A}(\boldsymbol{e}+\boldsymbol{z})$ 和 $\boldsymbol{b}(\boldsymbol{x}) = \boldsymbol{b}(\boldsymbol{e}+\boldsymbol{z})$ 可以看作关于 $\boldsymbol{e}$ 的函数,$\boldsymbol{P}(\boldsymbol{x})$ 是状态相关黎卡提方程(3.23)的解,则式(3.27)恰好是误差动力学方程(3.25)和指标函数(3.26)的状态相关黎卡提方程调节器。对于状态相关黎卡提方程调节器,Marcek 等[13, 14]通过式(3.30)这一条件对最优性进行了分析,主要结果如下。

假设 3.1 假设 $\boldsymbol{A}(\boldsymbol{x}) = \boldsymbol{A}(\boldsymbol{e}+\boldsymbol{z})$、$\boldsymbol{b}(\boldsymbol{x}) = \boldsymbol{b}(\boldsymbol{e}+\boldsymbol{z})$ 和 $\boldsymbol{P}(\boldsymbol{x}) = \boldsymbol{P}(\boldsymbol{e}+\boldsymbol{z})$ 沿其梯度方向 $\dfrac{\partial \boldsymbol{A}(\boldsymbol{e}+\boldsymbol{z})}{\partial \boldsymbol{e}}$、$\dfrac{\partial \boldsymbol{b}(\boldsymbol{e}+\boldsymbol{z})}{\partial \boldsymbol{e}}$ 和 $\dfrac{\partial \boldsymbol{P}(\boldsymbol{e}+\boldsymbol{z})}{\partial \boldsymbol{e}}$ 在原点附近($\boldsymbol{e} \in \Omega$)的一个邻域内有界。

定理 3.1[13, 14] 控制器和其对应的状态、协态变量轨迹满足 HJB 方程 [$H(\boldsymbol{e}$,

$\boldsymbol{w}_1, \boldsymbol{\lambda})=0$] 和前两个一阶必要条件 $\left(\dfrac{\partial H}{\partial \boldsymbol{w}_1}=0,\ \dot{\boldsymbol{e}}=\dfrac{\partial H}{\partial \boldsymbol{\lambda}}\right)$。此外,如果假设3.1成立,在渐进稳定特性下,随着误差 $\boldsymbol{e}$ 趋于零 ($\boldsymbol{x}$ 趋于 z),第三个一阶必要条件 $\dot{\boldsymbol{\lambda}}=-\dfrac{\partial H}{\partial \boldsymbol{e}}$ 将以二次指数速率渐进满足。

由于最优必要条件 $\dot{\boldsymbol{\lambda}}=-\dfrac{\partial H}{\partial \boldsymbol{e}}$ 只能渐进满足,定理3.1表明控制器[式(3.27)]只是在一个足够小的初始条件范围内局部近似最优。因此,控制器[式(3.22)]只是原最优跟踪问题[式(3.16)~式(3.18)]的近似最优解。

3. 折减指标法

1) 控制器设计

折减指标法在性能指标函数上引入了一个折减系数[9, 11]:

$$J_2=\frac{1}{2}\int_0^{\infty}\mathrm{e}^{-2\gamma t}[(\boldsymbol{x}-\boldsymbol{z})^{\mathrm{T}}\boldsymbol{Q}(\boldsymbol{x}-\boldsymbol{z})+\boldsymbol{u}^{\mathrm{T}}\boldsymbol{R}\boldsymbol{u}]\mathrm{d}t \tag{3.31}$$

式中,$\gamma>0$,为折减因子。

定义新的状态量和控制量,$\bar{\boldsymbol{x}}=\mathrm{e}^{-\gamma t}[\boldsymbol{x}^{\mathrm{T}}, \boldsymbol{z}^{\mathrm{T}}]^{\mathrm{T}}$ 和 $\bar{\boldsymbol{u}}=\mathrm{e}^{-\gamma t}\boldsymbol{u}$,则性能指标函数变为

$$\bar{J}_2=\frac{1}{2}\int_0^{\infty}(\bar{\boldsymbol{x}}^{\mathrm{T}}\bar{\boldsymbol{Q}}\bar{\boldsymbol{x}}+\bar{\boldsymbol{u}}^{\mathrm{T}}\bar{\boldsymbol{R}}\bar{\boldsymbol{u}})\mathrm{d}t \tag{3.32}$$

相应的系数矩阵为

$$\bar{\boldsymbol{Q}}=\begin{bmatrix}\boldsymbol{Q} & -\boldsymbol{Q}\\ -\boldsymbol{Q} & \boldsymbol{Q}\end{bmatrix},\quad \bar{\boldsymbol{R}}=\boldsymbol{R} \tag{3.33}$$

将系统[式(3.16)和式(3.17)]写为拟线性形式,$\boldsymbol{f}(\boldsymbol{x})=\boldsymbol{A}(\boldsymbol{x})\boldsymbol{x}$ 和 $\boldsymbol{g}(z)=\boldsymbol{G}(z)z$,并将系统增广为

$$\begin{cases}\dot{\bar{\boldsymbol{x}}}=\bar{\boldsymbol{A}}(\mathrm{e}^{\gamma t}\bar{\boldsymbol{x}})\bar{\boldsymbol{x}}+\bar{\boldsymbol{B}}(\mathrm{e}^{\gamma t}\bar{\boldsymbol{x}})\bar{\boldsymbol{u}}\\ \bar{\boldsymbol{A}}(\bar{\boldsymbol{x}})=-\gamma\boldsymbol{I}_{n+m}+\begin{bmatrix}\boldsymbol{A}(\boldsymbol{x}) & 0\\ 0 & \boldsymbol{G}(z)\end{bmatrix},\quad \bar{\boldsymbol{B}}=\begin{bmatrix}\boldsymbol{B}(\boldsymbol{x})\\ 0\end{bmatrix}\end{cases} \tag{3.34}$$

则跟踪控制问题转换为一个标准的非线性调节问题。基于状态相关黎卡提方程,近似最优调节器为

$$\bar{\boldsymbol{u}}=-\bar{\boldsymbol{R}}^{-1}\bar{\boldsymbol{B}}^{\mathrm{T}}(\mathrm{e}^{\gamma t}\bar{\boldsymbol{x}})\bar{\boldsymbol{P}}(\mathrm{e}^{\gamma t}\bar{\boldsymbol{x}})\bar{\boldsymbol{x}} \tag{3.35}$$

式中,$\bar{\boldsymbol{P}}(\mathrm{e}^{\gamma t}\bar{\boldsymbol{x}})$ 是如下状态相关黎卡提方程的解:

$$\bar{\boldsymbol{P}}(\mathrm{e}^{\gamma t}\bar{\boldsymbol{x}})\bar{\boldsymbol{A}}(\mathrm{e}^{\gamma t}\bar{\boldsymbol{x}}) + \bar{\boldsymbol{A}}^{\mathrm{T}}(\mathrm{e}^{\gamma t}\bar{\boldsymbol{x}})\bar{\boldsymbol{P}}(\mathrm{e}^{\gamma t}\bar{\boldsymbol{x}}) - \bar{\boldsymbol{P}}(\mathrm{e}^{\gamma t}\bar{\boldsymbol{x}})\bar{\boldsymbol{B}}(\mathrm{e}^{\gamma t}\bar{\boldsymbol{x}})\bar{\boldsymbol{R}}^{-1}\bar{\boldsymbol{B}}^{\mathrm{T}}(\mathrm{e}^{\gamma t}\bar{\boldsymbol{x}})\bar{\boldsymbol{P}}(\mathrm{e}^{\gamma t}\bar{\boldsymbol{x}}) + \bar{\boldsymbol{Q}} = 0 \tag{3.36}$$

从而,对于原跟踪问题的近似最优跟踪控制器为[9, 11]

$$\boldsymbol{u}_2 = -\boldsymbol{R}^{-1}\bar{\boldsymbol{B}}^{\mathrm{T}}(\boldsymbol{x})\bar{\boldsymbol{P}}(\boldsymbol{x}, z)[\boldsymbol{x}, z] \tag{3.37}$$

进一步,将矩阵 $\bar{\boldsymbol{P}}(\boldsymbol{x}, z)$ 分解为

$$\bar{\boldsymbol{P}}(\boldsymbol{x}, z) = \begin{bmatrix} \boldsymbol{P}_{11}(\boldsymbol{x}) & \boldsymbol{P}_{12}(\boldsymbol{x}, z) \\ \boldsymbol{P}_{12}^{\mathrm{T}}(\boldsymbol{x}, z) & \boldsymbol{P}_{22}(\boldsymbol{x}, z) \end{bmatrix} \tag{3.38}$$

式中,$\boldsymbol{P}_{11}(\boldsymbol{x}) \in \mathbb{R}^{n\times n}$,控制器[式(3.37)]可写为

$$\boldsymbol{u}_2 = -\boldsymbol{R}^{-1}\boldsymbol{B}(\boldsymbol{x})^{\mathrm{T}}\boldsymbol{P}_{11}(\boldsymbol{x})\boldsymbol{x} - \boldsymbol{R}^{-1}\boldsymbol{B}(\boldsymbol{x})^{\mathrm{T}}\boldsymbol{P}_{12}(\boldsymbol{x}, z)z \tag{3.39}$$

式中,$\boldsymbol{P}_{11}(\boldsymbol{x})$ 和 $\boldsymbol{P}_{12}(\boldsymbol{x}, z)$ 分别为如下状态相关黎卡提方程和 Lyapunov 方程的解:

$$\boldsymbol{P}_{11}(\boldsymbol{x})[\boldsymbol{A}(\boldsymbol{x}) - \gamma\boldsymbol{I}_n] + [\boldsymbol{A}(\boldsymbol{x}) - \gamma\boldsymbol{I}_n]^{\mathrm{T}}\boldsymbol{P}_{11}(\boldsymbol{x}) - \boldsymbol{P}_{11}(\boldsymbol{x})\boldsymbol{B}(\boldsymbol{x})\boldsymbol{R}^{-1}\boldsymbol{B}^{\mathrm{T}}(\boldsymbol{x})\boldsymbol{P}_{11}(\boldsymbol{x}) + \boldsymbol{Q} = 0 \tag{3.40}$$

$$\boldsymbol{P}_{12}(\boldsymbol{x}, z)[\boldsymbol{G}(z) - \gamma\boldsymbol{I}_m] + [\boldsymbol{A}^{\mathrm{T}}(\boldsymbol{x}) - \gamma\boldsymbol{I}_n - \boldsymbol{P}_{11}(\boldsymbol{x})\boldsymbol{B}(\boldsymbol{x})\boldsymbol{R}^{-1}\boldsymbol{B}^{\mathrm{T}}(\boldsymbol{x})]\boldsymbol{P}_{12}(\boldsymbol{x}, z) - \boldsymbol{Q} = 0 \tag{3.41}$$

$$\boldsymbol{P}_{22}(\boldsymbol{x}, z)[\boldsymbol{G}(z) - \gamma\boldsymbol{I}_m] + [\boldsymbol{G}^{\mathrm{T}}(z) - \gamma\boldsymbol{I}_m]\boldsymbol{P}_{22}(\boldsymbol{x}, z) - \boldsymbol{P}_{12}^{\mathrm{T}}(\boldsymbol{x})\boldsymbol{B}(\boldsymbol{x})\boldsymbol{R}^{-1}\boldsymbol{B}^{\mathrm{T}}(\boldsymbol{x})\boldsymbol{P}_{12}(\boldsymbol{x}, z) + \boldsymbol{Q} = 0 \tag{3.42}$$

2)控制器分析

该方法通过引入指数项 $\mathrm{e}^{-\gamma t}$ 使得系统[式(3.34)]对应的状态相关黎卡提方程(3.36)有稳定解,从而使控制器[式(3.37)]有效。但若直接采用控制器[式(3.39)],则可不必引入指数项 $\mathrm{e}^{-\gamma t}$,即可令 $\gamma = 0$。下面以线性定常系统为例来说明。

对于线性定常控制系统

$$\dot{\boldsymbol{x}} = \boldsymbol{A}x + \boldsymbol{B}\boldsymbol{u}, \quad \boldsymbol{x}(0) = \boldsymbol{x}_0 \tag{3.43}$$

和参考定常系统

$$\dot{z} = \boldsymbol{G}z, \quad z(0) = z_0 \tag{3.44}$$

系统的最优跟踪控制器为

$$\boldsymbol{u} = -\boldsymbol{R}^{-1}\boldsymbol{B}^{\mathrm{T}}\boldsymbol{P}_{11}\boldsymbol{x} - \boldsymbol{R}^{-1}\boldsymbol{B}^{\mathrm{T}}\boldsymbol{P}_{12}z \tag{3.45}$$

式中，$\boldsymbol{P}_{11}$ 和 $\boldsymbol{P}_{12}$ 分别可通过求解式(3.40)和式(3.41)得到。

若参考坐标系统[式(3.44)]不稳定，则 Lyapunov 方程(3.42)和状态相关黎卡提方程(3.36)无解，然而这并不影响方程(3.40)和(3.41)的求解。因此，若直接采用控制器(3.39)，不引入指数项 $e^{-\gamma t}$ 亦可稳定求解。

4. 两种方法对比

期望输入法和折减指标法都需要在各个时刻分别求解相同维数的状态相关黎卡提方程(3.23)和式(3.40)来得到反馈控制项。但对于期望输入法，前馈控制项 $\boldsymbol{u}_{\mathrm{d}}$ 可由式(3.20)直接得出；对于折减指标法，前馈项需要求解 Lyapunov 方程(3.41)。因此，相对来说，期望输入法的计算效率较高。

3.2.3　基于状态相关黎卡提方程的跟踪控制仿真

本节以服务航天器需要对非合作目标航天器表面的特征部位进行高精度成像为背景，开展空间非合作目标特征点六自由度最优跟踪控制仿真。参考轨道坐标系建立在非合作目标的质心，参考轨道的初始轨道根数与表 3.1 一致。目标航天器的转动惯量为 $\boldsymbol{J}_t = \mathrm{diag}([2\,000,\ 2\,500,\ 2\,000])$，单位为 kg · m^2；体坐标系下特征部位的位置矢量为 $\boldsymbol{P}^t = 20 \times [0.556\,7,\ 0.663\,4,\ 0.5]^{\mathrm{T}}$ m，且特征部位的单位外法向向量平行于 $\boldsymbol{P}^t$。服务航天器的惯量矩阵为 $\boldsymbol{J}_s = 500 \times \mathrm{diag}([1,\ 1,\ 1])$，单位为 kg · m^2；体坐标系下相机的位置矢量为 $\boldsymbol{P}^s = [0,\ 0,\ 0.5]^{\mathrm{T}}$，单位为 m，且镜头法向量平行于 $\boldsymbol{P}^s$。场景设置的其他参数列于表 3.2。

表 3.2　目标航天器和服务航天器的初始状态

初始条件	目标航天器	服务航天器
质心相对位置/m	$\boldsymbol{\rho}^t = [0,\ 0,\ 0]^{\mathrm{T}}$	$\boldsymbol{\rho}^s = [30,\ 30,\ 30]^{\mathrm{T}}$
质心相对速度/(m/s)	$\dot{\boldsymbol{\rho}}^t = [0,\ 0,\ 0]^{\mathrm{T}}$	$\dot{\boldsymbol{\rho}}^s = [0,\ 0,\ 0]^{\mathrm{T}}$
四元数	$\boldsymbol{q}_t = [1,\ 0,\ 0,\ 0]^{\mathrm{T}}$	$\boldsymbol{q}_s = [0.5,\ 0.5,\ 0.5,\ 0.5]^{\mathrm{T}}$
相对角速度/(rad/s)	$\boldsymbol{\omega}_t = [0.018,\ 0.018,\ 0.016]^{\mathrm{T}}$	$\boldsymbol{\omega}_s = [0.035,\ 0.105,\ 0.069]^{\mathrm{T}}$
特征点相对位置/m	$\boldsymbol{\rho}_i^t = [11.134,\ 13.268,\ 10.0]^{\mathrm{T}}$	$\boldsymbol{\rho}_i^s = [30.5,\ 30,\ 30]^{\mathrm{T}}$
特征点相对速度/(m/s)	$\dot{\boldsymbol{\rho}}_i^t = [-0.042,\ 0.007,\ 0.037]^{\mathrm{T}}$	$\dot{\boldsymbol{\rho}}_i^s = [0,\ 0.034,\ -0.052]^{\mathrm{T}}$

根据特征部位和相机在各自体坐标系下的位置矢量及外法线方向可以看出，当目标和服务航天器体坐标系同步时，并不能实现特征点的相互对准。针对这一问题，对目标航天器的体坐标系进行重新定义，从原坐标系到新坐标系的四元数为 $\bar{\boldsymbol{q}}_t = [0.5,\ 0.66,\ -0.56,\ 0]^{\mathrm{T}}$，相应的转换矩阵和新的惯量张量分别为

$$
\begin{cases}
\hat{\boldsymbol{T}}_1^2 = \begin{bmatrix} 0.38 & -0.74 & 0.56 \\ -0.74 & 0.12 & 0.66 \\ -0.56 & -0.66 & -0.50 \end{bmatrix} \\
\hat{\boldsymbol{J}}_t = \begin{bmatrix} 2\,272.77 & -44.25 & -245.00 \\ -44.25 & 2\,007.18 & 39.74 \\ -245.00 & 39.74 & 2\,220.05 \end{bmatrix}
\end{cases}
\tag{3.46}
$$

基于给定的目标航天器的初始条件,图 3.4 给出了目标航天器上特征点在轨道坐标系下的运动轨迹,同时这也是服务航天器特征点需要跟踪的轨迹。由于目标航天器的质心保持在原点不动,特征点的轨迹在以原点为圆心半径为 20 m 的球面上。图 3.5 则给出了目标航天器的姿态运动轨迹,从图中可以看出,无论是位置运动轨迹还是姿态运动轨迹,均随时间不停振荡,但始终不收敛。

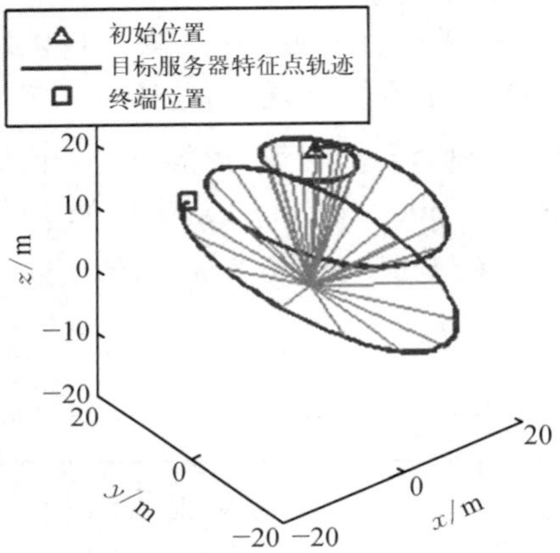

图 3.4 目标航天器特征点在轨道坐标系下的运动轨迹

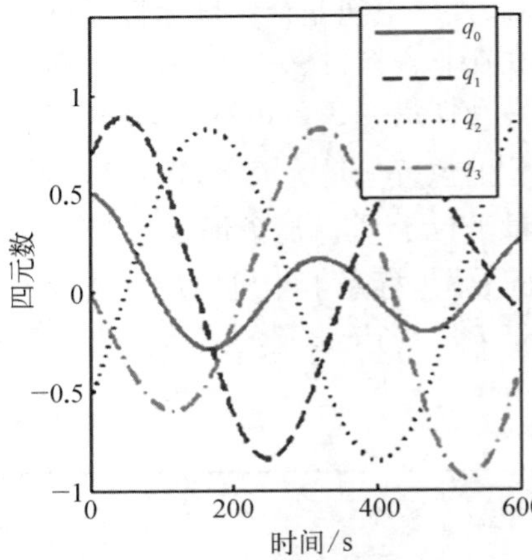

图 3.5 目标航天器的姿态运动轨迹

采用同一组状态变量和控制量加权矩阵,$\boldsymbol{Q}$ = diag([10^4, 10^4, 10^4, 0, 0, 0, 10^7, 10^7, 10^7, 10^7, 0, 0, 0]) 和 $\boldsymbol{R} = 5 \times$ diag([10^9, 10^9, 10^9, 10^5, 10^5, 10^5]),分别采用上述两种控制算法进行仿真计算。图 3.6 和图 3.7 分别给出了两种控制器作用下的位置和速度误差,其中实线代表期望输入法的结果,虚线代表折减指标法的结果。图 3.6 中,两个控制器的位置误差收敛曲线的下降趋势相近,但期望输入法的收敛速度明显更快。在最后 100 s,期望输入法的精度达到 10^{-4} m,而折减指标法的精度为 0.2 m。图 3.7 中,两个方法的速度误差变化基本一致,最后 100 s 的速度误差分别达到 3×10^{-3} mm/s 和 7 mm/s。因此,可以看出,期望输入法对位置运动实现了更高的跟踪精度。

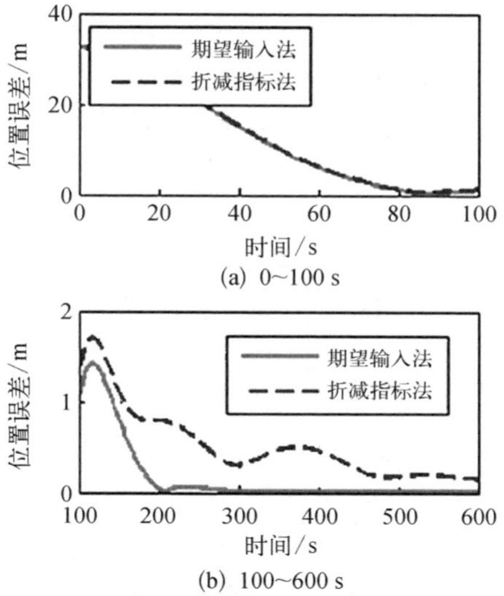

图 3.6　位置误差的模

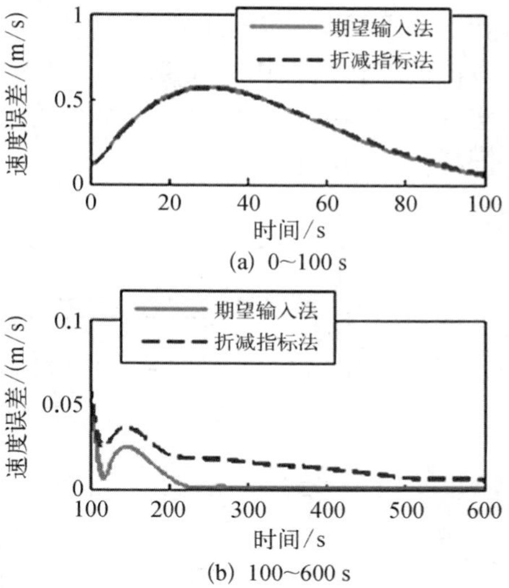

图 3.7　速度误差的模

图 3.8 给出了从服务航天器体坐标系到目标航天器体坐标系按 3－2－1 转序

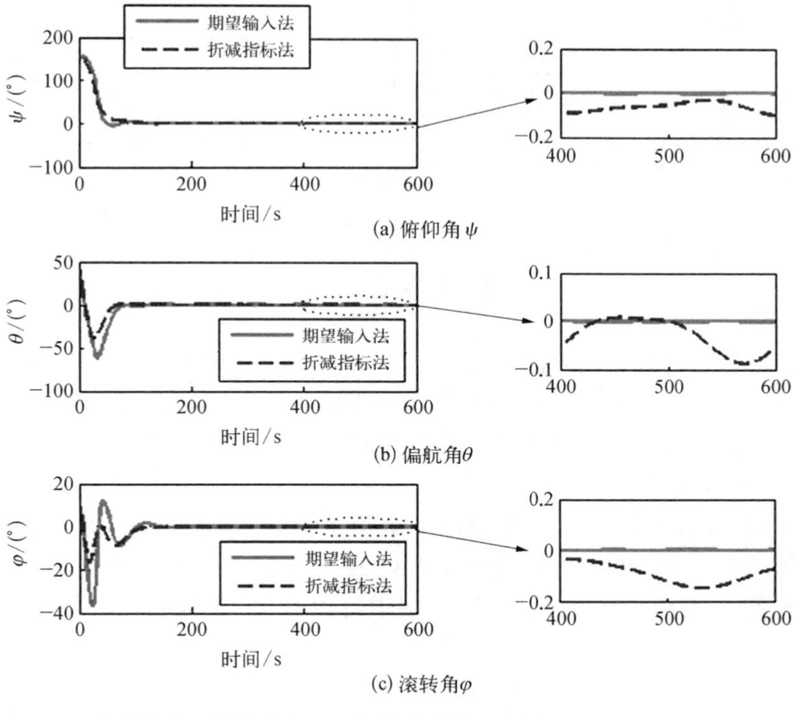

图 3.8　从服务航天器体坐标系到目标体坐标系的欧拉角随时间的变化曲线

旋转的俯仰角 ψ、偏航角 θ 和滚转角 φ 随时间变化情况。在最开始的 200 s 内，两个方法的欧拉角都快速收敛到 0.15°范围内，但从终端放大图可以看出，期望输入法实现了更高的姿态精度。图 3.9 给出了两个方法的角速度误差，期望输入法结果同样优于折减指标法。

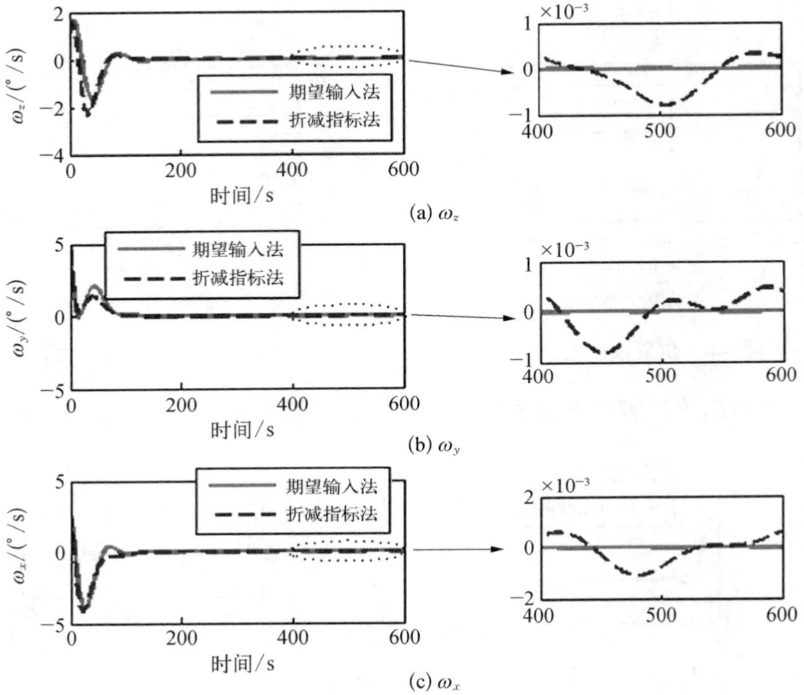

(a) ω_z

(b) ω_y

(c) ω_x

图 3.9　角速度误差

图 3.10 和图 3.11 分别给出了控制加速度和控制力矩随时间的变化曲线。通过对控制输入求模并积分，可以得到总的燃料消耗。期望输入法的速度增量为 9.01 m/s，而折减指标法的速度增量为 8.78 m/s。因此，期望输入法比折减指标法多消耗了 3%的能量。

图 3.12 给出了期望输入法作用下的服务航天器特征点的轨迹在 $x-y$ 平面的投影，其中箭头指向特征点，方向代表了特征点的单位外法线方向。图 3.13 给出的是在 $x-z$ 平面的投影，从图中可以看出，服务航天器相机成功实现了对准。

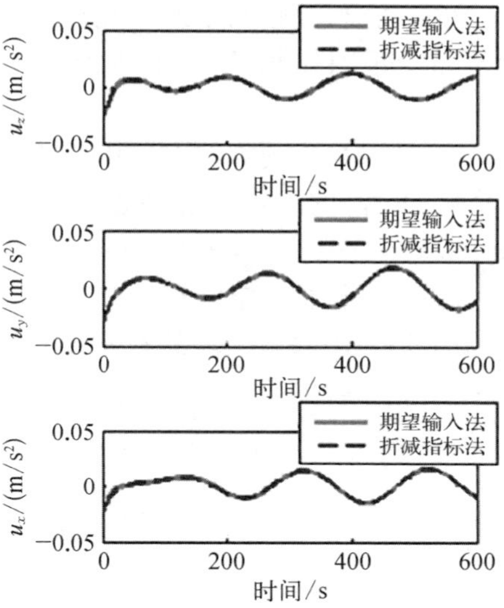

图 3.10　控制加速度随时间的变化曲线

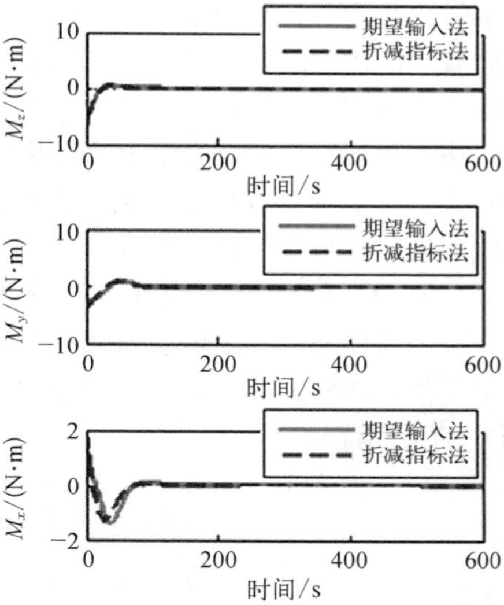

图 3.11　控制力矩随时间的变化曲线

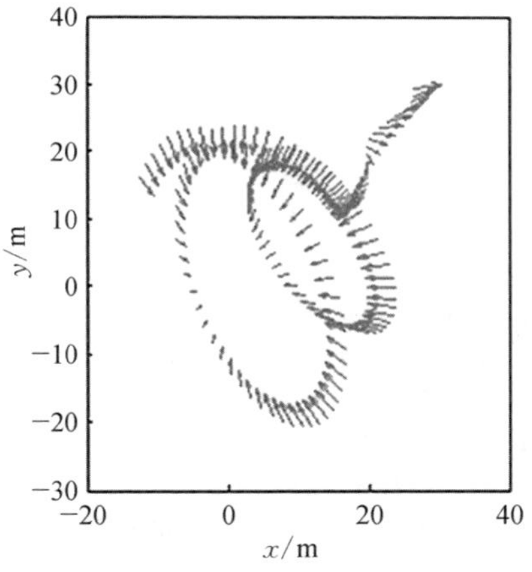

图 3.12　服务航天器特征点轨迹($x-y$ 平面)

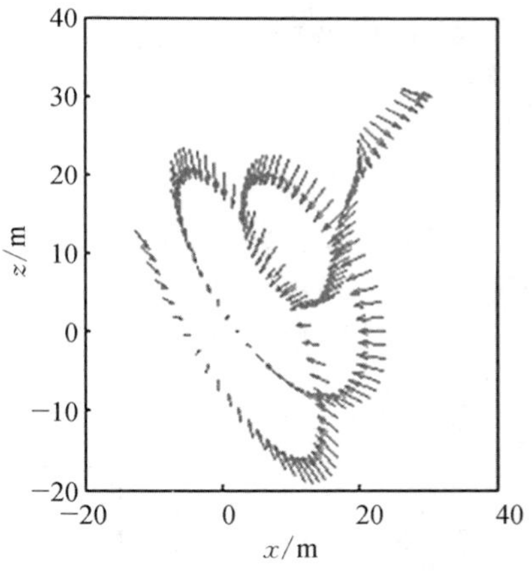

图 3.13　服务航天器特征点轨迹($x-z$ 平面)

3.3　基于模型预测控制算法的姿轨联合控制

3.3.1　模型预测控制理论

模型预测控制(model predictive control, MPC)是一种诞生于 20 世纪 70 年代

的计算机控制算法。相比传统的控制器，MPC 对模型精度要求低，能够处理复杂的多输入多约束控制问题；与最优控制相比，MPC 将全局优化问题转化为求解有限时域内的优化问题，降低了每一时刻的计算量。正因如此，MPC 在航空航天领域得到了大范围的应用。

模型预测控制的核心是滚动优化。如图 3.14 所示，当前 k 时刻，MPC 将用于预测 N 时域内曲线 3 所示的系统状态，并计算式(3.47)的预测时域优化问题，得到曲线 6 表示的最优控制序列 $\boldsymbol{U}^*(k+1)=\{\boldsymbol{u}^*(k|k),\cdots,\boldsymbol{u}^*(k+N-1|k)\}$。式(3.47)中，$\boldsymbol{\Omega}_x$ 和 $\boldsymbol{\Omega}_u$ 分别为状态和控制的约束，代表可行状态空间和解空间。将曲线 5 所示的控制序列的第一个值 $\boldsymbol{u}(k|k)$ 作为当前控制量输出，系统在 $\boldsymbol{u}(k|k)$ 的作用下将会转变为曲线 2 所示的新系统状态，在下一时刻重复以上优化步骤，即 MPC 的滚动优化过程。

$$\min_{\boldsymbol{u}(k+i|k),i=0,\cdots,N-1} J_N(k)=\sum_{i=0}^{N-1}\left[\|\boldsymbol{x}(k+i|k)\|_Q^2+\|\boldsymbol{u}(k+i|k)\|_R^2\right]$$
$$\text{s.t.}\begin{cases}\boldsymbol{x}(k+i+1|k)=\boldsymbol{A}\boldsymbol{x}(k+i|k)+\boldsymbol{B}\boldsymbol{u}(k+i|k), & i=0,\cdots,N-1\\ \boldsymbol{x}(k+i|k)\in\boldsymbol{\Omega}_x, & i=1,\cdots,N\\ \boldsymbol{u}(k+i|k)\in\boldsymbol{\Omega}_u, & i=0,\cdots,N-1\\ \boldsymbol{x}(k|k)=\boldsymbol{x}(k)\end{cases}\tag{3.47}$$

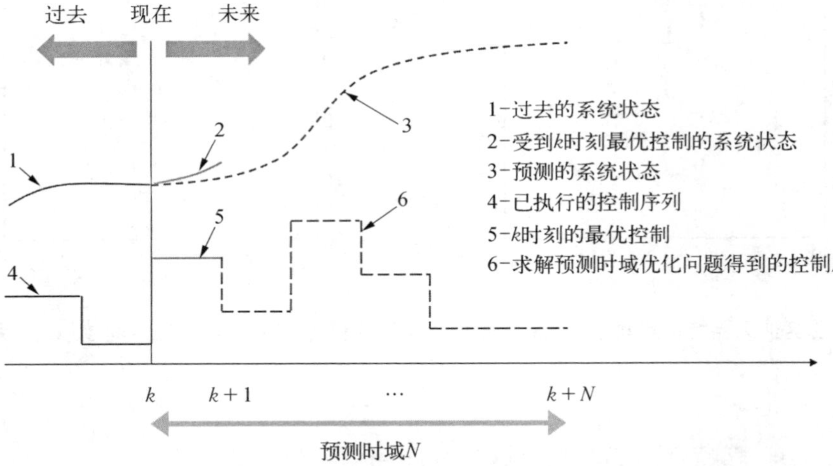

图 3.14　MPC 滚动优化

若仅有滚动优化环节，则预测控制系统为一个开环控制系统。而实际控制中存在偏差和不确定性因素，因此需要进行反馈矫正，让控制器形成闭环控制。

可见,一方面,由于模型预测控制不需要计算全局最优问题,计算量仅限制在预测时域 N 内,大大降低了计算搜索量;另一方面,由于反馈矫正环节的存在,模型预测控制能够很好地将未来时刻状态和系统误差对当前状态的作用结合起来。

与传统控制器相比,模型预测控制系统的控制器没有解析表达式,而是在每一时刻求解相应的非线性优化问题,由最优解作为此时的最优控制。虽然难以用传统的 Lyapunov 稳定性条件证明模型预测控制的稳定性,但这一思想仍贯穿模型预测控制的设计中[15]。

3.3.2 显式模型预测控制器设计

显式模型预测控制(explicit model predictive control, eMPC)是模型预测控制的一个分支。在式(3.47)表示的模型预测问题中,最优控制量 $\boldsymbol{u}^*(k)$ 是在线实时求解的,且 $\boldsymbol{u}^*(k)$ 与当前状态 $\boldsymbol{x}(k)$ 的关系是隐式的。显式模型控制则是利用解析方式离线求解得到 $\boldsymbol{u}^*(k)$ 与 $\boldsymbol{x}(k)$ 的显式表达式 $\boldsymbol{u}^*(k)=f[\boldsymbol{x}(k)]$, 在线规划时只需要知道当前状态,直接访问对应的函数,即可得到最优控制。该显式函数是一个分段仿射(piecewise affine, PWA)函数,具体的求解方法如下[16]。

首先将式(3.47)的优化问题转化为一个多参数(multi-parameter, MP)二次规划(quadratic programming, QP)问题(mp-QP problem):

$$\begin{gathered} \boldsymbol{V}[\boldsymbol{x}(k)] = \min\left\{\frac{1}{2}\boldsymbol{U}^{\mathrm{T}}\boldsymbol{H}\boldsymbol{U} + \boldsymbol{x}^{\mathrm{T}}(k)\boldsymbol{F}\boldsymbol{U}\right\} \\ \text{s.t.} \quad \boldsymbol{G}\boldsymbol{U} \leqslant \boldsymbol{W} + \boldsymbol{E}\boldsymbol{x}(k) \end{gathered} \tag{3.48}$$

设控制量维度为 n, 状态维度为 m, 预测时域为 N, 则控制序列 $\boldsymbol{U} \in \mathbb{R}^{nN\times 1}$, $\boldsymbol{x} \in \mathbb{R}^{m\times 1}$。对于这样一个二次规划问题,可以利用参数变化将其转化为单参数二次规划问题(QP problem):

$$\begin{gathered} \boldsymbol{V}_z[\boldsymbol{x}(k)] = \min\left\{\frac{1}{2}\boldsymbol{Z}^{\mathrm{T}}\boldsymbol{H}\boldsymbol{Z}\right\} \\ \text{s.t.} \quad \boldsymbol{G}\boldsymbol{Z} \leqslant \boldsymbol{W} + \boldsymbol{S}\boldsymbol{x}(k) \end{gathered} \tag{3.49}$$

式中, $\boldsymbol{Z} = \boldsymbol{U} + \boldsymbol{H}^{-1}\boldsymbol{F}^{\mathrm{T}}\boldsymbol{x}(k)$, 则

$$\begin{aligned} \boldsymbol{V}_z[\boldsymbol{x}(k)] &= \frac{1}{2}[\boldsymbol{U} + \boldsymbol{H}^{-1}\boldsymbol{F}^{\mathrm{T}}\boldsymbol{x}(k)]^{\mathrm{T}}\boldsymbol{H}[\boldsymbol{U} + \boldsymbol{H}^{-1}\boldsymbol{F}^{\mathrm{T}}\boldsymbol{x}(k)] \\ &= \frac{1}{2}[\boldsymbol{U}^{\mathrm{T}}\boldsymbol{H}\boldsymbol{U} + \boldsymbol{U}^{\mathrm{T}}\boldsymbol{F}^{\mathrm{T}}\boldsymbol{x}(k) + \boldsymbol{x}^{\mathrm{T}}(k)\boldsymbol{F}\boldsymbol{H}^{-\mathrm{T}}\boldsymbol{H}\boldsymbol{U} + \boldsymbol{x}^{\mathrm{T}}(k)\boldsymbol{F}\boldsymbol{H}^{-1}\boldsymbol{F}^{\mathrm{T}}\boldsymbol{x}(k)] \end{aligned}$$

$$= \frac{1}{2}[\boldsymbol{U}^{\mathrm{T}}\boldsymbol{H}\boldsymbol{U} + 2\boldsymbol{x}^{\mathrm{T}}(k)\boldsymbol{F}\boldsymbol{U} + \boldsymbol{x}^{\mathrm{T}}(k)\boldsymbol{F}\boldsymbol{H}^{-1}\boldsymbol{F}^{\mathrm{T}}\boldsymbol{x}(k)]$$

$$= \boldsymbol{V}[\boldsymbol{x}(k)] + \frac{1}{2}\boldsymbol{x}^{\mathrm{T}}(k)\boldsymbol{F}\boldsymbol{H}^{-1}\boldsymbol{F}^{\mathrm{T}}\boldsymbol{x}(k) \tag{3.50}$$

$$\boldsymbol{G}\boldsymbol{Z} = \boldsymbol{G}\boldsymbol{U} + \boldsymbol{G}\boldsymbol{H}^{-1}\boldsymbol{F}^{\mathrm{T}}\boldsymbol{x}(k) \leqslant \boldsymbol{W} + (\boldsymbol{E} + \boldsymbol{G}\boldsymbol{H}^{-1}\boldsymbol{F}^{\mathrm{T}})\boldsymbol{x}(k) = \boldsymbol{W} + \boldsymbol{S}\boldsymbol{x}(k) \tag{3.51}$$

根据式(3.50)和式(3.51),可得 $\boldsymbol{S} = \boldsymbol{E} + \boldsymbol{G}\boldsymbol{H}^{-1}\boldsymbol{F}^{\mathrm{T}}$, $\boldsymbol{V}_z[\boldsymbol{x}(k)]$ 与 $\boldsymbol{V}[\boldsymbol{x}(k)]$ 相差 $\frac{1}{2}\boldsymbol{x}^{\mathrm{T}}(k)\boldsymbol{F}\boldsymbol{H}^{-1}\boldsymbol{F}^{\mathrm{T}}\boldsymbol{x}(k)$,而该项只与当前状态 $\boldsymbol{x}(k)$ 相关,不属于优化问题中的变量,因此式(3.49)的 QP 问题和式(3.48)的 mp-QP 问题等价。对于 QP 问题,求出 $\boldsymbol{Z}$ 与 $\boldsymbol{x}(k)$ 的关系,就能得到 $\boldsymbol{u}^*(k)$ 与 $\boldsymbol{x}(k)$ 的关系。为了研究式(3.49)描述的非线性规划问题,可以求得其卡罗需-库恩-塔克(Karush-Kuhn-Tucker, KKT)条件为

$$\boldsymbol{H}\boldsymbol{Z} + \boldsymbol{G}^{\mathrm{T}}\boldsymbol{\lambda} = 0, \quad \boldsymbol{\lambda} \in \mathbb{R}^q \tag{3.52}$$

$$\boldsymbol{G}\boldsymbol{Z} \leqslant \boldsymbol{W} + \boldsymbol{S}\boldsymbol{x}(k) \tag{3.53}$$

$$\boldsymbol{\lambda} \geqslant 0 \tag{3.54}$$

$$\boldsymbol{\lambda}_i[\boldsymbol{G}^i\boldsymbol{Z} - \boldsymbol{W}^i - \boldsymbol{S}^i\boldsymbol{x}(t)] = 0, \quad i = 1, \cdots, q \tag{3.55}$$

式中, q 表示约束个数; $\boldsymbol{\lambda}$ 表示拉格朗日乘子。

在 KKT 条件中,以上四个条件依次代表定常方程、原始可行性、对偶可行性及互补松弛性。对于式(3.55),等号成立时有两种情况:当 $\boldsymbol{\lambda}_i = 0$ 时约束将会失效,此时 $\boldsymbol{\lambda}$ 为非活动拉格朗日乘子;当 $\boldsymbol{G}^i\boldsymbol{Z} - \boldsymbol{W}^i - \boldsymbol{S}^i\boldsymbol{x}(t) = 0$ 时约束有效,此时 $\boldsymbol{\lambda}$ 为活动乘子,对于活动乘子,可以结合式(3.52)得到:

$$\boldsymbol{Z} = \boldsymbol{H}^{-1}\boldsymbol{G}^{\mathrm{T}}(\boldsymbol{G}\boldsymbol{H}^{-1}\boldsymbol{G}^{\mathrm{T}})^{-1}[\boldsymbol{W} + \boldsymbol{S}\boldsymbol{x}(k)] \tag{3.56}$$

$$\boldsymbol{\lambda} = -(\boldsymbol{G}\boldsymbol{H}^{-1}\boldsymbol{G}^{\mathrm{T}})^{-1}[\boldsymbol{W} + \boldsymbol{S}\boldsymbol{x}(k)] \tag{3.57}$$

KKT 条件中的式(3.53)和式(3.54)将空间用不等式划分为不同的区域,而由定常方程式和互补松弛性得到的式(3.56)和式(3.57)则表示在这些区域内, $\boldsymbol{Z}$ 和 $\boldsymbol{\lambda}$ 是 $\boldsymbol{x}(k)$ 的仿射函数。因此,只要对状态空间进行划分,并求出每个区间对应的仿射函数,就可以得到 $\boldsymbol{u}^*(k) = f[\boldsymbol{x}(k)]$。状态空间的分区方式见图 3.15。

式(3.49)的 QP 问题中的不等式约束 $\boldsymbol{G}\boldsymbol{Z} \leqslant \boldsymbol{W} + \boldsymbol{S}\boldsymbol{x}(k)$ 可以表示为 $\boldsymbol{A}\boldsymbol{x}(k) \leqslant \boldsymbol{b}$,假设 $\boldsymbol{A} \in \mathbb{R}^{q\times m}$, $\boldsymbol{C} = \boldsymbol{A}\boldsymbol{x}(k) - \boldsymbol{b}$,设约束个数 $q = 4$,则约束的集合为 $\{C_1 \leqslant 0, C_2 \leqslant 0, C_3 \leqslant 0, C_4 \leqslant 0\}$。如图 3.15 (a)所示,当前状态 $\boldsymbol{x}(k)$ 所在区间是一个由

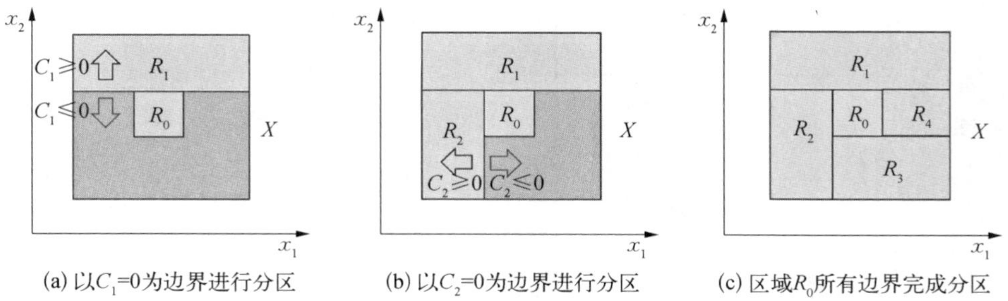

图 3.15　状态空间分区

四个不等式约束组合形成的四边形区域 R_0，现在需要对剩余的状态空间进行划分，以 $C_1=0$ 为边界，可以将剩下的空间划分出一块凸形区域 R_1。图 3.15（b）中进一步利用 $C_2=0$ 为边界，划分出凸形区域 R_2 …，依次类推，直至将剩余状态空间划分为四个凸形区域，如图 3.15（c）所示。在每个区域内计算式(3.56)和式(3.57)的仿射函数，即 eMPC 离线计算分段仿射函数的原理。

eMPC 可以离线计算并存储仿射函数，可以大大加快在线计算的求解速度，但在运用上具有一定的局限性。这是因为 eMPC 的计算量随着状态空间维度的增加而增大，且若在线不确定性大，则可能会超出离线存储的分段仿射函数的可行范围，导致最优控制量无解。因此，eMPC 仅适合于静态或动态不确定性小，且状态空间维度低的场景。

3.3.3　基于显式模型预测控制的全局离线姿轨跟踪

考虑到全局离线规划轨迹为确定的轨迹，只需要对相应的期望值进行跟踪，这里采用 eMPC 进行轨迹跟踪。只考虑在 LVLH 坐标系中 $x-y$ 平面中的控制，目标航天器自旋轴与 $x-y$ 平面垂直，设轨道误差区间为 $\boldsymbol{x}_{\text{emax}}=[x,\ y,\ \dot{x},\ \dot{y}]^{\mathrm{T}}=[5\text{ m},\ 5\text{ m},\ 1\text{ m/s},\ 1\text{ m/s}]^{\mathrm{T}}$，姿态误差区间为 $\boldsymbol{\alpha}_{\text{emax}}=[\alpha,\ \dot{\alpha}]^{\mathrm{T}}=[1\text{ rad},\ 1\text{ rad/s}]^{\mathrm{T}}$，控制加速度误差上限为 $\bar{\boldsymbol{u}}_e=[0.6\text{ m/s}^2,\ 0.6\text{ m/s}^2]^{\mathrm{T}}$，控制力矩上限为 $\bar{\boldsymbol{\tau}}_e=0.1\text{ N}\cdot\text{m}$。对于轨道控制器，$\boldsymbol{Q}_1=\text{diag}([5,\ 5,\ 5,\ 5])$，$\boldsymbol{R}_1=\text{diag}([0.06,\ 0.06])$，对于姿态控制器，$\boldsymbol{Q}_2=\text{diag}([5,\ 5])$，$\boldsymbol{R}_2=0.06$。取步长 $T=0.1\text{ s}$，预测时域 $N=5$，利用 MPT3 工具包计算得到的跟踪结果如图 3.16 所示。

图 3.16(a)～(c)显示，位置误差、速度误差及控制加速度误差将在 25 s 内收敛到 0，且图 3.16(d)和(h)中的控制加速度和控制力矩随着目标的旋转而波动；图 3.16(e)～(g)中的姿态角误差、角速度误差及控制力矩误差也最终收敛到 0，由此可见在 eMPC 的作用下，服务航天器的姿态和轨道实现了对期望值的跟踪。

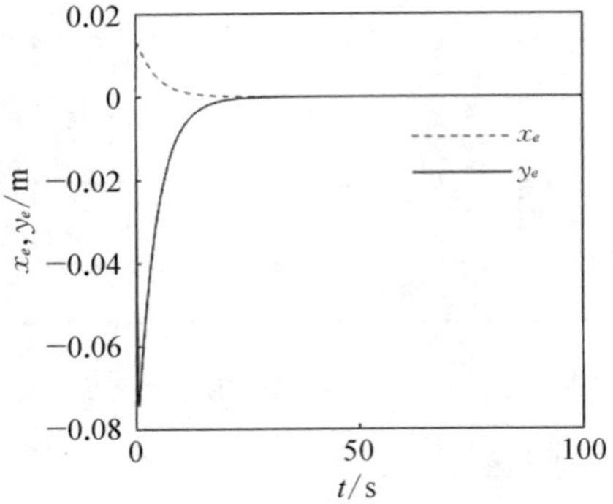

(a) 位置误差

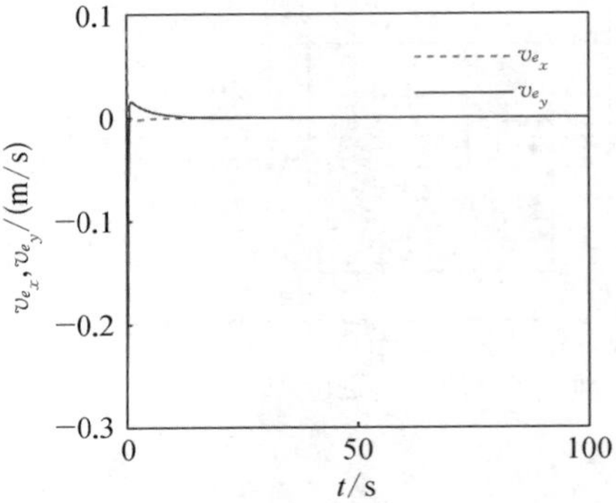

(b) 速度误差

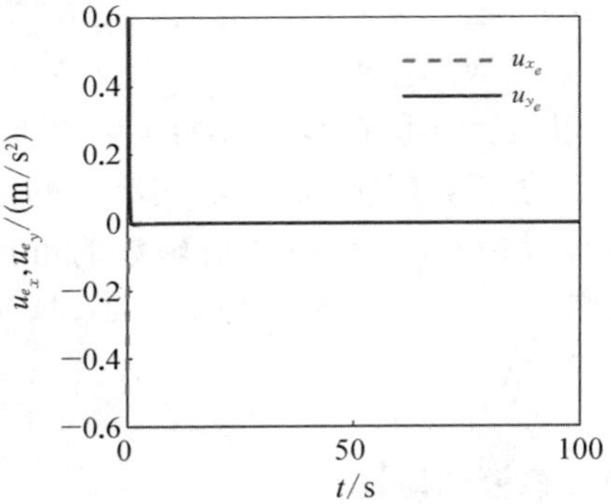

(c) 控制加速度误差

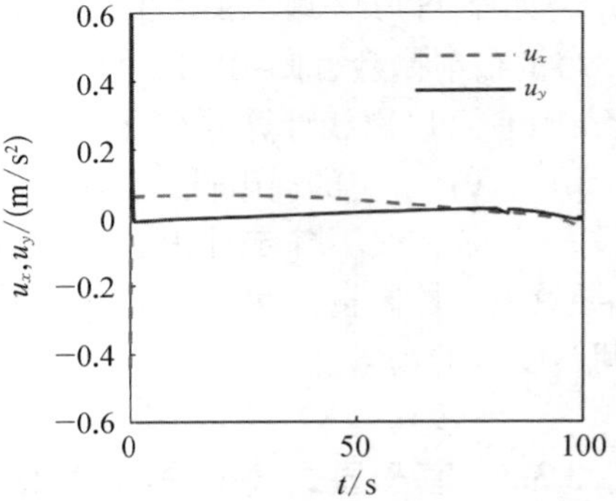

(d) 控制加速度

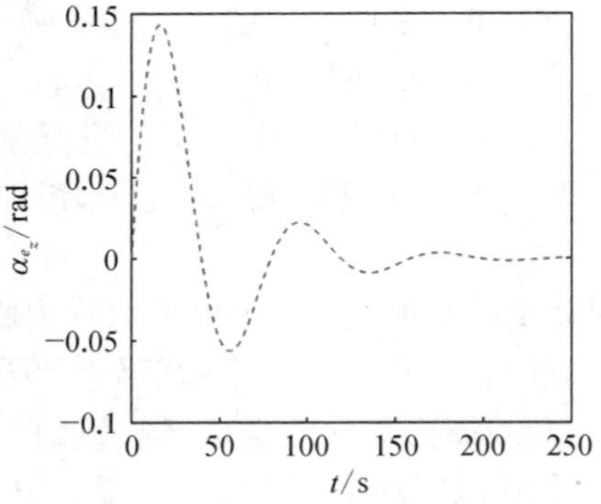

(e) 姿态角误差

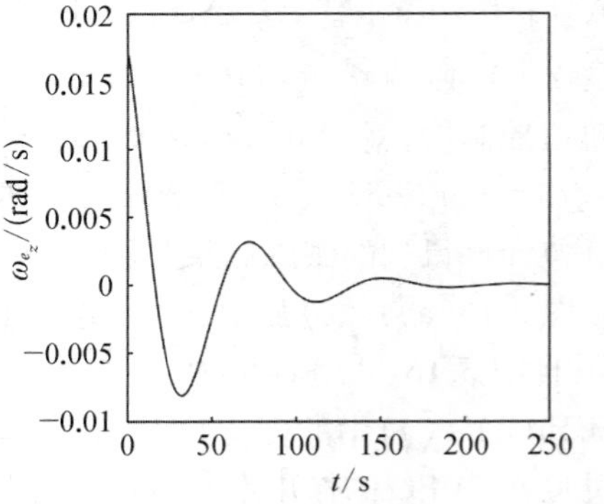

(f) 角速度误差

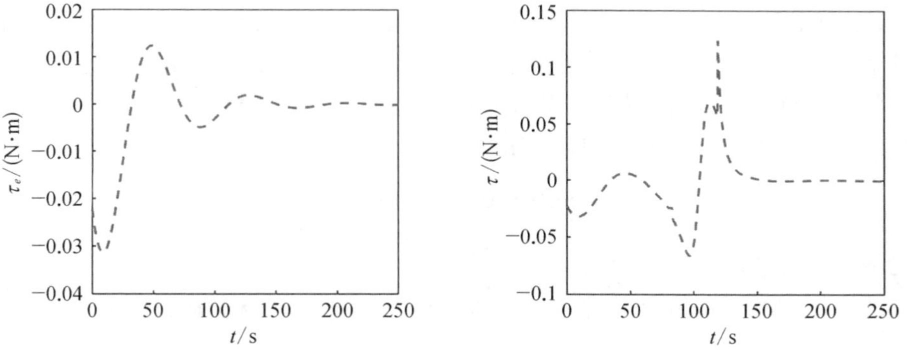

(g) 控制力矩误差　　(h) 控制力矩

图 3.16　全局离线控制

3.4　基于非奇异终端滑模控制算法的姿轨耦合控制

本节将介绍基于非奇异终端滑模的姿轨耦合控制器设计方法，首先讨论传统终端滑模面的奇异性问题，进一步提出能够避免奇异问题发生的非奇异终端滑模面，并结合扩张状态观测器，提出基于对偶四元数的非奇异终端滑模控制算法，以实现对翻滚目标的姿轨耦合跟踪控制任务。

3.4.1　非线性控制理论介绍

1. 滑模控制理论

下面将介绍滑模控制基本理论。首先，给出具有右端不连续的系统表达式[17]：

$$\dot{\boldsymbol{x}} = \boldsymbol{f}(\boldsymbol{x}, \boldsymbol{u}) \tag{3.58}$$

其中，

$$\boldsymbol{f}(\boldsymbol{x}, \boldsymbol{u}) = \begin{cases} \boldsymbol{f}^{+}(\boldsymbol{x}, \boldsymbol{u}) = \boldsymbol{f}(\boldsymbol{x}, \boldsymbol{u}^{+}), & s(\boldsymbol{x}) > 0 \\ \boldsymbol{f}^{-}(\boldsymbol{x}, \boldsymbol{u}) = \boldsymbol{f}(\boldsymbol{x}, \boldsymbol{u}^{-}), & s(\boldsymbol{x}) < 0 \end{cases} \tag{3.59}$$

式中，$\boldsymbol{x} \in \mathbb{R}^{n}$ 为系统状态；$\boldsymbol{u} \in \mathbb{R}^{m}$ 为控制输入；$s(\boldsymbol{x})$ 称为切换函数，其满足可微条件，系统 $\boldsymbol{f}(\boldsymbol{x}, \boldsymbol{u})$ 根据 $s(\boldsymbol{x})$ 的正负不同，使结构发生相应变化。

由于系统的微分方程在 $s(\boldsymbol{x}) = 0$ 上没有定义，可以得到如下微分方程：

$$\dot{\boldsymbol{x}} = \boldsymbol{f}(\boldsymbol{x}, \boldsymbol{u}_0), \quad s(\boldsymbol{x}) = 0 \tag{3.60}$$

式中，$s(\boldsymbol{x})=0$ 时称为切换面。

$s(\boldsymbol{x})=0$ 将状态空间分为两部分。在切换面上的点可以分为常点、起点和止点三种情况。如果切换面上某一区域都是"止点"，也就是说状态量将终止于此点，一旦状态接近切换面时，就会被吸引至 $s(\boldsymbol{x})=0$ 上。切换面 $s(\boldsymbol{x})=0$ 上所有点都是止点的区域称为"滑动模态"，此时有

$$\lim_{s\to 0^+}\dot{s} < 0, \quad \lim_{s\to 0^-}\dot{s} \geqslant 0 \tag{3.61}$$

式(3.61)为滑模面局部到达条件。

滑模控制的过程可以简述为，当考虑如下闭环控制系统状态方程时

$$\dot{\boldsymbol{x}}=\boldsymbol{f}(\boldsymbol{x}, \boldsymbol{u}, t), \quad \boldsymbol{x}, \boldsymbol{u} \in \mathbb{R}^n \tag{3.62}$$

需设计 $s(\boldsymbol{x})$ 及与 $s(\boldsymbol{x})$ 有关的滑模控制器：

$$\boldsymbol{u}(\boldsymbol{x})=\begin{cases}\boldsymbol{u}^+(\boldsymbol{x}), & s(\boldsymbol{x})>0\\ \boldsymbol{u}^-(\boldsymbol{x}), & s(\boldsymbol{x})<0\end{cases} \tag{3.63}$$

使得：① 系统状态在有限时间内满足式(3.61)可达性条件；② 使式(3.63)成立，即存在滑动模态；③ 保证滑动模态运动的稳定性。

2. 有限时间稳定性引理

上一小节提出的滑模控制方法可以使系统满足在有限时间内收敛到平衡位置，具有良好的收敛性。下面将给出本书中会用到的稳定性证明方法，首先建立闭环控制系统：

$$\dot{\boldsymbol{x}}=\boldsymbol{f}(\boldsymbol{x}, \boldsymbol{u}, t), \quad \boldsymbol{f}(0, t)=0 \tag{3.64}$$

式中，$\boldsymbol{x} \in \mathbb{R}^n$ 为系统状态；$\boldsymbol{u} \in \mathbb{R}^m$ 为控制输入。

在控制输入 $\boldsymbol{u}$ 的作用下，系统状态可以趋于收敛到期望位置，实现稳定性，根据收敛时间的不同，稳定性可以区分为渐近稳定和有限时间稳定。下面给出两个本书中所需的证明系统有限时间稳定性方法的引理。

引理 3.1[18] （有限时间稳定性判据 1）：假设 Φ 是正函数并存在实数 $\upsilon>0$，$0<\alpha<1$，且满足如下条件：

$$\dot{\Phi}(\boldsymbol{x})+\upsilon\Phi^{\alpha}(\boldsymbol{x}) \leqslant 0, \quad \boldsymbol{x} \in U_0 \tag{3.65}$$

因此，存在一个集合 $U_0 \subset \mathbb{R}^n$ 使 $\Phi(x)$ 可以在有限时间接近平衡点，收敛时间满足：

$$T_1 \leqslant \frac{\Phi_0^{1-\alpha}}{\upsilon-\upsilon\alpha} \tag{3.66}$$

引理 3.2[19]　（有限时间稳定性判据 2）：假设 Θ 为正，并存在实数 $\rho_1 > 0$、$\rho_2 > 0$、$0 < \beta < 1$，且满足如下条件：

$$\dot{\Theta}(x) \leqslant -\rho_1\Theta(\boldsymbol{x}) - \rho_2\Theta^{\beta}(x), \quad x \in U_1 \tag{3.67}$$

则存在一个集合 $U_1 \subset \mathbb{R}^n$ 使得 $\Theta(x)$ 可以在有限时间到达平衡点，收敛时间满足：

$$T_2 \leqslant \frac{1}{\rho_1(1-\beta)}\ln\frac{\rho_1\Theta_0^{1-\beta} + \rho_2}{\rho_2} \tag{3.68}$$

3.4.2　非奇异终端滑模控制器设计

本节将介绍非奇异终端滑模控制器的设计方法，首先讨论滑模面的奇异问题，进一步提出能够避免奇异性的非奇异滑模面，根据姿轨耦合控制的要求提出基于对偶四元数的非奇异终端滑模控制算法。

1. 非奇异终端滑模面

首先，提出快速终端滑模面：

$$s = \dot{x} + \alpha_1 x + \alpha_2 x^p \tag{3.69}$$

式中，$x \in \mathbb{R}$；$0.5 < p < 1$；α_1 和 α_2 都是正实数。

滑模面 s 的时间导数为

$$\dot{s} = \ddot{x} + \alpha_1\dot{x} + p\alpha_2 x^{p-1}\dot{x} \tag{3.70}$$

当 $x = 0$，$\dot{x} \neq 0$ 并且 $p - 1 < 0$ 时，式(3.70)中会出现奇异性，滑模面奇异性的存在将导致控制系统产生较大的跳变和颤动。为了避免此类奇异性的发生，参考文献[5]和[20]的方法，本节提出一种新型滑模面以避免奇异问题的发生：

$$s = \dot{x} + \alpha_1 x + \alpha_2\beta(x) \tag{3.71}$$

式中，$\beta(x)$ 为

$$\beta(x) = \begin{cases} \operatorname{sgn}(x)\,|x|^p, & \bar{s} = 0 \text{ 或 } \bar{s} \neq 0, \quad |x| \geqslant \mu \\ \gamma_1 x + \gamma_2\operatorname{sgn}(x)x^2, & \bar{s} \neq 0, \quad |x| \leqslant \mu \end{cases} \tag{3.72}$$

式中，$\gamma_1 = (2-p)\mu^{p-1}$ 和 $\gamma_2 = (p-1)\mu^{p-2}$ 为控制设计参数；$\bar{s} = \dot{x} + \alpha_1 x + \alpha_2\operatorname{sgn}(x)\,|x|^p$ 为标称滑模面；μ 为小的正实数。

因此，滑模面的时间导数为

$$\dot{s}=\begin{cases}\ddot{x}+\alpha_1\dot{x}+p\alpha_2\mathrm{sgn}(x)|x|^{p-1}\dot{x}, & \bar{s}=0\text{或}\bar{s}\neq 0,\quad |x|\geqslant\mu\\ \ddot{x}+\alpha_1\dot{x}+\alpha_2[\gamma_1\dot{x}+2\gamma_2\mathrm{sgn}(x)x\dot{x}], & \bar{s}\neq 0,\quad |x|\leqslant\mu\end{cases}\tag{3.73}$$

将本书提出的新型滑模面[式(3.71)]和先前的滑模面[式(3.69)]进行对比，可以看出，新型滑模面中加入了 $\beta(x)$ 切换项，当存在 $x=0$, $\dot{x}\neq 0$ 并且 $p-1<0$ 的情况时，滑模面便会发生切换，从而避免了传统滑模面中奇异问题的发生。

注 3.1(滑模面奇异性问题的进一步讨论) 传统的非奇异终端滑模面[21]的另一种设计思路为

$$s=x+\xi\dot{x}^{m/n}\tag{3.74}$$

式中，$x\in\mathbb{R}$；m 和 n 为正常数，满足 $1<m/n<2$；ξ 为系数。

文献[22]证明了当滑模面[式(3.74)]应用于双滑模控制方法的设计时，依旧会出现奇异问题，无法避免跳变现象。并且，文献[20]中通过理论分析了当滑模面到达 $s=0$ 时，非奇异终端滑模面[式(3.74)]具有比线性滑模面更差的收敛性。因此，为了克服这一缺点，本节提出了新型非奇异终端滑模面[式(3.71)]，可通过切换函数的转换来避免滑模面的奇异性，其中切换函数部分为式(3.72)中的 $\gamma_1 x+\gamma_2\mathrm{sgn}(x)x^2$ 一项。

综上所述，通过简单地推导可以说明式(3.72)为一个连续函数，并且可以避免奇异性的发生。下面，将给出本问题中 NTSMC 的设计方法。定义如下对偶四元数状态变量：$\hat{\boldsymbol{\Omega}}_e=\boldsymbol{\Omega}_e+\varepsilon\boldsymbol{p}_e$，其中 $\boldsymbol{\Omega}_e=2\ln q_e$，为四元数的对数表达。姿轨耦合跟踪控制的控制目标是，$(\hat{\boldsymbol{\Omega}}_e,\hat{\boldsymbol{\omega}}_e)$ 能够在有限时间内收敛到 $(\hat{\boldsymbol{0}},\hat{\boldsymbol{0}})$。进一步，针对本节姿轨耦合跟踪控制任务，这里提出一种基于对偶四元数的非奇异快速终端滑模面：

$$\hat{\boldsymbol{s}}=\hat{\boldsymbol{\omega}}_e+\hat{\beta}\odot\hat{\boldsymbol{\Omega}}_e+\hat{c}\odot\chi(\hat{\boldsymbol{\Omega}}_e)\tag{3.75}$$

式中，$\hat{\beta}=\beta+\varepsilon\beta'\in\mathbb{R}^3$ 和 $\hat{c}=c+\varepsilon c'\in\mathbb{R}^3$ 为对偶常数，满足 $\beta>0$、$\beta'>0$、$c>0$ 和 $c'>0$；$\chi(\hat{\boldsymbol{\Omega}}_e)=[\chi(\hat{\Omega}_{e1}),\chi(\hat{\Omega}_{e2}),\chi(\hat{\Omega}_{e3})]^{\mathrm{T}}$ 为

$$\chi(\hat{\boldsymbol{\Omega}}_{ei})=\begin{cases}\mathrm{sig}^p(\hat{\boldsymbol{\Omega}}_{ei}), & \bar{\hat{s}}=0\text{或}\bar{\hat{s}}\neq 0,\quad |\hat{\boldsymbol{\Omega}}_{ei}|\geqslant\varepsilon_0\\ \gamma_1\hat{\boldsymbol{\Omega}}_{ei}+\gamma_2\mathrm{sgn}(\hat{\boldsymbol{\Omega}}_{ei})|\hat{\boldsymbol{\Omega}}_{ei}|^2, & \bar{\hat{s}}\neq 0,\quad |\hat{\boldsymbol{\Omega}}_{ei}|\leqslant\varepsilon_0\end{cases},\ i=1,2,3\tag{3.76}$$

式中，$\mathrm{sig}^p(\hat{\boldsymbol{\Omega}}_{ei})=\mathrm{sgn}(\boldsymbol{\Omega}_{ei})|\boldsymbol{\Omega}_{ei}|^p+\varepsilon\,\mathrm{sgn}(\boldsymbol{p}_{ei})|\boldsymbol{p}_{ei}|^p$ 为传统的终端滑模部分；

$1/2 < p < 1$；$\hat{\bar{s}} = \hat{\omega}_e + \hat{\beta} \odot \hat{\boldsymbol{\Omega}}_e + \hat{c} \odot \mathrm{sig}^p(\hat{\boldsymbol{\Omega}}_e)$，为标称对偶滑模面；$\varepsilon_0$ 为小的正实数；$\gamma_1 = (2 - p_1)\mu^{p-1}$；$\gamma_2 = (p_1 - 1)\mu^{p-2}$。

对滑模面 $\hat{\boldsymbol{s}}$ 求时间导数得到

$$\dot{\hat{\boldsymbol{s}}} = \dot{\hat{\boldsymbol{\omega}}}_e + \hat{\beta} \odot \dot{\hat{\boldsymbol{\Omega}}}_e + \hat{c} \odot \dot{\chi}(\hat{\boldsymbol{\Omega}}_e) \tag{3.77}$$

其中，

$$\dot{\chi}(\hat{\boldsymbol{\Omega}}_{ei}) = \begin{cases} p \,|\, \hat{\boldsymbol{\Omega}}_e \,|^{p-1}\, \dot{\hat{\boldsymbol{\Omega}}}_e, & \hat{\bar{s}} = 0 \text{ 或 } \hat{\bar{s}} \neq 0, \quad |\, \hat{\boldsymbol{\Omega}}_{ei} \,| \geqslant \varepsilon_0 \\ \gamma_1 \dot{\hat{\boldsymbol{\Omega}}}_{ei} + 2\gamma_2 \mathrm{sgn}(\hat{\boldsymbol{\Omega}}_{ei}) \,|\, \hat{\boldsymbol{\Omega}}_{ei} \,|\, \dot{\hat{\boldsymbol{\Omega}}}_{ei}, & \hat{\bar{s}} \neq 0, \quad |\, \hat{\boldsymbol{\Omega}}_{ei} \,| \leqslant \varepsilon_0 \end{cases}, \quad i = 1, 2, 3 \tag{3.78}$$

基于滑模面(3.75)，下面给出基于非奇异终端滑模控制算法的姿轨耦合跟踪控制器：

$$\hat{\boldsymbol{F}}_u^f = \hat{\boldsymbol{F}}_e + \hat{\boldsymbol{F}}_s \tag{3.79}$$

式中，$\hat{\boldsymbol{F}}_s = -\hat{k} \odot \mathrm{sig}^{p_1}(\hat{\boldsymbol{s}})$，是滑模控制器表示的切换部分，并且系数 $\hat{k} \in \mathbb{R}^3$，$\hat{k}_i = k_i + \varepsilon k'_i$，$i = 1, 2, 3$，满足 $k_i > 0$、$k'_i > 0$、$p_1 > 0$；$\hat{\boldsymbol{F}}_e$ 为等价部分，其表达式为

$$\begin{aligned} \hat{\boldsymbol{F}}_e = {} & (\hat{\boldsymbol{\omega}}_e + \hat{\boldsymbol{q}}_e^* \otimes \hat{\boldsymbol{\omega}}_d \otimes \hat{\boldsymbol{q}}_e) \times \hat{\boldsymbol{M}}_0(\hat{\boldsymbol{\omega}}_e + \hat{\boldsymbol{q}}_e^* \otimes \hat{\boldsymbol{\omega}}_d \otimes \hat{\boldsymbol{q}}_e) + \hat{\boldsymbol{M}}_0(\hat{\boldsymbol{q}}_e^* \otimes \dot{\hat{\boldsymbol{\omega}}}_d \otimes \hat{\boldsymbol{q}}_e) \\ & - \hat{\boldsymbol{M}}_0 \hat{\boldsymbol{\omega}}_e \times (\hat{\boldsymbol{q}}_e^* \otimes \hat{\boldsymbol{\omega}}_d \otimes \hat{\boldsymbol{q}}_e) + \hat{\boldsymbol{F}}_{g0} - \hat{\beta} \odot \hat{\boldsymbol{M}}_0 \dot{\hat{\boldsymbol{\Omega}}}_e - \hat{c} \odot \hat{\boldsymbol{M}}_0 \dot{\chi}(\hat{\boldsymbol{\Omega}}_e) \end{aligned} \tag{3.80}$$

2. 扩张状态观测器设计

扩张状态观测器(extended state observer, ESO)是传统线性系统中观测器的扩展，其通过将外部扰动和不确定性等未知信息作为“扩张状态变量”[23]，代入原动力学模型中进行重构后观测，可以得到扩张状态变量大小，也就是可以估计得到扰动量，在扰动消除和补偿不确定性问题上表现出良好的性能。本书基于二阶滑模方法[24, 25]，提出一种新型 ESO：

$$\begin{cases} \hat{\boldsymbol{e}}_1 = \hat{\boldsymbol{z}}_1 - \hat{\boldsymbol{s}} \\ \hat{\boldsymbol{e}}_2 = \hat{\boldsymbol{z}}_2 - \hat{\boldsymbol{D}} \\ \dot{\hat{\boldsymbol{z}}}_1 = \hat{\boldsymbol{M}}_0^{-1} \hat{\boldsymbol{F}}_u + \hat{\boldsymbol{M}}_0^{-1} S(\hat{\boldsymbol{\omega}}_e, \hat{\boldsymbol{q}}_e) - \hat{\kappa} \odot \hat{\boldsymbol{e}}_1 - \hat{\eta} \odot \mathrm{sgn}^{p_2}(\hat{\boldsymbol{e}}_1) + \hat{\boldsymbol{z}}_2 \\ \dot{\hat{\boldsymbol{z}}}_2 = -\hat{\rho} \odot \hat{\boldsymbol{e}}_1 - \hat{\lambda} \odot \mathrm{sgn}^{2p_2-1}(\hat{\boldsymbol{e}}_1) \end{cases} \tag{3.81}$$

式中，$\hat{z}_1 \in \mathbb{N}^3$ 和 $\hat{z}_2 \in \mathbb{N}^3$ 为观测器的输出信息；$\hat{\boldsymbol{D}} = \Delta\hat{\boldsymbol{F}}_g + \hat{\boldsymbol{F}}_d + \Delta\hat{\boldsymbol{\Sigma}}$ 为广义扰动量，在观测器中当作扩张状态变量；$\hat{\boldsymbol{e}}_1$ 和 $\hat{\boldsymbol{e}}_2$ 为观测器的测量误差；$1/2 < p_2 < 1$；$\hat{\boldsymbol{\kappa}}$、$\hat{\eta}$、$\hat{\rho}$、$\hat{\lambda} \in \mathbb{R}^3$ 为观测器的设计参数。

$S(\hat{\boldsymbol{\omega}}_e, \hat{\boldsymbol{q}}_e)$ 的表达式为

$$S(\hat{\boldsymbol{\omega}}_e, \hat{\boldsymbol{q}}_e) = \hat{\boldsymbol{M}}^{-1}[\hat{\boldsymbol{F}}_d + \hat{\boldsymbol{F}}_g - (\hat{\boldsymbol{\omega}}_e + \hat{\boldsymbol{q}}_e^* \otimes \hat{\boldsymbol{\omega}}_d \otimes \hat{\boldsymbol{q}}_e) \times \hat{\boldsymbol{M}}(\hat{\boldsymbol{\omega}}_e + \hat{\boldsymbol{q}}_e^* \otimes \hat{\boldsymbol{\omega}}_d \otimes \hat{\boldsymbol{q}}_e) - \hat{\boldsymbol{M}}(\hat{\boldsymbol{q}}_e^* \otimes \dot{\hat{\boldsymbol{\omega}}}_d \otimes \hat{\boldsymbol{q}}_e) + \hat{\boldsymbol{M}}\hat{\boldsymbol{\omega}}_e \times (\hat{\boldsymbol{q}}_e^* \otimes \hat{\boldsymbol{\omega}}_d \otimes \hat{\boldsymbol{q}}_e)] \tag{3.82}$$

从式(3.81)可以看出,所设计的 ESO 中结合了非线性项 $\hat{\eta} \odot \text{sgn}^{p_2}(\hat{\boldsymbol{e}}_1)$ 和线性项 $\hat{\boldsymbol{\kappa}} \odot \hat{\boldsymbol{e}}_1$，其优点是既保留了二阶滑模有限时间收敛的特性又可以通过线性项规避传统一阶滑模的缺点。ESO 的误差观测动力学方程可以通过对式(3.81)推导得到:

$$\begin{cases} \dot{\hat{\boldsymbol{e}}}_1 = \hat{\boldsymbol{e}}_2 - \hat{\boldsymbol{\kappa}} \odot \hat{\boldsymbol{e}}_1 - \hat{\eta} \odot \text{sgn}^{p_2}(\hat{\boldsymbol{e}}_1) \\ \dot{\hat{\boldsymbol{e}}}_2 = -\hat{\rho} \odot \hat{\boldsymbol{e}}_1 - \hat{\lambda} \odot \text{sgn}^{2p_2-1}(\hat{\boldsymbol{e}}_1) - \hat{g}(t) \end{cases} \tag{3.83}$$

式中，$\hat{g}(t)$ 为 $\hat{\boldsymbol{D}}$ 的时间导数,其幅值 $\hat{g}(t)$ 假设为 $\bar{g}$，即 $|\hat{g}(t)| \leqslant \bar{g}$。

基于上述设计的 NTSMC 和 ESO,姿轨耦合跟踪控制器为

$$\hat{\boldsymbol{F}}_u^f = \hat{\boldsymbol{F}}_e + \hat{\boldsymbol{F}}_s + \hat{\boldsymbol{F}}_\tau \tag{3.84}$$

式中，$\hat{\boldsymbol{F}}_e$、$\hat{\boldsymbol{F}}_s$ 和 $\hat{\boldsymbol{F}}_\tau$ 分别为

$$\begin{cases} \hat{\boldsymbol{F}}_e = (\hat{\boldsymbol{\omega}}_e + \hat{\boldsymbol{q}}_e^* \otimes \hat{\boldsymbol{\omega}}_d \otimes \hat{\boldsymbol{q}}_e) \times \hat{\boldsymbol{M}}_0(\hat{\boldsymbol{\omega}}_e + \hat{\boldsymbol{q}}_e^* \otimes \hat{\boldsymbol{\omega}}_d \otimes \hat{\boldsymbol{q}}_e) + \hat{\boldsymbol{M}}_0(\hat{\boldsymbol{q}}_e^* \otimes \dot{\hat{\boldsymbol{\omega}}}_d \otimes \hat{\boldsymbol{q}}_e) \\ \qquad - \hat{\boldsymbol{M}}_0\hat{\boldsymbol{\omega}}_e \times (\hat{\boldsymbol{q}}_e^* \otimes \hat{\boldsymbol{\omega}}_d \otimes \hat{\boldsymbol{q}}_e) + \hat{\boldsymbol{F}}_{g0} - \hat{\beta} \odot \dot{\hat{\boldsymbol{\Omega}}}_e - \hat{c} \odot \dot{\chi}(\hat{\boldsymbol{\Omega}}_e) \\ \hat{\boldsymbol{F}}_s = -\hat{k} \odot \text{sig}^{p_1}(\hat{\boldsymbol{s}}) \\ \hat{\boldsymbol{F}}_\tau = -\hat{z}_2 \end{cases} \tag{3.85}$$

式中，$\hat{\boldsymbol{F}}_\tau$ 为 ESO 给出的扰动补偿量。

闭环控制系统在所提出的姿轨耦合跟踪控制方法[式(3.84)和式(3.85)]作用下,可以实现服务航天器对非合作目标特征点的快速、精准跟踪,该控制策略的闭环控制系统可以由图 3.17 表示。

3. 稳定性分析

本小节给出闭环控制系统的有限时间稳定性分析,理论分析可分为两部分:第一部分证明 ESO 的有限时间稳定性,第二部分证明 ESO – NTSMC 总闭环控制系

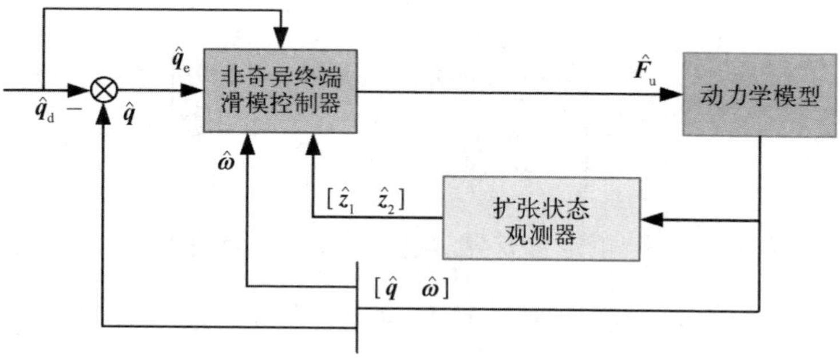

图 3.17　基于 NTSMC - ESO 的闭环控制系统

统的有限时间稳定性,即证明 $(\hat{\boldsymbol{\Omega}}_e, \hat{\boldsymbol{\omega}}_e)$ 将在有限时间收敛到平衡点。

首先,给出对 ESO 有限时间稳定性的证明。

定理 3.2　假设式(3.81)的参数满足如下条件:

$$p_1\hat{\lambda}\hat{\rho} > \hat{\kappa}^2\hat{\lambda} + p_2(p_2+1)^2\hat{\eta}^2\hat{\kappa}^2 \tag{3.86}$$

则 ESO 的误差会在有限时间收敛到以下邻域:

$$\boldsymbol{\Omega}_1 = \left\{\vartheta \mid \|\vartheta\| \leqslant \delta = [\bar{g}\|\boldsymbol{R}\|/\lambda_{\min}(\boldsymbol{Q}_1)]^{\frac{p_2}{2p_2-1}}\right\} \tag{3.87}$$

式中, $\vartheta = [\|\hat{\boldsymbol{e}}_{1i}\|^{p_2}\mathrm{sgn}(\hat{\boldsymbol{e}}_{1i}), \hat{\boldsymbol{e}}_{1i}, \hat{\boldsymbol{e}}_{2i}]^{\mathrm{T}}$; $\boldsymbol{R} = [\hat{\eta} \quad \hat{\kappa} \quad -2]$,并且矩阵 $\boldsymbol{Q}_1$ 满足如下条件:

$$\boldsymbol{Q}_1 = \hat{\eta}\begin{bmatrix} \hat{\lambda} + p_2\hat{\eta}^2 & 0 & -p_2\hat{\eta} \\ 0 & \hat{\rho} + (2+p_2)\hat{\kappa}^2 & -(p_2+1)\hat{\kappa} \\ -p_2\hat{\eta} & -(p_2+1)\hat{\kappa} & p_2 \end{bmatrix} \tag{3.88}$$

收敛时间为 $t_m \leqslant 2/\theta_1 \ln[(\theta_1 \boldsymbol{V}_1^{\frac{1}{2}} + \theta_2)/\theta_2]$,其中 $\boldsymbol{V}_1$ 为初始 Lyapunov 函数, θ_1 和 θ_2 为控制增益参数。

为证明 ESO 的有限时间稳定性,参考 Moreno 等[24]的想法,提出以下 Lyapunov 函数:

$$\begin{aligned} \boldsymbol{V}_1 = & \frac{1}{2}[\hat{\boldsymbol{\eta}} \odot |\hat{\boldsymbol{e}}_{1i}|^{p_2}\mathrm{sgn}(\hat{\boldsymbol{e}}_{1i}) + \hat{\boldsymbol{\kappa}} \odot \hat{\boldsymbol{e}}_{1i} - \hat{\boldsymbol{e}}_{2i}]^{\mathrm{T}}[\hat{\boldsymbol{\eta}} \odot |\hat{\boldsymbol{e}}_{1i}|^{p_2}\mathrm{sgn}(\hat{\boldsymbol{e}}_{1i}) + \hat{\boldsymbol{\kappa}} \odot \hat{\boldsymbol{e}}_{1i} - \hat{\boldsymbol{e}}_{2i}] \\ & + \frac{\hat{\lambda}}{p_1} \odot |\hat{\boldsymbol{e}}_{1i}|^{2p_2} + \hat{\boldsymbol{\rho}} \odot \hat{\boldsymbol{e}}_{1i}^{\mathrm{T}}\hat{\boldsymbol{e}}_{1i} + \frac{1}{2}\hat{\boldsymbol{e}}_{2i}^{\mathrm{T}}\hat{\boldsymbol{e}}_{2i} = \vartheta^{\mathrm{T}}\boldsymbol{\Gamma}\vartheta \end{aligned} \tag{3.89}$$

式中，$\vartheta = [|\hat{e}_{1i}|^{p_2}\text{sgn}(\hat{e}_{1i}), \hat{e}_{1i}, \hat{e}_{2i}]^{\text{T}}$；矩阵 $\boldsymbol{\Gamma}$ 为

$$\boldsymbol{\Gamma} = \frac{1}{2}\begin{bmatrix} 2\hat{\lambda}/p_2 + \hat{\eta}^2 & \hat{\eta}\hat{\kappa} & -\hat{\eta} \\ \hat{\eta}\hat{\kappa} & 2\hat{\rho} + \hat{\kappa}^2 & -\hat{\kappa} \\ -\hat{\eta} & -\hat{\kappa} & 2 \end{bmatrix} \tag{3.90}$$

当 $\hat{\lambda}$ 和 $\hat{\rho}$ 为正时，$\boldsymbol{V}_1$ 正定且有界。进一步，可以得到 $\boldsymbol{V}_1$ 的范围为

$$\lambda_{\min}(\boldsymbol{\Gamma}) \| \vartheta \|^2 \leqslant \boldsymbol{V}_1 \leqslant \lambda_{\max}(\boldsymbol{\Gamma}) \| \vartheta \|^2 \tag{3.91}$$

式中，$\| \vartheta \|^2 = |\hat{e}_{1i}|^{2p_2} + \hat{e}_{1i}^{\text{T}}\hat{e}_{1i} + \hat{e}_{2i}^{\text{T}}\hat{e}_{2i}$，为 ϑ 的欧几里得实数；$\lambda_{\min}(\cdot)$ 和 $\lambda_{\max}(\cdot)$ 分别代表矩阵的最小特征值和最大特征值。

对 $\boldsymbol{V}_1$ 求时间导数，得到

$$\begin{aligned} \dot{\boldsymbol{V}}_1 = & (2\hat{\lambda} + p_2\hat{\eta}^2) \odot |\hat{e}_{1i}|^{2p_2-1}\dot{\hat{e}}_{1i}\text{sgn}(\hat{e}_{1i}) + (2\hat{\rho} + \hat{\kappa}^2) \odot \hat{e}_{1i}^{\text{T}}\dot{\hat{e}}_{1i} + 2\hat{e}_{2i}^{\text{T}}\dot{\hat{e}}_{2i} \\ & + (p_2 + 1)\hat{\eta}\hat{\kappa} \odot |\hat{e}_{1i}|^{p_2}\dot{\hat{e}}_{1i}\text{sgn}(\hat{e}_{1i}) - p_1\hat{\eta} \odot |\hat{e}_{1i}|^{p_2-1}\dot{\hat{e}}_{1i}^{\text{T}}\hat{e}_{2i} \\ & - \hat{\eta} \odot |\hat{e}_{1i}|^{p_2}\text{sgn}(\hat{e}_{1i})\dot{\hat{e}}_{2i} - \hat{\kappa} \odot \dot{\hat{e}}_{1i}^{\text{T}}\hat{e}_{2i} - \hat{\kappa} \odot \hat{e}_{1i}^{\text{T}}\dot{\hat{e}}_{2i} \end{aligned} \tag{3.92}$$

将式(3.83)代入式(3.92)，得到

$$\begin{aligned} \dot{\boldsymbol{V}}_1 = & |\hat{e}_{1i}|^{p_2-1}\{-(\hat{\eta}\lambda + \hat{\eta}p_2\hat{\eta}^2)|\hat{e}_{1i}|^{2p_2} - [\hat{\eta}\hat{\rho} + (2 + p_2)\hat{\eta}\hat{\kappa}^2]|\hat{e}_{1i}^2| \\ & - p_1\hat{\eta} \odot \hat{e}_{2i}^{\text{T}}\hat{e}_{2i} + 2(p_2 + 1)\hat{\eta}\hat{\kappa} \odot \hat{e}_{1i}^{\text{T}}\hat{e}_{2i} + 2p_2\hat{\eta}^2 \odot |\hat{e}_{1i}|^{p_2}\text{sgn}(\hat{e}_{1i})\hat{e}_{2i}\} \\ & + [-\hat{\kappa} \odot \hat{e}_{2i}^{\text{T}}\hat{e}_{2i} - (\hat{\kappa}\hat{\rho} + \hat{\kappa}^3) \odot \hat{e}_{2i}^{\text{T}}\hat{e}_{2i} - (\hat{\kappa}\hat{\lambda} + 2\hat{\kappa}p_2\hat{\eta}^2 + \hat{\eta}^2\hat{\kappa})|\hat{e}_{1i}|^{2p_2} \\ & + 2\hat{\kappa}^2 \odot \hat{e}_{1i}^{\text{T}}\hat{e}_{2i}] + [\hat{\eta} \odot |\hat{e}_{1i}|^{p_2}\text{sgn}(\hat{e}_{1i}) - 2\hat{e}_{2i} + \hat{\kappa}\hat{e}_{1i}]\hat{g}_i(t) \\ = & -|\hat{e}_{1i}|^{p_2-1}\vartheta^{\text{T}}\boldsymbol{Q}_1\vartheta - \vartheta^{\text{T}}\boldsymbol{Q}_2\vartheta + \hat{g}_i(t)\boldsymbol{R}\vartheta \end{aligned} \tag{3.93}$$

矩阵 $\boldsymbol{Q}_1$、$\boldsymbol{Q}_2$ 和 $\boldsymbol{R}$ 分别为

$$\boldsymbol{Q}_1 = \hat{\eta}\begin{bmatrix} \hat{\lambda} + p_2\hat{\eta}^2 & 0 & -p_2\hat{\eta} \\ 0 & \hat{\rho} + (2 + p_2)\hat{\kappa}^2 & -(p_2 + 1)\hat{\kappa} \\ -p_2\hat{\eta} & -(p_2 + 1)\hat{\kappa} & p_2 \end{bmatrix} \tag{3.94a}$$

$$\boldsymbol{Q}_2 = \hat{\kappa}\begin{bmatrix} \hat{\lambda} + (2p_2 + 1)\hat{\eta}^2 & 0 & 0 \\ 0 & \hat{\rho} + \hat{\kappa}^2 & -\hat{\kappa} \\ 0 & -\hat{\kappa} & 1 \end{bmatrix} \tag{3.94b}$$

$$\boldsymbol{R} = [\hat{\eta} \quad \hat{\kappa} \quad -2] \tag{3.94c}$$

显然，$\boldsymbol{Q}_2$ 为对称矩阵，并且当 $\hat{\lambda}$ 和 $\hat{\kappa}$ 为正时，矩阵也为正。那么 $\boldsymbol{Q}_1$ 的行列式为

$$\begin{aligned}
\| \boldsymbol{Q}_1 \| &= p_2(\hat{\lambda} + p_2 \hat{\eta}^2)\{[\hat{\rho} + (2 + p_2)\hat{\kappa}^2 - (p_2 + 1)^2 \hat{\kappa}^2]\} - p_2 \hat{\eta}^2 (p_2 + 1)^2 \hat{\kappa}^2 \\
&= \hat{\lambda}[p_2 \hat{\rho} + p_2(2 + p_2)\hat{\kappa}^2 - (p_2 + 1)^2 \hat{\kappa}^2] - p_2^2 \hat{\eta}^2 [\hat{\rho} + (2 + p_2)\hat{\kappa}^2] \\
&= \hat{\lambda}(p_2 \hat{\rho} - \hat{\kappa}^2) - p_2 \hat{\eta}^2 (p_2 + 1)^2 \hat{\kappa}^2
\end{aligned} \tag{3.95}$$

将式(3.86)代入式(3.95)，可以得到 $\| \boldsymbol{Q}_1 \| > 0$。因此，$\boldsymbol{Q}_1$ 为正定矩阵。根据 ϑ 的定义，可以得到：

$$| \hat{\boldsymbol{e}}_{1i} |^{p_2 - 1} \geqslant \| \vartheta \|^{\frac{p_2 - 1}{p_2}} \tag{3.96}$$

根据式(3.89)~式(3.96)，可以得到：

$$\begin{aligned}
\dot{\boldsymbol{V}}_1 &= -| e_{1i} |^{p_2 - 1} \lambda_{\min}(\boldsymbol{Q}_1) \| \vartheta \|^2 - \lambda_{\min}(\boldsymbol{Q}_2) \| \vartheta \|^2 + \bar{g} \| \boldsymbol{R} \| \| \vartheta \| \\
&\leqslant -\lambda_{\min}(\boldsymbol{Q}_1) \| \vartheta \|^{\frac{p_2 - 1}{p_2}} \| \vartheta \| - \lambda_{\min}(\boldsymbol{Q}_2) \| \vartheta \|^2 + \bar{g} \| \boldsymbol{R} \| \| \vartheta \| \\
&\leqslant -(c_1 \| \vartheta \|^{\frac{2p_2 - 1}{p_2}} - c_3) \boldsymbol{V}_1^{\frac{1}{2}} - c_2 \boldsymbol{V}_1
\end{aligned} \tag{3.97}$$

式中，$c_1 = \lambda_{\min}(\boldsymbol{Q}_1) / \sqrt{\lambda_{\max}(\boldsymbol{\Gamma})}$；$c_2 = \lambda_{\min}(\boldsymbol{Q}_2) / \lambda_{\max}(\boldsymbol{\Gamma})$；$c_3 = \bar{g} \| \boldsymbol{R} \| / \sqrt{\lambda_{\min}(\boldsymbol{\Gamma})}$。

基于式(3.91)，假设 $\boldsymbol{V}_1 \geqslant (c_3 / c_1)^{\frac{2p_2}{2p_2 - 1}} \lambda_{\max}(\boldsymbol{\Gamma})$，即 $c_1 \| \vartheta \|^{\frac{2p_2 - 1}{p_2}} - c_3 \geqslant 0$。显然，$c_2 > 0$。将 $\theta_1 = c_1 \| \vartheta \|^{\frac{2p_2 - 1}{p_2}} - c_3$ 和 $\theta_2 = c_2$ 代入式(3.97)，得到

$$\dot{\boldsymbol{V}}_1 \leqslant -\theta_1 \boldsymbol{V}_1^{\frac{1}{2}} - \theta_2 \boldsymbol{V}_1 \tag{3.98}$$

显然，$\boldsymbol{V}_1$ 为正定的。因此，根据定理 3.2，可以得到 ESO 的误差会在有限时间内收敛到小的邻域 $\boldsymbol{\Omega}_1 = \{\vartheta | \ \| \vartheta \| \leqslant \delta = [\bar{g} \| \boldsymbol{R} \| / \lambda_{\min}(\boldsymbol{Q}_1)]^{\frac{p_2}{2p_2 - 1}}\}$，并且收敛时间满足 $t_m \leqslant 2/\theta_1 \ln[(\theta_1 \boldsymbol{V}_1^{\frac{1}{2}} + \theta_2)/\theta_2]$。定理 3.2 证明完毕。

注 3.2　从定理 3.2 及证明可以看出，不确定性和外部扰动的重构误差可以在有限时间内收敛到小的邻域。当选择合适的 ESO 参数 p_2、$\hat{\kappa}$、$\hat{\eta}$、$\hat{\rho}$ 和 $\hat{\lambda}$ 时，参数 $\dfrac{p_2}{2p_2 - 1}$ 将会变得足够大，则邻域 $\boldsymbol{\Omega}_1 = \{\vartheta | \ \| \vartheta \| \leqslant \delta = [\bar{g} \| \boldsymbol{R} \| / \lambda_{\min}(\boldsymbol{Q}_1)]^{\frac{p_2}{2p_2 - 1}}\}$ 会变得足够小，这说明通过调节观测参数，ESO 会得到较高的精度。

一些学者[25, 26]在对具有"观测器-控制器"的闭环系统进行稳定性分析时，是把观测器和控制器的稳定性分开证明的，这样的证明方法并没有考虑到观测器误

差收敛时间对控制器稳定性的影响。本书在考虑这一问题时，在对 ESO 有限时间稳定性证明的基础上，参考了具有相同闭环控制系统结构(ESO－NTSMC 结构的闭环控制系统)的有限时间稳定性证明方法[25, 26]，下面将进一步给出整体闭环控制系统的有限时间稳定性证明方法。定理 3.3 中的闭环系统的有限时间稳定性证明在定理 3.2 的基础上给出。

定理 3.3 在观测器[式(3.81)]测量得到的扩张状态信息基础上，通过 ESO 对系统的补偿和总闭环控制器[式(3.84)]的共同作用下，系统状态将在有限时间内到达平衡位置 $\hat{\boldsymbol{s}} = \hat{\boldsymbol{0}}$。并且，跟踪误差 $\hat{\boldsymbol{\Omega}}_{\mathrm{e}}$ 和 $\hat{\boldsymbol{\omega}}_{\mathrm{e}}$ 会在有限时间内到达一个小的邻域。

证明： 定理 3.3 的证明分为两个步骤。

第一步，证明滑模面将在有限时间到达平衡位置 $\hat{\boldsymbol{s}} = \hat{\boldsymbol{0}}$。定义如下形式的 Lyapunov 函数：

$$\boldsymbol{V}_2 = \frac{1}{2}\hat{\boldsymbol{s}}^{\mathrm{T}}\hat{\boldsymbol{M}}\hat{\boldsymbol{s}} \tag{3.99}$$

对 $\hat{\boldsymbol{s}}$ 求时间导数，得到：

$$\dot{\hat{\boldsymbol{s}}} = -\hat{\boldsymbol{M}}^{-1}(\hat{\boldsymbol{F}}_{\mathrm{u}} + \hat{\boldsymbol{D}}) - \hat{\boldsymbol{M}}^{-1}S(\hat{\boldsymbol{\omega}}_{\mathrm{e}}, \hat{\boldsymbol{q}}_{\mathrm{e}}) + \hat{\beta}\odot\dot{\hat{\boldsymbol{\Omega}}}_{\mathrm{e}} + \hat{c}\odot\dot{\chi}(\hat{\boldsymbol{\Omega}}_{\mathrm{e}}) \tag{3.100}$$

将式(3.84)和式(3.85)代入式(3.100)中，可得

$$\dot{\hat{\boldsymbol{s}}} = \hat{\boldsymbol{M}}^{-1}[-\hat{\boldsymbol{k}}\odot\mathrm{sig}^{p_1}(\hat{\boldsymbol{s}}) - \hat{\boldsymbol{z}}_2 + \hat{\boldsymbol{D}}] \tag{3.101}$$

对 $\boldsymbol{V}_2$ 求时间导数，并将式(3.101)代入，可得

$$\begin{aligned}\dot{\boldsymbol{V}}_2 &= \hat{\boldsymbol{s}}^{\mathrm{T}}\hat{\boldsymbol{M}}\dot{\hat{\boldsymbol{s}}} = \hat{\boldsymbol{s}}^{\mathrm{T}}[-\hat{\boldsymbol{k}}\odot\mathrm{sig}^{p_1}(\hat{\boldsymbol{s}}) - \hat{\boldsymbol{z}}_2 + \hat{\boldsymbol{D}}] \\ &= \hat{\boldsymbol{s}}^{\mathrm{T}}[-\hat{\boldsymbol{k}}\odot\mathrm{sig}^{p_1}(\hat{\boldsymbol{s}}) - \hat{\boldsymbol{e}}_2]\end{aligned} \tag{3.102}$$

式中，$\hat{\boldsymbol{D}} = \Delta\hat{\boldsymbol{F}}_{\mathrm{g}} + \hat{\boldsymbol{F}}_{\mathrm{d}} + \Delta\hat{\boldsymbol{\Sigma}}$，为总外部扰动力和不确定性信息；$\hat{\boldsymbol{z}}_2$ 为 ESO 的误差估计补偿量；$\hat{\boldsymbol{e}}_2 = \hat{\boldsymbol{z}}_2 - \hat{\boldsymbol{D}}$，为重构误差变量。

回顾定理 3.2 中的稳定性证明，ESO 的误差会在有限时间 t_m 进入一个小的邻域 $\boldsymbol{\Omega}$。在 t_m 之后，观测器 ESO 误差满足 $\|\hat{\boldsymbol{e}}_2\| < \delta$。根据这一分析，在 t_m 之后可以得到：

$$\begin{aligned}\dot{\boldsymbol{V}}_2 &= -\hat{\boldsymbol{s}}^{\mathrm{T}}[\hat{\boldsymbol{k}}\odot\mathrm{sig}^{p_1}(\hat{\boldsymbol{s}}) + \hat{\boldsymbol{e}}_2] \\ &\leqslant -\hat{\boldsymbol{s}}^{\mathrm{T}}[\hat{\boldsymbol{k}}\odot\mathrm{sig}^{p_1}(\hat{\boldsymbol{s}}) - \delta] \\ &\leqslant -\sum_{i=1}^{3}[(k_i - \delta|s_i|^{-p_1})|s_i|^{p_1+1} + (k'_i - \delta|s'_i|^{-p_1})|s'_i|^{p_1+1}] \\ &\leqslant -\theta_3(\|\boldsymbol{s}\|^{p_1+1} + \|\boldsymbol{s}'\|^{p_1+1})\end{aligned} \tag{3.103}$$

式中，$\theta_3=\min[(k_i-\delta|s_i|^{-p_1}),(k'_i-\delta|s'_i|^{-p_1})]$，$i=1,2,3$，为正标量。

对于式(3.103)，如果 $\theta_3>0$，即 $k_i-\delta|s_i|^{-p_1}>0$ 并且 $k'_i-\delta|s'_i|^{-p_1}>0$，那可以得到

$$\dot{\boldsymbol{V}}_2\leqslant-\theta_4\boldsymbol{V}_2^{\frac{p_1+1}{2}}\tag{3.104}$$

式中，$\theta_4=\theta_3\sqrt{2/\max\{\sigma_{\max}(\boldsymbol{J}_f),m_f\}}$ 为一正数，$\boldsymbol{J}_f$、m_f 分别为航天器转动惯量和质量。

因此，通过定理 3.1 可以得到 $\hat{\boldsymbol{s}}$ 滑模面将会在有限时间进入一个小的邻域 $\boldsymbol{\Omega}_2=\{\hat{\boldsymbol{s}}\mid\|\hat{\boldsymbol{s}}\|\leqslant\Delta_s=(\|\hat{\boldsymbol{k}}\|/\delta)^{p_1}\}$。

第二步，当闭环系统滑模面状态到达 $\hat{\boldsymbol{s}}=\hat{\boldsymbol{0}}$ 附近后，下面将进一步证明跟踪误差 $\hat{\boldsymbol{\Omega}}_e$ 和 $\hat{\boldsymbol{\omega}}_e$ 将会在有限时间收敛到原点 $(\hat{\boldsymbol{0}},\hat{\boldsymbol{0}})$ 附近的邻域内。根据 $\hat{\boldsymbol{s}}$ 和 $\hat{\boldsymbol{\Omega}}_e$ 在式(3.76)中的不同状态，需要讨论下面几种情况。

情况 1：如果 $\bar{\hat{s}}=0$，则有

$$\hat{\omega}_{ei}=-\hat{\beta}_i\odot\hat{\Omega}_{ei}-\hat{c}_i\odot\chi(\hat{\Omega}_{ei}),\quad i=1,2,3\tag{3.105}$$

考虑如下的 Lyapunov 函数：

$$V_3=\langle\hat{\boldsymbol{\Omega}}_e,\hat{\boldsymbol{\Omega}}_e\rangle\tag{3.106}$$

求 $\boldsymbol{V}_3$ 的时间导数，可得

$$\begin{aligned}\dot{\boldsymbol{V}}_3&=\langle\hat{\boldsymbol{\Omega}}_e,\dot{\hat{\boldsymbol{\Omega}}}_e\rangle=\langle\hat{\boldsymbol{\Omega}}_e,\hat{\boldsymbol{\omega}}_e\rangle\\&=\langle\hat{\boldsymbol{\Omega}}_e,-\hat{\beta}_i\odot\hat{\boldsymbol{\Omega}}_e-\hat{c}\odot[\mathrm{sgn}(\boldsymbol{\Omega}_e)|\boldsymbol{\Omega}_e|^p+\varepsilon\mathrm{sgn}(\boldsymbol{p}_e)|\boldsymbol{p}_e|^p]\rangle\\&=-\hat{\beta}\langle\hat{\boldsymbol{\Omega}}_e,\hat{\boldsymbol{\Omega}}_e\rangle-\sum_{i=1}^{3}(c_i|\Omega_{ei}|^{p+1}+c'_i|\boldsymbol{p}_{ei}|^{p+1})\leqslant-\theta_5V_3-\theta_6V_3^{\frac{1+p}{2}}\end{aligned}\tag{3.107}$$

式中，$\theta_5=\hat{\beta}$；$\theta_6=\min(c_i,c'_i)$，$i=1,2,3$。

因此，根据定理 3.2，误差状态 $\hat{\boldsymbol{\Omega}}_e$ 和 $\hat{\boldsymbol{\omega}}_e$ 将在有限时间收敛到 $(\hat{\boldsymbol{0}},\hat{\boldsymbol{0}})$。

情况 2：如果 $\bar{\hat{s}}\neq0$，$|\hat{\Omega}_{ei}|\leqslant\varepsilon_0$，这说明 $\hat{\Omega}_{ei}$ 将会收敛到 $|\hat{\Omega}_{ei}|\leqslant\varepsilon_0$，可得

$$\hat{\omega}_{ei}+\hat{\beta}_i\odot\hat{\Omega}_{ei}+\hat{c}_i\odot[\hat{\gamma}_{1i}\odot\hat{\Omega}_{ei}+\hat{\gamma}_{2i}\odot\mathrm{sgn}(\hat{\Omega}_{ei})|\hat{\Omega}_{ei}|^2]=\delta_s,\quad|\delta_s|<\Delta_s\tag{3.108}$$

因此，$\hat{\omega}_{ei}$ 最终将会收敛到邻域：

$$\hat{\omega}_{ei}\leqslant|\delta_s|+\hat{\beta}_i\varepsilon_0+\hat{c}_i\odot(\hat{\gamma}_{1i}\varepsilon_0+\hat{\gamma}_{2i}\varepsilon_0^2)\tag{3.109}$$

情况 3：如果 $\bar{\hat{s}} \neq 0$，$|\hat{\Omega}_{ei}| \geqslant \varepsilon_0$，那么有

$$\hat{\omega}_{ei} + \hat{\beta}_i \odot \hat{\Omega}_{ei} + \hat{c}_i \odot \mathrm{sig}^p(\hat{\Omega}_{ei}) = \delta_s, \quad |\delta_s| < \Delta_s$$

$$\hat{\omega}_{ei} + \left(\hat{\beta}_i - \frac{\delta_s}{2\hat{\Omega}_{ei}}\right) \odot \hat{\Omega}_{ei} + \left[\hat{c}_i - \frac{\delta_s}{2\mathrm{sig}^p(\hat{\Omega}_{ei})}\right] \odot \mathrm{sig}^p(\hat{\Omega}_{ei}) = 0, \quad |\delta_s| < \Delta_s \tag{3.110}$$

一旦有 $\hat{\beta}_i > \delta_s/2\hat{\Omega}_{ei}$，$\hat{c}_i > \delta_s/2\mathrm{sig}^{\alpha}(\hat{\Omega}_{ei})$，那 $\hat{s}$ 将保持为终端滑模的形式，这表示 $|\hat{\Omega}_{ei}|$ 将收敛到邻域 $|\hat{\Omega}_{ei}| \leqslant \varepsilon_1 = \min[(\Delta_s/2\beta_i), (\Delta_s/2c_i)^{1/p}]$。

总而言之，$|\hat{\omega}_{ei}|$ 和 $|\hat{\Omega}_{ei}|$ 将会在有限时间内收敛到 $|\hat{\omega}_{ei}| \leqslant \zeta_1$ 和 $|\hat{\Omega}_{ei}| \leqslant \zeta_2$，其中 $\zeta_1 = |\delta_s| + \hat{\beta}_i \varepsilon_0 + \hat{c}_i \odot (\hat{\gamma}_{1i}\varepsilon_0 + \hat{\gamma}_{2i}\varepsilon_0^2)$，$\zeta_2 = \max\{\varepsilon_0, \varepsilon_1\}$。

综上所述，闭环系统状态将在有限时间收敛。定理 3.3 证明完毕。

注 3.3 闭环系统有限时间稳定性分析可以通过上述定理 3.3 的证明得到。首先采用 ESO 对系统进行观测重构，得到总扰动的估计量，并在控制系统中加入扰动补偿项 $\hat{z}_2$。通过加入观测器补偿项，闭环系统可以保证有限时间稳定性，且收敛精度较高。进一步，通过选择合适的控制器参数 $\hat{k}$ 和 p，可以使得 $\Delta_s = (\|\hat{k}\|/\delta)^p$ 足够小，也就是收敛域 $\boldsymbol{\Omega}_2 = \{\hat{\boldsymbol{s}} \mid \|\hat{\boldsymbol{s}}\| \leqslant \Delta_s = (\|\hat{k}\|/\delta)^p\}$ 会变得足够小，进而可得到更好的跟踪控制性能。与传统的非奇异终端滑模控制算法相比，本节提出的 ESO – NTSMC 结构具有较高的跟踪精度并能够实现有限时间稳定性。

3.4.3 基于非奇异终端滑模的姿轨耦合控制仿真

本节通过数值仿真的方法说明所提出 ESO – NTSMC 方法在空间非合作目标姿轨耦合跟踪控制问题上的有效性。空间非合作目标的轨道根数由表 3.3 给出，假设初始时刻空间非合作目标的体坐标系和轨道坐标系完全重合。

表 3.3 空间非合作目标轨道根数

轨道根数	取值
半长轴/km	6 778
偏心率	0.02
倾角/(°)	45
升交点赤经/(°)	30
春分点角/(°)	25
初始真近点角/(°)	30

假设空间非合作目标信息都通过测量得到,其角速度为慢旋速度,设置为 $\boldsymbol{\omega}_t(0)=[0,\ 0,\ 0.01]^T$,单位为 rad/s;非合作目标特征位置 P_1 在 $O_1-x_1y_1z_1$ 坐标系下的矢量为 $\boldsymbol{p}_{f1,\ d}=[10,\ 0,\ 0]^T$,单位为 m;非合作目标转动惯量假设为 $\boldsymbol{J}_t=[20,\ 0,\ 0;\ 0,\ 23,\ 0;\ 0,\ 0,\ 25]$,单位为 kg·m²。两航天器初始相对运动为 $\boldsymbol{p}_{f1}^f(0)=[15,\ 0,\ 0]^T$,单位为 m,$\boldsymbol{q}_{f1}(0)=[0.999\,1,\ 0,\ 0,\ 0.043\,1]^T$,$\hat{\boldsymbol{\omega}}_{f1}^f(0)=\hat{\boldsymbol{0}}$。

预设的不确定性和外部扰动力由文献[27]给出:服务航天器的实际质量 $m_f=97$ kg,转动惯量为 $\boldsymbol{J}_f=[18,\ 0,\ 0;\ 0,\ 17,\ 0;\ 0,\ 0,\ 20]$,单位为 kg·m²;标称质量为 $m_{f0}=100$ kg,转动惯量为 $\boldsymbol{J}_{f0}=[22,\ 0,\ 0;\ 0,\ 20,\ 0;\ 0,\ 0,\ 23]$,单位为 kg·m²;模型不确定性的上界为 $|\Delta m_f|\leqslant 3$ kg 和 $|\boldsymbol{J}_{f,\ ii}|\leqslant 3$ kg·m², $i=1,\ 2,\ 3$;作用在服务航天器上的外部扰动力和力矩分别为 $\boldsymbol{f}_d^f=[0.05\cos(nt)\quad 0.07\cos(nt)\quad -0.01\cos(nt)]^T$、$\boldsymbol{\tau}_d^f=[-0.04\cos(nt)\quad 0.03\cos(nt)\quad -0.05\cos(nt)]^T$。其中,$n=\pi/T_0$,是非合作目标的轨道周期,$T_0\approx 5\,711$ s。控制力的幅值限定为 $|f_u|\leqslant 10$ N,控制力矩幅值为 $|\tau_u|\leqslant 1$ N·m。

为说明本小节提出的 ESO - NTSMC 方法的有效性,仿真中引入了两种控制方法进行对比:将本小节提出的 NTSMC 与文献[24]中的线性扩张状态观测器(linear extended state observer, LESO)结合,得到 LESO - NTSMC 方法;将提出的 ESO 与文献[21]中的传统终端滑模(terminal sliding mode, TSM)控制相结合,得到 ESO - TSM 控制算法。上述控制器的控制参数增益由表 3.4 给出,下面将给出仿真结果。

表 3.4　姿轨耦合跟踪控制器参数

控制器	控制器增益
ESO - NTSMC	$\mu=10^{-3}$、$\hat{\beta}=0.15+\varepsilon 2$、$\hat{c}=0.2+\varepsilon 0.5$、$\hat{k}=20+\varepsilon 10$、$\hat{\eta}=3+\varepsilon 1$、$\hat{\kappa}=10+\varepsilon 5$、$\hat{\lambda}=3+\varepsilon 0.9$、$\hat{\rho}=0.01+\varepsilon 0.01$、$p=0.6$、$p_1=0.6$、$p_2=0.6$
LESO - NTSMC	$\mu=10^{-3}$、$\hat{\beta}=0.15+\varepsilon 2$、$\hat{c}=0.2+\varepsilon 0.5$、$\hat{k}=20+\varepsilon 10$、$\hat{\kappa}=10+\varepsilon 5$、$\hat{\rho}=0.01+\varepsilon 0.01$、$p=0.6$、$p_1=0.6$、$p_2=0.6$
ESO - TSM	$\alpha=5/3$、$\hat{\beta}=0.5+\varepsilon 0.8$、$\hat{k}=20+\varepsilon 10$、$\hat{\eta}=3+\varepsilon 1$、$\hat{\kappa}=10+\varepsilon 5$、$\hat{\lambda}=3+\varepsilon 0.9$、$\hat{\rho}=0.01+\varepsilon 0.01$、$p=0.6$、$p_1=0.6$、$p_2=0.6$

图 3.18~图 3.26 分别给出了三种控制方法作用下的时间历程曲线。其中,图 3.18 为采用 ESO 得到的对扰动信息和不确定信息的观测误差图,位置扰动重构误

差和姿态扰动重构误差项都在较短时间内收敛到一个较小的邻域中，并且收敛精度较高，这说明了 ESO 的有效性。在对外部扰动的有限时间观测下，将得到外部扰动和不确定性的估计，提升了系统的收敛精度。

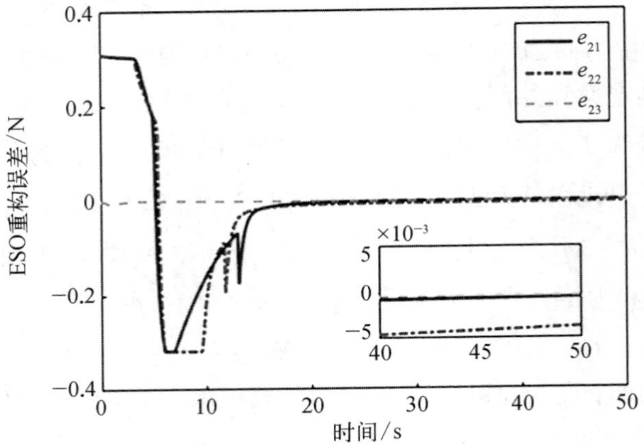

(a) 位置项

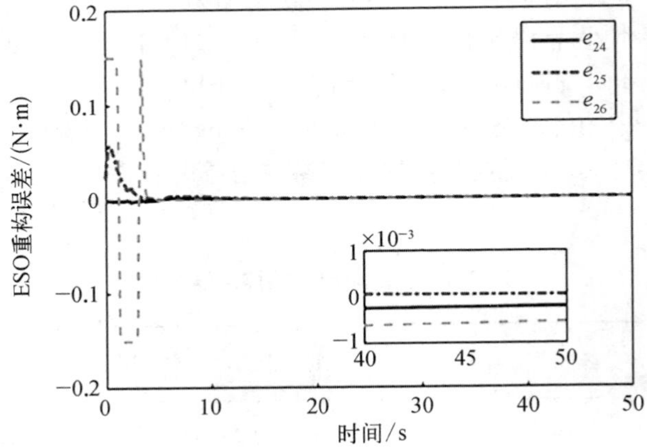

(b) 姿态项

图 3.18 重构误差时间历程

图 3.19(a)和图 3.20(a)分别展示了姿态和位置误差的时间历程曲线，从图中可以看出，姿态误差在 10 s 内收敛到 5×10^{-5} rad 附近，而位置误差在 20 s 收敛到 0.02 m 附近，两种都具有较高的精度，这可以进一步说明 ESO－NTSMC 的响应速度快和控制精度高。图 3.21 (a)和图 3.22 (a)分别给出了角速度误差和速度误差的时间历程，稳态时的角速度误差在 10 s 内收敛到了 5×10^{-5} rad/s 的范围，速度误差在 20 s 内收敛到了 5×10^{-4} m/s 的范围，说明了控制目标对速度跟踪的精确性。

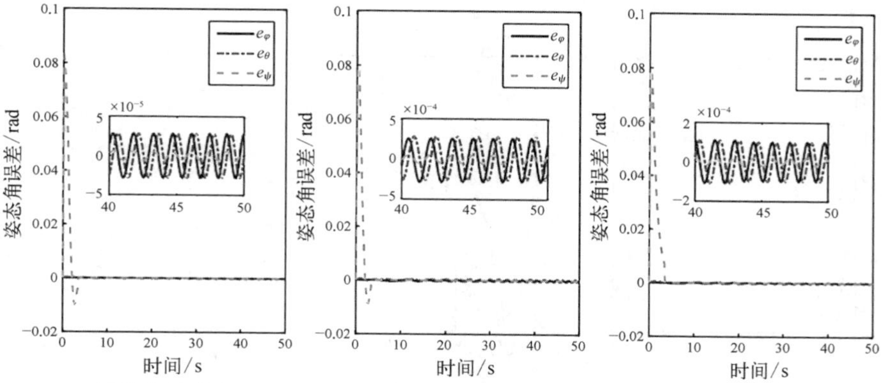

(a) ESO-NTSMC　(b) LESO-NTSMC　(c) ESO-TSM

图 3.19　姿态角误差时间历程

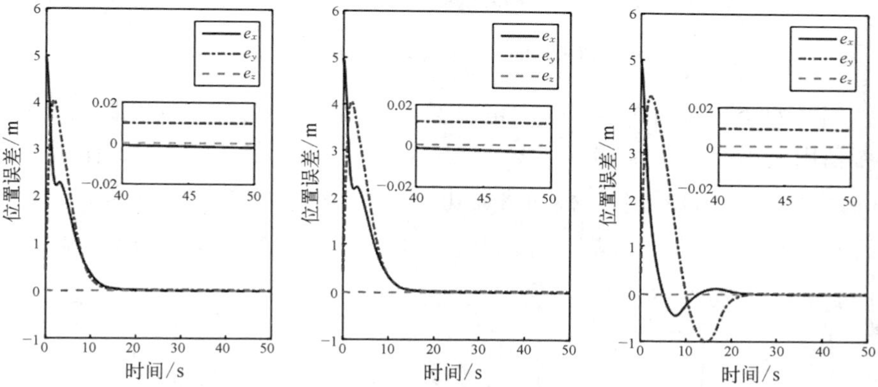

(a) ESO-NTSMC　(b) LESO-NTSMC　(c) ESO-TSM

图 3.20　位置误差时间历程

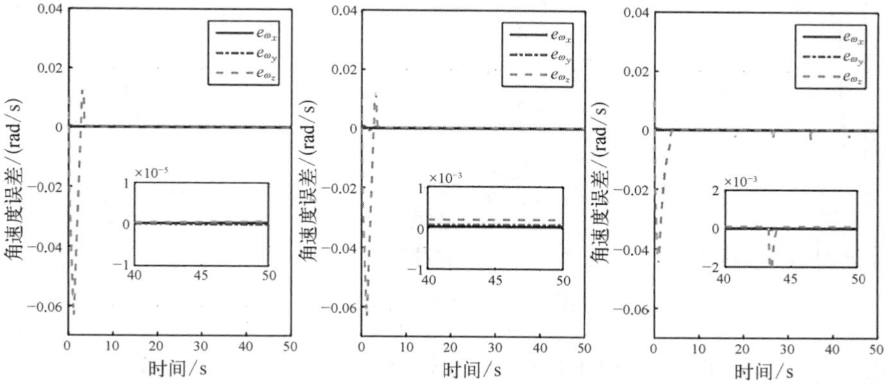

(a) ESO-NTSMC　(b) LESO-NTSMC　(c) ESO-TSM

图 3.21　角速度误差时间历程

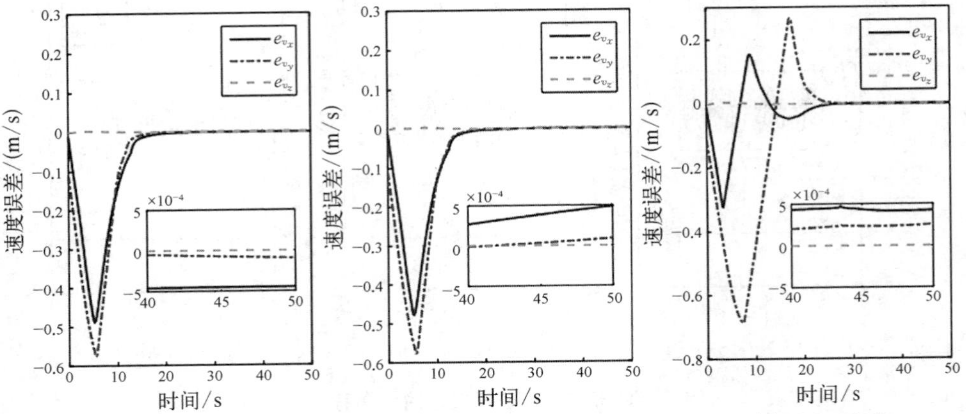

(a) ESO-NTSMC (b) LESO-NTSMC (c) ESO-TSM

图 3.22 速度误差时间历程

从图 3.23（a）和图 3.24（a）中可以看出，对偶控制力和对偶控制力矩都被限制在幅值限定内：$|f_u| \leqslant 10$ N，$|\tau_u| \leqslant 1$ N · m。并且在该控制力的作用下，从图 3.25（a）和图 3.26（a）看出，滑模面将成功在有限时间内收敛到 $|s_i| \leqslant 1 \times 10^{-3}$ m/s 和 $|s_i'| \leqslant 1 \times 10^{-5}$ rad/s，在姿态控制和轨道控制上都具有较高的精度和响应速度。

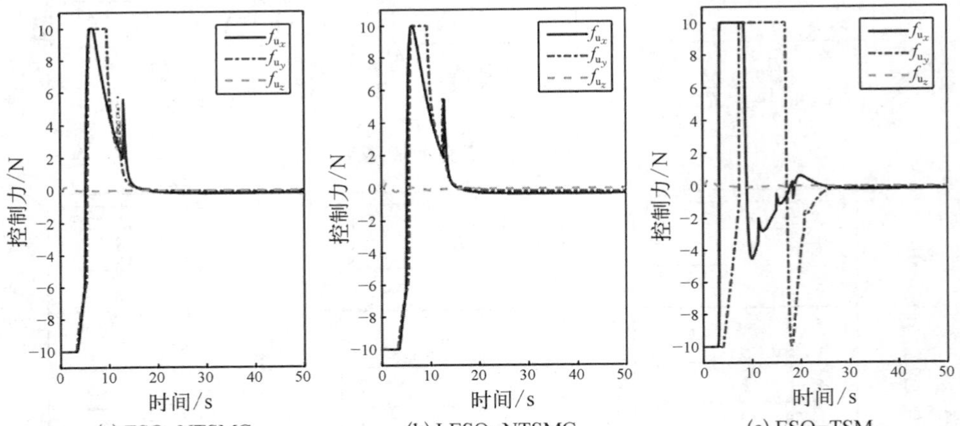

(a) ESO-NTSMC (b) LESO-NTSMC (c) ESO-TSM

图 3.23 控制力时间历程

图 3.19（b）~图 3.26（b）为 LESO－NTSMC 的仿真时间历程曲线。从这些图中可以看出，LESO－NTSMC 方法同样对模型的不确定性和外部扰动具有稳定性，并且状态量可以收敛到更小的邻域内。从图 3.25（b）和图 3.26（b）中可以看出，

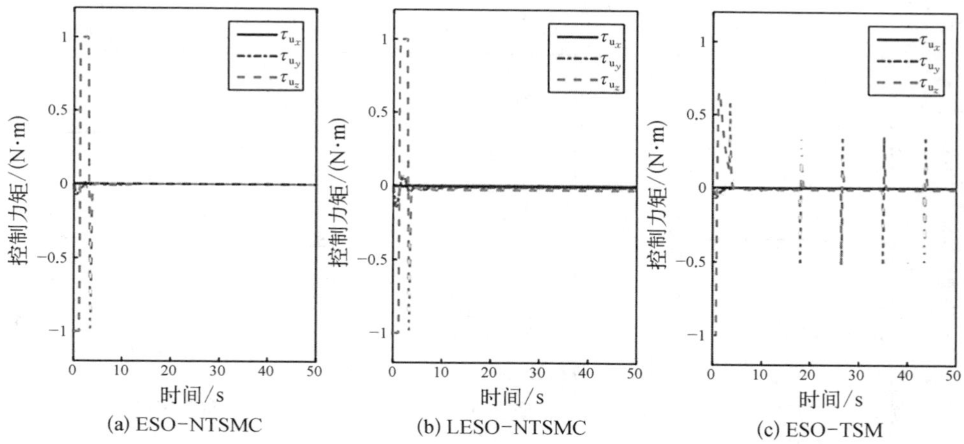

图 3.24　控制力矩时间历程

滑模面收敛的范围明显比 ESO－NTSMC 更大一些，这说明了基于二阶滑模的 ESO 比 LESO 有更好的收敛精度。这也进一步说明了本书所提出的 ESO－NTSMC 比 LESO－NTSMC 具有更好的控制效果和收敛精度。

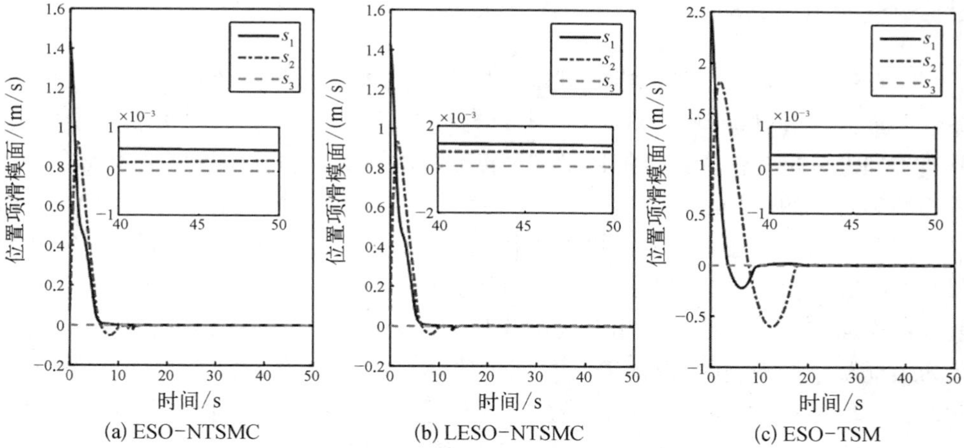

图 3.25　位置项滑模面时间历程

基于 ESO－TSM 的效果如图 3.19 (c)~图 3.26 (c)所示，从图中可以看出，在 ESO－TSM 方法的控制过程中会有较大抖动和较大超调量，并且收敛时间明显长于所提出的 ESO－NTSMC 方法，在快速滑模的作用下，ESO－NTSMC 方法的收敛时间更短。综上可以说明，所提出的 ESO－NTSMC 方法受到快速终端滑模面的快速性的影响，比 ESO－TSM 有更快的收敛性，并且同时还可以避免传统滑模控制方法奇异性带来的抖振问题。

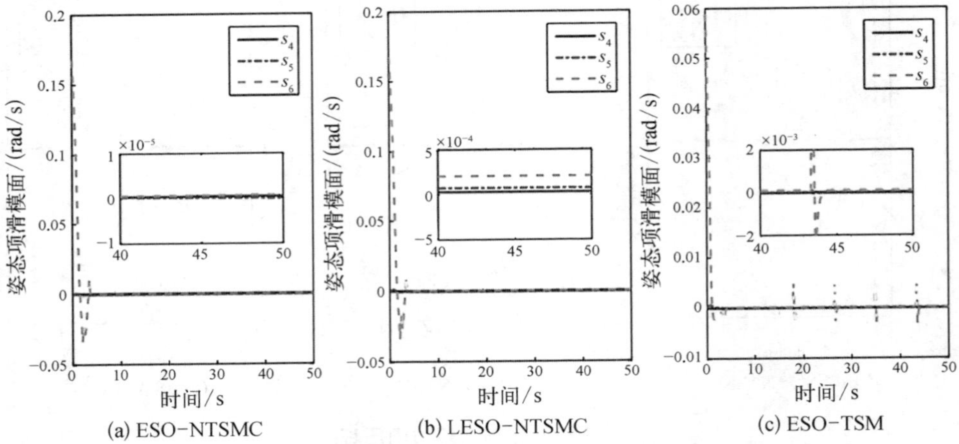

图 3.26 姿态项滑模面时间历程

3.5 本章小结

本章针对非合作空间目标的近距离接近姿轨控制问题，分别提出基于状态相关黎卡提方程、模型预测控制算法和非奇异终端滑模控制算法三种姿轨控制方法，并通过理论分析和仿真计算阐述了三种控制方法在解决非合作目标近距离姿轨接近控制问题上的优势。

（1）提出了状态相关黎卡提方程控制方法，实现非合作目标特征点姿轨联合跟踪，并从最优跟踪控制问题和一般路径约束问题两个方面展开研究：① 建立了航天器表面非质心特征点的相对运动模型，并将空间非合作目标终端接近问题转化为最优跟踪控制问题，设计了反馈-前馈结构的近似最优跟踪控制器，分析了最优性；② 介绍了几类常见的路径约束问题和基于状态相关黎卡提方程处理状态约束的一般方法，指出了该方法在处理一般路径约束问题上的不足。

（2）提出了基于显式模型预测姿轨的跟踪控制方法，可以用来解决姿轨联合离线规划与跟踪控制问题。研究表明，对于离线规划轨迹，无论目标为非旋还是旋转，都可以采用 eMPC 对已规划的轨迹和姿态进行跟踪控制，在保证精度的同时可以大幅提高在线计算速度。

（3）提出了非奇异终端滑模控制算法，实现针对空间非合作目标超近距离位姿耦合跟踪控制。本章提出了一种 ESO – NTSMC 方法，利用 Lyapunov 方法对“控制器-观测器”系统的有限时间稳定性进行了证明,并从理论上分析了非奇异终端滑模面的效果、ESO 的参数调节策略及参数对系统精度的影响。基于本章所提出的 ESO - NTSMC 方法,实现了对空间非合作目标姿轨耦合快速响应、高精度跟踪的要求。

这三种方法都能适用于非合作目标近距离姿轨接近控制的应用,将为后面安全接近任务场景的实现提供理论依据。

参考文献

[1] Beeler S C. State-dependent Riccati equation regulation of systems with state and control nonlinearities[R]. Hampton: National Institute of Aerospace, 2004.

[2] Batmani Y, Davoodi M, Meskin N. On design of suboptimal tracking controller for a class of nonlinear systems[C]. Boston: American Control Conference, 2016.

[3] Starek J A, Acikmese B, Nesnas I A, et al. Spacecraft autonomy challenges for next-generation space missions [C]. Berlin: Advances in Control System Technology for Aerospace Applications, 2016.

[4] Feng Y, Yu X, Man Z. Non-singular terminal sliding mode control of rigid manipulators[J]. Automatica, 2002, 38: 2159 - 2167.

[5] Zou A M, Kumar K D, Huang Z G, et al. Finite-time attitude tracking control for spacecraft using terminal sliding mode and Chebyshev neural network[J]. IEEE Transactions on Systems Man and Cybernetics Part B: Cybernetics, 2011, 41(4): 950 - 963.

[6] Segal S, Gurfil P. Effect of kinematic rotation-translation coupling on relative spacecraft translational dynamics[J]. Journal of Guidance Control and Dynamics, 2009, 32(3): 1045.

[7] Lee D, Vukovich G. Kinematically coupled spacecraft relative motion without attitude synchronization assumption[J]. Aerospace Science and Technology, 2015, 45: 316.

[8] Stansbery D T, Cloutier J R. Position and attitude control of a spacecraft using the state-dependent Riccati equation technique[C]. Chicago: American Control Conference, 2000.

[9] Batmani Y, Davoodi M, Meskin N. Nonlinear suboptimal tracking controller design using state-dependent Riccati equation technique[J]. IEEE Transactions on Control Systems Technology, 2017, 25(5): 1833.

[10] Cloutier J R, Cockburn J C. The state-dependent nonlinear regulator with state constraints[C]. Arlington: Proceedings of the 2001 American Control Conference (Cat. No.01CH37148), 2001.

[11] Batmani Y, Davoodi M, Meskin N. On design of suboptimal tracking controller for a class of nonlinear systems[C]. Boston: American Control Conference, 2016.

[12] Strano S, Terzo M. A SDRE-based tracking control for a hydraulic actuation system [J]. Mechanical Systems and Signal Processing, 2015, 60 - 61: 715.

[13] Mracek C P, Cloutier J R. Control designs for the nonlinear benchmark problem via the state-dependent Riccati equation method[J]. International Journal of Robust and Nonlinear Control, 1998, 8(4 - 5): 401.

[14] Çimen T. State-dependent Riccati equation (SDRE) control: a survey[J]. IFAC Proceedings

Volumes, 2008, 41(2): 3761.

[15] 席裕庚. 预测控制[M]. 北京: 国防工业出版社, 2013.

[16] Bemporad A, Morari M, Dua V, et al. The explicit linear quadratic regulator for constrained systems[J]. Automatica, 2002, 38(1): 3 - 20.

[17] 王剑颖. 航天器姿轨一体化动力学建模、控制与导航方法研究[D]. 哈尔滨: 哈尔滨工业大学, 2013.

[18] Jin E, Sun Z. Robust controllers design with finite time convergence for rigid spacecraft attitude tracking control[J]. Aerospace Science and Technology, 2008, 12(4): 324 - 330.

[19] Yu S, Yu X, Shirinzadeh B, et al. Continuous finite-time control for robotic manipulators with terminal sliding mode[J]. Automatica, 2005, 41(11): 1957 - 1964.

[20] Wang L, Chai T, Zhai L. Neural-network-based terminal sliding mode control of robotic manipulators including actuator dynamics[J]. IEEE Transactions on Industrial Electronics, 2009, 56(9): 3296 - 3304.

[21] Feng Y, Yu X, Man Z. Non-singular terminal sliding mode control of rigid manipulators[J]. Automatica, 2002, 38(12): 2159 - 2167.

[22] Huang X, Yan Y, Huang Z. Finite-time control of underactuated spacecraft hovering[J]. Control Engineering Practice, 2017, 68: 46 - 62.

[23] Han J. From PID to active disturbance rejection control[J]. IEEE Transactions on Industrial Electronics, 2009, 56(3): 900 - 906.

[24] Moreno J, Osorio M. A Lyapunov approach to second-order sliding mode controllers and observers[C]. Cancun: 47th IEEE Conference on Decision and Control, 2008.

[25] Ran D, Chen X, De Ruiter A, et al. Adaptive extended-state observer-based fault tolerant attitude control for spacecraft with reaction wheels[J]. Acta Astronautica, 2018, 145: 501 - 514.

[26] Zhang J, Ye D, Sun Z, et al. Extended state observer based robust adaptive control on SE(3) for coupled spacecraft tracking maneuver with actuator saturation and misalignment[J]. Acta Astronautica, 2018, 143: 221 - 233.

[27] Wang J, Liang H, Sun Z, et al. Finite-time control for spacecraft formation with dual-number-based description[J]. Journal of Guidance, Control, and Dynamics, 2012, 35(3): 950 - 962.

第4章

空间非合作目标外形表征方法

空间非合作目标往往具有形态各异的外形结构，在对非合作目标进行接近的过程中，其外形结构会带来较大的碰撞风险。特别是针对含有大型太阳帆板或天线等外伸部件的航天器，在接近过程中，若仅仅将目标当作质点而不考虑其外形，服务航天器很可能与目标的结构部件发生碰撞，造成任务失败。因此，近距离安全操作的一个重要前提是针对空间非合作目标的几何形状和尺寸大小进行数学建模，将外形对安全接近的约束进行表征。

目前，国内外学者对复杂外形空间目标的外形表征策略进行了一定研究。通过极坐标变化和坐标转换，可以进一步将二维概率密度函数的积分问题简化为围绕着积分区域周长进行的一维积分，可以对任意外形的空间目标进行碰撞概率计算[1-3]。程陶等[4]和冯昊[5]分析了航天器的几何尺寸、测量偏差和交会相对距离对碰撞概率计算的影响，并且研究了其对预警阈值选择的影响。Alfiend 等[6]考虑了航天器或者空间碎片等空间目标的几何外形和尺寸对碰撞概率计算的影响。Bai 等[7]提出了一种考虑航天器的几何尺寸、测量误差和交会相对距离的最大碰撞概率计算方法。进一步，吴小健[8]在考虑障碍物几何外形和航天器携带柔性附件的情况下，基于超二次曲面对空间物体进行处理，并且建立了包围盒模型，根据人工势函数和包围盒之间的距离实现障碍物规避控制。冯丽程[9]基于 Sigmoid 势函数建立了势场模型，同时将障碍物的外包络简化为椭球形，构建椭球之间的最短距离模型，判断是否发生碰撞。倪庆等针对带有大附件的凸形航天器，建立了双刚体安全描述势场模型，相比质点模型或球形模型，双刚体势场模型充分考虑了航天器的几何外形特点，能够提高模型表示精度[10, 11]。

目前，空间目标的外形表征策略中，虽然一部分能考虑外形的影响，但进行了较大程度的简化，描述精度不高，而另外一部分只是针对特定外形的影响给出的策略。当面临服务航天器接近到目标结构包络范围内的情况时，采用球形包络等简化方法会将期望停靠点也包络在内，致使服务航天器无法到达，因此需要更精确的方法表征更多的目标外形细节。

本章主要介绍三种空间非合作目标的外形表征方法，即最小体积包络法、空间距离估计法与基于高斯混合模型的采样重构法。其中,最小体积包络法通过几种几何形状替代目标的复杂外形结构,这样的简化处理可提高计算效率,能在远距离或较远距离的情况下提供有效的避撞约束。空间距离估计法将点与点之间的欧氏距离计算延伸到刚体与刚体之间距离计算,是在最小体积包络法的基础上进一步描述空间非合作目标与服务航天器之间距离的有效方法。高斯混合模型方法利用非合作目标外形特征点采样进行拟合重构,是一种利用概率论解决几何问题的方法,可以较为精确地建立任意空间目标的复杂外形。

4.1 最小体积包络法

采用最小体积包络法来进行形状近似是一个对空间目标外形进行表征的常用方法,可以采用三条标准来确定最小体积包络的形状：紧致性、计算量和形状描述的复杂度。具体来说,一是要求包络尽可能小,包络过大会过度侵占自由运动空间,导致真实存在的飞行通道被淹没;二是要求尽量减少表示模型的计算量;三是要求尽量减少计算模型所需要的信息,需要的信息量越少,计算效率就越高。

4.1.1 球形/多面体包络法

球形或者多面体广泛应用于目标形状的近似描述。球形包络方法最为简单,即采用一个直径大于等于于航天器最长体轴的球体代表其空间所占区域(外形结构)。球形包络法可以通过简单的解析公式描述外形,减少碰撞规避问题中的计算量。采用球形包络法表示空间物体,其形状描述简单、所需信息少、计算方便。

面对接触式对接、在轨加注等超近距离接近问题时,由于外形简化过多,对接点、加注接口等关键位置也包含在球形包络内,球形包络法不适用于这类任务。若目标是大长宽比物体,用球来进行形状近似过于保守。为了克服这些不足,相关学者进行了研究,采用球的叠加来进行形状近似[12],最小椭球包络法的提出平衡了紧致性和计算量的问题[13]。最小椭球包络一般用三个参数来描述：位置、主轴长度和方位信息,椭球的描述参数比最简单的多边形(三角形)还要少。但椭球间的碰撞检测,即空间距离的计算比球形和多面体复杂。

相比球形包络法,多面体包络法能够建立更为精确的外形描述模型。但是对于弯曲表面,要精确描述物体,需要庞大的数据量来进行表面近似。如果不需要精确的描述模型,多面体包络法可以依据少量的数据建立粗糙的近似模型。目前,一些商业模型软件能够为多面体表示方法提供技术支持。采用多面体包络法来描述目标,能够解决紧致性问题,但复杂度会随着端点数目的增加而快速增大。多面体包络法能更好地满足第一条标准,但是第二条和第三条标准的表现能力较差。

4.1.2　超二次曲面包络

超二次曲面采用解析表达式来表示几何形状，包括超椭球、超曲面、超圆锥曲面等几何曲面。通过调整表达式的参数，能够在不同几何形状中进行切换，具有丰富的目标形状表示能力。

超二次曲面的计算公式如下[14]：

$$F = \left[\left(\frac{x}{a}\right)^{\frac{2}{\varepsilon_2}} + \left(\frac{y}{b}\right)^{\frac{2}{\varepsilon_2}}\right]^{\frac{\varepsilon_2}{\varepsilon_1}} + \left(\frac{z}{c}\right)^{\frac{2}{\varepsilon_1}} \tag{4.1}$$

式中，x、y 和 z 为曲面上点的坐标；a、b、c 为坐标轴长度参数；ε_1 和 ε_2 为形状控制参数。

依据式(4.1)可以判断空间点和超二次曲面之间的关系（内部、表面或外部），这个方程也称为 inside-outside 方程，判断规则如下。

(1) $F(x, y, z) = 1$：点 (x, y, z) 在曲面上。

(2) $F(x, y, z) < 1$：点 (x, y, z) 在曲面内部。

(3) $F(x, y, z) > 1$：点 (x, y, z) 在曲面外部。

超二次曲面是二次曲面的拓展，可以通过两个 2 维曲面的球面积得到。超二次曲面的参数表示形式如下：

$$r(\theta,\phi) = \begin{bmatrix} a\cos^{\varepsilon_1}\theta\cos^{\varepsilon_2}\phi \\ b\cos^{\varepsilon_1}\theta\sin^{\varepsilon_2}\phi \\ c\sin^{\varepsilon_1}\theta \end{bmatrix}, \quad -\frac{\pi}{2} \leqslant \theta \leqslant \frac{\pi}{2};\ -\pi \leqslant \phi \leqslant \pi \tag{4.2}$$

超二次曲面可直接从解析表示方法切换到参数表示方式，这是超二次曲面的一个特点。通过调节 5 个参数，超二次曲面可以表示大量的形状。超二次曲面的形状描述效果如图 4.1 所示。

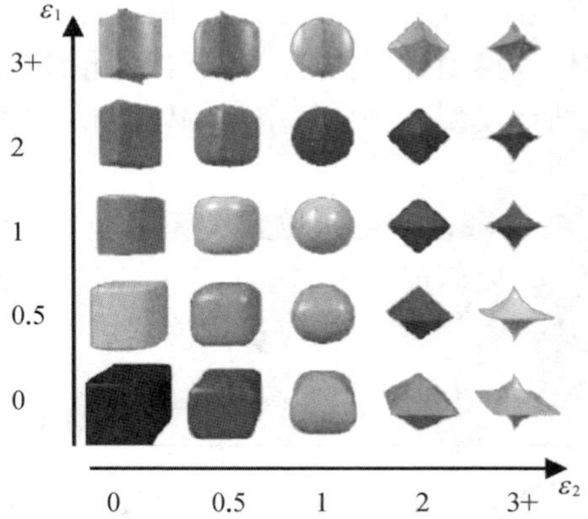

图 4.1　超二次曲面随参数 ε_1 和 ε_2 变化的效果

超椭圆是超二次曲面的一种表示形式，其二维表示形式为

$$\left|\frac{x}{a}\right|^n + \left|\frac{y}{b}\right|^n = 1 \tag{4.3}$$

式中，a、b 为超椭圆的半径，用椭圆来近似目标的几何外形，根据传感器测量数据可以得到物体的长、短轴数据 a、b；改变参数 n 可以获得不同的超椭圆形状，例如，$n = 2$ 表示椭圆，$n > 2$ 表示超椭圆，$n < 2$ 表示

亚椭圆，$n \to \infty$ 表示方形。

4.1.3 其他表征方法

其他表示方式包括组合表示方式和特殊曲线表示形式。组合表示方式有线段组合法，如 Sigmoid 函数等。特殊曲线表示形式有蔓叶线（Cissoid）、克莱线、内摆线、外摆线（心脏线）、旋轮线等。下面以蔓叶线为例，介绍特殊曲线的一些性质。

蔓叶线的轨迹定义如下：假设 O 是一个定点，C_1 和 C_2 分别为两条不过点 O 的曲线。一条经过点 O 的直线 l 分别与 C_1 和 C_2 相交于点 A 和 B，则所有在 l 上满足条件 $\overline{AB} = \overline{OP}$ 的点 P 组成的轨迹是一条蔓叶线。

举例说明：椭圆蔓叶线的参数方程为 $y^2 = \dfrac{x^3 \tan^2\theta}{2a - x}$。椭圆蔓叶线绕 x 轴旋转形成的曲面称为椭圆蔓叶线曲面，曲面方程为 $y^2 + z^2 = \dfrac{x^3 \tan^2\theta}{2a - x}$。曲面的形状与交会对接逼近圆锥曲面相似，可以将椭圆蔓叶线曲面作为非合作目标定向接近过程的方向约束和几何约束[15]。

4.2 空间距离估计方法

对空间非合作目标进行外形表征的目的是规避碰撞，而距离估计是碰撞检测的有效手段，是避撞机动控制关键技术之一。距离估计方法取决于物体结构形状的表示方法，一般分为两种：一种是采用各种传感器直接测量，另一种是通过距离估计模型进行估算。传感器测量不在本书的研究范围内，本节主要介绍通过距离估计模型方法估算空间物体间相对距离。

4.2.1 空间位置关系

以椭球体为例说明空间物体间的相对位置关系。两个椭球体分别用矩阵 $\boldsymbol{A}$ 和 $\boldsymbol{B}$ 来表示，其矩阵表达式为

$$\boldsymbol{X}^{\mathrm{T}}\boldsymbol{A}\boldsymbol{X} = 0, \quad \boldsymbol{X}^{\mathrm{T}}\boldsymbol{B}\boldsymbol{X} = 0 \tag{4.4}$$

两个椭球体的空间位置关系可转化为特征值计算问题[16]：

$$\boldsymbol{X}^{\mathrm{T}}\boldsymbol{A}(\lambda\boldsymbol{I} - \boldsymbol{A}^{-1}\boldsymbol{B})\boldsymbol{X} = 0 \tag{4.5}$$

两个椭球体的空间位置关系如图 4.2 所示。

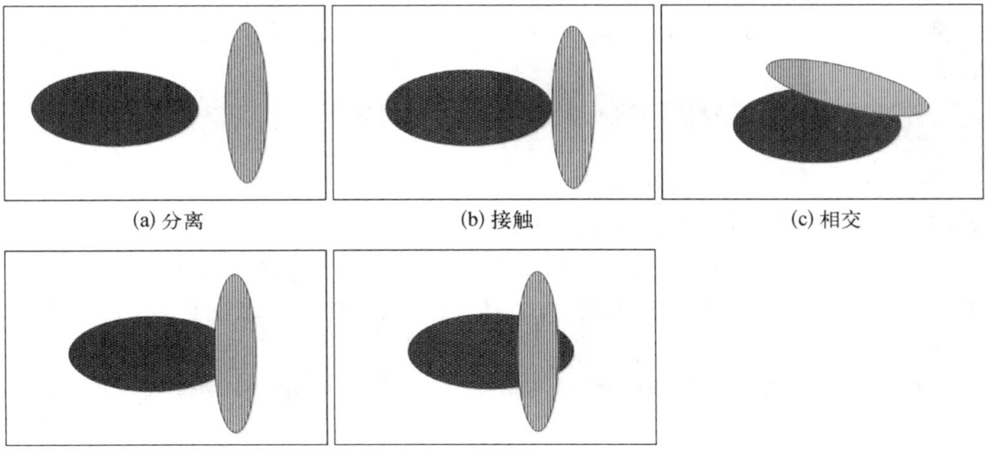

(a) 分离　(b) 接触　(c) 相交　(d) 远端接触　(e) 重叠

图 4.2　两个椭球体的空间位置关系

空间位置关系(相交分为接触和重叠)可以通过 $\boldsymbol{A}^{-1}\boldsymbol{B}$ 的特征值来判断。特征值方程与空间位置关系的对应关系如表 4.1 所示[17]。

表 4.1　特征值与空间位置的对应关系

特征值类型	空间位置关系
两个相同负根	接触
两个不同负根	分离
两个相同正根	远端接触
两个不同正根	重叠
两个复数根	相交

4.2.2　距离估计模型

距离估计是碰撞检测问题的一般化。距离估计带有预测性,不仅能够判断两个物体是否发生接触,也能判断两个物体之间的相互关系及碰撞的可能性,是避撞机动的基础。两个物体间的距离估计是航天器近距离运动的基本问题,物体间的距离估计涉及最小距离或者最近点问题。

最小距离评判标准基于物体间的最小距离或者最小距离的变化,属于零阶评判标准。Perry 提出了基于最小距离的避撞评判标准[18],最小距离主要包括两类：一类是最小距离(smallest minimum distance, SMD)，另一类是平均最小距离倒数(average minimum distance reciprocal, AMDR)，下面分别对这两类标准进行介绍。

评判标准 γ_{SMD} 是物体间的最小距离，表示形式如下：

$$\gamma_{\text{SMD}} = \min |d_{ij}| \tag{4.6}$$

式中，d_{ij} 表示第 i 个物体与第 j 个物体间的距离。

基于最小距离来引导避撞机动，根据 γ_{SMD} 值的最大化原则来制定避撞方案。当 γ_{SMD} 较大时，不执行避撞机动；γ_{SMD} 值变小时，说明有碰撞风险，执行避撞机动。

对于复杂物体，可以采用平均最小距离倒数 γ_{AMDR} 来进行碰撞评判：

$$\gamma_{\text{AMDR}} = \frac{\sum_{j=1}^{n}\sum_{i=1}^{m}\frac{1}{d_{ij}^{q}}}{mn} \tag{4.7}$$

式中，m 和 n 为组成单个复杂物体的基本单元数目；d_{ij}^{q} 为基本单元之间的最小距离，其中 q 为距离指数，用于控制增益。式(4.7)可以作为复杂几何体的避撞评判标准。

碰撞检测和距离估计问题取决于安全描述模型的表示精度，越精细的模型往往越复杂，碰撞检测性能往往越好。计算复杂度是距离估计模型问题的研究热点，很多学者做出了突出贡献，如增长型距离估计的快速算法[19]、基于距离估计算法提出的碰撞检测算法[20]，以及采用几何模型方法对碰撞检测进行全面分析[21]等，Jimenez 等[22]对三维碰撞检测进行了综合论述和总结。

势场描述方法是基于距离的表示方法，距离估计精度决定了势场的表示精度。建立势场方法与安全距离之间的对应关系，分离距离控制可以转化为势场控制。势场计算的主要问题是确定空间物体间的相对位置关系。最简单的势场描述模型是圆模型或者球模型，圆模型或者球模型只需要计算质点之间的距离[23]。其次是直线模型，直线模型要比圆模型复杂一些，需要使用投影几何的理论来进行距离估计[24]。多面体模型是直线模型的拓展，主要由三角形组成。大部分距离估计方法在处理多面体模型时都是把三角形作为基本单元来运算。对于多面体目标，有两种主要的方法来估计物体间的最小距离：基于特征的距离估计算法和基于单纯形的距离估计算法。基于特征的距离估计算法通过提取多面体模型的特征(点、线、面)，基于这些特征来进行几何计算，从而估计出最小距离。基于单纯形的距离估计算法中，把多面体模型当作点集凸壳来处理，通过集合的单纯形运算来确定最小距离。文献[19]对距离估计和碰撞检测进行了综合论述，提出了一种基于特征的算法(LC 算法)[21]，LC 算法可以根据最近特征点的局部表示来保证时间复杂度为常数,但是其不足之处在于无法处理穿透形多面体、鲁棒性不足和编程复杂度高等。进一步,Mirtich[25]根据 LC 算法的不足提出了基于特征的 Voronoi-Clip 算法(简称 V-Clip 算法)。Gilbert 等[26]又提出了一种广泛使用的单纯形算法(简称 GJK 算法),GJK 算法的复杂度正比于多面体点的数目。为了提高最小距离的计算速度,Cameron[27]提出了增强型 GJK 算法,能够以常值时间运行,通过保持多面体顶点的相邻信息来获得改进的运算速度。GJK 算法还可拓展到非多面体模型,例如,Gilbert 等将 GJK 算法拓展到基本几何体上,包括球、椭球和圆[28]。

距离估计方法是基于对象模型的,各种距离估计方法的区别在于不同的对象描述模型。在对象的几何描述方面,空间物体通常采用边界描述模型来表示。最小距离估计问题是指模型边界之间的距离估计问题,针对不同的边界描述模型,形成了不同的距离估计方法。大部分距离估计研究都是对凸多面体进行分析,多面体模型是比较精确的,并且是广泛存在的。例如,计算机的实际描述模型就是多面体模型,模型描述点集通过图形硬件来进行运算。基于多面体的距离估计方法主要取决于边界表示方法。对于多面体模型,常用的是几何修剪方法[29, 30];对于参数化模型,常采用数值计算方法[31, 32]。

除凸多面体外,超二次曲面广泛应用于对象描述[33, 34]。超二次曲面能够表示简单的几何形状,在地面机器人运动中,运动物体形状多样,采用超二次曲面进行描述,难以提供有效的细节表示。因此,在地面运动描述中,超二次曲面模型不是最理想的模型。但是在太空运动中,航天器形状都比较规整,用超二次曲面模型来描述具有较高的精度。采用超二次曲面模型的优势是模型表示是解析的,能够为距离估计的解析表示提供基础,缺点是超二次曲面间的距离计算比较复杂。Rimon 等[34]提出了一种椭球体距离估计的快速计算方法,该方法将距离估计转化为特征值计算问题。

质点之间的距离估计可以直接用质心间的欧氏距离来表示,质点到几何刚体的距离估计难以用解析的形式直接表示,刚体之间的欧氏距离估计没有精确的解析表达式。刚体之间的距离常采用近似计算方法或者数值方法来获得。数值计算方法能够获取较高的距离估计精度,但要求对刚体进行精确的数学描述,计算量相对较大,难以满足实时性要求。近似方法一般不是直接进行欧氏距离计算,而是采用其他距离度量方法来表示相对空间关系。

对于航天器,在目标接近或精确避撞过程中,需要考虑航天器的位置、姿态、几何尺寸要素。距离估计越精确,自由运动空间就越大,控制效率就更高。因此,精确的距离估计可以减少不必要的轨道机动,提高机动效率。刚体之间的最小距离计算量很大,难以精确获得[35],一般采用近似方法来估计最小距离。本节主要介绍各种类型的距离估计方法。

1. 欧氏距离

在 n 维欧氏空间中,两点 $\boldsymbol{x}$ 和 $\boldsymbol{y}$ 之间的欧氏距离通过 2 -范数来定义:

$$d(\boldsymbol{x}, \boldsymbol{y}) = \left(\sum_{i=1}^{n} | x_i - y_i |^2 \right)^{1/2}, \quad \boldsymbol{x}, \boldsymbol{y} \in \mathbb{R}^n \tag{4.8}$$

两个集合 S 和 T 之间的欧氏距离是两个集合中所有点之间的矢量长度的下确界:

$$d(S, T) = \inf\{ d(s, t) \}, \quad s \in S; \quad t \in T \tag{4.9}$$

这里,假设两个集合 S 和 T 是封闭的,因此最近的点总是存在的。

2. 近欧氏距离

航天器的几何形状采用隐函数的表示形式。f: $\mathbb{R}^3 \to \mathbb{R}$ 是光滑映射,$f=0$ 表示目标几何形状。对于三维空间中的几何形状,$f(x_1, x_2, x_3) = 0$,f 的梯度矢量为 $\nabla f(x)$。

如果 f 为线性映射,则梯度矢量是常值矢量,有如下等式:

$$f(\boldsymbol{y}) = f(\boldsymbol{x}) + \nabla f(\boldsymbol{x})(\boldsymbol{y} - \boldsymbol{x}) \tag{4.10}$$

空间点 $\boldsymbol{x}$ 与曲面 $f(\boldsymbol{y})=0$($\boldsymbol{y}$ 是曲面上的点)的距离为 $\min \| \boldsymbol{y} - \boldsymbol{x} \|$。令最小距离点为 $\hat{\boldsymbol{y}}$,则 $\hat{\boldsymbol{y}} = \boldsymbol{x} - \nabla^{+} f(\boldsymbol{x})$。其中,$\nabla^{+} = \nabla^{\mathrm{T}} (\nabla \nabla^{\mathrm{T}})^{-1}$,表示伪逆。

空间点到曲面的距离表示为[36]

$$d^2 = \| \hat{\boldsymbol{y}} - \boldsymbol{x} \|^2 = f(\boldsymbol{x})^{\mathrm{T}} (\nabla \nabla^{\mathrm{T}})^{-1} f(\boldsymbol{x}) \tag{4.11}$$

对于非线性映射 f,可以用线性映射 $\tilde{f}$ 来近似。可以近似得到距离为

$$d^2 = \tilde{f}(\boldsymbol{x})^{\mathrm{T}} [\nabla \tilde{f}(\boldsymbol{x}) \nabla \tilde{f}(\boldsymbol{x})^{\mathrm{T}}]^{-1} \tilde{f}(\boldsymbol{x}) \tag{4.12}$$

姿态变化影响距离变化:目标姿态发生变化导致其几何位置发生变化,到目标的距离也会发生变化。利用四元数表示目标的姿态变化,则姿态变化对位置的影响为 $\boldsymbol{x}_{\text{new}} = \boldsymbol{R}\boldsymbol{x}_{\text{old}}$,其中 $\boldsymbol{x}_{\text{old}}$ 表示变化前的位置,$\boldsymbol{x}_{\text{new}}$ 表示变化后的位置,$\boldsymbol{R}$ 表示姿态变化矩阵。

把目标航天器姿态变化等效为空间点的位置变化。综合考虑位置、姿态和几何形状信息,得到精确的距离表示方式为

$$d^2 = f(\boldsymbol{x}_{\text{new}})^{\mathrm{T}} [\nabla f(\boldsymbol{x}_{\text{new}}) \nabla f(\boldsymbol{x}_{\text{new}})^{\mathrm{T}}]^{-1} f(\boldsymbol{x}_{\text{new}}) \tag{4.13}$$

对于超二次曲线,基于 Taubin[36] 计算方法的距离估计可以表示为

$$d(\boldsymbol{a}, \boldsymbol{x}) = | F(\boldsymbol{a}, \boldsymbol{x}) - 1 | / | \nabla F(\boldsymbol{a}, \boldsymbol{x}) | \tag{4.14}$$

式中,$\nabla F(\boldsymbol{a}, \boldsymbol{x})$ 为雅克比矩阵。

该计算方法需要逐个对位置、姿态等影响要素进行梯度求解。梯度的计算复杂度高，增加了计算量，当点在曲面附近时具有较高的计算精度。

对于带有大型天线和帆板的卫星，可以用如图 4.2 所示的几何形状来表示，公式表示为 $f = \boldsymbol{x}_1\boldsymbol{x}_2 = 0$。 近欧氏距离估计效果图如图 4.3 所示。

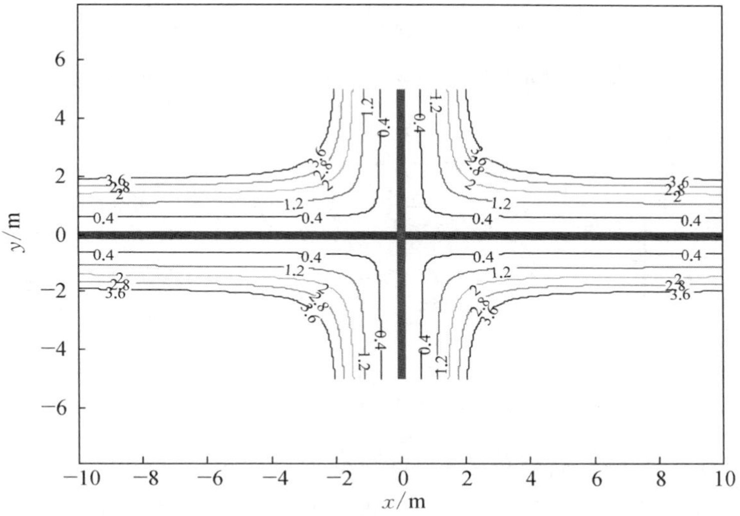

图 4.3 近欧氏距离估计(等距图)

3. 伪距离

伪距离估计方法广泛应用于计算机视觉中，该计算方法可以估计质点到刚体表面的分离距离。刚体表面采用超二次曲面来表示，估计方法如下[37]：

$$d(\boldsymbol{a},\ \boldsymbol{x}) = F(\boldsymbol{a},\ \boldsymbol{x})^{\frac{1}{2n}} - 1 \tag{4.15}$$

式中，$n = \dfrac{1}{1 - e^{-\alpha d}}$ 为变参数指数增益，α 的取值对距离的变化影响很大。

伪距离估计方法计算复杂度低、计算量小，适合在线计算，距离 d 是与形状相关的。但与精确的欧氏距离相比，该方法的计算误差较大，随着距离的增加，伪距离估计方法的距离估计结果增长很慢[35]。采用超二次曲线来表示平面曲线，参数取值为 $\varepsilon_1 = 0.02$、$F = \left(\dfrac{x}{a}\right)^{0.01} + \left(\dfrac{y}{b}\right)^{0.01} - 1$。伪距离估计方法的距离估计结果如图 4.4 所示，从图中可以看出，距离估计的精度比较差。

伪距离估计方法的另一个不足是对参数变化非常敏感，估计公式中的参数值 $\boldsymbol{a}$ 和 $\boldsymbol{x}$ 发生变化时，距离估计值变化较大[38]。为了提高估计精度，对伪距离表示进

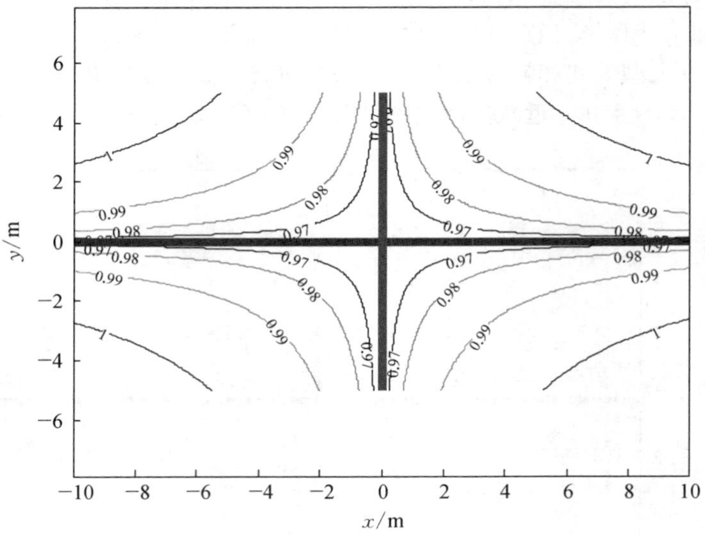

图 4.4 伪距离估计(等距图)

行了改进：通过对伪距离估算增加权重增益来提高距离估计方法的参数适应性。权重增益为两个刚体航天器几何中心之间的距离 $\|\boldsymbol{r}_{ij}\|$，修正后的伪距离估计公式为

$$d(\boldsymbol{a},\ \boldsymbol{x}) = \|\boldsymbol{r}_{ij}\| F(\boldsymbol{a},\ \boldsymbol{x})^{\frac{\varepsilon}{2}} - 1 \tag{4.16}$$

4. 单刚体射线欧氏距离

射线距离估计方式在势场模型中有所应用[39]，质点和刚体之间的射线欧氏距离是对伪欧氏距离的改进[40]。刚体几何外包络采用超二次曲面来描述，质点与几何刚体之间的射线欧氏距离估计方程可以表示为

$$d(\boldsymbol{a},\ \boldsymbol{x}) = \|\boldsymbol{r}_{ij}\| [1 - F(\boldsymbol{a},\ \boldsymbol{x})^{\frac{-\varepsilon}{2}}] \tag{4.17}$$

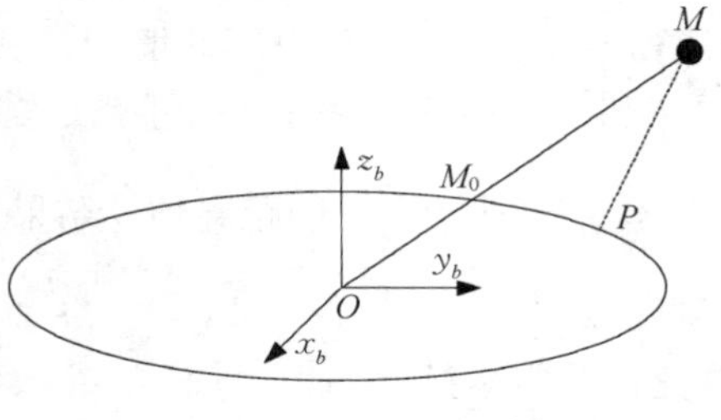

图 4.5 射线欧氏距离估计

该距离估计方法只能够估计质点到几何刚体的距离。

如图 4.5 所示，M 为超二次曲面外一点，$\boldsymbol{r}_M = (x,\ y,\ z)$ 是二次曲面的中心 O 到点 M 的矢量。超二次曲面的中心 O 和点 M 的连线相交于曲面上一点 M_0，$\boldsymbol{r}_{M_0} = (x_{M_0},\ y_{M_0},\ z_{M_0})$，$\|\overrightarrow{MM_0}\|$ 称为射线欧氏

距离。根据三点共线原理，$\overline{OM_0} = u\,\overline{OM}$，其中 $u > 0$。可以得到 $(x_{M_0}, y_{M_0}, z_{M_0}) = (ux, uy, uz)$。因为 $F(ux, uy, uz) = uF(x, y, z)$ 和 $F(\boldsymbol{r}_{M_0}) = 1$，可以得到 u 的值：

$$u = \frac{1}{F(x, y, z)} \tag{4.18}$$

根据式(4.18)可以得到质点到刚体的射线欧氏距离估计公式。从图 4.5 中可以看出，射线欧氏距离的估计值总是比精确的公式距离 $\|\overrightarrow{MP}\|$ 大。

5. 双刚体射线欧氏距离

在单刚体射线欧氏距离估计方法的基础上，考虑两个刚体的位置、形状要素，估计两个几何刚体之间的最小距离，如图 4.6 所示。最小距离估算公式为

$$d(\boldsymbol{a}_i, \boldsymbol{x}_i, \boldsymbol{a}_j, \boldsymbol{x}_j) = \|\boldsymbol{r}_{ij}\|\left[1 - F(\boldsymbol{a}_i, \boldsymbol{x}_i)^{\frac{-\varepsilon_i}{2}} - F(\boldsymbol{a}_j, \boldsymbol{x}_j)^{\frac{-\varepsilon_j}{2}}\right] \tag{4.19}$$

式(4.19)考虑了刚体姿态变化对最小距离估计的影响。

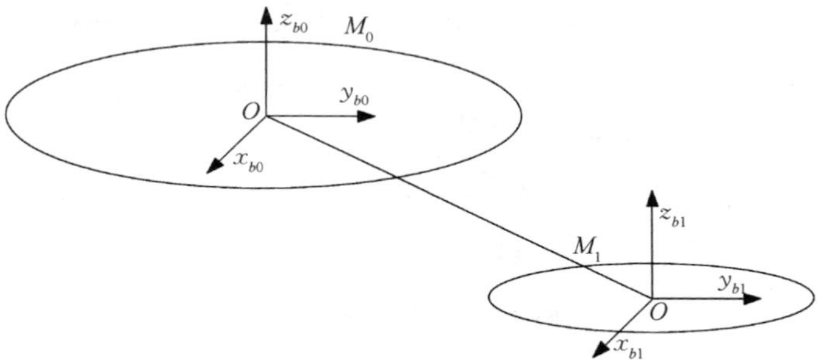

图 4.6　双刚体射线欧氏距离估计

为了表示姿态变化对最小距离估计的影响，姿态变化等效转化为刚体几何中心的旋转。刚体几何中心旋转公式为

$$\begin{bmatrix} x \\ y \\ z \end{bmatrix} = \begin{bmatrix} q_1^2 - q_2^2 - q_3^2 + q_4^2 & 2(q_1q_2 + q_3q_4) & 2(q_1q_3 - q_2q_4) \\ 2(q_1q_2 - q_3q_4) & -q_1^2 + q_2^2 - q_3^2 + q_4^2 & 2(q_2q_3 + q_1q_4) \\ 2(q_1q_3 + q_2q_4) & 2(q_2q_3 - q_1q_4) & -q_1^2 - q_2^2 + q_3^2 + q_4^2 \end{bmatrix} \begin{bmatrix} x_i - x_j \\ y_i - y_j \\ z_i - z_j \end{bmatrix} \tag{4.20}$$

4.2.3　椭球形距离估计方法与仿真分析

两个椭球形刚体之间的分离距离估计需要如下信息。

（1）参考点：几何中心作为参考点。

（2）体坐标系：以参考点为中心，用体坐标系 F_b 来表示。

（3）位置：在轨道坐标系 F_l 中描述位置矢量。

（4）姿态四元数：基于参考坐标系描述姿态。

下面介绍距离估计方法的三种类型：质点到静止刚体的距离估计、静止刚体间的距离估计、欧氏运动刚体间的距离估计。距离估计可以简化为特征值计算问题，采用快速的特征值计算方法，保证距离估计的快速性。物体的构形常用位置和姿态来表示，如图 4.7 所示，两个航天器分别用椭球 $E_1 = E(\boldsymbol{p}_1, \boldsymbol{P}_1)$ 和 $E_2 = E(\boldsymbol{p}_2, \boldsymbol{P}_2)$ 来表示，其中 $\boldsymbol{p}$ 为服务航天器的质心位置矢量，$\boldsymbol{P}$ 为形状参数矩阵。$\boldsymbol{x}^*$ 是 E_2 上距离 E_1 最近的点，同理，$\boldsymbol{y}^*$ 是 E_1 上距离 E_2 最近的点，两个椭球之间的最小距离就是点 $\boldsymbol{x}^*$ 与点 $\boldsymbol{y}^*$ 之间的距离，点 $\boldsymbol{x}^*$ 和点 $\boldsymbol{y}^*$ 的计算可以转化为特征值求解问题：

$$d = \| \boldsymbol{x}^* - \boldsymbol{y}^* \| \tag{4.21}$$

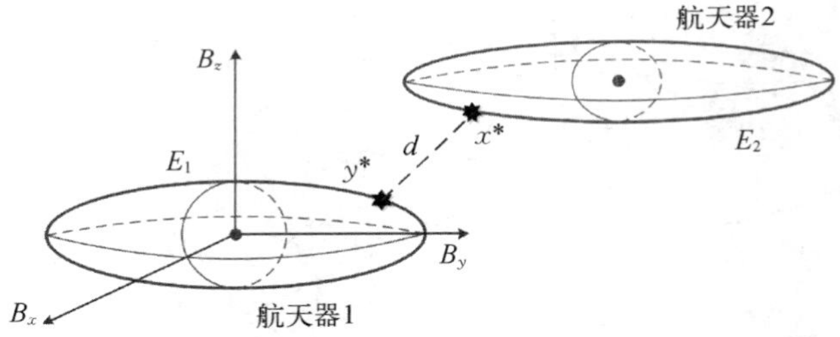

图 4.7　距离估计示意图

1. 质点到刚体的距离估计

首先计算椭球 E_2 上距离 E_1 最近的点 $\boldsymbol{x}^*$，经过比例变化，椭球 E_1 转化成单位球。在新的坐标系中，椭球 E_1 与 E_2 的距离问题可以表示为

$$\min\{(\bar{\boldsymbol{x}} - \bar{\boldsymbol{p}}_2)^{\mathrm{T}} \bar{\boldsymbol{P}}_2 (\bar{\boldsymbol{x}} - \bar{\boldsymbol{p}}_2)\} \tag{4.22}$$

式中，$\bar{\boldsymbol{P}}_2 = \boldsymbol{P}_1^{-0.5} \boldsymbol{P}_2 \boldsymbol{P}_1^{-0.5}$；$\bar{\boldsymbol{p}}_2 = \boldsymbol{P}_1^{0.5}(\boldsymbol{p}_2 - \boldsymbol{p}_1)$。

在没有发生碰撞的情况下，中心 $\bar{\boldsymbol{p}}_2$ 总是在单位球的外部。假设单位球的中心在坐标原点，则单位球的中心到变形后的椭球 $\bar{E}_2$ 的最小距离可以转化为求解 $\| \boldsymbol{x}^* \|^2$ 的最小值，$\boldsymbol{x}^*$ 满足等式约束 $(\boldsymbol{x}^* - \bar{\boldsymbol{p}}_2)^{\mathrm{T}} \bar{\boldsymbol{P}}_2 (\boldsymbol{x}^* - \bar{\boldsymbol{p}}_2) = 1$。根据拉格朗日乘子法则，得到如下等式：

$$\boldsymbol{x}^* = \lambda \bar{\boldsymbol{P}}_2 (\boldsymbol{x}^* - \bar{\boldsymbol{p}}_2) \tag{4.23}$$

式中，λ 表示矩阵的特征值，质点到刚体的最小距离估计问题转化成为特征值求解问题。

特征值的计算步骤如下[41]：

（1）定义两个新的变量 $\boldsymbol{z}_1 \triangleq [\tilde{\boldsymbol{P}}_2 - \lambda \boldsymbol{I}]^{-2} \tilde{\boldsymbol{p}}_2$ 和 $\boldsymbol{z}_2 \triangleq [\tilde{\boldsymbol{P}}_2 - \lambda \boldsymbol{I}]^{-1} \tilde{\boldsymbol{p}}_2$；

（2）根据两个新的变量构造特征值矩阵，新的状态矢量定义为 $[\boldsymbol{z}_1, \boldsymbol{z}_2]^{\mathrm{T}}$，则特征值矩阵可以表示为

$$\begin{bmatrix} \tilde{\boldsymbol{P}}_2 & -\boldsymbol{I} \\ -\tilde{\boldsymbol{p}}_2 \tilde{\boldsymbol{p}}_2^{\mathrm{T}} & \tilde{\boldsymbol{P}}_2 \end{bmatrix} \begin{bmatrix} \boldsymbol{z}_1 \\ \boldsymbol{z}_2 \end{bmatrix} = \lambda \begin{bmatrix} \boldsymbol{z}_1 \\ \boldsymbol{z}_2 \end{bmatrix} \tag{4.24}$$

式中，$\tilde{\boldsymbol{P}}_2 = \bar{\boldsymbol{P}}_2^{-1}$；$\tilde{\boldsymbol{p}}_2 = \bar{\boldsymbol{P}}_2^{-0.5} \boldsymbol{p}_2$。

$\lambda_{\min}$ 是具有最小实部的特征值，也称为最小特征值。基于最小特征值 $\lambda_{\min}$，可以计算距离原点距离最近的点 $\boldsymbol{x}^*$：

$$\boldsymbol{x}^* = \lambda_{\min} [\lambda_{\min} \bar{\boldsymbol{P}}_2 - \boldsymbol{I}]^{-1} \bar{\boldsymbol{P}}_2 \bar{\boldsymbol{p}}_2 \tag{4.25}$$

2. 静止刚体间的距离估计

两个刚体航天器之间的距离估计可以通过点到刚体的距离估计推导出来。在上一小节的基础上，第二次使用点到椭球的距离估计来计算另一个点 $\boldsymbol{y}^*$。已知 $\boldsymbol{x}^*$ 和 $\boldsymbol{y}^*$，可以估计出刚体之间的距离。具体计算过程见定理 4.1。

定理 4.1　给定两个椭球 $E_1 = E(\boldsymbol{p}_1, \boldsymbol{P}_1)$ 和 $E_2 = E(\boldsymbol{p}_2, \boldsymbol{P}_2)$，两个椭球之间的距离表示为 $|\boldsymbol{x}^* - \boldsymbol{y}^*|$。其中，$\boldsymbol{x}^*$ 是椭球 E_2 上距离椭球 E_1 最近的点，$\boldsymbol{y}^*$ 是椭球 E_1 距离椭球 E_2 最近的点。点 $\boldsymbol{x}^*$ 的计算公式为 $\boldsymbol{x}^* = \boldsymbol{p}_1 + \lambda_1 \boldsymbol{P}_1^{-0.5} [\lambda_1 \boldsymbol{I} - \tilde{\boldsymbol{P}}_2]^{-1} \tilde{\boldsymbol{p}}_2$，点 $\boldsymbol{y}^*$ 的计算公式为 $\boldsymbol{y}^* = \boldsymbol{x}^* + \lambda_2 [\lambda_2 \boldsymbol{I} - \tilde{\boldsymbol{P}}_1]^{-1} \tilde{\boldsymbol{p}}_1$，其中 λ_1 是矩阵 $\boldsymbol{A}_{p_1}$ 的最小特征值，λ_2 是矩阵 $\boldsymbol{A}_{p_2}$ 的最小特征值。

$$\boldsymbol{A}_{p_1} = \begin{bmatrix} \tilde{\boldsymbol{P}}_1 & -\boldsymbol{I} \\ -\tilde{\boldsymbol{p}}_1 \tilde{\boldsymbol{p}}_1^{\mathrm{T}} & \tilde{\boldsymbol{P}}_1 \end{bmatrix}, \quad A_{p_2} = \begin{bmatrix} \tilde{\boldsymbol{P}}_2 & -\boldsymbol{I} \\ -\tilde{\boldsymbol{p}}_2 \tilde{\boldsymbol{p}}_2^{\mathrm{T}} & \tilde{\boldsymbol{P}}_2 \end{bmatrix} \tag{4.26}$$

式中，$\tilde{\boldsymbol{P}}_2 = \bar{\boldsymbol{P}}_2^{-1}$；$\tilde{\boldsymbol{p}}_2 = \bar{\boldsymbol{P}}_2^{-0.5} \bar{\boldsymbol{p}}_2$；$\bar{\boldsymbol{p}}_2 = \boldsymbol{P}_1^{0.5}(\boldsymbol{p}_2 - \boldsymbol{p}_1)$；$\bar{\boldsymbol{P}}_2 = \boldsymbol{P}_1^{-0.5} \boldsymbol{P}_2 \boldsymbol{P}_1^{-0.5}$；$\tilde{\boldsymbol{P}}_1 = \boldsymbol{P}_1^{-1}$；$\bar{\boldsymbol{p}}_1 = \boldsymbol{p}_1 - \boldsymbol{x}^*$，$\tilde{\boldsymbol{p}}_1 = \boldsymbol{P}_1^{-0.5} \bar{\boldsymbol{p}}_1$。

3. 欧氏运动刚体间的距离估计

航天器的平面运动如图 4.8 所示，航天器的方位随着航天器的姿态变化而发生变化。航天器的相对方位发生变化，最小相对距离也会发生变化。式（4.26）中的距离计算应该包括方位信息。椭球 E_1 的主轴称为框架 O_1，椭球 E_2 的主轴称为框架 O_2，框架 O_1 和 O_2 都是时变的。在 LVLH 坐标系中，框架 O_2 到 O_1 的旋转矩阵为 $\boldsymbol{M}$。

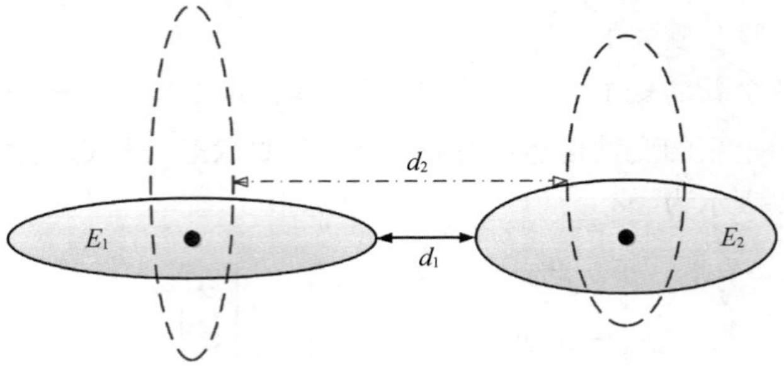

图 4.8　两个刚体航天器的平面运动

服务航天器的质心位置矢量表示为 $\boldsymbol{p}$，形状参数矩阵为 $\boldsymbol{P}$，方位矩阵为 $\boldsymbol{M}$。在 LVLH 坐标系中，航天器的构形可以表示为 $(\boldsymbol{p}, \boldsymbol{P}, \boldsymbol{M})$。假设航天器在运动过程中，结构变形可以忽略不计。形状参数矩阵 $\boldsymbol{P}$ 在旋转矩阵的作用下可以表示为 $\boldsymbol{MPM}^{\mathrm{T}}$，运动中的椭球中心可以表示为 $\boldsymbol{p}+\boldsymbol{v}t$，航天器在运动过程中的实时几何构形可以表示为 $(\boldsymbol{p}+\boldsymbol{v}t, \boldsymbol{MPM}^{\mathrm{T}}, \boldsymbol{M})$。将实时几何构形代入式(4.26)中，可以得到更新后的最小距离。根据定理 4.1，可以实时估计出两个航天器之间的距离。

球面坐标的极坐标表示为

$$\begin{cases} x=\cos\theta\cos\phi, & -\dfrac{\pi}{2}\leqslant\theta\leqslant\dfrac{\pi}{2} \\ y=\cos\theta\sin\phi, & -\pi\leqslant\phi\leqslant\pi \\ z=\sin\theta \end{cases} \tag{4.27}$$

通过射线投影的方式将建立球面上的点和超二次曲面上的点的一一对应关系。对于超二次曲面中指数控制增益不为 2 的情况，可以通过如下步骤进行转化[42]。

（1）从球到椭球：

$$x_e=a_1x,\quad y_e=a_1y,\quad z_e=a_1z$$

（2）从椭球到超椭球体：

$$x_s=\rho x_e,\quad y_s=\rho y_e,\quad z_s=\rho z_e$$

（3）用 x_s、y_s、z_s 代替 x、y、z，可以得到 ρ 的表达式：

$$\rho=\left[\left(|\cos\phi\cos\theta|^{2/\varepsilon_2}+|\sin\phi\cos\theta|^{2/\varepsilon_2}\right)^{\varepsilon_2/\varepsilon_1}+|\sin\theta|^{2/\varepsilon_1}\right]^{-\varepsilon_1/2}$$

4. 仿真对比分析

带帆板或者天线等大型附件的航天器一般具有较大的长宽比，用最小体积包围法构造出来的椭球,能够保留大长宽比的特点。Badawy 等[39]提出的方法是采用中心旋转,需要进行两次等效旋转,转化复杂且物理意义不直观。与此方法相比,本节方法采用形状旋转,和物理运动现象一致,简洁直观。

1）单刚体估计结果对比

一个刚体当作质点处理,另外一个刚体的几何椭球的三个半轴参数分别取值为 9 m、1 m 和 4 m。椭球 E_1 的中心位置为[0, 10, 0]^T,单位为 m;椭球 E_2 的中心位置为[−40, 10, 0]^T,单位为 m;椭球 E_1 的初始姿态欧拉角为[0, 0, 0]^T,单位为(°);椭球 E_2 的初始姿态欧拉角为[0, 180, 180]^T,单位为(°)。椭球 E_2 都是绕 B_z 轴发生旋转,旋转角速度分别为 0.4°/s 和 0.2°/s,椭球 E_2 的姿态角变化范围为 0°~360°。旋转角速度分别为 0.4°/s 和 0.2°/s 的对比结果如图 4.9 所示,从图中可以看出,两种方法在单刚体的距离估计上呈现不同的估计趋势。

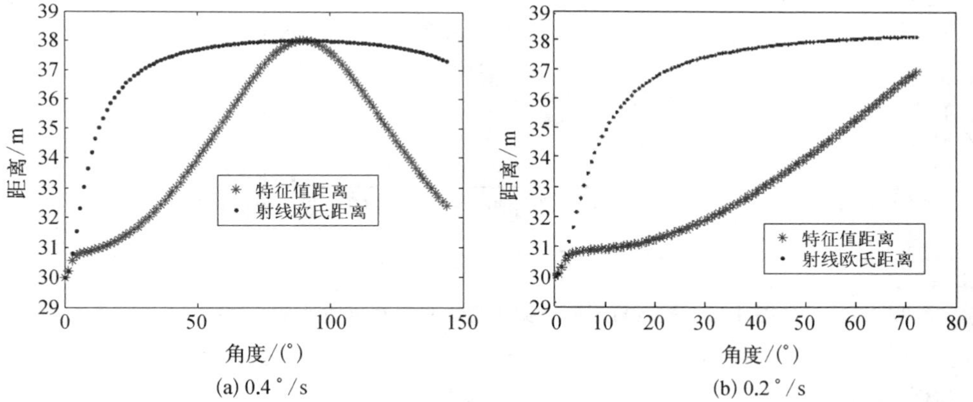

图 4.9　质点和不同旋转角速度刚体间的距离估计结果对比

由于是平面旋转,对距离影响较大的主要是长宽比。改变长宽比,由 9∶1 改为 9∶4、9∶6、9∶8,距离估计结果如图 4.10 所示。从图 4.10 可以看出,长宽比越大时,距离估计相差越小。在不同长宽比条件下,特征值距离估计和射线欧氏距离估计的计算结果如图 4.11 所示。

2）双刚体仿真结果对比

两个航天器的几何椭球的三个半长轴参数分别取值为 9 m、1 m 和 4 m。椭球 E_1 的初始位置为[0, 0, 0]^T,单位为 m;椭球 E_2 的初始位置为[−40, 10, 0]^T,单位为 m;椭球 E_1 的初始姿态欧拉角为[0, 0, 0]^T,单位为(°);椭球 E_2 的初始姿态欧拉角为[0, 180, 180]^T,单位为(°)。椭球 E_1 和 E_2 绕各自 B_z 轴发生旋转,旋转角速

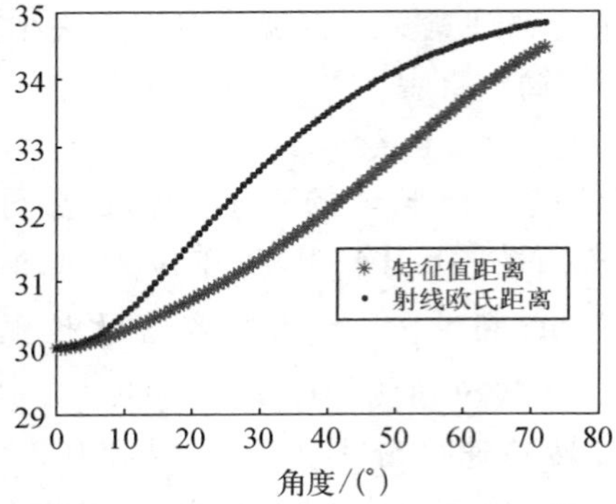

(a) 长宽比为9∶4

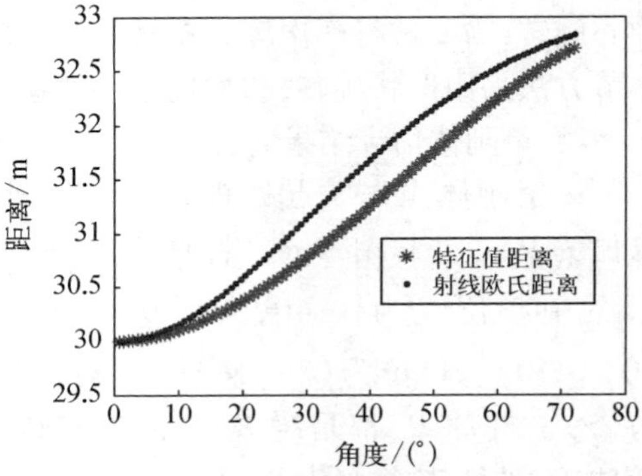

(b) 长宽比为9∶6

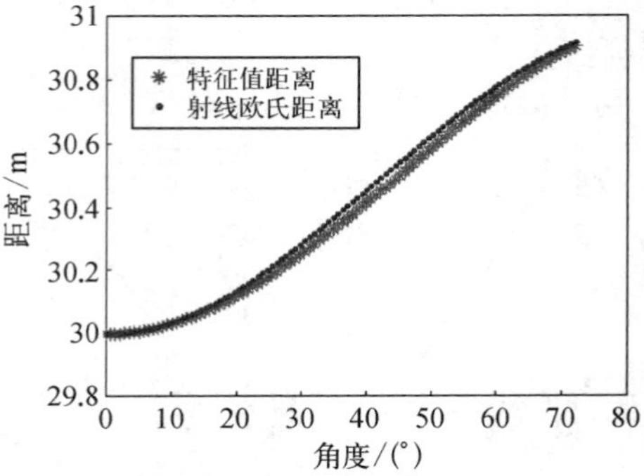

(c) 长宽比为9∶8

图 4.10　质点与不同长宽比刚体间的距离估计结果对比

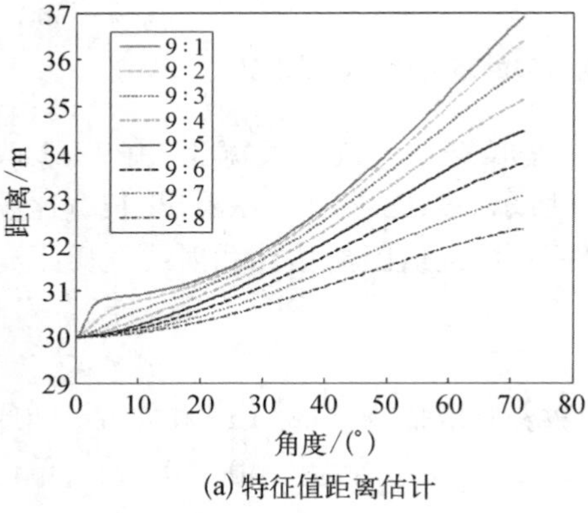

(a) 特征值距离估计

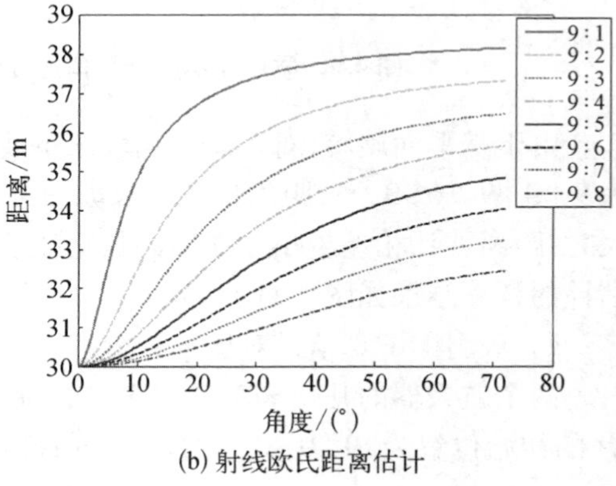

(b) 射线欧氏距离估计

图 4.11　不同长宽比的刚体距离估计结果对比

度分别为 1°/s 和 2°/s。椭球 E_1 的姿态角变化范围为 0°~180°,椭球 E_2 的姿态角变化范围为 0°~360°。

椭球 E_1 和 E_2 不发生平移运动,只发生旋转运动。为了体现距离估计的精度,选取两种距离估计方法作为对比案例:一种估计方法是两个航天器都当作椭球来处理;另一种估计方法是采用双刚体射线欧氏距离估计方法。椭球距离估计方法对比结果如图 4.12 所示。

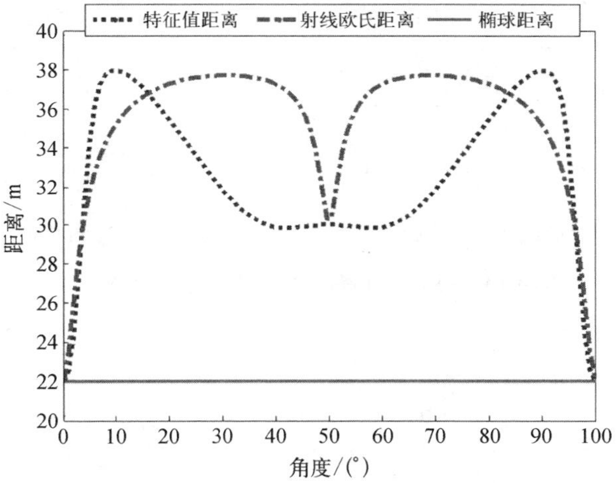

图 4.12　椭球距离估计结果对比

由于椭球是对称几何体,姿态角的变化范围是 180°的倍数且匀速变化,距离估计结果会呈现对称现象。对于尺寸为 9 m、1 m 和 4 m 的椭球体,在相对距离达到最小值 30 m 时,由于椭球体具有很大的长宽比,在经过最小距离(图 4.12)且姿态角变化不大时,距离变化很小。而双刚体射线欧氏距离估计方法对长宽比很敏感,在姿态角变化很小时,距离增加很快。从图 4.12 可以看出,对于大长宽比航天器,特征值距离估计方法具有较高的精度。

关于距离的估计精度,直接从图 4.12 的距离估计结果可以分辨出方法的优劣。虽然不能作定量分析,但可以进行定性评估。对于尺寸为 9 m、1 m 和 4 m 的大长宽比椭球体,距离在中间段达到最小值 30 m,由于扁平比大,距离不会出现剧烈变化。因此,相对于射线欧氏距离估计结果,特征值距离估计方法具有更高的估计精度。

为了进一步验证本章方法的有效性,对势场的等势图进行对比分析。选取二次函数作为势场函数,采用特征值距离估计方法和射线欧氏距离估计方法计算势场值来构建势场,不同长宽比下的等势线分布如图 4.13~图 4.15 所示。

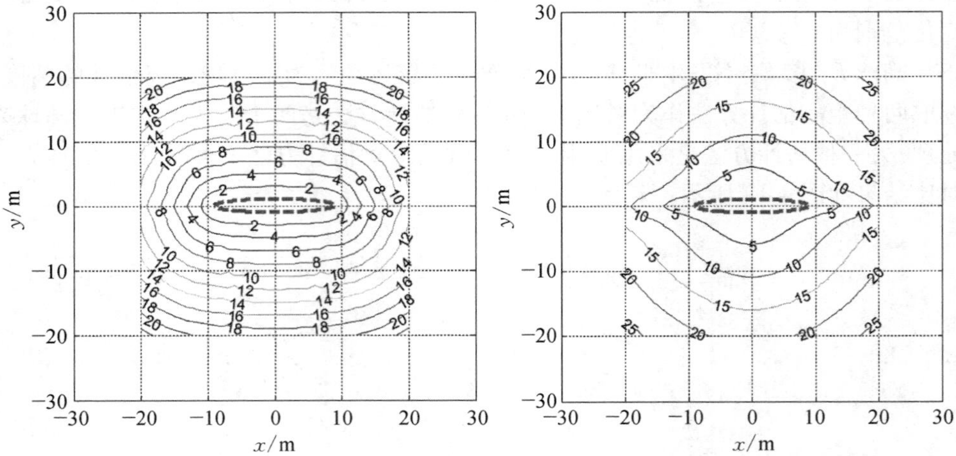

(a) 特征值距离估计方法 (b) 射线欧氏距离估计方法

图 4.13　距离估计等势线分布(长宽比为 9∶1)

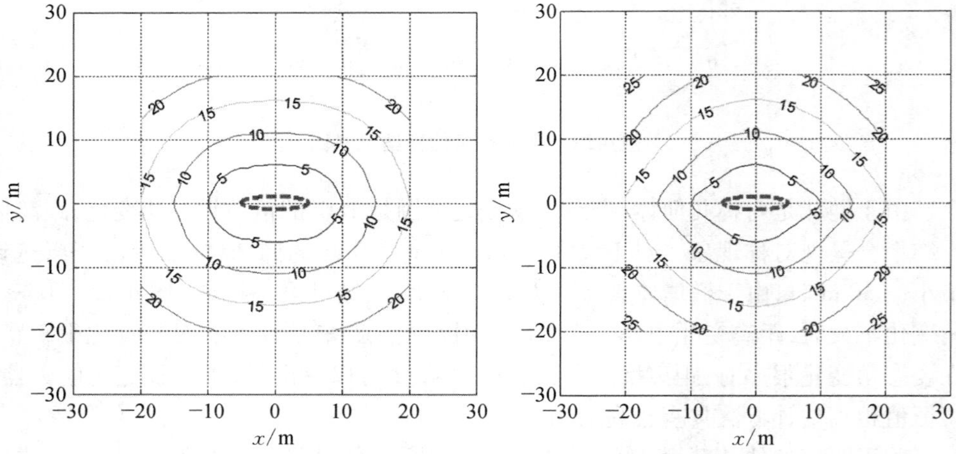

(a) 特征值距离估计方法 (b) 射线欧氏距离估计方法

图 4.14　距离估计等势线分布(长宽比为 5∶1)

从图 4.13 可以看出,射线欧氏距离估计方法的估计值要比特征值距离估计方法偏大。特征值距离估计方法的估计值与真实距离之间的偏差较小,特征值距离估计方法建立的势场对于大长宽比几何体具有较高的精度。从图 4.14 和图 4.15 可以看出:减小物体的长宽比,特征值距离估计方法和射线欧氏距离估计方法的估计偏差会变小,在计算精度上具有一致性。

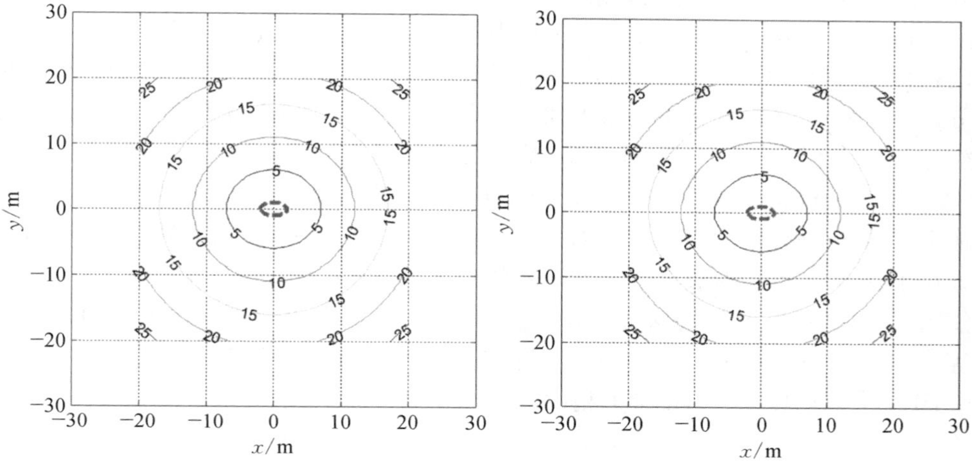

(a) 特征值距离估计方法　　(b) 射线欧氏距离估计方法

图 4.15　距离估计等势线分布(长宽比为 2∶1)

当椭球具有小长宽比时,采用双刚体射线欧氏距离估计方法具有较高的精度。大附件航天器常具有大长宽比,采用双刚体射线欧氏距离估计方法建立势场时,偏差较大。因此,与双刚体射线欧氏距离估计方法相比,基于特征值距离估计方法的刚体势场模型具有更高的近似精度。

4.3　GMM 采样重构法

本节介绍一种更精确的外形表征方法:高斯混合模型(Gaussian mixture model, GMM)采样重构法。在空间任务中航天器通过传感器对空间目标完成观测后,通过将不同位姿下对目标采集的特征点云拼接在一起,可实现对目标的直观感知。但对于进一步的安全接近等任务,这种形式的感知不能满足任务需求,还需要在此基础之上进一步对点云进行重建,获取对目标外形的解析描述。GMM 采样重构法便是通过外形特征点采样并拟合重构,从而进行外形表征。

4.3.1　GMM 采样重构法发展现状

GMM 作为一种功能强大的参数化概率模型,核心思想在于将目标建模为多个高斯分布加权和的形式,已广泛应用于背景建模[43]、图像分割[44]、超像素生成[45]、语音识别[46]等各个领域,取得了丰硕的成果。将 GMM 用于空间非合作目标外形采样点云重构是一个可行的方案。

Jian 等[47]最早在两点云配准过程中使用 GMM 对点云进行建模，最终将配准问题转化为两个 GMM 的对齐问题。在建模过程中，点云中的每个点使用一个高斯分量进行表示，各高斯分量的权重和协方差矩阵相同，均值为各点在三维空间中的坐标。Eckart 等[48, 49]和 Evangelidis 等[50]分别在两点云配准和多点云配准中使用 GMM 对点云进行建模，二者相同之处在于均使用少量 GMM 表示整个点云，而并非像 Jian 等[47]那样使用 GMM 表示每个点，这大大减少了所需的 GMM 数量；不同之处在于，Eckart 等并不限定协方差矩阵的形式，而 Evangelidis 等为简化计算过程，使用了各向同性的协方差矩阵。在 Evangelidis 等[50]的研究基础上，Danelljan 等[51]还在对点云建模过程中引入了除点云三维坐标之外的颜色信息，通过提高 GMM 维数以期提高点云配准的精度。

4.3.2 GMM 采样重构法求解方法

1. GMM 采样重构法及其期望最大化求解

假设 D 维空间中的样本 $\boldsymbol{x} \in \mathbb{R}^D$ 由包含 K 个分量的 GMM 产生，则其概率密度函数可以表示为

$$p(\boldsymbol{x} \mid \Theta) = \sum_{k=1}^{K} \pi_k N(\boldsymbol{x} \mid \boldsymbol{\mu}_k, \boldsymbol{\Sigma}_k) = \sum_{k=1}^{K} \frac{\pi_k}{(2\pi)^{D/2} \mid \boldsymbol{\Sigma}_k \mid^{1/2}} \mathrm{e}^{-\frac{1}{2}(\boldsymbol{x}-\boldsymbol{\mu}_k)^{\mathrm{T}} \boldsymbol{\Sigma}_k{}^{-1}(\boldsymbol{x}-\boldsymbol{\mu}_k)} \tag{4.28}$$

式中，$N(\boldsymbol{x} \mid \boldsymbol{\mu}_k, \boldsymbol{\Sigma}_k)$ 表示第 k 个高斯分量，其均值 $\boldsymbol{\mu}_k \in \mathbb{R}^D$、协方差矩阵 $\boldsymbol{\Sigma}_k \in \mathbb{R}^{D\times D}$；$\pi_k \in \mathbb{R}$ 表示第 k 个高斯分量的权重，且满足约束 $\sum_{k=1}^{K} \pi_k = 1$；$\Theta = \{\Theta_k = (\pi_k, \boldsymbol{\mu}_k, \boldsymbol{\Sigma}_k)\}_{k=1}^{K}$，表示该模型所有参数的集合。

给定由该 GMM 产生的样本集 $X = \{\boldsymbol{x}_n\}_{n=1}^{N}$，直观上可以使用最大似然（maximum likelihood，ML）来估计参数 Θ，即求取 Θ，使对数似然函数 $\ln[L(X \mid \Theta)]$ 值最大：

$$\begin{aligned}\Theta &= \underset{\Theta}{\operatorname{argmax}} \ln[L(X \mid \Theta)] = \underset{\Theta}{\operatorname{argmax}} \ln\Big[\prod_{n=1}^{N} \boldsymbol{p}(\boldsymbol{x}_n \mid \Theta)\Big] \\ &= \underset{\Theta}{\operatorname{argmax}} \sum_{n=1}^{N} \ln\Big[\sum_{k=1}^{K} \pi_k N(\boldsymbol{x}_n \mid \boldsymbol{\mu}_k, \boldsymbol{\Sigma}_k)\Big]\end{aligned} \tag{4.29}$$

由式(4.29)可以看出，K 个高斯分量的加权和出现在对数函数内，导致最大似然无法求得闭合形式解，因此需要考虑使用其他方法。期望最大化（expectation-maximization，EM）[52]作为求解此种问题的常用方法，核心思想在于通过引入隐藏

变量 $C=\{c_{nk}\in\{0,1\}\}_{n=1,k=1}^{n=N,k=K}$，使得不完备观测数据集 X 变为完备观测数据集 $\{X,C\}$，并求取 Θ，使得新的对数似然函数 $\ln[L(X,C\mid\Theta)]$ 值最大：

$$
\begin{aligned}
\Theta&=\underset{\Theta}{\operatorname{argmax}}\ln[L(X,C\mid\Theta)]=\underset{\Theta}{\operatorname{argmax}}\sum_{n=1}^{N}\ln\left[\sum_{k=1}^{K}\boldsymbol{\pi}_k^{z_{nk}}N(\boldsymbol{x}_n\mid\boldsymbol{\mu}_k,\boldsymbol{\Sigma}_k)^{z_{nk}}\right]\\
&=\underset{\Theta}{\operatorname{argmax}}\sum_{n=1}^{N}\sum_{k=1}^{K}c_{nk}[\ln\boldsymbol{\pi}_k+\ln N(\boldsymbol{x}_n\mid\boldsymbol{\mu}_k,\boldsymbol{\Sigma}_k)]
\end{aligned}\tag{4.30}
$$

式中，$c_{nk}=1$ 表明第 n 个样本由第 k 个高斯分量产生，否则 $c_{nk}=0$。

由式(4.30)可以看出，与原对数似然函数相比，新对数似然函数是易于求解的。考虑到隐藏变量无法进行直接观测，EM 算法在给定参数 Θ 初始估计的情况下，迭代进行 E 步骤和 M 步骤，直至收敛或达到迭代次数[53]。

E 步骤：使用当前参数 Θ 计算 $c_{nk}\in C$ 的期望(expectation)，也称为责任(responsibility)，即第 n 个样本由第 k 个高斯分量产生的概率，记为 p_{nk}：

$$
p_{nk}=\frac{\boldsymbol{\pi}_kN(\boldsymbol{x}_n\mid\boldsymbol{\mu}_k,\boldsymbol{\Sigma}_k)}{\sum_{k=1}^{K}\boldsymbol{\pi}_kN(\boldsymbol{x}_n\mid\boldsymbol{\mu}_k,\boldsymbol{\Sigma}_k)}\tag{4.31}
$$

M 步骤：使用 E 步骤中计算的 p_{nk} 替代式(4.30)中的隐藏变量 c_{nk}，通过最大化(maximization)期望的完备数据似然函数，对参数 Θ 进行更新：

$$
\boldsymbol{\mu}_k=\frac{\sum_{n=1}^{N}p_{nk}\boldsymbol{x}_n}{\sum_{n=1}^{N}p_{nk}}\tag{4.32}
$$

$$
\boldsymbol{\Sigma}_k=\frac{\sum_{n=1}^{N}p_{nk}(\boldsymbol{x}_n-\boldsymbol{\mu}_k)(\boldsymbol{x}_n-\boldsymbol{\mu}_k)^{\mathrm{T}}}{\sum_{n=1}^{N}p_{nk}}\tag{4.33}
$$

$$
\boldsymbol{\pi}_k=\frac{\sum_{n=1}^{N}p_{nk}}{N}\tag{4.34}
$$

一方面，观察式(4.31)~式(4.34)可以看出，EM 算法中的 E 步骤和 M 步骤都是易于实现并进行计算的；另一方面，可以证明 EM 算法仅能够确保参数 Θ 收敛到局部极大值[54]，需要提供一个较为合理的初值，因此要特别注意参数 Θ 的初始化问题。

2. K 均值聚类算法

K 均值(K - means)聚类算法[55]作为一种典型的无监督聚类方法,在数据分析、模式识别等领域有着广泛的应用。为了将 D 维空间中的数据集 $X=\{\boldsymbol{x}_n\}_{n=1}^{N}\subset\mathbb{R}^D$ 聚类为指定的 K 个簇 $C=\{C_k\}_{k=1}^{K}$,K 均值聚类算法在给定初始聚类中心 $\{\boldsymbol{\mu}_k\}_{k=1}^{K}$ 的情况下,迭代进行以下两个步骤,直至收敛或达到迭代次数[53]。

步骤 1: 计算每个点 $\boldsymbol{x}_n\in X$ 到各聚类中心 $\boldsymbol{\mu}_k$ 的欧氏距离,将其分配至距离最短的中心对应的簇。若使用 c_{nk} 表示第 n 个样本是否属于第 K 个簇,则

$$c_{nk}=\begin{cases}1, & k=\underset{i\in\{1,2,\cdots,K\}}{\operatorname{argmin}}\ \|\boldsymbol{x}_n-\boldsymbol{\mu}_i\|_2^2\\ 0, & \text{其他}\end{cases}\tag{4.35}$$

步骤 2: 根据每个簇中所包含的点,更新各聚类中心 $\boldsymbol{\mu}_k$:

$$\boldsymbol{\mu}_k=\frac{\sum_{n=1}^{N}c_{nk}\boldsymbol{x}_n}{\sum_{n=1}^{N}c_{nk}}\tag{4.36}$$

比较 GMM 和 K 均值聚类两种算法,相同之处在于二者都可以无监督地对数据进行聚类,且 K 均值聚类算法也和 GMM 算法一样存在依赖初始聚类中心、容易陷入局部极值的问题。不同之处在于,式(4.31)中 GMM 算法对数据的分类是概率性的,而式(4.35)中 K 均值聚类算法对数据的分类是确定性的。此外 K 均值聚类算法在每次迭代中只需要对聚类中心 $\boldsymbol{\mu}_k$ 进行更新,而 GMM 算法还需要额外更新协方差矩阵 $\boldsymbol{\Sigma}_k$ 和权重 π_k,计算量更大。

4.3.3 GMM 重构外形仿真

球面或者椭球面都有简单的解析公式表示,且具有连续可微的性质。但对于立方体、长方体等多面体,由于其各个面相接处不连续,不能用简单的数学公式进行精确描述,或者说不能用连续可微的公式描述。而 GMM 对任意的复杂三维形状都具有较好的重构效果,可以用一个解析表达式描述其特征。接下来,假设一个$(2\times2\times4)\,\mathrm{m}^3$的长方体,共有 6 个面,如图 4.16 (a)所示,利用 GMM 对其外形进行重构。首先,分别对其 6 个面进行采样取得每个面上一系列点的位置信息,记录为 $R=\{\boldsymbol{r}_i=[x_i,\ y_i,\ z_i]^{\mathrm{T}},\ i=1,\ 2,\ \cdots,\ N\}$;然后,采用 K 均值聚类算法和 EM 算法解算得到 GMM 表达式,由 GMM 生成的重构点云如图 4.16 (b)所示。为进一步展现 GMM 重构长方体外形的效果,将 GMM 投影到三个坐标平面展示,如图 4.17 所示,由图可知,GMM 能较为精确地描绘出长方体的外形轮廓。

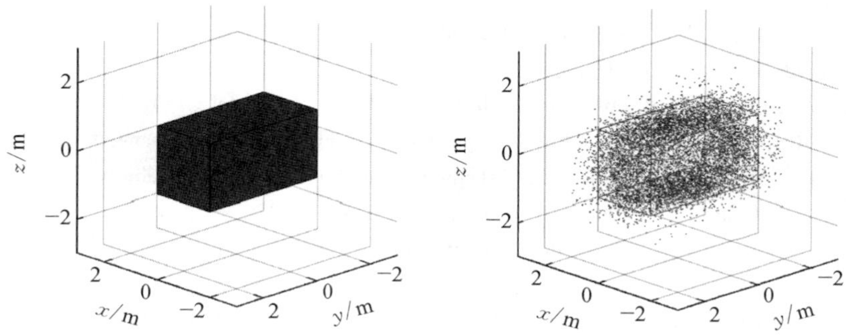

(a) 长方体形状　　(b) 长方体GMM重构点云

图 4.16　长方体 GMM 仿真

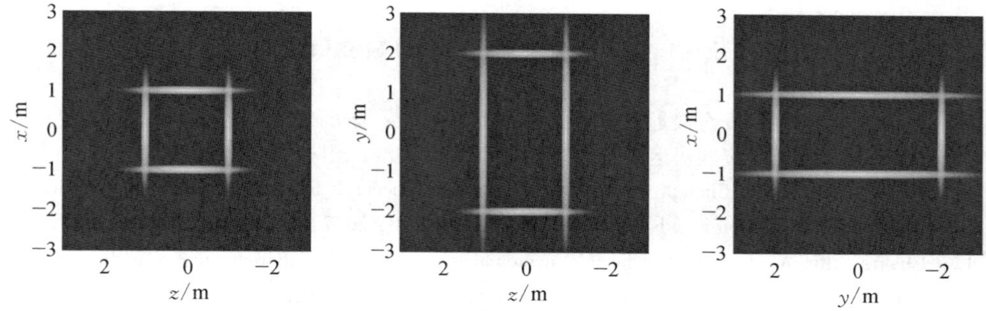

(a) xOz平面投影　　(b) yOz平面投影　　(c) xOy平面投影

图 4.17　长方体 GMM 仿真在三个坐标平面的投影

4.4　本章小结

对空间非合作目标实施安全接近操作时,必须考虑目标的外形特征。本章针对非合作目标的外形表征展开了阐述,介绍了三种非合作目标外形表征方法。首先,介绍了最常用的最小体积包络法,该方法简单直观,适用于大多数空间任务情况。其次,介绍了几种空间距离估计模型,并以椭球形距离估计为例进行了仿真分析。最后,针对超近距离情况下的目标外形表征问题,介绍了 GMM 采样重构法,该方法可以更为精确地描述目标外形,且通用性更强。本章的外形表征方法也为后面的安全接近控制奠定了外形构建的基础,有利于航天器在接近非合作目标时规避其复杂外形结构。

参考文献

[1] Patera R P. Quick method to determine long-term orbital collision risk[C]. Arlington: Satellite Performance Workshop, 2002.

[2] Patera R. Conventional form of the collision probability integral for arbitrary space vehicle shape [C]. Rhode Island: AIAA/AAS Astrodynamics Specialist Conference and Exhibit, 2004.

[3] Patera R P. General method for calculating satellite collision probability [J]. Journal of Guidance, Control, and Dynamics, 2001, 24(4): 716-722.

[4] 程陶，刘静，王荣兰，等. 空间碎片预警中的碰撞概率法研究[J]. 空间科学学报，2006，26(6): 452-458.

[5] 冯昊. 空间碎片碰撞概率及其阈值分析和研究[D]. 北京：中国科学院研究生院，2008.

[6] Alfriend K T, Akella M R, Frisbee J, et al. Probability of collision error analysis[J]. Space Debris, 1999, 1(1): 21-35.

[7] Bai X Z, Ma C W, Chen L, et al. Maximum collision probability considering variable size, shape, and orientation of covariance ellipse[J]. Advances in Space Research, 2016, 58(6): 950-966.

[8] 吴小健. 基于超二次曲面的柔性航天器避障机动研究[D]. 南京：南京航空航天大学，2015.

[9] 冯丽程. 空间目标安全接近控制算法研究[D]. 长沙：国防科学技术大学，2016.

[10] 倪庆. 航天器近距离相对运动安全控制技术[D]. 长沙：国防科学技术大学，2016.

[11] Ni Q, Huang Y Y, Chen X Q. Nonlinear control of spacecraft formation flying with disturbance rejection and collision avoidance[J]. Chinese Physics B, 2017, 26(1): 014502.

[12] Chakravarthy A, Ghose D. Obstacle avoidance in a dynamic environment: a collision cone approach[J]. IEEE Transactions on Systems, Man, and Cybernetics-Part A: Systems and Humans, 1998, 28(5): 562-574.

[13] John F. Extremum problems with inequalities as subsidiary conditions[J]. Traces and Emergence of Nonlinear Programming, 2014, 1(3): 197-215.

[14] Barr A H. Superquadrics and angle-preserving transformations[J]. IEEE Computer Graphics and Applications, 1981, 1(1): 11-23.

[15] 张大伟，宋申民，裴润，等. 非合作目标自主交会对接的椭圆蔓叶线势函数制导[J]. 宇航学报，2010(10): 2259-2268.

[16] Golnaraghi F, Kuo B C. Automatic Control Systems[M]. 9th ed. New York: John Wiley & Sons, 2010.

[17] Yang S, Uthoff E, Wortman K. Collision detection of two fast moving objects[C]. Big Sky: 2015 IEEE Aerospace Conference, 2015.

[18] Perry B R. The development of distance functions and their higher-order properties for artificial potential field-based obstacle avoidance[R]. Austin: The University of Texas, 1995.

[19] Lin M C, Canny J F. A fast algorithm for incremental distance calculation[C]. Sacramento: IEE International Conference on Robotics and Automation, 1991.

[20] Lin M C, Manocha D, Cohen J, et al. Collision detection: algorithms and applications[J]. Algorithms for Robotics Motion and Manipulation, 1996, 5(3): 129-142.

[21] Lin M C, Gottschalk S. Collision detection between geometric models: a survey [C]. Birmingham: IMA Conference on Mathematics of Surfaces, 1998.

[22] Jimenez P, Thomas F, Torras C. 3D collision detection: a survey[J]. Computers and Graphics, 2001, 25(2): 269 - 285.

[23] Schlanbusch R, Kristiansen R, Nicklasson P J. Spacecraft formation reconfiguration with collision avoidance[J]. Automatica, 2011, 47(7): 1443 - 1449.

[24] Harden T A. Minimum distance influence coefficients for obstacle avoidance in manipulator motion planning[D]. Austin: The University of Texas, 2002.

[25] Mirtich B. V-Clip: Fast and robust polyhedral collision detection [J]. ACM Transactions on Graphics (TOG), 1998, 17(3): 177 - 208.

[26] Gilbert E G, Johnson D W, Keerthi S S. A fast procedure for computing the distance between complex objects in three-dimensional space [J]. IEEE Journal on Robotics and Automation, 1988, 4(2): 193 - 203.

[27] Cameron S. Enhancing GJK: computing minimum and penetration distances between convex polyhedra[C]. Albuquerque: ICRA, 1997.

[28] Gilbert E G, Foo C P. Computing the distance between general convex objects in three-dimensional space[J]. IEEE Transactions on Robotics and Automation, 1990, 6(1): 53 - 61.

[29] Ehmann S A, Lin M C. Accurate and fast proximity queries between polyhedra using convex surface decomposition[J]. Computer Graphics Forum, 2001, 20(3): 500 - 510.

[30] Ponamgi M K, Manocha D, Lin M C. Incremental algorithms for collision detection between polygonal models [J]. IEEE Transactions on Visualization and Computer Graphics, 1997, 3(1): 51 - 64.

[31] Mortenson M E. Geometric modeling[M]. New York: John Wiley & Sons, 1985.

[32] Snyder J M. Interval analysis for computer graphics[J]. ACM SIGGRAPH Computer Graphics, 1992, 26(2): 121 - 130.

[33] Khosla P, Volpe R. Superquadric artificial potentials for obstacle avoidance and approach[C]. Philadelphia: Proceedings of the 1988 IEEE International Conference on Robotics and Automation, 1988.

[34] Rimon E, Boyd S P. Obstacle collision detection using best ellipsoid fit [J]. Journal of Intelligent and Robotic Systems, 1997, 18(2): 105 - 126.

[35] Quinlan S. Efficient distance computation between non-convex objects [C]. San Diego: Proceedings of the 1994 IEEE International Conference on Robotics and Automation, 1994: 3324 - 3329.

[36] Taubin G. An improved algorithm for algebraic curve and surface fitting [C]. Berlin: 4th International Conference On Computer Vision, 1993: 658 - 665.

[37] Solina F, Bajcsy R. Recovery of parametric models from range images: the case for superquadrics with global deformations[J]. IEEE Transactions on Pattern Analysis and Machine Intelligence, 1990, 12(2): 131 - 147.

[38] Chevalier L, Jaillet F, Baskurt A. Segmentation and superquadric modeling of 3D objects[J]. Journal of WSCG, 2003, 11(1): 1 - 14.

[39] Badawy A, Mcinnes C R. Small spacecraft formation using potential functions [J]. Acta

Astronautica, 2009, 65: 1783 - 1788.

[40] Zhang Y. Experimental comparison of superquadric fitting objective functions. [J]. Pattern Recognition Letters, 2003, 24(14): 2185 - 2193.

[41] Rimon E, Boyd S P. Efficient distance computation using best ellipsoid fit [C]. Glasgow: Proceedings of the 1992 IEEE International Symposium on Intelligent Control, 1992.

[42] Bardinet E, Cohen L D, Ayache N. A parametric deformable model to fit unstructured 3D data [J]. Computer Vision And Image Understanding, 1998, 71(1): 39 - 54.

[43] Stauffer C, Grimson W E L. Adaptive background mixture models for real-time tracking [C]. Fort Collins: IEEE Conference on Computer Vision and Pattern Recognition, 1999.

[44] Farnoosh R, Yari G, Zarpak B. Image segmentation using Gaussian mixture models [J]. International Journal of Industrial Engineering and Production Research, 2008, 19(1): 29 - 32.

[45] Ban Z, Liu J, Cao L. Superpixel segmentation using Gaussian mixture model [J]. IEEE Transactions on Image Processing, 2018, 27(18): 4105 - 4117.

[46] Yu D, Deng L. Automatic Speech Recognition: a Deep Learning Approach [M]. London: Springer Publishing Company, 2014.

[47] Jian B, Vemuri B C. Robust point set registration using Gaussian mixture models [J]. IEEE Transactions on Pattern Analysis and Machine Intelligence, 2011, 33(8): 1633 - 1645.

[48] Eckart B, Kelly A. REM-Seg: a robust EM algorithm for parallel segmentation and registration of point clouds [C]. Tokyo: 2013 IEEE International Conference on Intelligent Robots and Systems, 2013.

[49] Eckart B, Kim K, Troccoli A, et al. MLMD: maximum likelihood mixture decoupling for fast and accurate point cloud registration [C]. Lyon: International Conference on 3D Vision, 2015.

[50] Evangelidis G D, Kounades-Bastian D, Horaud R, et al. A generative model for the joint registration of multiple point sets [C]. Zurich: European Conference on Computer Vision, 2014.

[51] Danelljan M, Meneghetti G, Khan F S, et al. A probabilistic framework for color-based point set registration [C]. IEEE Conference on Computer Vision and Pattern Recognition, 2016: 1818 - 1826.

[52] Dempster A P. Maximum likelihood estimation from incomplete data via the EM algorithm with discussion [J]. Journal of the Royal Statistical Society, 1977, 39(1): 1 - 38.

[53] Bishop C M. Pattern Recognition and Machine Learning (Information Science and Statistics) [M]. New York: Springer Science, 2006.

[54] Setlow B, Setlow P. What is the expectation maximization algorithm? [J]. Nature Biotechnology, 2008, 26(8): 897 - 899.

[55] Lloyd S. Least squares quantization in PCM [J]. IEEE Transactions on Information Theory, 1982, 28(2): 129 - 137.

第 5 章

非合作目标安全接近的势函数控制方法

非合作目标安全接近包含以下三个方面的要求：一是要保证服务航天器能安全地避开空间中可能出现的各种障碍物；二是要保证服务航天器在接近目标的过程中不会与目标发生碰撞；三是服务航天器能安全接近到距目标足够近的期望位置，以开展在轨服务操作。处理安全接近控制问题的一个常用方法是基于人工势函数（artificial potential function, APF）的控制方法，其具有控制策略的复杂度不高、能够用解析表达式表示、计算迅速等优点，在解决安全接近问题上得到了充分的发展。APF 方法还能与其他控制方法结合以获得更好的性能，如与 LQR 控制方法结合以增强控制算法的最优性，与滑模控制方法结合以提高系统的鲁棒性等。

APF 用虚拟引力场描述目标，用虚拟斥力场描述障碍物，引力场和斥力场叠加成混合场。APF 在制导与控制领域的作用可以分为两个方面：首先，用势场函数值来描述运动空间，给运动空间提供了一种拓扑结构；其次，依据势场函数能计算斥力，从而进行避撞机动控制。势函数的值可以看作能量值，势场的负梯度能够用来在航天器和障碍物之间产生排斥控制力，在航天器远离障碍物时，排斥力幅值小，随着航天器逐渐靠近障碍物，斥力幅值不断变大。由于混合场在目标处具有最小势能，通过寻找极小值，可以到达目标。

Khatib[1]最早将 APF 方法应用于机械臂控制，Khosla 等[2]采用超二次曲线来构建势场用来进行机器人避撞，Masoud[3]解决了 APF 方法在狭窄通道应用中存在的问题。除了在地面上的大量应用，APF 方法在航天领域也有所应用[4-7]：McInnes[8]把势场方法引入航天器的自主接近机动控制，Lopez 等[9]使用 APF 方法完成航天器的交会和路径避撞，Badawy 等[10]利用势场方法实现了空间结构在轨组装的制导与控制。

本章首先介绍势函数的基本原理，并详细分析几种典型势函数。然后基于 Sigmoid 势函数设计一种避障控制方法，结合势函数和滑模控制方法的原理，分别针对椭球形和长方形障碍物进行研究，展现势函数控制方法的良好避撞功能。最后考虑非合作空间目标姿态旋转的情况建立旋转 APF 加以描述，结合多种势函数设计安全接近的六自由度复合控制方法，并进行仿真验证。

5.1 势函数方法的基本原理

安全控制问题可以分为三部分：运动空间表示、航天器运动安全描述和航天器安全运动控制。势函数方法的思路是把运动空间表示和航天器运动安全描述工作整合在一起，把影响航天器安全的多要素分析转化为单一的势场分析，简化安全问题表示，提高模型描述精度。通过近似计算方法建立刚体势场模型，在提高势场模型精度的同时不显著增加计算的复杂度，保证方法的实时性和适用性。

5.1.1 势场描述

通过梯度可以构造一个梯度矢量场。服务航天器假设为正电荷粒子，梯度可以直观地表示为作用在正电荷粒子上的力，如图 5.1 所示。通过作用力，正电荷被吸引到负电荷目标上。障碍物可以看作另外一个正电荷，正电荷之间的排斥力可以防止航天器与障碍物之间发生碰撞。吸引力和斥力的合力可以指引航天器在飞向目标的同时实现避撞功能。

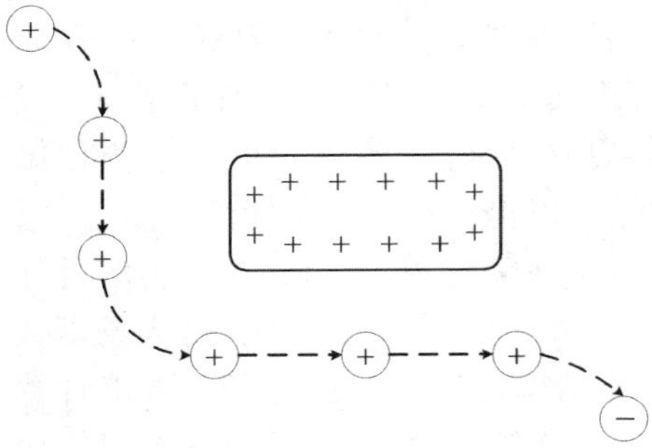

图 5.1 电荷势场示意图

势函数是一个可微函数 $U: \mathbb{R}^n \rightarrow \mathbb{R}$。势场的梯度是一个矢量，表示为

$$\nabla U(\boldsymbol{x}) = \left[\frac{\partial U}{\partial x_1}, \cdots, \frac{\partial U}{\partial x_n}\right]^{\mathrm{T}} \tag{5.1}$$

引力势场函数和斥力势场函数是基本的势场函数。引力势函数吸引航天器到目标，斥力势函数促使航天器远离障碍物。引力势函数和斥力势函数的叠加组成总势函数。对于航天器来说，目标航天器一般表示为引力势场，路径约束或者空间碎片一般当作障碍物来处理。

5.1.2 典型势函数

1. 引力势函数

引力势函数 L_a 是距离的单调增函数，势函数的几何示意图如图 5.2 所示。引力势场一般来说是个碗状的势能场。势场函数的表示方法有多种，常见的引力势场为二次型引力势场：

$$L_a(\boldsymbol{r}, \boldsymbol{r}_{\text{tar}}) = \frac{1}{2}(\boldsymbol{r} - \boldsymbol{r}_{\text{tar}})^{\text{T}}\boldsymbol{P}(\boldsymbol{r} - \boldsymbol{r}_{\text{tar}}) \tag{5.2}$$

式中，$\boldsymbol{r}$ 表示服务航天器的位置；$\boldsymbol{r}_{\text{tar}}$ 表示目标航天器的位置；$\boldsymbol{P}$ 为引力势场的增益矩阵。

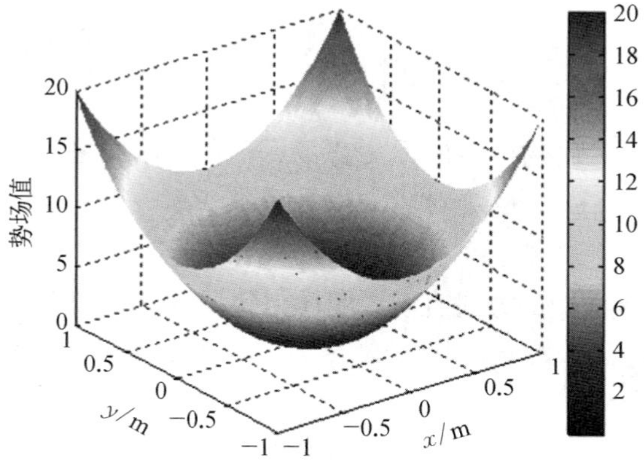

图 5.2　引力势场示意图

引力势场可以用平面图的方式来进行直观说明。目标假设在 (0, 0) 位置，二次型引力势场的表示形式如图 5.3 所示，其中图 5.3(a)是梯度变化及等势图，图 5.3(b)是引力势场大小沿 y 轴的变化曲线。

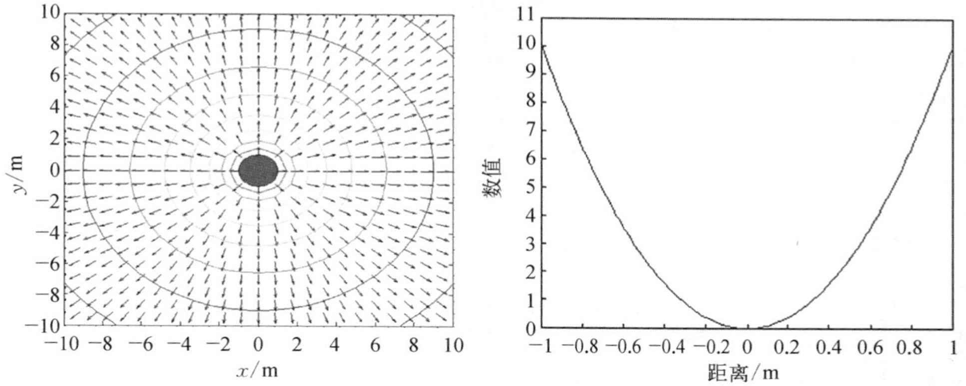

(a) 梯度变化及等势图　　(b) 引力势场大小沿y轴的变化曲线

图 5.3　二次项引力势场平面表示

2. 斥力函数

斥力势函数的作用是使航天器远离障碍物。斥力势函数常定义为到障碍物距离的函数。斥力势函数值的大小取决于航天器到障碍物的距离。为了保证斥力幅值具有上述变化特性,斥力势场应该是距离的单调减函数:航天器距离障碍物越近,斥力势函数的值就越大。势场函数的二阶导数是负定的,保证到障碍物的距离增加时,梯度的变化幅值比较小。

第 i 个障碍物产生的斥力势场可以采用高斯函数来表示:

$$L_{oi}(\boldsymbol{r},\ \boldsymbol{r}_{oi}) = \psi_i \exp\left[-\frac{(\boldsymbol{r}-\boldsymbol{r}_{oi})^{\mathrm{T}}\boldsymbol{N}_i(\boldsymbol{r}-\boldsymbol{r}_{oi})}{\sigma_i}\right] \tag{5.3}$$

式中, L_{oi} 表示第 i 个障碍物产生的斥力势场; $\boldsymbol{N}_i$ 表示斥力势场的增益矩阵; $\boldsymbol{r}_{oi}$ 表示第 i 个障碍物的坐标; ψ_i、σ_i 为对应的权重系数。

假设障碍物在 $\boldsymbol{r}_{oi} = [3,\ 4]^{\mathrm{T}}$ 位置,高斯势函数表示如图 5.4 所示,斥力势场是山峰状的势能场。用平面图的方式直观说明斥力势场,如图 5.5 所示,其中图 5.5(a)是斥力势函数的梯度变化,图 5.5(b)是沿斥力势场大小 y 轴的变化曲线。

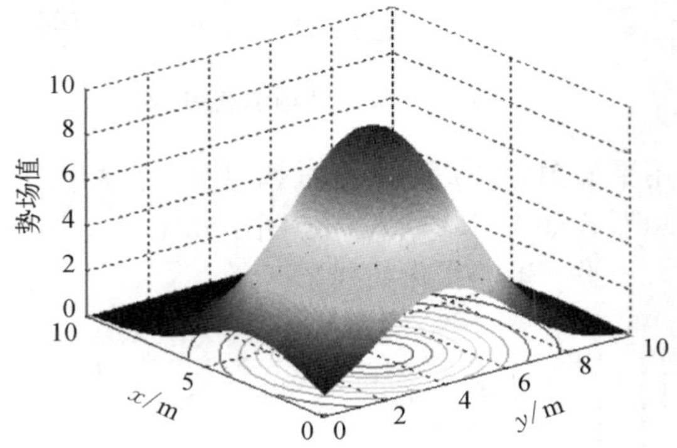

图 5.4　斥力势场示意图

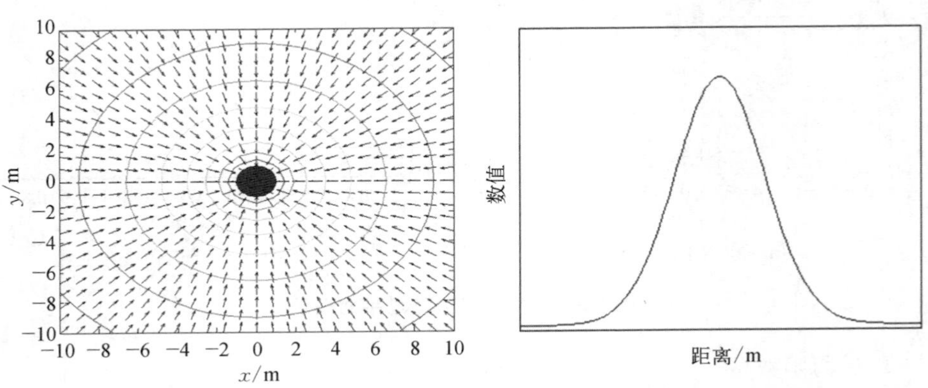

(a) 梯度变化及等势图　　(b) 斥力势场大小沿y轴的变化曲线

图 5.5　高斯型斥力势场平面表示

3. 旋转势函数

旋转势函数的梯度场是旋转场,梯度分布如图 5.6 所示。

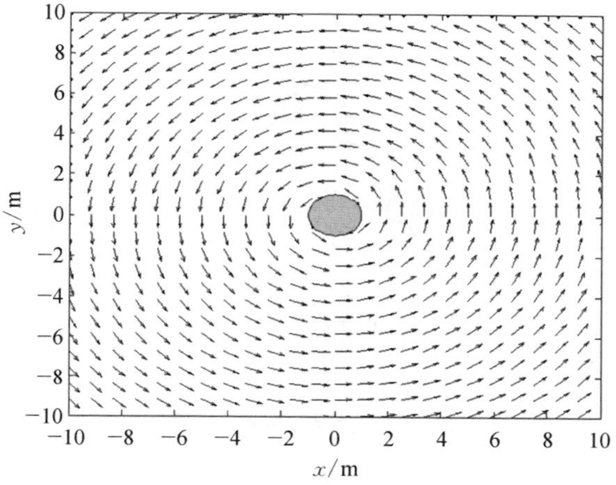

图 5.6　旋转势场示意图

4. 混合势函数

混合势函数表示为

$$
\begin{aligned}
L(\boldsymbol{r}, \boldsymbol{r}_{\text{tar}}, \boldsymbol{r}_i) &= L_a(\boldsymbol{r}, \boldsymbol{r}_{\text{tar}}) + \sum_i L_{oi}(\boldsymbol{r}, \boldsymbol{r}_{oi}) \\
&= \frac{1}{2}(\boldsymbol{r} - \boldsymbol{r}_{\text{tar}})^{\text{T}} \boldsymbol{P}(\boldsymbol{r} - \boldsymbol{r}_{\text{tar}}) \\
&\quad + \sum_{i=1}^{N} \psi_i \exp\left[- \frac{(\boldsymbol{r} - \boldsymbol{r}_{oi})^{\text{T}} \boldsymbol{N}_i (\boldsymbol{r} - \boldsymbol{r}_{oi})}{\boldsymbol{\sigma}_i} \right]
\end{aligned} \tag{5.4}
$$

式中, $L_a(\boldsymbol{r}, \boldsymbol{r}_{\text{tar}})$ 为引力势函数,对应服务航天器和目标航天器之间的引力作用; $L_{oi}(\boldsymbol{r}, \boldsymbol{r}_{oi})$ 为斥力势函数,对应服务航天器和障碍物之间的斥力作用。

引力势场和斥力势场的叠加组成混合势场,混合势场的梯度分布如图 5.7 所示。

势函数在应用中存在以下问题[11]:

(1) 局部极小问题,引力和斥力平衡,航天器没有作用力,陷入局部极小点;

(2) 抖动问题,高速运动、狭窄走廊或多个障碍物环境下会出现抖动现象;

(3) 近距离障碍物无通道问题;

(4) 障碍物在目标附近时,目标不可达问题。

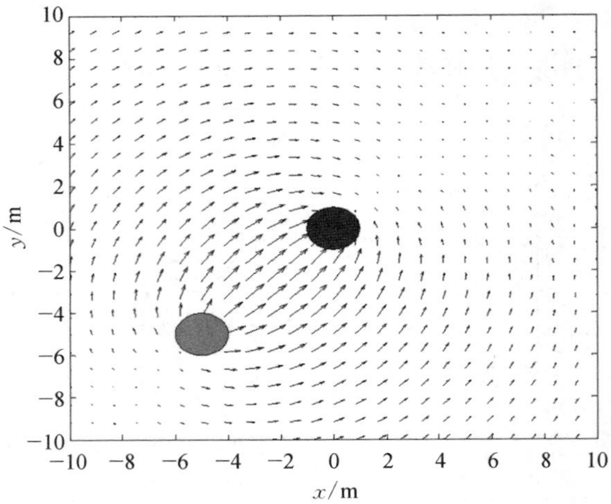

图 5.7 混合势场梯度示意图

5.2 基于 Sigmoid 势函数的避障控制

空间物体通常是具有复杂三维外形结构的,利用球形来描述空间物体的外包络结构是一种可行方案,但大多数情况下并不能够准确地描述空间物体的外形结构。在现有的文献中,大多数是将障碍物的外形包络简化为球形,并没有采用更精确的外包络来表示任意形状的障碍物。接下来针对椭球形障碍物和长方体障碍物两种非球形情况,分别利用 Lyapunov 函数法和最优滑模控制理论与 Sigmoid 势函数(potential Sigmoid function, PSF)[12]相结合设计航天器安全接近控制律。

针对非球形障碍物避障控制问题,首先介绍 Sigmoid 势函数的基本理论知识,建立通用形式的系统 Sigmoid 势场函数模型,然后针对外包络结构为椭球形的服务航天器和障碍物建立最短距离数学模型并采用基于特征值的解析方法进行计算。根据椭球障碍物 Sigmoid 势场函数模型,采用 Lyapunov 函数法设计制导控制律并进行仿真验证。针对长方形障碍物避障控制问题,建立最短距离数学模型并采用遗传算法进行求解。长方体障碍物的避障控制算法设计包含两部分:利用 SDRE 和滑模控制理论设计最优滑模控制律,表示引力控制律;利用 Sigmoid 势函数设计斥力控制律。最后,将引力和斥力控制律结合进行仿真验证。

5.2.1 Sigmoid 势函数数学模型

1. Sigmoid 势函数基本理论

通常,一个好的势函数模型应该具备以下几个特征[13]:

（1）能够准确地描述物体的二维或者三维结构外形且计算量小；

（2）具有一阶或高阶连续可微的特点，保证所产生的力是连续的；

（3）势场的幅值大小及作用范围容易调整；

（4）所建立的势场模型应针对整个系统。

对比上述所列特点，可以发现 APF 并不能够准确地描述任意形状障碍物的势场函数模型，此处引入一种通用的 Sigmoid 势函数来描述任意形状障碍物的势场。这种基于 PSF 所建立的势场模型是解析的且一阶连续可微，保证在整个工作范围内所产生的力是连续的。此外，PSF 中的参数具有明确的物理含义，可以通过对参数的调整改变势场的幅值大小及有效作用范围[14]。因此，PSF 满足上述所列的几个特征。

通常，在建立 Sigmoid 势场函数模型前，需要建立精确的物体外包络数学模型。当前，有两种方法可以实现这一目的：第一种是利用基本函数，通过一系列 Boolean 函数和调配函数的组合来构建精确的数学模型，该方法适用于外形结构规则的物体，如长方形、三角形等；第二种方法是通过数据采样的方法对物体的外形进行重构，该方法适用于外形结构复杂的物体或者是移动的物体等。

2. 系统势场数学模型

基于 PSF 构建的通用形式势场模型为[15]

$$\phi = \prod_{i=1}^{N} \frac{1}{1 + e^{-\gamma S_i}} \tag{5.5}$$

式中，系数 γ 与障碍物的影响范围有关；N 表示构成障碍物面的个数；S_i 表示障碍物第 i 个面的函数数学表达式，若 $S_i = 0$，则表示点落在曲面上，此时势场函数值为 0.5；若 $S_i > 0$，表示点落在曲面的内部，势场函数值接近于 1；若 $S_i < 0$，表示点位于曲面的外部，势场函数值接近于 0。

系数 γ 的选择会影响势场函数值的大小，不同的 γ 值带来的效果是不同的。如图 5.8 所示，当 γ 的值较大时，相同位置处的势场函数值也比较高。因此，可以得到一个结论，当可行区域很小时，可以调大 γ 值来避免发生碰撞；当可行区域较大时，可以调小 γ 值来加快运行速度。

为了进一步介绍 PSF 的应用，将针对几种特定形状的物体构建势场模型。

1）三角形

假设构成三角形的三个点的坐标分别为 $P_1(0,\ 0)$、$P_2(0,\ 1)$ 和 $P_3(1,\ 0)$，假设平面中任意一点的坐标为 $P(x,\ y)$。根据 Sigmoid 势函数的基本定义，可以得到三角物体的势场模型表达式：

$$\phi = \prod_{i=1}^{3} \frac{1}{1 + e^{-\gamma S_i}} \tag{5.6}$$

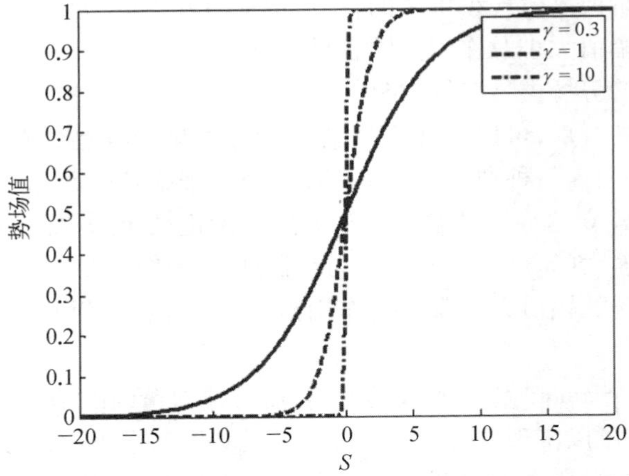

图 5.8　系数 γ 的影响效果

其中,

$$\begin{cases} S_1(x,\ y) = x \\ S_2(x,\ y) = y \\ S_3(x,\ y) = 1 - x - y \end{cases}$$

根据式(5.6)所绘制的势场图如图 5.9 所示,其中,在三角形区域内的势场值比较高,三角形区域外的势场值比较小。

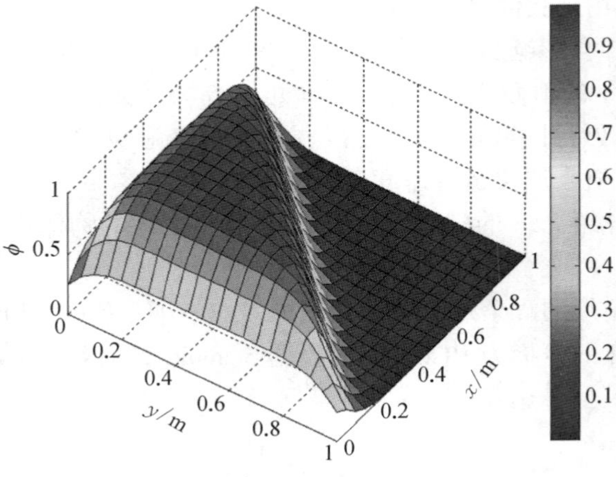

图 5.9　三角形区域的 Sigmoid 势函数势场

2）椭圆

给定一个椭圆，定义椭圆的中心在坐标原点，两个方向的长半轴长分别为 3 m 和 2 m，假设平面中任意一点的坐标为 $P(x, y)$。根据 Sigmoid 势函数的基本理论，可以得到椭圆物体的势函数模型：

$$\phi = \frac{1}{1 + \mathrm{e}^{-\gamma S}} \tag{5.7}$$

式中，$S(x, y) = 1 - \frac{x^2}{9} + \frac{y^2}{4}$。

根据式(5.7)绘制椭圆形区域的势场图，如图 5.10 所示，从图中可以看出，突出部分的形状与椭圆近似，表示高势区域。

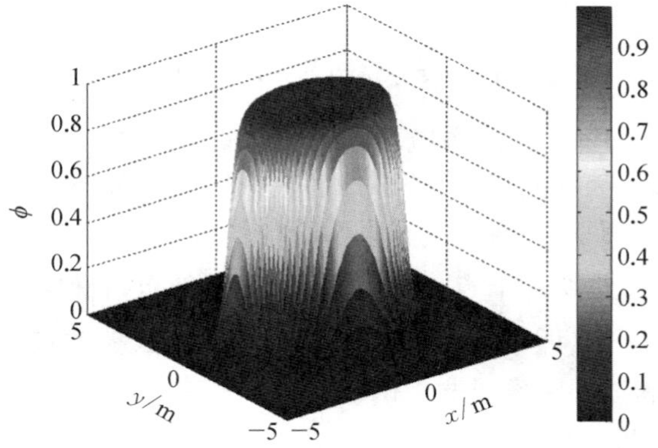

图 5.10　椭圆形区域的 Sigmoid 势函数势场

综合上述三角形和椭圆形两种示例，可以看出 Sigmoid 势函数能够表征出物体的外形包络。

5.2.2　椭球形障碍物避障控制律设计

1. 椭球形障碍物最短距离模型

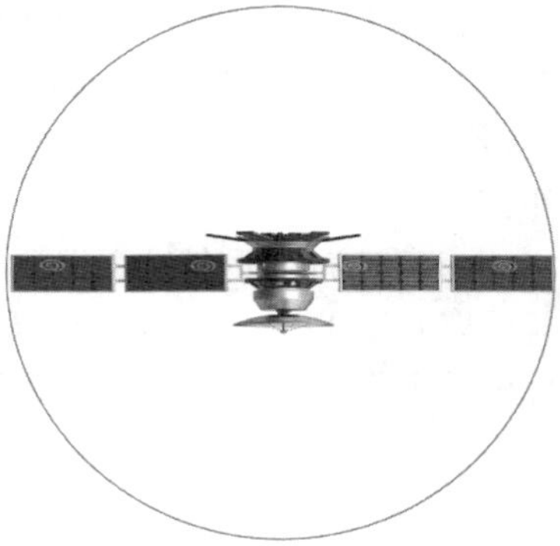

图 5.11　球形外包络

在航天器安全接近目标过程中，需要考虑航天器的位置、几何尺寸等要素。一般情况下，距离估计越准确，航天器自由运动的空间就越大，减少航天器自身不必要的轨道机动，可提高控制效率和机动效率。若将障碍物的外包络简化为球形，对于外形结构尺寸差距较大的障碍物，这种简化方法将造成空间的冗余，如图 5.11 所示。因此，需要采用一种相对精确的模型来描述障碍物的外包络。从图 5.12 中可以看出，一些空间碎片或者航天器的外包络可以用椭球来表示，椭球三个方向的轴长度与障碍物在对应方向上最大。

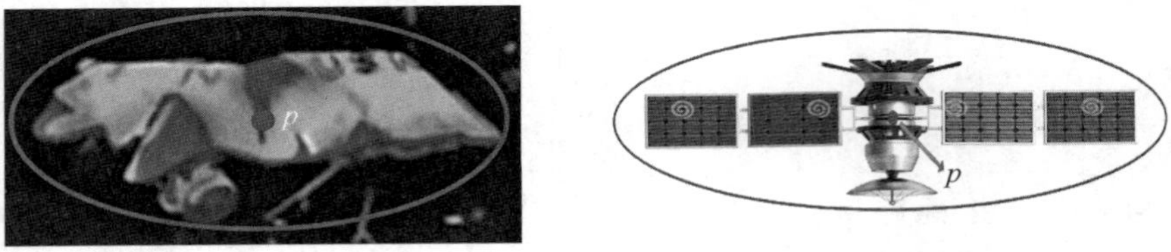

图 5.12 椭球形外包络

将障碍物和服务航天器的外包络简化为两个椭球 E_1 和 E_2，如图 4.7 所示，则其数学方程满足如下关系式：

$$(\boldsymbol{r}-\boldsymbol{r}_i)^{\mathrm{T}}\boldsymbol{M}_i(\boldsymbol{r}-\boldsymbol{r}_i)=1 \tag{5.8}$$

式中，下标 $i=s, o$，分别表示服务航天器和障碍物；$\boldsymbol{r}_i=(x_i, y_i, z_i)^{\mathrm{T}}$ 表示椭球的质心；矩阵 $\boldsymbol{M}_i$ 决定椭球的空间尺寸，若椭球的三个轴与参考坐标系一致，则矩阵 $\boldsymbol{M}_i=\mathrm{diag}\{a_i, b_i, c_i\}$，其中 a_i、b_i 和 c_i 分别表示椭球在其三个方向主轴上的半长轴。

定义障碍物外包络椭球上点 $\boldsymbol{r}_1^*$ 到服务航天器外包络椭球上点 $\boldsymbol{r}_2^*$ 的距离为两椭球间的最短欧拉距离，即 $d=\|\boldsymbol{r}_1^*-\boldsymbol{r}_2^*\|$，计算方法参考式(4.22)~式(4.25)。注意，此处在计算椭球间距离时假设两椭球之间不会发生重合。

2. 控制律设计与分析

根据描述椭球结构的数学方程(5.8)，可以判断椭球形外包络的障碍物与服务航天器的质心之间的相对位置关系：

$$S(\boldsymbol{r}, \boldsymbol{r}_o)=1-(\boldsymbol{r}-\boldsymbol{r}_o)^{\mathrm{T}}\boldsymbol{M}_o(\boldsymbol{r}-\boldsymbol{r}_o) \tag{5.9}$$

若 $S(\boldsymbol{r}, \boldsymbol{r}_o)>0$，可以确定服务航天器的质心落在椭球障碍物包络范围内部；若 $S(\boldsymbol{r}, \boldsymbol{r}_o)=0$，可以确定服务航天器的质心恰好落在椭球障碍物外包络的边界线上；若 $S(\boldsymbol{r}, \boldsymbol{r}_o)<0$，可以确定服务航天器的质心落在椭球障碍物的包络范围外部。

一旦建立了服务航天器质心与椭球障碍物外包络之间位置关系的数学模型，就可以基于 PSF 建立椭球形障碍物的势函数，将方程(5.9)代入方程(5.5)中，可以得出整个系统中由椭球形障碍物引起的斥力势函数：

$$\phi_r=\begin{cases}0, & d>d_s,\quad d_{st}<d_{ot}\\ \dfrac{1}{1+\mathrm{e}^{-\gamma[1-(\boldsymbol{r}-\boldsymbol{r}_o)^{\mathrm{T}}\boldsymbol{M}_o(\boldsymbol{r}-\boldsymbol{r}_o)]}}, & \text{其他}\end{cases} \tag{5.10}$$

式中，d_{st} 和 d_{ot} 分别代表服务航天器和障碍物的质心到期望目标位置的距离；d_s 表示最小停止距离，表达式如下：

$$d_s = \frac{v_{so}^2}{2a_{\max}} \tag{5.11}$$

式中，$a_{\max}$ 表示最大加速度；v_{so} 表示相对平行速度：

$$v_{so} = (\dot{\boldsymbol{r}}_s - \dot{\boldsymbol{r}}_o)^{\mathrm{T}} \frac{\boldsymbol{r}_1^* - \boldsymbol{r}_2^*}{\|\boldsymbol{r}_1^* - \boldsymbol{r}_2^*\|} \tag{5.12}$$

图 5.13 和图 5.14 分别表示椭球体的四维和三维势函数图，从图中可以看出，在椭球体内部，势场值比较高，趋近于 1；在椭球体外部，势场值接近于 0。

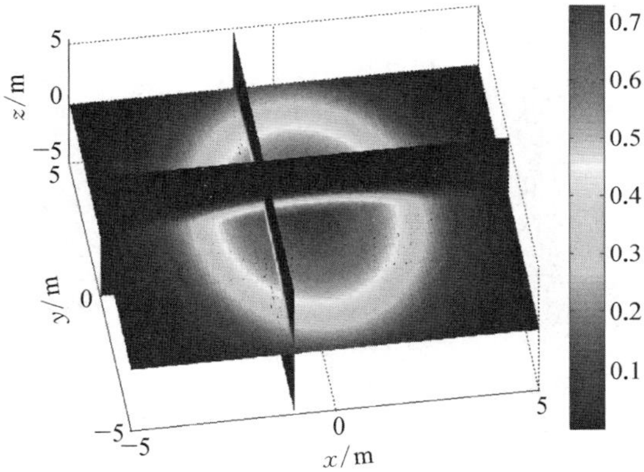

图 5.13　椭球体 Sigmoid 势函数四维图

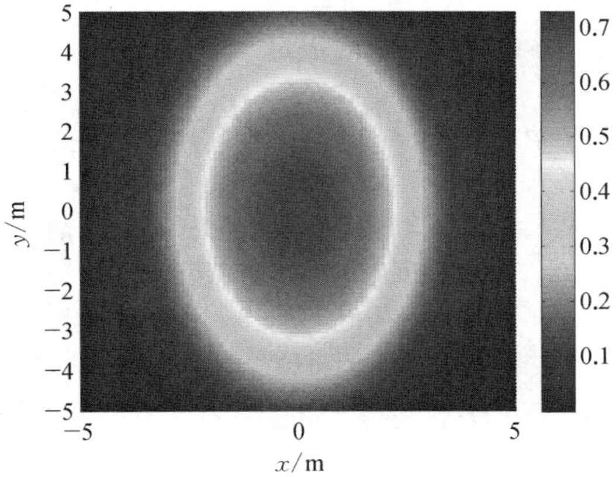

图 5.14　椭球体 Sigmoid 势函数三维图

系统的引力势 ϕ_a 仍采用二次型形式，即

$$\phi_a = \frac{1}{2}(\boldsymbol{r} - \boldsymbol{r}_\text{f})^\text{T}\boldsymbol{P}(\boldsymbol{r} - \boldsymbol{r}_\text{f}) \tag{5.13}$$

式中，$\boldsymbol{r}_\text{f}$ 表示终端位置。

整个系统的势场定义为

$$\phi = k_a\phi_a + k_r\phi_r \tag{5.14}$$

式中，k_a 和 k_r 均为大于零的系数；ϕ_r 表示斥力势。

采用非线性航天器相对运动动力学方程以及非线性控制方法——Lyapunov 函数法设计避障控制律。为了保证服务航天器在整个交会过程中都不与障碍物发生碰撞，服务航天器的速度必须在到达障碍物外包络区域边界前减小到零。定义系统的 Lyapunov 函数为

$$V = \frac{1}{2}(\nabla\phi + \dot{\boldsymbol{r}})^\text{T}(\nabla\phi + \dot{\boldsymbol{r}}) \tag{5.15}$$

式中，$\nabla\phi$ 表示 ϕ 相对于 $\boldsymbol{r}$ 的梯度：

$$\begin{aligned}\nabla\phi &= k_a\frac{\partial\phi_a}{\partial\boldsymbol{r}} + k_r\frac{\partial\phi_r}{\partial S(\boldsymbol{r}, \boldsymbol{r}_o)}\cdot\frac{\partial S(\boldsymbol{r}, \boldsymbol{r}_o)}{\partial\boldsymbol{r}} \\ &= k_a\boldsymbol{P}(\boldsymbol{r} - \boldsymbol{r}_\text{f}) - \frac{2k_r\gamma \text{e}^{-\gamma S(\boldsymbol{r}, \boldsymbol{r}_o)}}{[1 + \text{e}^{-\gamma S(\boldsymbol{r}, \boldsymbol{r}_o)}]^2}\boldsymbol{M}_o(\boldsymbol{r} - \boldsymbol{r}_o)\end{aligned} \tag{5.16}$$

函数 V 的时间导数为

$$\dot{V} = (\nabla\phi + \dot{\boldsymbol{r}})^\text{T}[\boldsymbol{H}(\phi)\dot{\boldsymbol{r}} + \ddot{\boldsymbol{r}}] \tag{5.17}$$

式中，$\boldsymbol{H}(\phi)$ 为 ϕ 的 Hessian 矩阵，数学表达式为

$$\begin{aligned}\boldsymbol{H}(\phi) = k_a\boldsymbol{P} + k_r\Bigg\{&\frac{2\gamma\boldsymbol{M}_o + 4\gamma^2\boldsymbol{M}_o(\boldsymbol{r} - \boldsymbol{r}_o)(\boldsymbol{r} - \boldsymbol{r}_o)^\text{T}\boldsymbol{M}_o}{[1 + \text{e}^{-\gamma S(\boldsymbol{r}, \boldsymbol{r}_o)}]^2} \\ &- \frac{8\gamma^2\text{e}^{-2\gamma S(\boldsymbol{r}, \boldsymbol{r}_o)}\boldsymbol{M}_o(\boldsymbol{r} - \boldsymbol{r}_o)(\boldsymbol{r} - \boldsymbol{r}_o)^\text{T}\boldsymbol{M}_o}{[1 + \text{e}^{-\gamma S(\boldsymbol{r}, \boldsymbol{r}_o)}]^3}\Bigg\}\end{aligned} \tag{5.18}$$

为了保证 $\dot{V}$ 负正定，结合系统动力学 $\boldsymbol{f}(\boldsymbol{r}, \dot{\boldsymbol{r}})$ 和方程(5.17)，控制器设计为

$$\boldsymbol{u} = -[\boldsymbol{H}(\phi)\dot{\boldsymbol{r}} + \boldsymbol{K}(\nabla\phi + \dot{\boldsymbol{r}}) + \boldsymbol{f}(\boldsymbol{r}, \dot{\boldsymbol{r}})] \tag{5.19}$$

式中，$\boldsymbol{K}$ 为正定矩阵。

将式(5.19)代入式(5.17)中，可得

$$\dot{V} = -\left(\nabla\phi + \dot{\boldsymbol{r}}\right)^{\mathrm{T}}\boldsymbol{K}\left(\nabla\phi + \dot{\boldsymbol{r}}\right) \leqslant 0 \tag{5.20}$$

根据 Lyapunov 稳定性理论,可以验证所设计的避障控制律能够确保系统是渐进稳定的。

3. 仿真分析

为了校验 Sigmoid 势函数控制算法的可行性,以圆轨道上航天器安全接近避障为例进行数学仿真。目标航天器的初始轨道根数如表 5.1 所示。

表 5.1　目标航天器的初始轨道根数 1

参数	a/km	e	i/(°)	Ω/(°)	ω/(°)	θ/(°)
取值	6 978.137	0	45	30	10	0

障碍物和服务航天器椭球外包络的参数设置如表 5.2 所示。

表 5.2　障碍物和服务航天器椭球外包络参数

参　数	a_i/m	b_i/m	c_i/m
E_o	4	3	2
E_s	3	2	4

控制参数设置为 $k_a = 1$、$k_r = 15$、$\gamma = 0.01$、$a_{\max} = 0.05$, $\boldsymbol{K} = \mathrm{diag}([10^{-2}, 10^{-2}, 10^{-2}])$。设置数值仿真的时间步长为 1 s,整个数值仿真周期为 2 000 s,采取四阶龙格-库塔法进行数值积分。按照给定的仿真参数进行数值仿真,仿真结果如图 5.15~图 5.19 所示。

通过对数值仿真的结果进行分析,可以获得如下结论:从图 5.15 中可以看出,基于 Lyapunov 函数设计的避障控制律能够保证服务航天器安全避开椭球形外包络障碍物。从图 5.16 可以看出,两个椭球外包络空间物体之间的最短距离经历了先减小后增大的情况,当服务航天器与障碍物最接近时,两个椭球外包络间的最短距离为 5.99 m,因此可以判断服务航天器在整个任务过程中都没有与障碍物发生碰撞。

在服务航天器运动过程中,执行机构产生的轨道控制加速度在三个方向的变化曲线如图 5.17 所示,若服务航天器与障碍物之间的距离非常近,为了执行避障机动,加速度控制量会发生非常明显的变化;当服务航天器远离障碍物之后,轨道控制加速度的波动变得较小并逐渐收敛到零。从图 5.18 中可以看出,在前 600 s

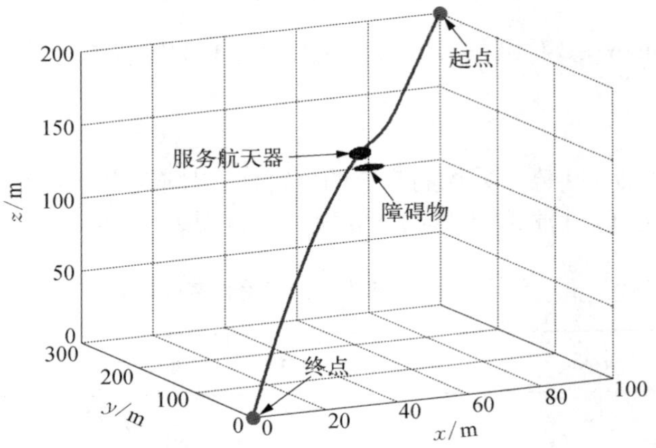

图 5.15 服务航天器规避椭球形障碍物的运动轨迹

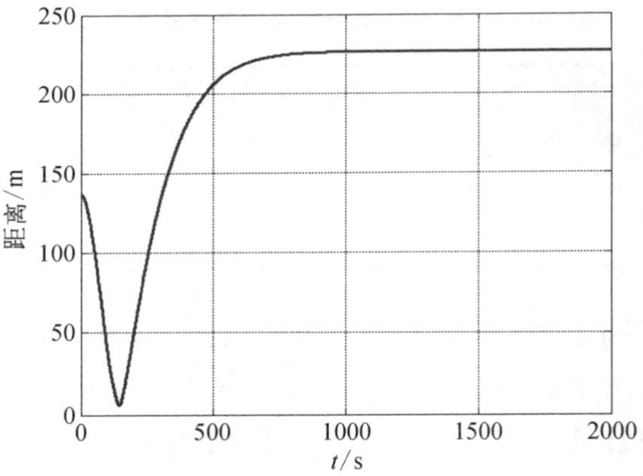

图 5.16 服务航天器与椭球形障碍物的最短距离变化曲线

内,服务航天器相对于目标航天器的相对位置偏差矢量的三个分量能够快速收敛到零并保持稳定。从图 5.19 中可以看出,服务航天器的相对速度偏差矢量的三个分量随着时间不断变化,尤其是当服务航天器接近障碍物时,速度偏差矢量的变化趋势比较明显,当服务航天器远离障碍物时,速度偏差矢量的变化趋势比较平缓,后渐渐收敛到零。

5.2.3 长方体障碍物避障控制律设计

1. 长方体障碍物最短距离模型

在现有的在轨运行空间物体中,很多空间物体的三维结构是近似长方体的。

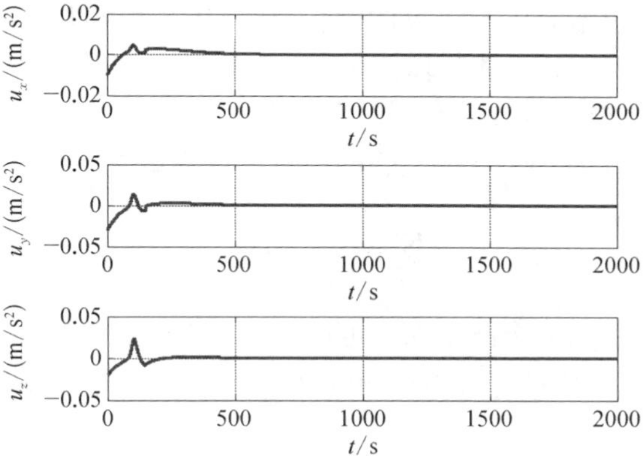

图 5.17　规避椭球形障碍物仿真中服务航天器的控制加速度变化曲线

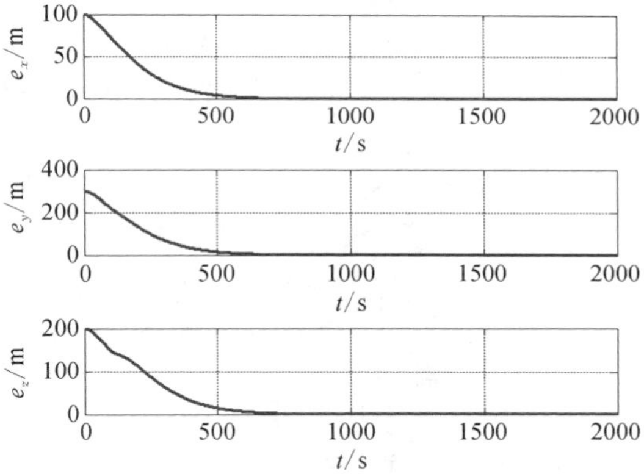

图 5.18　规避椭球形障碍物仿真中服务航天器的位置收敛误差变化曲线

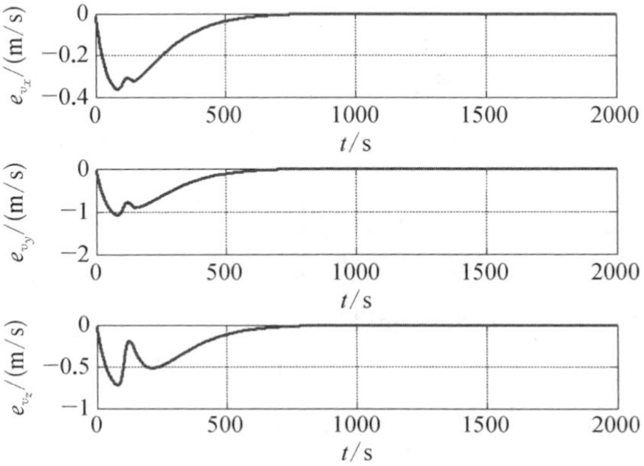

图 5.19　规避椭球形障碍物仿真中服务航天器的速度收敛误差变化曲线

本节将障碍物的外包络简化为长方体,建立长方体障碍物与球形服务航天器之间的最短距离数学模型。长方体与球体之间的最短距离问题属于非线性规划约束问题,可以将其转化为凸面体外一点到凸面体表面的最短距离问题。

一个含有有限点集 $\{\boldsymbol{x}_1, \cdots, \boldsymbol{x}_n\}$ 的凸包可以表示为[16]

$$\{\boldsymbol{x}_1, \cdots, \boldsymbol{x}_n\} = \left\{ \sum_{i=1}^{n} \sigma_i \boldsymbol{x}_i \mid (\sigma_1, \cdots, \sigma_n) \in \mathbb{R}^n \right\} \tag{5.21}$$

式中,$\boldsymbol{x}_i \in \mathbb{R}^3$。因此,一个凸多面体可以通过一个含有有限点集的凸包来定义。

根据上述定义,需要进行碰撞检测的任意一个凸多面体 O 都可以表示为有限点集的形式:

$$\boldsymbol{S} = \left\{ \boldsymbol{x} \mid \boldsymbol{x} = \sum_{i=1}^{n} \sigma_i \boldsymbol{x}_i, \quad \sum_{i=1}^{n} \sigma_i = 1, \quad \sigma_i \geqslant 0 \right\} \tag{5.22}$$

式中,$\boldsymbol{x}_i \in \mathbb{R}^3$,表示构成凸多面体 O 的所有顶点的坐标;参数 $\boldsymbol{\sigma}_i \in \mathbb{R}$ 表示权重系数。

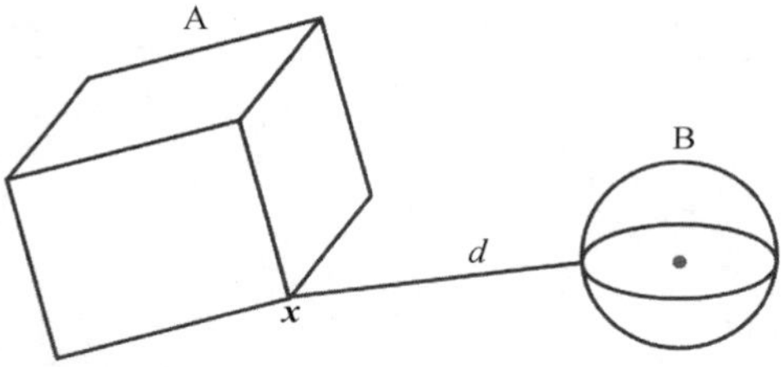

图 5.20　凸面体与球体之间的距离

图 5.20 表示的是凸面体 A 与球体 B 之间的距离关系,可以将两者之间的最短距离计算问题变形为求带约束条件的非线性规划问题。描述该问题的数学模型表达式为[16]

$$\begin{cases} \min d = \| \boldsymbol{x} - \boldsymbol{y} \| - R_{\mathrm{B}} \\ \text{s.t.} \quad \boldsymbol{x} = \sum_{i}^{n} \sigma_i \boldsymbol{x}_i \\ \qquad \sum_{i}^{n} \sigma_i = 1 \\ \qquad \sigma_i \geqslant 0, \quad i = 1, 2, \cdots, n \end{cases} \tag{5.23}$$

式中,$\boldsymbol{x}_i \in \mathbb{R}^3$ 是凸面体 A 在某时刻的顶点坐标,为已知常量;$\boldsymbol{\sigma}_i \in \mathbb{R}$ 为变量;$\boldsymbol{y}$ 表示球体 B 的质心坐标;R_{B} 表示球体 B 的半径;当 $d > 0$ 时,表示凸面体 A 与球体 B 没有发生碰撞;当 $d \leqslant 0$ 时,表示凸面体 A 与球体 B 发生碰撞。

带约束条件的非线性规划问题[式(5.23)]的求解有多种方法,可以选择一种高效的优化算法[17]计算出凸面体 A 与球体 B 之间的最短距离。

2. 控制律设计与分析

根据势函数自身特点,制导控制律的设计包含两部分,即引力控制律和斥力控制律。势函数制导控制方法并不包含任何优化指标,得到的解只是一个可行解。为了提高系统的控制效果和状态量收敛速度,可以将势函数制导方法与其他方法相结合,提升势函数的制导控制性能。为了提升系统的控制效果,加快系统状态变量的收敛速度,本小节将联合最优滑模控制和 Sigmoid 势函数理论设计控制律,其中利用最优滑模控制器表示引力控制律,利用 Sigmoid 势函数产生的控制量表示斥力控制律。

最优滑模控制器的设计包含两个步骤:一是针对非线性系统中的主体部分设计最优控制器;二是针对非线性系统中的外部干扰部分设计滑模控制器,消除外部干扰的影响[18]。由于航天器的相对轨道运动模型是一个非线性系统,传统 LQR 控制方法并不适用于该非线性动力学模型。SDRE[19]是 LQR 控制方法的一种扩展形式,能够解决非线性系统的最优控制器设计问题,目前已经在航天领域得到了广泛的应用。本节将采取 SDRE 设计最优控制器。

根据 SDRE 的自身特点,首先需要将非线性系统方程表示成类似线性方程的形式,即依赖于状态相关系数(state-dependent coefficient, SDC)形式[20]。通过 SDC 参数化,采用 SDRE 可以将原非线性方程中的非线性部分表示为线性形式,然后采用与 LQR 相同的方法设计最优控制律[21]。将系统的动力学方程写为拟线性形式(3.13),其中矩阵 $\boldsymbol{A}(\boldsymbol{x})$ 为

$$\boldsymbol{A}(\boldsymbol{x})=\begin{bmatrix}\boldsymbol{0}_{3\times3} & \boldsymbol{I}_{3\times3}\\ \boldsymbol{A}_{21} & \boldsymbol{A}_{22}\end{bmatrix} \tag{5.24}$$

其中,

$$\boldsymbol{A}_{21}=\begin{bmatrix}\dot{\theta}^2-\dfrac{\mu}{r_s^3}+\left(\dfrac{\mu}{r_t^2}-\dfrac{\mu}{r_s^3}r_t^2\right)x\Big/(\boldsymbol{r}^{\mathrm{T}}\boldsymbol{r}) & \ddot{\theta}+\left(\dfrac{\mu}{r_t^2}-\dfrac{\mu}{r_s^3}r_t^2\right)y\Big/(\boldsymbol{r}^{\mathrm{T}}\boldsymbol{r}) & \left(\dfrac{\mu}{r_t^2}-\dfrac{\mu}{r_s^3}r_t^2\right)z\Big/(\boldsymbol{r}^{\mathrm{T}}\boldsymbol{r})\\ -\ddot{\theta} & \dot{\theta}^2-\dfrac{\mu}{r_s^3} & 0\\ 0 & 0 & -\dfrac{\mu}{r_s^3}\end{bmatrix} \tag{5.25}$$

$$\boldsymbol{A}_{22}=\begin{bmatrix}0 & 2\dot{\theta} & 0\\ -2\dot{\theta} & 0 & 0\\ 0 & 0 & 0\end{bmatrix} \tag{5.26}$$

当系统状态量是单变量时,对于所有的非零状态量,SDC 参数化是独一无二的;当系统状态量含有多个变量时,矩阵 $\boldsymbol{A}(\boldsymbol{x})$ 有多种表示形式。为了保证 SDRE

能够得到有效解，$\{\boldsymbol{A}(\boldsymbol{x}),\boldsymbol{B}(\boldsymbol{x})\}$ 在线性条件下必须是正定的。速度矢量乘积 $\dot{\boldsymbol{r}}^{\mathrm{T}}\dot{\boldsymbol{r}}$ 在靠近障碍物的过程中变成零,而不会在靠近障碍物的过程中变为零,因此将原系统中的非线性部分表示为与相对位置乘积有关的形式。

基于 SDRE 设计的最优控制器为

$$\boldsymbol{u}^{*}(\boldsymbol{x})=-\boldsymbol{R}(\boldsymbol{x})^{-1}\boldsymbol{B}(\boldsymbol{x})^{\mathrm{T}}\boldsymbol{P}(\boldsymbol{x})\boldsymbol{x}(t) \tag{5.27}$$

式中,对于任意 $\boldsymbol{x}\neq\boldsymbol{0}$, 矩阵 $\boldsymbol{P}(\boldsymbol{x})$ 是正定的且满足数学关系式(3.15)。

此时系统的闭环动力学方程可写为

$$\dot{\boldsymbol{x}}(t)=[\boldsymbol{A}(\boldsymbol{x})-\boldsymbol{R}(\boldsymbol{x})^{-1}\boldsymbol{B}(\boldsymbol{x})^{\mathrm{T}}\boldsymbol{P}(\boldsymbol{x})]\boldsymbol{x}(t) \tag{5.28}$$

根据最优控制理论,闭环系统[式(5.28)]是渐进稳定的,但由于外部干扰 $\boldsymbol{\tau}$ 的存在,运动轨迹将在最优轨迹附近浮动。为了消除外部干扰的影响,可以根据上述设计的最优控制器[式(5.27)]设计滑模控制律。

采用积分滑模面[22],即

$$\boldsymbol{s}(\boldsymbol{x},t)=\boldsymbol{G}[\boldsymbol{x}(t)-\boldsymbol{x}(0)]-\boldsymbol{G}\int_0^t[\boldsymbol{A}(\boldsymbol{x})-\boldsymbol{R}(\boldsymbol{x})^{-1}\boldsymbol{B}(\boldsymbol{x})^{\mathrm{T}}\boldsymbol{P}(\boldsymbol{x})]\boldsymbol{x}(t)\,\mathrm{d}t \tag{5.29}$$

式中,矩阵 $\boldsymbol{G}$ 满足 $\boldsymbol{G}=\boldsymbol{B}^{\mathrm{T}}$ 且矩阵乘积 $\boldsymbol{GB}$ 是非奇异的。

可根据 $\dot{\boldsymbol{s}}(\boldsymbol{x},t)=\boldsymbol{0}$ 计算得到 $\boldsymbol{u}_{\mathrm{eq}}(t)$, 即

$$\boldsymbol{u}_{\mathrm{eq}}(t)=-\boldsymbol{R}(\boldsymbol{x})^{-1}\boldsymbol{B}(\boldsymbol{x})^{\mathrm{T}}\boldsymbol{P}(\boldsymbol{x})\boldsymbol{x}(t) \tag{5.30}$$

式(5.30)与最优控制器[式(5.27)]是相同的。

为了驱使系统的状态量运动到滑模面[式(5.29)]上,选择切换控制器 $\boldsymbol{u}_{\mathrm{sw}}$ 为

$$\boldsymbol{u}_{\mathrm{sw}}(t)=-(\boldsymbol{GB})^{-1}\eta\operatorname{sgn}(\boldsymbol{s}) \tag{5.31}$$

式中，$\eta>0$。

因此,作用在服务航天器上的引力控制器为由等效控制项式(5.30)和切换控制项式(5.31)叠加组成的最优滑模控制器:

$$\boldsymbol{u}_a(t)=\boldsymbol{u}_{\mathrm{eq}}(t)+\boldsymbol{u}_{\mathrm{sw}}(t) \tag{5.32}$$

由于长方体包含 6 个面,且 Sigmoid 势函数构造的系统势场是一个连乘函数,将根据 Sigmoid 势函数的梯度设计斥力控制律。首先,建立长方体障碍物的势场模型,长方体第 i 个面的法向量记为 $\boldsymbol{n}_i=(A_i,B_i,C_i)^{\mathrm{T}}$, $i=1,2,\cdots,6$, 则第 i 个面的数学表达式为

$$\boldsymbol{n}_i^{\mathrm{T}}(\boldsymbol{r}-\boldsymbol{r}_{o_i})=0,\quad \boldsymbol{r}\in C^{*} \tag{5.33}$$

式中，$\boldsymbol{r}_{o_i}$ 表示第 i 个面上的任意一个顶点的坐标；C^* 表示长方体坐标范围。

依据长方体构型中各个面的数学表达式(5.33)，建立描述空间中任意一点坐标与长方体结构中各个面之间位置关系的数学模型：

$$S_i(\boldsymbol{r},\ \boldsymbol{r}_{o_i}) = \boldsymbol{n}_i^{\mathrm{T}}(\boldsymbol{r} - \boldsymbol{r}_{o_i}) \tag{5.34}$$

判断空间任意一点是否落在长方体内还是长方体外，可以通过 $S_i(\boldsymbol{r},\ \boldsymbol{r}_{o_i})$ 值的大小来确定。需要注意的是，虽然在三维空间中，面的大小是无限的，但是具体的三维物体的各个面是有范围限制的，因此在判断点与长方体位置的关系时，还需要判断空间任意一点与长方体 8 个顶点坐标之间的关系。

将方程(5.34)代入通过 PSF 建立的统一势场函数模型[式(5.5)]中，因此外包络为长方体形状的障碍物所构成的系统斥力势函数数学模型为

$$\phi_r = \prod_{i=1}^{6} \frac{1}{1 + \mathrm{e}^{-\gamma S_i(\boldsymbol{r},\ \boldsymbol{r}_{o_i})}} = \prod_{i=1}^{6} \frac{1}{1 + \mathrm{e}^{-\gamma \boldsymbol{n}_i^{\mathrm{T}}(\boldsymbol{r}-\boldsymbol{r}_{o_i})}} \tag{5.35}$$

障碍物外包络结构为长方体时的一个势场函数示意图如图 5.21 和图 5.22 所示。从图中可以看出，当点落在长方体的内部范围时，势场函数值较高；当点落在长方体的外部范围时，势场函数值接近于 0。

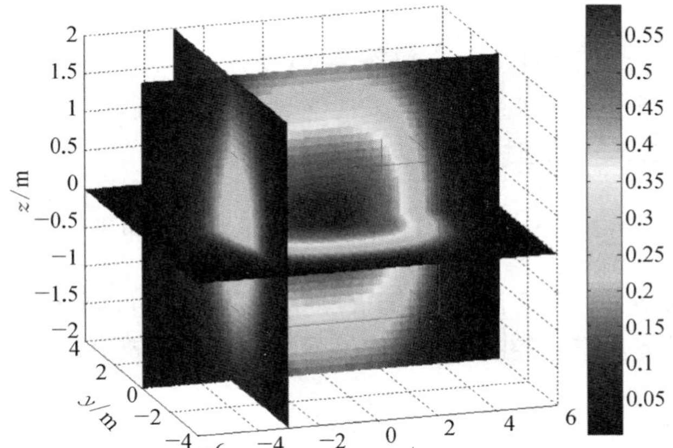

图 5.21　长方体 Sigmoid 势函数四维图

任意一点所施加的斥力控制量由该点 Sigmoid 势函数在系统相对位置误差矢量下负梯度方向的梯度值决定，数学表达式为

$$\boldsymbol{u}_r = -k_r \nabla \phi_r = -k_r \sum_{i=1}^{n} \frac{\gamma \mathrm{e}^{-\gamma S_i(\boldsymbol{r},\ \boldsymbol{r}_{o_i})} \phi_r}{1 + \mathrm{e}^{-\gamma S_i(\boldsymbol{r},\ \boldsymbol{r}_{o_i})}} \cdot \boldsymbol{n}_i \tag{5.36}$$

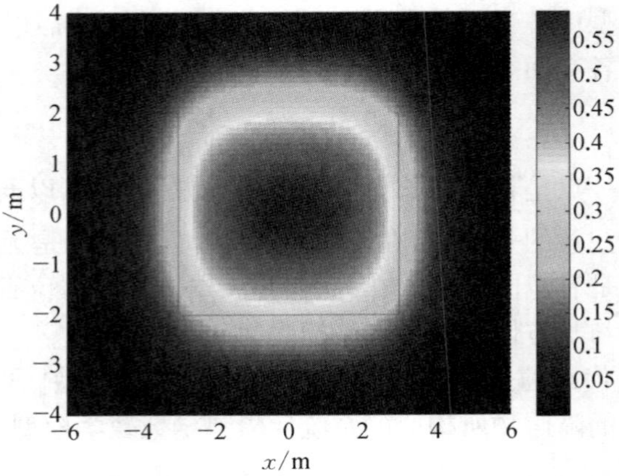

图 5.22　长方体 Sigmoid 势函数三维图

因此,系统总的控制器为

$$\boldsymbol{u} = \boldsymbol{u}_a + \boldsymbol{u}_r \tag{5.37}$$

为了证明系统是稳定的,选择 Lyapunov 函数为

$$V = \frac{1}{2}\boldsymbol{s}^{\mathrm{T}}\boldsymbol{s} \tag{5.38}$$

则 Lyapunov 函数(5.38)对时间的导数满足如下条件:

$$\dot{V} = \boldsymbol{s}^{\mathrm{T}}[-\boldsymbol{K}\mathrm{sgn}(\boldsymbol{s}) + \boldsymbol{GB\tau}] \leqslant -(\eta - D)\|\boldsymbol{s}\| \tag{5.39}$$

只需保证 $\eta > \tau_{\max}$ 即可满足 $\dot{V} \leqslant 0$。因此,按照 Lyapunov 稳定性理论,施加在服务航天器上的复合避障控制加速度能够保证描述相对轨道运动的系统方程是渐进稳定的。

3. 仿真分析

目标航天器的初始轨道根数如表 5.3 所示,障碍物的设置参数如表 5.4 所示。

表 5.3　目标航天器初始轨道根数 2

参数	a/km	e	i/(°)	Ω/(°)	ω/(°)	θ/(°)
取值	6 978.137	0.05	30	0	45	0

表 5.4　障碍物设置参数

面	1	2	3	4	5	6
$\boldsymbol{n}$	$[-1, 0, 0]^{\mathrm{T}}$	$[1, 0, 0]^{\mathrm{T}}$	$[0, -1, 0]^{\mathrm{T}}$	$[0, 1, 0]^{\mathrm{T}}$	$[0, 0, -1]^{\mathrm{T}}$	$[0, 0, 1]^{\mathrm{T}}$
点集	{2, 6, 7, 3}	{1, 5, 8, 4}	{3, 7, 8, 4}	{1, 5, 6, 2}	{5, 6, 7, 8}	{1, 2, 3, 4}

整个交会过程中外部干扰主要来自 J_2 摄动和大气阻力，外部干扰的数量级约为 10^{-5}，因此，外部干扰可选择设置为 $\boldsymbol{\tau} = 5 \times 10^{-5} \times \left[\sin\left(\frac{t}{100}\right),\ \cos\left(\frac{t}{200}\right),\ \sin\left(\frac{t}{300}\right)\right]^{\mathrm{T}}$，单位为 $\mathrm{m/s^2}$。控制参数设置为 $k_r = 25$、$\gamma = 3$、$\eta = 0.005$、$a_{\max} = 0.05\ \mathrm{m/s^2}$、$\boldsymbol{Q} = 6 \times \mathrm{diag}([10, 10, 10, 10^6, 10^6, 10^6])$，$\boldsymbol{R} = \mathrm{diag}([10^9, 10^9, 10^9])$。

设置数值仿真的时间步长为 1 s，整个数值仿真的周期为 2 000 s，采取四阶龙格-库塔法进行数值积分。按照给定的仿真参数进行数值仿真，仿真结果如图 5.23～图 5.27 所示。

通过对数值仿真的结果进行分析，可以获得如下结论：从图 5.23 中可以看出，最优滑模控制律使得服务航天器机动到期望位置处，Sigmoid 势函数产生的斥力控制律保证服务航天器与障碍物最接近时也不会发生碰撞；从图 5.24 可以看出，长方体外包络结构的障碍物与球形结构的服务航天器的最短距离在 200 s 前减小很快，之后两者间的最短距离变化范围较小，最接近时的距离为 0.43 m，因此可以判

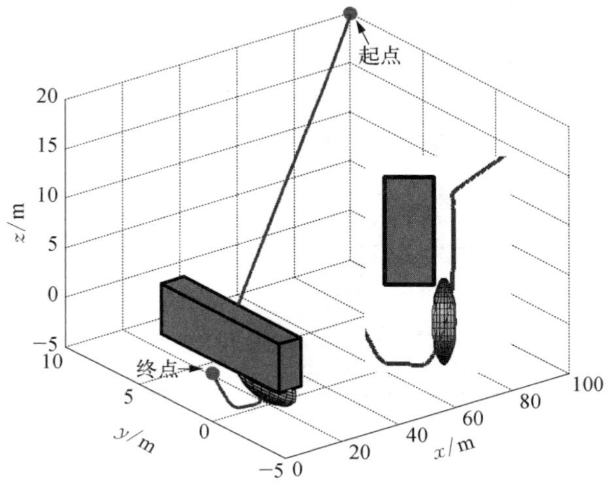

图 5.23　服务航天器规避长方体障碍物的运动轨迹

断服务航天器并没有与障碍物发生碰撞；作用在服务航天器上的轨道控制加速度的变化趋势如图 5.25 所示，从图中可以看出，无论在哪一个方向，控制加速度的幅值均不超过 0.05 m/s^2，当服务航天器离障碍物很近时，为了执行避障机动，加速度控制量变化比较明显，最终逐渐收敛到零；服务航天器与目标航天器之间的位置误差矢量的三个分量随时间的变化情况见图 5.26，由图可知，随着时间不断变化，三个分量都能够收敛到零；图 5.27 中，服务航天器的速度误差在三个方向的分量随着时间不断变化，且当服务航天器接近障碍物时，其变化趋势比较明显，三个方向的速度误差最终收敛到了零。

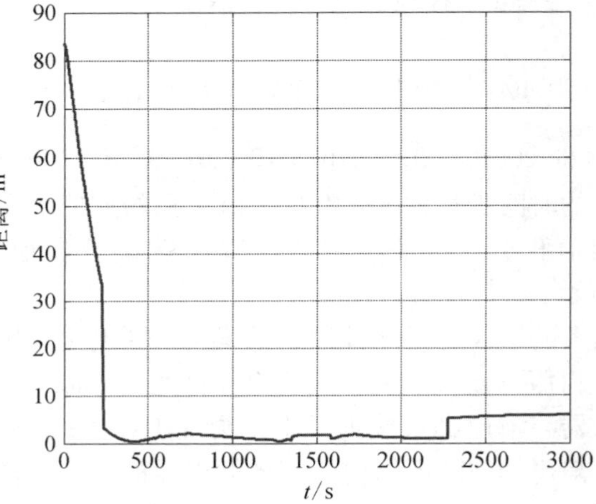

图 5.24　服务航天器与长方体障碍物的最短距离变化曲线

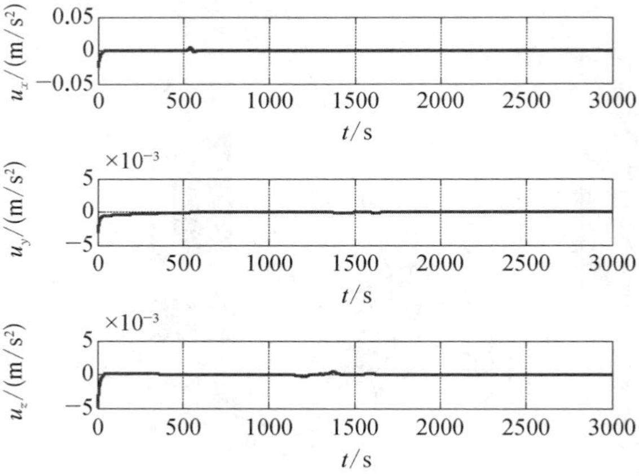

图 5.25　规避长方体障碍物仿真中服务航天器的控制加速度变化曲线

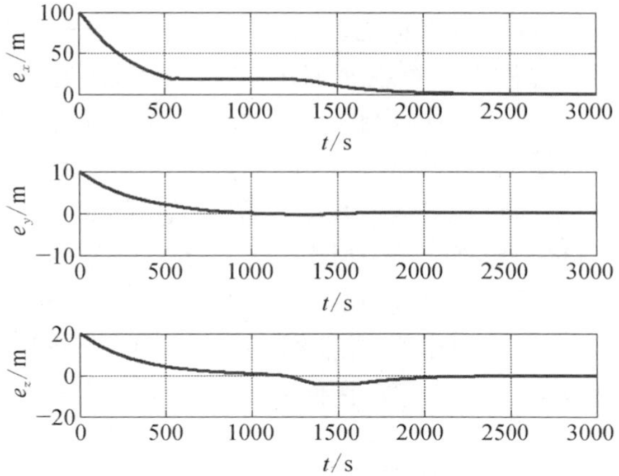

图 5.26　规避长方体障碍物仿真中服务航天器的位置误差收敛曲线

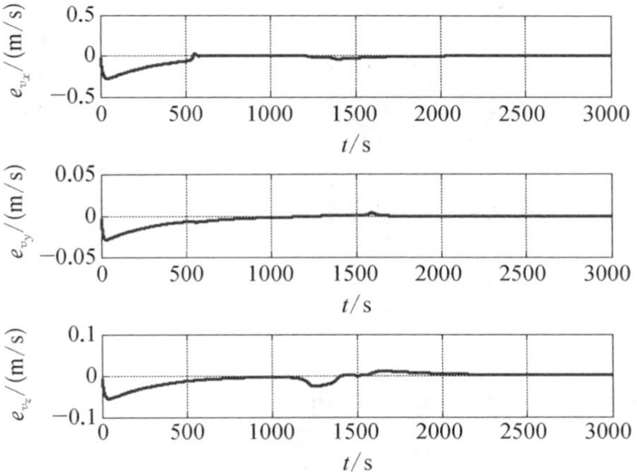

图 5.27　规避长方体障碍物仿真中服务航天器的速度误差收敛曲线

5.3　基于复合势函数的六自由度安全接近控制方法

目标接近飞行是近距离操控服务（如空间碎片的清除、失效航天器的在轨服务）的前序任务，接近飞行技术是在轨服务的基础技术。现有的空间目标接近任务大多是针对合作目标的，如三轴姿态稳定的国际空间站（International Space Station，ISS）。ISS 的接近策略主要是直线接近，如 V－bar 和 R－bar[23]。在非合作目标接近过程中,目标航天器不会配合服务航天器进行主动控制。这类目标不具备主动配合能力,无法维持对接轴(或者抓捕轴)的固定朝向来配合空间操作。如果目标是旋转的,接近目标的过程中会存在碰撞风险[24],目标接近任务的一个重要挑战是服务航天器如何安全接近不受控目标。服务航天器需要运行到目标航天器附近指定的服务点,与目标航天器保持相同的状态。服务航天器在接近服务点(service point, SP)的过程中,不与目标航天器发生碰撞。飞行的安全性要求服务航天器的轨迹始终在非合作目标外包络外侧,如图 5.28 所示。服务航天器接近目标航天器时,轨道和姿态模型存在耦合特性。在飞行过程中需要进行轨道和姿态控制,使服务航天器的轨道和姿态跟踪期望值,控制目的如下:① 服务航天器在指定的时间内到达服务点;② 服务航天器在靠近目标的过程中不与目标发生物理接触。

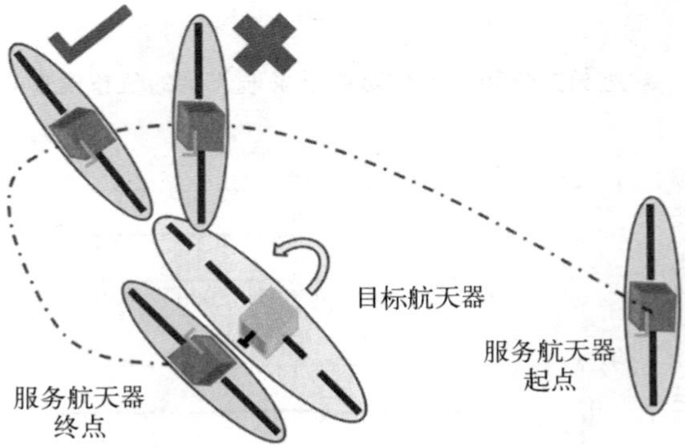

图 5.28　接近过程中的安全描述

5.3.1　考虑目标旋转时的势函数建立

采用 APF 控制椭球体中心的运动,建立势场时需要考虑两个航天器的几何尺寸。

1. 引力势场 U_{att} 设计

$$U_{\text{att}} = \frac{1}{2}\xi_1(r_s - r_g)^2 \tag{5.40}$$

式中,ξ_1 为引力势场增益系数;r_s 为服务航天器到坐标原点的距离;r_g 为服务航天器期望位置到坐标原点的距离。

引力势场公式中的距离估计分别是服务航天器和目标航天器质心在轨道坐标系中的距离,采用势场负梯度跟踪控制策略,驱动服务航天器到达目标航天器。

2. 斥力势场设计

服务航天器在靠近 SP 的过程中,不能与目标航天器发生碰撞。在接近 SP 的过程中,将目标航天器当作障碍物来处理,用斥力势场来描述。SP 在目标航天器附近,服务航天器在靠近 SP 的过程中,由于斥力势场的巨大排斥作用,服务航天器无法到达 SP。为了解决目标不可达问题,采用改进的斥力势场[25]来描述目标航天器。新的斥力势场中增加了到 SP 的距离项,斥力势函数 U_{rep} 为

$$U_{\text{rep}} = \begin{cases} 0, & r_{st} > r_d \\ \dfrac{1}{2}\xi_2\left(\dfrac{1}{r_{st}} - \dfrac{1}{r_d}\right)^2 r_{sg}^2, & r_{st} < r_d \end{cases} \tag{5.41}$$

式中,ξ_2 为正值增益系数;r_{st} 为服务航天器到目标航天器的距离;r_{sg} 为服务航天器到期望位置的距离,采用 4.2 节中的特征值距离估算方法;r_d 为目标航天器的斥力势场作用范围,斥力势场效果图如图 5.29 所示。

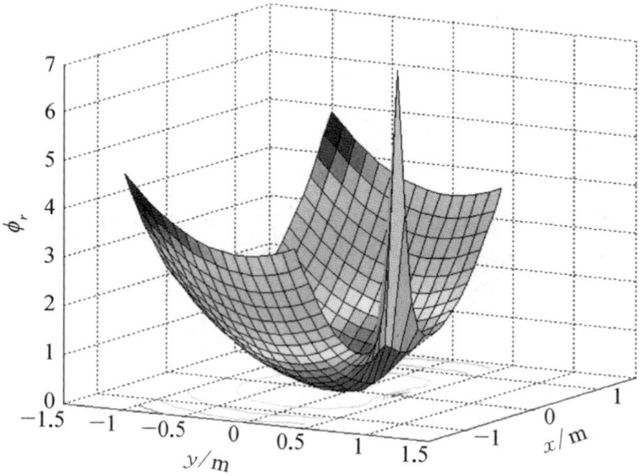

图 5.29　斥力势场效果图

3. 旋转势场设计

针对目标的旋转特性,引入旋转势场来提高控制效率。旋转势场的势值分布如图 5.30 所示。

图 5.30 中黑色部分是幅值过渡段,幅值过渡段的存在是由于势场函数值的连续性特点。如果势场函数采用图 5.30 表示的单连通区域来表示,边界为 x 轴负半轴。这样选取的单连通域势是"严格"的,单连通区域表示为

$$r > 0, \quad -\pi \leqslant \theta \leqslant \pi \tag{5.42}$$

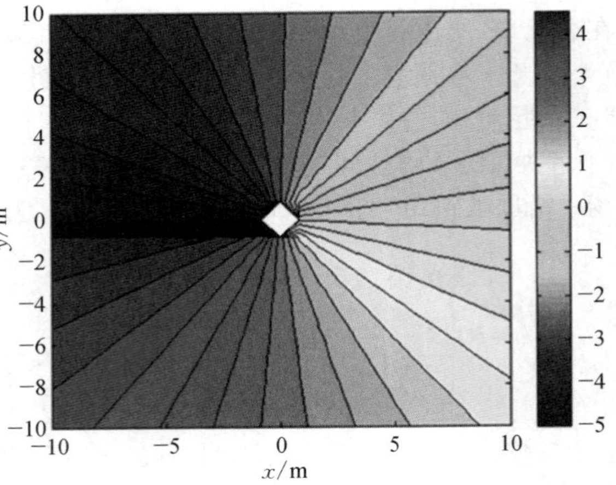

图 5.30　旋转势场势值分布

单连通区域的表示不唯一，式(5.42)是其中一种表示方式。在半径为 r 的圆周上逆时针积分，可以得到任意 θ 角射线上的势函数：

$$U_{\text{rot}}(r,\ \theta)=\frac{\xi_3}{2\pi}\theta \tag{5.43}$$

对于位于坐标原点处的平面点涡(顺时针或逆时针方向)，半径为 r 的圆上某点$(x,\ y)$处的切向速度 v_θ 和径向速度 v_r 分别表示为

$$v_\theta=\xi_3/2\pi r,\quad v_r=0 \tag{5.44}$$

在 x 轴和 y 轴上的速度分量分别为

$$\begin{cases} v_x=-\dfrac{\xi_3}{2\pi}\dfrac{y}{x^2+y^2} \\ v_y=\dfrac{\xi_3}{2\pi}\dfrac{x}{x^2+y^2} \end{cases} \tag{5.45}$$

式中，$\xi_3>0$ 表示逆时针方向点涡，$\xi_3<0$ 表示顺时针方向点涡。涡流速度场如图 5.31 所示。

一般来讲，涡流并不是“严格”意义上的单连通域，它只有切向速度，无径向速度，流动简单。但在非单连通域，积分是与路径相关的，势函数是不存在的。

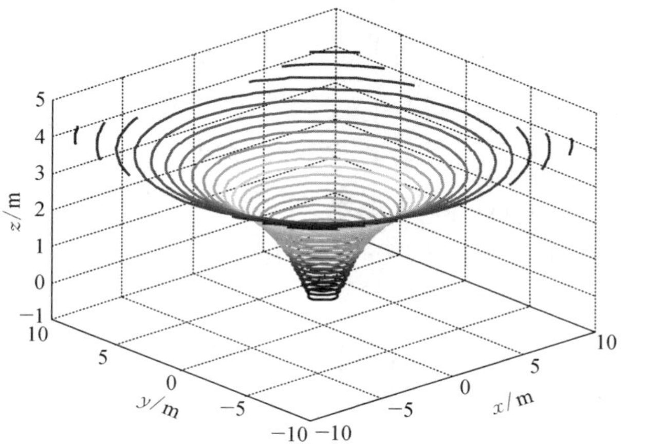

图 5.31　涡流速度场效果图

5.3.2　六自由度复合控制器设计

1. 控制器设计

一般来说,沿垂直轨道面方向机动,燃料消耗比较大。在控制器设计时,采取轨道面内的接近策略。服务航天器的姿态受相对位置控制的影响,采用几何椭球中心跟踪策略作为控制策略。服务航天器椭球的几何中心跟踪服务点的位置、速度、姿态和姿态角速度。

目标椭球的半长轴是航天器的最大主轴长度。服务点在目标航天器椭球几何结构的主轴轴线上时,其平移运动的变化规律可以通过球面坐标计算公式获得。当服务点不在主轴轴线上时,其平移运动是一般化的空间运动,一般化空间运动的数学描述形式比较复杂。这里假设服务点在目标航天器椭球体几何结构的主轴线上,如图 5.32 所示。

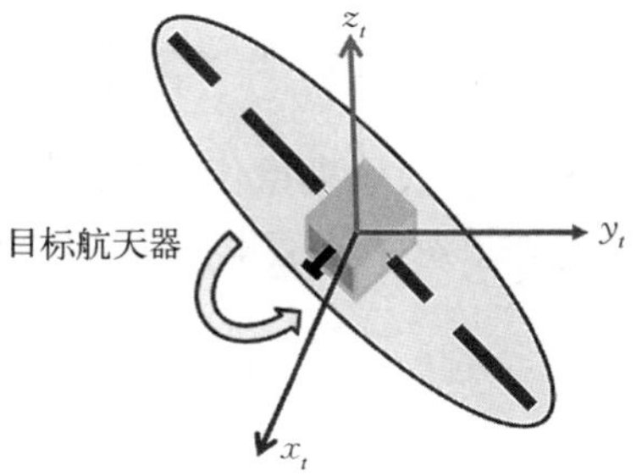

图 5.32　旋转目标在轨道坐标系中的变化

按照 3 − 2 − 1 旋转的欧拉角分别表示为 ψ、θ、φ。服务点的姿态角为 $(\psi_d, \theta_d, \varphi_d)$,对应的四元数是 $\boldsymbol{q}_d$,服务点的姿态角速度为 $(\omega_{d1}, \omega_{d2}, \omega_{d3})$。服务航天器的当前姿态角为 $(\psi_s, \theta_s, \varphi_s)$,对应的四元数用 $\boldsymbol{q}_s$ 来表示。由于服务点在轴线上,欧拉角 φ 的变化对服务点的平移位置和速度没有影响。根据球坐标计算关系,可以得到服务点的平移期望位置和期望速度[26]。

目标轨道坐标系下表示的期望位置为

$$\boldsymbol{r}_{td}=\begin{bmatrix}x_{td}\\y_{td}\\z_{td}\end{bmatrix}=\begin{bmatrix}r_{go}\cos\theta\cos\psi\\r_{go}\cos\theta\sin\psi\\r_{go}\sin\theta\end{bmatrix}\tag{5.46}$$

式中，r_{go} 为期望位置与目标质心的距离。

旋转轴绕轨道法向时，式(5.46)可以简化为

$$\boldsymbol{r}_{td}=\begin{bmatrix}x_{td}\\y_{td}\\z_{td}\end{bmatrix}=\begin{bmatrix}r_{go}\cos\psi\\r_{go}\sin\psi\\0\end{bmatrix}\tag{5.47}$$

旋转角度为 ψ，体坐标系和轨道坐标系之间的旋转转换矩阵为

$$\boldsymbol{M}_{bl}=\begin{bmatrix}\cos\psi&\sin\psi&0\\-\sin\psi&\cos\psi&0\\0&0&1\end{bmatrix}\tag{5.48}$$

计算服务点的期望速度：

$$\boldsymbol{v}_{td}=\begin{bmatrix}v_{x_{td}}\\v_{y_{td}}\\v_{z_{td}}\end{bmatrix}=\begin{bmatrix}(\omega_{go}+n_{\text{orbit}})r_{go}\cos\theta\cos\psi\\(\omega_{go}+n_{\text{orbit}})r_{go}\cos\theta\sin\psi\\\omega_{go}r_{go}\sin\theta\end{bmatrix}\tag{5.49}$$

式中，ω_{go} 表示期望位置的旋转角速度；n_{orbit} 为轨道坐标系旋转角速度。

如果忽略轨道坐标系的转动，可以得到：

$$\boldsymbol{v}_{td}=\begin{bmatrix}v_{x_{td}}\\v_{y_{td}}\\v_{z_{td}}\end{bmatrix}=\begin{bmatrix}\omega_{go}r_{go}\cos\theta\cos\psi\\\omega_{go}r_{go}\cos\theta\sin\psi\\\omega_{go}r_{go}\sin\theta\end{bmatrix}\tag{5.50}$$

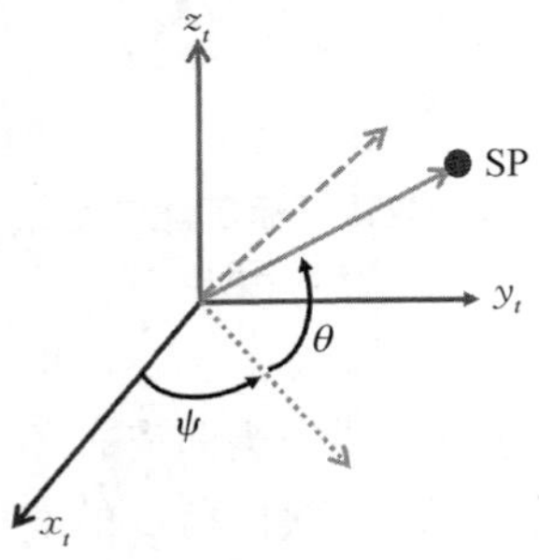

图 5.33　服务点在轨道坐标系中的旋转

服务点在轨道坐标系中的旋转如图 5.33 所示。

这里采用的轨道动力学和姿态动力学都是非线性的，为了应用 SDRE 来进行控制器设计，首先需要对运动模型进行线性化处理。航天器的六自由度状态描述为相对位置、相对速度、相对姿态、相对角速度。服务航天器

的六自由度耦合动力学模型在LVLH坐标系中表示。耦合动力学模型的系统状态定义为$\boldsymbol{x}_{e1}=[\boldsymbol{\rho}_e, \boldsymbol{q}_e]^{\mathrm{T}}$、$\boldsymbol{x}_{e2}=[\boldsymbol{v}_e, \boldsymbol{\omega}_e]^{\mathrm{T}}$和$\boldsymbol{x}_e=[\boldsymbol{x}_{e1}^{\mathrm{T}}, \boldsymbol{x}_{e2}^{\mathrm{T}}]^{\mathrm{T}}$,其中$\boldsymbol{\rho}_e$是服务航天器相对于目标服务点的位置矢量,$\boldsymbol{v}_e$是服务航天器相对于目标质心的速度矢量,$\boldsymbol{q}_e$是服务航天器姿态相对于服务点姿态的误差四元数,$\boldsymbol{\omega}_e$是服务航天器角速度相对于服务点角速度的误差角速度。

六自由度相对运动模型表示为

$$\dot{\boldsymbol{x}}_e=\boldsymbol{A}(\boldsymbol{x}_e)\boldsymbol{x}_e+\boldsymbol{B}(\boldsymbol{x}_e)\boldsymbol{u}_e=\begin{bmatrix}\boldsymbol{C}_1 & \boldsymbol{C}_2\\ \boldsymbol{C}_3 & \boldsymbol{C}_4\end{bmatrix}\boldsymbol{x}_e+\begin{bmatrix}\boldsymbol{0}_3\\ \boldsymbol{B}_e\end{bmatrix}\boldsymbol{u}_e \tag{5.51}$$

式中,$\boldsymbol{C}_1=\begin{bmatrix}\boldsymbol{0}_3 & \boldsymbol{0}_3\\ \boldsymbol{0}_3 & \boldsymbol{F}_{22}\end{bmatrix}$;$\boldsymbol{C}_2=\begin{bmatrix}\boldsymbol{I}_3 & \boldsymbol{0}_3\\ \boldsymbol{0}_3 & \boldsymbol{F}_{21}\end{bmatrix}$;$\boldsymbol{C}_3=\begin{bmatrix}\boldsymbol{G}_{21} & \boldsymbol{0}_3\\ \boldsymbol{0}_3 & \boldsymbol{F}_{12}\end{bmatrix}$;$\boldsymbol{C}_4=\begin{bmatrix}\boldsymbol{G}_{22} & \boldsymbol{0}_3\\ \boldsymbol{0}_3 & \boldsymbol{F}_{11}\end{bmatrix}$;$\boldsymbol{B}_e=\begin{bmatrix}\boldsymbol{I}_3\\ \boldsymbol{J}^{-1}\end{bmatrix}$。

控制器设计步骤如下。

1)跟踪控制器设计

引力控制器的作用是进行位置跟踪控制,采用SDRE来设计引力控制器。SDRE是状态的负反馈控制,在控制效果上等效于引力势场负梯度控制。采用SDRE控制器作为引力控制器的等效控制器,具有如下优势。

(1)SDRE控制器的反馈系数是时变的,能够根据状态变化进行自动调整,是变增益参数的引力控制。

(2)SDRE控制器可以实现有限时间的镇定控制,克服引力势场负梯度控制的无限时间趋近问题。

SDRE控制器设计如下:

$$\boldsymbol{u}_e=-\boldsymbol{R}^{-1}\boldsymbol{B}^{\mathrm{T}}(\boldsymbol{x}_e)\boldsymbol{P}(\boldsymbol{x}_e, t)\boldsymbol{x}_e(t) \tag{5.52}$$

式中,$\boldsymbol{P}(\boldsymbol{x}_e, t)$是状态相关黎卡提方程的解。

状态相关黎卡提方程表示如下:

$$\boldsymbol{P}(\boldsymbol{x}_e, t)\boldsymbol{A}(\boldsymbol{x}_e)+\boldsymbol{A}^{\mathrm{T}}(\boldsymbol{x}_e)\boldsymbol{P}(\boldsymbol{x}_e, t)+\boldsymbol{Q}-\boldsymbol{P}(\boldsymbol{x}_e, t)\boldsymbol{D}_1\boldsymbol{P}(\boldsymbol{x}_e, t)=-\dot{\boldsymbol{P}}(\boldsymbol{x}_e, t) \tag{5.53}$$

式中,$\boldsymbol{D}_1=\boldsymbol{B}(\boldsymbol{x}_e)\boldsymbol{R}^{-1}\boldsymbol{B}^{\mathrm{T}}(\boldsymbol{x}_e)$,终端约束条件为$\boldsymbol{F}=\boldsymbol{P}(\boldsymbol{x}_e, t_d)$。

2)APF斥力控制器设计

斥力势函数与SP的位置有关,同时也和目标航天器的位置有关。斥力势函数

对位置求导,可以得到斥力表达式,计算公式如下:

$$\boldsymbol{F}_{\text{rep}}(\boldsymbol{r}) = -\nabla U_{\text{rep}}(\boldsymbol{r}) = \begin{cases} 0, & r_{st} > r_d \\ F_{\text{rep1}}\boldsymbol{n}_{st} + F_{\text{rep2}}\boldsymbol{n}_{sg}, & r_{st} < r_d \end{cases} \tag{5.54}$$

其中,

$$F_{\text{rep1}} = \xi_1\left(\frac{1}{r_{st}} - \frac{1}{r_d}\right)\frac{r_{sg}^2}{r_{st}^2} \tag{5.55}$$

$$F_{\text{rep2}} = -\xi_2\left(\frac{1}{r_{st}} - \frac{1}{r_d}\right)^2 r_{sg} \tag{5.56}$$

$\boldsymbol{n}_{st} = \dfrac{\boldsymbol{r}_{st}}{r_{st}}$,是单位矢量,从目标航天器指向服务航天器;$\boldsymbol{n}_{sg} = \dfrac{\boldsymbol{r}_s - \boldsymbol{r}_g}{r_{sg}}$,是单位矢量,从服务点指向服务航天器。从作用力计算公式,即式(5.55)和式(5.56)可以看出,F_{rep1} 为正值,F_{rep2} 为负值。作用力方向如图 5.34 所示:F_{rep1} 起排斥作用,使服务航天器远离目标航天器;F_{rep2} 起引力作用,使服务航天器靠近服务点。

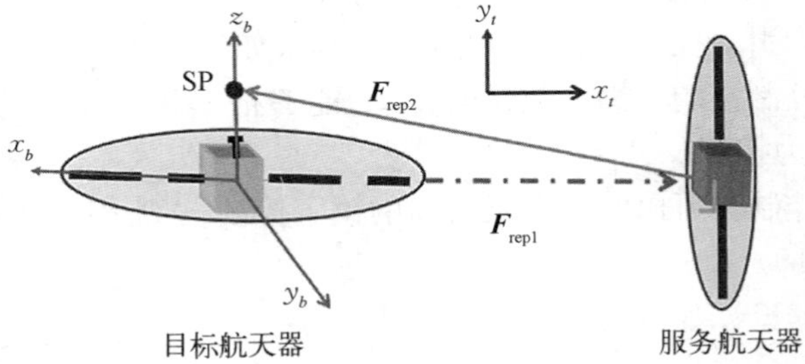

图 5.34　斥力势场产生的斥力分布

3) 旋转控制器

目标发生旋转,旋转角度为 $\boldsymbol{\omega}_t$。对旋转势场函数求导,可以得到旋转控制力为

$$\boldsymbol{F}_{\text{rot}} = \frac{\xi_3}{2\pi}\boldsymbol{v}_r \tag{5.57}$$

式中,$\boldsymbol{v}_r$ 为服务航天器所在位置的旋转角速度且 $\boldsymbol{v}_r = \boldsymbol{\omega}_t r$。

综上,目标接近控制器为

$$\boldsymbol{u} = \boldsymbol{u}_e + \boldsymbol{u}_{\text{rep}} + \boldsymbol{u}_{\text{rot}} \tag{5.58}$$

式中，$\boldsymbol{u}_{\text{rep}} = \boldsymbol{F}_{\text{rep}}/m_s$；$\boldsymbol{u}_{\text{rot}} = \boldsymbol{F}_{\text{rot}}/m_s$。

2. 控制器分析

1）控制器稳定性分析

选择 Lyapunov 函数为

$$V = \frac{1}{2}\boldsymbol{r}_{sg}^2 + \frac{1}{2}\boldsymbol{v}_{sg}^2 \tag{5.59}$$

对时间进行求导：

$$\begin{aligned} V' &= \boldsymbol{r}_{sg} \cdot \dot{\boldsymbol{r}}_{sg} + \boldsymbol{v}_{sg} \cdot \dot{\boldsymbol{v}}_{sg} \\ &= \boldsymbol{v}_{sg}(\boldsymbol{r}_{sg} + \dot{\boldsymbol{v}}_{sg}) \end{aligned} \tag{5.60}$$

又因为

$$\dot{\boldsymbol{v}}_{sg} = -K_{\text{SDRE}}\boldsymbol{r}_{sg} + \frac{\xi_2}{m}\left(\frac{1}{r_{st}} - \frac{1}{r_d}\right)\frac{r_{sg}^2}{r_{st}^2}\boldsymbol{n}_{st} - \frac{\xi_2}{m}\left(\frac{1}{r_{st}} - \frac{1}{r_d}\right)^2 r_{sg}\boldsymbol{n}_{sg} + \gamma\omega r_{sg}\boldsymbol{v}_g \tag{5.61}$$

故

$$\begin{aligned} V' &= \boldsymbol{v}_{sg}(\boldsymbol{r}_{sg} + \dot{\boldsymbol{v}}_{sg}) \\ &= \boldsymbol{v}_{sg}\boldsymbol{r}_{sg}\left[1 - K_{\text{SDRE}} + \frac{\xi_2}{m}\left(\frac{1}{r_{st}} - \frac{1}{r_d}\right)\frac{r_{sg}}{r_{st}^2}\boldsymbol{n}_{sg} \cdot \boldsymbol{n}_{st} - \frac{\xi_2}{m}\left(\frac{1}{r_{st}} - \frac{1}{r_d}\right)^2 + \gamma\omega\boldsymbol{n}_{sg} \cdot \boldsymbol{v}_g\right] \\ &\leqslant \boldsymbol{v}_{sg}\boldsymbol{r}_{sg}\left\{(1 + \gamma\omega - K_{\text{SDRE}}) - \frac{\xi_2}{m}\left(\frac{1}{r_{st}} - \frac{1}{r_d}\right)^2\left[1 - \frac{r_{sg}r_d}{r_{st}(r_d - r_{st})}\right]\right\} \\ &= \boldsymbol{v}_{sg}\boldsymbol{r}_{sg}\left\{(1 + \gamma\omega - K_{\text{SDRE}}) - \frac{\xi_2}{m}\left(\frac{1}{r_{st}} - \frac{1}{r_d}\right)^2\left[\frac{r_{st}r_d - r_{st}^2 - r_{sg}r_d}{r_{st}(r_d - r_{st})}\right]\right\} \end{aligned} \tag{5.62}$$

式中，$\boldsymbol{v}_{sg}\boldsymbol{r}_{sg} \geqslant 0$；$1 + \gamma\omega - K_{\text{SDRE}} \leqslant 0$；$\dfrac{\xi_2}{m}\left(\dfrac{1}{r_{st}} - \dfrac{1}{r_d}\right)^2 > 0$；$r_{st}(r_d - r_{st}) \geqslant 0$；$\gamma\omega$ 是个小量，当 K_{SDRE} 大于 1 时，$1 + \gamma\omega - K_{\text{SDRE}} \leqslant 0$。

因为 $r_{st}r_d - r_{st}^2 - r_{sg}r_d = r_d\left(r_{st} - r_{sg} - \dfrac{r_{st}^2}{r_d}\right)$，考虑到在目标附近时，$r_{st} > r_{sg}$，$r_d \gg r_{sg}$，$\dfrac{r_{st}^2}{r_d}$ 是个小量，如果 $r_{st} < r_{sg}$，由于障碍物的巨大排斥作用，服务航天器会远离障

碍物,如果 $r_{st} > r_{sg}$,则 $r_d\left(r_{st} - r_{sg} - \dfrac{r_{st}^2}{r_d}\right) > 0$ 成立。则有

$$-\frac{\xi_2}{m}\left(\frac{1}{r_{st}} - \frac{1}{r_d}\right)^2\left(\frac{r_{st}r_d - r_{st}^2 - r_{sg}r_d}{r_{st}(r_d - r_{st})}\right) \leqslant 0, \quad -(K_{\text{SDRE}} - 1 - \gamma\omega) < 0$$

$$V' \leqslant \boldsymbol{v}_{sg}\boldsymbol{r}_{sg}\left[(1 + \gamma\omega - K_{\text{SDRE}}) - \frac{\xi_2}{m}\left(\frac{1}{r_{st}} - \frac{1}{r_d}\right)^2\left(\frac{r_{st}r_d - r_{st}^2 - r_{sg}r_d}{r_{st}(r_d - r_{st})}\right)\right] \leqslant 0$$

综上所述,根据 Lyapunov 稳定性定理,控制系统是稳定的。

2) 控制器控制特性分析

控制器由三项组成:目标趋近控制项、避撞控制项和旋转跟踪控制项。旋转目标接近过程受力分析如图 5.35 所示。目标趋近控制项 $\boldsymbol{u}_e$ 在靠近 SP 的过程中不断变小,到达 SP 时为零。避撞控制项的作用是避撞,同时避免目标不可达问题的出现。避撞控制项 $\boldsymbol{u}_{\text{rep}}$ 在靠近目标航天器几何约束时会增大,在靠近 SP 时会变小。旋转跟踪控制项 $\boldsymbol{u}_{\text{rot}}$ 保证服务航天器能够在整个飞行过程中跟踪 SP 的旋转。

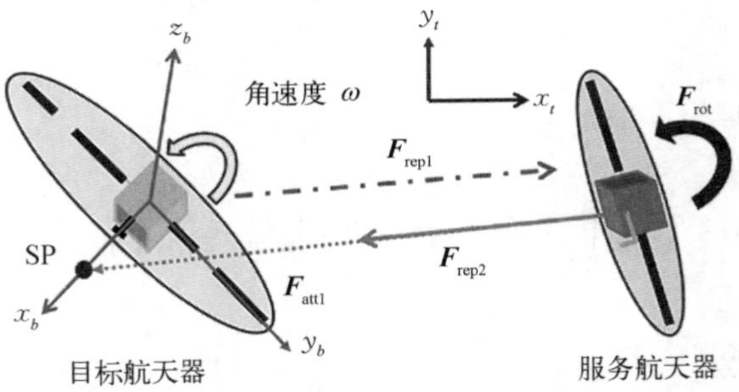

图 5.35 旋转目标接近过程受力分析

5.3.3 仿真分析

为了验证控制器设计的有效性,对目标航天器近距离接近过程进行数值仿真。近距离接近任务如图 5.28 所示,控制目标是:服务航天器到达 SP,并且在接近 SP 的过程中不与目标航天器发生碰撞。仿真分为三部分:第一部分是分析控制器的控制性能,对系统状态量进行数值分析;第二部分是进行六自由度蒙特卡洛仿真,验证控制器的有效性;第三部分是辅助验证部分,在不考虑服务航天器形状约束和姿态约束的情况下,通过三自由度控制说明控制方案的有效性。目标航天器的轨道根数如表 5.5 所示。

表 5.5 目标航天器的轨道根数 3

参 数	取 值
轨道半长轴/km	6 814.426
近地点半径/km	6 678.137
轨道倾角/(°)	97.135 25
偏心率	0.02
近地点幅角/(°)	0

1. 六自由度控制仿真结果

通过数值仿真来验证接近控制器的正确性。仿真场景设定如下：目标在轨道平面内旋转。SP 绕体坐标系 z 轴旋转，目标体坐标系的旋转角速度为 0.2°/s。SP 随目标一起在轨道平面内旋转，飞行时间(仿真周期)为 1 000 s。为了防止出现控制器饱和现象，选取较长的终端时间。终端时间越长，最大控制加速度就越小。仿真参数的设置如表 5.6 所示，三维仿真结果分析如图 5.36~图 5.48 所示。

表 5.6 六自由度控制仿真参数设置

参 数	取 值
目标航天器初始位置/m	$[0, 2.6, 0]^T$
目标航天器初始速度/(m/s)	$[0, 0, 0]^T$
服务航天器初始位置/m	$[-72.4, 78.3, 56.6]^T$
服务航天器初始速度/(m/s)	$[0, 0, 0]^T$
服务航天器质量/kg	175
服务航天器转动惯量/(kg · m^3)	6×diag([6, 6, 10])
服务航天器椭球三轴尺寸/m	$[9, 1, 1]^T$
目标航天器椭球三轴尺寸/m	$[20, 1, 1]^T$
服务航天器初始姿态/(°)	$[10, 15, 20]^T$
服务航天器初始角速度/(rad/s)	$[0, 0, 0]^T$
目标航天器初始姿态/(°)	$[0, 0, 0]^T$

从图 5.36 可以看出，由于 SP 绕 z 轴旋转，SP 在 z 方向上的位置和速度变化均为零。SP 的位置和速度变化规律符合三角函数特性。服务航天器和目标航天器姿态角变化如图 5.37 所示。服务航天器的位置变化如图 5.38 所示，服务航天器能

够在指定的时间内到达 SP。服务航天器的运动趋势是不断向轨道面内运动，运动过程中执行避撞机动。由于执行避撞机动，服务航天器在 x 和 y 方向的运动曲线出现波动。服务航天器到目标航天器的距离变化如图 5.40 所示，由于目标航天器的旋转特性，距离变化趋势有升有降，在到达 SP 时，距离目标航天器最近。服务航天器的中心速度变化如图 5.39 所示，由于 SDRE 控制器具有有限时间控制特点，在最后接近阶段，为了实现有限时间镇定，速度变化较为剧烈，对应的总控制加速度和趋近控制加速度变化也较为剧烈，如图 5.41 和图 5.42 所示，而在接近过程中的变化较为平缓。

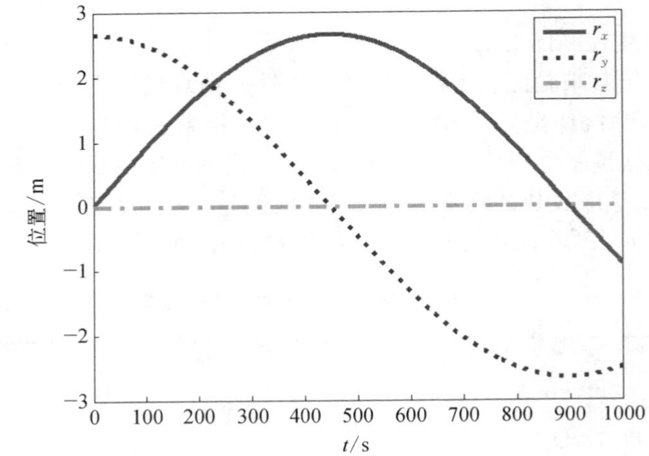

(a) 位置

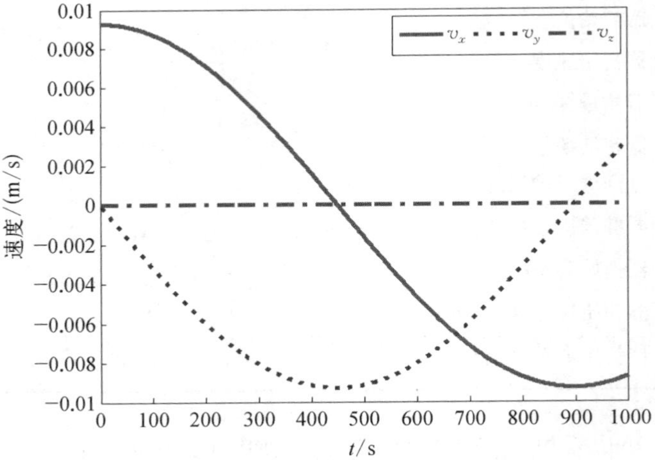

(b) 速度

图 5.36 服务点位置和速度变化

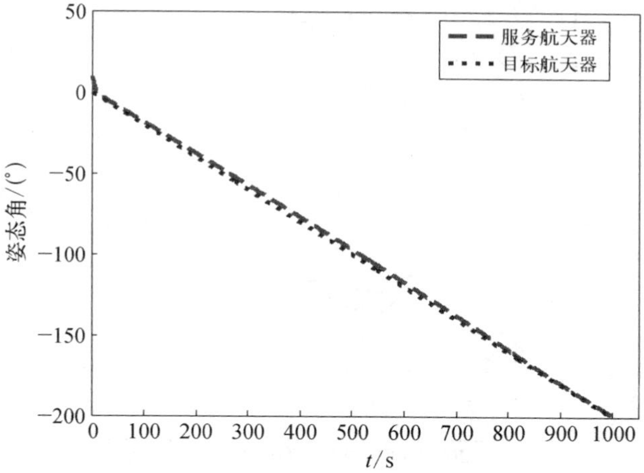

图 5.37　服务航天器和目标航天器姿态角变化

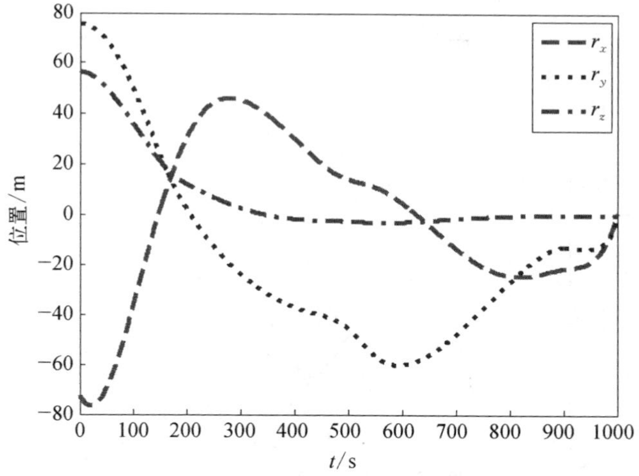

图 5.38　服务航天器中心与服务点位置矢量差

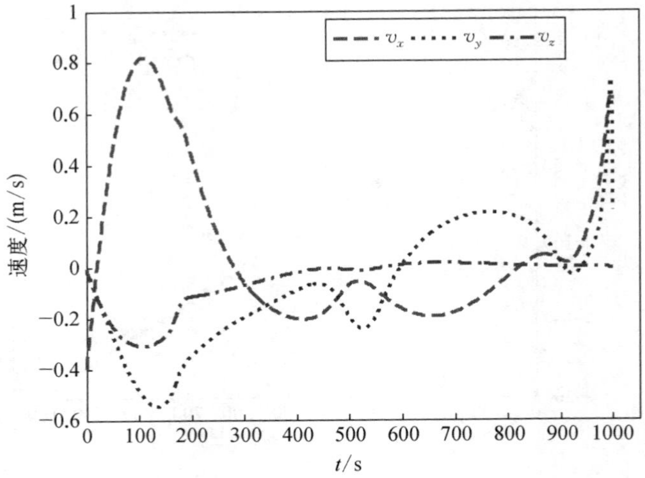

图 5.39 服务航天器中心速度变化

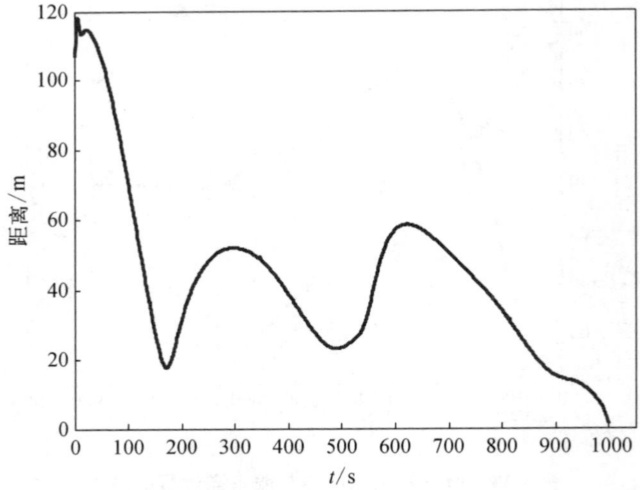

图 5.40 服务航天器到目标航天器的距离

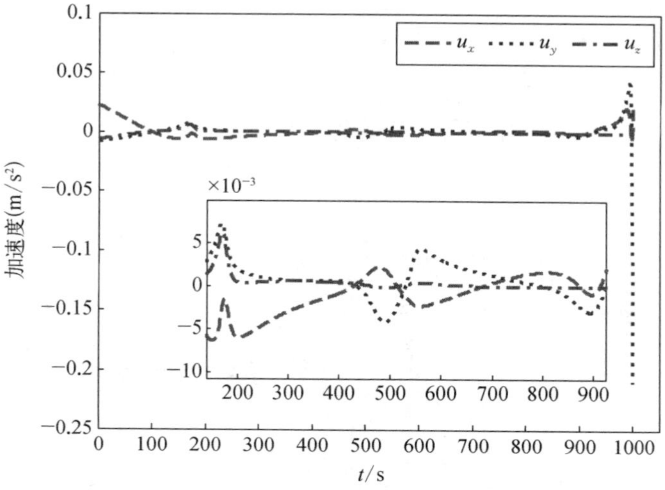

图 5.41　服务航天器总控制加速度

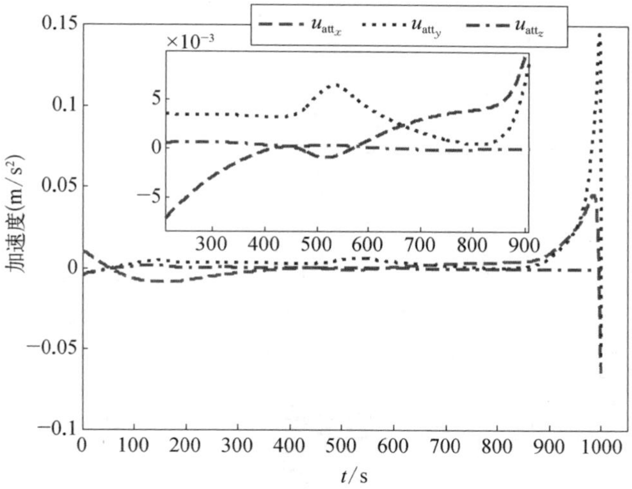

图 5.42　服务航天器趋近控制加速度

避撞机动过程中 APF 产生的斥力加速度分量如图 5.43 所示。服务航天器进入斥力势场作用范围内,对位置求导,会产生两种力:目标斥力[图 5.44(a)]和 SP 吸引力[图 5.44(b)],目标斥力使服务航天器相对目标航天器的速度减小,SP 吸引力克服目标不可达问题。目标斥力的幅值较大,对避撞起主要作用;SP 吸引力的幅值较小,辅助接近 SP。旋转势场的控制加速度如图 5.45 所示。

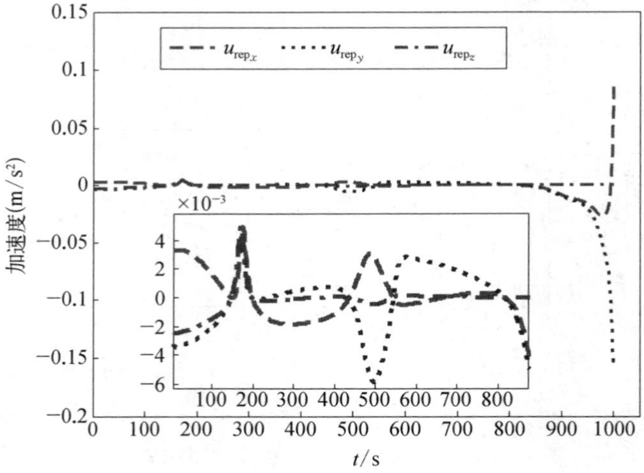

图 5.43　服务航天器排斥控制加速度

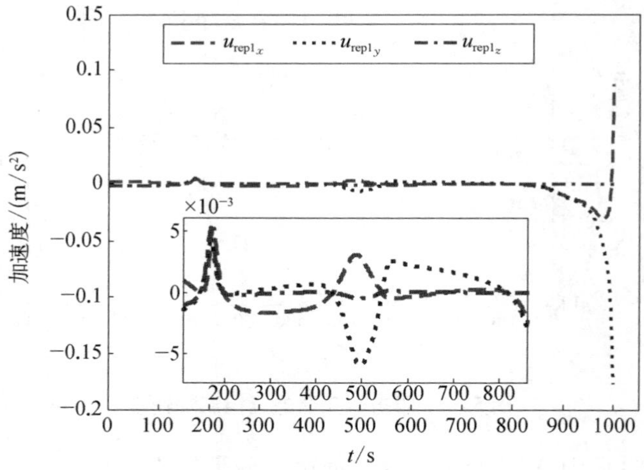

(a) 目标斥力

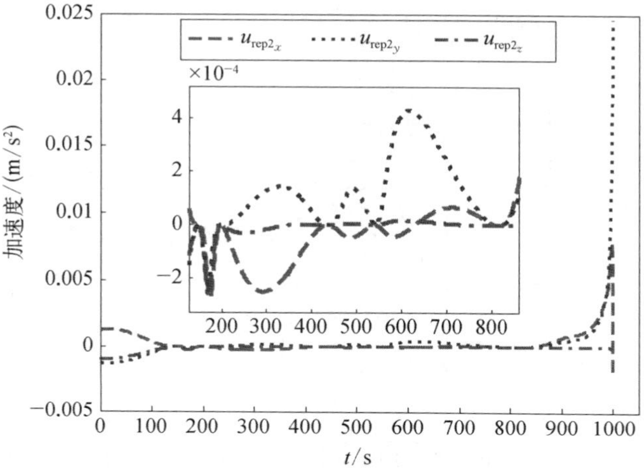

(b) SP吸引力

图 5.44　服务航天器控制加速度分量

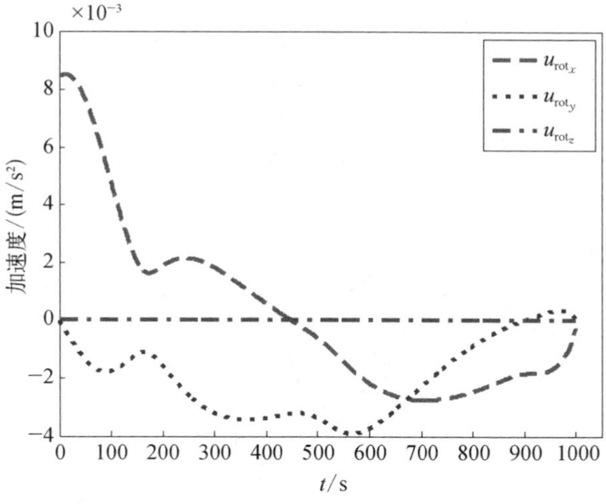

图 5.45　服务航天器旋转控制加速度

避撞机动过程姿态控制力矩变化如图 5.46 所示。服务航天器的角速度变化如图 5.47 所示，相对于 SP 的角速度误差变化如图 5.48 所示。从姿态控制结果可以看出，实时姿态能够很好地跟踪期望姿态，实现对 SP 的姿态跟踪。

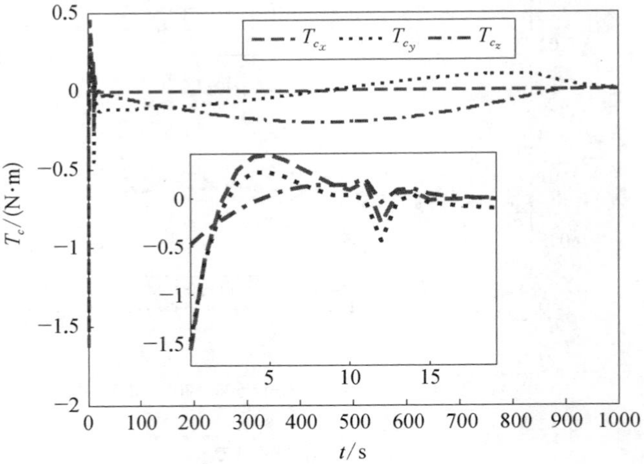

图 5.46 姿态控制力矩变化

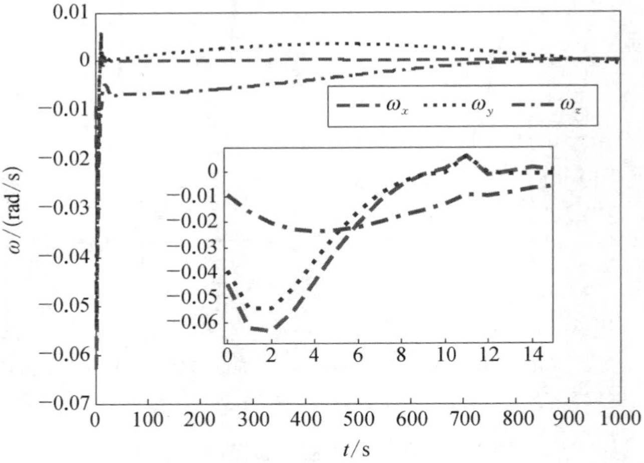

图 5.47 服务航天器角速度变化

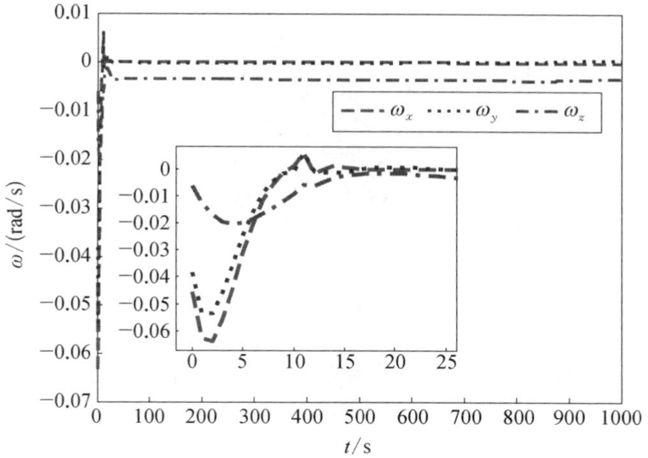

图 5.48　服务航天器相对于 SP 的角速度误差变化

2. 六自由度蒙特卡洛仿真

为了验证控制方法的有效性,采用蒙特卡洛方法对服务航天器的初始位置进行随机采样。为了保证到达目标有可行轨迹,需要设置最小距离来保证有效运动空间。综合考虑终端几何约束尺寸,选择 50 m 作为最小距离限制是可行的。初始位置到目标航天器的距离分布为 50~200 m,随机选取 1 000 个采样点,采样点随机分布在 50~200 m 的球带内。对于每个采样点,除了初始位置不同,其他仿真参数设置都是相同的。目标航天器位于 600 km 高的圆轨道,在 LVLH 坐标系中,终端约束朝向 x 轴。蒙特卡洛仿真结果分析如下。

服务航天器的初始位置(LVLH 坐标系中)的空间分布如图 5.49 所示,与目标的初始距离统计分布如图 5.50 所示。从图 5.50 可以看出,初始距离是随机分布的。图 5.51 表示仿真结束时刻与目标的距离分布,终端距离都在 1 m 以内,说明能够接近目标。图 5.52 表示碰撞次数统计,从图中可以看出,1 000 个采样点与障碍物的距离都大于安全距离,没有与目标航天器发生碰撞。

从蒙特卡洛仿真结果可以看出,在 1 000 个仿真案例中,没有出现控制失效的情况。首先,在指定的时间内,能够完成接近机动。其次,在接近过程中,没有与目标发生碰撞。最后,服务航天器都能安全到达 SP。因此,本章提出的控制算法适用于刚体目标的安全接近机动操作。

3. 三自由度蒙特卡洛仿真

为了辅助验证控制方法的有效性,将服务航天器当作质点来考虑,目标航天器作为几何刚体来处理,假设目标航天器处于自旋无控状态(绕 z 轴旋转),那么服务航天器安全接近目标航天器的过程只涉及轨道控制,无姿态控制。

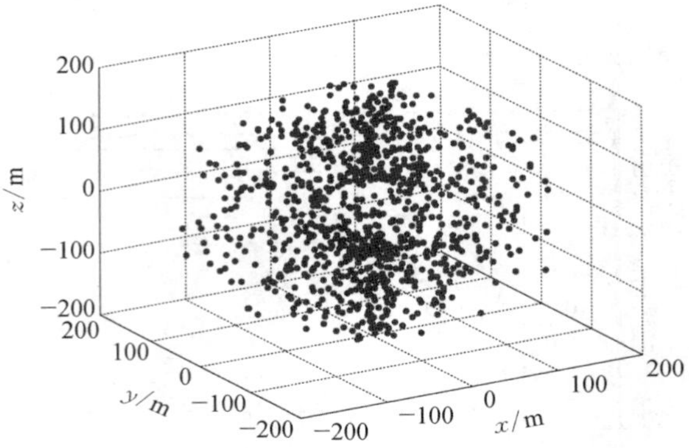

图 5.49　服务航天器初始位置空间分布图(六自由度)

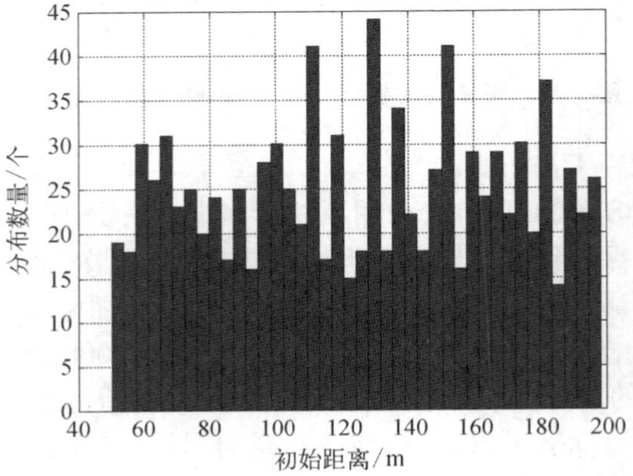

图 5.50　与目标的初始距离统计分布图(六自由度)

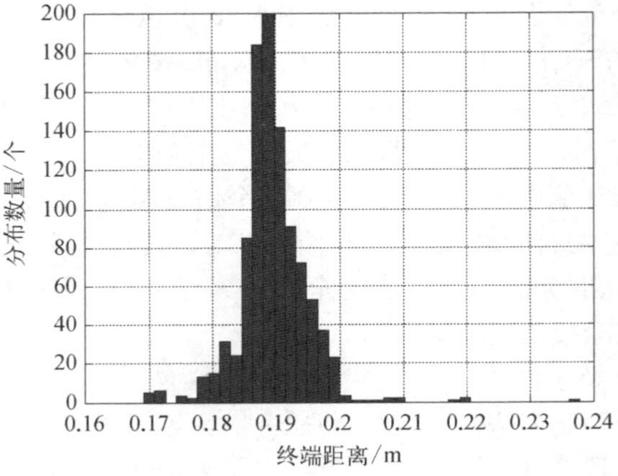

图 5.51　与目标的终端距离统计分布图(六自由度)

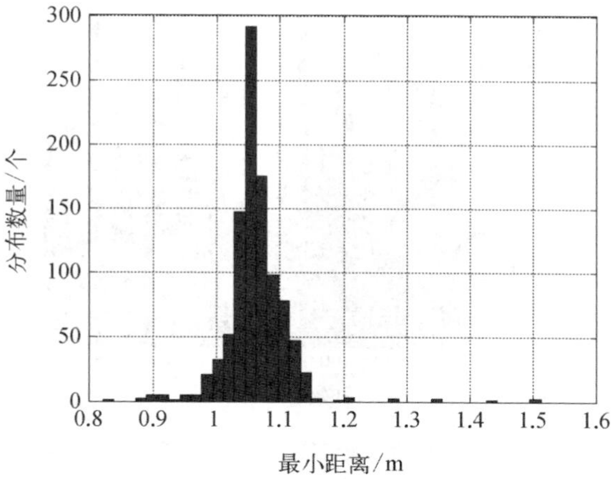

图 5.52　到目标的最小距离统计分布图(六自由度)

采用蒙特卡洛方法对服务航天器的初始位置进行随机采样,SP 在目标航天器附近。为了保证到达目标有可行轨迹,设置最小距离来保证有效运动空间。采样点到目标航天器的最小距离约束和最大距离约束与六自由度蒙特卡洛仿真设置相同。采样点数目选取为 1 000 个,随机分布在 50~200 m 的球带内。对于每个采样点,除了初始位置不同,其他仿真参数设置都是相同的。

蒙特卡洛仿真结果分析如下:服务航天器的初始位置(LVLH 坐标系中)分布如图 5.53 所示,与目标的初始距离统计分布如图 5.54 所示。从图 5.54 可以看出,初始距离是随机分布的。图 5.55 表示仿真结束时刻与目标点的距离分布,由图可知,终端距离都在 0.2 m 以内,能够接近目标。在不考虑服务航天器尺寸和姿态约束时,位置估计无须考虑尺寸和姿态要素,位置控制精度会有所提升。图 5.56 表

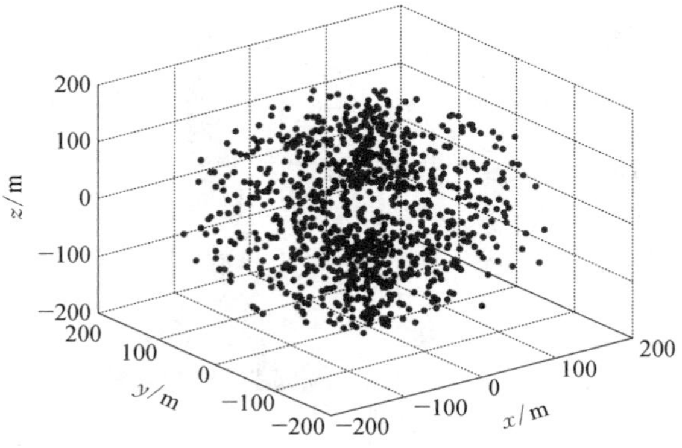

图 5.53　服务航天器初始位置空间分布图(三自由度)

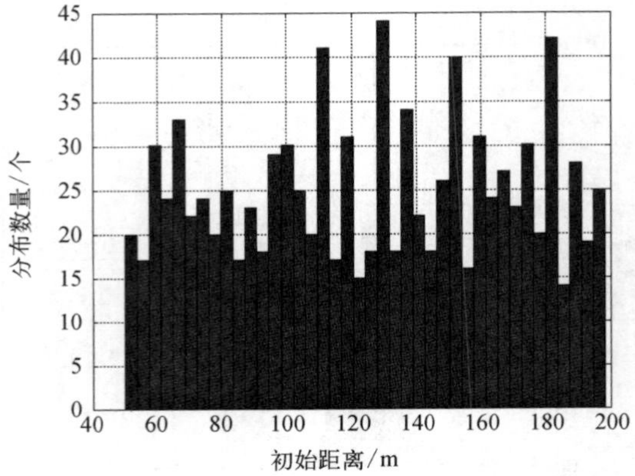

图 5.54　与目标的初始距离统计分布图(三自由度)

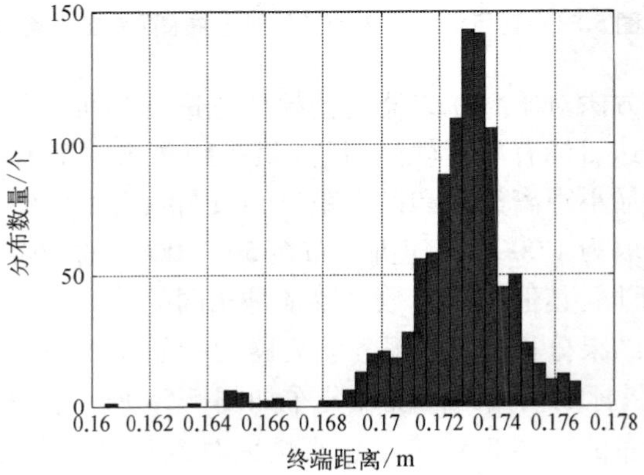

图 5.55　与目标的终端距离统计分布图(三自由度)

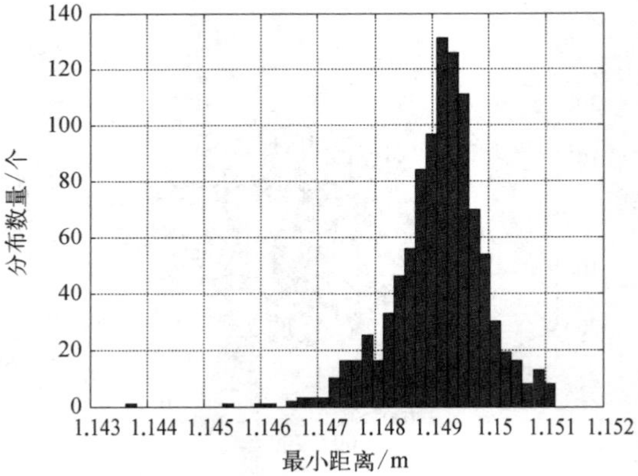

图 5.56　到目标的最小距离统计分布图(三自由度)

示碰撞次数统计，从图中可以看出，1 000 个采样点与障碍物的距离都大于安全距离，没有和目标航天器发生碰撞。

从蒙特卡洛仿真结果可以看出，在 1 000 个仿真案例中，没有出现控制失效的情况。因此，本章提出的控制算法也适用于只考虑刚体目标的三自由度安全接近机动操作，辅助验证了控制方法的有效性。

5.4 本章小结

本章介绍了针对非合作目标安全接近问题的三种势函数控制方法。首先，对势函数的基本原理和典型势函数进行了介绍。其次，针对航天器躲避障碍物的任务场景，采用 Sigmoid 势函数方法，分别结合 Lyapunov 方法和滑模控制方法设计了两种控制器，以躲避椭球形和长方体形障碍物。最后，针对六自由度的安全接近场景，基于引力势函数、斥力势函数及旋转势函数的方法设计了复合控制器，通过场景仿真和蒙特卡洛仿真证明了复合控制器的有效性。

参考文献

[1] Khatib O. Real-time obstacle avoidance for manipulators and mobile robots[J]. The International Journal of Robotics Research, 1986, 5(1): 90 - 98.

[2] Khosla P, Volpe R. Superquadric artificial potentials for obstacle avoidance and approach[C]. Philadelphia: Proceedings of the1988 IEEE International Conference on Robotics and Automation, 1988: 1778 - 1784.

[3] Masoud A A. Solving the narrow corridor problem in potential field-guided autonomous robots[C]. Barcelona: Proceedings of the 2005 IEEE International Conference on Robotics and Automation, 2005: 2909 - 2914.

[4] Badawy A, Mcinnes C R. Spacecraft formation-flying using potential functions[C]. Glasgow: 59th International Astronautical Congress, 2008.

[5] Bennet D, Mcinnes C R. Spacecraft formation-flying using bifurcating potential fields[C]. Glasgow: 59th International Astronautical Congress, 2008.

[6] Badawy A, Mcinnes C R. Small spacecraft formation using potential functions[J]. Acta Astronautica, 2009, 65(11): 1783 - 1788.

[7] Bennet D J, Mcinnes C R. Pattern transition in spacecraft formation flying using bifurcating potential fields[J]. Aerospace Science and Technology, 2012, 23(1): 250 - 262.

[8] Mcinnes C R. Autonomous proximity manoeuvring using artificial potential functions[J]. ESA Journal, 1993, 17(2): 159 - 169.

[9] Lopez I, McInnes C R. Autonomous rendezvous using artificial potential function guidance[J]. Journal of Guidance, Control, and Dynamics, 1995, 18(2): 237 - 241.

[10] Badawy A, Mcinnes C. Autonomous structure assembly using potential field functions[C].

Valencia: AIAA 57th International Astronautical Congress, 2006.
[11] Koren Y, Borenstein J. Potential field methods and their inherent limitations for mobile robot navigation[C]. Sacramento: Proceedings of IEEE Conference on Robotics and Automation, 1991: 1398 - 1404.
[12] Ren J, Mcisaac K A, Patel R V, et al. A potential field model using generalized sigmoid functions[J]. IEEE Transactions on Systems, Man, and Cybernetics. Part B, Cybernetics: a Publication of the IEEE Systems, Man, and Cybernetics Society, 2007, 37: 477 - 484.
[13] Cetin O A, Yilmaz G B. Sigmoid limiting functions and potential field based autonomous air refueling path planning for UAVs[J]. Journal of Intelligent and Robotic Systems: Theory and Applications, 2014, 73(1): 797 - 810.
[14] Rivera D M, Prieto F A, Ramirez R. Trajectory planning for UAVs in 3D environments using a moving band in potential sigmoid fields[C]. Fortaleza: Braziliam Robotics Symposium and Latin American Robotics Symposium, 2012.
[15] Jing R, Kenneth A M, Xishi H, et al. Motion planning for mobile robotics using the generalized sigmoid function[C]. New Orleans: International Conference on Robotics and Automation, 2004.
[16] 金汉均, 李朝晖, 王彦林, 等. 碰撞检测中计算两凸多面体间最短距离的算法研究[J]. 武汉理工大学学报(交通科学与工程版), 2006, 30(2): 300 - 302.
[17] 金汉均, 李朝晖, 张晓亮, 等. 基于遗传算法的凸多面体间碰撞检测算法研究[J]. 华中师范大学学报: 自然科学版, 2006, 40(1): 25 - 28.
[18] Rong X. Optimal sliding mode control and stabilization of underactuated systems[D]. Ohio: The Ohio State University, 2007.
[19] Stansbery D T, Cloutier J R. Position and attitude control of a spacecraft using the state-dependent Riccati equation technique[C]. Chicago: American Control Conference, 2000.
[20] Massari M, Zamaro M. Application of SDRE technique to orbital and attitude control of spacecraft formation flying[J]. Acta Astronautica, 2014, 94(1): 409 - 420.
[21] Lee D, Bang H. Robust nonlinear full state feedback control for autonomous close range rendezvous and docking of spacecraft[J]. International Journal of Engineering and Innovative Technology, 2013, 3(1): 544 - 557.
[22] Pukdeboon C, Kumam P. Robust optimal sliding mode control for spacecraft position and attitude maneuvers[J]. Aerospace Science and Technology, 2015, 43: 329 - 342.
[23] Romano M, Friedman D A, Shay T J. Laboratory experimentation of autonomous spacecraft approach and docking to a collaborative target[J]. Journal of Spacecraft and Rockets, 2007, 44(1): 164 - 173.
[24] Bennett T, Schaub H. Touchless electrostatic three-dimensional detumbling of large axi-symmetric debris[J]. The Journal of the Astronautical Sciences, 2015, 62(3): 233 - 253.
[25] Ge S S, Cui Y J. New potential functions for mobile robot path planning[J]. IEEE Transactions on Robotics and Automation, 2000, 16(5): 615 - 620.
[26] Gaylor D E, Barbee B W. Algorithms for safe spacecraft proximity operations[C]. Sedona: Proceedings of the 17th AAS/AIAA Space Flight Mechanics Meeting, 2007.

第6章

复杂外形非合作目标安全接近控制方法

非合作空间目标不主动配合操作,其复杂外形会导致近距离接近过程存在较大的碰撞风险,这对安全接近控制方法提出了严峻的考验。在第4章中介绍了非合作空间目标外形表征方法,在距离极近的情况下,即服务航天器进入目标最小球体包络范围内时,需要考虑目标外形的细节。关于复杂外形目标的安全接近问题,特别是针对期望位置位于最小包络球内的近距离接近问题,许多研究中往往需要根据目标外形结合相关数学方法(如超二次曲面)设计专门的APF或安全走廊,保证一条有效的路径通向期望位置。但是APF或安全走廊方法的通用性并不强,特别是面临结构形状复杂的空间目标时,难以设计有效的APF或安全走廊。在第4章中介绍了通过GMM采样重构法可以较为精确地拟合表征任意复杂外形,但仅将复杂外形表征出来还不够,需要利用表征模型建立安全约束,以避免在接近过程中发生碰撞。本章在GMM表征目标复杂外形的基础上,结合APF理论构建安全约束,并针对姿态变化的非合作目标改进了GMM,使其实时表征目标复杂外形的变化。相比第5章中利用势函数控制方法进行避撞,本章主要针对复杂外形的非合作空间目标,在建立较为精确的复杂外形的基础上设计安全接近控制方法。

考虑到非合作目标往往不能保持姿态稳定,不能配合完成接近过程,还存在导航、控制等不确定性等情况,对服务航天器的机动控制算法的性能要求更为严格。不确定性[1, 2]可分为匹配不确定性和非匹配不确定性,其中匹配不确定性是指与控制输入直接相关的不确定性,因此可以通过设计控制量的大小来抵消其影响;非匹配不确定性直接影响系统的状态量,与控制输入无关,需要设计鲁棒性更强的控制算法来抵消其影响。此外,考虑到实际工程任务中,安全接近任务是充满高风险的空间机动操作,一般要求机动处于地面测控时间窗口内,便于地面测控人员在必要的时候及时进行人为干预。除测控约束外,一些特殊任务也对安全接近提出了时间要求,这无疑进一步给安全接近任务增加了难度。为解决此问题,本章采用固定时间稳定理论,对系统稳定时间给出更精准的估计。固定时间稳定的系统,其稳定时间与系统的初始状态无关[3],有利于安全接近任务的顺利实施。

本章首先介绍基于 GMM 在非合作目标复杂外形影响和姿态变化影响下进行安全约束建模的方法,然后考虑目标姿态变化、不确定性干扰、时间约束等情况下的安全接近控制问题,结合非奇异滑模控制方法、固定时间稳定控制方法等,设计复杂外形非合作目标安全接近控制律,并分别给出仿真分析结果。

6.1 目标复杂外形的约束建模

采用传统的 APF 方法,在面对复杂外形问题时,往往使用椭圆或超几何曲面进行包络,不能精确地表征由复杂外形影响的势场,限制了过多的机动空间。当实施超近距离安全接近任务时,服务航天器需要接近到空间目标的椭球包络范围内,传统的 APF 方法不能适用,禁飞区冗余量需要进一步降低。GMM 采样重构法可以较为精确地表征目标的复杂外形,在 GMM 的基础上设计的 GMM - APF 能够更为精确地表征任意复杂外形影响的运动空间约束,从而为超近距离的接近控制提供安全性保障。考虑到非合作目标在空间中的姿态往往处于翻滚状态,针对此种情况对 GMM 进行理论分析,提出了瞬时高斯混合模型(instantaneous Gaussian mixture model, IGMM)以表征姿态翻滚目标的复杂外形,同时设计相应的安全约束,使约束随着目标姿态的变化而变化。

6.1.1 目标姿态静止的复杂外形约束建模

1. GMM 约束建模

关于 GMM 重构空间非合作目标复杂外形的精度问题作以下说明:采用 GMM 采样重构法重构外形,首先需要服务航天器通过自身的相机等观测设备对目标外形进行近距离特征点采样,得到一系列点云,采样的过程存在观测误差。观测误差的存在对 GMM 重构外形的精度会造成影响,但是采用 GMM 采样重构法并不需要特别高的特征点采样精度,依然能获得比传统外包络法更高的复杂外形表征精度,因此 GMM - APF 也比现有的 APF 方法具备更高精度的运动空间约束表征。

GMM 表达式及其解法在 4.3 节中已给出,基于 GMM 设计势函数的排斥势函数部分,排斥势函数应当满足以下特性:① 当服务航天器到达终端位置 $\boldsymbol{r}_{\mathrm{f}}$ 时,排斥势函数等于零;② 当服务航天器接近目标航天器的结构部件或者外表面时,排斥势函数趋于无穷大;③ 当服务航天器远离目标航天器时,排斥势函数接近于零。因此,给出如下排斥势函数的表达式:

$$\phi_{\text{GMM-rep}} = \frac{1}{2}(\boldsymbol{r}-\boldsymbol{r}_{\text{f}})^{\text{T}}\boldsymbol{M}(\boldsymbol{r}-\boldsymbol{r}_{\text{f}})\sum_{j=1}^{K}\frac{\pi_j}{(2\pi)^{\frac{D}{2}}\sqrt{|\boldsymbol{\Sigma}_j|}}\mathrm{e}^{-\frac{1}{2}(\boldsymbol{r}-\boldsymbol{\mu}_j)^{\text{T}}\boldsymbol{\Sigma}_j^{-1}(\boldsymbol{r}-\boldsymbol{\mu}_j)} \tag{6.1}$$

式中，$\boldsymbol{M}$ 为正定对称矩阵。

GMM－APF 的吸引势函数部分可以采用经典的形式，满足以下特性：① 在期望位置处，吸引势函数等于零；② 离期望位置越远的空间位置，吸引势函数值越大。

$$\phi_{\text{GMM-att}} = \frac{1}{2}(\boldsymbol{r}-\boldsymbol{r}_{\text{f}})^{\text{T}}\boldsymbol{P}(\boldsymbol{r}-\boldsymbol{r}_{\text{f}}) \tag{6.2}$$

式中，$\boldsymbol{P}$ 为正定对称矩阵。

因此，基于 GMM 的势函数完整表达式为

$$\phi_{\text{GMM}} = \frac{1}{2}(\boldsymbol{r}-\boldsymbol{r}_{\text{f}})^{\text{T}}\left[\boldsymbol{P}(\boldsymbol{r}-\boldsymbol{r}_{\text{f}}) + \boldsymbol{M}(\boldsymbol{r}-\boldsymbol{r}_{\text{f}})\sum_{j=1}^{K}\frac{\pi_j}{(2\pi)^{\frac{D}{2}}\sqrt{|\boldsymbol{\Sigma}_j|}}\mathrm{e}^{-\frac{1}{2}(\boldsymbol{r}-\boldsymbol{\mu}_j)^{\text{T}}\boldsymbol{\Sigma}_j^{-1}(\boldsymbol{r}-\boldsymbol{\mu}_j)}\right] \tag{6.3}$$

其梯度为

$$\nabla_{\boldsymbol{r}}\phi_{\text{GMM}} = \boldsymbol{P}(\boldsymbol{r}-\boldsymbol{r}_{\text{f}}) + \boldsymbol{M}(\boldsymbol{r}-\boldsymbol{r}_{\text{f}})\sum_{j=1}^{K}\eta_j - \frac{1}{2}(\boldsymbol{r}-\boldsymbol{r}_{\text{f}})^{\text{T}}\boldsymbol{M}(\boldsymbol{r}-\boldsymbol{r}_{\text{f}})\sum_{j=1}^{K}\eta_j\theta_j \tag{6.4}$$

其中，

$$\begin{cases}\eta_j = \dfrac{\pi_j}{2\pi\sqrt{|\boldsymbol{\Sigma}_j|}}\mathrm{e}^{-\frac{1}{2}(\boldsymbol{r}-\boldsymbol{\mu}_j)^{\text{T}}\boldsymbol{\Sigma}_j^{-1}(\boldsymbol{r}-\boldsymbol{\mu}_j)} \\ \theta_j = \boldsymbol{\Sigma}_j^{-1}(\boldsymbol{r}-\boldsymbol{\mu}_j)\end{cases} \tag{6.5}$$

求势函数的二阶梯度，即势函数梯度对位置矢量 $\boldsymbol{r}$ 求导的结果为

$$\begin{aligned}\nabla_{rr}\phi_{\text{GMM}} = {} & \boldsymbol{P} + \boldsymbol{M}\sum_{j=1}^{K}\eta_j - \sum_{j=1}^{K}\eta_j\theta_j(\boldsymbol{r}-\boldsymbol{r}_{\text{f}})^{\text{T}}\boldsymbol{M} - \boldsymbol{M}(\boldsymbol{r}-\boldsymbol{r}_{\text{f}})\sum_{j=1}^{K}\eta_j\theta_j^{\text{T}} \\ & + \frac{1}{2}(\boldsymbol{r}-\boldsymbol{r}_{\text{f}})^{\text{T}}\boldsymbol{M}(\boldsymbol{r}-\boldsymbol{r}_{\text{f}})\sum_{j=1}^{K}\eta_j[\theta_j\theta_j^{\text{T}} - \boldsymbol{\Sigma}_j^{-1}]\end{aligned} \tag{6.6}$$

2. GMM 约束势场仿真

为展现 GMM－APF 的特性，下面给出仿真算例。假设目标航天器的主体是一个体积为 8 m^3 的立方体，附带两个长 6 m、宽 2 m 的太阳能电池板和两个长度为 2 m 的天线，如图 6.1 所示。通过模拟采样方法获得目标航天器表面 4 000 多个特征点，采样时增加了随机观测误差，以更贴合实际情况。表 6.1 中列出了 GMM 关键

参数的初始值,包含 12 组高斯分布的权值、均值和协方差矩阵,然后通过 K 均值聚类算法和 EM 算法根据采样数据进行计算,结果如表 6.2 所示。

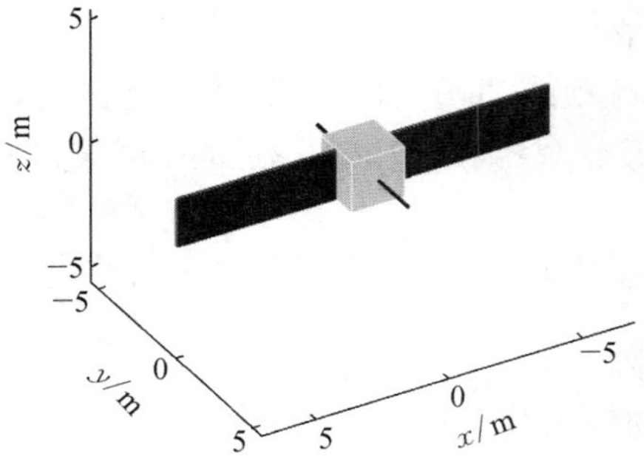

图 6.1　具有复杂外形的目标航天器

表 6.1　GMM 的初始参数关键值

j	π_j	$\boldsymbol{\mu}_j$	$\boldsymbol{\Sigma}_j$
1	8.302×10^{-2}	$[1, 0, 0]^{\mathrm{T}}$	diag([0, 0.330 1, 0.330 1])
2	8.302×10^{-2}	$[-1, 0, 0]^{\mathrm{T}}$	diag([0, 0.330 2, 0.330 1])
3	8.302×10^{-2}	$[0, 1, 0]^{\mathrm{T}}$	diag([0.330 0, 0, 0.330 2])
4	8.302×10^{-2}	$[0, -1, 0]^{\mathrm{T}}$	diag([0.330 1, 0, 0.329 9])
5	8.302×10^{-2}	$[0, 0, 1]^{\mathrm{T}}$	diag([0.330 0, 0.330 0, 0])
6	8.302×10^{-2}	$[0, 0, -1]^{\mathrm{T}}$	diag([0.330 0, 0.330 0, 0])
7	4.193×10^{-4}	$[0, -2, 0]^{\mathrm{T}}$	diag([0, 0.335 0, 0])
8	4.193×10^{-4}	$[0, 2, 0]^{\mathrm{T}}$	diag([0, 0.335 0, 0])
9	1.256×10^{-1}	$[-2.5, 0, 0]^{\mathrm{T}}$	diag([0.755 0, 0, 0.330 0])
10	1.252×10^{-1}	$[2.5, 0, 0]^{\mathrm{T}}$	diag([0.755 0, 0, 0.330 0])
11	1.252×10^{-1}	$[-5.5, 0, 0]^{\mathrm{T}}$	diag([0.755 0, 0, 0.330 0])
12	1.252×10^{-1}	$[5.5, 0, 0]^{\mathrm{T}}$	diag([0.755 0, 0, 0.330 0])

表 6.2　GMM 关键参数的计算结果

j	π_j	$\boldsymbol{\mu}_j$	$\boldsymbol{\Sigma}_j$
1	8.295×10^{-2}	$[1, 0, 0]^{\mathrm{T}}$	diag([1×10^{-5}, 0.330 3, 0.330 0])
2	8.295×10^{-2}	$[-1, 0, 0]^{\mathrm{T}}$	diag([1×10^{-5}, 0.330 3, 0.330 0])

续　表

j	π_j	$\boldsymbol{\mu}_j$	$\boldsymbol{\Sigma}_j$
3	8.302×10^{-2}	$[0, 1, 0]^T$	$\mathrm{diag}([0.3303, 1\times10^{-5}, 0.3300])$
4	8.302×10^{-2}	$[0, -1, 0]^T$	$\mathrm{diag}([0.3303, 1\times10^{-5}, 0.3300])$
5	8.300×10^{-2}	$[0, 0, 1]^T$	$\mathrm{diag}([0.3299, 0.3301, 1\times10^{-5}])$
6	8.302×10^{-2}	$[0, 0, -1]^T$	$\mathrm{diag}([0.3300, 0.3301, 1\times10^{-5}])$
7	4.196×10^{-4}	$[0, -2.0043, 0]^T$	$\mathrm{diag}([1\times10^{-5}, 0.3382, 1\times10^{-5}])$
8	4.196×10^{-4}	$[0, 2.0043, 0]^T$	$\mathrm{diag}([1\times10^{-5}, 0.3382, 1\times10^{-5}])$
9	1.287×10^{-1}	$[-2.5886, 0, 0]^T$	$\mathrm{diag}([0.9601, 1\times10^{-5}, 0.3301])$
10	1.279×10^{-1}	$[2.5886, 0, 0]^T$	$\mathrm{diag}([0.9489, 1\times10^{-5}, 0.3301])$
11	1.221×10^{-1}	$[-5.4883, 0, 0]^T$	$\mathrm{diag}([0.8751, 1\times10^{-5}, 0.3300])$
12	1.225×10^{-1}	$[5.4811, 0, 0]^T$	$\mathrm{diag}([0.8751, 1\times10^{-5}, 0.3300])$

根据表 6.2 的计算结果,绘制了基于 GMM 的重构点云及函数值分布在三个平面的投影,如图 6.2 所示。图 6.2(a)给出了目标航天器外形的重构点云,其中黑色外框线是附加轮廓,以更好地展现点云分布的外形。图 6.2(b) ~ 图 6.2(d)分别为 GMM 势值分布在三个坐标平面的投影,图中深色区域表示函数值较低,亮色区域表示函数值较高。由图 6.2 给出的仿真结果可以看出,通过采集目标航天器外形的特征点样本,解算出的 GMM 可以较为精确地重构航天器的复杂外形,包括太阳帆板、天线等结构部件。

下面给出所设计的 GMM - APF 的势场分布仿真结果。设期望位置 $\boldsymbol{r}_f = [2, 2, 2]^T$,且增益矩阵 $\boldsymbol{M} = \mathrm{diag}([2, 2, 2])$, $\boldsymbol{P} = \mathrm{diag}([2, 2, 2])$,结合表 6.2 中 GMM 关键参数的计算结果,绘制出图 6.3 所示的仿真结果。图 6.3(a) ~ (c)分别表示 GMM - APF 在 $x-z$、$y-z$ 和 $x-y$ 这三个二维平面中的势场分布。由图 6.3 可以看出,目标航天器的主体框架、两块太阳能电池帆板及两根天线所处的空间位置的势场值比附近区域更高,期望位置具有全局最小的势场值,而离期望位置更远的空间位置具有更高的势场值。如图 6.3 所示,势场中运动的服务航天器沿着势函数负梯度方向运动,可以避免与目标航天器的外形结构发生碰撞,安全到达期望位置。

6.1.2　目标姿态翻滚的复杂外形约束建模

在服务航天器接近目标航天器的过程中,除了要考虑目标航天器的复杂外形,

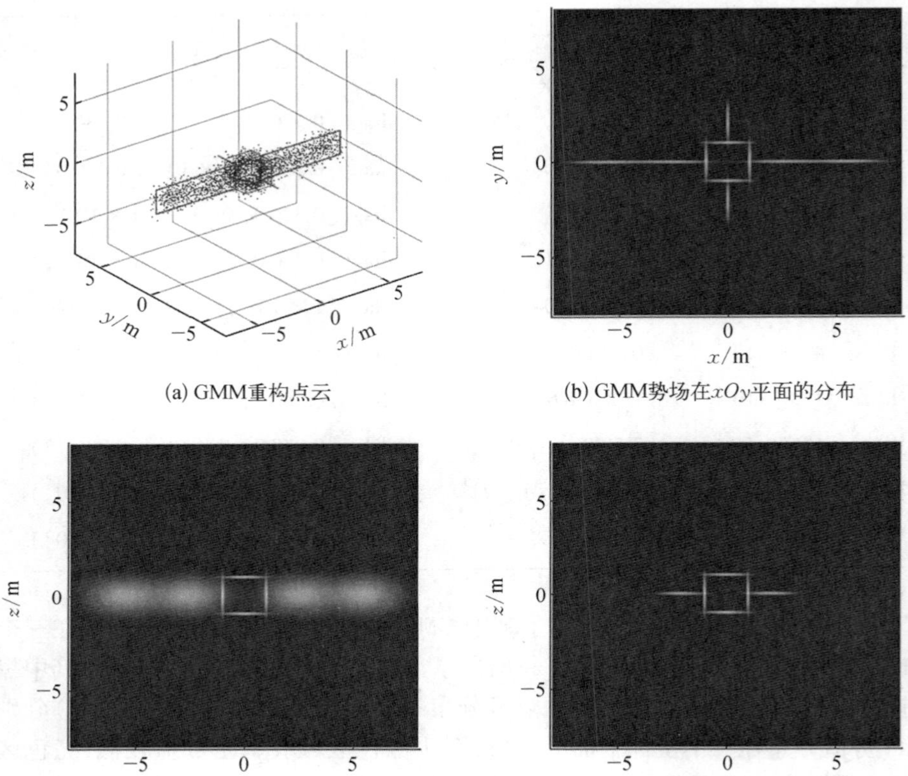

(a) GMM重构点云　(b) GMM势场在xOy平面的分布

(c) GMM势场在xOz平面的分布　(d) GMM势场在yOz平面的分布

图 6.2　GMM 重构点云及势场分布

还需要考虑非合作目标航天器可能失控翻滚的问题,非合作目标航天器失控自旋会对接近过程产生巨大的碰撞风险。因此,针对姿态翻滚的具有复杂外形的非合作目标,提出了 IGMM,用来描述翻滚目标复杂外形在空间中的变化。然后提出相应的瞬时 GMM 人工势函数(IGMM - APF),用来表征由翻滚目标复杂外形影响的运动空间约束。

1. GMM 的瞬时特性分析

通过对复杂外形目标航天器的外形表面特征点采样数据,采用 K 均值聚类算法和 EM 算法,拟合 GMM,得到一个解析表达式。这个解析表达式可以较为精确地描述目标航天器的复杂外形,其关键参数为每个高斯分量的权重 π_j、每个聚类数据的均值 μ_j、与聚类数据分布相关的协方差矩阵 $\boldsymbol{\Sigma}_j$。由理论分析可知,GMM 中的均值 μ_j 和协方差矩阵 $\boldsymbol{\Sigma}_j$ 是由采样数据特征点之间的相对位置和误差分布定义

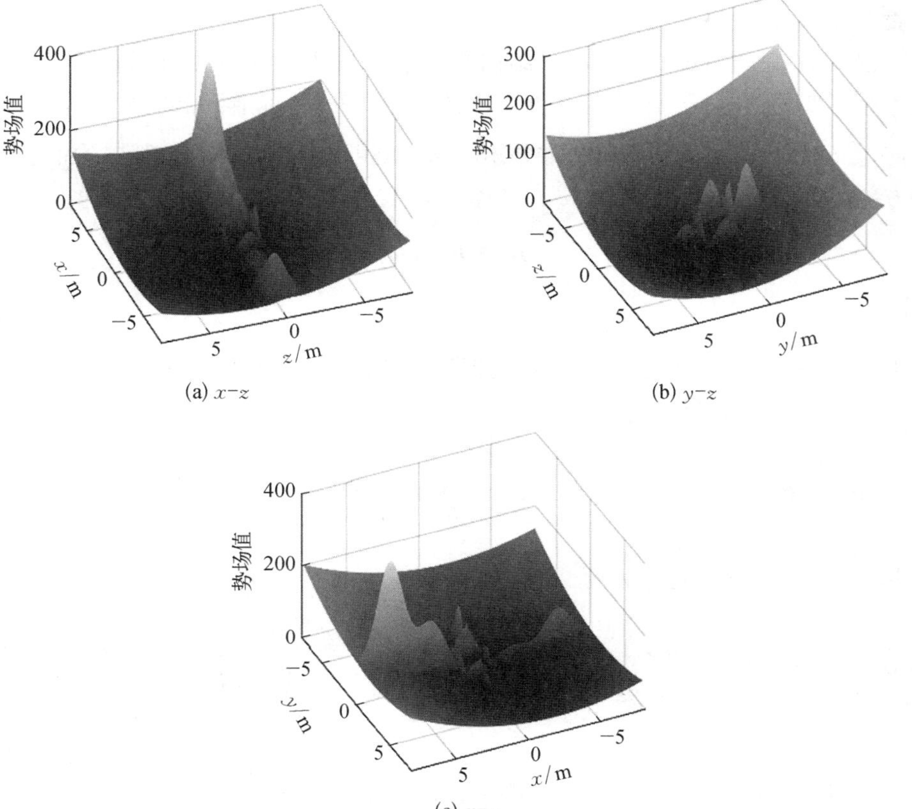

(a) $x-z$　(b) $y-z$　(c) $x-y$

图 6.3　基于 GMM 的势函数的势场分布

的,而权重 $\boldsymbol{\pi}_j$ 是由目标外形各个结构部分的尺寸大小决定的。

当目标航天器姿态在空间中发生变化,即姿态角速度不为零时,其三维外形结构参数在空间中也发生变化。以目标航天器体坐标系相对于轨道坐标系的转动描述其姿态变化,则可由四元数表示的坐标转换矩阵 $\boldsymbol{R}_{bl}$ 表现姿态的翻滚。当目标姿态变化时,如果每个时刻都对目标外形特征进行采样,则会得到不同的数据点云,拟合不同的 GMM,其计算量非常大,难以实现。分析可知,每个时刻目标外形的特征点位置是跟随目标姿态变化而变化的,相当于刚体上的非质心质点系的转动。因此,目标外形特征点跟随目标姿态转动而转动,其运动规律可以用坐标转换矩阵 $\boldsymbol{R}_{bl}$ 表示。而 GMM 中由外形特征点采样数据位置信息拟合的关键参数 $\boldsymbol{\mu}_j$ 和 $\boldsymbol{\Sigma}_j$ 的时变规律与外形特征点的运动规律相关联。如果能找到 GMM 关键参数随目标姿态变化的规律,就能得到描述翻滚目标复杂外形在空间中变化规律的 IGMM,而不用对每个时刻目标的复杂外形进行重复采样拟合。

权重 π_j 只与目标外形中各个结构的尺寸大小相关,所以在目标姿态变化而形状大小不变的情况下,π_j 保持不变。因此,描述瞬时目标航天器的复杂外形特征,只需定义瞬时均值 $\bar{\boldsymbol{\mu}}_j$ 和瞬时协方差矩阵 $\bar{\boldsymbol{\Sigma}}_j$,就可以得到 IGMM。瞬时均值和瞬时协方差矩阵的定义如下:

$$\bar{\boldsymbol{\mu}}_j = \boldsymbol{R}_{bl} \cdot \boldsymbol{\mu}_j \tag{6.7}$$

$$\bar{\boldsymbol{\Sigma}}_j = \boldsymbol{R}_{bl}^{\mathrm{T}} \Sigma_j \boldsymbol{R}_{bl} \tag{6.8}$$

式中,坐标转换矩阵 $\boldsymbol{R}_{bl}$ 是与目标航天器转动角速度 $\boldsymbol{\omega}$ 和时间 t 相关的矩阵函数。

IGMM 的表达式如下:

$$\bar{p}(\boldsymbol{r} \mid \bar{\Theta}) = \sum_{j=1}^{K} \pi_j \Phi(\boldsymbol{r} \mid \bar{\boldsymbol{\mu}}_j, \bar{\boldsymbol{\Sigma}}_j) = \sum_{j=1}^{K} \frac{\pi_j}{(2\pi)^{\frac{D}{2}} \mid \bar{\boldsymbol{\Sigma}}_j \mid^{\frac{1}{2}}} \mathrm{e}^{-\frac{1}{2}(\boldsymbol{r}-\bar{\boldsymbol{\mu}}_j)^{\mathrm{T}} \bar{\boldsymbol{\Sigma}}_j^{-1} (\boldsymbol{r}-\bar{\boldsymbol{\mu}}_j)} \tag{6.9}$$

则 IGMM - APF 的表达式为

$$\bar{\phi}_{\mathrm{GMM}} = \frac{1}{2}(\boldsymbol{r} - \boldsymbol{r}_{\mathrm{f}})^{\mathrm{T}} \left[\boldsymbol{P}(\boldsymbol{r} - \boldsymbol{r}_{\mathrm{f}}) + \boldsymbol{M}(\boldsymbol{r} - \boldsymbol{r}_{\mathrm{f}}) \sum_{j=1}^{K} \frac{\pi_j}{(2\pi)^{\frac{D}{2}} \sqrt{\mid \bar{\boldsymbol{\Sigma}}_j \mid}} \mathrm{e}^{-\frac{1}{2}(\boldsymbol{r}-\bar{\boldsymbol{\mu}}_j)^{\mathrm{T}} \bar{\boldsymbol{\Sigma}}_j^{-1} (\boldsymbol{r}-\bar{\boldsymbol{\mu}}_j)} \right] \tag{6.10}$$

采用 IGMM - APF 可以描述由翻滚目标航天器复杂外形影响的时变运动空间约束,对服务航天器超近距离接近姿态翻滚目标的过程提供避撞约束和安全性保障。

2. IGMM 仿真

为了表现 IGMM 随目标航天器转动而时变描述其复杂外形的特点,下面进行仿真验证。设初始时刻 $t_0 = 0$,初始姿态为 $\boldsymbol{q}(0) = [1, 0, 0, 0]^{\mathrm{T}}$,角速度为 $\boldsymbol{\omega} = [0.01, 0.02, 0.03]^{\mathrm{T}}$,单位为 rad/s。仿真结果如图 6.4 所示,图中给出了 0 s、50 s、100 s、150 s 和 200 s 五个时刻目标航天器的姿态及对应的 IGMM 重构点云示意图。由图 6.4 可知,IGMM 可以良好地表现翻滚目标航天器的复杂外形。

需要注意的是,图 6.4(a)中目标航天器的两根天线分别用不同颜色直线作区分,可以更好地展现姿态的变化;图 6.4(b)中 IGMM 重构点云中的红色外框线是额外附加的,目的是更好地体现点云分布形状。

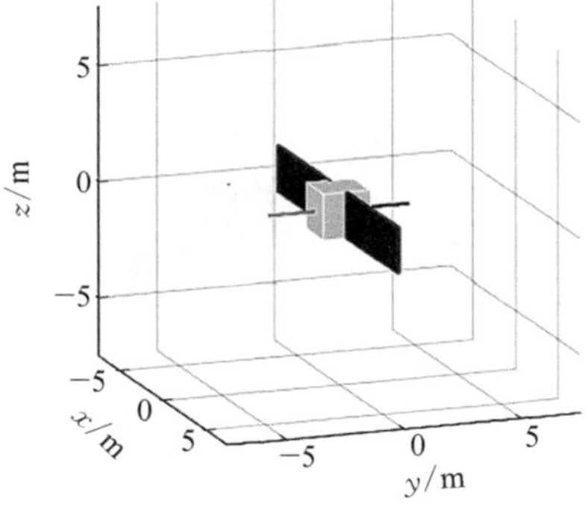

(a) 目标航天器姿态($t = 0$)

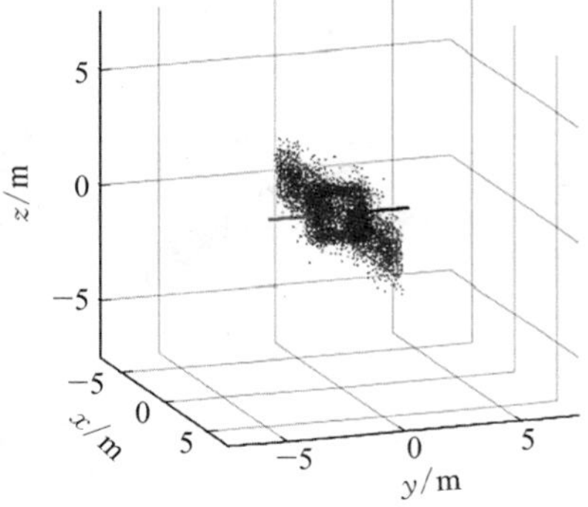

(b) IGMM重构点云($t = 0$)

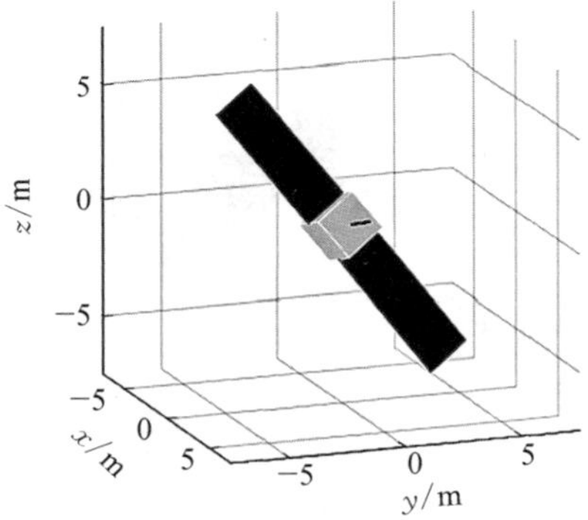

(c) 目标航天器姿态($t = 50$ s)

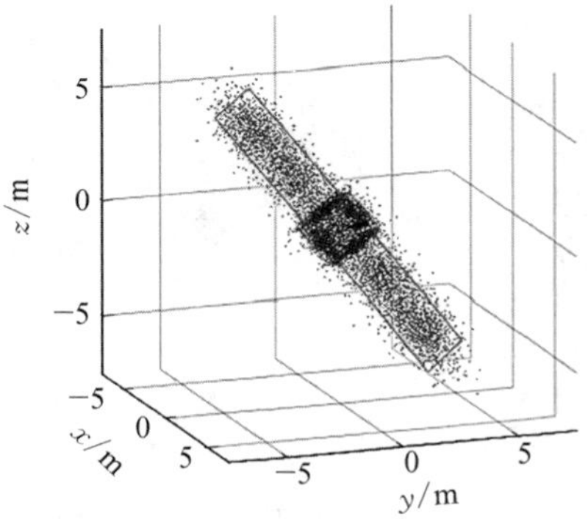

(d) IGMM重构点云($t = 50$ s)

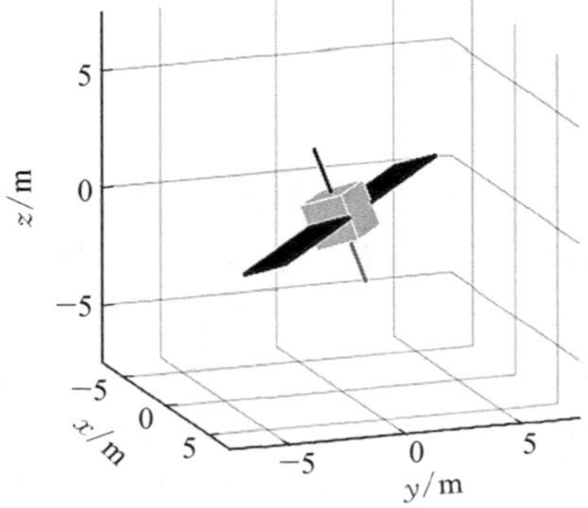

(e) 目标航天器姿态($t = 100$ s)

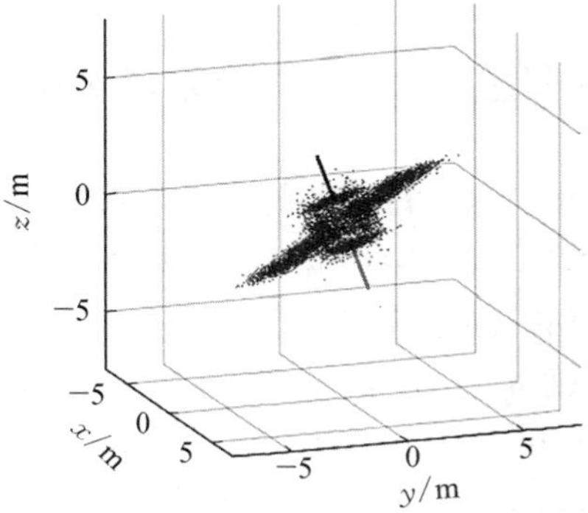

(f) IGMM重构点云($t = 100$ s)

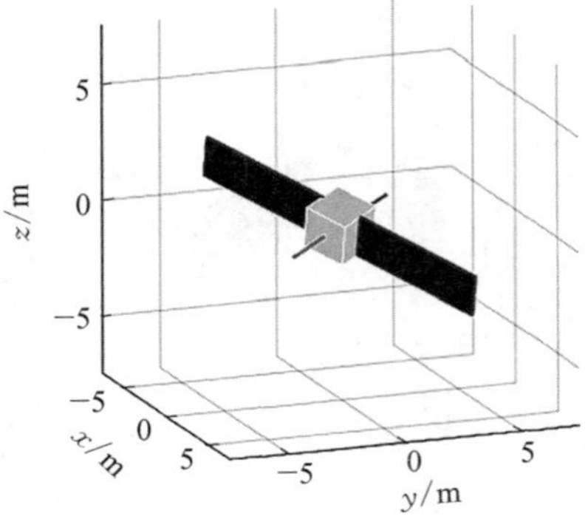

(g) 目标航天器姿态($t = 150$ s)

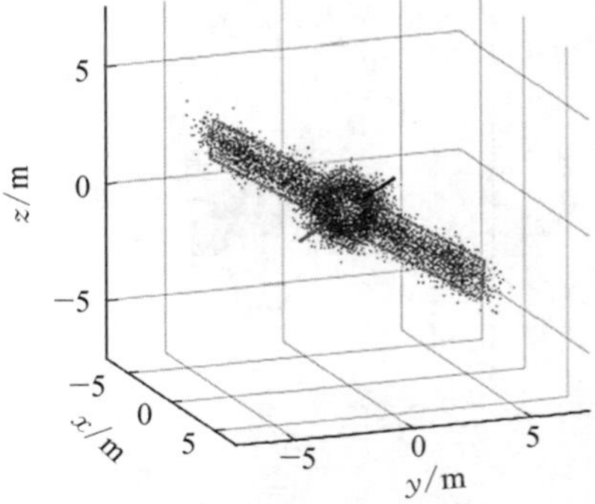

(h) IGMM重构点云($t = 150$ s)

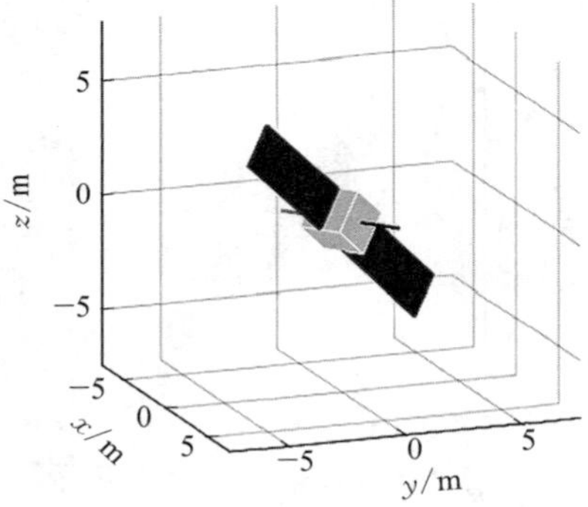

(i) 目标航天器姿态($t = 200$ s)

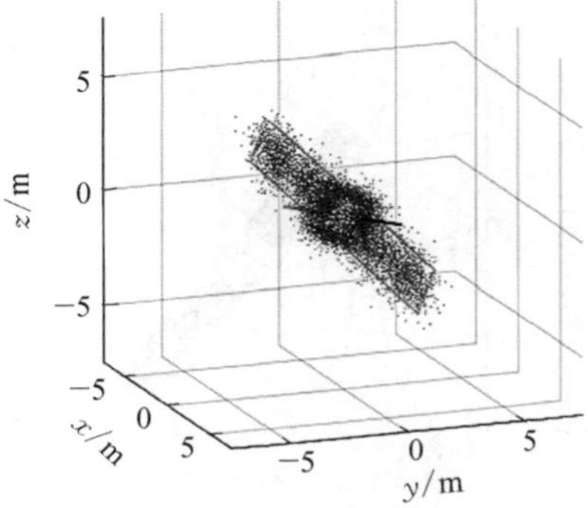

(j) IGMM重构点云($t = 200$ s)

图 6.4　瞬时目标航天器姿态和对应的 IGMM 重构点云

6.2　静止复杂外形目标的有限时间控制方法

本节假设待服务的复杂外形目标姿态处于静止稳定的状态，但同时存在不确定性的干扰，针对此种情况来设计具有强鲁棒性和避撞效果的控制器。航天器相对运动控制系统往往会受到不确定性的影响，将严重降低系统的控制性能。为减小不确定性对系统控制性能的影响，本节通过非奇异终端滑模控制[4-6] (nonsingular terminal sliding mode control, NTSMC)和比例-积分-微分(proportion - integration - differentiation, PID)控制原理，提出了一个非奇异积分双环滑模控制(nonsingular integral double-loop sliding mode control, NIDSMC)方法。然后，结合

GMM - APF 设计 GMM - NIDSMC,以实现对不确定性影响下的复杂外形非合作目标的安全接近控制。

6.2.1 非奇异积分双环滑模控制器设计

为了简化控制算法的设计过程,首先引入一般的二阶非线性系统形式:

$$\begin{cases}\dot{\boldsymbol{x}}_1 = \boldsymbol{f}_1(\boldsymbol{x}) + \boldsymbol{g}_1(\boldsymbol{x},\ t) \\ \dot{\boldsymbol{x}}_2 = \boldsymbol{f}_2(\boldsymbol{x}) + \boldsymbol{u} + \boldsymbol{g}_2(\boldsymbol{x},\ t)\end{cases} \tag{6.11}$$

式中,$\boldsymbol{x} = (\boldsymbol{x}_1^{\mathrm{T}},\ \boldsymbol{x}_2^{\mathrm{T}})^{\mathrm{T}} \in \mathbb{R}^{2n}$ 为状态变量,且 $\boldsymbol{x}_1 = (x_1,\ \cdots,\ x_n)^{\mathrm{T}} \in \mathbb{R}^n$, $\boldsymbol{x}_2 = (x_{n+1},\ \cdots,\ x_{2n})^{\mathrm{T}} \in \mathbb{R}^n$; 函数 $\boldsymbol{f}_i(\boldsymbol{x})(i = 1,\ 2)$ 已知,表示系统的动力学模型; $\boldsymbol{u} = (u_1,\ \cdots,\ u_n)^{\mathrm{T}} \in \mathbb{R}^n$ 为系统输入;未知函数 $\boldsymbol{g}_1(\boldsymbol{x},\ t) \in \mathbb{R}^n$ 表示系统中的非匹配不确定性; $\boldsymbol{g}_2(\boldsymbol{x},\ t) \in \mathbb{R}^n$ 表示匹配不确定性,包括输入不确定性,以及未建模的动力学和外部干扰等。

假设非匹配不确定性和匹配不确定性对于所有 $t \geqslant 0$ 都有界,则有

$$\left\| \boldsymbol{M}(\boldsymbol{x},\ t) = \frac{\mathrm{d}\{\Xi[\boldsymbol{g}_1(\boldsymbol{x},\ t),\boldsymbol{g}_2(\boldsymbol{x},\ t),\ t]\}}{\mathrm{d}t} \right\| \leqslant \varGamma \tag{6.12}$$

$$\sup_{t\geqslant 0} \|\boldsymbol{g}_1(\boldsymbol{x},\ t)\| < \varGamma_1,\quad \sup_{t\geqslant 0} \|\boldsymbol{g}_2(\boldsymbol{x},\ t)\| < \varGamma_2 \tag{6.13}$$

式中,$\varGamma$、$\varGamma_1$ 和 $\varGamma_2$ 都是正常数; $\Xi[\boldsymbol{g}_1(\boldsymbol{x},\ t),\boldsymbol{g}_2(\boldsymbol{x},\ t),\ t]$ 表示与匹配和非匹配不确定性相关的函数,表达式为

$$\begin{aligned}\Xi[\boldsymbol{g}_1(\boldsymbol{x},\ t),\boldsymbol{g}_2(\boldsymbol{x},\ t),\ t] = {} & K_d\xi_0\boldsymbol{g}_1(\boldsymbol{x},\ t) \\ & + K_d\tau\boldsymbol{\xi}_1 \mid \boldsymbol{e}_1 \mid^{\tau-1} \cdot \boldsymbol{g}_1(\boldsymbol{x},\ t) \\ & + K_d \frac{p}{q}\boldsymbol{\xi}_2 \mid \boldsymbol{e}_2 \mid^{p/q-1} \cdot \boldsymbol{g}_2(\boldsymbol{x},\ t)\end{aligned} \tag{6.14}$$

NTSMC 具有高精度、强鲁棒性、无奇异性、稳定阶段抖振较小、有限时间收敛等优点,常适用于非线性模型的控制过程。下面基于 GMM - APF,提出一个新的 GMM - NTSMC 滑模面 $\boldsymbol{S}_{\mathrm{GN}}$。首先定义 $\boldsymbol{e}_1 = \boldsymbol{x}_1 - \boldsymbol{x}_{1-\mathrm{f}}$ 和 $\boldsymbol{e}_2 = \boldsymbol{x}_2 - \boldsymbol{x}_{2-\mathrm{f}}$,其中 $\boldsymbol{x}_{i-\mathrm{f}}(i = 1,\ 2)$ 表示期望状态,则 $\boldsymbol{S}_{\mathrm{GN}}$ 的表达式为

$$\boldsymbol{S}_{\mathrm{GN}} = \boldsymbol{k}_s\nabla_r\phi_{\mathrm{GMM}} + \xi_0\boldsymbol{e}_1 + \boldsymbol{\xi}_1\boldsymbol{e}_1^{\tau} + \boldsymbol{\xi}_2\boldsymbol{e}_2^{p/q} \tag{6.15}$$

式中,ξ_0 为小于 1 的正数; $\boldsymbol{k}_s$、$\boldsymbol{\xi}_1$ 和 $\boldsymbol{\xi}_2$ 为正定对角矩阵; $\nabla_r\phi_{\mathrm{GMM}}$ 是 GMM - APF 的梯度,表达式见式(6.4);p 和 q 是任意正数,满足 $1 < p/q < 2$ 条件,且 $\tau > p/q$。

对滑模面 $\boldsymbol{S}_{\mathrm{GN}}$ 求时间导数可得

$$\frac{\mathrm{d}\boldsymbol{S}_{\mathrm{GN}}}{\mathrm{d}t}=\boldsymbol{k}_s\nabla_{rr}\phi_{\mathrm{GMM}}\dot{\boldsymbol{x}}+\xi_0\dot{\boldsymbol{e}}_1+\tau\boldsymbol{\xi}_1|\boldsymbol{e}_1|^{\tau-1}\dot{\boldsymbol{e}}_1+\frac{p}{q}\boldsymbol{\xi}_2|\boldsymbol{e}_2|^{p/q-1}\dot{\boldsymbol{e}}_2 \tag{6.16}$$

PID 控制是基于系统动态控制过程中过去、现在、未来的状态信息的负反馈控制方法。其中,P 代表当前的信息,起纠正偏差的作用,使过程反应迅速。I 代表过去积累的信息,它能消除静差,改善系统的静态特性。D 在状态信息变化时有超前控制作用,代表未来的信息,能有效减小超调,克服振荡,提高系统的稳定性。这三种作用相互配合控制动态过程,能实现快速、平稳、准确的收敛效果。因此,将 PID 的基本原理融入 GMM－NTSMC 滑模面中,可得到滑模面 $\boldsymbol{S}_{\mathrm{GNP}}$:

$$\boldsymbol{S}_{\mathrm{GNP}}=K_p\boldsymbol{S}_{\mathrm{GN}}+K_i\int\boldsymbol{S}_{\mathrm{GN}}+K_d\frac{\mathrm{d}\boldsymbol{S}_{\mathrm{GN}}}{\mathrm{d}t} \tag{6.17}$$

式中,K_p、K_i 和 K_d 分别表示比例项、积分项和微分项的系数。

将式(6.11)、式(6.15)和式(6.16)代入式(6.17)中可得

$$\begin{aligned}\boldsymbol{S}_{\mathrm{GNP}}=&K_p\boldsymbol{S}_{\mathrm{GN}}+K_i\int\boldsymbol{S}_{\mathrm{GN}}+K_d\{\boldsymbol{k}_s\nabla_{rr}\phi_{\mathrm{GMM}}+\xi_0[\boldsymbol{f}_1(\boldsymbol{x})+\boldsymbol{g}_1(\boldsymbol{x},t)-\dot{\boldsymbol{x}}_{1\text{-f}}]\\&+\tau\boldsymbol{\xi}_1|\boldsymbol{e}|^{\tau-1}\cdot[\boldsymbol{f}_1(\boldsymbol{x})+\boldsymbol{g}_1(\boldsymbol{x},t)-\dot{\boldsymbol{x}}_{1\text{-f}}]\\&+\frac{p}{q}\boldsymbol{\xi}_2|\dot{\boldsymbol{e}}|^{p/q-1}\cdot[\boldsymbol{f}_2(\boldsymbol{x})+\boldsymbol{u}+\boldsymbol{g}_2(\boldsymbol{x},t)-\dot{\boldsymbol{x}}_{2\text{-f}}]\}\\=&F(\boldsymbol{S}_{\mathrm{GN}},\boldsymbol{x},\boldsymbol{x}_{\mathrm{f}})+\Xi[\boldsymbol{g}_1(\boldsymbol{x},t),\boldsymbol{g}_2(\boldsymbol{x},t),t]+\aleph(\boldsymbol{x},\boldsymbol{x}_{\mathrm{f}})\boldsymbol{u}\end{aligned} \tag{6.18}$$

其中,

$$\aleph(\boldsymbol{x},\boldsymbol{x}_{\mathrm{f}})=K_d\frac{p}{q}\boldsymbol{\xi}_2|\boldsymbol{e}_2|^{p/q-1} \tag{6.19}$$

$$\begin{aligned}F(\boldsymbol{S}_{\mathrm{GN}},\boldsymbol{x},\boldsymbol{x}_{\mathrm{f}})=&K_p\boldsymbol{S}_{\mathrm{GN}}+K_i\int\boldsymbol{S}_{\mathrm{GN}}+K_d\{\boldsymbol{k}_s(\nabla_{xx}\varphi\dot{\boldsymbol{x}}+\nabla_{xx_{\mathrm{f}}}\varphi\dot{\boldsymbol{x}}_{\mathrm{f}})+\xi_0[\boldsymbol{f}_1(\boldsymbol{x})-\dot{\boldsymbol{x}}_{1\text{-f}}]\\&+\tau\boldsymbol{\xi}_1|\boldsymbol{e}_1|^{\tau-1}\cdot[\boldsymbol{f}_1(\boldsymbol{x})-\dot{\boldsymbol{x}}_{1\text{-f}}]+\frac{p}{q}\boldsymbol{\xi}_2|\boldsymbol{e}_2|^{p/q-1}\cdot[\boldsymbol{f}_2(\boldsymbol{x})-\dot{\boldsymbol{x}}_{2\text{-f}}]\}\end{aligned} \tag{6.20}$$

为增强系统对匹配与非匹配不确定性的抗干扰能力,提出如下控制器:

$$\boldsymbol{u}_{\mathrm{GNP}}=-\aleph^{-1}(\boldsymbol{x},\boldsymbol{x}_{\mathrm{f}})\cdot[\boldsymbol{F}(\boldsymbol{S}_{\mathrm{GN}},\boldsymbol{x},\boldsymbol{x}_{\mathrm{f}})+\boldsymbol{u}_r] \tag{6.21}$$

式中,趋近率的初值为 $\boldsymbol{u}_r(0)=0$, 且 $\boldsymbol{u}_r$ 的导数满足如下等式:

$$\dot{\boldsymbol{u}}_r=(\varGamma+a)\mathrm{sgn}(\boldsymbol{S}_{\mathrm{GNP}}) \tag{6.22}$$

式中,a 为小值正常数。

6.2.2　稳定性分析

定理 6.1　对于一般二阶非线性系统，应用 GMM－NIDSMC，可使系统的状态变量在有限时间内收敛到稳定状态。

证明： 将式（6.21）和式（6.22）代入滑模面 $\boldsymbol{S}_{\mathrm{GNP}}$［式（6.18）］中，可得

$$\boldsymbol{S}_{\mathrm{GNP}} = -\boldsymbol{u}_r + \Xi[\boldsymbol{g}_1(\boldsymbol{x}, t), \boldsymbol{g}_2(\boldsymbol{x}, t), t] \tag{6.23}$$

求取时间导数可得

$$\dot{\boldsymbol{S}}_{\mathrm{GNP}} = -\dot{\boldsymbol{u}}_r + \frac{\mathrm{d}\Xi[\boldsymbol{g}_1(\boldsymbol{x}, t), \boldsymbol{g}_2(\boldsymbol{x}, t), t]}{\mathrm{d}t} \tag{6.24}$$

构造如下形式的 Lyapunov 函数：

$$\boldsymbol{V} = \frac{1}{2}\boldsymbol{S}_{\mathrm{GNP}}^{\mathrm{T}}\boldsymbol{S}_{\mathrm{GNP}} \tag{6.25}$$

对 Lyapunov 函数求导，并将式（6.12）和式（6.24）代入，可得

$$\begin{aligned}
\dot{\boldsymbol{V}} &= \boldsymbol{S}_{\mathrm{GNP}}^{\mathrm{T}}\dot{\boldsymbol{S}}_{\mathrm{GNP}} \\
&= \boldsymbol{S}_{\mathrm{GNP}}^{\mathrm{T}}[-\dot{\boldsymbol{u}}_r + \boldsymbol{M}(\boldsymbol{x}, t)] \\
&= \boldsymbol{S}_{\mathrm{GNP}}^{\mathrm{T}}[-(\Gamma + a)\mathrm{sgn}(\boldsymbol{S}_{\mathrm{GNP}}) + \boldsymbol{M}(\boldsymbol{x}, t)] \\
&= -\Gamma|\boldsymbol{S}_{\mathrm{GNP}}| + \boldsymbol{M}(\boldsymbol{x}, t)\boldsymbol{S}_{\mathrm{GNP}} - a|\boldsymbol{S}_{\mathrm{GNP}}| \\
&\leqslant -a|\boldsymbol{S}_{\mathrm{GNP}}|
\end{aligned} \tag{6.26}$$

因此，由不等式（6.26）可知，系统［式（6.11）］在 GMM－NIDSMC［式（6.21）］的作用下是有限时间稳定的，即对于任意初始状态，系统都能在有限时间 T_{f} 内到达滑模面 $\boldsymbol{S}_{\mathrm{GNP}}$：

$$T_{\mathrm{f}} = \frac{\sqrt{2V[\boldsymbol{S}_{\mathrm{GNP}}(0)]}}{a} \tag{6.27}$$

式中，$\boldsymbol{S}_{\mathrm{GNP}}(0)$ 为 GMM－NIDSMC 滑模面的初值。

6.2.3　仿真分析

为了验证所设计的 GMM－NIDSMC 的效果，下面进行仿真验证。仿真场景包含服务航天器与目标航天器，目标航天器的轨道根数见表 6.3，仿真场景状态初值如表 6.4 所示，GMM－NIDSMC 参数见表 6.5，GMM－NIDSMC 仿真场景的不确定性误差如表 6.6 所示。

表 6.3 目标航天器的轨道根数

轨道根数	取值
轨道半长轴 a/km	6 878.14
偏心率 e	0.01
轨道倾角 i/(°)	45
升交点赤经 Ω/(°)	0
近地点俯角 ω/(°)	0
真近点角/(°)	0

表 6.4 静止复杂外形目标安全接近场景状态初值

参数	取值
初始相对位置 $\boldsymbol{r}(0)$/m	$[-20, 3, -1]^{\mathrm{T}}$
初始相对速度 $\boldsymbol{r}(0)$/(m/s)	$[0, 0, 0]^{\mathrm{T}}$
期望位置 $\boldsymbol{r}_{\mathrm{f}}$/m	$[-2, -2, 0]^{\mathrm{T}}$
期望速度 $\dot{\boldsymbol{r}}_{\mathrm{f}}$/(m/s)	$[0, 0, 0]^{\mathrm{T}}$

表 6.5 GMM - NIDSMC 参数

参数	取值	参数	取值
ξ_0	0.05	$\boldsymbol{\xi}_1$	$\mathrm{diag}([1\times10^{-1}, 2\times10^{-2}, 1\times10^{-2}])$
p/q	9/7	$\boldsymbol{\xi}_2$	$\mathrm{diag}([2\times10^{1}, 2\times10^{1}, 2\times10^{1}])$
τ	1.5	$\boldsymbol{k}_s$	$\mathrm{diag}([8\times10^{0}, 3\times10^{0}, 4\times10^{0}])$
K_p	2×10^{8}	$\boldsymbol{M}$	$\mathrm{diag}([8\times10^{-1}, 6\times10^{-1}, 4\times10^{-1}])$
K_i	2×10^{8}	$\boldsymbol{P}$	$\mathrm{diag}([2\times10^{-1}, 2\times10^{-1}, 2\times10^{-1}])$
K_d	2×10^{10}		

表 6.6 GMM - NIDSMC 仿真场景的不确定性误差

位置误差 $\delta\boldsymbol{r}/10^{-3}$ m	速度误差 $\delta\dot{\boldsymbol{r}}/(10^{-4}$ m/s)	控制加速度误差 $\delta\boldsymbol{u}/(10^{-5}$ m/s^2)	外界干扰 $\boldsymbol{d}/(10^{-5}$ m/s^2)
$\begin{bmatrix} 3\sin(2\omega_0 t)-3 \\ 5\cos(6\omega_0 t)+4 \\ 7\sin(8\omega_0 t)-2 \end{bmatrix}$	$\begin{bmatrix} -6\sin(2\omega_0 t)-3 \\ 5\cos(7\omega_0 t)+4 \\ 7\sin(8\omega_0 t)+3 \end{bmatrix}$	$\begin{bmatrix} 4\cos(8\omega_0 t)-5 \\ -5\sin(4\omega_0 t)-5 \\ 2\cos(9\omega_0 t)-8 \end{bmatrix}$	$\begin{bmatrix} 3\sin(4\omega_0 t)-7 \\ 4\cos(9\omega_0 t)+6 \\ -2\sin(5\omega_0 t)-8 \end{bmatrix}$

根据表 6.3～表 6.5 所给参数，进行数值仿真，将得到的仿真数据绘制成如图 6.5～图 6.8 所示的结果。

图 6.5(a)中的曲线展示了服务航天器在 GMM－NIDSMC 作用下接近目标航天器的三维轨迹及目标航天器的外形，图 6.5 (b)为投影到 xOy 平面的效果。从图中可以看出，在 GMM－NIDSMC 的作用下，服务航天器可以绕过目标航天器的太阳帆板，顺利从起始位置(左)达到目标位置(右)，实现接近目的且未发生任何碰撞。

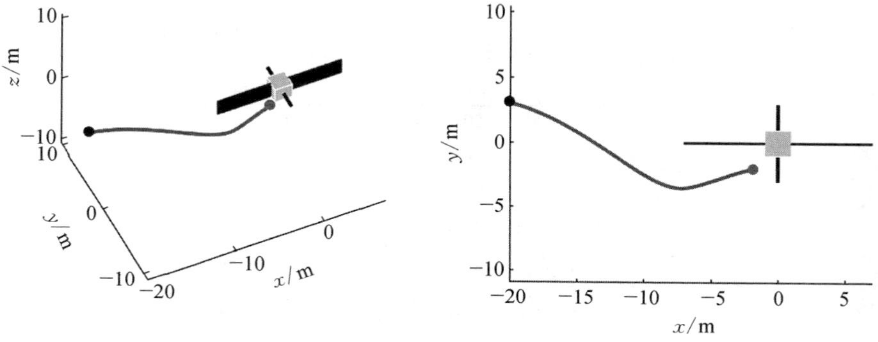

(a) 三维图　　(b) 二维图

图 6.5　u_{GNP} 作用下服务航天器的接近轨迹及目标航天器外形

图 6.6 展示了服务航天器在 GMM－NIDSMC 的作用下接近目标航天器时，当前位置与期望位置误差随时间的变化曲线。由图易知，位置误差曲线光滑，服务航天器能平稳到达期望位置，且由 300～400 s 时的放大图可知，在不确定性干扰存在的情况下，收敛精度优于 2×10^{-2} m，精度较高。

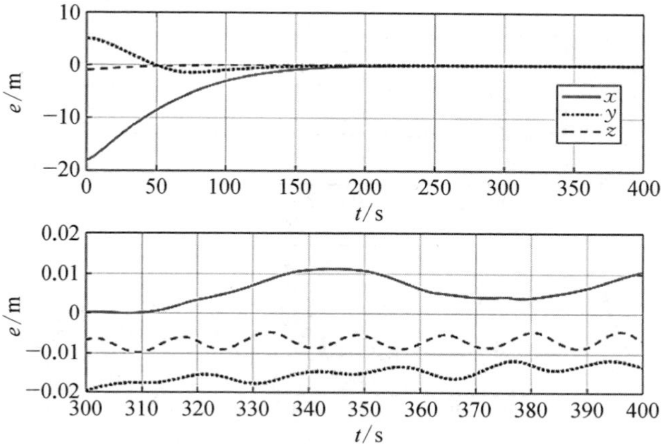

图 6.6　u_{GNP} 作用下位置误差的时间响应曲线

图 6.7 展示了速度误差的变化曲线,由于期望速度为 0,速度误差时间响应曲线即服务航天器运动速度随时间变化的曲线。由图易知,服务航天器在运行过程中的最大速度小于 0.3 m/s,小速度幅值更符合超近距离安全接近的实际操作需求。由 300~400 s 时的放大图可知,服务航天器的最终速度收敛精度优于 1×10^{-3} m/s,精度较高。

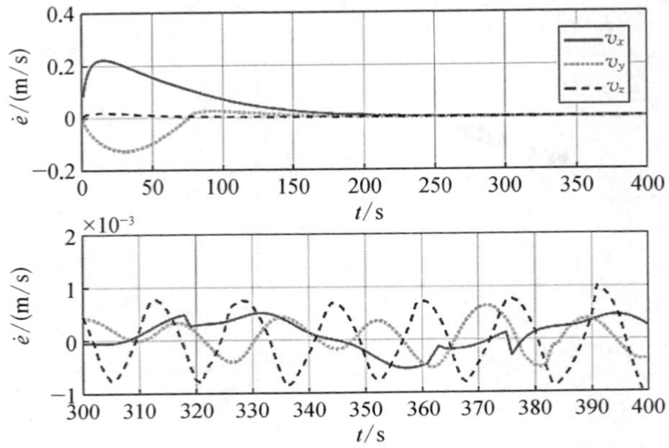

图 6.7 $\boldsymbol{u}_{GNP}$ 作用下速度误差的时间响应曲线

图 6.8 给出了 GMM - NIDSMC 中控制加速度的三个分量随时间变化的曲线。由图易知,控制加速度幅值小于 0.04 m/s^2,有利于减小匹配不确定性的影响,且通过计算可得总控制加速度消耗量为 0.538 m/s^2,说明在 $\boldsymbol{u}_{GNP}$ 的作用下,安全接近过程中的燃料消耗十分小。在到达期望位置后,由于持续的非匹配不确定性影响,控制加速度产生小幅(小于 10^{-3} m/s^2)振荡,鲁棒性较强。

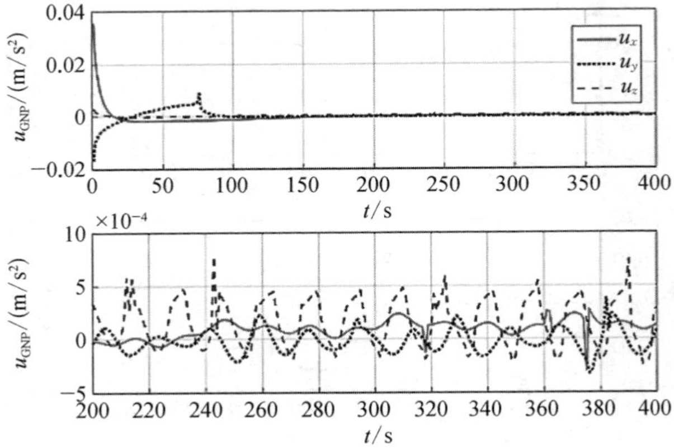

图 6.8 $\boldsymbol{u}_{GNP}$ 的时间响应曲线

综上,数值仿真结果证明采用 GMM - NIDSMC 方法可以控制服务航天器接近具有复杂外形的目标航天器,不发生任何碰撞。而且,GMM - NIDSMC 具有克服不确定性影响、收敛精度高、燃料消耗少及小推力作用等优点,十分适合于超近距离安全接近任务场景。

6.3 旋转复杂外形目标的固定时间控制方法

考虑到实际工程任务中,安全接近任务是充满高风险的空间机动操作,一般要求机动时间处于地面测控时间窗口时间内,便于地面测控人员在必要的时候及时进行人为干预。地面测控窗口时间往往较短,对于一些低轨卫星,可能不足 10 min。除测控约束外,一些特殊任务也对安全接近提出了时间要求,这无疑进一步给安全接近任务增加了难度。为解决此问题,本书采用固定时间稳定理论,对系统稳定时间给出更精准的估计。对于固定时间稳定的系统,其稳定时间与系统的初始状态无关[7],有利于安全接近任务的顺利实施。本节结合 IGMM - APF 与固定时间控制(fixed time control, FTC)方法,设计一种非线性反馈控制方法,即瞬时高斯混合模型-固定时间控制(IGMM - FTC)。在所设计的 IGMM - FTC 闭环控制的作用下,系统可以在固定时间内实现安全接近,并跟随非合作目标旋转,不发生任何碰撞。

6.3.1 固定时间控制器设计

首先,$\boldsymbol{y}_1=\boldsymbol{e}\in\mathbb{R}^3$, $\boldsymbol{y}_2=\dot{\boldsymbol{e}}\in\mathbb{R}^3$, 且忽略外部干扰$\boldsymbol{f}_{\mathrm{d}}$,将体坐标系下的相对运动动力学模型化为分块形式:

$$\begin{cases}\dot{\boldsymbol{y}}_1=\boldsymbol{A}_{11}\boldsymbol{y}_1+\boldsymbol{A}_{12}\boldsymbol{y}_2\\ \dot{\boldsymbol{y}}_2=\boldsymbol{A}_{21}\boldsymbol{y}_1+\boldsymbol{A}_{22}\boldsymbol{y}_2+\boldsymbol{A}_{23}(\boldsymbol{u}+\boldsymbol{u}_{\mathrm{f}})\end{cases}\tag{6.28}$$

式中,$\boldsymbol{A}_{11}=\boldsymbol{0}_3$; $\boldsymbol{A}_{12}=\boldsymbol{A}_{23}=\boldsymbol{I}_3$; $\boldsymbol{A}_{21}=-\boldsymbol{\omega}_b^{\times 2}+\boldsymbol{A}\boldsymbol{M}_b^l+\boldsymbol{B}\boldsymbol{\omega}_b^{\times}-\dot{\boldsymbol{\omega}}_b^{\times}$; $\boldsymbol{A}_{22}=\boldsymbol{B}-2\boldsymbol{\omega}_b^{\times}$。

引入非线性变换 $\boldsymbol{s}=\boldsymbol{\Phi}(\boldsymbol{y})$:

$$\begin{cases}\boldsymbol{s}_i=\boldsymbol{y}_i+\varphi_i,\ i=1,\ 2,\ \cdots,\ n\\ \varphi_{i+1}=\boldsymbol{\alpha}_i(\boldsymbol{y}_i+\varphi_i)+\boldsymbol{\beta}_i(\boldsymbol{y}_i+\varphi_i)^3+\sum\limits_{k=1}^{n}\dfrac{\partial\varphi_i}{\partial\boldsymbol{y}_k}\boldsymbol{y}_{k+1}\end{cases}\tag{6.29}$$

令 $\varphi_1=\boldsymbol{k}_s\nabla_r\bar{\phi}_{\mathrm{GMM}}$, 则可得滑模面表达式为

$$\begin{cases} \boldsymbol{s}_1 = \boldsymbol{y}_1 + \boldsymbol{k}_s \nabla_r \bar{\phi}_{\mathrm{GMM}} \\ \boldsymbol{s}_2 = \boldsymbol{y}_2 + \boldsymbol{\alpha}_1(\boldsymbol{y}_1 + \varphi_1) + \boldsymbol{\beta}_1(\boldsymbol{y}_1 + \varphi_1)^3 + \boldsymbol{k}_s \dfrac{\partial \nabla_r \bar{\phi}_{\mathrm{GMM}}}{\partial \boldsymbol{y}_1} \boldsymbol{y}_2 \end{cases} \tag{6.30}$$

式中，$\boldsymbol{\alpha}_1$、$\boldsymbol{\beta}_1$、$\boldsymbol{k}_s \in \mathbb{R}^{3\times3}$为正定对角矩阵。

对于矢量$\boldsymbol{x} = [x_1,\ \ x_2,\ \ x_3]^{\mathrm{T}} \in \mathbb{R}^3$和常数$\zeta \in \mathbb{R}$，有

$$\boldsymbol{x}^{\zeta} = [x_1^{\zeta},\ \ x_2^{\zeta},\ \ x_3^{\zeta}]^{\mathrm{T}}$$

对方程组(6.30)进行求导并整理，得到如下方程组：

$$\begin{cases} \dot{\boldsymbol{s}}_1 = -\boldsymbol{\alpha}_1 \boldsymbol{s}_1 - \boldsymbol{\beta}_1 \boldsymbol{s}_1^3 + \boldsymbol{s}_2 \\ \dot{\boldsymbol{s}}_2 = \Lambda(\boldsymbol{y}_1)\boldsymbol{y}_2 + \boldsymbol{k}_s \Gamma(\boldsymbol{y}_1, \boldsymbol{y}_2) + [\boldsymbol{k}_s Y(\boldsymbol{y}_1) + \boldsymbol{I}_3]\dot{\boldsymbol{y}}_2 \end{cases} \tag{6.31}$$

其中，

$$\Lambda(\boldsymbol{y}_1) = [\boldsymbol{\alpha}_1 + 3\boldsymbol{\beta}_1(\boldsymbol{y}_1 + \boldsymbol{k}_s \nabla_r \bar{\phi}_{\mathrm{GMM}})^2](\boldsymbol{I}_3 + \boldsymbol{k}_s \nabla_{rr} \bar{\phi}_{\mathrm{GMM}}) \tag{6.32}$$

$$\begin{aligned} \Gamma(\boldsymbol{y}_1, \boldsymbol{y}_2) = & -2\boldsymbol{M}\boldsymbol{y}_2 \sum_{j=1}^{K} \eta_j \theta_j^{\mathrm{T}} \boldsymbol{y}_2 + \Big(\sum_{j=1}^{K} \eta_j \theta_j^{\mathrm{T}} \boldsymbol{y}_2 \theta_j - \sum_{j=1}^{K} \eta_j \boldsymbol{\Sigma}_j^{-1} \boldsymbol{y}_2 \Big) \boldsymbol{y}_1^{\mathrm{T}} \boldsymbol{M} \boldsymbol{y}_2 \\ & - \sum_{j=1}^{K} \eta_j \theta_j \boldsymbol{y}_2^{\mathrm{T}} \boldsymbol{M} \boldsymbol{y}_2 + \boldsymbol{y}_1^{\mathrm{T}} \boldsymbol{M}^{\mathrm{T}} \boldsymbol{y}_2 \sum_{j=1}^{K} \eta_j (\theta_j \theta_j^{\mathrm{T}} - \boldsymbol{\Sigma}_j^{-1}) \boldsymbol{y}_2 \\ & + \boldsymbol{M}\boldsymbol{y}_1 \Big[\sum_{j=1}^{K} \eta_j \theta_j^{\mathrm{T}} \boldsymbol{y}_2 \theta_j^{\mathrm{T}} \boldsymbol{y}_2 - \sum_{j=1}^{K} \eta_j \boldsymbol{y}_2^{\mathrm{T}} \boldsymbol{\Sigma}_j^{-\mathrm{T}} \boldsymbol{y}_2 \Big] \\ & + \frac{1}{2} \boldsymbol{y}_1^{\mathrm{T}} \boldsymbol{M} \boldsymbol{y}_1 \Big[-\sum_{j=1}^{K} \eta_j \theta_j^{\mathrm{T}} \boldsymbol{y}_2 (\theta_j \theta_j^{\mathrm{T}} - \boldsymbol{\Sigma}_j^{-1}) \boldsymbol{y}_2 \\ & + 2 \sum_{j=1}^{K} \eta_j \theta_j \boldsymbol{y}_2^{\mathrm{T}} \boldsymbol{\Sigma}_j^{-\mathrm{T}} \boldsymbol{y}_2 \Big] \end{aligned} \tag{6.33}$$

$$\begin{aligned} Y(\boldsymbol{y}_1) = & \boldsymbol{P} + \boldsymbol{M} \sum_{j=1}^{K} \eta_j - \boldsymbol{M}\boldsymbol{y}_1 \sum_{j=1}^{K} \eta_j \theta_j^{\mathrm{T}} - \sum_{j=1}^{K} \eta_j \theta_j \boldsymbol{y}_1^{\mathrm{T}} \boldsymbol{M} \\ & + \frac{1}{2} \boldsymbol{y}_1^{\mathrm{T}} \boldsymbol{M} \boldsymbol{y}_1 \sum_{j=1}^{K} \eta_j (\theta_j \theta_j^{\mathrm{T}} - \boldsymbol{\Sigma}_j^{-1}) \end{aligned} \tag{6.34}$$

将方程组(6.28)代入式(6.31)整理后可得

$$\begin{cases} \dot{\boldsymbol{s}}_1 = -\boldsymbol{\alpha}_1 \boldsymbol{s}_1 - \boldsymbol{\beta}_1 \boldsymbol{s}_1^3 + \boldsymbol{s}_2 \\ \dot{\boldsymbol{s}}_2 = \Lambda(\boldsymbol{y}_1)\boldsymbol{y}_2 + \boldsymbol{k}_s \Gamma(\boldsymbol{y}_1, \boldsymbol{y}_2) + [\boldsymbol{k}_s Y(\boldsymbol{y}_1) + \boldsymbol{I}_3][\boldsymbol{A}_{21}\boldsymbol{y}_1 + \boldsymbol{A}_{22}\boldsymbol{y}_2 + \boldsymbol{A}_{23}(\boldsymbol{u} + \boldsymbol{u}_{\mathrm{f}})] \end{cases} \tag{6.35}$$

引入滑模面趋近律：

$$\dot{\boldsymbol{s}}_2 = -\sum_{i=1}^{2} \boldsymbol{\lambda}_i \mathrm{sig}^{\zeta_i}(\boldsymbol{s}_2) \tag{6.36}$$

式中，$0 < \zeta_1 < 1$；$\zeta_2 > 1$；$\boldsymbol{\lambda}_i \in \mathbb{R}^{3\times3}$为正定对角矩阵。

定义 $\mathrm{sig}^{\zeta}(\boldsymbol{x}) = [|x_1|^{\zeta}\mathrm{sgn}(x_1),\ |x_2|^{\zeta}\mathrm{sgn}(x_2),\ |x_3|^{\zeta}\mathrm{sgn}(x_3)]^{\mathrm{T}}$，其中 sgn 为符号函数。

结合式(6.35)与式(6.36)可得 IGMM－FTC 的表达式为

$$\boldsymbol{u} = [\boldsymbol{k}_s \Upsilon + \boldsymbol{I}_3]^{-1}\left[-\sum_{i=1}^{2} \boldsymbol{\lambda}_i \mathrm{sig}^{\zeta_i}(\boldsymbol{s}_2) - \Lambda \boldsymbol{y}_2 - \boldsymbol{k}_s \Gamma\right] - \boldsymbol{A}_{21}\boldsymbol{y}_1 - \boldsymbol{A}_{22}\boldsymbol{y}_2 - \boldsymbol{u}_{\mathrm{f}} \tag{6.37}$$

式(6.37)中的 IGMM－FTC 是在目标航天器体坐标系 F_b 中表示的，而通常情况下控制器在 LVLH 或惯性坐标系中表示。基于坐标系间的矢量变换关系，将控制器 $\boldsymbol{u}$ 转换为在 LVLH 坐标系中的 $\boldsymbol{u}_l$，需要附加切换加速度 $\boldsymbol{a}_{\mathrm{e}}$ 和科里奥利加速度 $\boldsymbol{a}_{\mathrm{c}}$，如式(6.38)所示：

$$\boldsymbol{u}_l = \boldsymbol{u} + \boldsymbol{a}_{\mathrm{e}} + \boldsymbol{a}_{\mathrm{c}} = \boldsymbol{u} + 2\boldsymbol{\omega}_b \times \dot{\boldsymbol{r}} + \boldsymbol{\omega}_b \times (\boldsymbol{\omega}_b \times \boldsymbol{r}) \tag{6.38}$$

6.3.2　稳定性分析

定理 6.1[7]　通常，一个非线性系统可以描述如下：

$$\dot{\boldsymbol{x}} = f(\boldsymbol{x}, t),\quad t \in [t_0, \infty) \tag{6.39}$$

式中，$\boldsymbol{x} \in \mathbb{R}^n$为 n 维状态量；f 为 $n\times1$ 维非线性函数；初始条件设为 $\boldsymbol{x}(t_0) = \boldsymbol{x}_0$。

如果存在一个连续的径向无界正定函数 $V: \mathbb{R}^n \to \mathbb{R}^+ \cup \{0\}$，满足如下不等式：

$$\dot{V}(\boldsymbol{x}) \leqslant -[\alpha V^p(\boldsymbol{x}) + \beta V^q(\boldsymbol{x})]^k \tag{6.40}$$

式中，α、β、p、q、k 都大于零，且 $pk < 1$、$qk > 1$，则非线性系统[式(6.39)]是固定时间稳定的，且稳定时间满足如下不等式：

$$T(\boldsymbol{x}_0) \leqslant 1/\alpha^k(1 - pk) + [1/\beta^k(qk - 1)],\quad \forall \boldsymbol{x}_0 \in \mathbb{R}^n \tag{6.41}$$

固定时间稳定的系统可以给出更为精确的稳定时间估算，且最大稳定时间与系统的初始状态无关，仅受几个特定参数的影响。当 $k = 1$ 时，可以将不等式(6.40)简化为

$$\dot{V}(\boldsymbol{x}) \leqslant -\alpha V^p(\boldsymbol{x}) - \beta V^q(\boldsymbol{x}) \tag{6.42}$$

则稳定时间满足的不等式变为

$$T(\boldsymbol{x}_0) \leqslant \frac{1}{\alpha(1-p)} + \frac{1}{\beta(q-1)}, \quad \forall \boldsymbol{x}_0 \in \mathbb{R}^n \tag{6.43}$$

式中，$\alpha > 0$；$\beta > 0$；$0 < p < 1$；$q > 1$。

定理 6.2 对于航天器相对运动的动力学系统，在基于 IGMM - FTC 的作用下，该闭环系统的轨迹会在固定时间收敛到原点，即服务航天器接近目标航天器的轨迹是固定时间稳定的。

证明： 设计 Lyapunov 函数为

$$V = \frac{1}{2}\boldsymbol{s}_2^{\mathrm{T}} \cdot \boldsymbol{s}_2 \geqslant 0 \tag{6.44}$$

求导并代入式(6.36)，可得

$$\begin{aligned}
\dot{V} &= \boldsymbol{s}_2^{\mathrm{T}} \cdot \dot{\boldsymbol{s}}_2 = -\boldsymbol{s}_2^{\mathrm{T}} \sum_{i=1}^{2} \boldsymbol{\lambda}_i \mathrm{sig}^{\zeta_i}(\boldsymbol{s}_2) \\
&\leqslant -\boldsymbol{s}_2^{\mathrm{T}} \sum_{i=1}^{2} \boldsymbol{\lambda}_{i\min} \mathrm{sig}^{\zeta_i}(\boldsymbol{s}_2) \\
&= -\sum_{i=1}^{2} \boldsymbol{\lambda}_{i\min} [s_{21} | s_{21} |^{\zeta_i} \mathrm{sgn}(s_{21}) + s_{22} | s_{22} |^{\zeta_i} \mathrm{sgn}(s_{22}) + s_{23} | s_{23} |^{\zeta_i} \mathrm{sgn}(s_{23})] \\
&\leqslant -\sum_{i=1}^{2} \boldsymbol{\lambda}_{i\min} \| \boldsymbol{s}_2 \|^{\zeta_i + 1}
\end{aligned} \tag{6.45}$$

式中，$\boldsymbol{\lambda}_{i\min}$ 为 $\boldsymbol{\lambda}_i$ 对角元素中的最小值。

将式(6.44)代入不等式(6.45)中，可得

$$\dot{V} \leqslant -\sum_{i=1}^{2} \boldsymbol{\lambda}_{i\min} (2V)^{\frac{\zeta_i + 1}{2}} \leqslant -\sum_{i=1}^{2} \sqrt{2} \boldsymbol{\lambda}_{i\min} V^{\frac{\zeta_i + 1}{2}} \tag{6.46}$$

不等式(6.46)符合不等式(6.42)的形式，则由定理 6.1 可知，在 IGMM - FTC 的作用下，系统能在固定时间收敛到原点，且收敛时间 $T_{\max}$ 为

$$T_{\max} = \frac{\sqrt{2}}{\boldsymbol{\lambda}_{1-\min}(1-\zeta_1)} + \frac{\sqrt{2}}{\boldsymbol{\lambda}_{2-\min}(\zeta_2 - 1)} \tag{6.47}$$

6.3.3 仿真分析

为了验证所设计的 IGMM - FTC 的效果，下面进行数值仿真验证。目标航天器的轨道根数不变，参考表 6.3，服务航天器与目标航天器的仿真状态参数如表 6.7

所示，IGMM－FTC 的参数见表 6.8。

表 6.7　IGMM－FTC 仿真场景中的状态参数

参　数	取　值
初始相对位置 $\boldsymbol{r}(0)$/m	$[-12,\ -3,\ 1]^{\mathrm{T}}$
初始相对速度 $\dot{\boldsymbol{r}}(0)$/(m/s)	$[0,\ 0,\ 0]^{\mathrm{T}}$
期望位置 $\boldsymbol{r}_{\mathrm{f}}$/m	$[-2,\ 1,\ 0]^{\mathrm{T}}$
期望速度 $\dot{\boldsymbol{r}}_{\mathrm{f}}$/(m/s)	$[0,\ 0,\ 0]^{\mathrm{T}}$
目标航天器角速度 $\boldsymbol{\omega}_b$/(rad/s)	$[0,\ 0,\ 0.05]^{\mathrm{T}}$
目标航天器初始姿态 $\boldsymbol{q}(0)$	$[1,\ 0,\ 0,\ 0]^{\mathrm{T}}$

表 6.8　IGMM－FTC 的参数

参　数	取　值
$\boldsymbol{\alpha}_1$	$\mathrm{diag}([3\times10^{-1},\ 3\times10^{-1},\ 3\times10^{-1}])$
$\boldsymbol{\beta}_1$	$\mathrm{diag}([1\times10^{-2},\ 1\times10^{-2},\ 1\times10^{-2}])$
ζ_1	0.6
ζ_2	1.5
$\boldsymbol{\lambda}_1$	$\mathrm{diag}([5\times10^{-2},\ 5\times10^{-2},\ 5\times10^{-2}])$
$\boldsymbol{\lambda}_2$	$\mathrm{diag}([1\times10^{-2},\ 1\times10^{-2},\ 1\times10^{-2}])$
$\boldsymbol{k}_s$	$\mathrm{diag}([3\times10^{-4},\ 1\times10^{-4},\ 1\times10^{-4}])$
$\boldsymbol{M}$	$\mathrm{diag}([6\times10^{-1},\ 6\times10^{-1},\ 4\times10^{-1}])$
$\boldsymbol{P}$	$\mathrm{diag}([8\times10^{-1},\ 8\times10^{-1},\ 8\times10^{-1}])$

仿真结果如图 6.9～图 6.15 所示。图 6.9（a）中的红色曲线展示了服务航天器在 IGMM－FTC 的作用下接近目标航天器的三维轨迹及目标航天器的外形，图 6.9（b）是投影到 xOy 平面的效果。从图中可以看出，在 IGMM－FTC 的作用下，服务航天器可以绕过目标航天器的太阳帆板，顺利从起始位置（蓝色点）达到目标位置（绿色点），实现安全接近。

图 6.10～图 6.12 分别表示在目标航天器体坐标系 F_b 中，服务航天器在接近目标航天器的过程中位置矢量、速度矢量和控制力矢量随时间的变化曲线。由这三幅图可以看出，系统大约在 150 s 内收敛到 0 的小邻域内。在图 6.10 中，位置矢量随时间的变化曲线较为光滑，且从局部放大图中可以看出，其收敛精度优于 2×10^{-4} m。在图 6.11 中，局部放大图表明速度收敛精度优于 5×10^{-5} m/s，且速度幅

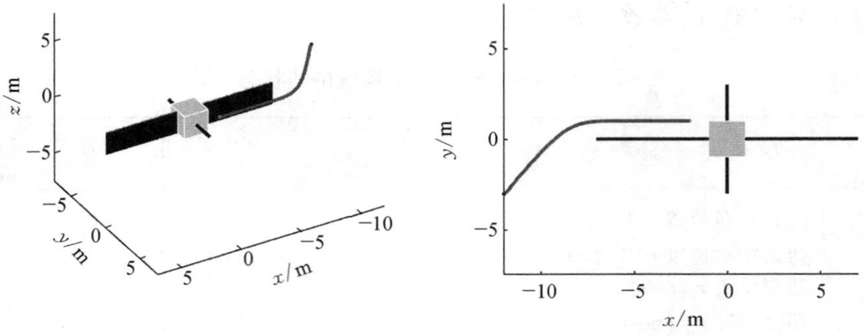

(a) 三维图　　　　(b) 二维图

图 6.9　u_{GF} 作用下服务航天器的接近轨迹及目标航天器外形

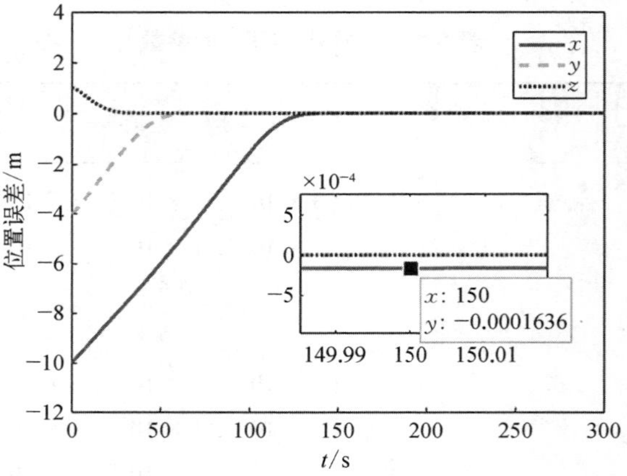

图 6.10　u_{GF} 作用下位置误差的时间响应曲线

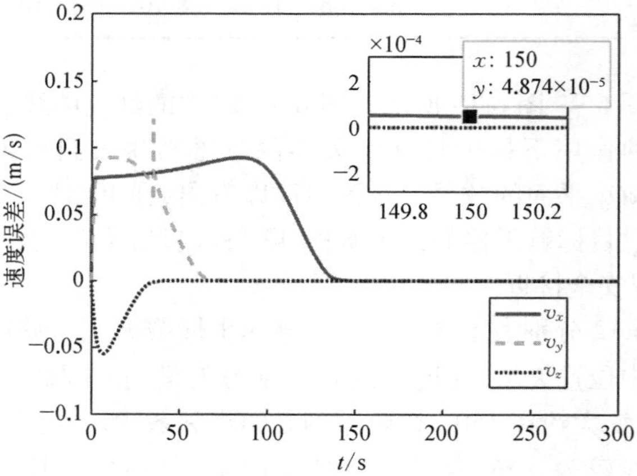

图 6.11　u_{GF} 作用下速度误差的时间响应曲线

值小于 0.15 m/s。在超近距离接近过程中,速度越小越有助于保证安全性,符合实际工程需求。图 6.12 给出了控制加速度随时间的变化曲线,由图可知,单位质量的控制加速度幅值小于 0.05 m/s^2, 150 s 后 x 方向和 y 方向存在不为 0 的控制力常量,这是由期望位置为非坐标原点而引起的持续控制加速度 u_f 造成的。

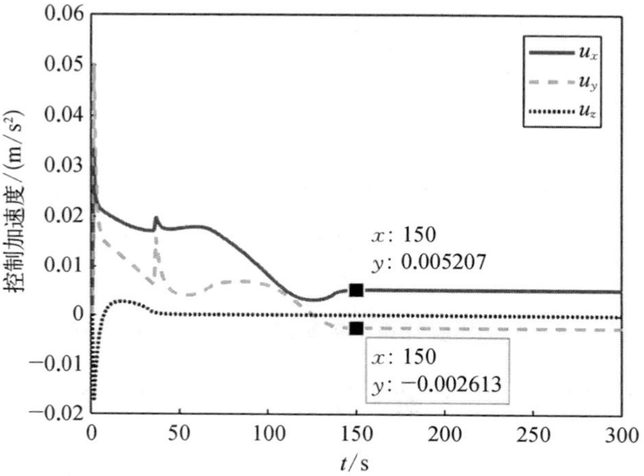

图 6.12　控制加速度的时间响应曲线

图 6.9~图 6.12 表现了在目标航天器体坐标系 F_b 中服务航天器在 IGMM - FTC 作用下的运动轨迹和状态参数。下面将状态参数转换到 LVLH 坐标系 F_l 中,如图 6.13 和图 6.14 所示。显然,服务航天器在到达 xOy 平面中的期望位置后,控制加速度 u_l 和相对位置矢量 $\boldsymbol{r}_l$ 按三角正弦函数规律呈现周期性变化,证明服务航

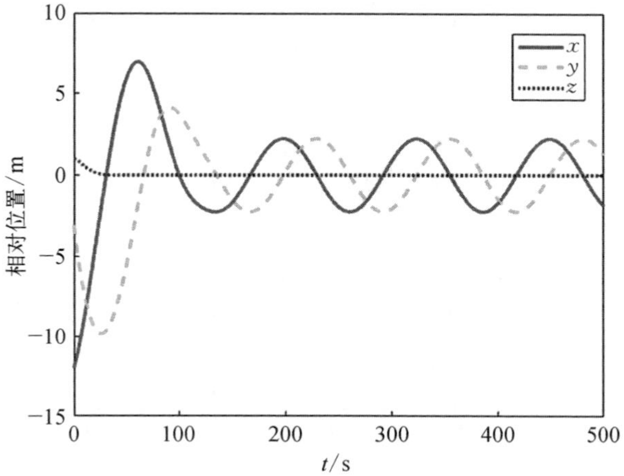

图 6.13　LVLH 坐标系中相对位置的时间响应曲线

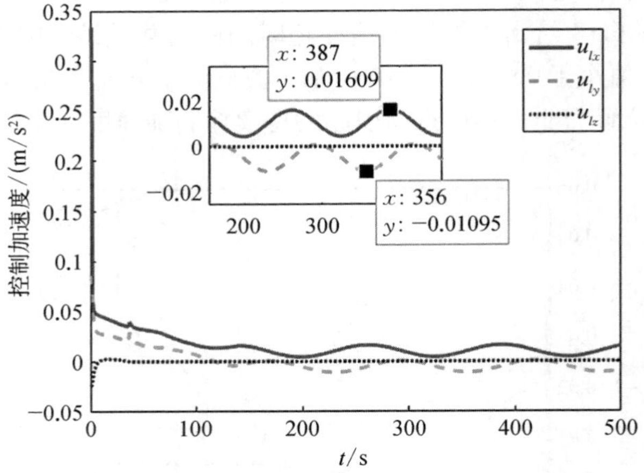

图 6.14 LVLH 坐标系中控制加速度 $\boldsymbol{u}_l$ 的时间响应曲线

天器将保持在期望位置跟随目标航天器运动,实现了针对姿态旋转目标航天器的安全接近过程。

图 6.15 为在 LVLH 坐标系中服务航天器的运动轨迹及目标航天器随时间的姿

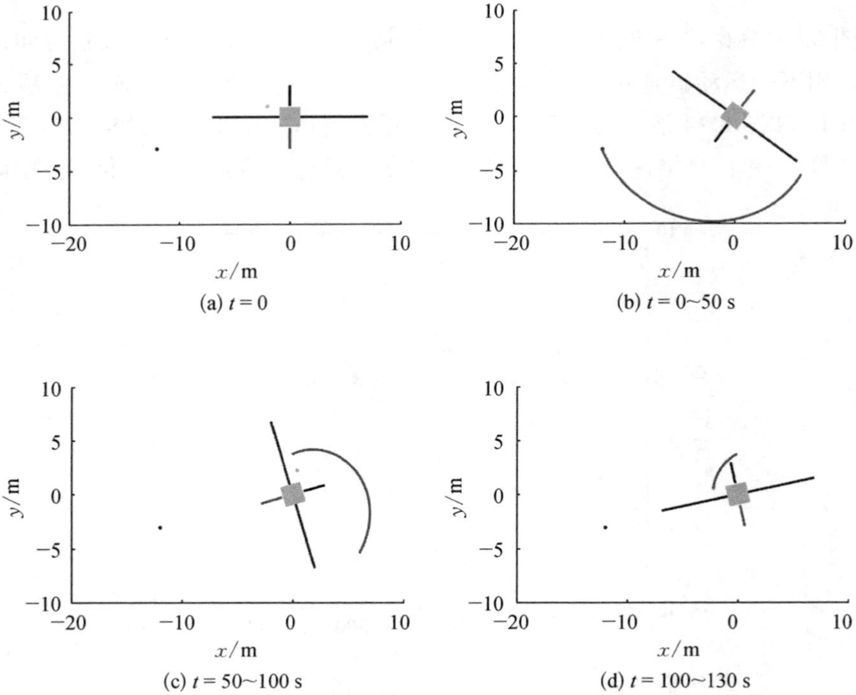

(a) $t=0$　(b) $t=0\sim50$ s

(c) $t=50\sim100$ s　(d) $t=100\sim130$ s

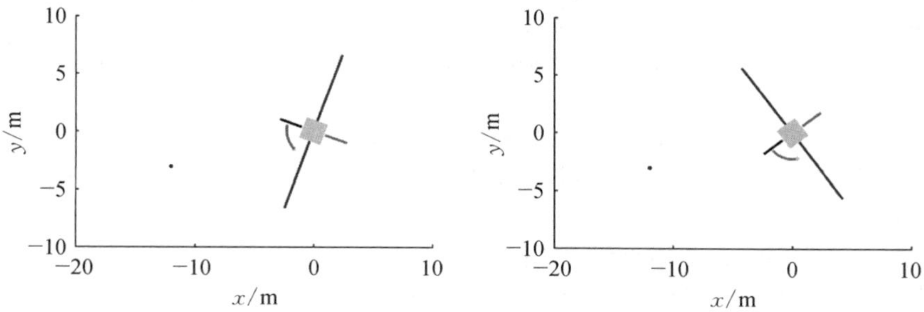

(e) $t = 130 \sim 150$ s　　(f) $t = 150 \sim 170$ s

图 6.15　LVLH 坐标系中服务航天器的运动轨迹及目标航天器的姿态变化(在 xOy 平面的投影)

态变化在 xOy 平面上的投影。图中每一条曲线线段表示服务航天器在该时间段所运动的轨迹,蓝色点和绿色点分别表示初始位置和期望位置。由图 6.15 中的时间演变图可以看出,服务航天器可以安全接近目标航天器,且没有任何碰撞。150 s 之后,服务航天器已到达期望位置并进入下一阶段,跟随目标航天器的旋转运动并保持在期望位置。

6.4　本章小结

本章研究了超近距离下复杂外形非合作目标的安全接近控制方法。非合作空间目标不仅存在复杂外形,还往往会失效翻滚,针对这个特点,首先基于 GMM 方法对非合作目标的复杂外形进行约束建模,提出了 GMM - APF 和 IGMM - APF,并通过仿真展示了约束效果。然后分别针对静止的复杂外形目标和旋转的复杂外形目标,结合非奇异积分滑模控制方法和固定时间控制方法,分别设计了相应的控制器,并通过仿真验证了控制器具有良好的性能。

参考文献

[1] Cao L, Xiao B. Exponential and resilient control for attitude tracking maneuvering of spacecraft with actuator uncertainties[J]. IEEE/ASME Transactions on Mechatronics, 2019, 24(6): 2531 - 2540.

[2] Wang D, Mu C. Adaptive-critic-based robust trajectory tracking of uncertain dynamics and its application to a spring-mass-damper system[J]. IEEE Transactions on Industrial Electronics, 2017, 65(1): 654 - 663.

[3] Polyakov A. Nonlinear feedback design for fixed-time stabilization of linear control systems[J].

IEEE Transactions on Automatic Control, 2011, 57(8): 2106-2110.

[4] Wang D, Mu C. Adaptive-critic-based robust trajectory tracking of uncertain dynamics and its application to a spring-mass-damper system[J]. IEEE Transactions on Industrial Electronics, 2017, 2(3): 1-12.

[5] Xu S D, Chen C C, Wu Z L. Study of nonsingular fast terminal sliding-mode fault-tolerant control[J]. IEEE Transactions on Industrial Electronics, 2015, 62(6): 3906-3913.

[6] Van M, Mavrovouniotis M, Ge S S. An adaptive backstepping nonsingular fast terminal sliding mode control for robust fault tolerant control of robot manipulators[J]. IEEE Transactions on Systems, Man, and Cybernetics: Systems, 2019, 49(7): 1448-1458.

[7] Polyakov A. Nonlinear feedback design for fixed-time stabilization of linear control systems[J]. IEEE Transactions on Automatic Control, 2012, 57(8): 2106-2110.

第 7 章

复杂外形双航天器安全接近控制方法

在接近过程中,当双航天器的距离与航天器的尺寸为同一尺度时,需同时考虑服务航天器与目标航天器的复杂外形,构造一种新的禁飞区作为超近距离下的安全约束。对禁飞区的建立过程涉及对航天器外形的构建,目前主要的研究方法包括区域判定法和碰撞概率法。

区域判定法通过外形描述禁飞区,这是非旋目标和旋转目标安全接近常采用的外形构建策略。传统的方法是用球形包络作为目标航天器外形[1],设计球形禁飞区,当接近的目标位置位于禁飞区内部时,则需要设计安全走廊作为最终接近段的避撞约束,如基于椭圆蔓叶线的安全走廊[2]。王璟贤等[3]进一步考虑带大帆板的目标航天器外形约束,用最小包络椭圆来描述航天器外形,并通过椭圆的旋转得到翻滚目标形成的三维空间禁飞区包络,以此构建双向安全走廊。在此基础上,Zhou 等[4]进一步区分了太阳能帆板和卫星主体,采用椭球和球形的组合体作为目标外形。Chen 等[5]将目标外形构建进一步细化,采用高斯混合模型建立目标航天器复杂外形,可以描述天线等细节,但外形为概率模型;类似的方法是通过计算机辅助设计(computer aided design, CAD)软件和样条曲线来重建目标形状[6, 7]。以上工作仅考虑了目标航天器外形约束,Virgili-Llop 等[8]将服务航天器外形视为球形,并可随着机械手姿态变化来改变外圆大小,目标航天器则视为长方体,整体采用凸优化理论设计轨迹。许展鹏[9]将双航天器考虑为长方体构型,并求解了长方体对应的奇诺多面体,以便进行凸化。倪庆[10]则将双星外形视为椭圆,以椭圆之间的碰撞关系作为约束。

旋转目标的安全接近也常采用区域判定法构建外形。Hirano 等[11]研究了翻滚目标上的服务点运动规律,在不考虑双航天器外形的情况下进行安全接近的在线路径规划。Zhou 等[12]采用球形禁飞区描述旋转目标的外形,Li 等[13]和 Xu 等[14]在球形禁飞区的基础上分别加上了停靠点和对接区,使得外形进一步细化;Cairano 等[15]在球形禁飞区外建立了一个锥形视线角走廊,通过研究走廊的运动实现旋转目标的安全接近。以上研究都建立在球形禁飞区的基础上,Mou 等[16]则利用一个简单的立方体作为目标外形,并构建了停靠区;Xu 等[17]和 Zhang 等[18]在立方体的基础上进一步考虑了目标的太阳能帆板对接近过程安全性的影响,前者分析太阳能帆板的运动后建立了走廊,后者使用凸化的矩形区域简化目标形状。上述方法没有考虑服务航天器的外形,Zhang 等[19]研究了形状复杂的柔性服务航天器在接近目标过程中的控制问题,但没有考虑目标形状。

相比区域判定法,碰撞概率法通常在姿态稳定的非旋目标安全接近过程中使用,最基本的方法是建立传统的误差椭球来进行碰撞判定[20, 21],该方法用球形描述双航天器外形并建立联合球体,通过误差椭球对碰撞概率进行分析。然而,Wen 等[22]指出,误差椭球的指向性会带来碰撞误判,并以此提出了基于联合可达域的碰撞预警方式,但双航天器外形依然采用球形。Wang 等[23]提出利用等碰撞概率曲线将主星形状描述为一个大的主圆和一些小间隙,将服务航天器描述为圆形,进行安全接近设计。

综上,对接近过程中双航天器外形描述的发展过程可以用图 7.1 来概括,当前航天器外形的描述停留在单航天器复杂化或双航天器简单化上。降低外形复杂度可以获得更快的计算速度,但提高外形复杂度可以增大解的区域,为安全接近问题提供更好的解决方案。因此,合理而精确地描述目标复杂化外形具有重要的研究意义,而同时考虑双航天器复杂外形约束将对安全接近提供更有力的保障。因此,本节采用几何组合方法描述服务航天器外形,用椭球简化目标航天器外形,在保证计算速度的同时细化双航天器外形,进一步保证接近过程的安全性和精确性。

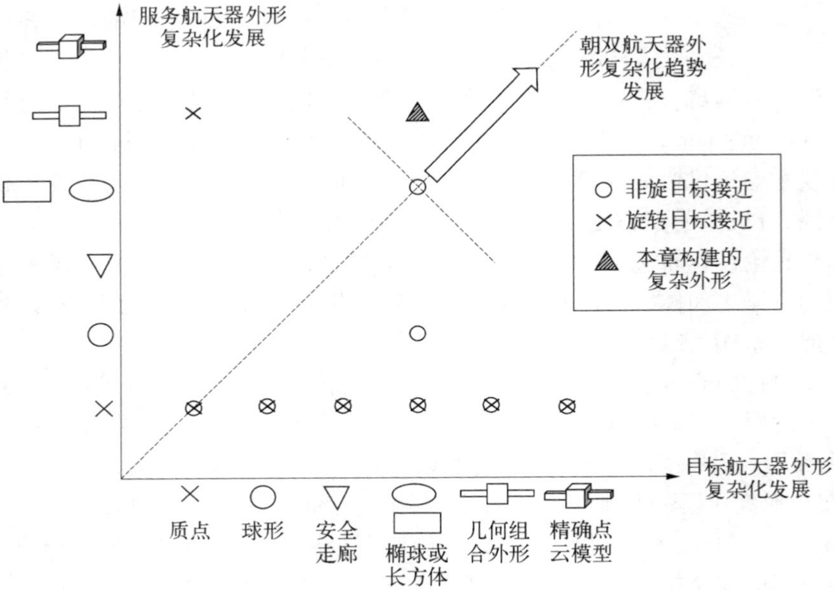

图 7.1 接近过程双航天器外形描述的发展趋势

本章针对复杂外形双航天器安全接近问题，首先在二维和三维场景下分别构建复杂外形航天器的避撞约束，然后在该约束作用下对安全接近轨迹进行规划，最后面向非旋和旋转目标分别设计控制器，以实现姿轨跟踪控制。

7.1 双复杂外形约束与相对姿态约束融合的避撞约束构建方法

当研究复杂外形航天器的超近距离接近过程时，需要建立避撞约束以保障接近的安全性。在目标体坐标系下建立这样一个场景：一个带有细长帆板的服务航天器正在接近一个大小相当的复杂外形目标航天器。此时，双航天器的距离与航天器的尺寸为同一尺度，属于超近距离接近，因此航天器的复杂外形将对接近过程的安全性带来巨大影响。此外，服务航天器的传感器需要指向服务点，这也会对安全接近构成挑战。因此，如何同时考虑服务航天器与目标航天器的复杂外形及服务航天器的视线约束，构造一种新的禁飞区作为超近距离接近的安全约束，是当前所要解决的一个问题。本节针对这一问题，在二维和三维场景下分别构建复杂外形航天器的避撞约束，为后面的工作打下基础。

7.1.1 临界安全曲线理论

首先针对轨道平面内的安全接近问题，提出临界安全曲线（critical safety curve, CSC）的概念。考虑图 7.2 所示的场景，在轨道平面内，一个带有细长帆板的卫星将在视线角的约束下接近一个目标航天器，且二者不能发生碰撞。本节将综合考虑视线角与复杂外形的约束，构建一个名为临界安全曲线的新型禁飞区。

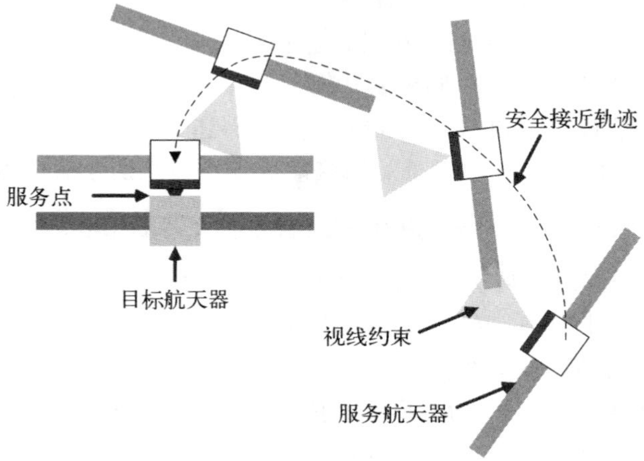

图 7.2　轨道平面内的安全接近场景

1. 双航天器复杂外形的合理简化

如图 7.3 所示，为了节省计算量并同时提高精度，目标以最小的包络椭圆形简化，服务航天器保留了如太阳帆板之类的原始特征。目标主体的长度和宽度分别为 a_{t1} 和 b_{t1}，帆板也是长度为 a_{t2}、宽度为 b_{t2} 的矩形结构，对称地分布在主体的两侧。设最小包络椭圆的长半轴为 a、短半轴为 b，求解方法如下：

$$\begin{cases} a = \sqrt{\dfrac{a_{t1}^2 b_{t1}^2 + 4a_{t1}a_{t2}b_{t1}^2 + 4a_{t2}^2 b_{t1}^2 - a_{t1}^2 b_{t2}^2}{4(b_{t1}^2 - b_{t2}^2)}} \\ b = \sqrt{\dfrac{b_{t1}^2 a^2}{4a^2 - a_{t1}^2}} \end{cases} \tag{7.1}$$

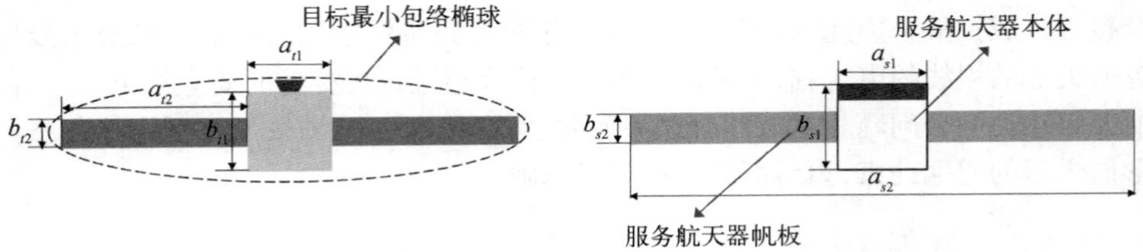

(a) 目标最小包络椭球　　(b) 带太阳帆板的服务航天器外形

图 7.3　双航天器复杂外形的合理简化

如图 7.3(b) 所示，可以将服务航天器的复杂形状进一步分解成长度为 a_{s1}、宽度为 b_{s1} 的主体及长度为 a_{s2}、宽度为 b_{s2} 的帆板。下面将综合考虑服务航天器和目标航天器的复杂形状及视线的影响来建立临界安全曲线。首先，建立服务航天器主体的临界安全曲线，然后结合帆板外形获得整个服务航天器的禁飞区定义。

2. 服务航天器本体与目标椭球的几何关系

根据场景的假设，在目标体坐标系 $\{T\}$ 中描述了两者的相对运动。如图 7.4 所示，设服务点位于 $A(0,\ b_{t1}/2)$ 处。服务航天器主体相对于服务点的方位角为 θ，视线角为 β，沿视线方向的距离为 $r = \overline{AO_s}$，服务航天器的中心为 $O_s(r\cos\theta,\ r\sin\theta + b_{t1}/2)$，设服务航天器主体的正边和侧边长度分别为 a_s 和 b_s。当视线方向 $(\overrightarrow{AO_s})$ 落在垂直视线方向 $[y_s(t)]$ 左侧时，视线角 $\beta > 0$，反之 $\beta < 0$。在某一时刻，若服务航天器保持当前的姿态不变，沿视线方向移动，直至服务航天器本体的边界与目标最小包络椭球碰撞，此时 r 为临界安全位置，下面将分情况对其进行求解。

首先考虑 $\beta > 0$ 的情况，如图 7.4 所示，从 $t_1 \sim t_2$ 时刻，θ 和 β 将会发生变化。当抵达临界安全位置处时可能存在两类几何关系：服务航天器本体的边与目标椭

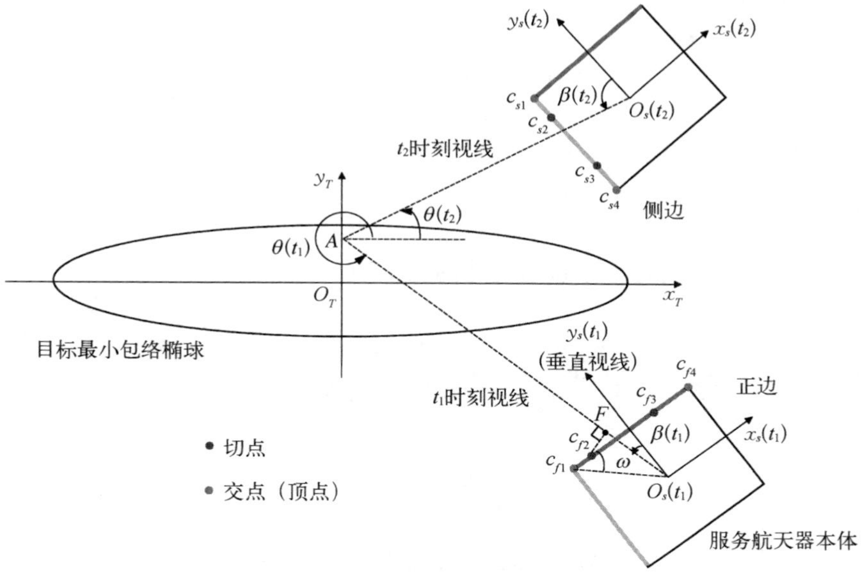

图 7.4　服务航天器本体与目标椭球的几何关系

球恰好相切,或者服务航天器的顶点恰好位于目标椭球上。将正边相切的切点及正边顶点相交的交点记为集合 $C_f\{c_{f1}, c_{f2}, c_{f3}, c_{f4}\}$，侧边的点则记为 $C_s\{c_{s1}, c_{s2}, c_{s3}, c_{s4}\}$。结合图 7.4,进一步以当前视线 $\overrightarrow{AO_s}$ 为边界,将集合中落在边界两侧的切点和交点进一步分类,可以获得 8 种临界几何情况,分类如表 7.1 所示。将所有切点的集合 $C_f\{c_{f2}, c_{f3}\} \cup C_s\{c_{s2}, c_{s3}\}$ 记为情况 1,所有交点的集合 $C_f\{c_{f1}, c_{f4}\} \cup C_s\{c_{s1}, c_{s4}\}$ 记为情况 2。

表 7.1　临界几何情况分类

集　合	切　点	交　点
正边集合 $C_f\{c_{f1}, c_{f2}, c_{f3}, c_{f4}\}$	c_{f2}、c_{f3}	c_{f1}、c_{f4}
侧边集合 $C_s\{c_{s1}, c_{s2}, c_{s3}, c_{s4}\}$	c_{s2}、c_{s3}	c_{s1}、c_{s4}

情况 1：切点集合 $C_f\{c_{f2}, c_{f3}\} \cup C_s\{c_{s2}, c_{s3}\}$。

以 $C_f\{c_{f2}\}$ 为例,如图 7.5 所示,在临界安全位置处服务航天器本体的正边与目标最小包络椭球相切,且切点 c_{f2} 落在当前视线的左侧。此时,过 c_{f2} 作一条直线垂直于当前视线 $\overrightarrow{AO_s}$，垂足为 F，见图 7.4。设此时服务航天器正边的斜率为 k，根

据椭圆切线方程可以得到切点 c_{f2} 的坐标表达式为

$$\begin{cases} x_{c_{f2}} = \pm \dfrac{a^2 k}{\sqrt{a^2 k^2 + b^2}} \\ y_{c_{f2}} = -\dfrac{b^2 x_{c_{f2}}}{a^2 k} \end{cases} \tag{7.2}$$

式中，a 和 b 分别是目标最小包络椭球的长半轴和短半轴。

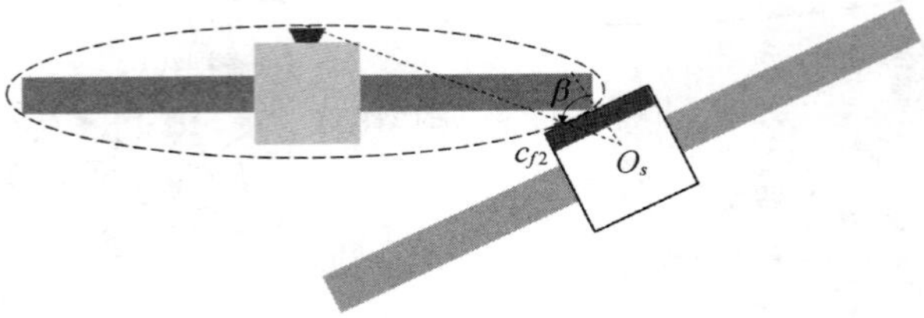

图 7.5　正边相切：切点位于视线左侧

根据几何关系，$x_{c_{f2}}$ 还可以表示为

$$x_{c_{f2}} = \overline{AF}\cos\theta + \overline{Fc_{f2}}\sin\theta = \overline{AF}\cos\theta + d\sin\theta \tag{7.3}$$

式中，$\overline{AF} = r - \dfrac{b_s}{2\cos(\beta)} - d\tan\beta$；$d = \left|\tan\theta x_{c_{f2}} - y_{c_{f2}} + \dfrac{b_{t1}}{2}\right| |\cos\theta|$。

结合式(7.2)和式(7.3)可以得到临界安全位置 r 的表达式为

$$r = \frac{x_{c_{f2}} - d\sin\theta}{\cos\theta} + \frac{b_s}{2\cos\beta} + d\tan\beta \tag{7.4}$$

采用上述方法计算集合里其他几何情况的临界安全位置，可以得到切点集合 $C_f\{c_{f2}, c_{f3}\} \cup C_s\{c_{s2}, c_{s3}\}$ 中 r 的表达式为

$$r = \begin{cases} \dfrac{x_{c_{fi}} + k_1 d\sin\theta}{\cos\theta} + \dfrac{b_s}{2\cos\beta} + k_2 d\tan\beta, & \begin{matrix} k_1 = -1; & k_2 = 1(i = 2) \\ k_1 = 1; & k_2 = -1\ (i = 3) \end{matrix} \\ \dfrac{x_{c_{si}} + k_1 d\sin\theta}{\cos\theta} + \dfrac{a_s}{2\sin\beta} + k_2 \dfrac{d}{\tan\beta}, & \begin{matrix} k_1 = 1; & k_2 = 1\ (i = 2) \\ k_1 = -1; & k_2 = -1\ (i = 3) \end{matrix} \end{cases} \tag{7.5}$$

情况 2：交点集合 $C_f\{c_{f1},\ c_{f4}\} \cup C_s\{c_{s1},\ c_{s4}\}$。

以 $C_f\{c_{f1}\}$ 为例，如图 7.6 所示，在临界安全位置处服务航天器本体的正边与目标最小包络椭球相交，且交点(顶点)落在当前视线的左侧。设图 7.4 中 O_sc_{f1} 与正边的夹角为 ω，根据几何关系可以得到交点 c_{f1} 的坐标表达式为

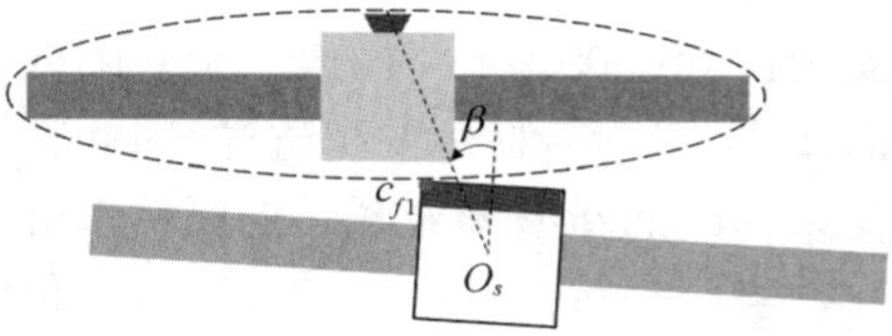

图 7.6　正边相交：交点位于视线左侧

$$\begin{cases} x_{c_{f1}} = \overline{AO_s}\cos\theta - \overline{O_sc_{f1}}\sin(\beta - \theta + \omega) \\ y_{c_{f1}} = \overline{AO_s}\sin\theta - \overline{O_sc_{f1}}\cos(\beta - \theta + \omega) + \dfrac{b_{t1}}{2} \end{cases} \tag{7.6}$$

将式(7.6)与椭圆方程结合可以得到该情况下临界安全位置 r 的表达式。同理，计算整个集合，得到交点集合 $C_f\{c_{f1},\ c_{f4}\} \cup C_s\{c_{s1},\ c_{s4}\}$ 中 r 的表达式为

$$\begin{cases} r = \dfrac{-B + \sqrt{B^2 - 4HG}}{2H} \\ H = b^2\cos^2\theta + a^2\sin^2\theta \\ B = 2b^2E_1\cos\theta + 2a^2E_2\sin\theta \\ G = b^2E_1^2 + a^2E_2^2 - a^2b^2 \end{cases} \tag{7.7}$$

式中，a 和 b 分别为目标最小包络椭球的长半轴和短半轴；E_1 和 E_2 的表达式为

$$\begin{cases} E_1 = k_3\dfrac{b_s}{2}\cos(\theta - \beta) + k_4\dfrac{a_s}{2}\sin(\theta - \beta) \\ E_2 = k_3\dfrac{b_s}{2}\sin(\theta - \beta) - k_4\dfrac{a_s}{2}\cos(\theta - \beta) + \dfrac{b_{t1}}{2} \end{cases} \tag{7.8}$$

式中，当交点为 c_{f1} 或 c_{s1} 时，$k_3 = -1$、$k_4 = 1$；当交点为 c_{f4} 时，$k_3 = -1$、$k_4 = -1$；当交点为 c_{s4} 时，$k_3 = 1$、$k_4 = 1$。

当 $\beta < 0$ 时，将正边和侧边交换，再使用上述方法求解即可。

3. 临界安全曲线的求解

1）服务航天器本体的临界安全曲线

首先以服务航天器本体为例求解临界安全曲线，再对带有帆板的复杂外形航天器进行分析。前面求解了 8 种几何情况下的临界安全位置 r 的解，当服务航天

器在空间中移动时，将会根据当前方位及姿态情况求得不同的 r，所有方位的临界安全位置连接起来将构成一条封闭的临界安全曲线。一旦服务航天器的质心进入曲线内，将会与目标发生碰撞，因此临界安全曲线是综合双航天器复杂外形及姿态关系构建的新型禁飞区。下面将求解这一曲线的表达式。

当服务航天器本体与目标最小包络椭圆的几何关系在情况 1 和情况 2 之间切换时，需要构建一个切换条件。服务航天器本体在其体坐标系 $\{S\}$ 中可以用矩阵不等式表示为

$$\boldsymbol{N}\boldsymbol{X}_s \leqslant \boldsymbol{P} \tag{7.9}$$

式中，$\boldsymbol{N} = \begin{bmatrix} 1 & -1 & 0 & 0 \\ 0 & 0 & 1 & -1 \end{bmatrix}^{\mathrm{T}}$；$\boldsymbol{P} = [a_s/2 \quad a_s/2 \quad b_s/2 \quad b_s/2]^{\mathrm{T}}$。

目标最小包络椭球在目标体坐标系 $\{T\}$ 中可以表示为

$$\boldsymbol{X}_t^{\mathrm{T}}\boldsymbol{R}\boldsymbol{X}_t = 1 \tag{7.10}$$

式中，$\boldsymbol{R} = \begin{bmatrix} 1/a^2 & 0 \\ 0 & 1/b^2 \end{bmatrix}$。

结合图 7.4，将式(7.9)和式(7.10)统一到坐标系 $\{S\}$ 中，$\{S\}$ 到 $\{T\}$ 的转换关系为

$$\boldsymbol{X}_s \xrightarrow{\cdot \boldsymbol{Z}_1(\beta)} \boldsymbol{X}_1 \xrightarrow{-\boldsymbol{F}} \boldsymbol{X}_2 \xrightarrow{\cdot \boldsymbol{Z}_2\left(\frac{3}{2}\pi - \theta\right)} \boldsymbol{X}_3 \xrightarrow{+\boldsymbol{C}} \boldsymbol{X}_s^t \tag{7.11}$$

式中，$\boldsymbol{Z}_1(\beta) = \begin{bmatrix} \cos\beta & \sin\beta \\ -\sin\beta & \cos\beta \end{bmatrix}$；$\boldsymbol{Z}_2\left(\frac{3}{2}\pi - \theta\right) = \begin{bmatrix} -\sin\theta & -\cos\theta \\ \cos\theta & -\sin\theta \end{bmatrix}$；$\boldsymbol{F} = [0 \quad r]^{\mathrm{T}}$；$\boldsymbol{C} = [0 \quad b_t/2]^{\mathrm{T}}$；$\boldsymbol{X}_s^t$ 表示在 $\{T\}$ 中描述 $\{S\}$ 中的方程。

根据式(7.11)可以得到目标椭圆在服务航天器体坐标系下的表达式为

$$\boldsymbol{X}_t^s = \boldsymbol{Z}_1^{\mathrm{T}}\boldsymbol{Z}_2^{\mathrm{T}}\boldsymbol{X}_t + \boldsymbol{Z}_1^{\mathrm{T}}\boldsymbol{Z}_2^{\mathrm{T}}\boldsymbol{Z}_2\boldsymbol{F} - \boldsymbol{Z}_1^{\mathrm{T}}\boldsymbol{Z}_2^{\mathrm{T}}\boldsymbol{C} \tag{7.12}$$

将式(7.12)代入式(7.9)中可以得到：

$$\boldsymbol{N}\boldsymbol{X}_t^s \leqslant \boldsymbol{P} \tag{7.13}$$

若不等式(7.13)成立，则服务航天器本体与目标椭球发生碰撞。而在每一个位置处仅会存在一种几何情况，因此在每个位置处利用式(7.5)和式(7.7)计算两种情况的解，并用式(7.13)判断此时为相切还是相交。

设目标的尺寸为 $a_{t1} = 2\,\mathrm{m}$、$b_{t1} = 2\,\mathrm{m}$、$a_{t2} = 6\,\mathrm{m}$、$b_{t2} = 1\,\mathrm{m}$，对表 7.2 中的三种场景进行仿真，求解对应的临界安全曲线。三个场景中的临界安全曲线对比见图 7.7。

表 7.2　三种仿真场景的参数

参　　数	场景 1(本体 1)	场景 2(本体 2)	场景 3(本体 1)
服务航天器本体尺寸/m	$a_s = 7$、$b_s = 3$	$a_s = 2$、$b_s = 2$	$a_s = 7$、$b_s = 3$
视线角 β/(°)	20	20	0

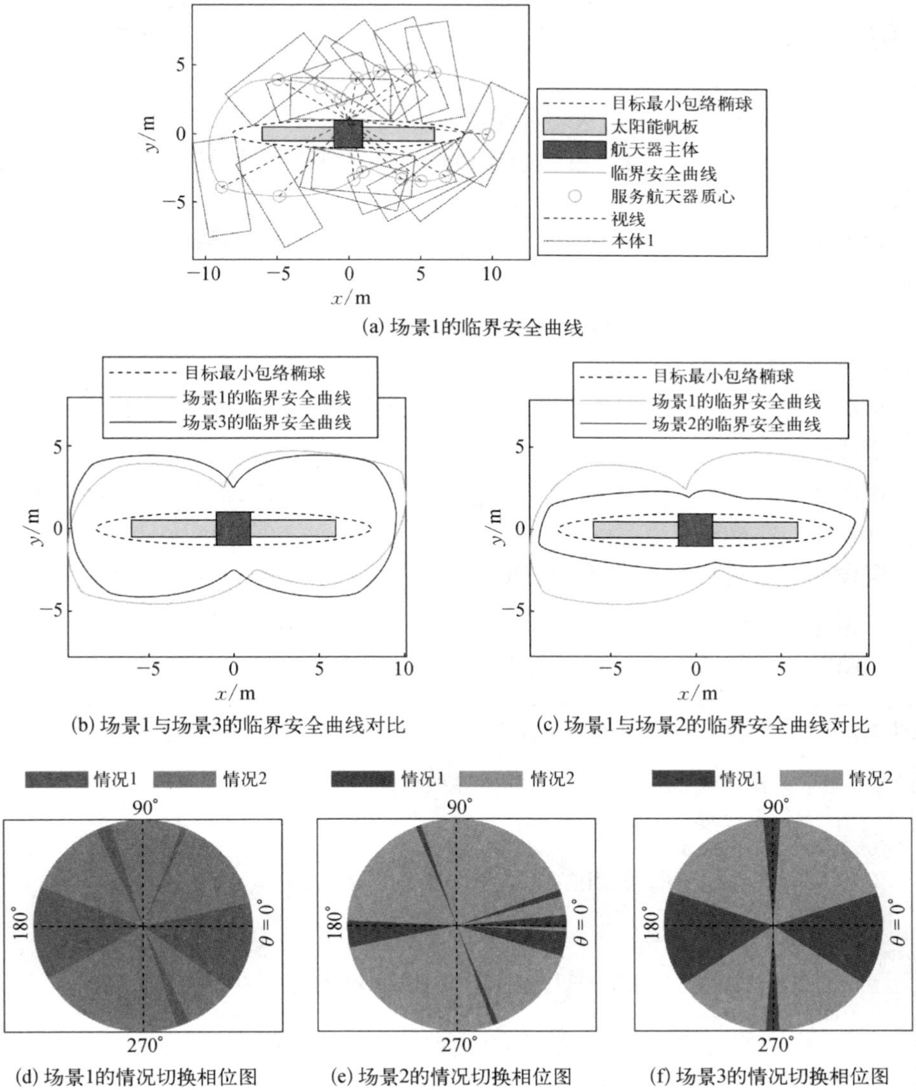

(a) 场景1的临界安全曲线

(b) 场景1与场景3的临界安全曲线对比

(c) 场景1与场景2的临界安全曲线对比

(d) 场景1的情况切换相位图

(e) 场景2的情况切换相位图

(f) 场景3的情况切换相位图

图 7.7　三种场景中的临界安全曲线对比

图 7.7(a)显示了场景 1 的临界安全曲线，从图中可以看出，服务航天器在每一个方位处都以 $\beta = 20°$ 的视线角指向服务点，且在曲线上任何一点，服务航天器本体都恰好与目标最小包络椭球保持临界几何关系，一旦服务航天器质心进入曲线内，二者将发生碰撞。图 7.7 (d)展示了场景 1 的情况切换相位图，当服务航天器的方位角 θ 从 0 变换到 2π 时，几何情况将在情况 1 和情况 2 之间切换。由图 7.7 (b)和(c)可知，服务航天器的形状及姿态都会对临界安全曲线带来影响。对比图 7.7 (d)~(f)，几何情况在不同方位的切换也将受到服务航天器形状和姿态的影响。特别地，如图 7.7 (f)所示，当视线角为 0 时，切换条件将在整个相位中对称分布。

2）非凸复杂外形服务航天器的临界安全曲线

结合图 7.3 及上面内容，用四个几何情况描述带帆板的复杂外形航天器与目标最小包络椭球的临界几何关系。

情况 1($C_{fb}\{c_{fb2}, c_{fb3}\} \cup C_{sb}\{c_{sb2}, c_{sb3}\}$)：服务航天器本体的正/侧边与目标最小包络椭球相切。

情况 2($C_{fb}\{c_{fb1}, c_{fb4}\} \cup C_{sb}\{c_{sb1}, c_{sb4}\}$)：服务航天器本体的正/侧边的顶点位于目标最小包络椭球上。

情况 3($C_{fs}\{c_{fs2}, c_{fs3}\} \cup C_{ss}\{c_{ss2}, c_{ss3}\}$)：服务航天器帆板的正/侧边与目标最小包络椭球相切。

情况 4($C_{fs}\{c_{fs1}, c_{fs4}\} \cup C_{ss}\{c_{ss1}, c_{ss4}\}$)：服务航天器帆板的正/侧边的顶点位于目标最小包络椭球上。

假设四种情况利用式(7.5)和式(7.7)计算得到的临界安全位置分别为 r_1、r_2、r_3、r_4，相应的碰撞判断条件为 $\boldsymbol{NX}_t^{s1} \leqslant \boldsymbol{P}$、$\boldsymbol{NX}_t^{s2} \leqslant \boldsymbol{P}$、$\boldsymbol{NX}_t^{s3} \leqslant \boldsymbol{P}$、$\boldsymbol{NX}_t^{s4} \leqslant \boldsymbol{P}$，则带帆板的非凸复杂外形航天器临界安全曲线求解过程如下。

算法 7.1 求解复杂外形航天器的临界安全曲线

输入： 服务航天器相对于抓捕点的方位角 θ、视线角 β

输出： 当前方位角处的临界安全位置 r^{θ}

for $\theta = 1, \cdots, 2\pi$ **do**

  利用 7.1.1 节的方法计算当前方位角处的临界安全位置 $r_i (i = 1, \cdots, 4)$

  for $i = 1:4$ **do**

    if $\boldsymbol{NX}_t^{si} \leqslant \boldsymbol{P}$ **then**

      在该位置服务航天器与目标会发生碰撞，令 $\mathbf{Flag}(i) = 0$

    else

      在该位置服务航天器与目标不会发生碰撞，令 $\mathbf{Flag}(i) = 1$

    end if

      将安全的临界安全位置进行存储，即 $\boldsymbol{R}(i) = \mathbf{Flag}(i) r_i$

---

end for
求解本体的临界安全位置 $r^{\theta_1} = \min\{\text{nonzero}[\boldsymbol{R}(1:2)]\}$,
求解帆板的临界安全位置 $r^{\theta_2} = \min\{\text{nonzero}[\boldsymbol{R}(3:4)]\}$
求解复杂外形的临界安全位置 $r^{\theta} = \max(r^{\theta_1}, r^{\theta_2})$
$\theta \leftarrow \theta + \delta\theta$ 更新当前方位角
end for

7.1.2　临界安全曲线仿真分析

设图 7.3 中目标航天器的尺寸为 $a_{t1} = 2$ m、$b_{t1} = 2$ m、$a_{t2} = 6$ m、$b_{t2} = 1$ m，服务航天器尺寸为 $a_{s1} = 2$ m、$b_{s1} = 2$ m、$a_{s2} = 14$ m、$b_{s2} = 1$ m，图 7.8 (a)和(b)分别展示了视线角 $\beta = 0°$ 时复杂外形航天器的临界安全曲线及全方位角上的几何情况切换相位图；图 7.8 (c)和(d)则展示了视线角 $\beta = 20°$ 的情况。由图可见，在临界安全曲线上，服务航天器的非凸复杂外形能够与目标最小包络椭球满足临界安全的几

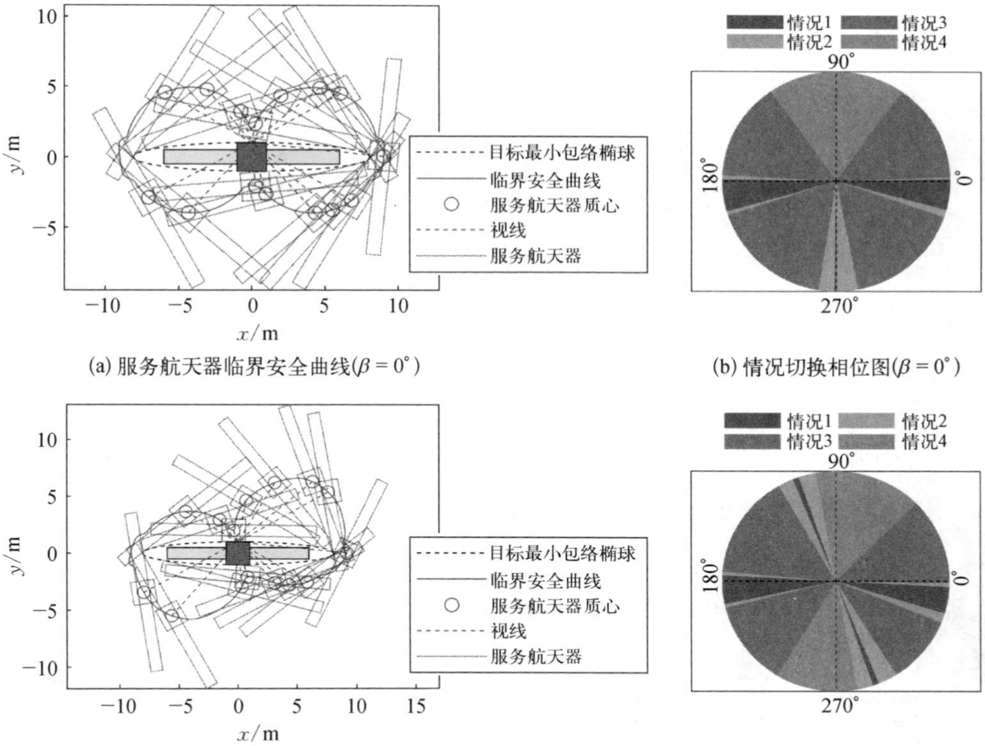

(a) 服务航天器临界安全曲线($\beta = 0°$)　(b) 情况切换相位图($\beta = 0°$)

(c) 服务航天器临界安全曲线($\beta = 20°$)　(d) 情况切换相位图($\beta = 20°$)

图 7.8　服务航天器的临界安全曲线与几何情况切换相位图

何关系，且在算法 7.1 的作用下，几何关系将在四种情况中切换。因此，临界安全曲线作为一种新型禁飞区，能够将复杂外形与视线角的约束结合起来，一旦服务航天器与目标航天器的姿态确定，只要服务航天器质心保持在曲线外就能保证安全。

当实际的视线角测量存在偏差时，设视线角误差为 $\Delta\beta$，如图 7.9 所示，此时视线角的最大值为 $\beta_{max}=\beta_0+\Delta\beta$，形成的临界安全曲线为 $CSC(\beta_{max})$；视线角的最小值为 $\beta_{min}=\beta_0-\Delta\beta$，形成的临界安全曲线为 $CSC(\beta_{min})$，为了减小偏差对安全性的影响，理论上取 $CSC(\beta_{max})\cup CSC(\beta_{min})$ 作为修正曲线。

但实际上如图 7.10 所示，当视线角在 $[\beta_0-\Delta\beta, \beta_0+\Delta\beta]$ 区间内波动时，某些方位处曲线的最大包络值不在视线角变化区间的边界取得。因此，对曲线作进一步修正，利用最小包络圆代替服务航天器的本体形状，以实现对临界安全曲线的圆化处理，如图 7.11 所示，采用最小包络球圆化本体后，随着视线角波动，本体球可以保持形状不变，这样可以简化图 7.10 中在某些区域的复杂几何关系切换情况。

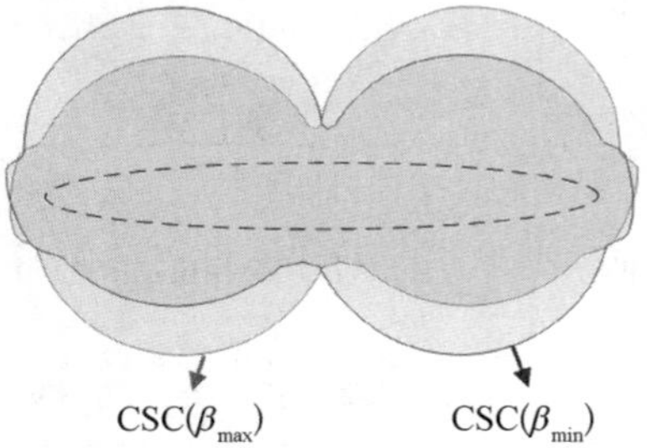

图 7.9 最大-最小安全曲线

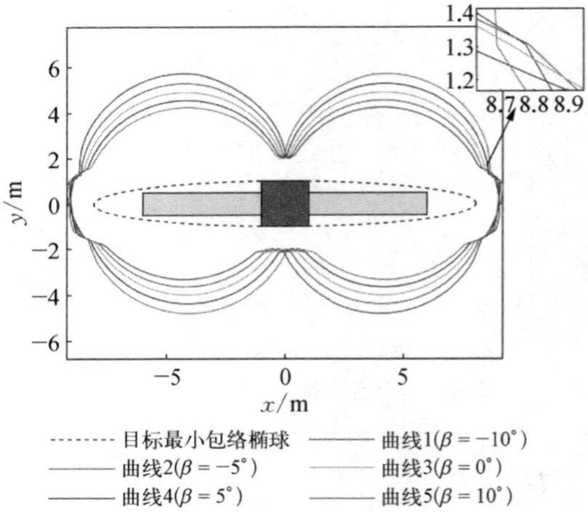

图 7.10 $\beta=0\pm10^\circ$ 时的临界安全曲线

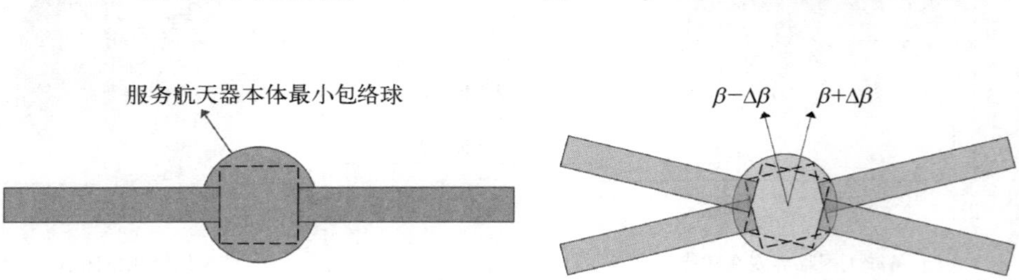

图 7.11 视线角存在偏差时的外形圆化

通过圆化处理，当视线角波动时，区间内的临界安全曲线如图 7.12（a）所示，在任意位置，曲线最大包络仅由边界值 $\beta_{\min}$ 和 $\beta_{\max}$ 即可得到，最终当视线角存在误差时的修正临界安全曲线如图 7.12(b)所示。

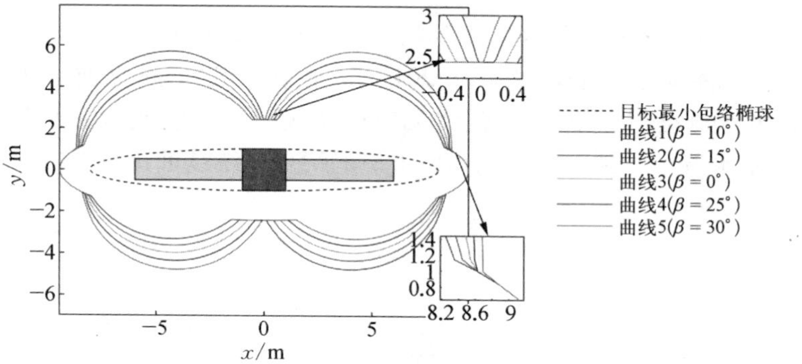

(a) 区间内的临界安全曲线

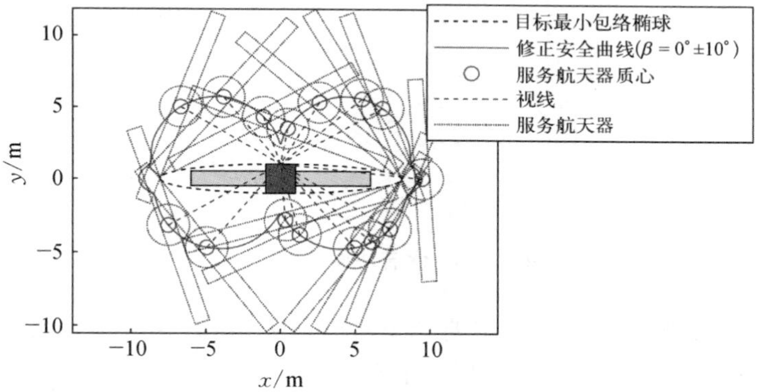

(b) 修正曲线

图 7.12　圆化后区间内的临界安全曲线及修正曲线

7.2　双复杂外形约束下的轨迹规划方法

7.1 节提出了临界安全曲线概念，该曲线作为新型禁飞区，可以将复杂外形和相对姿态结合，在二维和三维场景中计算避撞约束。本节将在该约束作用下对复杂外形航天器安全接近的轨迹进行规划，核心思想是将临界安全曲线构成的禁飞区视为轨迹规划中的一个障碍物，采用水流法进行规划。由于临界安全曲线的非凸性及轨道动力学限制，在面对双航天器复杂外形约束的安全接近问题时，水流法存在很多缺陷和问题，本节将对其进行改进，并提出不同约束作用下的速度规划方法,与水流法结合,实现轨道平面内接近非旋或旋转目标的轨迹规划。

7.2.1 基于改进水流法的轨迹规划算法

1. 水流法基本原理

早在 2012 年,洛桑联邦理工学院的 Khansari-Zadeh 所在团队针对机械臂避撞问题提出了一种谐波势函数法[24]。2015 年,由国内北京航空航天大学的 Wang 等[25]提出的水流法与之相似,都是将无障碍轨迹视为谐波或水流,若障碍物放置在水流中,则水流会受到障碍物扰动后平滑的绕行并继续前进,如图 7.13 所示。

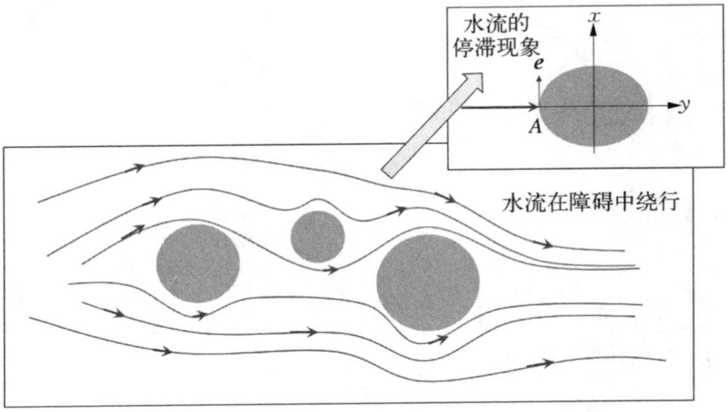

图 7.13 水流法原理图

水流法进行轨迹规划的步骤主要如下:描述障碍物、构建流场和扰动流场。传统的水流法通过构造一个连续方程来定义障碍物表面:

$$\Gamma(\boldsymbol{\xi}) = \sum_{i=1}^{d} [\ \|\boldsymbol{\xi}_i - \boldsymbol{\xi}_i^c\| / R(\boldsymbol{\xi})\ ]^{2p}, \quad p \in \mathbb{N}_+ \tag{7.14}$$

式中,d 为障碍物维度;$\boldsymbol{\xi}_i$ 为当前位置分量;$\boldsymbol{\xi}_i^c$ 为障碍物中心分量;$R(\boldsymbol{\xi})$ 和 p 为超球面障碍物参数。

该方程传递了如下信息:

(1) $\Gamma > 1$ 表示当前位置位于障碍物外部;

(2) $\Gamma = 1$ 表示当前位置位于障碍物边界;

(3) $\Gamma < 1$ 表示当前位置位于障碍物内部。

在完成对障碍物的描述后,需要对原始流场进行构建。设运动学方程为

$$\dot{\boldsymbol{\xi}} = f(\boldsymbol{\xi}) \tag{7.15}$$

针对式(7.15),可以通过设计速度函数 $f(\boldsymbol{\xi})$ 来构建流场。例如,采用 $f(\boldsymbol{\xi}) =$

$[a \quad b]^{\mathrm{T}}$ 可以构建一个直流场,其中 a 和 b 为常数;通过 $f(\boldsymbol{\xi})=\varphi(\boldsymbol{\xi}^a-\boldsymbol{\xi})$ 可以构建一个吸引子流场,其中 $\boldsymbol{\xi}^a$ 为吸引子所在位置,φ 为常数。水流法的最后一步即对构建的流场进行扰动,将式(7.14)中描述的障碍物放置在流场中时,一般通过扰动矩阵进行如下扰动:

$$\dot{\boldsymbol{\xi}} = \boldsymbol{M}f(\boldsymbol{\xi}) \tag{7.16}$$

式中,$\boldsymbol{M}=\boldsymbol{EDE}^{-1}$, $\boldsymbol{D}=\mathrm{diag}([\lambda_1 \quad \lambda_2])$, $\lambda_1=1-1/\Gamma$, $\lambda_2=1+1/\Gamma$, $\boldsymbol{E}=[\boldsymbol{r} \quad \boldsymbol{e}]$, $\boldsymbol{e}$ 为切向单位向量,$\boldsymbol{r}$ 为径向单位向量,$\boldsymbol{r}$ 的表达式为

$$\boldsymbol{r} = \left[\frac{\partial\Gamma(\boldsymbol{\xi})}{\partial\boldsymbol{\xi}_1}, \cdots, \frac{\partial\Gamma(\boldsymbol{\xi})}{\partial\boldsymbol{\xi}_d}\right]^{\mathrm{T}} \tag{7.17}$$

若水流方向恰好沿着径向,如图 7.13 所示,此时 $f(\boldsymbol{\xi})=[v_x \quad 0]^{\mathrm{T}}$。当水流抵达障碍物表面的点 A 时,$\lambda_1=0$、$\lambda_2=2$,由式(7.16)扰动后的水流流速为 0,水流将在表面停滞。传统水流法采用数值法进行强制扰动,具体形式为

$$\boldsymbol{\xi}_{t+1} = \boldsymbol{\xi}_t + \alpha\boldsymbol{e}\delta t \tag{7.18}$$

式中,α 为小的正常数。

从传统水流法的原理中,可以发现这一方法的局限性。

(1) 只能描述凸形障碍物。从式(7.14)可以看出,障碍物外形限制为超球面形态,不能对非凸外形进行表述。

(2) 障碍物外形函数必须一阶可导。式(7.17)要求障碍物外形函数 $\Gamma(\boldsymbol{\xi})$ 必须一阶可导,而一些障碍物外形虽连续封闭,但却在某些位置存在不可导性,因此方法具有一定局限性。

(3) 只能针对凸形障碍物实现绕行。式(7.18)的数值法强制扰动方向为切向方向,但对于非凸外形,在凹形区域内,切向方向将穿透障碍物。

由此看来,若想将 7.1 节构建的临界安全曲线作为轨迹规划中需要绕行的障碍物,鉴于该曲线表现出的非凸特性,以及本书中问题的航天背景,需要对水流法进行改进,使其贴合轨道动力学,并解决双航天器复杂外形约束下的近距离安全接近轨迹规划问题。

2. 改进水流法

针对 7.2.1 节传统水流法面临的问题,对其进行改进。临界安全曲线属于星形障碍物,星形障碍物是非凸障碍物的一种,在该类型障碍物中,有且仅有一个中心,从该中心出发向周围作射线,所有的射线将仅穿过障碍物边界一次。根据 7.1 节内容,临界安全曲线的中心即为抓捕点,因此针对星形障碍物,更新对障碍物的描述和定义。

如图 7.14 所示，设星形障碍物的中心为 $\boldsymbol{\xi}^c$，障碍物外一点为 $\boldsymbol{\xi}$，该点方位角为 θ，过该点与中心的连线与障碍物边界交于 $\boldsymbol{\xi}^\theta$，设此方位上的临界安全位置为 $r^\theta = \|\boldsymbol{\xi}^\theta - \boldsymbol{\xi}^c\|$，则星形障碍物可以用如下函数进行描述：

$$\Gamma(\boldsymbol{\xi}) = \frac{\|\boldsymbol{\xi} - \boldsymbol{\xi}^c\|}{r^\theta} = \frac{\rho}{r^\theta} \tag{7.19}$$

该函数同样具有如下性质：

(1) $\Gamma > 1$ 表示服务航天器位于临界安全曲线禁飞区外部，没有与目标航天器碰撞；

(2) $\Gamma = 1$ 表示服务航天器位于临界安全曲线禁飞区边界，处于临界安全状态；

(3) $\Gamma < 1$ 表示服务航天器位于临界安全曲线禁飞区内部，与目标航天器发生碰撞；

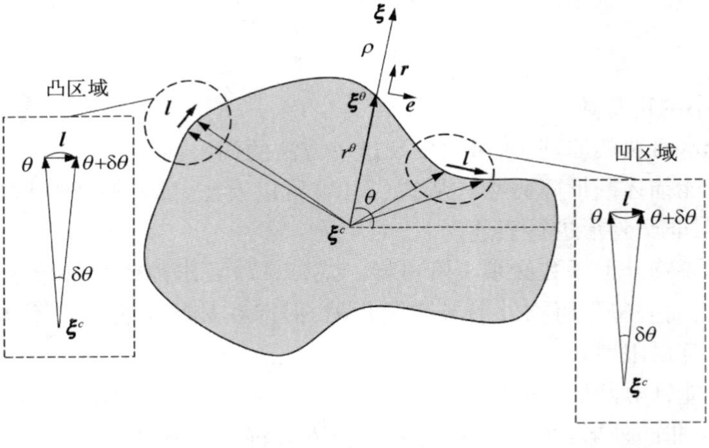

图 7.14 星形障碍物

对式(7.16)的扰动矩阵进行改进，设径向单位向量 $\boldsymbol{r}$ 为

$$\boldsymbol{r} = \frac{\boldsymbol{\xi} - \boldsymbol{\xi}^c}{\|\boldsymbol{\xi} - \boldsymbol{\xi}^c\|} \tag{7.20}$$

相比式(7.17)，式(7.20)无须对 $\Gamma(\boldsymbol{\xi})$ 求导，能与算法 7.1 结合，直接求解当前的径向方向。定义切向方向为 $\boldsymbol{e} = \begin{bmatrix} 0 & 1 \\ -1 & 0 \end{bmatrix} \boldsymbol{r}$，限制水流切向制导方向为顺时针，避免制导方向的随机性。针对式(7.18)的数值法强制扰动方法不能消除非凸障碍物停滞现象的问题，本节进一步作出改进，提出图 7.14 中的当地切向，定义为

$$l = \frac{\boldsymbol{\xi}^{\theta+\delta\theta} - \boldsymbol{\xi}^{\theta}}{\parallel \boldsymbol{\xi}^{\theta+\delta\theta} - \boldsymbol{\xi}^{\theta} \parallel} \qquad (7.21)$$

图 7.14 中同时显示了式(7.21)在凸区域和凹区域的求解效果,从图中可以看出,在凹区域,该解具有安全性,但对于凸区域仍存在少量的穿透。为了确保强制制导的安全性,进一步定义 r 与 l 之间的夹角为 ω,如图 7.15 所示,则当水流停滞在障碍物表面时,式(7.18)的强制扰动方程将改进为

$$\begin{cases} \boldsymbol{\xi}_{t+1} = \boldsymbol{\xi}_t + \alpha e\delta t, & \omega \geqslant \pi/2 \\ \boldsymbol{\xi}_{t+1} = \boldsymbol{\xi}_t + \alpha e\delta t + \beta r\delta t, & \omega < \pi/2 \end{cases} \qquad (7.22)$$

式中,$\beta = \dfrac{\alpha}{\tan \omega}$,$\alpha$ 是一个小的正常数。

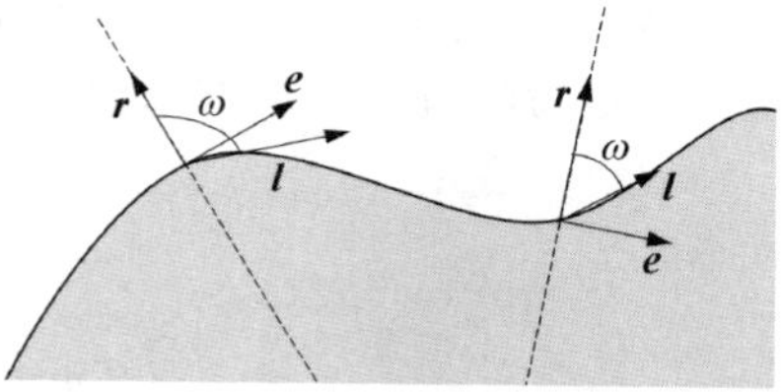

图 7.15 强制扰动方法的改进

结合算法 7.1,改进水流法进行轨迹规划的算法 7.2 如下。

算法 7.2 改进水流法

输入: 使用算法 7.1 计算的临界安全位置 r^{θ},当前时刻服务航天器位置 $\boldsymbol{\xi}^t(r, \theta)$,积分步长 δt,积分时间 time

输出: 下一时刻服务航天器位置 $\boldsymbol{\xi}^{t+1}$

1: **for** $t = 1, \cdots,$ time **do**
2:     采用式(7.19)计算 Γ,并得到 r 与 l 之间的夹角 ω
3:     **if** $\Gamma = 1$(在临界安全曲线表面停滞) **then**
4:         定义一个小的正常数 $\alpha > 0$
5:         **循环迭代**
6:           **if** $\omega < \pi/2$ **then**
7:              $\boldsymbol{\xi}^{t+1} = \boldsymbol{\xi}^t + \alpha e\delta t + \beta r\delta t$
8:           **else**
9:              $\boldsymbol{\xi}^{t+1} = \boldsymbol{\xi}^t + \alpha e\delta t$
10:           **end if**
11:           将 $f(\boldsymbol{\xi}) = \varphi(\boldsymbol{\xi}^a - \boldsymbol{\xi})$ 代入式(7.16)计算 $\boldsymbol{\xi}^{t+1}$
12:           **if** $r^T \boldsymbol{\xi}^{t+1} > 0$ **or** $t =$ time(积分时间结束) **then**

13:　　　　　退出循环
14:　　　　end if
15:　　　循环结束
16:　　else
17:　　　利用式(7.16)计算 $\boldsymbol{\xi}^{t+1}$
18:　　end if
19:　　$t \leftarrow t + \delta t$ 更新当前时刻
20:　end for

　　为了进一步确保安全性,定义安全裕度为 η,使障碍物向外扩大 η,即 $r_\eta^\theta = r^\theta + \eta$,其效果将在下一节仿真算例中展示。此外,考虑到轨迹的缩减,当前方没有障碍物时可以直接向目标点移动,当与障碍物距离缩小到一定范围时开始对轨迹执行扰动,若扰动轨迹停滞在障碍物表面,则进行强制机动。如图 7.16 所示,设目标点为 $\boldsymbol{\xi}^a$,若当前方位与障碍物的距离 $\| \boldsymbol{\xi} - \boldsymbol{\xi}^c \| - r^\theta < \varepsilon$ 时开始扰动;$\boldsymbol{p}$ 与 $\boldsymbol{l}$ 之间的夹角为 ϕ,若 $\phi < \omega$,则停止扰动。进行轨迹缩减后的水流法轨迹规划算法见算法 7.3。

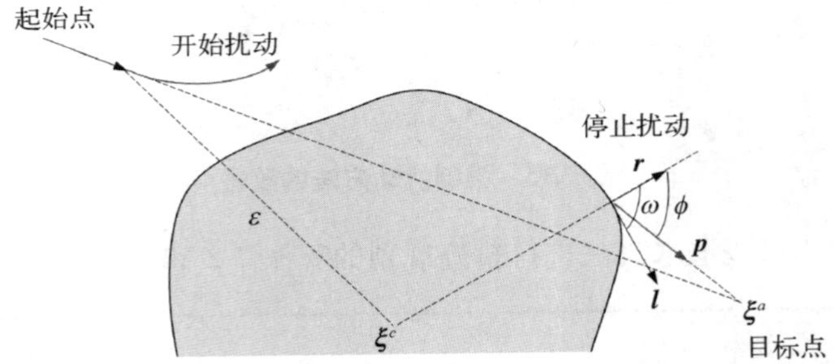

图 7.16　强制机动改进示意图

算法 7.3　改进水流法的轨迹缩减算法

输入: 当前时刻服务航天器位置 $\boldsymbol{\xi}^t(r, \theta)$,积分步长 δt,积分时间 time
输出: 下一时刻服务航天器位置 $\boldsymbol{\xi}^{t+1}$
1:　**for** $t = 1, \cdots,$ time **do**
2:　　计算 ω 和 ϕ,定义一个常数 ε
3:　　**if** $\| \boldsymbol{\xi}^t - \boldsymbol{\xi}^c \| - r^\theta > \varepsilon$ or $\phi < \omega$
4:　　　定义一个常数 φ
5:　　　由 $f(\boldsymbol{\xi}) = \varphi(\boldsymbol{\xi}^a - \boldsymbol{\xi})$ 计算 $\boldsymbol{\xi}^{t+1}$ from $f(\boldsymbol{\xi}) = \varphi(\boldsymbol{\xi}^a - \boldsymbol{\xi})$
6:　　**else**
7:　　　由算法 7.2 计算 $\boldsymbol{\xi}^{t+1}$
8:　　**end if**
9:　　$t \leftarrow t + \delta t$ 更新当前时刻
10:　**end for**

3. 结合临界安全曲线的改进水流法仿真分析

首先对水流法与临界安全曲线的结合效果进行验证。取 $a=0$、$b=1$，通过 $f(\boldsymbol{\xi})=[a\quad b]^{\mathrm{T}}$ 构建一个直流场；取吸引子所在位置为 $\boldsymbol{\xi}^{a}(2,\ 10)$、$\varphi=1$，通过 $f(\boldsymbol{\xi})=\varphi(\boldsymbol{\xi}^{a}-\boldsymbol{\xi})$ 构建一个吸引子流场。对于临界安全曲线，设其参数与图 7.8(a)相同，将该临界安全曲线分别放入流场中。对于吸引子流场，进一步设水流绕行的安全裕度为 $\eta=2$，则仿真结果见图 7.17。

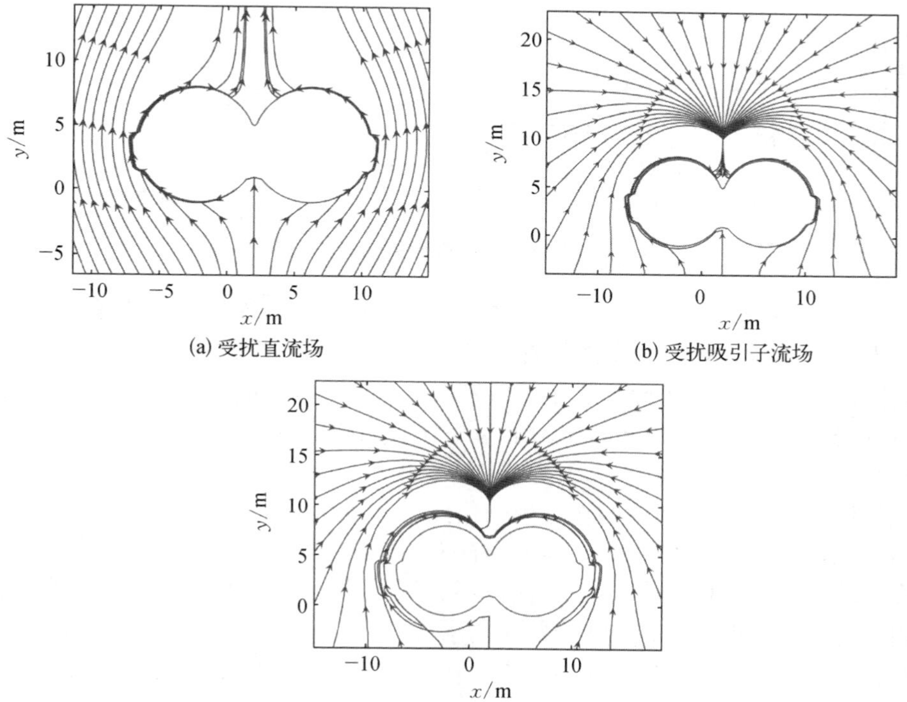

(a) 受扰直流场

(b) 受扰吸引子流场

(c) 加入安全裕度的扰动结果

图 7.17　扰动流场仿真结果

图 7.17(a)和(b)中，将临界安全曲线视为障碍物放置在水流中时，水流受到了扰动，直流场中水流绕开临界安全曲线继续前行，吸引子流场中的水流绕过临界安全曲线继续向吸引子移动；若加入安全裕度 η，则水流与临界安全曲线保持一定距离。由此可知，改进水流法能很好地与临界安全曲线结合。取服务航天器起始点 $\boldsymbol{\xi}^{0}=[-5,\ -10]$，单位为 m；服务点为 $\boldsymbol{\xi}^{a}=[2,\ 6]$，单位为 m，临界安全曲线参数与图 7.8(a)相同，流场为吸引子流场 $f(\boldsymbol{\xi})=\varphi(\boldsymbol{\xi}^{a}-\boldsymbol{\xi})$，其中 $\varphi=0.01$，安全裕度为 $\eta=4$，则该场景下利用算法 7.2 和算法 7.3 规划的轨迹见图 7.18。

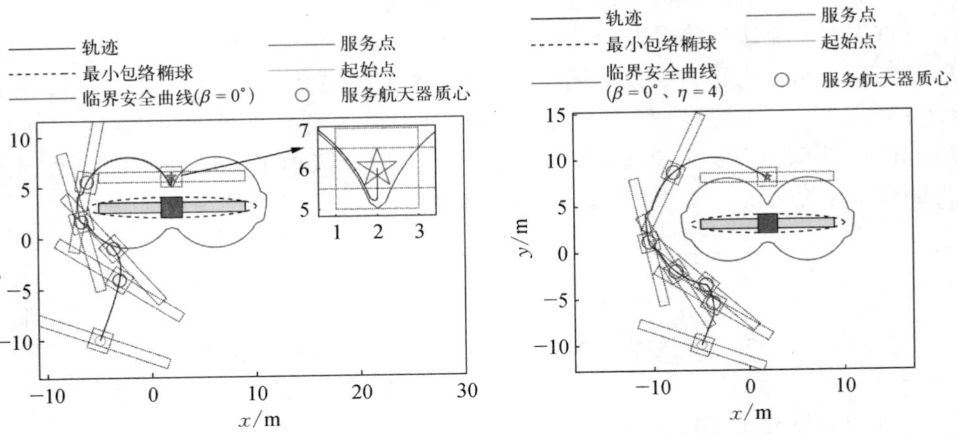

(a) 算法2规划轨迹　　(b) 算法3规划轨迹

图 7.18　轨迹规划算例对比

如图 7.18(a)所示,在算法 2 的作用下,服务航天器能够在逼近服务点的过程中保持质心位于临界安全曲线外,保证双航天器的安全性,但是服务航天器在最后阶段出现了过度绕行的情况。而采用算法 7.3 作用的图 7.18 (b)中没有出现过度绕行,且在安全裕度的作用下与临界安全曲线保持一定距离,更加具备安全性。

值得注意的是,本节中的轨迹规划仍然承袭了水流法的一些固有特点,例如,吸引子流场 $f(\boldsymbol{\xi})=\varphi(\boldsymbol{\xi}^a-\boldsymbol{\xi})$ 的构建方法并没有考虑到服务航天器的初始状态,以及在终端加速度为 0 的特殊需求,此外还有推力器性能及时间等约束也没有考虑在内。为了使得水流法更加贴合航天需求,需要结合一些速度规划理论对流场的构建方式进行更新。下面将在多约束的作用下对流场速度函数 $f(\boldsymbol{\xi})$ 的设计展开讨论。

7.2.2　多约束耦合作用下的速度规划方法

在航天器近距离安全接近过程中,速度规划需要考虑航天器初始时刻及接近终端的相对速度和加速度约束;此外,服务航天器推力器性能的限制给加速度带来了区间约束;安全接近过程的时间约束也对速度规划提出了要求。综上,速度规划是一个综合问题,本节将基于以上约束提出速度规划方法,解决航天器安全接近的速度规划问题。

1. 初始时刻及终端约束下的速度规划

假设服务航天器以相对速度为 0 的状态开始执行安全接近,此时初始状态 $\boldsymbol{\chi}_0=[x_0, y_0, v_{x0}, v_{y0}]^{\mathrm{T}}=[x_0, y_0, 0, 0]^{\mathrm{T}}$;在接近终端,服务航天器的相对速度同

样需要为 0，此时终端期望状态为 $\boldsymbol{\chi}_f = [x_f, y_f, v_{xf}, v_{yf}]^T = [x_f, y_f, 0, 0]^T$。出于安全性考虑，整个轨迹上的速度变化应平滑，且在靠近终端时的速度变化较为平缓，接近终端的加速度需要为 0，即 $[\dot{v}_{xf}, \dot{v}_{yf}]^T = [0, 0]^T$。考虑以上初始时刻及终端约束，对 $\dot{\boldsymbol{\xi}} = \boldsymbol{M}f(\boldsymbol{\xi})$ 中的速度项 $f(\boldsymbol{\xi})$ 进行规划，设 $f(\boldsymbol{\xi}) = [v_x, v_y]^T$，$v_{xf} = f(x)$，根据吸引流场定义，将吸引子设为接近终端 $[x_f, y_f]^T$，则 $v_{yf} = \tan\beta v_{xf}$，$\tan\beta = \dfrac{y_f - y_0}{x_f - x_0}$，$f_i(x)$ 的设计如图 7.19 所示。

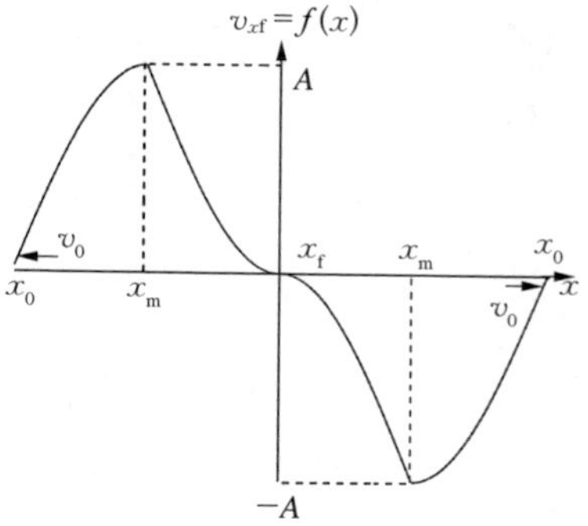

图 7.19 速度规划示意图

$$f_i(x) = A\sin\left(\omega_i x + \varphi_i + \frac{i-1}{2}\pi\right) + A\sin\left(\frac{i-1}{2}\pi\right), \quad \begin{matrix} i=1, & x_0 \leqslant x \leqslant x_m \\ i=2, & x_m < x \leqslant x_f \\ i=3, & x_m \leqslant x \leqslant x_0 \\ i=4, & x_f \leqslant x < x_m \end{matrix} \tag{7.23}$$

为了满足初始时刻和终端约束，令 $f_i(x_f) = 0$，$f_i(x_0) = v_0 \to 0$，速度函数在 x_m 处达到最大值，$|f_i(x_m)| = A$，解得

$$\omega_i = \begin{cases} \dfrac{\pi/2 - \arcsin(v_0/A)}{x_m - x_0} & (i = 1 \text{ 或 } 3) \\ \dfrac{\pi}{2(x_f - x_m)} & (i = 2 \text{ 或 } 4) \end{cases}, \quad \varphi_i = \pi/2 - x_m\omega_i \tag{7.24}$$

根据式(7.23)可知，在接近终端，$\dot{v}_{xf} = \dot{v}_{yf} = 0$，且速度曲线全程为平滑曲线，靠近终端的 cos 函数形式使得速度变化平缓，满足终端约束的同时具备安全性。而速度最大值 A 受到控制器能力的约束，x_m 受到安全接近过程中的时间约束，其取值将在接下来的小节中进一步作分析讨论。

2. 推力器性能约束下的速度规划

由 C－W 方程可知，控制加速度可以表示为

$$\begin{cases} u_x = \dot{v}_x - 2nv_y - 3n^2(x - x_f) \\ u_y = \dot{v}_y + 2nv_x \end{cases} \tag{7.25}$$

设控制加速度上限为 $\bar{u}$，则推力器性能约束可以表示为 $|u_x| \leqslant \bar{u}$，$|u_y| \leqslant \bar{u}$。根据式(7.23)及式(7.25)，结合绝对值不等式的相关性质，可以得到控制加速度的上限约束为

$$
\begin{aligned}
|u_x| &= |f_i'(x) - 2n\tan\beta f_i(x) - 3n^2(x - x_f)| \\
&\leqslant |f_i'(x)| + 2n|\tan\beta||f_i(x)| + 3n^2|x - x_f| = h(x) \leqslant \bar{u}
\end{aligned}
\tag{7.26}
$$

$$
\begin{aligned}
|u_y| &= |[\tan\beta f_i(x)]' + 2nf_i(x)| \\
&\leqslant |\tan\beta||f_i'(x)| + 2n|f_i(x)| = g(x) \leqslant \bar{u}
\end{aligned}
\tag{7.27}
$$

受推力器性能约束的速度最大值 A 应该在 $h_{\max}(x) = \bar{u}$ 时取得，即 $A = \{A(x) | h_{\max}(x) = \bar{u}\}$，这样才能保证规划速度在推力器性能可实现范围内。而式(7.23)显示，A 的取值与 x 有关，出于安全目的，速度的最大值 $A(x)$ 不能在 x_0 或 x_f 处取得，因此在 x_m 处取值，即 $A = \{A(x_m) | h_{\max}(x_m) = \bar{u}\}$。将式(7.23)代入式(7.26)，并对 $h(x)$ 求导，可以得到：

$$
\begin{aligned}
h'(x) = &- A\omega_i^2 \left| \sin\left(\omega_i x + \varphi_i + \frac{i-1}{2}\pi\right) \right| \\
&+ 2nA|\omega_i||\tan\beta| \left| \cos\left(\omega_i x + \varphi_i + \frac{i-1}{2}\pi\right) \right| \\
&+ 3n^2 \operatorname{sgn}(x - x_f), \quad i = 1, \cdots, 4
\end{aligned}
\tag{7.28}
$$

分析式(7.28)，可以研究 $h(x)$ 的单调性，以便探究集合 $A = \{A(x_m) | h_{\max}(x_m) = \bar{u}\}$ 存在的可行性，结果如下：

(1) $i = 1$ 时，$h'(x_m) < 0$，$h_{\max}(x)$ 不可能在 x_m 处取得；

(2) $i = 2$ 时，$h'(x_f) < 0$，若令 $h'(x_m) < 0$，则 $h_{\max}(x)$ 可以在 x_m 处取得；

(3) $i = 3$、4 时，$h'(x) > 0$，$h_{\max}(x)$ 可以在 x_m 处取得。

则在式(7.26) x 向推力器性能的约束下，集合 $A = \{A(x_m) | h_{\max}(x_m) = \bar{u}\}$ 的可行解集合 U_{A1} 为

$$
U_{A1} = \left\{ A_i \,\middle|\, A_i = \frac{\bar{u} - 3n^2|x_m - x_f|}{2n|\tan\beta| + \omega_i \sin[\pi(i-1)/2]}, \quad i = 2, 3, 4 \right\}
\tag{7.29}
$$

以同样的方式可以求得在式(7.27) y 向推力器性能约束下的可行解集合 U_{A2} 为

$$
U_{A2} = \left\{ A_i \,\middle|\, A_i = \frac{\bar{u}}{2n + \omega_i|\tan\beta|\sin[\pi(i-1)/2]}, \quad i = 3, 4 \right\}
\tag{7.30}
$$

同时考虑 x 方向和 y 方向的推力器性能，取可行解集合 U_{A1} 和 U_{A2} 的最小值作为 A 的最终取值：

$$A = \min(U_{A1} \cup U_{A2}) \tag{7.31}$$

3. 最优时间约束下的速度规划

安全接近过程所消耗的时间是速度规划的一个优化目标，在确定 A 值后，x_{m} 的取值与优化结果有关。以 $x_0 \leqslant x_{\mathrm{f}}$ 为例，速度分段函数为两段速度关于位移的函数：$v_x = f_1(x) = A\sin(\omega_1 x + \varphi_1)$，$v_x = f_2(x) = A\cos(\omega_2 x + \varphi_2) + A$，两边同时对时间求导可得

$$\frac{\mathrm{d}v_x}{\mathrm{d}t} = \begin{cases} A\omega_1 \cos(\omega_1 x + \varphi_1) v_x \\ -A\omega_2 \sin(\omega_2 x + \varphi_2) v_x \end{cases} \tag{7.32}$$

分别对 $\mathrm{d}v_x$ 和 $\mathrm{d}t$ 进行积分，设第一段消耗时间为 t_1，第二段消耗时间为 t_2：

$$\int_{v_0}^{A} \frac{\mathrm{d}v_x}{A\omega_1 v_x \sqrt{1 - \dfrac{v_x^2}{A^2}}} = \int_0^{t_1} \mathrm{d}t \tag{7.33}$$

$$\int_{A}^{0} \frac{\mathrm{d}v_x}{A\omega_2 v_x \sqrt{1 - \left(\dfrac{v_x}{A} - 1\right)^2}} = \int_{t_1}^{t_1+t_2} \mathrm{d}t \tag{7.34}$$

式(7.34)中，令 $k = \dfrac{v_x}{A} - 1$，积分可表示为 $\dfrac{1}{A\omega_2}\displaystyle\int_0^{-1} \frac{\mathrm{d}k}{(k+1)\sqrt{1-k^2}} = \int_{t_1}^{t_1+t_2} \mathrm{d}t$，进一步对式(7.33)和式(7.34)进行积分可以得到：

$$t_1 = \frac{1}{2A\omega_1} \ln\left[\frac{1 + \sqrt{1 - \left(\dfrac{v_0}{A}\right)^2}}{1 - \sqrt{1 - \left(\dfrac{v_0}{A}\right)^2}}\right] = \frac{\ln\left[\dfrac{1 + \sqrt{1 - \left(\dfrac{v_0}{A}\right)^2}}{1 - \sqrt{1 - \left(\dfrac{v_0}{A}\right)^2}}\right]}{2A[\pi/2 - \arcsin(v_0/A)]}(x_{\mathrm{m}} - x_0)$$

$$= H_1(x_{\mathrm{m}} - x_0) \tag{7.35}$$

$$t_2 = \frac{1}{2A\omega_2}\left(4 - \frac{\pi}{k+1}\Big|_0^{-1} - \frac{\pi}{2}\right) = \frac{\left(\frac{8}{\pi} - 1 - \frac{2}{k+1}\Big|_0^{-1}\right)}{2A}(x_f - x_m)$$
$$= H_2(x_f - x_m) \tag{7.36}$$

上一小节定义，$v_0 \to 0$，$H_1 \to +\infty$，当 $k = -1$ 时,$H_2 \to +\infty$，且 $1 - \sqrt{1 - \left(\frac{v_0}{A}\right)^2} > k + 1 = 0$，所以 $H_1 < H_2$，所花费的总时间为

$$T = t_1 + t_2 = H_1(x_m - x_0) + H_2(x_f - x_m) = H_2 x_f - H_1 x_0 + (H_1 - H_2)x_m \tag{7.37}$$

若仅考虑总时间最短,则 T 随 x_m 的增大而减小,理论上 $x_m = x_f$ 时的总时间最短,但这样会使得 7.2.2 节中添加的 cos 平滑段失去意义。考虑安全性,从初始状态开始加速的 sin 段时间 t_1 越长,速度波动越小,安全性越高;考虑控制器性能,减速至接近终端的 cos 段时间 t_2 越长,对控制器的要求越低。因此,设计如下优化目标函数,优化目标函数 J_t 取最大值时,即 x_m 在时间约束下的最优取值:

$$\max J_t = Q_1 t_1 t_2 - Q_2 T \tag{7.38}$$

取 $x_0 = -15$ m、$x_f = 2$ m、$A = 0.7$、$Q_1 = 100$、$Q_2 = 80$,若只考虑总时间 T 最短,则仿真结果与理论分析一致,如图 7.20(a)所示,当 $x_m = x_f$ 时,所用总时间最短;进一步考虑安全性与合理性,如图 7.20(b)所示,当 $x_m = -8.2$ 时,目标函数 J_t 取最大值,此时 x_m 位于区间 $[x_0, x_f]$ 的中部,能够在满足安全性的基础上使得总时间最短。

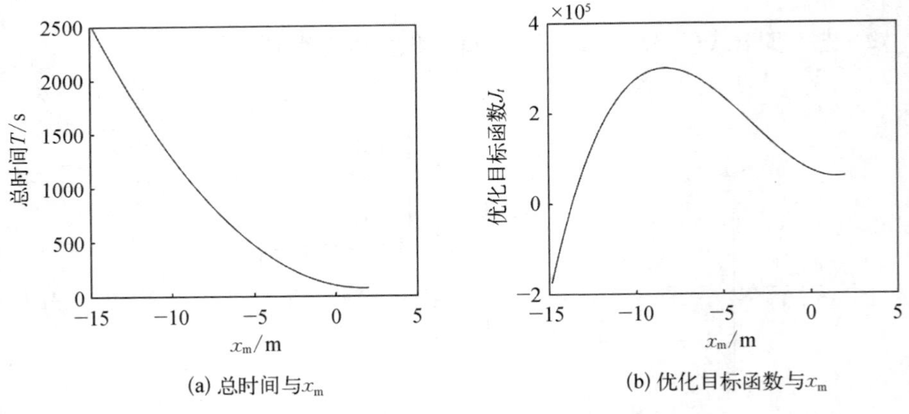

(a) 总时间与x_m　　(b) 优化目标函数与x_m

图 7.20　总时间及优化目标函数与 x_m 的关系

7.2.3　面向旋转目标的轨迹规划方法

下面针对旋转目标进行安全接近过程的轨迹规划。考虑如图 7.21 所示的旋转航天器安全接近场景,服务点随着目标航天器的旋转而变化。一方面,服务航天器在接近过程中需要保持其姿态实时指向服务点,即受到视线角的约束;另一方面,具有复杂外形的服务航天器不能与目标部件发生碰撞,即受到双航天器复杂外形约束。

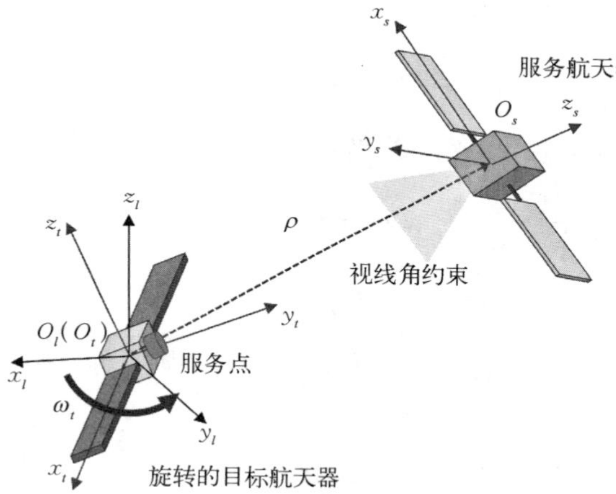

图 7.21　旋转航天器安全接近示意

根据已知信息量,旋转目标的安全接近轨迹规划分为全局离线规划与实时在线规划。若安全接近过程的全局信息已知,则可以将非旋目标安全接近的方法应用于旋转目标的安全接近中。若安全接近信息仅可用于局部探测,则需要进行实时轨迹规划,这将在第 7.3.2 节设计的实时模型预测控制算法中给出。本节首先研究全局离线规划方案,设目标体坐标系 $\{S\}$ 到目标轨道坐标系 $\{L\}$ 的转换矩阵为 $\boldsymbol{T}_t^l$,根据 $\left(\dfrac{\mathrm{d}\boldsymbol{\rho}_l}{\mathrm{d}t}\right)_t=\dfrac{\mathrm{d}\boldsymbol{\rho}_t}{\mathrm{d}t}+\boldsymbol{\omega}_t^{\times}\boldsymbol{\rho}_t$ 可以得到服务航天器在轨道坐标系下的速度和加速度表达式分别为

$$\frac{\mathrm{d}\boldsymbol{\rho}_l}{\mathrm{d}t}=\boldsymbol{T}_t^l\left(\frac{\mathrm{d}\boldsymbol{\rho}_t}{\mathrm{d}t}+\boldsymbol{\omega}_t^{\times}\boldsymbol{\rho}_t\right) \tag{7.39}$$

$$\frac{\mathrm{d}^2\boldsymbol{\rho}_l}{\mathrm{d}t^2}=\boldsymbol{T}_t^l\left[\frac{\mathrm{d}^2\boldsymbol{\rho}_t}{\mathrm{d}t^2}+2\boldsymbol{\omega}_t^{\times}\frac{\mathrm{d}\boldsymbol{\rho}_t}{\mathrm{d}t}+\dot{\boldsymbol{\omega}}_t^{\times}\boldsymbol{\rho}_t+\boldsymbol{\omega}_t^{\times}(\boldsymbol{\omega}_t^{\times}\boldsymbol{\rho}_t)\right] \tag{7.40}$$

针对旋转目标,在轨道坐标系中对 7.2.2 节提出的多约束作用下的速度规划方

法进行改进。假定目标在轨道平面内以角速度 ω_t 绕轨道平面法向 z_l 匀速转动，由于安全接近最终需要使服务航天器跟随目标终端转动，需要将非旋安全接近下的终端期望状态 $\boldsymbol{\chi}_{\mathrm{f}}=[x_{\mathrm{f}},\ y_{\mathrm{f}},\ v_{x\mathrm{f}},\ v_{y\mathrm{f}}]^{\mathrm{T}}=[\boldsymbol{\rho}_{\mathrm{f}},\ \boldsymbol{v}_{\mathrm{f}}]^{\mathrm{T}}=[\boldsymbol{\rho}_{\mathrm{f}},\ \boldsymbol{0}_{1\times2}]^{\mathrm{T}}$ 转换到轨道坐标系下。根据式(7.39)，可以得到终端约束为 $\boldsymbol{\chi}_{\mathrm{f}l}=([\boldsymbol{\rho}_{\mathrm{f}},\ \boldsymbol{0}_{1\times2}]^{\mathrm{T}})_l=[\boldsymbol{T}_t^l\boldsymbol{\rho}_{\mathrm{f}},\ \boldsymbol{T}_t^l\boldsymbol{\omega}_t^{\times}\boldsymbol{\rho}_{\mathrm{f}}]^{\mathrm{T}}$。对于推力器性能约束，轨道坐标系下的控制加速度可以表示为 $u_{xl}=\dot{v}_{xl}-2nv_{yl}-3n^2x_l$，$u_{yl}=\dot{v}_{yl}+2nv_{xl}$，根据式(7.39)和式(7.40)，控制加速度可以进一步用体坐标系下的量表示为

$$\boldsymbol{T}_l^t\begin{bmatrix}u_{xl}\\u_{yl}\end{bmatrix}=\begin{bmatrix}u_{xt}\\u_{yt}\end{bmatrix}+\begin{bmatrix}-2\omega_t v_{yt}-\omega_t^2x_t-2n\omega_t x_t\\2\omega_t v_{xt}-\omega_t^2y_t-2n\omega_t y_t\end{bmatrix}=\begin{bmatrix}u_{xt}\\u_{yt}\end{bmatrix}+\begin{bmatrix}f_{\Delta u_x}\\f_{\Delta u_y}\end{bmatrix}\tag{7.41}$$

式中，$f_{\Delta u_x}=-2\omega_t v_{yt}-\omega_t^2x_t-2n\omega_t x_t$；$f_{\Delta u_y}=2\omega_t v_{xt}-\omega_t^2y_t-2n\omega_t y_t$；$\boldsymbol{T}_l^t=\begin{bmatrix}\cos\theta & \sin\theta\\-\sin\theta & \cos\theta\end{bmatrix}$。

轨道坐标系下的控制加速度约束为 $|u_l|\leqslant\bar{u}_l$，则目标体坐标系下的控制加速度为 $u_{xt}=\cos\theta u_{xl}+\sin\theta u_{yl}+f_{\Delta u_x}$，$u_{yt}=-\sin\theta u_{xl}+\cos\theta u_{yl}+f_{\Delta u_y}$，根据绝对值不等式及 7.2.2 节的速度规划定理，$|v_{xt}|_{\max}=A$，$|x_t|_{\max}=|x_{t_0}|$，其中 x_{t_0} 为初始时刻服务航天器在 x_t 方向的位置，目标体坐标系下的控制加速度上限为

$$|u_{xt}|\leqslant\bar{u}_l-2|\omega_t||\tan\beta|A-\omega_t^2|x_{t_0}|-2n|\omega_t||x_{t_0}|=\bar{u}_x\tag{7.42}$$

$$|u_{yt}|\leqslant\bar{u}_l-2|\omega_t|A-\omega_t^2|\tan\beta||x_{t_0}|-2n|\omega_t||\tan\beta||x_{t_0}|=\bar{u}_y\tag{7.43}$$

取 $\bar{u}=\min(\bar{u}_x,\ \bar{u}_y)$ 作为目标体坐标系下的控制加速度上限，与式(7.31)联立，所解得的 A 即考虑轨道坐标系下的控制力约束得到的速度上限，由此更新体坐标系下的速度规划结果，并利用式(7.39)和式(7.40)将结果转换到轨道坐标系下，即可得到轨道坐标系下的速度规划结果及所规划的安全接近轨迹。值得注意的是，从式(7.42)和式(7.43)可以看出，在轨道坐标系下的控制加速度会大于体坐标系下的控制加速度，且差值与目标转速大小 $|\omega_t|$、由二者的初始相对位置求解的 $|\tan\beta|$ 及 $|x_{t_0}|$ 有关。理论上，通过分析可知，目标转速越大，初始位置距离终端越远，在轨道坐标系下所需的控制加速度越大。接下来将对以上理论进行仿真验证，以得到轨道平面内旋转目标的全局安全接近方法。

在初始时刻，对于临界安全曲线，设其虚拟中心为 $\boldsymbol{\xi}^c=[0,\ 0]$，单位为 m，接近终端位于 $\boldsymbol{\xi}^d=[0,\ 5.5]$，单位为 m，视线角 $\beta=0$，优化目标函数中 $Q_1=100$、$Q_2=$

80，两个初始位置取值分别为 $x_{01} = [-15, -5]$，单位为 m，$f(x_{01}) = v_{01} = 0.01\ \mathrm{m/s} \to 0$，轨道坐标系下的控制加速度上限 $\bar{u} = 0.2\ \mathrm{m^2/s}$，目标转动角速度为 $\omega_t = 0.1°/\mathrm{s}$，仿真结果如图 7.22 所示。

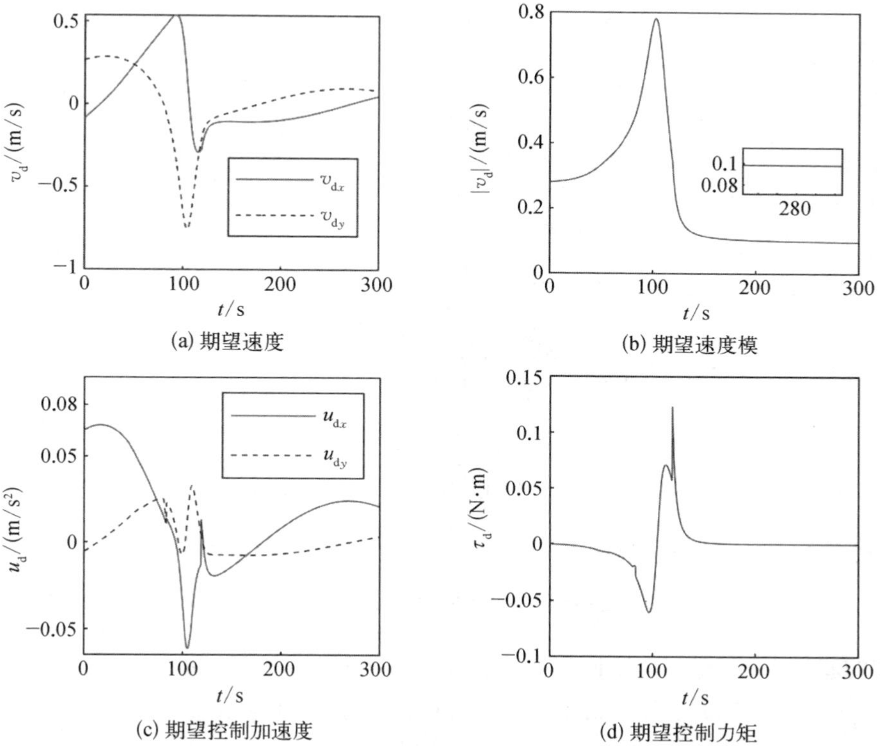

图 7.22　期望速度、期望速度模、期望控制加速度与期望控制力矩

从图 7.22(a)可以看出，服务航天器在轨道坐标系下的期望速度变化平滑；图 7.22(b)显示，在服务航天器与对接终端实现同步后，将保持 $|\boldsymbol{v}_\mathrm{f}| = |\boldsymbol{T}_t^l \boldsymbol{\omega}_t^\times \boldsymbol{\rho}_\mathrm{f}| = |\boldsymbol{\omega}_t^\times \boldsymbol{\rho}_\mathrm{f}| = 0.009\,6\ \mathrm{m/s}$，满足终端约束；从图 7.22 (c)可以看出，轨道坐标系下的期望控制加速度将保证在上限内，且图 7.22 (d)显示，最终服务航天器将跟随目标终端服务点旋转，由沿轨道平面法向 z_l 的控制力矩实现姿态指向，且该期望终端控制力矩 $\boldsymbol{\tau}_\mathrm{fd} = \boldsymbol{I}_z \dot{\boldsymbol{\omega}}_t = 0$。整个安全接近过程如图 7.23 所示。

图 7.23 展示了 300 s 内复杂外形服务航天器接近在轨道面内自旋的复杂外形目标的全过程，在整个安全接近过程中，具有复杂外形的双航天器没有发生碰撞，且在最终实现对对接终端的跟踪，完成超近距离安全接近。

进一步分析初始位置与目标转速对期望控制加速度的影响，在图 7.22 中仿真

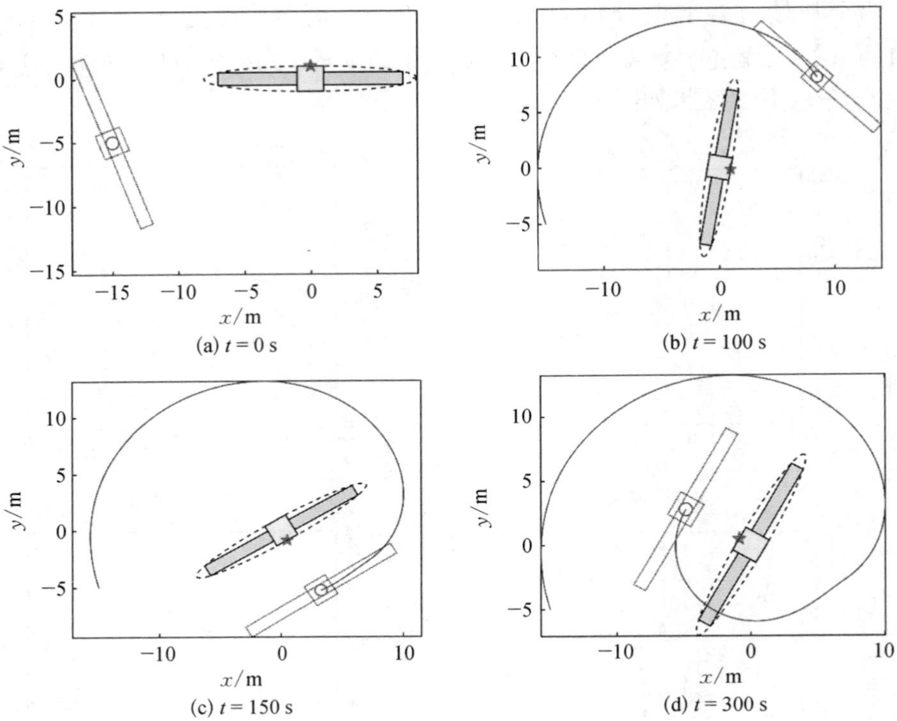

图 7.23　双航天器复杂外形约束下轨道面内的安全接近过程

参数的基础上，选择三个不同初始位置 $\boldsymbol{x}_{01}=[-15\text{ m},\ -5\text{ m}]$、$\boldsymbol{x}_{02}=[-15\text{ m},\ 0]$、$\boldsymbol{x}_{03}=[-10\text{ m},\ 5\text{ m}]$，分析初始位置对控制加速度的影响，从仿真结果图 7.24 可以看出，三个初始位置 $\boldsymbol{x}_{01}$、$\boldsymbol{x}_{02}$、$\boldsymbol{x}_{03}$ 所需的控制加速度为 $|u_{\mathrm{d}x1}|>|u_{\mathrm{d}x2}|>|u_{\mathrm{d}x3}|$、

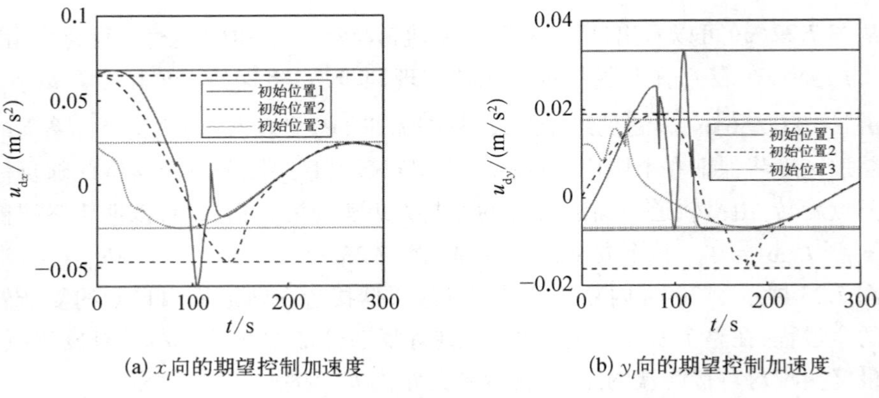

(a) x_l向的期望控制加速度　　(b) y_l向的期望控制加速度

图 7.24　初始位置对控制加速度的影响

$|u_{dy1}| > |u_{dy2}| > |u_{dy3}|$，即初始位置沿目标旋转后方接近时，离目标点越远，所需要的控制加速度越大。

设初始位置 $\boldsymbol{x}_{01} = [-15, -5]$，单位为 m，选择三个目标转速 $\omega_{t1} = 0.1°/\mathrm{s}$、$\omega_{t1} = 0.3°/\mathrm{s}$、$\omega_{t1} = 0.5°/\mathrm{s}$，得到的控制加速度如图 7.25 所示，从图中可以看出，三个目标转速对应的控制加速度大小为 $|u_{dx1}| > |u_{dx2}| > |u_{dx3}|$、$|u_{dy1}| < |u_{dy2}| < |u_{dy3}|$，即目标转速越快，所需控制加速度越大。且由于目标以稳定角速度转动，由 $u_{xl} = \dot{v}_{xl} - 2nv_{yl} - 3n^2x_l$、$u_{yl} = \dot{v}_{yl} + 2nv_{xl}$，在接近终端，$|\boldsymbol{v}_f| = |\boldsymbol{T}_t^l\boldsymbol{\omega}_t^{\times}\boldsymbol{\rho}_f| = |\boldsymbol{\omega}_t^{\times}\boldsymbol{\rho}_f|$，控制加速度呈现周期性规律，与图 7.25 中的仿真结果一致，且目标转速越大，控制加速度变化周期越小。

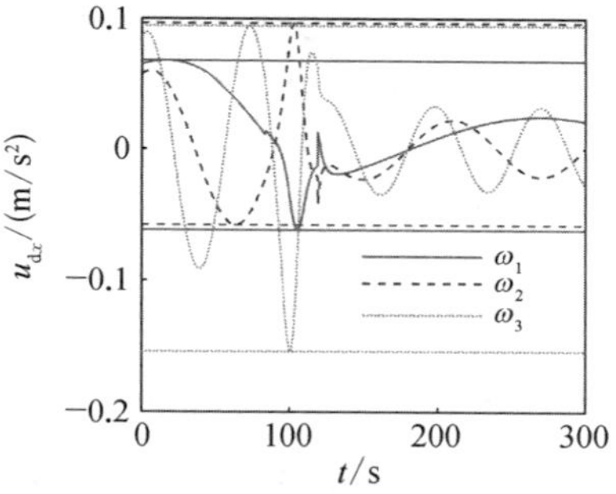

(a) x_l向的期望控制加速度

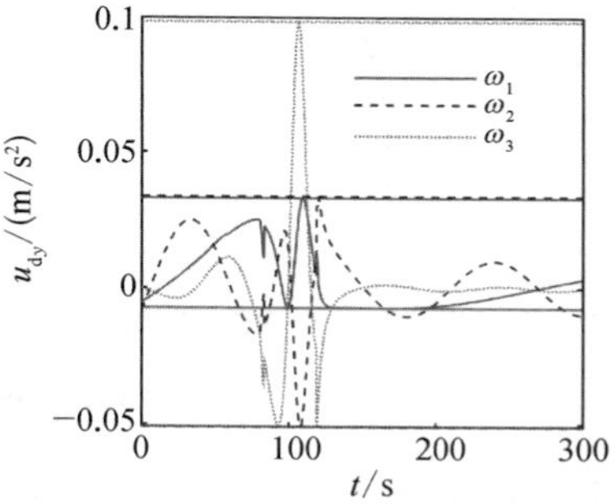

(b) y_l向的期望控制加速度

图 7.25　目标转速对控制加速度的影响

通过坐标转化及坐标系下矢量的求导法则，可以将非旋目标的安全接近轨迹方法运用到旋转目标的全局离线轨迹规划问题中。规划的轨迹所需消耗的期望加速度及期望力矩与初始相对位置和目标角速度有关，初始相对位置及目标转速越大，所需控制量的最大值越大。

7.3　基于模型预测控制与双复杂外形约束的姿轨联合控制

7.3.1　面向非旋目标的姿轨联合控制器设计

考虑到 eMPC 在静态且低维状态空间场景的适用性，基于 eMPC 展开非旋目标控制器的设计。设计控制器首先需要确定状态变量，如图 7.26 所示，可以选择实际状态量 $\boldsymbol{x}$ 构成状态空间，也可以选择状态差值 $\boldsymbol{x}_e = \boldsymbol{x} - \boldsymbol{x}_d$，其中 $\boldsymbol{x}_d$ 为期望状态。根据图 7.26 可知，eMPC 的原理是通过对状态空间进行分区，分别计算各分区内控制量关于状态的函数，作为在线访问时的依据。此时若选择实际状态量 $\boldsymbol{x}$ 构成状态空间，则如图 7.26（a）所示，x_0 为初始状态，x_{fN} 为终端状态。状态空间为整个轨迹所在空间，计算过程中 eMPC 会访问的空间为轨迹穿过的空间，可见随着规划轨迹的变化，访问的空间变化较大。并且轨迹占据的状态空间很多，需要计算并存储的空间也大。若如图 7.26（b）所示，选择状态差值 Δx（Δx_{10} 和 Δx_{20} 为不同初始状态差值，Δx_f 为终端状态差值）构成状态空间，空间大小即跟踪过程中的误差允许范围，相比图 7.26（a），计算空间将大大减小。此外，无论初始误差为多少，最终都将收敛到误差为 0 的位置，eMPC 跨越分区时将走直线，所访问的空间也较少，可提高计算速度。

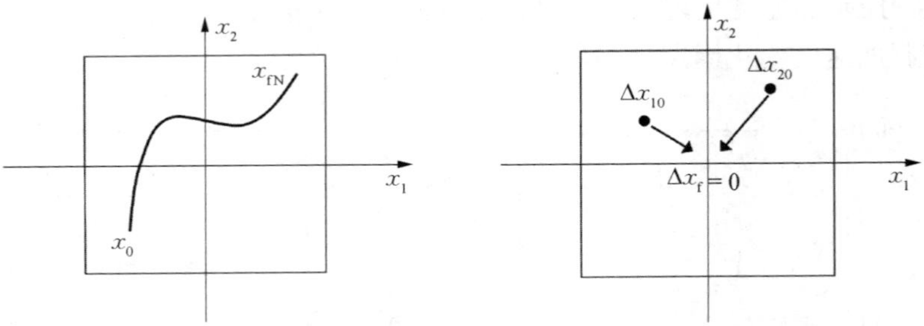

(a) 选择实际状态作为变量　　(b) 选择状态差值作为变量

图 7.26　eMPC 变量选择对比

因此，取 $\boldsymbol{x}_e = \boldsymbol{x} - \boldsymbol{x}_d$ 作为状态空间进行 eMPC 设计。由于 eMPC 的分区方式复杂，已经有很多团队设计了很多性能优越的 eMPC 生成器，如 Hybrid Toolbox 及 MPT3 等，这些工具箱通过输入模型预测控制器参数，将其转化为显示控制模式，进行状态空间的分区并计算控制力的分段仿射函数。本节采用 MPT3 进行分区计算，设期望状态 $\boldsymbol{x}_d$ 为图 7.18（b）规划的轨迹，为了进一步降低空间维度，将轨道和姿态分入两个控制器中进行离线分区与计算，当状态为偏差时，将轨道和姿态的动力学离散状态空间转化为误差形式：

$$\boldsymbol{x}_e(k+1) = \boldsymbol{A}_1\boldsymbol{x}_e(k) + \boldsymbol{B}_1\boldsymbol{u}_e(k) \tag{7.44}$$

$$\boldsymbol{\alpha}_e(k+1) = \boldsymbol{A}_2\boldsymbol{\alpha}_e(k) + \boldsymbol{B}_2\boldsymbol{\tau}_e(k) \tag{7.45}$$

式中，$\boldsymbol{u}_e = \boldsymbol{u} - \boldsymbol{u}_d$，$\boldsymbol{u}_d$ 为期望控制加速度；$\boldsymbol{\tau}_e = \boldsymbol{\tau} - \boldsymbol{\tau}_d$，$\boldsymbol{\tau}_d$ 为期望控制力矩；$\boldsymbol{A}_1 = e^{\boldsymbol{A}_{10}T}$，其中 T 为采样周期；$\boldsymbol{B}_1 = \int_0^T e^{\boldsymbol{A}_{10}t}\mathrm{d}t\boldsymbol{B}_{10}$，$\boldsymbol{A}_{10} = \begin{bmatrix} 0 & 0 & 1 & 0 \\ 0 & 0 & 0 & 1 \\ 3n^2 & 0 & 0 & 2n \\ 0 & 0 & -2n & 0 \end{bmatrix}$，$\boldsymbol{B}_{10} = \begin{bmatrix} 0 & 0 \\ 0 & 0 \\ 1 & 0 \\ 0 & 1 \end{bmatrix}$；$\boldsymbol{A}_2 = e^{\boldsymbol{A}_{20}T}$；$\boldsymbol{B}_2 = \int_0^T e^{\boldsymbol{A}_{20}t}\mathrm{d}t\boldsymbol{B}_{20}$，$\boldsymbol{A}_{20} = \begin{bmatrix} 0 & 1 \\ 0 & 0 \end{bmatrix}$，$\boldsymbol{B}_{20} = \begin{bmatrix} 0 \\ 1/I_z \end{bmatrix}$，其中 I_z 为服务航天器的 z

向转动惯量。

设轨道误差区间为 $\boldsymbol{x}_{\text{emax}} = [x, y, \dot{x}, \dot{y}]^{\text{T}} = [1\ \text{m}, 1\ \text{m}, 0.2\ \text{m/s}, 0.2\ \text{m/s}]^{\text{T}}$，姿态误差区间为 $\boldsymbol{\alpha}_{\text{emax}} = [\alpha, \dot{\alpha}]^{\text{T}} = [0.01\ \text{rad}, 0.01\ \text{rad/s}]^{\text{T}}$，这将决定图 7.26（b）中搜索空间的大小。进一步设控制加速度误差上限为 $\bar{\boldsymbol{u}}_{\text{e}} = [0.03, 0.03]^{\text{T}}$，单位为 m/s^2，控制力矩上限为 $\bar{\boldsymbol{\tau}}_{\text{e}} = 0.01\ \text{N}\cdot\text{m}$。MPT3 中需要首先建立一个模型预测控制器，再将其显示化。模型预测控制器中的优化函数为

$$\min_{u(k+i|k), i=0,\cdots,N-1} J_N(k) = \sum_{i=0}^{N-1} \left[\| \boldsymbol{x}_{\text{e}}(k+i|k) \|_Q^2 + \| \boldsymbol{u}_{\text{e}}(k+i|k) \|_R^2 \right]$$

$$\text{s.t.} \begin{cases} \boldsymbol{x}_{\text{e}}(k+i+1|k) = \boldsymbol{A}\boldsymbol{x}_{\text{e}}(k+i|k) + \boldsymbol{B}\boldsymbol{u}_{\text{e}}(k+i|k), & i = 0, \cdots, N-1 \\ \boldsymbol{x}_{\text{e}}(k+i|k) \in \boldsymbol{\Omega}_x, & i = 1, \cdots, N \\ \boldsymbol{u}_{\text{e}}(k+i|k) \in \boldsymbol{\Omega}_u, & i = 0, \cdots, N-1 \\ \boldsymbol{x}_{\text{e}}(k|k) = \boldsymbol{x}_{\text{e}}(k) \end{cases} \tag{7.46}$$

对于轨道控制器，设 $\boldsymbol{Q}_1 = \text{diag}([500, 500, 100, 100])$，$\boldsymbol{R}_1 = \text{diag}([0.006, 0.006])$；对于姿态控制器，设 $\boldsymbol{Q}_2 = \text{diag}([300, 200])$，$R_2 = 0.001$。取步长 $T = 0.1\ \text{s}$、预测时域 $N = 5$，利用 MPT3 计算得到的跟踪结果如图 7.27 所示。

MPT3 将轨道和姿态状态空间分别分为 3 925 个和 35 个区域，图 7.27（a）~（c）分别为 eMPC 作用下服务航天器的位置误差、速度误差及控制加速度误差的收敛情况，从图中可看出误差在 25 s 左右收敛到 0。图 7.27（d）为服务航天器的实际控制加速度，最终服务航天器将抵达服务点，控制加速度为 0。从图 7.27(e)~(g)也可看出，误差同样在 25 s 内左右收敛到 0，姿态控制滞后性小，最终控制力矩收敛到 0。

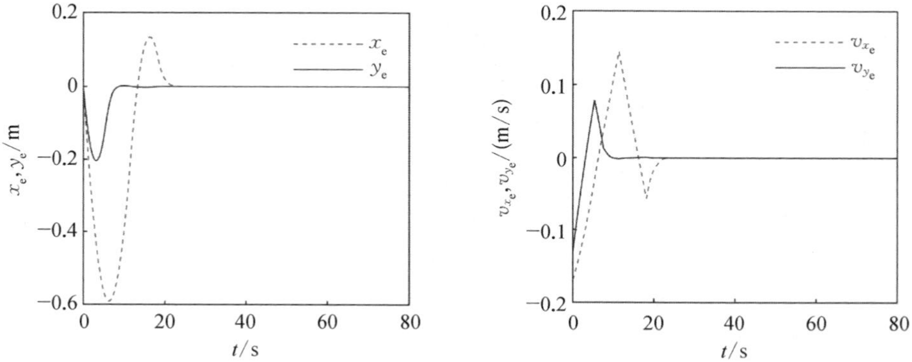

(a) 位置误差　　(b) 速度误差

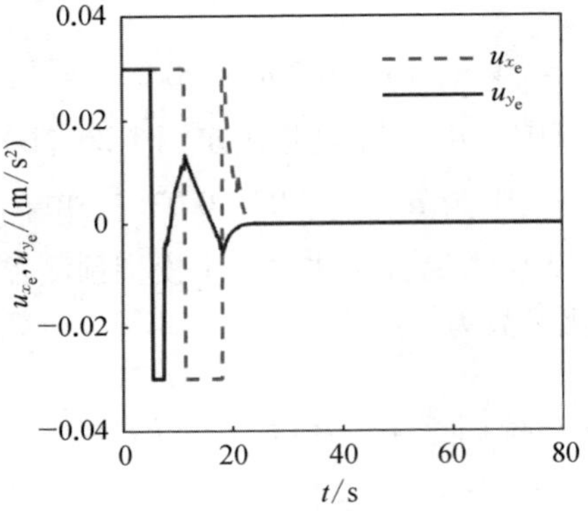

(c) 控制加速度误差

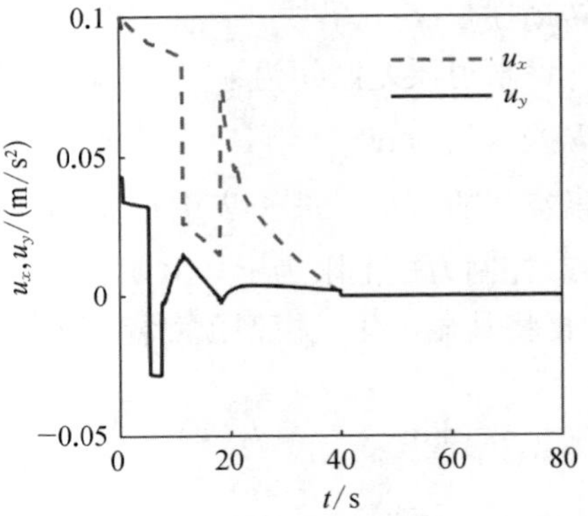

(d) 控制加速度

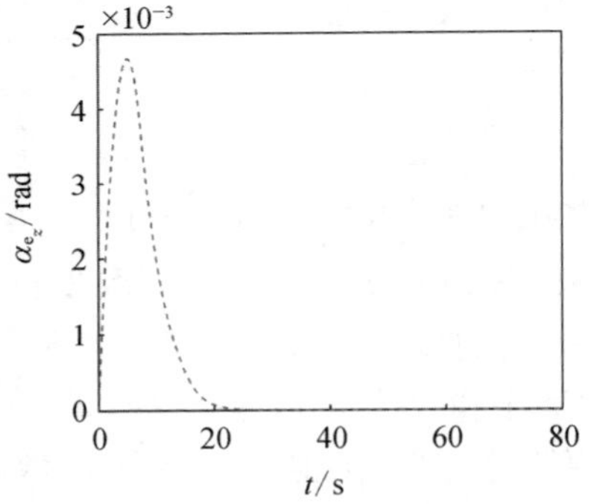

(e) 姿态角误差

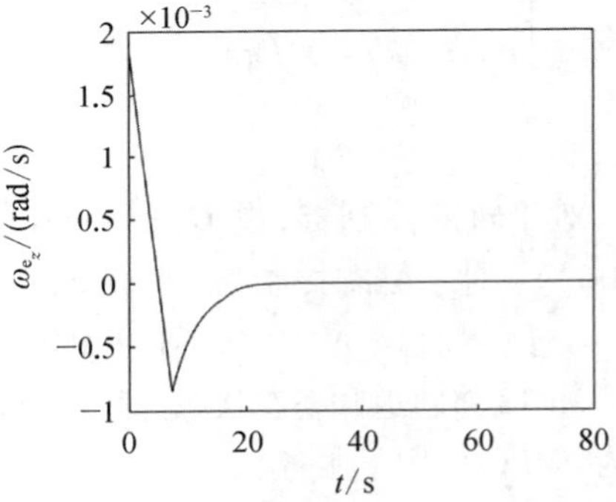

(f) 角速度误差

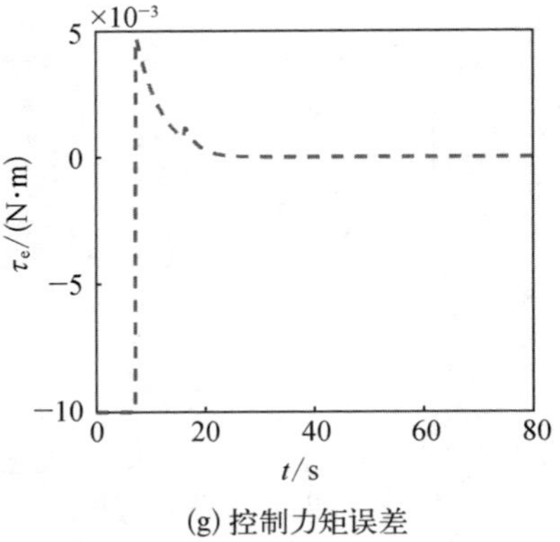

(g) 控制力矩误差

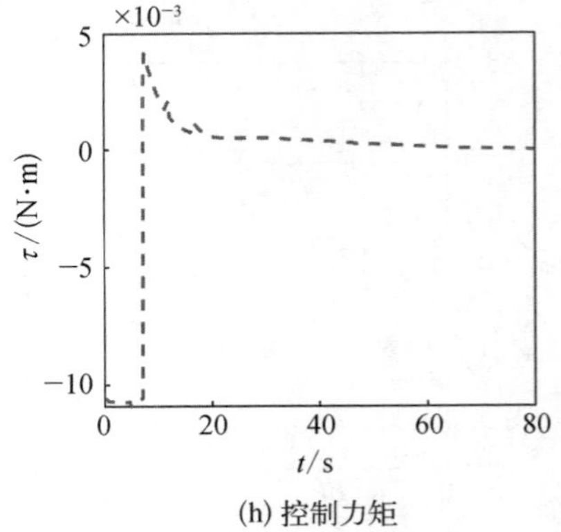

(h) 控制力矩

图 7.27　eMPC 跟踪非旋目标安全接近轨迹

7.3.2　面向旋转目标的姿轨联合控制器设计

下面将针对实时在线规划与控制问题,设计一个与比例-微分(proportional-derivative, PD)反馈控制结合的 MPC 控制器,并证明其稳定性与收敛性。根据 $J_{\infty}(k) = J_N(k) + J_{N,\infty}(k)$,选用终端代价函数方式对 $J_{N,\infty}(k)$ 部分进行补偿:

$$\begin{aligned}\min_{\boldsymbol{u}(k+i|k),i=0,\cdots,N-1} \quad J_N(k) = \sum_{i=0}^{N-1}[\|\boldsymbol{x}(k+i|k)\|_Q^2 + \|\boldsymbol{u}(k+i|k)\|_R^2] \\ + F[\boldsymbol{x}(k+N|k)]\end{aligned}$$
$$\text{s.t.}\begin{cases}\boldsymbol{x}(k+i+1|k) = \boldsymbol{A}\boldsymbol{x}(k+i|k) + \boldsymbol{B}\boldsymbol{u}(k+i|k), & i=0,\cdots,N-1\\ \boldsymbol{x}(k+i|k) \in \boldsymbol{\Omega}_x, & i=1,\cdots,N\\ \boldsymbol{u}(k+i|k) \in \boldsymbol{\Omega}_u, & i=0,\cdots,N-1\\ \boldsymbol{x}(k|k) = \boldsymbol{x}(k)\end{cases} \tag{7.47}$$

式中,$F[\boldsymbol{x}(k+N|k)]$ 即为补偿项,对其进行设计,假设预测时域 N 步外采用 PD 控制策略进行控制,控制律为

$$\boldsymbol{u}(k) = \boldsymbol{K}\boldsymbol{x}(k) \tag{7.48}$$

式中,$\boldsymbol{K} = [\boldsymbol{K}_{\mathrm{p}}, \boldsymbol{K}_{\mathrm{d}}]$,为 PD 控制参数。

按 Lyapunov 形式构造 $F[\boldsymbol{x}(k+N|k)]$:

$$F[\boldsymbol{x}(k+N|k)] = \|\boldsymbol{x}(k+N|k)\|_P^2 \tag{7.49}$$

设最优状态空间为 $\boldsymbol{x}^*$,优化问题最优解为 $\boldsymbol{u}^*$,则 k 时刻的优化函数最优值为

$$J_N^*(k) = \sum_{i=0}^{N-1}[\|\boldsymbol{x}^*(k+i|k)\|_Q^2 + \|\boldsymbol{u}^*(k+i|k)\|_R^2] + \|\boldsymbol{x}^*(k+N|k)\|_P^2 \tag{7.50}$$

下面对优化函数可行解 $J_N(k+1)$ 进行构造,取 $k+1$ 时刻的中间可行解为

$$\boldsymbol{U}(k+1) = \{\boldsymbol{u}^*(k+1|k), \cdots, \boldsymbol{u}^*(k+N-1|k), \quad \boldsymbol{K}\boldsymbol{x}^*(k+N|k)\} \tag{7.51}$$

则

$$\begin{aligned}J_N(k+1) = \sum_{i=0}^{N-1}[\|\boldsymbol{x}(k+i+1|k+1)\|_Q^2 + \|\boldsymbol{u}(k+i+1|k+1)\|_R^2] \\ + \|\boldsymbol{x}(k+N+1|k+1)\|_P^2\end{aligned} \tag{7.52}$$

由于 $\boldsymbol{x}^*(k+1)=\boldsymbol{A}\boldsymbol{x}(k)+\boldsymbol{B}\boldsymbol{u}^*(k)$，即最优解 $\boldsymbol{u}^*$ 作用下的状态也为最优解，且

$$\begin{aligned}\boldsymbol{x}(k+N+1\mid k+1)&=\boldsymbol{A}\boldsymbol{x}(k+N\mid k+1)+\boldsymbol{B}\boldsymbol{u}(k+N\mid k+1)\\&=\boldsymbol{A}\boldsymbol{x}^*(k+N\mid k)+\boldsymbol{B}\boldsymbol{K}\boldsymbol{x}^*(k+N\mid k)\\&=(\boldsymbol{A}+\boldsymbol{B}\boldsymbol{K})\boldsymbol{x}^*(k+N\mid k)\end{aligned}\tag{7.53}$$

因此，结合式(7.51)和式(7.52)，可以得到：

$$\begin{aligned}J_N(k+1)=&\sum_{i=0}^{N-2}\left[\|\boldsymbol{x}^*(k+i+1\mid k)\|_Q^2+\|\boldsymbol{u}^*(k+i+1\mid k)\|_R^2\right]\\&+\|\boldsymbol{x}^*(k+N\mid k)\|_Q^2+\|\boldsymbol{K}\boldsymbol{x}^*(k+N\mid k)\|_R^2\\&+\|(\boldsymbol{A}+\boldsymbol{B}\boldsymbol{K})\boldsymbol{x}^*(k+N\mid k)\|_P^2\\=&J_N^*(k)-\|\boldsymbol{x}^*(k\mid k)\|_Q^2-\|\boldsymbol{u}^*(k\mid k)\|_R^2\\&-\|\boldsymbol{x}^*(k+N\mid k)\|_P^2+\|\boldsymbol{x}^*(k+N\mid k)\|_Q^2\\&+\|\boldsymbol{K}\boldsymbol{x}^*(k+N\mid k)\|_R^2+\|(\boldsymbol{A}+\boldsymbol{B}\boldsymbol{K})\boldsymbol{x}^*(k+N\mid k)\|_P^2\\=&J_N^*(k)-\|\boldsymbol{x}^*(k\mid k)\|_Q^2-\|\boldsymbol{u}^*(k\mid k)\|_R^2\\&+\|\boldsymbol{x}^*(k+N\mid k)\|_{\boldsymbol{Q}+\boldsymbol{K}^{\mathrm{T}}\boldsymbol{R}\boldsymbol{K}-\boldsymbol{P}+(\boldsymbol{A}+\boldsymbol{B}\boldsymbol{K})^{\mathrm{T}}\boldsymbol{P}(\boldsymbol{A}+\boldsymbol{B}\boldsymbol{K})}^2\end{aligned}\tag{7.54}$$

$\boldsymbol{Q}$ 和 $\boldsymbol{R}$ 为正定矩阵，为使 $J_N(k+1)\leqslant J_N^*(k)$，应满足如下条件：

$$\boldsymbol{Q}+\boldsymbol{K}^{\mathrm{T}}\boldsymbol{R}\boldsymbol{K}-\boldsymbol{P}+(\boldsymbol{A}+\boldsymbol{B}\boldsymbol{K})^{\mathrm{T}}\boldsymbol{P}(\boldsymbol{A}+\boldsymbol{B}\boldsymbol{K})\leqslant 0\tag{7.55}$$

又由于 $J_N(k+1)$ 是可行解而不是最优解，$J_N(k+1)\geqslant J_N^*(k+1)$。根据稳定性条件 $J_N^*(k)\geqslant J_N(k+1)\geqslant J_N^*(k+1)$，当构造的终端代价函数补偿项 $F(\boldsymbol{x}(k+N\mid k))=\|\boldsymbol{x}(k+N\mid k)\|_P^2$ 的惩罚矩阵 $\boldsymbol{P}$ 满足式(7.55)时，与 PD 反馈结合的 MPC [式(7.47)]将具有稳定性，并在收敛到稳定解。

MPC 除了式(7.55)的反馈矫正和跟踪控制外，还需要实时的轨迹规划层，规划预测时域 N 内的期望轨迹。根据 7.2.3 节旋转目标轨迹规划的方法，将当前信息转化到目标体坐标系 $\{T\}$ 下进行轨迹规划，再转回至目标轨道坐标系 $\{L\}$ 下进行跟踪控制，整个 MPC 实时控制器的结构设计如图 7.28 所示。

对于轨道平面内的旋转目标安全接近问题，设状态量为 $\boldsymbol{x}=[x,\ y,\ \alpha,\ \dot{x},\ \dot{y},\ \dot{\alpha}]^{\mathrm{T}}$，根据 7.2.3 节规划得到的期望状态为 $\boldsymbol{x}_{\mathrm{d}}=[x_{\mathrm{d}},\ y_{\mathrm{d}},\ \alpha_{\mathrm{d}},\ \dot{x}_{\mathrm{d}},\ \dot{y}_{\mathrm{d}},\ \dot{\alpha}_{\mathrm{d}}]^{\mathrm{T}}$，期望控制输入为 $\boldsymbol{u}_{\mathrm{d}}=[u_x,\ u_y,\ \tau]^{\mathrm{T}}$，则状态误差 $\boldsymbol{x}_{\mathrm{e}}=\boldsymbol{x}-\boldsymbol{x}_{\mathrm{d}}$，控制误差 $\boldsymbol{u}_{\mathrm{e}}=\boldsymbol{u}-\boldsymbol{u}_{\mathrm{d}}$，误差的离散状态方程为

$$\boldsymbol{x}_{\mathrm{e}}(k+1)=\boldsymbol{A}\boldsymbol{x}_{\mathrm{e}}(k)+\boldsymbol{B}\boldsymbol{u}_{\mathrm{e}}(k)\tag{7.56}$$

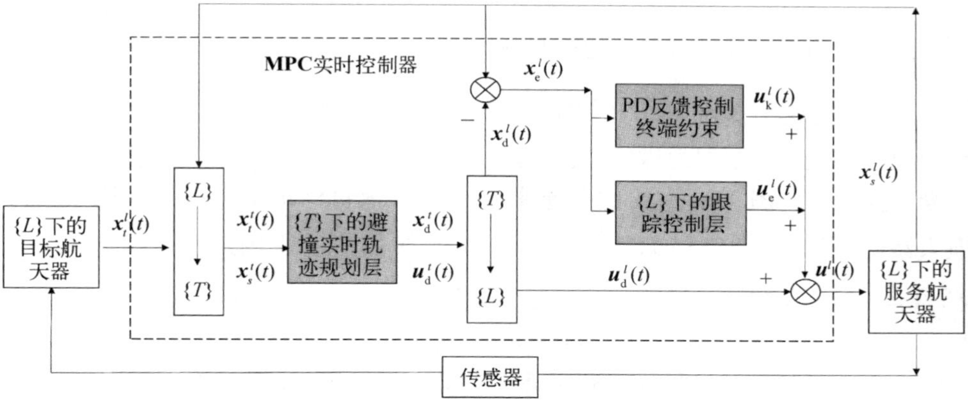

图 7.28　MPC 实时控制器结构设计

其中,

$$A = e^{A_0 T}, \quad B = \int_0^T e^{A_0 t} dt B_0,$$

$$A_0 = \begin{bmatrix} & \mathbf{0}_3 & & & I_3 & \\ 3n^2 & 0 & 0 & 0 & 2n & 0 \\ 0 & 0 & 0 & -2n & 0 & 0 \\ 0 & 0 & 0 & 0 & 0 & 0 \end{bmatrix}, \quad B_0 = \begin{bmatrix} & \mathbf{0}_3 & \\ 1 & 0 & 0 \\ 0 & 1 & 0 \\ 0 & 0 & 1/I_z \end{bmatrix}$$

根据式(7.47)设计 MPC 控制器,此时为

$$\min_{u_e(k+i|k), i=0,\cdots,N-1} J_N(k) = \sum_{i=0}^{N-1} \left[\| x_e(k+i|k) \|_Q^2 + \| u_e(k+i|k) \|_R^2 \right] + \| x_e(k+N|k) \|_P^2$$

$$\text{s.t.} \begin{cases} x_e(k+i+1|k) = A x_e(k+i|k) + B_e u(k+i|k), & i = 0, \cdots, N-1 \\ x_e(k+i|k) \in \Omega_{x_e}, & i = 1, \cdots, N \\ u_e(k+i|k) \in \Omega_{u_e}, & i = 0, \cdots, N-1 \\ x_e(k|k) = x_e(k) & \end{cases} \tag{7.57}$$

且由于每一时刻都是前 $N-1$ 时刻的 $J_{N,\infty}$ 项,该部分将受到 PD 控制律的作用,作为控制器的补偿项,如图 7.28 所示,还需要加入一项补偿控制:

$$\boldsymbol{u}_{\mathrm{k}}(k) = \boldsymbol{K}x(k) \tag{7.58}$$

最终作用在服务航天器上的控制输入为

$$\boldsymbol{u}(k) = \boldsymbol{u}_{\mathrm{e}}(k) + \boldsymbol{u}_{\mathrm{k}}(k) + \boldsymbol{u}_{\mathrm{d}}(k) \tag{7.59}$$

根据上述对控制器的描述,按照图 7.28 对旋转目标的安全接近问题进行在线规划与控制。与图 7.22 中的仿真场景相同,同样取目标转速为 $\omega_t = 0.1°/\mathrm{s}$, 服务航天器初始状态为 $\boldsymbol{x} = [-15\ \mathrm{m},\ -5\ \mathrm{m},\ 0,\ 0,\ 0,\ 0]^{\mathrm{T}}$, 对于控制器,取

$$\boldsymbol{Q} = \mathrm{diag}([0.5,\ 0.5,\ 0.5,\ 0.5,\ 0.5,\ 0.5]),\quad \boldsymbol{R} = \mathrm{diag}([0.01,\ 0.01,\ 0.01])$$
$$\boldsymbol{K}_{\mathrm{p}} = \mathrm{diag}([-0.005\,8,\ -0.005\,8,\ -0.005\,8])$$
$$\boldsymbol{K}_{\mathrm{d}} = \mathrm{diag}([-0.5,\ -0.5,\ -0.5]),\quad \boldsymbol{K} = [\boldsymbol{K}_{\mathrm{p}},\ \boldsymbol{K}_{\mathrm{d}}]$$

根据式(7.55),在取等号时求解得到终端代价函数的惩罚矩阵为

$$\boldsymbol{P} = \begin{bmatrix} 472.497\,4 & -77.703\,6 & 0 & 711.049\,5 & 8.979\,4 & 0 \\ -77.703\,6 & 36.120\,6 & 0 & -122.995\,5 & 31.742\,1 & 0 \\ 0 & 0 & 35.133\,4 & 0 & 0 & 1\,153 \\ 711.049\,5 & -122.995\,5 & 0 & 1\,073.8 & 4.885\,7 & 0 \\ 8.979\,4 & 31.742\,1 & 0 & 4.885\,7 & 49.566\,7 & 0 \\ 0 & 0 & 1\,153 & 0 & 0 & 62\,063 \end{bmatrix}$$

设 MPC 的控制加速度上限为 $\bar{u} = 0.2\ \mathrm{m/s^2}$, 控制力矩上限为 $\bar{\tau} = 2\ \mathrm{N \cdot m}$。取步长 $T = 0.1\ \mathrm{s}$, 预测时域 $N = 5$。在图 7.28 中 MPC 实时控制器的作用下,服务航天器在 700 s 内的运动情况如图 7.29 所示。

图 7.29 中,服务航天器将在 300 s 时抵达终端位置,之后随目标一起旋转,整个过程中,双航天器没有发生碰撞。控制器的控制效果如图 7.30 所示,图 7.30 (a)

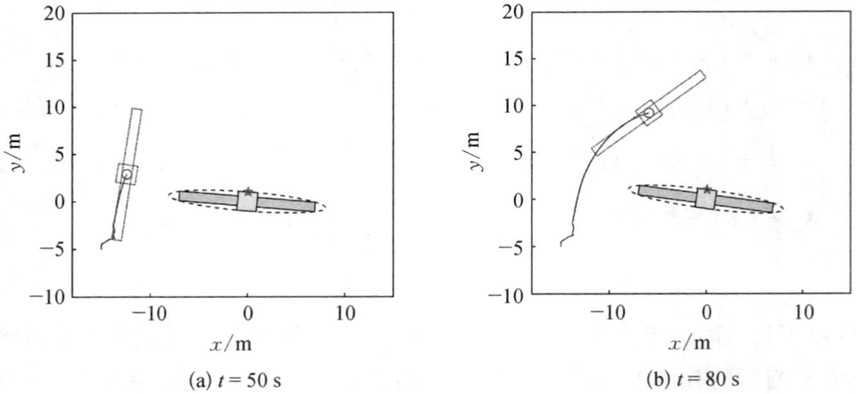

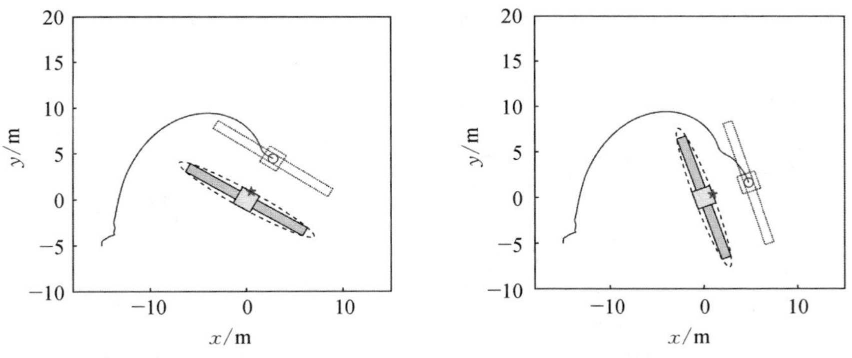

(c) $t = 300$ s　　(d) $t = 700$ s

图 7.29　MPC 实时控制器作用下服务航天器的安全接近过程

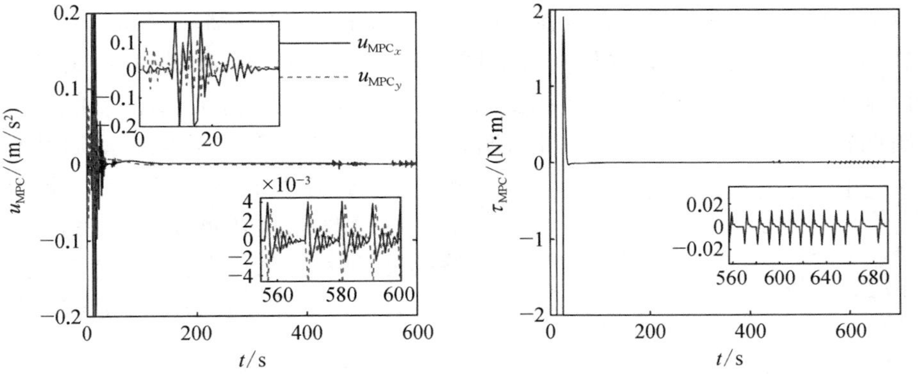

(a) MPC控制加速度　　(b) MPC控制力矩

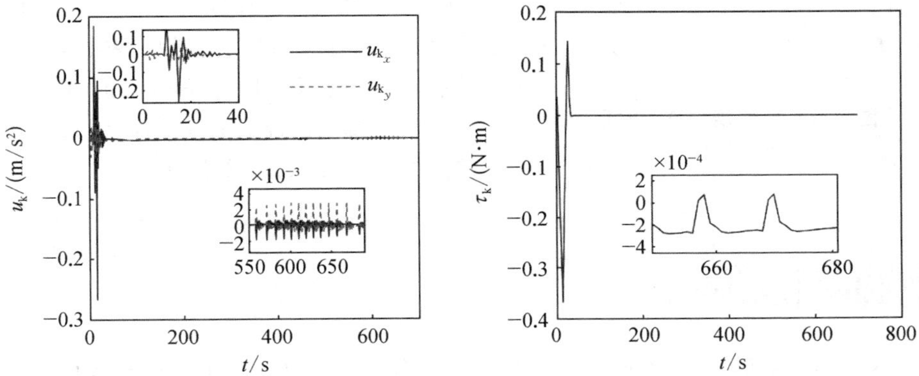

(c) PD控制加速度　　(d) PD控制力矩

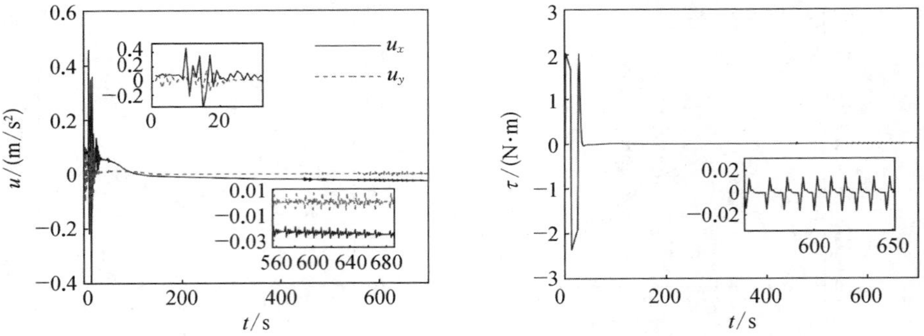

(e) 总控制加速度　　　　(f) 总控制力矩

图 7.30　MPC 实时控制器控制效果

和(b)中,由终端代价函数限制的预测控制层 $\boldsymbol{u}_{\mathrm{e}}$ 都控制在规定范围内,即 $u \leqslant \bar{u} = 0.2\ \mathrm{m/s^2}$、$\tau \leqslant \bar{\tau} = 2\ \mathrm{N \cdot m}$。图 7.30 (c)和(d)中,PD 反馈矫正层的精度将收敛到 10^{-3}范围内,最终的控制输入如图 7.30 (e)和(f)所示,服务航天器受到的控制加速度不会收敛为 0,将跟随目标进行旋转运动,由于目标转速较小,变化周期较长。另外,从图 7.30 可以明显看出,控制器将在最后将呈周期性小范围波动,这是由于 MPC 的原理是不断在线接收信息并重新反馈矫正,抵达终端位置后,控制器将会实时判断是否发生偏离,并不断重新矫正服务航天器的位姿。

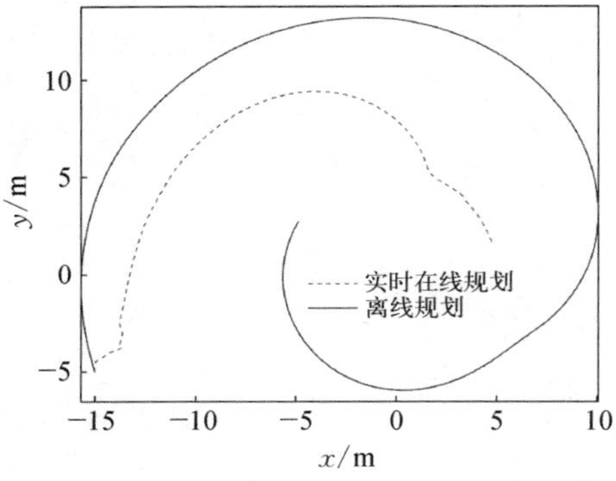

图 7.31　离线规划与实时在线规划的轨迹对比

对比图 7.23(d)离线规划的旋转目标接近轨迹及图 7.29 (d)实时在线规划的轨迹,结果如图 7.31 所示。可见,由于 MPC 实时在线规划一直以燃料消耗最小、轨迹路径最短为目标进行实时在线滚动优化,所规划的路径比采用离线规划再进行 eMPC 跟踪的轨迹更短。

7.4　本章小结

本章面向双航天器复杂外形约束下的安全接近问题,针对双航天器复杂外形避撞约束建模、航天器安全接近多约束作用下的轨迹规划方法,以及姿态和轨道的跟踪控制方法展开研究。首先考虑双航天器复杂外形和相对姿态影响,构建了近距离避撞约束,再将改进水流法与临界安全曲线结合,在多约束作用下实现了对非旋与旋转目标的安全接近离线轨迹规划,最终面向非旋和旋转目标安全接近问题,设计了相应的姿轨跟踪控制器,实现了双航天器复杂外形约束下的安全接近。本章为同时考虑服务航天器与目标航天器复杂外形下的安全约束建模、轨迹规划与控制奠定了基础。

参考文献

[1] Li B, Zhang H B, Zheng W, et al. Spacecraft close-range trajectory planning via convex optimization and multi-resolution technique[J]. Acta Astronautica, 2020, 175(4): 421 - 437.

[2] Guo Y, Zhang D W, Li A J, et al. Finite-time control for autonomous rendezvous and docking under safe constraint[J]. Aerospace Science and Technology, 2021, 109(4): 1270 - 9638.

[3] 王璟贤, 师鹏, 陈致钧, 等. 非合作目标安全走廊设计及飞越逼近轨迹优化[J]. 北京航空航天大学学报, 2021, 47(9): 1832 - 1840.

[4] Zhou D, Zhang Y Q, Li S L. Receding horizon guidance and control using sequential convex programming for spacecraft 6 - DoF close proximity[J]. Aerospace Science and Technology, 2019, 87: 459 - 477.

[5] Chen R, Bai Y Z, Zhao Y, et al. Safe proximity operation to rotating non-cooperative spacecraft with complex shape using Gaussian mixture model-based fixed-time control[J]. Applied Sciences, 2020, 10(17): 5986 - 6005.

[6] Viviani A, Iuspa L, Aprovitola A. Multi-objective optimization for re-entry spacecraft conceptual design using a free-form shape generator[J]. Aerospace Science and Technology, 2017, 71: 312 - 324.

[7] Volpe R, Sabatini M, Palmerini G B. Reconstruction of the shape of a tumbling target from a chaser in close orbit[C]. Big Sky: 2020 IEEE Aerospace Conference, 2020.

[8] Virgili-Llop J, Romano M. Simultaneous capture and detumble of a resident space object by a free-flying spacecraft-manipulator system[J]. Frontiers in Robotics and AI, 2019, 6(14): 1 - 24.

[9] 许展鹏. 航天器近距离相对运动可达分析与最优控制方法研究[D]. 长沙: 国防科技大学, 2019.

[10] 倪庆. 航天器近距离相对运动安全控制技术[D]. 长沙: 国防科学技术大学, 2016.

[11] Hirano D, Kato H, Saito T. Online path planning and compliance control of space robot for capturing tumbling large object[C]. Madrid: 2018 IEEE/RSJ International Conference on Intelligent Robots and Systems (IROS), 2018.

[12] Zhou B Z, Liu X F, Cai G P. Motion-planning and pose-tracking based rendezvous and docking with a tumbling target[J]. Advances in Space Research, 2020, 65(4): 1139 - 1157.

[13] Li Q, Yuan J, Zhang B, et al. Model predictive control for autonomous rendezvous and docking with a tumbling target[J]. Aerospace Science and Technology, 2017, 69: 700 - 711.

[14] Xu Z Y, Chen Y K, Xu Z X. Optimal guidance and collision avoidance for docking with the

rotating target spacecraft[J]. Advances in Space Research, 2019, 63(10): 3223 - 3234.

[15] di Cairano S, Park H, Kolmanovsky I. Model predictive control approach for guidance of spacecraft rendezvous and proximity maneuvering[J]. International Journal of Robust and Nonlinear Control, 2012, 22(12): 1398 - 1427.

[16] Mou F, Wu S, Xiao X, et al. Control of a space manipulator capturing a rotating object in the three-dimensional space[C]. Honolulu: 2018 15th International Conference on Ubiquitous Robots (UR), 2018.

[17] Xu W F, Yan L, Hu Z H, et al. Area-oriented coordinated trajectory planning of dual-arm space robot for capturing a tumbling target[J]. Chinese Journal of Aeronautics, 2019, 32(9): 2151 - 2163.

[18] Zhang F H, Fu Y L, Zhu S, et al. Safe path planning for free-floating space robot to approach noncooperative spacecraft[J]. Proceedings of the Institution of Mechanical Engineers Part G-Journal of Aerospace Engineering, 2018, 232(7): 1258 - 1271.

[19] Zhang D, Luo J, Gao D, et al. A novel nonlinear control for tracking and rendezvous with a rotating non-cooperative target with translational maneuver[J]. Acta Astronautica, 2017, 138: 276 - 289.

[20] Russell P P. General method for calculating satellite collision probability[J]. Journal of Guidance, Control, and Dynamics, 2001, 24(4): 716 - 722.

[21] Bai X Z, Chen L, Ma C W, et al. Maximum collision probability considering variable size, shape, and orientation of covariance ellipse[J]. Advances in Space Research 2016, 58(6): 950 - 966.

[22] Wen C X, Gurfil P. Relative reachable domain for spacecraft with initial state uncertainties[J]. Journal of Guidance Control and Dynamics, 2016, 39(3): 1 - 12.

[23] Wang Y, Bai Y, Ran D, et al. Dual-equal-collision-probability-curve method for spacecraft safe proximity maneuvers in presence of complex shape[J]. Acta Astronautica, 2019, 159(2): 65 - 76.

[24] Khansari-Zadeh S M, Billard A. A dynamical system approach to realtime obstacle avoidance [J]. Autonomous Robots, 2012, 32(4): 433 - 454.

[25] Wang H L, Lyu W T, Yao P, et al. Three-dimensional path planning for unmanned aerial vehicle based on interfered fluid dynamical system[J]. Chinese Journal of Aeronautics, 2015, 28(1): 229 - 239.

第 8 章

不确定条件下的航天器近距离悬停控制

航天器相对悬停，是指服务航天器相对目标航天器在特定参考坐标系下保持静止的状态，以保证后续态势感知与在轨服务的任务需求。例如，为确保在轨服务任务的安全进行，可分别在距离目标航天器 80 m、20 m 和 1 m 处，设置三个悬停点对目标进行分段接近，最后抵达期望的悬停位置。可见，在轨服务的接近过程中，选择合适的悬停位置并完成悬停控制是任务安全实行的关键步骤。针对空间非合作目标近距离悬停问题，存在如下应用需求：① 对非合作目标的观测需求，相比合作目标，非合作目标的信息和特征更难获取，为了保障在轨服务任务的安全可靠，需要对目标外形结构、运动状态、服务点位置等信息进行近距离观测并提取特征，近距离下的悬停是实现观测的有利状态；② 超近距离任务的安全需求，近距离悬停可以为接近任务提供一个合理且安全的初始位置，即可以设置一个在接近走廊内部的悬停位置作为末段接近过程的初始位置，待达到期望的相对位置姿态时再进行接近，能够确保后续任务的安全性。

当前，在非合作目标近距离悬停控制中存在一些技术难点。首先，偏差因素给近距离悬停的安全性带来了威胁。在悬停任务过程中，缺乏非合作目标的先验信息，需要通过在轨实时测量非合作目标的运动状态。在实际的航天任务中，往往会因为目标信息的偏差造成碰撞等安全问题。根据 Fehse[1] 的观点，将航天器动力学中的偏差因素大致分为三类：模型偏差、导航偏差与控制偏差。对于近距离悬停任务，非合作目标导航偏差的存在将会极大地影响任务的实施：非合作目标将偏离实际期望位置，在近距离情况下增大了与服务航天器的碰撞风险。因此，在近距离悬停过程中，如何规避非合作目标导航偏差给服务航天器悬停任务带来的碰撞风险，从而提高悬停任务的可靠性，是一个需要解决的问题。

其次，悬停过程中需考虑姿轨联合的精确控制。服务航天器在近距离悬停观测过程中，要保证相机一直对准空间目标，同时自身位置在参考坐标系下保持不变，这一过程本身是一个姿轨联合控制问题。在相机对准目标持续观测时，相机视场方向约束了卫星姿态自由度，可以视作服务航天器缺少了某些方向上的驱动能力，因此需要进一步考虑欠驱动控制问题。此外，在实际任务中，模型参数不确定性、多源干扰力和力矩耦合、控制输入受限等一系列问题会对悬停控制精度带来影响。因此，在悬停过程中，需要解决多约束条件下对非合作目标的精准、快速悬停控制。

围绕上述挑战，本章针对不确定性条件下的非合作目标悬停观测问题，提出不确定条件下的碰撞风险评估方法、导航偏差影响下的悬停误差带建立方法和基于降维固定时间的欠驱动悬停控制方法。

8.1 不确定条件下的碰撞风险评估

8.1.1 常用碰撞风险评估方法

航天器飞行任务优越性的体现均建立在安全飞行的基础上。随着航天器及空间碎片数量的增加，航天器飞行的安全性需求日益增大。处在相邻轨道的航天器，尤其是近地轨道航天器所面临的碰撞风险更为突出。碰撞风险评估作为近距离机动控制的安全约束预报，直接影响机动燃料消耗，从而影响航天器的生命周期。因此，在执行机动控制前，对碰撞风险进行评估显得尤为重要。航天器近距离飞行碰撞风险评估是指航天器在近距离相对飞行过程中，由于轨迹偏离、故障或是任务机动等影响，对航天器之间发生碰撞风险的定性或定量评价估量。目前，常用的航天器碰撞风险评估方法主要有最小距离评估法和碰撞概率法两种。

1. 最小距离评估法

最小距离评估法根据服务航天器与目标航天器的最短距离来评估两个甚至多个航天器之间是否发生碰撞。在不考虑如模型偏差、导航偏差和控制偏差等干扰的影响下，采用最小距离评估法对两个及多个航天器之间的安全性能进行评判具有很好的效果。但当存在干扰的影响时，航天器的运动会发生一定程度的偏差，此时常采用航天器位置分布的三倍标准差（3σ）椭球来描述运动轨迹的分布情况。当服务航天器的三倍标准差椭球与目标航天器的禁飞区未发生任何重叠时，可以用三倍标准差椭球和禁飞区之间的最短距离来定量描述服务航天器与目标航天器之间的飞行安全性。然而，最小距离评估法具有众多缺陷，例如，不能定量给出航天器的碰撞风险，因此不利于与优化方法相结合得到最优的障碍物避障机动策略。此外，当目标航天器与服务航天器的相对距离较近，甚至目标航天器已进入服务航天器的三倍标准差椭球时，最小距离评估法的避障效果将大大降低。

2. 碰撞概率法

碰撞概率法与服务航天器和目标航天器之间的相对位置、目标航天器的几何尺寸和服务航天器的相对位置偏差的协方差矩阵有关。位置偏差的协方差矩阵能够定量描述航天器位置的不确定性，且通过描述该位置不确定性的概率密度函数进行运动区间积分可以计算得到两个航天器之间的碰撞概率值。因此，相比最小距离评估法不能定量给出航天器的碰撞风险的缺陷,碰撞概率法具有相对较高的碰撞风险预警水平,因此在航天器可能发生的碰撞预警中得到了普遍应用。时至今日,虽然碰撞概率法得到了快速的发展,而且大多数学者研究碰撞概率函数主要是采用不同的近似化方法降低碰撞概率的计算量。但是,碰撞概率法仅仅对服务航天器和目标航天器或者空间碎片等空间目标的碰撞概率进行定量分析,而不能判断服务航天器和目标航天器或者空间碎片等空间目标是否真正发生碰撞。同时,在近距离操作中,碰撞概率的值远远大于警戒值,因此碰撞概率法的工程应用受到了限制。

本节的主要任务是构建近距离交会任务时的安全风险模型,采用碰撞概率法能够有效分析在轨不确定性风险的影响,规避近距离操作时的碰撞风险,实现安全接近。

8.1.2　轨道偏差预报与仿真分析

1. 偏差影响因素

在航天器交会过程中,有多种干扰源,包括航天器在轨运行环境、航天器自身系统或者设备等,使得实际交会轨道偏离设计轨道。这些偏差影响因素可划分为轨道摄动偏差、导航偏差和控制偏差。

1) 轨道摄动偏差

对轨道精度有影响的空间干扰源主要包括地球扁平现象、大气阻力、太阳光压、发动机羽流等[1],本小节主要考虑地球扁平现象导致的摄动干扰。

由于地球扁平现象的存在,地球的外形并不再是一个球体,而是一个不规则的椭球体,且该椭球体的密度分布是不均匀的。这些现象使得航天器在垂直于地心矢径的方向上也受到引力作用,且引力的大小不仅与距离有关,还与航天器的经纬度有关。地球引力场产生的势能是影响近地航天器轨道运动的重要因素之一,其数学表达式可近似写为[2]

$$U = \frac{\mu}{r}\left\{1 - \sum_{n=2}^{\infty}\left(\frac{R_e}{r}\right)^n J_n P_n(\sin\varphi) - \sum_{n=2}^{\infty}\sum_{m=1}^{n}\left(\frac{R_e}{r}\right)^n J_{n,m} P_{n,m}(\sin\varphi)\cos m(\lambda - \lambda_{n,m})\right\} \tag{8.1}$$

式中,$R_e = 6\,378.2\ \text{km}$,表示地球赤道半径;$r$、$\lambda$、$\varphi$ 分别表示球坐标系下的地心距、经度和地心纬度;$P_{n,m}(\cdot)$ 为 n 阶 m 次缔合勒让德多项式(associated Legendre polynomial);$P_n(\cdot)$ 为 n 阶缔合勒让德多项式,由 $m = 0$ 的 $P_{n,m}(\cdot)$ 退化而来。

模型(8.1)考虑了带谐项和扇谐项,在工程应用中,通常忽略扇谐项,由于 J_2 远大于其他带谐系数,一般截取到二阶带谐项势函数,即

$$U = \frac{\mu}{r}\left[1 - \frac{J_2}{2}\left(\frac{R_e}{r}\right)^2 (3\sin^2\varphi - 1)\right] \tag{8.2}$$

根据式(8.2)可以得到惯性坐标系下 J_2 项摄动引起的加速度：

$$\boldsymbol{a}_{J_2} = -\frac{3}{2}\frac{J_2\mu R_e^2}{r^4}[(1 - 3\sin^2 u\sin^2 i)\sin(2u)\sin^2 i\sin u\sin(2i)]^{\mathrm{T}} \tag{8.3}$$

假设服务航天器和目标航天器均受到 J_2 项摄动力的干扰，将惯性坐标系下摄动力产生的加速度转换到 LVLH 坐标系下，可以得到相对摄动加速度：

$$\Delta\boldsymbol{a}_{J_2} = 6\frac{J_2\mu R_e^2}{r_t^5}\begin{bmatrix} 1 - 3\sin^2 i\sin^2 u & \sin^2 i\sin(2u) & \sin(2i)\sin u \\ \sin^2 i\sin(2u) & -\frac{1}{4} - \sin^2 i\left(\frac{1}{2} - \frac{7}{4}\sin^2 u\right) & -\frac{1}{4}\sin(2i)\cos u \\ \sin(2i)\sin u & -\frac{1}{4}\sin(2i)\cos u & -\frac{3}{4} + \sin^2 i\left(\frac{1}{2} + \frac{5}{4}\sin^2 u\right) \end{bmatrix}\begin{bmatrix} x \\ y \\ z \end{bmatrix} \tag{8.4}$$

J_2 项系数的值可能存在不确定性，本节在系数 J_2 上施加偏差 δJ_2，研究 J_2 项摄动对交会精度的影响：

$$J_2' = J_2 + \delta J_2 \tag{8.5}$$

2）导航偏差

导航偏差定义为航天器的状态测量值与实际状态之间的偏差，通常测量的数据包含被测对象的位置信息、速度信息和姿态信息等[3]。在航天器交会过程中，服务航天器的运动轨迹会在导航偏差的影响下发生偏离，定义航天器的导航位置偏差和速度偏差分别为 $\delta\boldsymbol{r}$ 和 $\delta\boldsymbol{v}$，则导航偏差模型可写为

$$\begin{cases} \boldsymbol{r}' = \boldsymbol{r} + \delta\boldsymbol{r} \\ \boldsymbol{v}' = \boldsymbol{v} + \delta\boldsymbol{v} \end{cases} \tag{8.6}$$

3）控制偏差

航天器的控制器大多是基于精确的执行器安装信息设计完成的，但是在实际航天控制过程中，航天器执行机构存在不同程度上的安装偏差，会使得控制系统精度下降。此外，由于执行机构其他自身物理条件的限制，例如，执行机构在实际运行过程中发生部分失效，输入控制量非线性（输入饱和或者死区）等，都会影响最终的控制效果。控制偏差直接体现为推力矢量的偏差，即实际推力矢量在数量和方向上偏离理论推力矢量[3]。定义航天器的控制偏差为 $\delta\Delta\boldsymbol{v}$，则实际控制量与理

论控制量之间满足如下关系式：

$$\Delta \boldsymbol{v}' = \Delta \boldsymbol{v} + \delta \Delta \boldsymbol{v} \tag{8.7}$$

2. 航天器轨道动力学模型

本书中所有航天器均视为刚体,在近距离交会对接过程中,假设目标航天器不具备轨道机动的能力。因此,两个航天器在地心惯性坐标系下的绝对轨道运动的数学表达式为

$$\frac{\mathrm{d}^2 \boldsymbol{r}_t}{\mathrm{d}t^2} = -\frac{\mu \boldsymbol{r}_t}{r_t^3} \tag{8.8}$$

$$\frac{\mathrm{d}^2 \boldsymbol{r}_s}{\mathrm{d}t^2} = -\frac{\mu \boldsymbol{r}_s}{r_s^3} + \boldsymbol{a}_s \tag{8.9}$$

式中,μ 为地心引力常数;$\boldsymbol{r}_t$ 和 $\boldsymbol{r}_s$ 分别表示目标航天器和服务航天器在地心惯性坐标系下的位置矢量,且 $r_t = \|\boldsymbol{r}_t\|$, $r_s = \|\boldsymbol{r}_s\|$;$\boldsymbol{a}_s$ 表示施加在服务航天器上的控制加速度。

定义服务航天器与目标航天器之间的相对位置矢量为

$$\boldsymbol{r} = \boldsymbol{r}_s - \boldsymbol{r}_t \tag{8.10}$$

将方程(8.9)与方程(8.8)相减可得

$$\frac{\mathrm{d}^2 \boldsymbol{r}}{\mathrm{d}t^2} = \frac{\mathrm{d}^2 \boldsymbol{r}_s}{\mathrm{d}t^2} - \frac{\mathrm{d}^2 \boldsymbol{r}_t}{\mathrm{d}t^2} = -\frac{\mu \boldsymbol{r}_s}{\boldsymbol{r}_s^3} + \frac{\mu \boldsymbol{r}_t}{\boldsymbol{r}_t^3} + \boldsymbol{a}_s \tag{8.11}$$

式中,$\dfrac{\mathrm{d}^2 \boldsymbol{r}}{\mathrm{d}t^2}$ 表示服务航天器与目标航天器之间的绝对加速度之差。

根据理论力学中的相关理论知识,可以得到绝对加速度与相对加速度之间的关系表达式：

$$\frac{\mathrm{d}^2 \boldsymbol{r}}{\mathrm{d}t^2} = \frac{\delta^2 \boldsymbol{r}}{\delta t^2} + 2\boldsymbol{\Omega} \times \frac{\delta \boldsymbol{r}}{\delta t} + \boldsymbol{\Omega} \times (\boldsymbol{\Omega} \times \boldsymbol{r}) + \dot{\boldsymbol{\Omega}} \times \boldsymbol{r} \tag{8.12}$$

式中,$\boldsymbol{\Omega}$ 和 $\dot{\boldsymbol{\Omega}}$ 分别表示 LVLH 坐标系相对于地心惯性坐标系的角速度和角加速度,LVLH 坐标系为旋转坐标系,其角速度满足 $\boldsymbol{\Omega} = (0,\ 0,\ \dot{\theta})^{\mathrm{T}}$,其中 θ 为目标航天器的真近点角。

根据方程(8.12)所表示的加速度合成定理,结合式(8.8)~式(8.11)可以得到 LVLH 坐标系下描述航天器相对轨道运动的非线性 T－H 时变方程[4]：

$$
\begin{cases}
\ddot{x} = 2\dot{\theta}\dot{y} + \dot{\theta}^2 x + \ddot{\theta} y + \dfrac{\mu}{r_t^2} - \dfrac{\mu(r_t + x)}{r_s^3} + a_x \\
\ddot{y} = -2\dot{\theta}\dot{x} + \dot{\theta}^2 y - \ddot{\theta} x - \dfrac{\mu y}{r_s^3} + a_y \\
\ddot{z} = -\dfrac{\mu z}{r_s^3} + a_z
\end{cases}
\tag{8.13}
$$

式中，$(x, y, z)^{\mathrm{T}}$ 表示 LVLH 坐标系下服务航天器相对位置矢量的三个分量；$(a_x, a_y, a_z)^{\mathrm{T}}$ 表示 LVLH 坐标系下作用在服务航天器上的控制加速度的三个分量；$\dot{\theta}$ 和 $\ddot{\theta}$ 分别表示目标航天器的瞬时角速度和角加速度，根据二体轨道运动理论可知

$$
\dot{\theta} = \left[\frac{\mu(1 + e\cos\theta)}{r_t^3}\right]^{1/2}, \quad \ddot{\theta} = -\frac{2\mu e\sin\theta}{r_t^3} \tag{8.14}
$$

式中，e 表示参考轨道的偏心率。

航天器在交会过程中会受到多种外界干扰的影响，将所有干扰产生的干扰加速度简记为 $\boldsymbol{\tau}$，且干扰大小是有限的，满足 $|\boldsymbol{\tau}_i(t)| \leqslant \tau_{\max}$。综合外部干扰和式(8.13)，在 LVLH 坐标系下表示的相对轨道动力学方程为[5]

$$
\ddot{\boldsymbol{r}} = \boldsymbol{f}(\boldsymbol{r}, \dot{\boldsymbol{r}}) + \boldsymbol{a} + \boldsymbol{\tau} \tag{8.15}
$$

其中，

$$
\boldsymbol{f}(\boldsymbol{r}, \dot{\boldsymbol{r}}) = \begin{bmatrix}
2\dot{\theta}\dot{y} + \dot{\theta}^2 x + \ddot{\theta} y + \dfrac{\mu}{r_t^2} - \dfrac{\mu(r_t + x)}{r_s^3} \\
-2\dot{\theta}\dot{x} + \dot{\theta}^2 y - \ddot{\theta} x - \dfrac{\mu y}{r_s^3} \\
-\dfrac{\mu z}{r_s^3}
\end{bmatrix} \tag{8.16}
$$

定义系统状态变量 $\boldsymbol{x} = (\boldsymbol{r}, \dot{\boldsymbol{r}})^{\mathrm{T}}$，则矩阵形式的航天器相对轨道动力学方程数学模型为

$$
\dot{\boldsymbol{x}} = \boldsymbol{f}(\boldsymbol{x}) + \boldsymbol{B}\boldsymbol{u} + \boldsymbol{B}\boldsymbol{\tau} \tag{8.17}
$$

其中，

$$
\boldsymbol{f}(\boldsymbol{x}) = \begin{bmatrix} \dot{\boldsymbol{r}} \\ \boldsymbol{f}(\boldsymbol{r}, \dot{\boldsymbol{r}}) \end{bmatrix}, \quad \boldsymbol{B} = \begin{bmatrix} \boldsymbol{0}_3 \\ \boldsymbol{I}_3 \end{bmatrix}
$$

3. 偏差影响分析

在轨运行的航天器会受到多种干扰,包括轨道环境、航天器系统、航天器自身设备等的影响,使得航天器的实际运行轨道偏离理想轨道。本节将针对存在导航、控制和动力学模型等各种偏差影响的情况下,分析航天器的相对状态偏差传播模型和规律。在已有的研究中,经常采用蒙特卡洛方法对非线性时变系统的特性进行统计分析,但是该方法计算量大、耗时长,不能够很好地适应对快速性能要求比较高的环境,使得其推广应用受到了一些限制。本节将介绍另外一种省时、高效的统计分析方法,即协方差分析描述函数法(covariance analysis description equation technique, CADET),并基于此方法建立航天器交会对接偏差传播模型,进行偏差影响效果分析。

1) 偏差传播模型

早在 20 世纪 70 年,就有相关研究者提出了 CADET,该方法能够快速地分析非线性系统中随机输入的统计特性。无论是线性系统还是非线性系统,采用 CADET 都能够省时、高效地分析其统计特性。到目前为止,CADET 已经得到成功应用,解决了多个实际问题,如导弹的落点预报等[6-8],后来又得到了推广,用于分析卫星的轨道偏差[9-11]。

CADET 的基本原理可描述如下:先采用描述函数的理论对研究的系统进行统计线性化,然后利用协方差分析方法确定线性化后系统的随机状态变量均值和协方差传播微分方程。与进行大量抽样统计实验的蒙特卡洛方法相比,CADET 根据偏差传播方程就可以确定系统状态量的统计特性。因此,CADET 能够显著提升分析效率。对于线性系统,采用 CADET 能够得到精确的解,但是对于非线性系统,由于需要进行统计线性化,得到的只是近似解[3]。

对于一般形式的非线性系统方程,有

$$\dot{\boldsymbol{x}}(t)=\boldsymbol{f}(\boldsymbol{x},\ t)+\boldsymbol{G}(t)\boldsymbol{W}(t)+\boldsymbol{D}(t) \tag{8.18}$$

式中,$\boldsymbol{f}(\boldsymbol{x},\ t)$ 表示与 n 维状态矢量 $\boldsymbol{x}(t)$ 有关的非线性矢量函数;$\boldsymbol{G}(t)$ 为确定性函数矩阵;$\boldsymbol{W}(t)$ 为 m 维干扰和作用在系统上的控制输入的随机噪声矢量;$\boldsymbol{D}(t)$ 为确定性函数矢量。

首先采用统计线性化的方法,将系统方程(8.18)中的非线性部分 $\boldsymbol{f}(\boldsymbol{x},\ t)$ 表示为与状态向量 $\boldsymbol{x}(t)$ 有关的线性形式。一般,统计线性化的方法分为真线性化和拟线性化两种情况,其中真线性化需要对原系统中的非线性部分进行泰勒级数展开;拟线性化是通过选择与状态变量 $\boldsymbol{x}(t)$ 有关的概率密度函数,近似表示系统方程中的非线性函数部分。与泰勒级数展开方法相比,这种采取概率密度函数形式的方法不要求系统 $\boldsymbol{f}(\boldsymbol{x})$ 连续可微,但是如果函数 $\boldsymbol{f}(\boldsymbol{x})$ 选择不同的概率密度函数来近似表示,将影响最终得到的线性化表示形式。

利用统计线性化思想推导非线性函数 $\boldsymbol{f}(\boldsymbol{x},\ t)$ 的拟线性表达式 $\hat{\boldsymbol{f}}+\boldsymbol{N}\boldsymbol{r}$,要求使

得均方差 $\boldsymbol{E}[\boldsymbol{e}^{\mathrm{T}}\boldsymbol{S}\boldsymbol{e}]$ 达到极小值，其中 S 为样本标准差，$\boldsymbol{e}=\boldsymbol{f}-\hat{\boldsymbol{f}}-\boldsymbol{N}\boldsymbol{r}$，$\hat{\boldsymbol{f}}$ 和 $\boldsymbol{N}$ 统称为描述函数。状态向量 $\boldsymbol{x}(t)$ 的概率密度函数的选择会影响到非线性函数的线性化结构，一般假设状态向量 $\boldsymbol{x}(t)$ 满足联合正态分布函数形式，因此有

$$\begin{cases}\hat{\boldsymbol{f}}=\boldsymbol{E}[\boldsymbol{f}(\boldsymbol{x},\ t)]=\int_{-\infty}^{\infty}\boldsymbol{f}(\boldsymbol{x},\ t)\boldsymbol{g}(\boldsymbol{x})\mathrm{d}\boldsymbol{x}\\ \boldsymbol{N}=\dfrac{\mathrm{d}\hat{\boldsymbol{f}}}{\mathrm{d}\boldsymbol{m}}\end{cases}\tag{8.19}$$

采用统计线性化表示 $\boldsymbol{f}\approx\hat{\boldsymbol{f}}+\boldsymbol{N}\boldsymbol{r}$，则在白噪声干扰作用下，系统的状态量均值和协方差近似传播方程表达式为

$$\begin{cases}\dot{\boldsymbol{m}}(t)=\hat{\boldsymbol{f}}(t)+\boldsymbol{G}(t)\boldsymbol{W}(t)+\boldsymbol{D}(t)\\ \dot{\boldsymbol{p}}(t)=\boldsymbol{N}(t)\boldsymbol{p}(t)+\boldsymbol{p}(t)\boldsymbol{N}^{\mathrm{T}}(t)+\boldsymbol{G}(t)\boldsymbol{Q}(t)\boldsymbol{G}^{\mathrm{T}}(t)\end{cases}\tag{8.20}$$

式中，$\boldsymbol{Q}(t)$ 为白噪声的谱密度。

对于方程(8.17)表示的非线性时变系统，设扩展状态矢量为 $\boldsymbol{x}'=[x,\ y,\ z,\ v_x,\ v_y,\ v_z,\ J_2]^{\mathrm{T}}$；假设状态矢量 $\boldsymbol{x}'$ 的均值矢量为 $\boldsymbol{m}=[m_1,\ m_2,\ m_3,\ m_4,\ m_5,\ m_6,\ m_7]^{\mathrm{T}}$。假设方差矩阵为对角阵 $\boldsymbol{p}\approx\mathrm{diag}([p_{11},\ p_{22},\ \cdots,\ p_{77}])$。

采用上述描述的方法，对非线性系统 $\boldsymbol{f}(\boldsymbol{x})$ 进行统计线性化可以得到：

$$\hat{\boldsymbol{f}}=\boldsymbol{f}(\boldsymbol{m})+\frac{\partial \boldsymbol{f}}{\partial m_1}(x_1-m_1)+\frac{\partial \boldsymbol{f}}{\partial m_2}(x_2-m_2)+\cdots+R_1(\boldsymbol{x}')\tag{8.21}$$

忽略一阶泰勒余项 $R_1(\boldsymbol{x}')$，对方程(8.21)求期望，则

$$\hat{\boldsymbol{f}}=\boldsymbol{f}(\boldsymbol{m})=[m_4,\ m_5,\ m_6,\ f_1,\ f_2,\ f_3,\ 0]^{\mathrm{T}}\tag{8.22}$$

动力学方程的描述函数为

$$\boldsymbol{N}=\frac{\partial\hat{\boldsymbol{f}}(\boldsymbol{m})}{\partial\boldsymbol{m}}=\begin{bmatrix}0&0&0&1&0&0&0\\0&0&0&0&1&0&0\\0&0&0&0&0&1&0\\\dfrac{\partial f_1}{\partial m_1}&\dfrac{\partial f_1}{\partial m_2}&\dfrac{\partial f_1}{\partial m_3}&\dfrac{\partial f_1}{\partial m_4}&\dfrac{\partial f_1}{\partial m_5}&\dfrac{\partial f_1}{\partial m_6}&\dfrac{\partial f_1}{\partial m_7}\\\dfrac{\partial f_2}{\partial m_1}&\dfrac{\partial f_2}{\partial m_2}&\dfrac{\partial f_2}{\partial m_3}&\dfrac{\partial f_2}{\partial m_4}&\dfrac{\partial f_2}{\partial m_5}&\dfrac{\partial f_2}{\partial m_6}&\dfrac{\partial f_2}{\partial m_7}\\\dfrac{\partial f_3}{\partial m_1}&\dfrac{\partial f_3}{\partial m_2}&\dfrac{\partial f_3}{\partial m_3}&\dfrac{\partial f_3}{\partial m_4}&\dfrac{\partial f_3}{\partial m_5}&\dfrac{\partial f_3}{\partial m_6}&\dfrac{\partial f_3}{\partial m_7}\\0&0&0&0&0&0&0\end{bmatrix}\tag{8.23}$$

其中，

$$\begin{cases}\dfrac{\partial f_1}{\partial m_1}=\dot{\theta}^2-\dfrac{\mu r_s^2-3(r_t+x)x}{r_s^5}+C_{11}, & \dfrac{\partial f_1}{\partial m_2}=\ddot{\theta}-\dfrac{3\mu(r_t+x)y}{r_s^5}+C_{12}\\ \dfrac{\partial f_1}{\partial m_3}=-\dfrac{3\mu(r_t+x)z}{r_s^5}+C_{13}, & \dfrac{\partial f_1}{\partial m_4}=0,\quad \dfrac{\partial f_1}{\partial m_5}=2\dot{\theta},\quad \dfrac{\partial f_1}{\partial m_6}=0,\quad \dfrac{\partial f_1}{\partial m_7}=0\end{cases} \tag{8.24}$$

$$\begin{cases}\dfrac{\partial f_2}{\partial m_1}=-\ddot{\theta}+\dfrac{3\mu(r_t+x)y}{r_s^5}+C_{21}, & \dfrac{\partial f_2}{\partial m_2}=\dot{\theta}^2-\dfrac{\mu r_s^2-3\mu y^2}{r_s^5}+C_{22}\\ \dfrac{\partial f_2}{\partial m_3}=\dfrac{3\mu yz}{r_s^5}+C_{23}, & \dfrac{\partial f_2}{\partial m_4}=-2\dot{\theta},\quad \dfrac{\partial f_2}{\partial m_5}=0,\quad \dfrac{\partial f_2}{\partial m_6}=0,\quad \dfrac{\partial f_2}{\partial m_7}=0\end{cases} \tag{8.25}$$

$$\begin{cases}\dfrac{\partial f_3}{\partial m_1}=\dfrac{3\mu(r_t+x)z}{r_s^5}+C_{31},\quad \dfrac{\partial f_3}{\partial m_2}=\dfrac{3\mu yz}{r_s^5}+C_{32},\quad \dfrac{\partial f_3}{\partial m_3}=-\dfrac{\mu r_s^2-3\mu z^2}{r_s^5}+C_{33}\\ \dfrac{\partial f_2}{\partial m_4}=0,\quad \dfrac{\partial f_2}{\partial m_5}=0,\quad \dfrac{\partial f_2}{\partial m_6}=0,\quad \dfrac{\partial f_3}{\partial m_7}=0\end{cases} \tag{8.26}$$

其中，$\boldsymbol{C}$ 满足如下公式：

$$\boldsymbol{C}=6\frac{J_2\mu R_e^2}{r_t^5}\begin{bmatrix}1-3\sin^2 i\sin^2 u & \sin^2 i\sin(2u) & \sin(2i)\sin u\\ \sin^2 i\sin(2u) & -\dfrac{1}{4}-\sin^2 i\left(\dfrac{1}{2}-\dfrac{7}{4}\sin^2 u\right) & -\dfrac{1}{4}\sin(2i)\cos u\\ \sin(2i)\sin u & -\dfrac{1}{4}\sin(2i)\cos u & -\dfrac{3}{4}+\sin^2 i\left(\dfrac{1}{2}+\dfrac{5}{4}\sin^2 u\right)\end{bmatrix} \tag{8.27}$$

将方程(8.22)和方程(8.23)代入式(8.20)中，则在 LVLH 坐标系下，非线性系统的随机状态量的均值矢量 $\boldsymbol{m}(t)$ 和协方差矩阵 $\boldsymbol{p}(t)$ 的传播微分方程满足如下条件：

$$\begin{cases}\dot{\boldsymbol{m}}(t)=\hat{\boldsymbol{f}}(t)+\boldsymbol{Bu}(t)+\boldsymbol{B\tau}(t)\\ \dot{\boldsymbol{p}}(t)=\boldsymbol{N}(t)\boldsymbol{p}(t)+\boldsymbol{p}(t)\boldsymbol{N}^{\mathrm{T}}(t)+\boldsymbol{BQ}(t)\boldsymbol{B}^{\mathrm{T}}\end{cases} \tag{8.28}$$

通过对方程组(8.28)求积分，即可获得均值和方差随时间的变化规律。

2）仿真分析

针对双脉冲轨道转移案例，分别采用 CADET 和蒙特卡洛方法进行仿真分析，通过结果对比验证 CADET 的有效性和准确性。

在地心惯性坐标系下，定义目标航天器的初始位置矢量（单位为 m）和速度矢量（单位为 m/s）分别为

$$\boldsymbol{r}_{ti0} = (-6\,713\,501.42,\ 2\,108\,702.64,\ 3\,864\,206.20)^{\mathrm{T}}$$

$$\dot{\boldsymbol{r}}_{ti0} = (-3\,796.728,\ -4\,213.883,\ -4\,159.899)^{\mathrm{T}}$$

在地心惯性坐标系下，定义服务航天器的初始位置矢量（单位为 m）和速度矢量（单位为 m/s）分别为

$$\boldsymbol{r}_{si0} = (-6\,713\,602.42,\ 2\,108\,702.64,\ 3\,864\,206.20)^{\mathrm{T}}$$

$$\dot{\boldsymbol{r}}_{si0} = (-3\,796.586,\ -4\,213.906,\ -4\,160.010)^{\mathrm{T}}$$

交会时间 $t_{\mathrm{f}} = 3\,000$ s，服务航天器采用双脉冲轨道转移交会策略，利用 Lambert 定理可以计算得到服务航天器两次机动所需脉冲，见表 8.1。

表 8.1　LVLH 坐标系下的脉冲

参　数	脉冲 1	脉冲 2
t/s	0	3 000
Δv_{ix}/(m/s)	0.008 4	0.085 7
Δv_{iy}/(m/s)	−0.203 8	−0.259 7
Δv_{iz}/(m/s)	0.212 2	0.138 5

（1）CADET 与蒙特卡洛方法结果对比。

在 LVLH 坐标系中，初始导航位置偏差、初始导航速度偏差、三个方向的控制偏差和 J_2 项摄动偏差的取值如表 8.2 所示。

表 8.2　偏 差 扰 动

位置偏差/m	速度偏差/(m/s)	控制偏差/(m/s²)			J_2 项摄动偏差
$\sigma_{\delta x}$ $\sigma_{\delta y}$ $\sigma_{\delta z}$	$\sigma_{\delta v_x}$ $\sigma_{\delta v_y}$ $\sigma_{\delta v_z}$	$\sigma_{\delta u_x}$	$\sigma_{\delta u_y}$	$\sigma_{\delta u_z}$	$\sigma_{\delta J_2}$
1	0.01	$1\times10^{-2}\mid\Delta u_{ix}\mid+1\times10^{-3}$	$1\times10^{-2}\mid\Delta u_{iy}\mid+1\times10^{-3}$	$1\times10^{-2}\mid\Delta u_{iz}\mid+1\times10^{-3}$	1×10^{-6}

根据上述仿真参数，分别采用 CADET 和蒙特卡洛方法进行数值仿真，仿真结果如表 8.3 所示，从该表中可以得出如下结论：

（a）CADET 能够成功分析航天器交会对接过程中的系统状态量的统计特性；

（b）无论是抽样 1 000 次还是 10 000 次，CADET 的时间消耗比蒙特卡洛方法显著减少，计算效率比蒙特卡洛方法显著提高；

（c）抽样次数为 1 000 次时，除 y、z 方向位置的标准差之外，其余采用 CADET 计算得到的结果均比蒙特卡洛方法的结果小；

（d）随着抽样次数的增加，两种方法求得的 y、z 方向位置的标准差减小，其余与抽样 1 000 次的结果相似。

表 8.3　CADET 与蒙特卡洛方法计算结果对比

方法或误差	σ_x/m	σ_y/m	σ_z/m	σ_{v_x}/(m/s)	σ_{v_y}/(m/s)	σ_{v_z}/(m/s)	时间消耗/s
CADET	310.29	857.56	74.83	0.11	0.55	0.09	1.47
1 000 次蒙特卡洛仿真	460.94	846.63	67.08	0.15	0.70	0.12	433.13
1 000 次蒙特卡洛仿真结果误差	32.68%	1.29%	11.55%	29.07%	21.36%	20.72%	—
10 000 次蒙特卡洛仿真	462.24	852.23	68.28	0.15	0.70	0.12	4 325.78
10 000 次蒙特卡洛仿真结果误差	32.87%	0.63%	9.60%	27.42%	21.74%	22.07%	—

（2）偏差因素的影响分析。

为了进一步了解偏差因素在近距离交会过程中的影响和传播规律，可以通过直观的仿真分析确定各偏差因素的影响程度。仿真参数的选择如表 8.4 所示，选择规律是以第 1 组数据为参考，依照顺序改变航天器的导航位置偏差、导航速度偏差、x 方向的控制偏差、y 方向的控制偏差、z 方向的控制偏差和 J_2 项摄动偏差。根据设定的参数进行仿真，仿真结果如表 8.5 所示。通过对仿真结果进行对比分析，可以得到如下结论：

（a）导航位置偏差和导航速度偏差增加相同倍数后，导航速度偏差对终端精度的影响比导航位置偏差带来的影响大；

（b）控制偏差三个分量在增加相同倍数后，y 方向分量的影响最大，x、z 方向的偏差分量对其他两个方向的影响不大；

（c）J_2 项摄动偏差对终端相对状态量的偏差基本没影响。

表 8.4 偏差配置

序号	位置偏差/m	速度偏差/(m/s)	控制偏差/(m/s^2)			J_2项摄动偏差
	$\sigma_{\delta x}$ $\sigma_{\delta y}$ $\sigma_{\delta z}$	$\sigma_{\delta v_x}$ $\sigma_{\delta v_y}$ $\sigma_{\delta v_z}$	$\sigma_{\delta u_x}$	$\sigma_{\delta u_y}$	$\sigma_{\delta u_z}$	$\sigma_{\delta J_2}$
1	1	0.01	$1\times10^{-2}\mid\Delta u_{ix}\mid+1\times10^{-3}$	$1\times10^{-2}\mid\Delta u_{iy}\mid+1\times10^{-3}$	$1\times10^{-2}\mid\Delta u_{iz}\mid+1\times10^{-3}$	1×10^{-6}
2	2	0.01	$1\times10^{-2}\mid\Delta u_{ix}\mid+1\times10^{-3}$	$1\times10^{-2}\mid\Delta u_{iy}\mid+1\times10^{-3}$	$1\times10^{-2}\mid\Delta u_{iz}\mid+1\times10^{-3}$	1×10^{-6}
3	1	0.02	$1\times10^{-2}\mid\Delta u_{ix}\mid+1\times10^{-3}$	$1\times10^{-2}\mid\Delta u_{iy}\mid+1\times10^{-3}$	$1\times10^{-2}\mid\Delta u_{iz}\mid+1\times10^{-3}$	1×10^{-6}
4	1	0.01	$2\times10^{-2}\mid\Delta u_{ix}\mid+2\times10^{-3}$	$1\times10^{-2}\mid\Delta u_{iy}\mid+1\times10^{-3}$	$1\times10^{-2}\mid\Delta u_{iz}\mid+1\times10^{-3}$	1×10^{-6}
5	1	0.01	$1\times10^{-2}\mid\Delta u_{ix}\mid+1\times10^{-3}$	$2\times10^{-2}\mid\Delta u_{iy}\mid+2\times10^{-3}$	$1\times10^{-2}\mid\Delta u_{iz}\mid+1\times10^{-3}$	1×10^{-6}
6	1	0.01	$1\times10^{-2}\mid\Delta u_{ix}\mid+1\times10^{-3}$	$1\times10^{-2}\mid\Delta u_{iy}\mid+1\times10^{-3}$	$2\times10^{-2}\mid\Delta u_{iz}\mid+2\times10^{-3}$	1×10^{-6}
7	1	0.01	$1\times10^{-2}\mid\Delta u_{ix}\mid+1\times10^{-3}$	$1\times10^{-2}\mid\Delta u_{iy}\mid+1\times10^{-3}$	$1\times10^{-2}\mid\Delta u_{iz}\mid+1\times10^{-3}$	5×10^{-6}

表 8.5 LVLH 坐标系下的交会终端偏差

序号	σ_x/m	σ_y/m	σ_z/m	σ_{v_x}/(m/s)	σ_{v_y}/(m/s)	σ_{v_z}/(m/s)
1	310.28	857.56	74.84	0.11	0.55	0.09
2	310.28	857.56	74.84	0.11	0.55	0.09
3	428.61	1 194.02	94.35	0.14	0.76	0.12
4	350.39	918.69	74.84	0.14	0.62	0.09
5	310.30	872.99	74.84	0.11	0.56	0.09
6	310.28	857.56	111.78	0.11	0.55	0.11
7	310.28	857.56	74.84	0.11	0.55	0.09

仿真参数为表 8.4 中第 1 组数据时,服务航天器的各个状态量随时间的变化曲

线见图 8.1,从图中可以看出,在整个交会时间内,位置偏差在 x 方向和 y 方向一直增加,而在 z 方向经历了先增加后减小的变化;速度偏差在 x 方向经历了先增大后减小的趋势,在 y 方向表现出一直增大的趋势,在 z 方向则表现出与 x 方向相反的变化趋势。

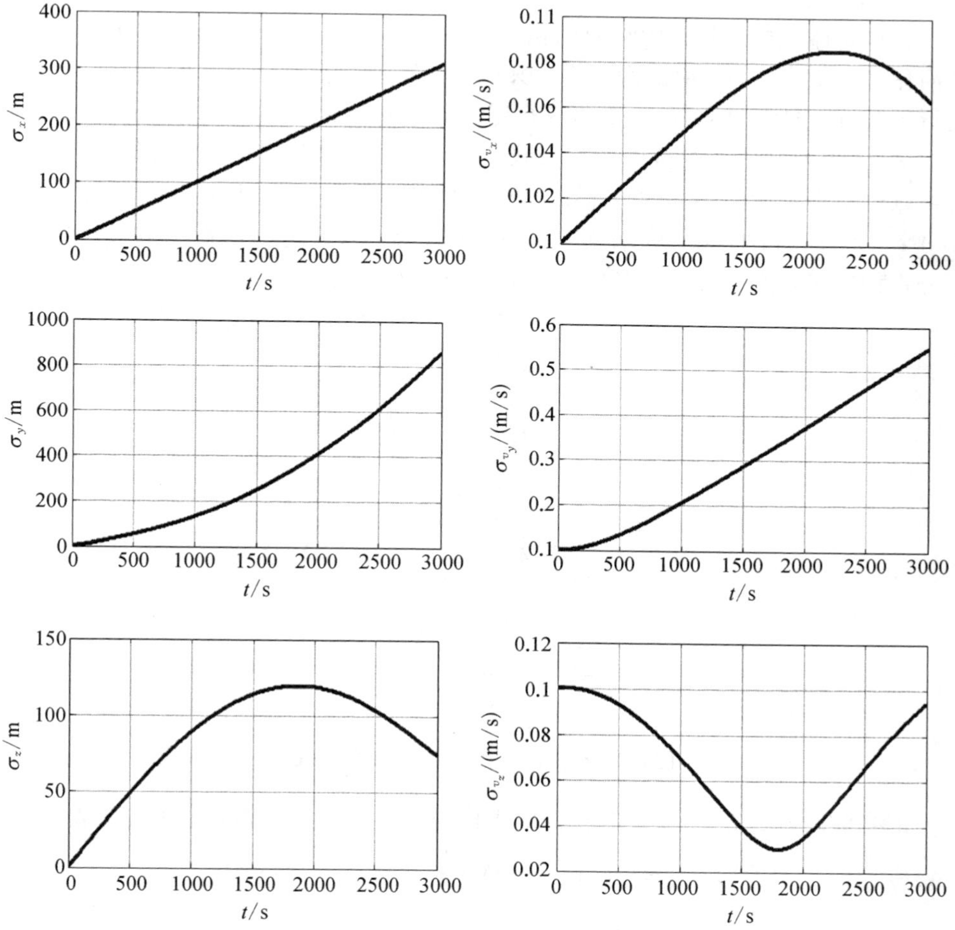

图 8.1　情况 1 相对状态偏差随时间的变化曲线

8.1.3　碰撞概率计算方法

1. RSW 坐标系和相遇坐标系

1) RSW 坐标系

RSW 为一种常用的星基轨道坐标系,主要用于空间目标相对运动的计算及误差分析。RSW 坐标系通常也记为径向-切向-法向(radial-transverse-normal, RTN)坐标系,其原点位于空间目标质心,R 轴(径向)沿地心指向矢径方向,S 轴(切向)位于轨道平面内

与 R 轴垂直并指向目标的运动方向(但不一定与速度方向重合),W 轴(法向)与轨道平面垂直,平行于 $R\times S$ 的方向,与 R 轴和 S 轴满足右手法则。RSW 坐标系随时间变化,由瞬时时刻的位置和速度决定,可用于描述轨道误差、相对位置和卫星轨道转移。

2) 相遇坐标系

在求解碰撞概率问题中常使用相遇坐标系(encounter coordinate system, ECS)来简化计算维度,可以将常用的三重积分问题经过投影转化为平面上的二重积分进行求解,此投影平面就是下面将进行定义的相遇平面(encounter plane)。

令 $\boldsymbol{r}_C$ 和 $\boldsymbol{r}_L$ 分别为目标航天器与服务航天器相遇时刻的实际位置矢量,进而两者可以分别表示为两目标的分布中心矢量加随机误差矢量,即 $\boldsymbol{r}_C=\boldsymbol{r}_{Co}+\boldsymbol{e}_C$、$\boldsymbol{r}_L=\boldsymbol{r}_{Lo}+\boldsymbol{e}_L$,在 ECI 坐标系中的示意图如图 8.2 所示。随机误差矢量 $\boldsymbol{e}_C$ 和 $\boldsymbol{e}_L$ 在图 8.2 中分别构成了空间目标与服务航天器的三维误差椭球。

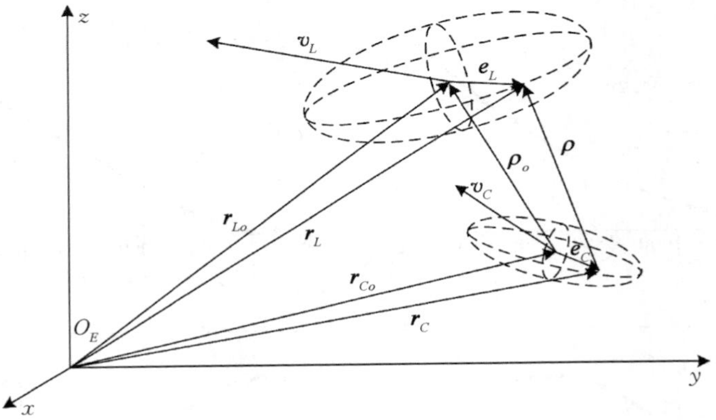

图 8.2 相遇时刻目标位置速度示意图

记当前时刻为 $t_0=0$,此时目标航天器与服务航天器的相对位置矢量表示为

$$\begin{aligned}\boldsymbol{\rho}(t)&=\boldsymbol{r}_C(t)-\boldsymbol{r}_L(t)=\boldsymbol{r}_C+\boldsymbol{v}_Ct-\boldsymbol{r}_L-\boldsymbol{v}_Lt\\&=\boldsymbol{r}_C-\boldsymbol{r}_L+(\boldsymbol{v}_C-\boldsymbol{v}_L)t\\&=\boldsymbol{\rho}+\boldsymbol{v}_rt\end{aligned}\tag{8.29}$$

式中,$\boldsymbol{\rho}=\boldsymbol{r}_C-\boldsymbol{r}_L$;$\boldsymbol{v}_r=\boldsymbol{v}_C-\boldsymbol{v}_L$。

目标航天器与服务航天器距离的平方为 $\boldsymbol{\rho}^2(t)=\boldsymbol{\rho}(t)^{\mathrm{T}}\cdot\boldsymbol{\rho}(t)$,对时间求导,并令导数为 0 可以得到

$$\begin{aligned}\frac{\mathrm{d}}{\mathrm{d}t}[\boldsymbol{\rho}^2(t)]&=\frac{\mathrm{d}}{\mathrm{d}t}[(\boldsymbol{\rho}+\boldsymbol{v}_rt)^{\mathrm{T}}\cdot(\boldsymbol{\rho}+\boldsymbol{v}_rt)]\\&=2\boldsymbol{\rho}\cdot\boldsymbol{v}_r+2\boldsymbol{v}_r\cdot\boldsymbol{v}_rt\end{aligned}\tag{8.30}$$

令式(8.30)为 0,即 $2\boldsymbol{\rho}\cdot\boldsymbol{v}_r+2\boldsymbol{v}_r\cdot\boldsymbol{v}_r t=0$，对应的时间 t 为目标航天器与服务航天器相距最近的时刻。最近时刻(time of closet approach, TCA)可表示为

$$t_{\mathrm{TCA}}=-\frac{\boldsymbol{\rho}\cdot\boldsymbol{v}_r}{\boldsymbol{v}_r\cdot\boldsymbol{v}_r} \tag{8.31}$$

此时,两航天器的相对位置矢量为

$$\boldsymbol{\rho}(t_{\mathrm{TCA}})=\boldsymbol{\rho}+\boldsymbol{v}_r t_{\mathrm{TCA}}=\boldsymbol{\rho}+\left(-\frac{\boldsymbol{\rho}\cdot\boldsymbol{v}_r}{\boldsymbol{v}_r\cdot\boldsymbol{v}_r}\right)\cdot\boldsymbol{v}_r \tag{8.32}$$

将式(8.32)两端点乘相对速度矢量 $\boldsymbol{v}_r$，可得

$$\boldsymbol{\rho}(t_{\mathrm{TCA}})\cdot\boldsymbol{v}_r=\boldsymbol{\rho}\cdot\boldsymbol{v}_r-\boldsymbol{\rho}\cdot\boldsymbol{v}_r=0 \tag{8.33}$$

式(8.33)表明,在空间目标与服务航天器相距最近时刻时,其相对位置矢量 $\boldsymbol{\rho}(t_{\mathrm{TCA}})$ 与相对速度矢量 $\boldsymbol{v}_r$ 的点乘等于 0,两矢量相互垂直。也就是说,当两目标相距最近时,两航天器处在与相对速度矢量 $\boldsymbol{v}_r$ 相垂直的平面内,此平面定义为相遇平面。

在相遇平面上来定义相遇坐标系。定义相遇坐标系为 $O_C x_e y_e z_e$，其原点 O_C 位于目标航天器的分布中心，x_e 轴沿相遇时刻空间目标的径向，y_e 轴指向相对速度方向,故 x_e 轴与 z_e 轴构成的与 y_e 轴垂直的平面即相遇平面，z_e 轴在相遇平面内并与 $x_e\times y_e$ 方向平行,如图 8.3 所示。

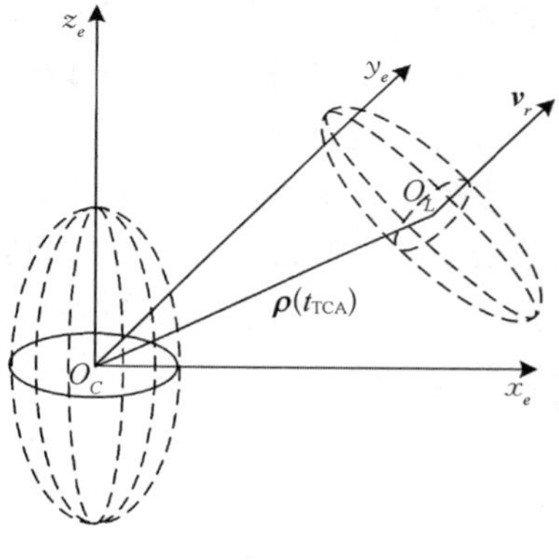

图 8.3　相遇坐标系示意

在合理的假设下,通过构建相遇坐标系可将目标航天器与服务航天器的相对速度方向的位置不确定性分割出来,从而只考虑相遇平面内的误差,将三维碰撞概率计算的问题转化为平面的二维问题,实现了降维运算,降低了计算的复杂度,将在后半部分详细论述碰撞概率的计算过程。

2. 前提假设与计算步骤

碰撞概率的计算是安全接近任务中评估风险的重要一环,本节中碰撞概率的计算基于以下假设[12]。

(1) 目标航天器与服务航天器可以等效为半径已知的包络球体,并且已知两者某时刻(初始时刻)的状态矢量和误差标准差。

(2) 目标航天器与服务航天器的位置速度及误差相互独立,两者的位置误差都服从三维高斯分布并且可以由分布中心和位置误差协方差矩阵描述。

(3) 在目标航天器与服务航天器相遇的过程中,两者都是做匀速直线运动,且速度没有不确定性,保持位置误差椭球大小和形状在相遇过程中不变。

在以上假设下，当目标航天器与服务航天器的距离小于其等效球体的半径之和时，即可视为两者已经发生碰撞。故将定义碰撞概率为服务航天器与目标航天器之间的最小距离小于等于其等效半径（由给定的包络确定）之和的概率。

碰撞概率问题一般通过以下流程进行计算：

(1) 已知目标航天器与服务航天器在初始时刻 t_0 的状态矢量分别为 $\boldsymbol{X}_C(t_0)$ 和 $\boldsymbol{X}_L(t_0)$，误差标准差为 σ；

(2) 利用相同的轨道预报模型和误差协方差矩阵进行外推，得到未来任意 t 时刻，两者的状态矢量分别为 $\boldsymbol{X}_C(t)$ 和 $\boldsymbol{X}_L(t)$，以及位置协方差矩阵 $\boldsymbol{C}_{rr}(t)$；

(3) 通过分析服务航天器接近目标航天器过程中的距离变化，得到相距最近的相遇时刻为 t_{TCA}；

(4) 计算相遇时刻 t_{TCA} 两者的状态矢量分别为 $\boldsymbol{X}_C(t_{\mathrm{TCA}})$ 和 $\boldsymbol{X}_L(t_{\mathrm{TCA}})$，以及位置协方差矩阵 $\boldsymbol{C}_{rr}(t_{\mathrm{TCA}})$，并通过进一步分析，代入求解得到碰撞概率。

注意在求解的过程中保持参考坐标系的一致性，本节采用以空间目标为原点的 RSW 坐标系进行碰撞概率的计算。

3. 三重积分计算碰撞概率

根据假设，可以将目标航天器与服务航天器的相对位置关系利用三维高斯分布概率密度函数进行表示，这样就将空间中的碰撞问题转变为在一定区域内对概率密度函数进行积分计算的问题。设目标航天器与服务航天器的相对位置为 $\boldsymbol{\rho} = [x \quad y \quad z]^{\mathrm{T}}$，在已知两者相对位置矢量 $\boldsymbol{\rho}(t)$ 与位置协方差矩阵 $\boldsymbol{C}_{rr}(t)$ 后，将相对位置的三维高斯分布概率密度函数 $f(t)$ 构造为如下形式：

$$f(t) = \frac{1}{\sqrt{(2\pi)^3 \mid \boldsymbol{C}_{rr}(t) \mid}} \exp\left[-\frac{1}{2}\boldsymbol{\rho}^{\mathrm{T}}(t)\boldsymbol{C}_{rr}^{-1}(t)\boldsymbol{\rho}(t)\right] \tag{8.34}$$

式中，$\mid \boldsymbol{C}_{rr}(t) \mid$ 为位置协方差矩阵的行列式。

已知相对位置分布的概率密度函数 $f(t)$ 后，对目标航天器与服务航天器的联合包络球进行三重积分，即可求得碰撞概率 P 为

$$P = \frac{1}{\sqrt{(2\pi)^3 \mid \boldsymbol{C}_{rr} \mid}} \oiiint_{\Omega} \exp\left(-\frac{1}{2}\boldsymbol{\rho}^{\mathrm{T}}\boldsymbol{C}_{rr}^{-1}\boldsymbol{\rho}\right) \mathrm{d}V \tag{8.35}$$

式中，Ω 为联合包络球区域，其球心在目标航天器中心，半径等于目标航天器与服务航天器等效球体的半径之和。

通过求解式(8.35)中的三重积分来求得碰撞概率 P 是从基本定义出发的计算方法，该方法十分便于理解但是也存在明显的优缺点。通过三重积分计算碰撞概率的优点是计算精度较高，缺点是由于存在三重积分，其计算效率不高且计算复杂度较大，无法满足在执行安全接近任务中进行及时反馈和预警的要求。

4. 二重积分计算碰撞概率

前面给出了相遇坐标系与相遇平面的定义，通过将目标航天器与服务航天器的误差椭球投影至相遇平面可以将三维碰撞概率密度函数转化为二维平面问题，即将三重体积分简化为相遇平面上的二维面积分。

1）二重积分表达式

将图 8.3 中目标航天器与服务航天器的误差椭球投影沿着 y_e 轴相对速度的方向，投影至 z_e 与 x_e 构成的相遇平面内，得到图 8.4。

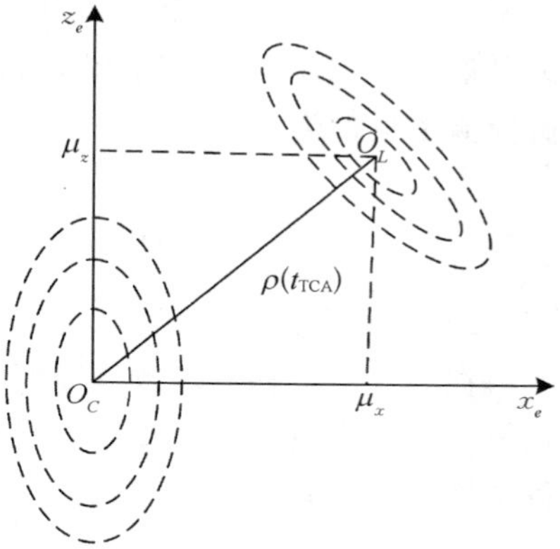

图 8.4　误差椭球投影至相遇平面

根据假设，如图 8.4 所示，目标航天器与服务航天器的位置矢量在投影到相遇平面后，在平面内仍然满足二维正态分布，分别为 $\boldsymbol{X}_{CE}$ 和 $\boldsymbol{X}_{LE}$。分布中心的坐标分别为（0, 0）和（μ_x, μ_z），协方差矩阵分别为 $\mathrm{var}(\boldsymbol{X}_{CE})$ 和 $\mathrm{var}(\boldsymbol{X}_{LE})$。目标航天器与服务航天器在相遇平面上的位置矢量仍然相互独立，故相对位置矢量 $\boldsymbol{\rho}_E = \boldsymbol{X}_{LE} - \boldsymbol{X}_{CE}$ 也是正态分布，其均值为

$$E(\boldsymbol{\rho}_E) = E(\boldsymbol{X}_{LE} - \boldsymbol{X}_{CE}) = \boldsymbol{\rho}_{CPA} = [\mu_x \quad \mu_z]^{\mathrm{T}} \tag{8.36}$$

其方差矩阵为

$$\begin{aligned}\mathrm{var}(\boldsymbol{\rho}_E) &= \mathrm{var}(\boldsymbol{X}_{LE} - \boldsymbol{X}_{CE}) = \mathrm{var}(\boldsymbol{X}_{LE}) + \mathrm{var}(\boldsymbol{X}_{CE}) - 2\mathrm{cov}(\boldsymbol{X}_{LE}, \boldsymbol{X}_{CE}) \\ &= \mathrm{var}(\boldsymbol{X}_{LE}) + \mathrm{var}(\boldsymbol{X}_{CE})\end{aligned} \tag{8.37}$$

因此，可以把相对位置矢量 $\boldsymbol{\rho}_E$ 表示在相遇平面上。设在相遇平面中，目标航天器与服务航天器等效的圆域半径分别为 R_{CE} 和 R_{LE}。与三维空间中的碰撞概率定义相同，在相遇平面中，目标航天器与服务航天器发生碰撞的概率就是两者在相遇平面上的距离小于其等效半径之和的概率，即相对位置矢量 $\boldsymbol{\rho}_E$ 落入半径为 $R_E = R_{CE} + R_{LE}$ 的圆域的概率。

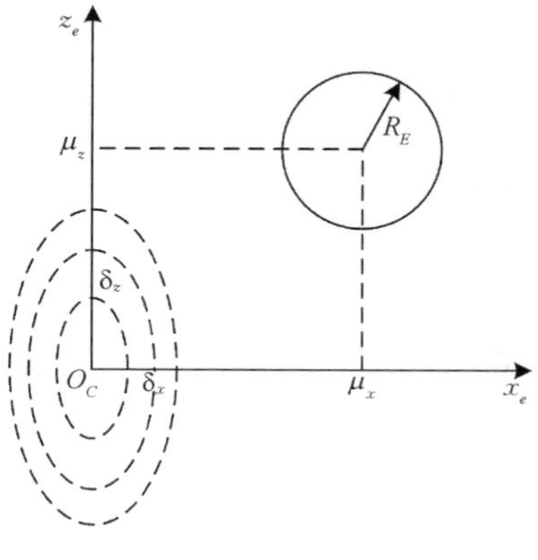

图 8.5　相遇平面中的联合包络及联合误差椭圆

将目标航天器与服务航天器的大小联合到服务航天器上形成联合球体，将两者的位置误差椭球联合到目标航天器上形成联合误差椭球，如图 8.5 所示。

因此，在相遇平面上，碰撞概率 P 可表示为

$$P = \iint_{(x-\mu_x)^2+(z-\mu_z)^2 \leqslant R_E^2} \frac{1}{2\pi\sigma_x\sigma_z} e^{-\frac{1}{2}\left(\frac{x^2}{\sigma_x^2}+\frac{z^2}{\sigma_z^2}\right)} \mathrm{d}x\mathrm{d}z \tag{8.38}$$

综上通过相遇平面投影法成功将式(8.35)中的三重积分转化为了式(8.38)中的二重面积分问题,简化了碰撞概率的计算过程。为了进一步简化计算提高运算效率,通过 Rician 分布积分变化,将其表示为一个无穷级数。在计算过程中,取无穷级数的首项作为近似值来替代式(8.38)中的积分。所取无穷级数首项为 P_0,故碰撞概率近似为

$$P \approx P_0 = e^{-\frac{1}{2}\left(\frac{\mu_x^2}{\sigma_x^2}+\frac{\mu_z^2}{\sigma_z^2}\right)} \left(1 - e^{-\frac{R_E^2}{2\sigma_x\sigma_z}}\right) \tag{8.39}$$

2) 坐标系转换关系

在利用二重积分求解碰撞概率的过程中,涉及多个不同坐标系里的状态量并且最后需要将所有状态量通过坐标变化转至相遇坐标系中进行求解,故需要明确各个坐标系之间的转换关系。

目标航天器与服务航天器的轨道根数在 ECI 坐标系中获得,并且可以在惯性坐标系中进行仿真推演。在求解碰撞概率时,场景为两航天器之间的相对运动,因此需要将两者在 ECI 坐标系中的状态信息投影到 RSW 坐标系中,得到两者在 RSW 坐标系下的相对运动状态量,并且可以通过 C－W 方程分析其误差的传播状态。

设目标航天器与服务航天器在 ECI 坐标系中的相对状态量为 $\boldsymbol{X}_{\mathrm{ECI}} = [\boldsymbol{r}_{\mathrm{ECI}} \quad \boldsymbol{v}_{\mathrm{ECI}}]^{\mathrm{T}} = [x \quad y \quad z \quad v_x \quad v_y \quad v_z]_{\mathrm{ECI}}^{\mathrm{T}}$,设两者在 RSW 坐标系下的相对状态矢量为 $\boldsymbol{X}_{\mathrm{RSW}} = [\boldsymbol{r}_{\mathrm{RSW}} \quad \boldsymbol{v}_{\mathrm{RSW}}]^{\mathrm{T}} = [r \quad s \quad w \quad v_r \quad v_s \quad v_w]_{\mathrm{RSW}}^{\mathrm{T}}$。定义 RSW 坐标系中的三个坐标轴在 ECI 坐标系的单位矢量分别为 $\boldsymbol{R}$、$\boldsymbol{S}$ 和 $\boldsymbol{W}$,可得其表达式分别为

$$R = \frac{\boldsymbol{r}}{|\boldsymbol{r}|}, \quad \boldsymbol{W} = \frac{\boldsymbol{r}\times\boldsymbol{v}}{|\boldsymbol{r}\times\boldsymbol{v}|}, \quad \boldsymbol{S} = \boldsymbol{W}\times\boldsymbol{R} \tag{8.40}$$

因此,RSW 坐标系与 ECI 坐标系之间的转换矩阵 $\boldsymbol{M}_{\mathrm{RE}}$ 可以表示为

$$\boldsymbol{M}_{\mathrm{RE}} = (\boldsymbol{R} \quad \boldsymbol{S} \quad \boldsymbol{W}) \tag{8.41}$$

转换矩阵 $\boldsymbol{M}_{\mathrm{RE}}$ 还可以通过空间目标在 ECI 坐标系中的 6 个轨道根数和基本旋转矩阵求得:

$$\boldsymbol{M}_{\mathrm{RE}} = \boldsymbol{M}_3(-\Omega)\boldsymbol{M}_1(-i)\boldsymbol{M}_3(-u) \tag{8.42}$$

式中,Ω 为升交点赤经;i 为轨道倾角;u 为纬度幅角。

通过式(8.41)可以得到 RSW 坐标系下的位置矢量与速度矢量:

$$\begin{cases} \boldsymbol{r}_{\mathrm{RSW}} = \boldsymbol{M}_{\mathrm{RE}}^{-1}\boldsymbol{r}_{\mathrm{ECI}} \\ \boldsymbol{v}_{\mathrm{RSW}} = \boldsymbol{M}_{\mathrm{RE}}^{-1}\boldsymbol{v}_{\mathrm{ECI}} \end{cases} \tag{8.43}$$

在相遇平面内进行计算碰撞概率时,需要将 RSW 坐标系中的相对位置投影到 ECS 中进行计算,根据 RSW 坐标系与 ECS 的定义,可以通过几何方式求得坐标系之间的转换关系。目标航天器 O_C 与服务航天器 O_L 的相遇过程中, $O_C - x_e y_e z_e$(ECS)与 O_C - RSW(RSW 坐标系)的关系如图 8.6 所示。

在图 8.6 中,此时 x_e 轴指向目标航天器的轨道径向方向,并且与目标航天器 RSW 坐标系的 R 轴相重合; y_e 轴指向目标航天器与服务航天器的相对速度矢量方向; z_e 轴沿 $x_e \times y_e$ 方向且在 $x_e z_e$ 轴构成的相遇平面与平面 $SO_C W$ 的交线上。

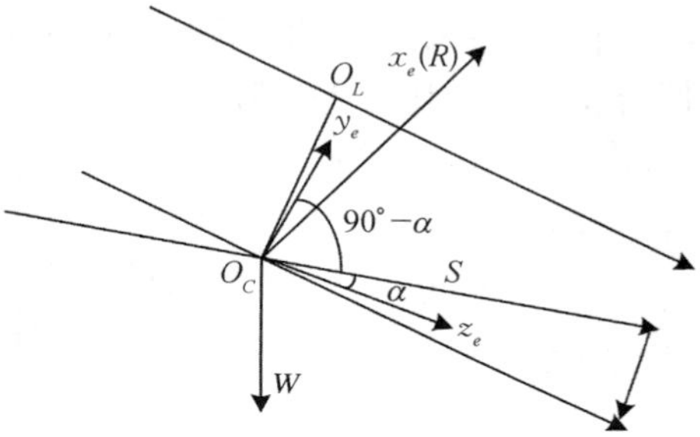

图 8.6　RSW 坐标系与 ECS 关系示意图

从图 8.6 中易知,仅需沿着 RSW 坐标系的 $\boldsymbol{R}$ 轴顺时针旋转 $\left(\dfrac{\pi}{2} - \alpha\right)$ 角度即可得到 ECS,旋转后,RSW 坐标系与 ECS 中各轴的单位向量全部重合。

因此,可以得到从 RSW 坐标系到 ECS 的转换矩阵 $\boldsymbol{M}_{\mathrm{RE}}$ 为

$$\boldsymbol{M}_{\mathrm{RE}} = \boldsymbol{M}_1\left(\frac{\pi}{2} - \alpha\right) \tag{8.44}$$

式中, $\boldsymbol{M}_1$ 为坐标系沿第一轴旋转的基本旋转矩阵,具体形式为

$$\boldsymbol{M}_1(\alpha) = \begin{bmatrix} 1 & 0 & 0 \\ 0 & \cos\left(\dfrac{\pi}{2} - \alpha\right) & -\sin\left(\dfrac{\pi}{2} - \alpha\right) \\ 0 & \sin\left(\dfrac{\pi}{2} - \alpha\right) & \cos\left(\dfrac{\pi}{2} - \alpha\right) \end{bmatrix} \tag{8.45}$$

式(8.45)中的 α 可通过式(8.46)求得:

$$\alpha = \arccos\left(\frac{\boldsymbol{k} \cdot \boldsymbol{m}}{|\boldsymbol{k}||\boldsymbol{m}|}\right) \tag{8.46}$$

式中, $\boldsymbol{k}$ 轴为 $\boldsymbol{z}_e$ 轴在 ECI 中的单位矢量; $\boldsymbol{m}$ 轴为 RSW 坐标系中 $\boldsymbol{S}$ 轴在 ECI 中的单位矢量。

设在 RSW 坐标系中，空间目标与服务航天器的相对位置矢量为 $\boldsymbol{r}_{\text{RSW}} = [r \quad s \quad w]^{\text{T}}$，两者在相遇坐标系中相对位置矢量为 $\boldsymbol{r}_e = [x_e \quad y_e \quad z_e]^{\text{T}}$，根据式(8.44)中的转换矩阵可得

$$\boldsymbol{r}_e = \boldsymbol{M}_{\text{RE}}\boldsymbol{r}_{\text{RSW}} \tag{8.47}$$

在误差协方差分析问题中，设在 RSW 坐标系中，目标航天器与服务航天器的联合位置误差协方差矩阵为

$$\boldsymbol{C}_{\text{RSW}} = \begin{bmatrix} \sigma_r^2 & 0 & 0 \\ 0 & \sigma_s^2 & 0 \\ 0 & 0 & \sigma_w^2 \end{bmatrix} \tag{8.48}$$

可得相遇坐标系中两者对应的位置误差协方差矩阵为

$$\boldsymbol{C}_{\text{ECS}} = \boldsymbol{M}_{\text{RE}}\boldsymbol{C}_{\text{RSW}}\boldsymbol{M}_{\text{RE}}^{\text{T}} \tag{8.49}$$

3) 算例计算

利用上述二重积分计算碰撞概率的方法来分析下面两航天器的相遇过程，以验证计算方法的准确性。选取两航天器的轨道约为 600 km，航天器 A 与航天器 B 为异面轨道，在惯性坐标系中的轨道根数见表 8.6。设航天器 A 与航天器 B 的联合包络球半径为 $r = 100$ m，在相遇坐标系下的联合误差标准差为 $\sigma_x = \sigma_z = 100$ m。

表 8.6 在惯性坐标系中的航天器轨道根数

航天器名称	a/km	e	i/(°)	Ω/(°)	ω/(°)	M/(°)
航天器 A	6 978.14	0	10.01	10	320	23
航天器 B	6 978.44	0	0.01	10	320	23

设置仿真时间为 $t = 2\,000$ s，步长取 1 s，将航天器的轨道在 ECI 坐标系中进行递推，得到两者相对位置随时间的变化情况如图 8.7 所示。

从图 8.7 中可以看到，航天器 A 与航天器 B 的相对距离随着时间先减小后增加，在第 268 s 时，两者在相遇过程中的距离达到最近，之后两者再次远离。

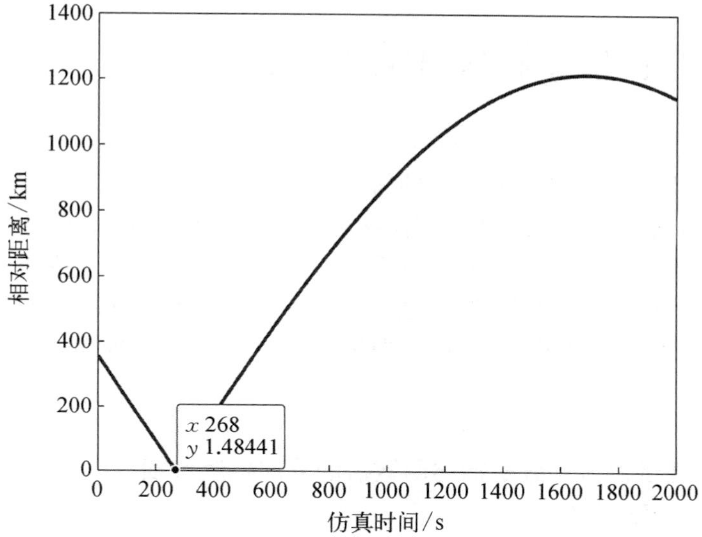

图 8.7 两航天器的相对距离变化

通过利用二重积分法与级数逼近法计算两航天器相遇过程中的碰撞概率，如图 8.8 所示。

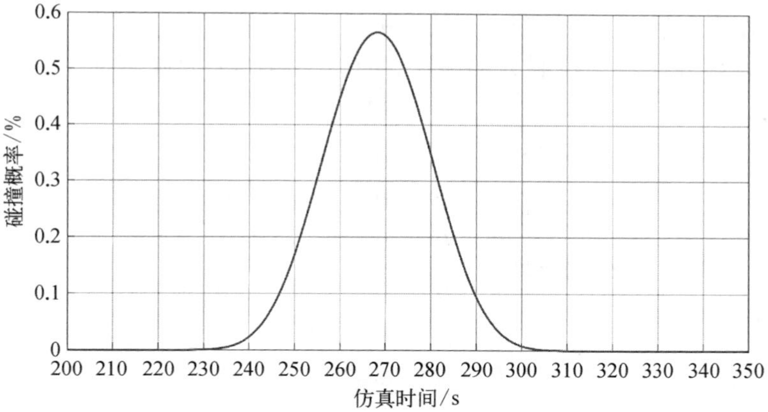

图 8.8 两航天器相遇过程中的碰撞概率变化

通过图 8.8 可知，得到的碰撞概率变化的时间段与两航天器相遇的时间段相吻合，在 268 s 附近，碰撞概率达最大值（约 0.57%），与两者距离最近的时刻相对应，即在相遇靠近的过程中，两者的碰撞概率逐步增加至最大。两航天器开始远离后，其碰撞概率逐步减小至 0。

8.2 导航偏差影响下的悬停误差带建立

在对空间非合作目标进行近距离悬停的过程中,由于导航偏差等不确定因素,对非合作目标的位置没有准确的信息,需要考虑由导航偏差对悬停位置带来的影响。当服务航天器从近距离逐步接近空间非目标时,由于距离和时间短,可以将此接近过程视为线性运动,本节采用 CADET 对目标的状态矢量进行推导分析和误差演化分析。在此基础上,进一步考虑近距离接近的碰撞问题,逐一对空间非目标位置的误差点进行碰撞概率的计算,构建基于碰撞概率等值线的悬停误差带。

8.2.1 基于协方差分析描述函数法的导航偏差传播

1. 线性系统协方差分析

一般的连续时域随机性系统可以用如下一阶微分方程来描述:

$$\dot{\boldsymbol{x}}(t)=\boldsymbol{F}(t)\boldsymbol{x}(t)+\boldsymbol{G}(t)\boldsymbol{w}(t)+\boldsymbol{D}(t) \tag{8.50}$$

式中,$\boldsymbol{x}(t)$ 为 n 维系统状态矢量,包括能描述系统状态的足够的状态变量,在轨道误差问题中,$\boldsymbol{x}(t)$ 为目标的六维状态矢量,包含全部的位置速度信息;$\boldsymbol{w}(t)$ 为 m 维干扰和作用在系统上的控制输入的随机噪声矢量;$\boldsymbol{D}(t)$ 为确定性函数矢量,具体可表示为对目标施加控制力的大小;$\boldsymbol{F}(t)$ 和 $\boldsymbol{G}(t)$ 为确定性函数矩阵,其中 $\boldsymbol{F}(t)$ 表示为

$$\boldsymbol{F}(t)=\begin{bmatrix} 0 & 0 & 0 & 1 & 0 & 0 \\ 0 & 0 & 0 & 0 & 1 & 0 \\ 0 & 0 & 0 & 0 & 0 & 1 \\ 3n^2 & 0 & 0 & 0 & 2n & 0 \\ 0 & 0 & 0 & -2n & 0 & 0 \\ 0 & 0 & -n^2 & 0 & 0 & 0 \end{bmatrix} \tag{8.51}$$

随机状态 $\boldsymbol{x}(t)$ 是由均值 $\bar{\boldsymbol{x}}(t)$ 和随机分量,即误差 $\delta\boldsymbol{x}(t)$ 组成,可得到如下关系式:

$$\boldsymbol{x}(t)=\bar{\boldsymbol{x}}(t)+\delta x(t) \tag{8.52}$$

$$\bar{\boldsymbol{x}}(t)=E[x(t)],\quad \boldsymbol{P}(t)=E[\delta\boldsymbol{x}(t)\delta\boldsymbol{x}^{\mathrm{T}}(t)] \tag{8.53}$$

同理,随机噪声矢量 $\boldsymbol{w}(t)$ 也可以分解为均值 $\bar{\boldsymbol{w}}(t)$ 与随机分量 $\delta\boldsymbol{w}(t)$ 两部

分，因此可得

$$\boldsymbol{w}(t)=\bar{\boldsymbol{w}}(t)+\delta\boldsymbol{w}(t) \tag{8.54}$$

$$\bar{\boldsymbol{w}}(t)=E[\boldsymbol{w}(t)] \tag{8.55}$$

对式(8.53)中的 $\bar{\boldsymbol{x}}(t)$ 部分求导可得

$$\begin{aligned}\dot{\bar{\boldsymbol{x}}}(t)&=\frac{\mathrm{d}}{\mathrm{d}t}E[\boldsymbol{x}(t)]=E[\dot{\boldsymbol{x}}(t)]\\&=E[\boldsymbol{F}(t)\boldsymbol{x}(t)+\boldsymbol{G}(t)\boldsymbol{w}(t)+\boldsymbol{D}(t)]\\&=\boldsymbol{F}(t)E[\boldsymbol{x}(t)]+\boldsymbol{G}(t)E[\boldsymbol{w}(t)]+\boldsymbol{D}(t)\\&=\boldsymbol{F}(t)\bar{\boldsymbol{x}}(t)+\boldsymbol{G}(t)\bar{\boldsymbol{\omega}}(t)+\boldsymbol{D}(t)\end{aligned} \tag{8.56}$$

对式(8.53)中的 $\boldsymbol{P}(t)$ 部分求导可得

$$\begin{aligned}\dot{\boldsymbol{P}}(t)&=\frac{\mathrm{d}}{\mathrm{d}t}E[\delta\boldsymbol{x}(t)\delta\boldsymbol{x}^{\mathrm{T}}(t)]\\&=E[\delta\dot{\boldsymbol{x}}(t)\delta\boldsymbol{x}^{\mathrm{T}}(t)]+E[\delta\boldsymbol{x}(t)\delta\dot{\boldsymbol{x}}^{\mathrm{T}}(t)]\end{aligned} \tag{8.57}$$

由式(8.52)可得

$$\delta\boldsymbol{x}(t)=\boldsymbol{x}(t)-\bar{\boldsymbol{x}}(t) \tag{8.58}$$

$$\delta\boldsymbol{x}^{\mathrm{T}}(t)=\boldsymbol{x}^{\mathrm{T}}(t)-\bar{\boldsymbol{x}}^{\mathrm{T}}(t) \tag{8.59}$$

进一步由式(8.58)可得

$$\begin{aligned}\delta\dot{\boldsymbol{x}}(t)&=\dot{\boldsymbol{x}}(t)-\dot{\bar{\boldsymbol{x}}}(t)\\&=\boldsymbol{F}(t)\delta\boldsymbol{x}(t)+\boldsymbol{G}(t)\delta\boldsymbol{\omega}(t)\end{aligned} \tag{8.60}$$

$$\begin{aligned}\delta\dot{\boldsymbol{x}}^{\mathrm{T}}(t)&=\dot{\boldsymbol{x}}^{\mathrm{T}}(t)-\dot{\bar{\boldsymbol{x}}}^{\mathrm{T}}(t)\\&=\delta\boldsymbol{x}^{\mathrm{T}}(t)\boldsymbol{F}^{\mathrm{T}}(t)+\delta\boldsymbol{\omega}^{\mathrm{T}}(t)\boldsymbol{G}^{\mathrm{T}}(t)\end{aligned} \tag{8.61}$$

将式(8.60)与式(8.61)代入式(8.57)可得

$$\begin{aligned}\dot{\boldsymbol{P}}(t)=&E\{[\boldsymbol{F}(t)\delta\boldsymbol{x}(t)+\boldsymbol{G}(t)\delta\boldsymbol{w}(t)]\delta\boldsymbol{x}^{\mathrm{T}}(t)\}\\&+E\{\delta\boldsymbol{x}(t)[\delta\boldsymbol{x}^{\mathrm{T}}(t)\boldsymbol{F}^{\mathrm{T}}(t)+\delta\boldsymbol{w}^{\mathrm{T}}(t)\boldsymbol{G}^{\mathrm{T}}(t)]\}\\=&\boldsymbol{F}(t)\boldsymbol{P}(t)+\boldsymbol{P}(t)\boldsymbol{F}^{\mathrm{T}}(t)+\boldsymbol{G}(t)E\{\delta\boldsymbol{w}\delta\boldsymbol{x}^{\mathrm{T}}(t)\}\\&+E\{\delta\boldsymbol{x}(t)\delta\boldsymbol{w}^{\mathrm{T}}(t)\}\boldsymbol{G}^{\mathrm{T}}(t)\end{aligned} \tag{8.62}$$

由线性系统的描述函数理论可得关系式：

$$E[\delta\boldsymbol{\omega}(t)\delta\boldsymbol{x}^{\mathrm{T}}(t)]=\frac{1}{2}\boldsymbol{Q}(t)\boldsymbol{G}^{\mathrm{T}}(t)$$

$$E[\delta\boldsymbol{x}(t)\delta\boldsymbol{w}^{\mathrm{T}}(t)]=\frac{1}{2}\boldsymbol{G}(t)\boldsymbol{Q}(t) \tag{8.63}$$

将式(8.63)代入式(8.62)可化简得到

$$\dot{\boldsymbol{P}}(t)=\boldsymbol{F}(t)\boldsymbol{P}(t)+\boldsymbol{P}(t)\boldsymbol{F}^{\mathrm{T}}(t)+\boldsymbol{G}(t)\boldsymbol{Q}(t)\boldsymbol{G}^{\mathrm{T}}(t) \tag{8.64}$$

综上,由式(8.56)和式(8.64)构成了线性系统中的均值和协方差传播方程组,联立如下:

$$\begin{cases}\dot{\bar{\boldsymbol{x}}}(t)=\boldsymbol{F}(t)\,\bar{\boldsymbol{x}}(t)+\boldsymbol{G}(t)\,\bar{\boldsymbol{\omega}}(t)+\boldsymbol{D}(t)\\ \dot{\boldsymbol{P}}(t)=\boldsymbol{F}(t)\boldsymbol{P}(t)+\boldsymbol{P}(t)\boldsymbol{F}^{\mathrm{T}}(t)+\boldsymbol{G}(t)\boldsymbol{Q}(t)\boldsymbol{G}^{\mathrm{T}}(t)\end{cases} \tag{8.65}$$

式中,协方差矩阵 $\boldsymbol{P}(t)$ 由状态变量随机(误差)部分的方差与各状态变量之间的相关系数两部分组成,其对角元素是状态变量误差部分 $\delta\boldsymbol{x}$ 的方差,非对角元素为各状态变量之间的相关系数。

在可知初始条件 $\bar{\boldsymbol{x}}(t_0)$ 与 $\boldsymbol{P}(t_0)$ 的情况下,就可以通过方程组(8.65)进行微分求解得到每一时刻的状态矢量均值 $\bar{\boldsymbol{x}}(t)$ 和协方差矩阵 $\boldsymbol{P}(t)$,可以通过 C-W 方程推导得到微分方程组(8.65)的解析形式。采用 CADET,代入相对状态矢量就可以得到空间目标状态矢量的偏差,在得到在导航偏差作用下空间目标可能存在的不同位置分布后,便可以进一步分析接近的安全距离、方位及碰撞风险。

2. 算例仿真验证

通过蒙特卡洛打靶仿真验证 CADET 中通过式(8.65)演化得到的误差分布结果。由于分析空间目标自身的位置偏差演化,选择 RSW 坐标系,空间目标就位于坐标原点,即 $\boldsymbol{r}_C=[0\quad 0\quad 0]^{\mathrm{T}}$。设置初始位置偏差为 $\sigma_r=10\ \mathrm{m}$,初始速度偏差为 $\sigma_v=0.01\ \mathrm{m/s}$,忽略模型噪声影响。因此,可以得到初始协方差矩阵 $\boldsymbol{C}_0$ 为

$$\begin{aligned}\boldsymbol{C}_0&=\mathrm{diag}\{\sigma_{x_0}^2,\sigma_{y_0}^2,\sigma_{z_0}^2,\sigma_{v_{x_0}}^2,\sigma_{v_{y_0}}^2,\sigma_{v_{z_0}}^2\}\\&=\mathrm{diag}([10^2,10^2,10^2,0.01^2,0.01^2,0.01^2])\end{aligned}$$

选取多个仿真时间 $t=100\ \mathrm{s}$、$300\ \mathrm{s}$、$500\ \mathrm{s}$、$700\ \mathrm{s}$,蒙特卡洛方法打靶样本点个数为 1 000,得到仿真结果如图 8.9~图 8.17 所示。

如图 8.9 所示,采用 CADET 进行积分推演,求得相应的 3σ 椭球,利用蒙特卡洛方法进行了打靶验证,得到的散点为在 300 s 的接近过程中,因导航不确定的影响,空间非合作目标可能实际存在的位置。由于推演的时间不长,并且距离较近,可以看到最终得到的误差椭球近似于一个半径长为 30 m 的球体,并且容易发现主要位于空间目标周围 10 m 的区域内。从结果可以看出,蒙特卡洛方法中的

1 000 个样本点绝大部分被 CADET 的 3σ 椭球所包括，综上说明了 CADET 的准确性。

图 8.10～图 8.17 对比了推演不同时刻后相应误差椭球的变化。$t = 100$ s 时，误差推演时间相对较短，误差点的分布区域为球形；$t = 300$ s 时，误差点的分布区域从 R 轴开始拉长，分布区域开始演变为椭球；随着演化时间不断增加，$t = 500$ s 和 $t = 700$ s 时，误差点的分布区域完

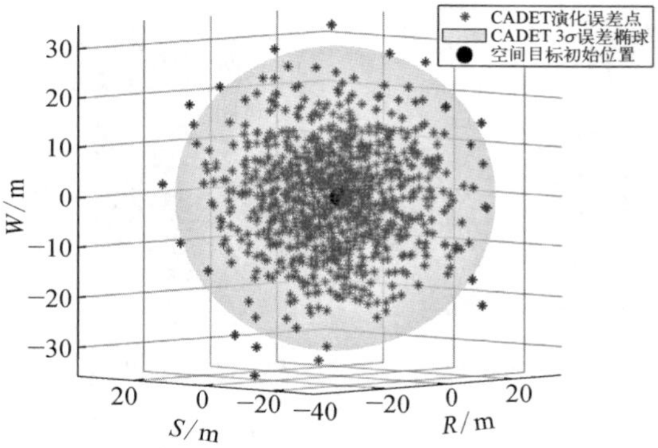

图 8.9　基于 CADET 的误差演化（三维）

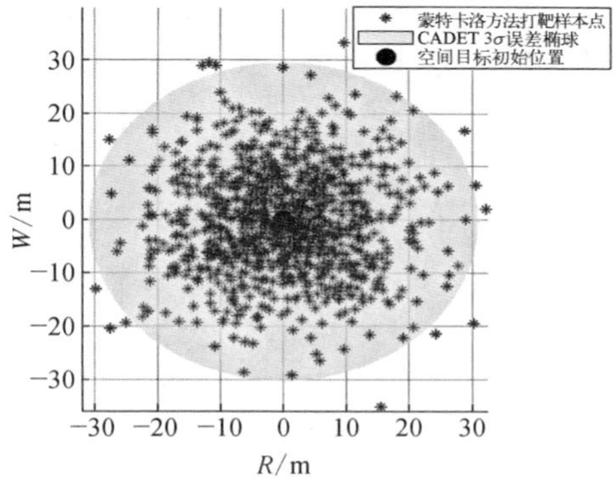

图 8.10　样本点在 $R-W$ 平面的投影（$t = 100$ s）

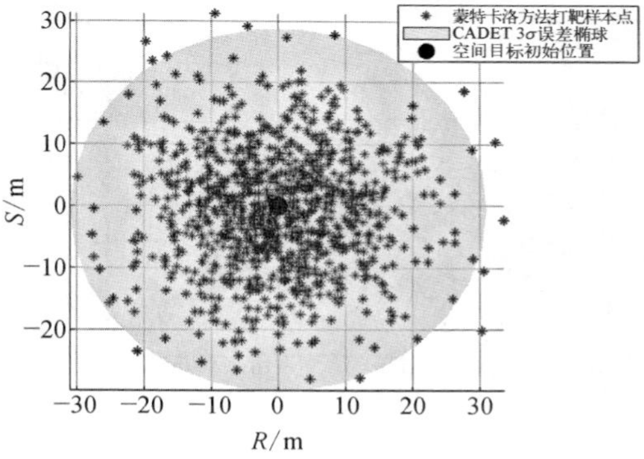

图 8.11　样本点在 $R-S$ 平面的投影（$t = 100$ s）

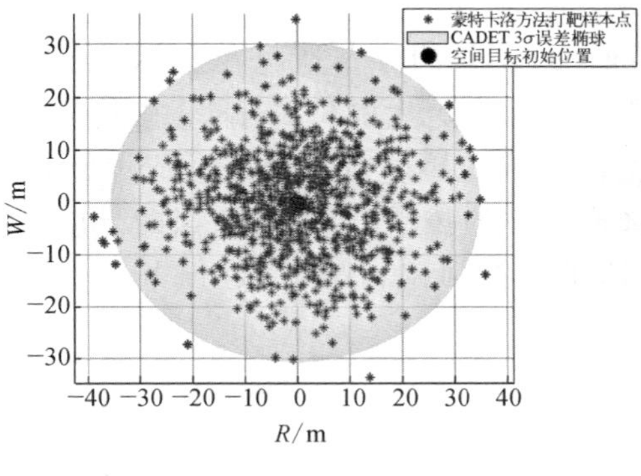

图 8.12　样本点在 $R-W$ 平面的投影（$t = 300$ s）

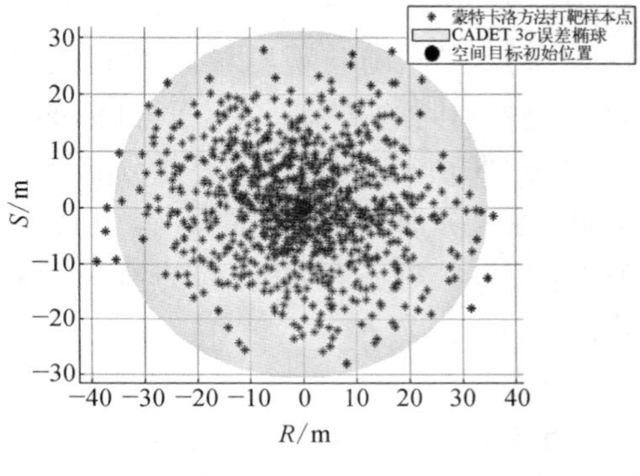

图 8.13　样本点在 $R-S$ 平面的投影（$t = 300$ s）

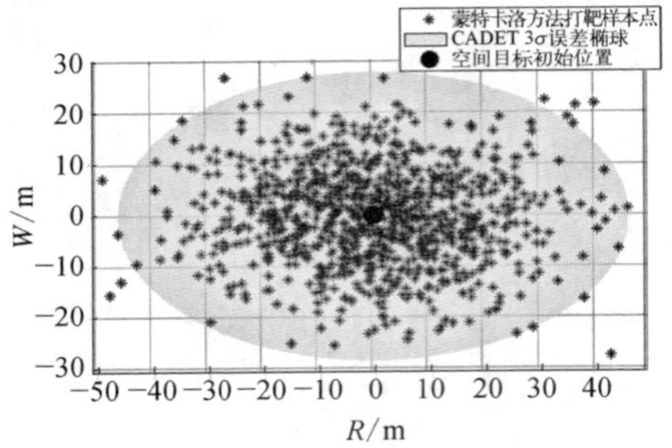

图 8.14 样本点在 $R-W$ 平面的投影（$t = 500$ s）

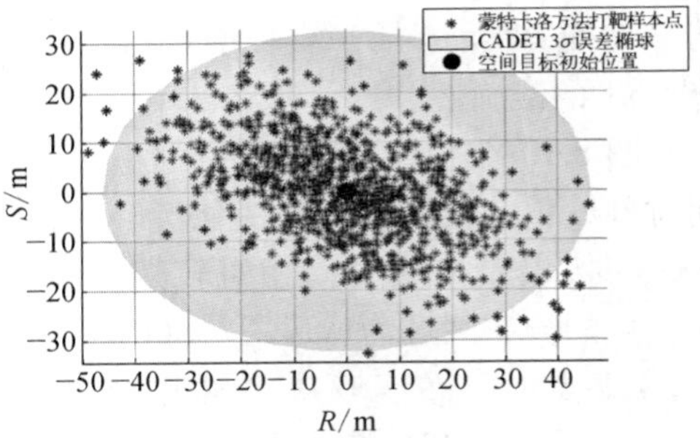

图 8.15 样本点在 $R-S$ 平面的投影（$t = 500$ s）

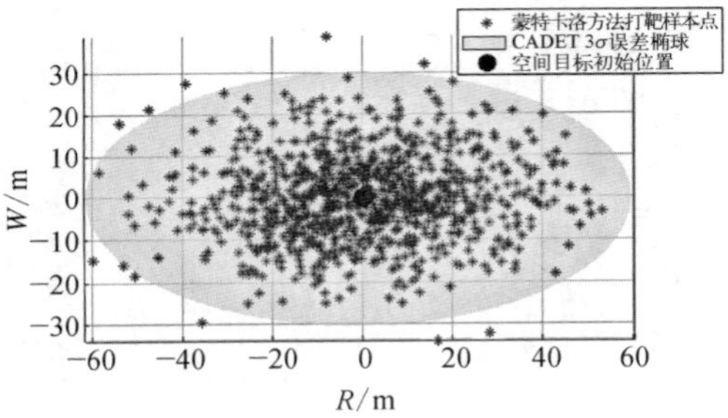

图 8.16 样本点在 $R-W$ 平面的投影（$t = 700$ s）

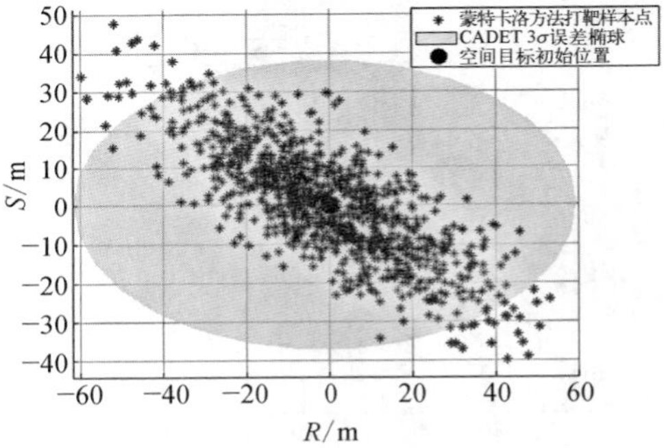

图 8.17 样本点在 $R-S$ 平面的投影（$t = 700$ s）

全变为椭球；$t = 500$ s 时，误差椭球的半长轴约为 45 m；$t = 700$ s 时，误差椭球的半长轴约为 60 m，可见误差椭球的长轴随着推演时间的增加而沿着 R 轴拉长。

综上可知，随着观测导航的间隔时间增加，误差的分布情况在坐标系各轴上表现为不同的结果。在空间目标的径向容易产生更大的位置偏差，在其余两个方向（S 轴和 W 轴），误差的分布相对稳定，分布范围随时间没有明显的变化。因此，在服务航天器接近的过程中，为了降低误差的传播，要设置适当的导航观测时间，多次矫正空间目标的所在位置，降低碰撞风险，保证接近任务的安全进行。

8.2.2 安全接近区的定义与建立

基于 8.1 节，可以计算服务航天器在接近空间目标过程中悬停至图 8.9 中每一误差点的碰撞概率，从而得到基于碰撞概率分布的悬停区间来定义悬停误差带，以实现考虑安全特性的悬停点设计。

通过将图 8.9 中的所有误差点投影至相遇平面内，并进行碰撞概率的求解计算。在计算中，设空间目标的初始位置偏差为 $\sigma_r = 10$ m、初始速度偏差为 $\sigma_v = 0.01$ m/s，偏差演化的时间设为 $t = 200$ s。在计算碰撞概率时，令空间目标与服务航天器的包络球的半径为 $r = 10$ m。蒙特卡洛方法打靶样本点为 100 000 个，得到的结果如图 8.18 和图 8.19 所示。

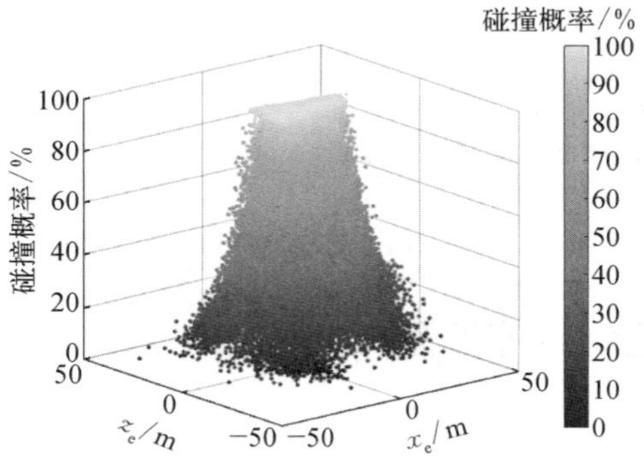

图 8.18　相遇平面内各误差点的碰撞概率值(三维)

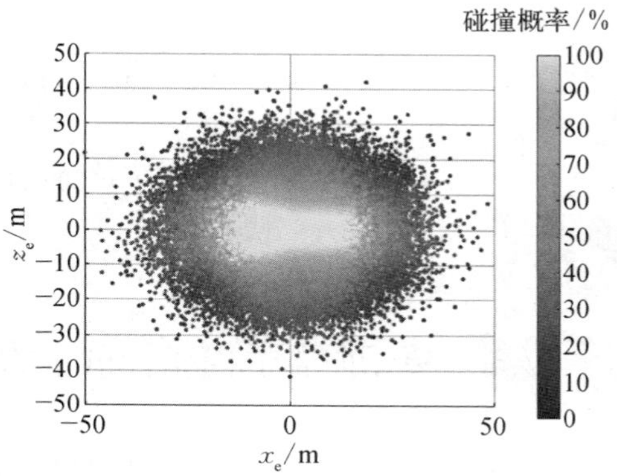

图 8.19　各误差点碰撞概率值在相遇平面的投影

在相遇平面内利用二维积分的计算方法得到了每点的碰撞概率。将纵坐标设为碰撞概率的数值，得到了图 8.18 中的三维分布，从图中可以看出，从空间目标误差椭球的中心到外围，碰撞概率值急剧下降，与图 8.9 中误差点在中心密集分布、周围稀疏分布的情况相对应。在相遇平面内的投影图 8.19 中可以更清楚地看到各误差点的碰撞概率值在误差椭球中的分布情况，从误差椭球中心到边缘，随着误差点变得稀疏，碰撞概率减小。在空间目标中心的附近，由于导航偏差的存在，碰撞概率接近 100%，在空间目标周围半径 20 m 的范围内，碰撞概率也达 50%以上。以上说明了，在服务航天器靠近空间目标的过程中，不能再依据空间目标初始的位置信息来执行任务，这存在很大的安全隐患，因此分析空间目标由导航偏差引起的误差分布是十分有必要的。

通过对图 8.20 中碰撞概率不同的区域进行区分，可得到悬停误差带。如图 8.20 所示，根据碰撞概率值，可以得到碰撞概率的等值线，利用该等值线对空间区域进行划分，从而得到悬停误差带，从图 8.20 可以看出，悬停误差带中心处的误差最大，沿着垂直等值线的方向，碰撞概率逐渐降低。因此，当不同任务在选择悬停点时，应当选取悬停误差带最外围的区域进行悬停，此时碰撞概率较小，可以满足一定的安全需求。

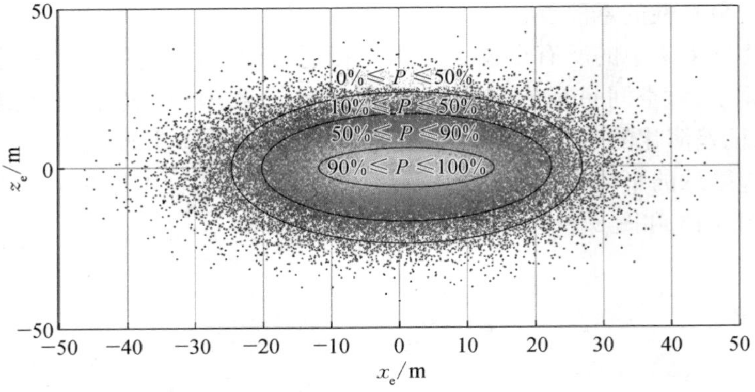

图 8.20　t = 200 s 时碰撞概率值区域划分

8.3　基于降维固定时间的欠驱动悬停控制

本节对近距离悬停与姿态保持联合控制方法进行设计。在悬停过程中，在建立服务航天器相对位置和姿态动力学模型基础上，提出考虑欠驱动悬停的固定时间控制方法，设计姿轨联合控制器，解决非合作目标的近距离悬停和姿态保持控制问题，实现在期望位置的悬停观测。

8.3.1　欠驱动系统能控性分析

在复杂航天任务场景中，由于航天器的控制能力受限，常会出现欠驱动的情况，例如，对于洛伦兹航天器[13]或者绳系卫星系统，该类卫星在进行编队保持或悬停控制的过程中需要考虑控制能力受限情境下的精确控制，以满足任务需求。为解决此类欠驱动悬停控制问题，首先定义相对轨道控制中的两航天器分别为空间目标和服务航天器，并假设服务航天器为欠驱动航天器。在空间目标的 RSW 坐标系中进行欠驱动航天器相对轨道动力学建模，如图 8.21 所示。

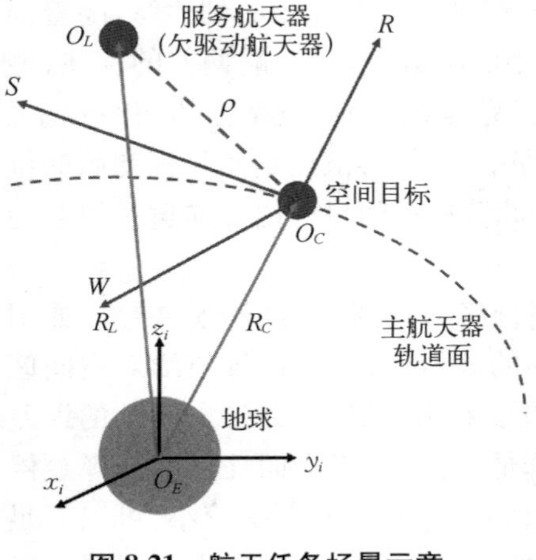

图 8.21　航天任务场景示意

根据图 8.21，记空间目标与服务航天器的相对位置矢量为 $\boldsymbol{\rho} = [x \quad y \quad z]^{\mathrm{T}}$，在 RSW 坐标系中，相对运动方程可以表述为[14]

$$\ddot{\boldsymbol{\rho}} = [\ddot{x} \quad \ddot{y} \quad \ddot{z}]^{\mathrm{T}} = \boldsymbol{F}(\boldsymbol{\rho}, \dot{\boldsymbol{\rho}}) + \boldsymbol{a}_L + \boldsymbol{a}_C \tag{8.66}$$

其中,

$$\boldsymbol{F}(\boldsymbol{\rho}, \dot{\boldsymbol{\rho}}) = \begin{bmatrix} 2\dot{u}_C\dot{y} + \dot{u}_C^2 x + \ddot{u}_C y + n_C^2 R_C - n_L^2(R_C + x) \\ -2\dot{u}_C\dot{x} + \dot{u}_C^2 y - \ddot{u}_C x - n_L^2 y \\ -n_L^2 z \end{bmatrix} \tag{8.67}$$

式中, $n_C = \sqrt{\mu / R_C^3}$, R_C 为空间目标的地心距,μ 为地心引力常数; $n_L = \sqrt{\mu / R_L^3}$, 其中 $R_L = [(R_C + x)^2 + y^2 + z^2]^{1/2}$, 为服务航天器的地心距; $\dot{u}_C$ 与 $\ddot{u}_C$ 分别为空间目标的轨道角速度和角加速度。

空间目标轨道动力学方程为[15]

$$\begin{cases} \ddot{R}_C = R_C\dot{u}_C^2 - \mu / R_C^2 \\ R_C\ddot{u}_C = -2\dot{R}_C\dot{u}_C \end{cases} \tag{8.68}$$

若两航天器的相对距离远远小于其地心距,即满足 x、y、$z \ll \mathbb{R}_C$、$\mathbb{R}_L$ 时,记航天器的相对运动状态矢量为 $\boldsymbol{X} = [\boldsymbol{\rho}^{\mathrm{T}} \quad \boldsymbol{v}^{\mathrm{T}}]^{\mathrm{T}} = [x \quad y \quad z \quad \dot{x} \quad \dot{y} \quad \dot{z}]^{\mathrm{T}}$, 则相对运动方程可以通过线性化变为[16]

$$\dot{\boldsymbol{X}}(t) = \boldsymbol{A}(t)\boldsymbol{X}(t) + \boldsymbol{B}\boldsymbol{U}(t) \tag{8.69}$$

其中,

$$\boldsymbol{A}(t) = \begin{bmatrix} \boldsymbol{0}_{3\times 3} & \boldsymbol{I}_{3\times 3} \\ \boldsymbol{A}_{v\rho} & \boldsymbol{A}_{vv} \end{bmatrix}, \quad \boldsymbol{B} = \begin{bmatrix} \boldsymbol{0}_{3\times 3} \\ \boldsymbol{I}_{3\times 3} \end{bmatrix} \tag{8.70}$$

$$\boldsymbol{A}_{v\rho} = \begin{bmatrix} \dot{u}_C^2 + 2n_C^2 & \ddot{u}_C & 0 \\ -\ddot{u}_C & \dot{u}_C^2 - n_C^2 & 0 \\ 0 & 0 & -n_C^2 \end{bmatrix} \tag{8.71}$$

$$\boldsymbol{A}_{vv} = \begin{bmatrix} 0 & 2\dot{u}_C & 0 \\ -2\dot{u}_C & 0 & 0 \\ 0 & 0 & 0 \end{bmatrix} \tag{8.72}$$

式中, $\boldsymbol{0}_{a\times b}$ 和 $\boldsymbol{I}_{a\times b}$ 分别表示维数为 $a \times b$ 的零矩阵和单位矩阵。

空间目标与服务航天器的地心距分别用 R_C 和 R_L 表示,轨道角速度分别用 n_C

和 n_L 表示。$\boldsymbol{\rho} = [x \quad y \quad z]^{\mathrm{T}}$ 和 $\boldsymbol{v} = [\dot{x} \quad \dot{y} \quad \dot{z}]^{\mathrm{T}}$ 分别代表空间目标与服务航天器的相对位置和相对速度矢量。假设空间目标运行于圆轨道,定义 $\boldsymbol{X} = [\boldsymbol{\rho}^{\mathrm{T}} \quad \boldsymbol{v}^{\mathrm{T}}]^{\mathrm{T}}$ 为空间目标与服务航天器的相对运动状态矢量,则圆轨道欠驱动相对轨道动力学方程可进一步表述为

$$\dot{\boldsymbol{X}} = \boldsymbol{A}\boldsymbol{X} + \boldsymbol{B}_i\boldsymbol{U}_i, \quad i = 1, 2 \tag{8.73}$$

其中,

$$\boldsymbol{A} = \begin{bmatrix} \boldsymbol{0}_{3\times3} & \boldsymbol{I}_{3\times3} \\ \boldsymbol{A}_{v\rho} & \boldsymbol{A}_{vv} \end{bmatrix}, \quad \boldsymbol{B}_i = \begin{bmatrix} \boldsymbol{0}_{3\times2} \\ \boldsymbol{B}_{i2} \end{bmatrix} \tag{8.74}$$

$$\boldsymbol{A}_{v\rho} = \begin{bmatrix} 3n_C^2 & 0 & 0 \\ 0 & 0 & 0 \\ 0 & 0 & -n_C^2 \end{bmatrix}, \quad \boldsymbol{A}_{vv} = \begin{bmatrix} 0 & 2n_C & 0 \\ -2n_C & 0 & 0 \\ 0 & 0 & 0 \end{bmatrix} \tag{8.75}$$

$$\boldsymbol{B}_{12} = \begin{bmatrix} 0 & 0 \\ 1 & 0 \\ 0 & 1 \end{bmatrix}, \quad \boldsymbol{B}_{22} = \begin{bmatrix} 1 & 0 \\ 0 & 0 \\ 0 & 1 \end{bmatrix} \tag{8.76}$$

欠驱动模型能控性分析：径向欠驱动控制输入表示为 $\boldsymbol{U}_1 = [U_y \quad U_z]^{\mathrm{T}}$，$\boldsymbol{0}_{a\times b}$ 和 $\boldsymbol{I}_{a\times b}$ 分别表示维数为 $a \times b$ 的零矩阵和单位矩阵。对于圆轨道,式(8.73)为线性时不变系统,可以通过线性系统理论分析其系统的能控性。也就是说,当系统缺失径向控制时,式(8.73)中对应的系统 $(\boldsymbol{A}, \boldsymbol{B}_1)$ 的增广矩阵的秩与系统状态空间维数相同,即 $\mathrm{rank}(\boldsymbol{A}, \boldsymbol{B}_1) = 6$, 因此完全可控。

欠驱动相对运动方程可通过如下公式表示：

$$\begin{cases} \dot{\boldsymbol{\rho}} = \boldsymbol{v} \\ \dot{\boldsymbol{v}} = \boldsymbol{f}(\boldsymbol{\rho}, \boldsymbol{v}) + \bar{\boldsymbol{U}}_i, \quad i = 1, 2 \end{cases} \tag{8.77}$$

其中,

$$\boldsymbol{f}(\boldsymbol{\rho}, \boldsymbol{v}) = \begin{bmatrix} f_x \\ f_y \\ f_z \end{bmatrix} = \begin{bmatrix} 2u_C y + u_C^2 x + \ddot{u}_C y + n_C^2 R_C - n_L^2(R_C + x) \\ -2u_C \dot{x} + u_C^2 y - u_C x - n_L^2 y \\ -n_L^2 z \end{bmatrix} \tag{8.78}$$

式中, $\dot{u}_C$ 和 $\ddot{u}_C$ 分别表示空间目标的轨道角速度和角加速度。

将空间目标与服务航天器所期望的相对位置表示为 $\boldsymbol{\rho}_{\mathrm{d}} = [x_{\mathrm{d}} \quad y_{\mathrm{d}} \quad z_{\mathrm{d}}]^{\mathrm{T}}$。根

据悬停定义，当期望相对位置矢量保持不变时，有 $\dot{\boldsymbol{\rho}}_{\mathrm{d}}=0$ 和 $\ddot{\boldsymbol{\rho}}_{\mathrm{d}}=0$，结合式(8.77)可以得到，期望的控制输入为

$$\overline{\boldsymbol{U}}_{\mathrm{d}}=-\boldsymbol{f}(\boldsymbol{\rho}_{\mathrm{d}},\ \boldsymbol{0})=\begin{bmatrix}(n_L^2-n_C^2)(R_C+x_{\mathrm{d}})\\(n_L^2-n_C^2)y_{\mathrm{d}}\\n_L^2z_{\mathrm{d}}\end{bmatrix} \tag{8.79}$$

由式(8.79)可知，当径向欠驱动时，需满足 $n_L^2=n_C^2$，等价于 $R_L^2=R_C^2$，故可以求得径向欠驱动时圆轨道的悬停可行集为

$$\boldsymbol{\Gamma}_1=\{\boldsymbol{\rho}_{\mathrm{d}}\mid 2R_Cx_{\mathrm{d}}+\boldsymbol{\rho}_{\mathrm{d}}^{\mathrm{T}}\boldsymbol{\rho}_{\mathrm{d}}=0\} \tag{8.80}$$

并可得到对应的期望控制输入为

$$\boldsymbol{U}_{1\mathrm{d}}=[U_{y\mathrm{d}}\quad U_{z\mathrm{d}}]^{\mathrm{T}}=[0\quad n_L^2z_{\mathrm{d}}]^{\mathrm{T}} \tag{8.81}$$

通过式(8.80)和式(8.81)可以看出，径向欠驱动悬停问题是具备可行性的。

8.3.2　基于降维固定时间的欠驱动控制器设计

1. 欠驱动悬停的降维控制方法

在任务中为了实现对某目标航天器的悬停，需通过在设计的控制器下对航天器施加持续的推力来抵消与目标航天器的相对加速度，从而在所需的相对位置上达到稳定状态[17]。现有的控制方法大多是基于全驱动悬停动力学模型设计的，在所有径向、轨迹和法线方向上均为独立的控制器。因此，如果某个方向的控制器出现故障，那么悬停任务可能会失败。设计欠驱动控制器是避免此类问题的一种有效且成本较低的方法，并且同时也赋予了航天器去执行一些特殊任务的能力，例如，固定径向或其他视角对目标进行近距离观察(图 8.22)等场景。

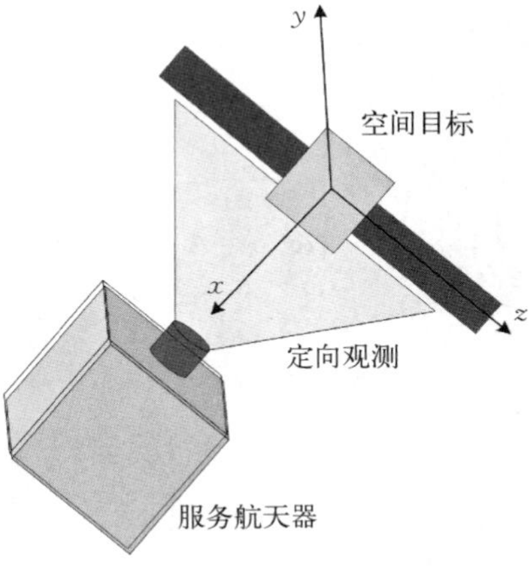

图 8.22　服务航天器对空间目标定向观测

针对欠驱动控制问题，在文献[18]中提出了降维控制方法，其核心步骤总结如下。

(1) 通过对欠驱动系统进行线性或非线性变换，得到自由度与输入维数相匹配的新系统，从而达到降维目的，同时，得到的低维新系统可视为全驱动系统。

(2) 对新系统采用传统的全驱动控制方法设计控制器,使得降维后的新系统可以收敛到平衡点达到稳定。

(3) 由于变化得到的低维新系统的状态量与变换前的状态量存在耦合关系,在新系统收敛的同时也代表着原系统也达到了收敛的稳定状态,可以通过逆变换得到变化前的系统状态量。

基于上述降维滑模控制思想,Huang 等[19]设计了非奇异终端滑模控制(nonsingular terminal sliding mode control, NTSMC),实现了欠驱动悬停的渐近稳定控制。在以上对欠驱动系统进行降维处理方法的基础上,本章结合固定时间控制算法设计了降维固定时间控制(reduced-order fixed-time control, ROFTC),使欠驱动系统在有限时间里达到稳定。

2. 基于固定时间的欠驱动控制方法

根据文献[18],可通过变换 $\boldsymbol{y}=\boldsymbol{G}\boldsymbol{x}$ 将原系统[式(8.73)]划分为如下分块形式:

$$\begin{cases}\dot{\boldsymbol{y}}_1=\boldsymbol{A}_{11}\boldsymbol{y}_1+\boldsymbol{A}_{12}\boldsymbol{y}_2\\ \dot{\boldsymbol{y}}_2=\boldsymbol{A}_{21}\boldsymbol{y}_1+\boldsymbol{A}_{22}\boldsymbol{y}_2+\boldsymbol{A}_{23}\boldsymbol{y}_3\\ \qquad\vdots\\ \dot{\boldsymbol{y}}_k=\boldsymbol{A}_{k1}\boldsymbol{y}_1+\cdots+\boldsymbol{A}_{kk}\boldsymbol{y}_k+\boldsymbol{A}_{k(k+1)}(\boldsymbol{u}+\boldsymbol{\gamma})\end{cases}\tag{8.82}$$

式中,$\boldsymbol{y}=(\boldsymbol{y}_1^{\mathrm{T}},\cdots,\boldsymbol{y}_k^{\mathrm{T}})^{\mathrm{T}}$;$\boldsymbol{y}_i\in\mathbb{R}^{n_i}$;$\boldsymbol{A}_{ij}\in\mathbb{R}^{n_i\times n_j}$。

由于 $\mathrm{rank}[\boldsymbol{A}_{i(i+1)}]=n_i$, $i=1,2,\cdots,k$,则有广义逆矩阵 $\boldsymbol{A}_{i(i+1)}^{+}=\boldsymbol{A}_{i(i+1)}^{\mathrm{T}}[\boldsymbol{A}_{i(i+1)}\boldsymbol{A}_{i(i+1)}^{\mathrm{T}}]^{-1}$。对式(8.82)进行非线性变换:$\boldsymbol{s}=\boldsymbol{\Phi}(\boldsymbol{y})$,其中 $\boldsymbol{s}=(\boldsymbol{s}_1^{\mathrm{T}},\cdots,\boldsymbol{s}_k^{\mathrm{T}})^{\mathrm{T}}$, $\boldsymbol{s}_i=\boldsymbol{y}_i+\boldsymbol{\varphi}_i$, $i=1,2,\cdots,k$, $\boldsymbol{\varphi}_i$ 由式(8.83)递推得到:

$$\begin{cases}\boldsymbol{\varphi}_1=0\\ \boldsymbol{\varphi}_{i+1}=\boldsymbol{A}_{i(i+1)}^{+}\left(\alpha_i\boldsymbol{s}_i+\beta_i\boldsymbol{s}_i^3+\displaystyle\sum_{j=1}^{i}\boldsymbol{A}_{ij}\boldsymbol{y}_j+\sum_{r=1}^{i}\frac{\partial\boldsymbol{\varphi}_i}{\partial\boldsymbol{y}_r^{\mathrm{T}}}\sum_{j=1}^{r+1}\boldsymbol{A}_{rj}\boldsymbol{y}_j\right)\end{cases}\tag{8.83}$$

式(8.82)等价于

$$\begin{cases}\dot{\boldsymbol{s}}_1=-\alpha_1\boldsymbol{s}_1-\beta_1\boldsymbol{s}_1^3+\boldsymbol{A}_{12}\boldsymbol{s}_2\\ \dot{\boldsymbol{s}}_2=-\alpha_2\boldsymbol{s}_2-\beta_2\boldsymbol{s}_2^3+\boldsymbol{A}_{23}\boldsymbol{s}_3\\ \qquad\vdots\\ \dot{\boldsymbol{s}}_k=\xi(\boldsymbol{y}_1,\cdots,\boldsymbol{y}_k)+\boldsymbol{A}_{k(k+1)}(\boldsymbol{u}+\boldsymbol{\gamma})\end{cases}\tag{8.84}$$

式中，$\xi(\boldsymbol{y}_1, \cdots, \boldsymbol{y}_k) = \sum_{i=1}^{k} \boldsymbol{A}_{ki}\boldsymbol{y}_i + \sum_{i=1}^{k-1} \frac{\partial \boldsymbol{\varphi}_k}{\partial \boldsymbol{y}_i^{\mathrm{T}}} \sum_{j=1}^{i+1} \boldsymbol{A}_{ij}\boldsymbol{y}_j$。

对于式(8.82)，将控制器设计成如下形式：

$$\boldsymbol{u} = -\boldsymbol{A}_{k(k+1)}^{+}[\alpha_k \boldsymbol{s}_k + \beta_k \boldsymbol{s}_k^3 + \xi(\boldsymbol{y}_1, \cdots, \boldsymbol{y}_k)] \tag{8.85}$$

令 ε、$T_{\max}$ 为正实数，$\alpha_i = 1 + \| A_{i(i+1)} \|_{\infty} (i = 1, \cdots, k-1)$，$\alpha_k = \varepsilon + \| A_{k(k+1)} \|_{\infty} \gamma_0(t, y)/\varepsilon$；$\beta_i = q/\varepsilon^2 (i = 1, \cdots, k)$，$q = [\exp(2T_{\max}/k) - 1]^{-1}$。根据文献[20]可证明在控制器[式(8.85)]作用下，当 $t \geqslant T_{\max}$ 时，$\| \boldsymbol{s}(t) \|_{\infty} \leqslant \varepsilon$。

定义 $(n-1)$ 次多项式的集合为 $\boldsymbol{P}^n$，可证明在式(8.84)中的所有条件均满足时，存在具有非负数的多项式序列 $p_i \in \boldsymbol{P}^i$，使得对 $\forall t > T_{\max}$，$\| \boldsymbol{y}_i(t) \|_{\infty} \leqslant p_i(q)\varepsilon \cdot p_i(q)$ 可进一步求得

$$\begin{cases} p_1(q) = 1 \\ p_2(q) = 1 + \| \boldsymbol{A}_{12}^{+} \|_{\infty} (1 + \| \boldsymbol{A}_{12} \|_{\infty} + q + \| \boldsymbol{A}_{11} \|_{\infty}) \end{cases} \tag{8.86}$$

为了保证原系统[式(8.86)]的稳定性，令

$$\begin{cases} \alpha_i = 1 + \| \boldsymbol{A}_{i(i+1)} \|_{\infty} \\ \alpha_k = 1 + \gamma_0 \| \boldsymbol{A}_{k(k+1)} \|_{\infty} \| \boldsymbol{G} \|_1 p_k(q)/r \end{cases} \tag{8.87}$$

式中，$r > 0$，$i = 1, \cdots, k-1$。

$$\begin{cases} \beta_i = q \| \boldsymbol{G} \|_1^2 p_k^2(q)/r^2 \\ q = [\exp(2T_{\max}/k) - 1]^{-1} \end{cases} \tag{8.88}$$

式中，r、$T_{\max} > 0$，$i = 1, \cdots, k$。进一步可以得到闭环系统状态在 $T_{\max}$ 内收敛到目标域 $\boldsymbol{B}_r$ 内[20]。

将 $\boldsymbol{e} = \boldsymbol{X} - \boldsymbol{X}_{\mathrm{d}}$ 表示为空间目标与服务航天器之间相对运动状态量的误差，将 $\boldsymbol{u}_1 = \boldsymbol{U}_1 - \boldsymbol{U}_{1\mathrm{d}}$ 表示为系统的控制误差。在不考虑外部扰动的径向欠驱动情况下，相对误差表示为

$$\dot{\boldsymbol{e}} = \boldsymbol{A}\boldsymbol{e} + \boldsymbol{B}_1 \boldsymbol{u}_1 \tag{8.89}$$

式(8.89)可改写为

$$\begin{cases} \dot{\boldsymbol{e}}_{1u} = \boldsymbol{A}_{11}\boldsymbol{e}_{1u} + \boldsymbol{A}_{12}\boldsymbol{e}_{1a} \\ \dot{\boldsymbol{e}}_{1a} = \boldsymbol{A}_{13}\boldsymbol{e}_{1u} + \boldsymbol{A}_{14}\boldsymbol{e}_{1a} + \boldsymbol{u}_1 \end{cases} \tag{8.90}$$

其中，

$$\boldsymbol{A}_{11}=\begin{bmatrix}0&0&0&1\\0&0&0&0\\0&0&0&0\\3n_C^2&0&0&0\end{bmatrix},\quad \boldsymbol{A}_{12}=\begin{bmatrix}0&0\\1&0\\0&1\\2n_C&0\end{bmatrix}$$

$$\boldsymbol{A}_{13}=\begin{bmatrix}0&0&0&-2n_C\\0&0&-n_C^2&0\end{bmatrix},\quad \boldsymbol{A}_{14}=\begin{bmatrix}0&0\\0&0\end{bmatrix} \tag{8.91}$$

将式(8.90)中的状态量根据驱动关系分为间接驱动状态量和直接驱动状态量。间接驱动状态和直接驱动状态分别为 $\boldsymbol{e}_{1u}=[e_x\quad e_y\quad e_z\quad \dot{e}_x]^{\mathrm{T}}$ 和 $\boldsymbol{e}_{1a}=[\dot{e}_y\quad \dot{e}_z]^{\mathrm{T}}$。

注意到 $\boldsymbol{e}_{1u}\in\mathbb{R}^4$ 但 $\boldsymbol{e}_{1a}\in\mathbb{R}^2$，需要进行线性变换 $\bar{\boldsymbol{e}}_{1u}=\boldsymbol{C}_{11}\boldsymbol{e}_{1u}$，其中 $\boldsymbol{C}_{11}\in\mathbb{R}^{2\times4}$，为参数矩阵，即

$$\boldsymbol{C}_{11}=\begin{bmatrix}(k_{12}+2n_Ck_{13})^{-1}&0\\0&1\end{bmatrix}\begin{bmatrix}k_{11}&k_{12}&0&k_{13}\\0&0&1&0\end{bmatrix} \tag{8.92}$$

式中，k_{11}、k_{12}、k_{13} 为控制参数。

考虑到 $\boldsymbol{C}_{11}\boldsymbol{A}_{12}=\boldsymbol{I}_{2\times2}$，$\dot{\bar{\boldsymbol{e}}}_{1u}=\boldsymbol{C}_{12}\boldsymbol{e}_{1u}+\boldsymbol{e}_{1a}$ 成立，其中 $\boldsymbol{C}_{12}=\boldsymbol{C}_{11}\boldsymbol{A}_{11}$。通过 $\boldsymbol{e}_{1u}=\boldsymbol{C}_{11}^{-1}\bar{\boldsymbol{e}}_{1u}$，其中 $\boldsymbol{C}_{11}^{-1}$ 为 $\boldsymbol{C}_{11}$ 的广义逆矩阵，将式(8.90)中的 $\boldsymbol{e}_{1u}\in\mathbb{R}^4$ 替换为 $\bar{\boldsymbol{e}}_{1u}\in\mathbb{R}^2$，故通过线性变换，式(8.90)可写为

$$\begin{cases}\dot{\bar{\boldsymbol{e}}}_{1u}=\boldsymbol{C}_{12}\boldsymbol{C}_{11}^{-1}\bar{\boldsymbol{e}}_{1u}+\boldsymbol{e}_{1a}\\ \dot{\boldsymbol{e}}_{1a}=\boldsymbol{A}_{13}\boldsymbol{C}_{11}^{-1}\bar{\boldsymbol{e}}_{1u}+\boldsymbol{A}_{14}\boldsymbol{e}_{1a}+\boldsymbol{u}_1\end{cases} \tag{8.93}$$

可以看到，通过线性变化对 $\boldsymbol{e}_{1u}$ 降维后得到的式(8.93)可以看作一个新的状态系统：

$$\dot{\bar{\boldsymbol{e}}}=\bar{\boldsymbol{A}}\bar{\boldsymbol{e}}+\bar{\boldsymbol{B}}_1\boldsymbol{u}_1 \tag{8.94}$$

式中，$\bar{\boldsymbol{A}}=\begin{bmatrix}\boldsymbol{C}_{12}\boldsymbol{C}_{11}^{-1}&\boldsymbol{I}_{2\times2}\\\boldsymbol{A}_{13}\boldsymbol{C}_{11}^{-1}&\boldsymbol{A}_{14}\end{bmatrix}$；$\bar{\boldsymbol{B}}_1=\begin{bmatrix}0&0\\0&0\\1&0\\0&1\end{bmatrix}$；$\bar{\boldsymbol{e}}=[\bar{\boldsymbol{e}}_{1u},\ \boldsymbol{e}_{1a}]$ 为降维后的新状态量；$\boldsymbol{u}_1=\boldsymbol{U}_1-\boldsymbol{U}_{1\mathrm{d}}$，其中 $\boldsymbol{U}_{1\mathrm{d}}$ 为期望控制输入，由圆轨道悬停方位可行集得到 $\boldsymbol{U}_{1\mathrm{d}}=[U_{y\mathrm{d}}\quad U_{z\mathrm{d}}]^{\mathrm{T}}=[0\quad n_L^2z_{\mathrm{d}}]^{\mathrm{T}}$。

可以发现,式(8.94)满足式(8.82)中的形式,故令 $\boldsymbol{y}_1=\bar{\boldsymbol{e}}_{1u}$、$\boldsymbol{y}_2=\boldsymbol{e}_{1a}$,则有

$$\begin{cases}\dot{\boldsymbol{y}}_1=\bar{\boldsymbol{A}}_{11}\boldsymbol{y}_1+\bar{\boldsymbol{A}}_{12}\boldsymbol{y}_2\\ \dot{\boldsymbol{y}}_2=\bar{\boldsymbol{A}}_{21}\boldsymbol{y}_1+\bar{\boldsymbol{A}}_{22}\boldsymbol{y}_2+\bar{\boldsymbol{A}}_{23}\boldsymbol{u}_1\end{cases}\tag{8.95}$$

式中,$\bar{\boldsymbol{A}}_{11}=\boldsymbol{C}_{12}\boldsymbol{C}_{11}^{-1}$;$\bar{\boldsymbol{A}}_{12}=\boldsymbol{I}_{2\times2}$;$\bar{\boldsymbol{A}}_{21}=\boldsymbol{A}_{13}\boldsymbol{C}_{11}^{-1}$;$\bar{\boldsymbol{A}}_{22}=\boldsymbol{A}_{14}$;$\bar{\boldsymbol{A}}_{23}=\begin{bmatrix}1&0\\0&1\end{bmatrix}$。

综上,基于固定时间控制算法,ROFTC 可设计为

$$\boldsymbol{u}_1=-\alpha_2\,|\,\boldsymbol{s}_2\,|^{\frac{1}{2}}-\beta_2\,|\,\boldsymbol{s}_2\,|^{3}-\xi(\boldsymbol{y}_1,\boldsymbol{y}_2)\tag{8.96}$$

式中,各参数由式(8.97)~式(8.100)给出。

将式(8.95)中的参数矩阵 $\bar{\boldsymbol{A}}_{11}$ 和 $\bar{\boldsymbol{A}}_{12}$ 代入式(8.86)中,可得

$$\begin{cases}p_1(q)=1\\ p_2(q)=1+\|\bar{\boldsymbol{A}}_{12}^{+}\|_\infty(1+\|\bar{\boldsymbol{A}}_{12}\|_\infty+q+\|\bar{\boldsymbol{A}}_{11}\|_\infty)\end{cases}\tag{8.97}$$

取控制参数 r、$T_{\max}$、$\gamma_0>0$,根据式(8.87)和式(8.88)可以得到相应的参数:

$$\begin{cases}q=\dfrac{1}{\mathrm{e}^{T_{\max}}-1}\\ \alpha_1=2\\ \alpha_2=1+\gamma_0p_2(q)/r\\ \beta_1=\beta_2=qp_2^2(q)/r^2\end{cases}\tag{8.98}$$

进一步通过式(8.83)可以得到 $\boldsymbol{s}_1$ 和 $\boldsymbol{s}_2$:

$$\begin{cases}\boldsymbol{s}_1=\boldsymbol{y}_1+\boldsymbol{\varphi}_1\\ \boldsymbol{s}_2=\boldsymbol{y}_2+\boldsymbol{\varphi}_2\\ \boldsymbol{\varphi}_1=0\\ \boldsymbol{\varphi}_2=\bar{\boldsymbol{A}}_{12}^{+}(\alpha_1\boldsymbol{s}_1+\beta_1\boldsymbol{s}_1^3+\bar{\boldsymbol{A}}_{11}\boldsymbol{y}_1)\end{cases}\tag{8.99}$$

通过式(8.84)中的线性变化,可以得到 $\xi(\boldsymbol{y}_1,\boldsymbol{y}_2)$:

$$\begin{aligned}\xi(\boldsymbol{y}_1,\boldsymbol{y}_2)&=\bar{\boldsymbol{A}}_{21}\boldsymbol{y}_1+\bar{\boldsymbol{A}}_{22}\boldsymbol{y}_2\\&\quad+\left\{\begin{bmatrix}\alpha_1+3\beta_1\boldsymbol{y}_1^2(1)&0\\0&\alpha_1+3\beta_1\boldsymbol{y}_1^2(2)\end{bmatrix}+\bar{\boldsymbol{A}}_{11}\right\}\cdot(\bar{\boldsymbol{A}}_{11}\boldsymbol{y}_1+\bar{\boldsymbol{A}}_{12}\boldsymbol{y}_2)\end{aligned}\tag{8.100}$$

式中，$\boldsymbol{y}_i(j)$ 为 $\boldsymbol{y}_i$ 中的第 j 个元素。通过式(8.97)~式(8.100)可以求解固定时间控制律。

定理 8.1 在 ROFTC 的作用下，系统能够实现固定时间稳定。

证明： 根据文献[20]的证明方法，设 $\boldsymbol{V}_i(t) = |\ \boldsymbol{s}_2(t)\ |$，$i = 1, 2, \cdots, n$，则 Lyapunov 函数 $\dot{\boldsymbol{V}}_n(t)$ 可取为

$$\dot{\boldsymbol{V}}_n(t) = \text{sgn}(\boldsymbol{s}_2)\,\dot{\boldsymbol{s}}_2 \tag{8.101}$$

式中，$\dot{\boldsymbol{s}}_2$ 可以通过式(8.100)表示为

$$\dot{\boldsymbol{s}}_2 = \xi(\boldsymbol{y}_1, \boldsymbol{y}_2) + \bar{\boldsymbol{A}}_{23}\boldsymbol{u}_1 \tag{8.102}$$

通过等式(8.101)和式(8.102)，可以得到如下不等式：

$$\begin{aligned}
\dot{\boldsymbol{V}}_n(t) &= \text{sgn}(\boldsymbol{s}_2)[\xi(\boldsymbol{y}_1, \boldsymbol{y}_2) + \bar{\boldsymbol{A}}_{23}\boldsymbol{u}_1] \\
&= \text{sgn}(\boldsymbol{s}_2)\{\xi(\boldsymbol{y}_1, \boldsymbol{y}_2) + \bar{\boldsymbol{A}}_{23}[-\alpha_2 |\ \boldsymbol{s}_2\ |^{\frac{1}{2}} - \beta_2 |\ \boldsymbol{s}_2\ |^3 - \xi(\boldsymbol{y}_1, \boldsymbol{y}_2)]\} \\
&= \text{sgn}(\boldsymbol{s}_2)(-\alpha_2 |\ \boldsymbol{s}_2\ |^{\frac{1}{2}} - \beta_2 |\ \boldsymbol{s}_2\ |^3) \\
&\leqslant (-\alpha_2 |\ \boldsymbol{s}_2\ |^{\frac{1}{2}} - \beta_2 |\ \boldsymbol{s}_2\ |^3) \\
&\leqslant [-\alpha_2 \boldsymbol{V}_n^{\frac{1}{2}}(t) - \beta_2 \boldsymbol{V}_n^3(t)]
\end{aligned} \tag{8.103}$$

可见，该不等式满足文献[20]中给出的稳定条件的形式，因此 ROFTC 是稳定的且在全局固定时间内可控。

8.3.3 欠驱动悬停控制仿真分析

假设空间目标处于 600 km 的太阳同步轨道上，其轨道角速度 $n_C \approx 1.1 \times 10^{-3}$ rad/s。服务航天器控制能力受限，期望悬停于目标的后下方，期望悬停状态为 $\boldsymbol{X}_\text{d} = [-1\,000\ \text{m}\quad -100\ \text{m}\quad 100\ \text{m}\quad 0\ \text{m/s}\quad 0\ \text{m/s}\quad 0\ \text{m/s}]$。假设服务航天器已经自由运动到悬停位置附近，并具有一定的初始速度误差，选取初始状态为 $\boldsymbol{X}_0 = [-1\,000\ \text{m}\quad -100\ \text{m}\quad 0\ \text{m}\quad 0\ \text{m/s}\quad 0.5\ \text{m/s}\quad 0.3\ \text{m/s}]$，可以得到初始误差状态 $\boldsymbol{X}_e = [0\ \text{m}\quad 0\ \text{m}\quad 100\ \text{m}\quad 0\ \text{m/s}\quad 0.5\ \text{m/s}\quad 0.3\ \text{m/s}]$。

ROFTC 中的参数为

$$k_{11} = 10,\quad k_{12} = -0.6,\quad k_{13} = (3n_C)^{-1}$$
$$T_{\max} = 200,\quad r = 1,\quad \gamma_0 = 0.2$$

控制结果如图 8.23~图 8.25 所示。其中，图 8.23 和图 8.24 给出了位置误差与速度误差的轨迹变化，从图 8.23 和图 8.24 可以发现，初始误差在 200 s 内消除，与初始设定的 $T_{\max} = 200$ s 一致，证明了控制器的有效性。控制器成功实现定时欠驱

动悬停，相对位置误差在 4×10^{-2} m 以内，达到厘米级精度；由 8.24 可知，相对速度误差在 7×10^{-4} m/s 以内，已可视为相对静止，表示已成功悬停在了指定位置。

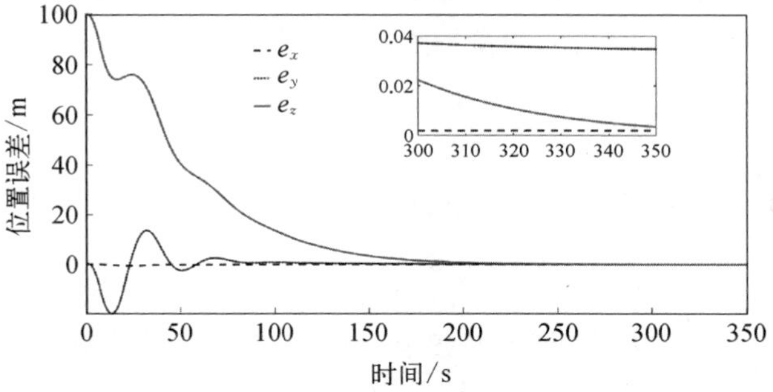

图 8.23　ROFTC 位置误差轨迹

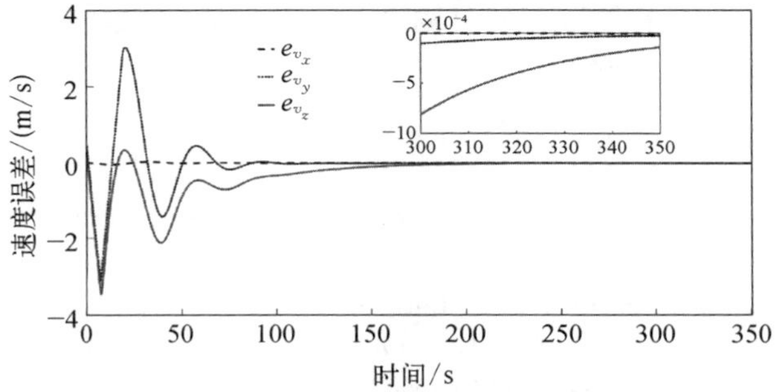

图 8.24　ROFTC 速度误差轨迹

图 8.25 为控制加速度的时间响应，反映了控制力输入在径向、轨迹和法线方向的变化。由图 8.25 可知，由于径向为欠驱动方向，控制加速度 u_x 为 0。其他两个

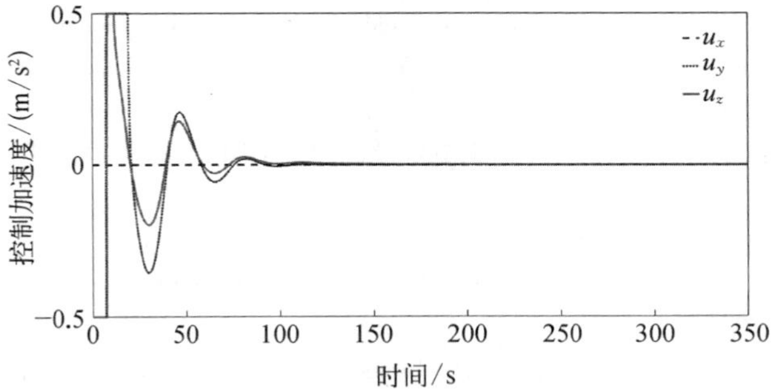

图 8.25　ROFTC 控制加速度轨迹

方向控制力的变化与图 8.23 和图 8.24 所示的结果一致，并且都在 200 s 内恢复到稳定状态。

根据仿真结果可以看出，在本章设计的 ROFTC 的作用下，欠驱动服务航天器可以在固定时间对空间非合作目标的指定悬停位置进行稳定悬停。

8.4 本章小结

本章针对不确定性条件下的非合作目标近距离悬停控制问题，提出了不确定条件下碰撞风险评估方法、导航偏差影响下的悬停误差带建立方法和基于降维固定时间的欠驱动悬停控制方法。首先，采用 CADET 对目标的状态矢量进行推导分析和误差演化分析，在此基础上进一步求解了两航天器接近的碰撞概率；进一步，构建了基于碰撞概率等值线的近距离操作悬停误差带，对不确定性下的安全区进行建模分析；最后，针对悬停过程的欠驱动问题开展研究，提出了一种基于降维固定时间的欠驱动悬停控制方法。

参考文献

[1] Fehse W. Automated Rendezvous and Docking of Spacecraft[M]. London: Cambridge University Press, 2003.

[2] Schweighart, Adams S, Sedwick, et al. Cross-track motion of satellite formations in the presence of J_2 disturbances[J]. Journal of Guidance Control and Dynamics, 2015, 28(4): 824 - 826.

[3] 梁立波. 近距离导引段交会轨迹安全性的定量评价和设计优化方法[D]. 长沙: 国防科学技术大学, 2011.

[4] 杨嘉墀. 航天器动力学与控制[M]. 北京: 中国宇航出版社, 2005.

[5] 张洪波. 航天器轨道力学理论与方法[M]. 长沙: 国防科技大学出版社, 2014.

[6] Ruimin J, Jun Z, Jianguo G. Autopilot design for BTT missile based on CADET[C]. Hangzhou: 34th Chinese Control Conference, 2015.

[7] Wang X, Xie H. Simulation of covariance analysis describing equation technique (CADET) in missile hit probability calculation[C]. Yantai: Sixth International Conference on Natural Computation, 2010.

[8] 彭绍雄, 李学园, 邹强. CADET 在舰空导弹比例导引制导系统中的应用[J]. 兵工自动化, 2012, 31(3): 10 - 12.

[9] Liang L B, Luo Y Z, Xing J J, et al. Precision analysis of nonlinear rendezvous by covariance analysis description equation technique[J]. Systems Engineering and Electronics, 2010, 32(9): 1977 - 1981.

[10] Liang L, Luo Y Z, Zhang J, et al. Rendezvous-phasing errors propagation using quasi-linearization method[C]. Boston: AIAA Guidance, Navigation and Control Conference, 2013.

[11] Zhen Y, Yazhong L, Jin Z, et al. Nonlinear mapping of orbit uncertainties using covariance

analysis description equation technique[C]. Shanghai: The 4th International Conference on Dynamics, Vibration and Control, 2014.

[12] 陈磊，韩磊，白显宗，等. 空间目标轨道力学与误差分析[M]. 北京：国防工业出版社，2010.

[13] 黄煦. 洛伦兹航天器姿轨动力学与控制理论研究[D]. 长沙：国防科学技术大学，2017.

[14] Melton, Robert G. Time-explicit representation of relative motion between elliptical orbits[J]. Journal of Guidance, Control, and Dynamics, 2015, 23(4): 604 - 610.

[15] Sengupta P, Sharma R, Vadali S R. Periodic relative motion near a keplerian elliptic orbit with nonlinear differential gravity[J]. Journal of Guidance, Control, and Dynamics, 29(5): 1110 - 1121.

[16] Tschauner J, Hempel P. Rendezvous with a target in an elliptical orbit[J]. Acta Astronautica, 1965, 11(2): 104 - 109.

[17] Huang X, Yan Y, Huang Z. Finite-time control of underactuated spacecraft hovering[J]. Control Engineering Practice, 2017, 68: 46 - 62.

[18] Drakunov S V, Izosimov D B, Luk'yanov A G, et al. The block control principle I[J]. Automation and Remote Control, 1990, 51(5): 601 - 609.

[19] Huang X, Yan Y, Zhang Y, et al. Sliding mode control for Lorentz-augmented spacecraft hovering around elliptic orbits[J]. Acta Astronautica, 2014, 103: 257 - 268.

[20] Polyakov A. Nonlinear feedback design for fixed-time stabilization of linear control systems[J]. IEEE Transactions on Automatic Control, 2012, 57(8): 2106 - 2110.

第 9 章

非合作目标相对运动可达域与安全区构建

本章针对航天器相对运动碰撞预警问题,围绕非合作目标安全区与可达域构建问题展开讨论。首先,介绍可达域的基本概念和常用构建方法,并提出基于奇诺多面体的可达域理论,将该方法应用到失效航天器终端接近可达性分析和碰撞预警分析问题上;其次,将非合作目标安全区构建方法分为安全包络法和碰撞概率法,对常用的安全区构建方法进行阐述,进一步考虑航天器系统性能参数的影响,构建动态安全域并应用于航天器碰撞预警分析中。

9.1 基于奇诺多面体的航天器相对运动可达域构建

在终端接近失效目标时,为了给后续的对接或捕获提供基础,服务航天器要与失效目标实现状态匹配,一方面要实现姿态恰好对准,另一方面要到达目标体坐标系下的指定位置。由于服务航天器的机动能力总是有限的,且失效目标极有可能处于失控旋转状态,随着目标旋转角速度的增大,接近任务将变得更加困难。如果终端接近任务的时机选取不对,服务航天器很有可能难以在指定的时间到达指定状态,从而导致任务失败。针对这一问题,本节采用后向可达区来分析在有限时间和控制输入约束下实现终端接近的初始可行条件,为接近任务合理设计提供依据。同时,本节还将利用可达理论来分析不确定的传播,并将其应用到航天器近距离相对运动碰撞预警,介绍基于可达理论检验安全的基本思想,然后引入可达域和危险域来考虑航天器相对运动的不确定性和外形的影响,并提出利用奇诺多面体来进行碰撞预警的方法,最后进行数值仿真验证。

9.1.1 可达概念与最优控制的关系

一般而言,可达理论研究的是系统在有限控制输入条件下在某一时刻所能到达的范围,可达性代表的是系统的能控性。可达理论经常用于检验各种实际系统的控制能力,广泛应用于各种领域研究中,包括航空[1-3]、车辆[4]等混杂系统。近年来,可达理论逐步与航天领域融合,并应有于空间态势感知和在轨服务等多个空间任务场景中。可达域分为前向可达域和后向可达域,从当前已知初始状态出发,在固定时间内系统所能抵达的终端状态集合称为前向可达域;相反,系统在固定时间内能够抵达特定终端状态的初始状态集合则称为后向可达域。Holzinger 等[5,6]首次利用可达理论研究空间安全态势感知问题,提出了基于椭球可达求解方法的非线性可达区计算方法。在后续研究中,将可达域理论逐步推广到更丰富的应用场景中。针对航天器在连续推力作用下的接近-远离问题,HomChaudhuri 等[7]在满足视场角约束下,结合可达理论求解了燃料最优状态集合。针对自旋空间目标近距离接近问题,相关学者结合可达理论求解了不同控制输入幅值、控制时长及不同目标转速下的初始可达集合[8,9],并进一步面向姿轨耦合接近问题,建立最短时间等势线,分析求解在有界输入条件下的可达问题[10]。

国内学者从轨道力学特性出发,研究了航天器给定时间段内的可达范围,将可达的定义从“时刻”扩展到“时间段”。雪丹等[11]研究了航天器有界脉冲的可达域问题,分析了轨道偏心率对可达范围的影响;进一步,提出了针对任意偏心率椭圆轨道的卫星可达范围优化计算方法[12,13],但研究仅限于轨道面内的运动。Wen 等[14,15]进一步研究了三维空间中的可达理论,提出了航天器单脉冲可达域求解方法。针对燃料受限的航天器相对运动问题,李雪华等[16]将研究从脉冲推力进行拓展,提出了连续推力作用下航天器的相对可达域计算方法。Wen 等[17]和石昊等[18]进一步引入了初值不确定性,得到了考虑不确定性的相对可达区模型。

与可达域相似的概念是控制系统的能控性和能达性。能控性和能达性研究的是能否找到容许输入在有限时间将系统从某一状态转移到另一状态,且容许输入的每个分量在幅值上没有限制[19,20]。能控性和能达性所述的转移前后状态是初始或终端状态,这与可达域理论的前向或后向可达域相似,但二者的应用场景和研究目的不同。能控性和能达性是系统控制器设计的基础,而可达得到的是状态范围的集合,一般用于系统安全检验。现阶段对分别受各种因素约束的前向或后向可达域的研究较多,但同时考虑多约束下的可达研究较少,特别是没有考虑航天器复杂外形和接近过程中姿态变化的耦合约束,而开展该研究有助于为空间目标安全接近问题的分析求解提供新思路。本节首先给出可达的基础理论,包括可达的基本概念及其与最优控制的关系。

1. 可达的基本概念

对于一般的光滑连续动力学系统:

$$\dot{\boldsymbol{x}} = \boldsymbol{f}(\boldsymbol{x}, \boldsymbol{u}, t), \quad t \in [0, T] \tag{9.1}$$

式中,$\boldsymbol{x}_0 \in X_0 \subset \mathbb{R}^n$ 为初始状态;$\boldsymbol{x}_f \in X_f \subset \mathbb{R}^n$ 为终端状态;$\boldsymbol{u} \in U \subset \mathbb{R}^m$ 为控制输入。X_0、X_f 和 U 为状态变量和控制变量的有界凸集合。

假设系统 $\boldsymbol{f}$ 是利普希茨连续,可按如下定义系统的可达区。

定义 9.1[9, 21] 对于初始状态集合 X_0 和控制输入集合 U, 系统(9.1)在 t 时刻的前向可达区 $\vec{X}(t)$ 为所有 $\boldsymbol{x}(t)$ 的集合,即存在控制输入 $\boldsymbol{u}(\tau) \in U(0 \leqslant \tau < t)$,使得系统能在零时刻从某一初始状态 $\boldsymbol{x}_0 \in X_0$ 出发,推演至 t 时刻到达状态 $\boldsymbol{x}(t)$。

定义 9.2[9, 21] 对于终端状态集合 X_f 和控制输入集合 U, 系统[式(9.1)]在 t 时刻的后向可达区 $\overleftarrow{X}(t)$ 为所有 $\boldsymbol{x}(t)$ 的集合,即存在控制输入 $\boldsymbol{u}(\tau) \in U(t \leqslant \tau < T)$,使得系统能从 t 时刻状态 $\boldsymbol{x}(t)$ 出发,推演至终端时刻 T 到达某一终端状态 $\boldsymbol{x}_f \in X_f$。

图 9.1 给出了两种可达区定义的示意图,其中较小的圆代表初始或终端状态集合,较大的椭圆则分别对应前向和后向可达区。

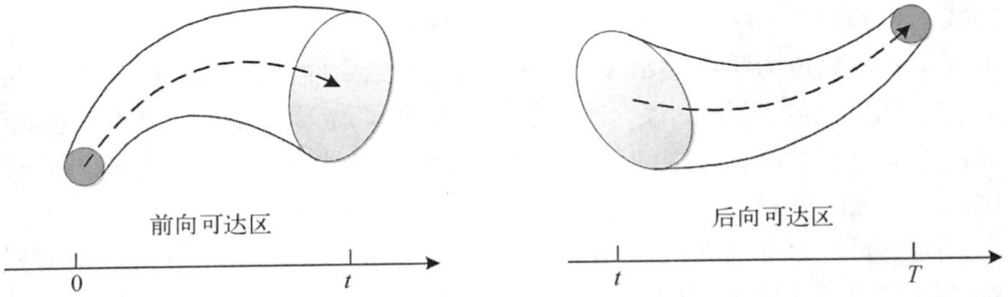

图 9.1 可达区示意图

2. 可达与最优控制的关系

根据可达区的定义,可将可达区的求解看作一个优化问题,即求取可行状态集合的最大化问题,这里根据文献[5]作简要说明。

对系统,定义如下的性能指标函数:

$$J = \int_{t_0}^{t_f} L(\boldsymbol{x}, \boldsymbol{u}, \tau)\,\mathrm{d}\tau + V(\boldsymbol{x}_f, t_f) \tag{9.2}$$

式中, $L(\cdot)$ 为针对路径过程的性能指标; $V(\cdot)$ 为终端指标。

令 $t_f = t_0 + \Delta t$, 并取极限 $\Delta t \to 0^+$, 可得系统的 H-J 方程为

$$\frac{\partial V}{\partial t} + \min_{\boldsymbol{u} \in U}\left[L(\boldsymbol{x}, \boldsymbol{u}, t) + \frac{\partial V}{\partial \boldsymbol{x}}^{\mathrm{T}} \boldsymbol{f}(\boldsymbol{x}, \boldsymbol{u}, t)\right] = 0 \tag{9.3}$$

对可达的状态集合取最大,忽略过程指标 $L(\boldsymbol{x}, \boldsymbol{u}, t) = 0$, 可得到只考虑状态可达的 H-J 偏微分方程:

$$\frac{\partial V}{\partial t} + \min_{\boldsymbol{u} \in U}\left[\frac{\partial V}{\partial \boldsymbol{x}}^{\mathrm{T}} \boldsymbol{f}(\boldsymbol{x}, \boldsymbol{u}, t)\right] = 0 \tag{9.4}$$

式中，$H^* = \min_{u \in U}\left[\frac{\partial V}{\partial \boldsymbol{x}}^{\mathrm{T}} \boldsymbol{f}(\boldsymbol{x}, \boldsymbol{u}, t)\right]$，为系统的 Hamilton 函数。

记 $\boldsymbol{p} = \frac{\partial V(\boldsymbol{x}, t)}{\partial \boldsymbol{x}}$ 为系统的协态变量，则系统的正则方程为

$$\dot{\boldsymbol{x}} = \frac{\partial H^*}{\partial \boldsymbol{p}}, \quad \dot{\boldsymbol{p}} = -\frac{\partial H^*}{\partial \boldsymbol{x}} \tag{9.5}$$

为求解上述正则方程，需要由初始（或终端）边界条件 $V(\boldsymbol{x}, t_0) = 0$［或 $V(\boldsymbol{x}, t_{\mathrm{f}}) = 0$］确定协态变量 $\boldsymbol{p}$ 的初值（或终值）：

$$\boldsymbol{p}_0 = \frac{\partial V(\boldsymbol{x}, t)}{\partial \boldsymbol{x}}\bigg|_{x = x_0,\ t = t_0}, \quad \boldsymbol{p}_{\mathrm{f}} = \frac{\partial V(\boldsymbol{x}, t)}{\partial \boldsymbol{x}}\bigg|_{x = x_{\mathrm{f}},\ t = t_{\mathrm{f}}} \tag{9.6}$$

由此，可以定义系统的前向可达区为

$$\Re[t; t_0, V(\boldsymbol{x}, t_0)] = \{\boldsymbol{x} \mid V(\boldsymbol{x}, t) \leqslant 0\} \tag{9.7}$$

同理，后向可达区为

$$\Re[t; t_{\mathrm{f}}, V(\boldsymbol{x}, t_{\mathrm{f}})] = \{\boldsymbol{x} \mid V(\boldsymbol{x}, t) \leqslant 0\} \tag{9.8}$$

式中，$V(\boldsymbol{x}, t)$ 是 H－J 方程(9.4)的解。

以前向可达区为例，一个直接求解方法是对满足边界条件 $V(\boldsymbol{x}, t_0)=0$ 的 $\boldsymbol{x}_0$ 和 $\boldsymbol{p}_0$ 采样，对正则方程(9.5)数值积分，得到样本点的预测轨迹。另一个方法是直接求解 H－J 方程(9.4)，用水平集方法来表征可达区。然而，$V(\boldsymbol{x}, t)$ 的解析解一般很难获得，且大多情况下是不连续的[5]。目前，只能采用方程(9.4)对应的黏性流体力学方程的数值算法来求解，从而获得近似解。

9.1.2　基于奇诺多面体的相对可达域理论

1. 奇诺多面体概念

尽管对于非线性系统，可达区的求解仍是一个难题，但对于线性系统，其可达区计算已有很丰硕的研究成果[22]。本节首先对常用的一些线性系统可达区求解方法进行介绍，然后重点介绍奇诺多面体方法，并提出优化的方法来将奇诺多面体进行可视化展示。

1）椭球法

采用椭球法表示可达区，一般可写为[5, 6]

$$V(\boldsymbol{x}) = (\boldsymbol{x} - \boldsymbol{x}_c)^{\mathrm{T}} \boldsymbol{E} (\boldsymbol{x} - \boldsymbol{x}_c) - 1 \leqslant 0 \tag{9.9}$$

式中，$\boldsymbol{x} \in \mathbb{R}^n$ 为状态量；$\boldsymbol{E} \in \mathbb{R}_+^{n \times n}$ 为一个对称正定矩阵；$\boldsymbol{x}_c$ 为集合的中心点。

用椭球法表征可达区的优点在于表征参数少、计算量小[23]，但不满足集合运算的封闭性（两个椭球相加之后不一定是椭球）。

2）支撑函数法

对于 $\mathbb{R}^n$ 空间的一个封闭凸子集 Ω，其支撑函数 ρ_Ω 可定义为[24, 25]

$$\begin{aligned} \rho_\Omega: &\quad \mathbb{R}^n \to \mathbb{R} \\ \boldsymbol{l} &\mapsto \max_{x \in \Omega} \boldsymbol{l} \cdot \boldsymbol{x} \end{aligned} \tag{9.10}$$

式中，$\boldsymbol{l} \in \mathbb{R}^n$。图 9.2 给出了二维平面内用支撑函数表征凸集合的示意图。

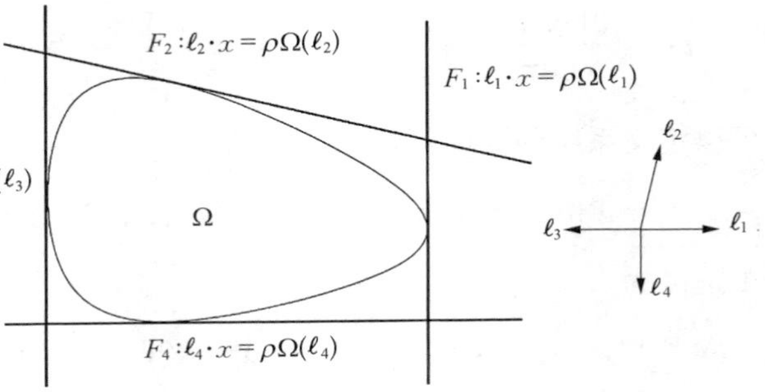

图 9.2　支撑函数法表征凸集合示意图[24]

3）多面体法

凸多面体有两种表征方式[21]，一种是表示为有限个平面的交集：

$$\bar{P} = \bigcap_{i=1}^{K} \{\boldsymbol{x} \mid \boldsymbol{h}_i^{\mathrm{T}} \boldsymbol{x} \leqslant \gamma_i\} \tag{9.11}$$

式中，$\boldsymbol{h}_i$ 为第 i 个平面的法向量。

另一种是采用顶点表示：

$$\hat{P} = \left\{\boldsymbol{x} \mid \boldsymbol{x} = \sum_{j=1}^{M} \alpha_j \boldsymbol{v}_j,\ \alpha_j \geqslant 0,\ \sum_{j=1}^{M} \alpha_j = 1\right\} \tag{9.12}$$

式中，$\boldsymbol{v}_j$ 表示第 j 个顶点。

两个多面体求和后仍然是多面体，其基本的运算可采用多参数工具箱[26]（multi-parametric toolbox，MPT）来完成。算法在执行的过程中一般要找到新多面体的所有顶点，并计算空腔。然而，随着计算次数增加，即使在低维空间，多面体的顶点个数也会变得非常多，给计算带来很大不便[23]。

4）奇诺多面体法

奇诺多面体是一种中心对称的特殊凸多面体，可表示为[27, 28]

$$\mathbb{Z} = \left\{ \boldsymbol{x} \in \mathbb{R}^n \mid \boldsymbol{x} = \boldsymbol{c} + \sum_{i=1}^{p} \beta^i \boldsymbol{g}^i,\ -1 \leqslant \beta^i \leqslant 1 \right\} \tag{9.13}$$

式中，$\boldsymbol{c} \in \mathbb{R}^n$ 为奇诺多面体的中心向量；$\boldsymbol{g}^i \in \mathbb{R}^n$ 为生成向量，且奇诺多面体可采用更简洁的形式来表达，$\mathbb{Z} = (\boldsymbol{c}, \langle \boldsymbol{g}^1, \cdots, \boldsymbol{g}^p \rangle)$。

线性系统可达集的迭代计算需要基于集的加法，也就是闵可夫斯基求和，奇诺多面体的本质就是中心向量与生成向量的闵可夫斯基和，可以用 $\mathbb{Z} = \boldsymbol{c} \oplus \boldsymbol{g}^1 \oplus \boldsymbol{g}^2 \cdots \oplus \boldsymbol{g}^p$ 表示，其中 $\oplus$ 代表闵可夫斯基求和。图 9.3 给出了奇诺多面体在二维平面空间的构造方法，从左至右，可以看出闵可夫斯基和其实是一个集合沿着另一个集合边界运动所扫过的区域，与该集合的并集所形成的奇诺多面体顶点可由式(9.13)求得。随着生成向量的增加，奇诺多面体表征的形状更加复杂，且不规则。

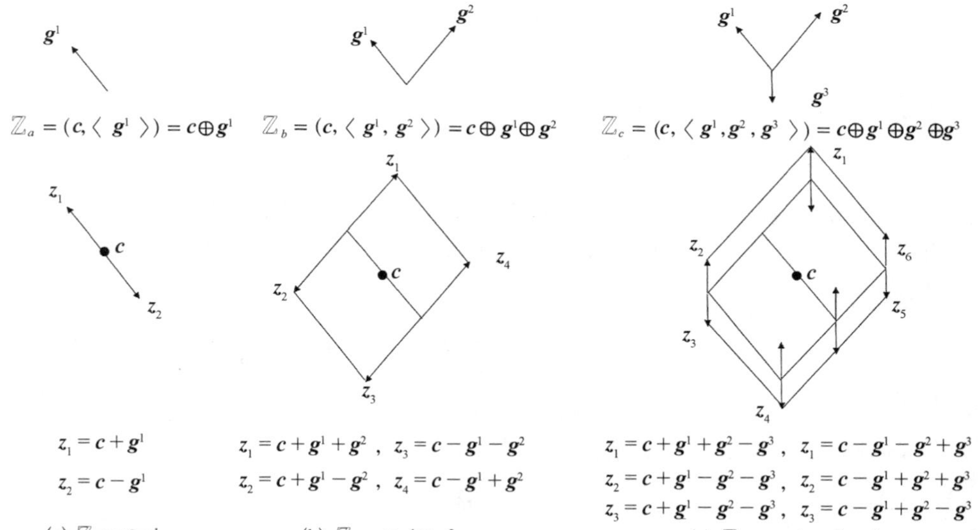

(a) $\mathbb{Z} = \boldsymbol{c} \oplus \boldsymbol{g}^1$　(b) $\mathbb{Z} = \boldsymbol{c} \oplus \boldsymbol{g}^1 \oplus \boldsymbol{g}^2$　(c) $\mathbb{Z} = \boldsymbol{c} \oplus \boldsymbol{g}^1 \oplus \boldsymbol{g}^2 \oplus \boldsymbol{g}^3$

图 9.3　二维平面奇诺多面体示意图

对奇诺多面体 $\mathbb{Z}_1 = (\boldsymbol{c}_1, \langle \boldsymbol{g}_1^1, \cdots, \boldsymbol{g}_1^p \rangle)$ 和 $\mathbb{Z}_2 = (\boldsymbol{c}_2, \langle \boldsymbol{g}_2^1, \cdots, \boldsymbol{g}_2^q \rangle)$，有如下操作定义[27, 28]：

$$\boldsymbol{L}\mathbb{Z}_1 \equiv \{ \boldsymbol{Lx} \mid \boldsymbol{x} \in \mathbb{Z}_1 \} = (\boldsymbol{Lc}_1, \langle \boldsymbol{Lg}_1^1, \cdots, \boldsymbol{Lg}_1^p \rangle) \tag{9.14}$$

$$\begin{aligned} \mathbb{Z}_1 \oplus \mathbb{Z}_2 &\equiv \{ \boldsymbol{a} + \boldsymbol{b} \mid \boldsymbol{a} \in \mathbb{Z}_1, \boldsymbol{b} \in \mathbb{Z}_1 \} \\ &= (\boldsymbol{c}_1 + \boldsymbol{c}_2, \langle \boldsymbol{g}_1^1, \cdots, \boldsymbol{g}_1^p, \boldsymbol{g}_2^1, \cdots, \boldsymbol{g}_2^q \rangle) \end{aligned} \tag{9.15}$$

$$\mathrm{box}(\mathbb{Z}_1) \equiv [\boldsymbol{c}_1 - \boldsymbol{\delta}, \boldsymbol{c}_1 + \boldsymbol{\delta}],\quad \boldsymbol{\delta} = \sum_{i=1}^{p} \mid \boldsymbol{g}_1^i \mid \tag{9.16}$$

式中，$\boldsymbol{L}$ 代表线性变换矩阵；绝对值 $|\boldsymbol{g}_1^i|$ 的计算针对的是矢量的每一元素。

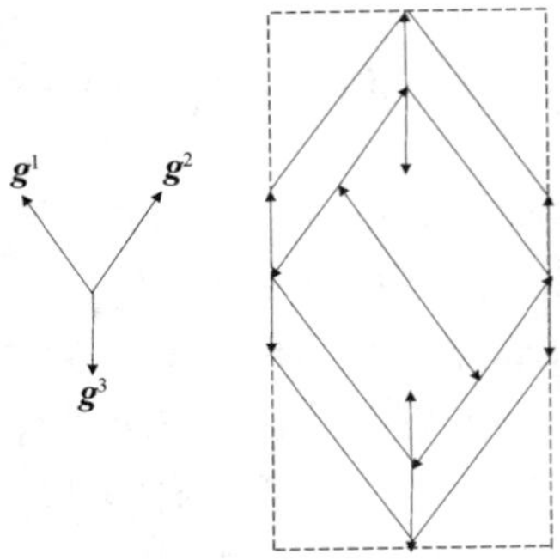

图 9.4 取盒运算示意图

取盒运算 box($\mathbb{Z}_1$) 是奇诺多面体的重要运算法则，如图 9.4 所示，对奇诺多面体 $\mathbb{Z}=(\boldsymbol{c},\langle\boldsymbol{g}^1,\boldsymbol{g}^2,\boldsymbol{g}^3\rangle)$ 取盒运算后，得到的是一个最小包围的矩形形式，是一个封闭区间。从式(9.15)中可以看出，奇诺多面体求和运算满足封闭性，即两个奇诺多面体相加得到的仍是奇诺多面体。

以上给出的四种可达区求解方法各有特点，针对每个方法，都有不少学者展开了研究。考虑到奇诺多面体原理简单、运算满足封闭性且与一般的多面体有一定相似，本书采用奇诺多面体法来求解线性系统的可达区。

2. 基于奇诺多面体的可达域构建

对于一般的线性离散系统：

$$\boldsymbol{x}_{k+1}=\boldsymbol{A}_k\boldsymbol{x}_k+\boldsymbol{B}_{k,u}\boldsymbol{u}_k,\quad \boldsymbol{u}_k\in[\boldsymbol{u}_{\max},\boldsymbol{u}_{\min}] \tag{9.17}$$

式中，$\boldsymbol{x}_k$ 和 $\boldsymbol{u}_k$ 分别为系统 k 时刻的状态量和控制量；$\boldsymbol{u}_{\max}$ 和 $\boldsymbol{u}_{\min}$ 分别为控制量的上界和下界。根据式(9.14)和式(9.15)，可得到系统的前向奇诺多面体可达区递推公式为[27]

$$\mathbb{Z}(k+1)=\boldsymbol{A}_k\mathbb{Z}(k)\oplus\mathbb{Z}_u,\quad \mathbb{Z}(0)=\mathbb{Z}_0 \tag{9.18}$$

式中，$\mathbb{Z}(k)$ 为 k 时刻的可达区；$\mathbb{Z}_0$ 为初始状态集合；$\mathbb{Z}_u$ 为由有界控制输入产生的奇诺多面体集合，按如下公式给出：

$$\mathbb{Z}_u=(\boldsymbol{c}_u,\langle\boldsymbol{g}_u^1,\cdots,\boldsymbol{g}_u^p\rangle),\quad \boldsymbol{c}_u=\boldsymbol{B}_{u,k}\frac{\boldsymbol{u}_{\min}+\boldsymbol{u}_{\max}}{2},\quad \boldsymbol{g}_u^i=\frac{u_{\max}^i-u_{\min}^i}{2}\boldsymbol{B}_{u,k}^i \tag{9.19}$$

式中，上标 i 表示由第 i 维控制输入产生的第 i 个生成向量；$\boldsymbol{B}_{u,k}^i$ 表示矩阵 $\boldsymbol{B}_{u,k}$ 的第 i 列向量。

同理，可给出系统后向奇诺多面体可达区的递推公式：

$$\mathbb{Z}(k-1)=\boldsymbol{A}_k^{-1}[\mathbb{Z}(k)\oplus(-\mathbb{Z}_u)],\quad \mathbb{Z}(N)=\mathbb{Z}_N \tag{9.20}$$

式中，$\mathbb{Z}_N$ 为终端时刻期望的目标状态集合。

进一步，若系统[式(9.17)]中还包含有界扰动输入，则系统可写为

$$\boldsymbol{x}_{k+1}=\boldsymbol{A}_k\boldsymbol{x}_k+\boldsymbol{B}_{k,u}\boldsymbol{u}_k+\boldsymbol{B}_{k,\mathrm{d}}\boldsymbol{d}_k$$

$$\boldsymbol{u}_k \in [\boldsymbol{u}_{\max}, \boldsymbol{u}_{\min}], \quad \boldsymbol{d}_k \in [\boldsymbol{d}_{\max}, \boldsymbol{d}_{\min}] \tag{9.21}$$

式中，$\boldsymbol{d}_k$ 为系统 k 时刻的扰动输入；$\boldsymbol{d}_{\max}$ 和 $\boldsymbol{d}_{\min}$ 分别为上界和下界。

系统的前向和后向可达区递推公式分别为

$$\mathbb{Z}(k+1) = \boldsymbol{A}_k \mathbb{Z}(k) \oplus \mathbb{Z}_u \oplus \mathbb{Z}_d \tag{9.22}$$

$$\mathbb{Z}(k-1) = \boldsymbol{A}_k^{-1}[\mathbb{Z}(k) \oplus (-\mathbb{Z}_u) \oplus (-\mathbb{Z}_d)] \tag{9.23}$$

式中，$\mathbb{Z}_d$ 为由有界扰动输入产生的奇诺多面体集合，按如下公式给出：

$$\mathbb{Z}_d = (\boldsymbol{c}_d, \langle \boldsymbol{g}_d^1, \cdots, \boldsymbol{g}_d^q \rangle), \quad \boldsymbol{c}_d = \boldsymbol{B}_{d,k} \frac{\boldsymbol{d}_{\min} + \boldsymbol{d}_{\max}}{2}, \quad \boldsymbol{g}_d^i = \frac{d_{\max}^i - d_{\min}^i}{2} B_{d,k}^i \tag{9.24}$$

9.1.3 失效航天器终端接近可达性分析

1. 建模与求解

如图 9.5 所示，假设目标航天器处于自由旋转状态，且角速度 $\boldsymbol{\omega}_t$ 恒定，服务航天器经前期的轨道机动与姿态调整已到达目标航天器近旁，且姿态偏差不大。根据相对轨道运动模型和相对姿态运动模型，可得到两个线性定常系统，分别将其离散化，得到一般形式的离散系统：

$$\boldsymbol{x}_{k+1} = \boldsymbol{A}_k \boldsymbol{x}_k + \boldsymbol{B}_k \boldsymbol{u}_k \tag{9.25}$$

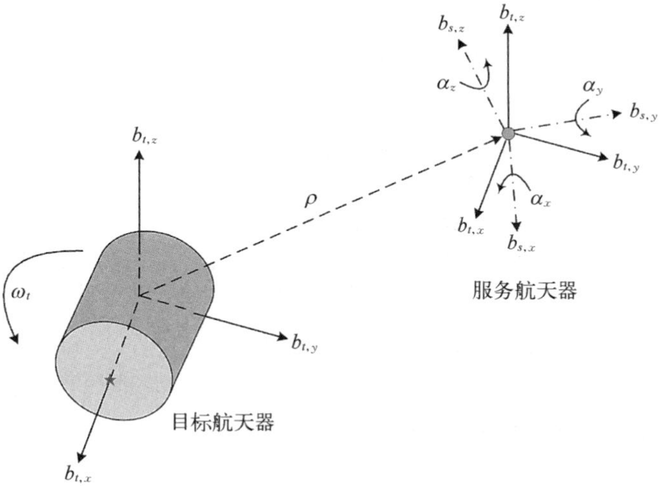

图 9.5　目标航天器终端接近示意图

基于离散化的相对运动模型，采用后向可达区递推公式(9.20)，即可得到针对期望终端状态 $\boldsymbol{x}_{\mathrm{f}}$ 和控制输入 $\boldsymbol{u}_k \in [\boldsymbol{u}_{\min}, \boldsymbol{u}_{\max}]$ 约束，在不同时长 T 下能够实现接近的初始可行状态集合。

需要指出的是：一方面，计算出的初始状态集合是以奇诺多面体参数表征的，无法直接画出三维视图；另一方面，所求出的集合只是初始状态的必要条件，即使是集合内部的初始状态，若控制策略选取不当，也有可能不能在指定时间内到达终端期望状态。

2. 初始可行状态集合的直观展示

奇诺多面体的表征依赖于中心点和生成向量，为将求得的初始可行状态集合进行直观表征，需要将其转化成一般多面体表征形式。然而，将普通奇诺多面体准确地转换成半平面式或顶点式多面体异常困难[29]。为了便于在三维空间直观展示，本小节参考支撑函数方法，通过优化的方法确定多面体的外包络，具体如下。

以相对平动运动为例。将初始可行状态集合 $\mathbb{Z}_0$ 的中心向量和生成向量按位置子空间和速度子空间分开表示为 $\mathbb{Z}_0 = \left(\begin{bmatrix} \boldsymbol{c}_\rho \\ \boldsymbol{c}_v \end{bmatrix}, \left\langle \begin{bmatrix} \boldsymbol{g}_{\rho,1} \\ \boldsymbol{g}_{v,1} \end{bmatrix}, \begin{bmatrix} \boldsymbol{g}_{\rho,2} \\ \boldsymbol{g}_{v,2} \end{bmatrix}, \cdots, \begin{bmatrix} \boldsymbol{g}_{\rho,p} \\ \boldsymbol{g}_{v,p} \end{bmatrix} \right\rangle \right)$，则在给定初始相对运动速度 $\boldsymbol{v}_0$ 的情况下，初始可行位置集合的外包络可通过求解从中心点 $\boldsymbol{c}_\rho$ 出发，沿方位角 $\gamma \in [-\pi/2, \pi/2]$ 和 $\varphi \in [0, 2\pi]$ 方向的最远距离 η 确定，即求解如下优化问题：

$$
\begin{cases}
\text{find} & \beta_1, \beta_2, \cdots, \beta_p \\
\max & \eta \\
\text{s.t.} & \begin{cases}
\boldsymbol{r}_0 + \eta \boldsymbol{m} = \boldsymbol{c}_\rho + \sum\limits_{i=1}^{p} \beta_i \boldsymbol{g}_{\rho,i} \\
\boldsymbol{v}_0 = \boldsymbol{c}_v + \sum\limits_{i=1}^{p} \beta_i \boldsymbol{g}_{v,i} \\
-1 \leqslant \beta_i \leqslant 1 \\
\boldsymbol{m} = [\cos\gamma\cos\varphi, \ \cos\gamma\sin\varphi, \ \sin\gamma]^{\mathrm{T}}
\end{cases}
\end{cases}
\tag{9.26}
$$

式中，$\boldsymbol{r}_0$ 为初始可行位置集合内部一点，需要事先假定。

若忽略速度项，初始可行状态集合 $\mathbb{Z}_0$ 在位置子空间投影的外包络可通过求解从中心点 $\boldsymbol{c}_\rho$ 出发，沿方位角 $\gamma \in [-\pi/2, \pi/2]$ 和 $\varphi \in [0, 2\pi]$ 方向的最远距离 $\bar{\eta}$ 确定：

$$
\begin{cases}
\text{find} & \beta_1, \beta_2, \cdots, \beta_p \\
\max & \bar{\eta} \\
\text{s.t.} & \begin{cases} \bar{\eta}\boldsymbol{m} = \sum_{i=1}^{p} \beta_i \boldsymbol{g}_{\rho,i} \\ -1 \leqslant \beta_i \leqslant 1 \\ \boldsymbol{m} = [\cos\gamma\cos\varphi,\ \cos\gamma\sin\varphi,\ \sin\gamma]^{\mathrm{T}} \end{cases}
\end{cases}
\tag{9.27}
$$

同理,可求出给定初始相对位置 $\boldsymbol{\rho}_0$ 的情况下初始可行速度集合的外包络,以及忽略位置项,初始可行状态集合 $\mathbb{Z}_0$ 在速度子空间投影的外包络。

3. 仿真算例

本小节利用奇诺多面体后向可达区来分析接近任务的可行性,分别对相对姿态运动和平动运动开展分析。

1）相对姿态运动分析

假设目标航天器以恒定角速度 $\boldsymbol{\omega}_t = [0.05,\ 0.05,\ 0.05]^{\mathrm{T}}$ rad/s 旋转,服务航天器接近目标航天器的期望相对姿态和角速度分别为 $\boldsymbol{\alpha}_{\mathrm{f}} = [0,\ 0,\ 0]^{\mathrm{T}}$ rad 和 $\dot{\boldsymbol{\alpha}}_{\mathrm{f}} = [0,\ 0,\ 0]^{\mathrm{T}}$ rad/s,服务航天器的转动惯量为 $\boldsymbol{J}_s = \begin{bmatrix} 300 & 20 & 10 \\ 20 & 100 & 0 \\ 10 & 0 & 200 \end{bmatrix}$ kg · m^2。以 $t_s = 0.5$ s 的间隔将系统离散化,进行后向可达区计算。由于所得到的集合对应的是六维向量,为在三维空间进行直观展示,本节通过求解优化问题(9.26)来获得在给定初始姿态角(或角速度)情况下,可达区在角速度(或角度)子空间的投影。

针对不同最大控制输入力矩 $\boldsymbol{u}_{\max} = 1$ N · m、2 N · m、3 N · m 和仿真时长 $t = 3$ s、6 s、9 s、12 s 进行计算,图 9.6 和图 9.7 分别给出了初始角速度为 $[0,\ 0,\ 0]^{\mathrm{T}}$ rad/s 和 $[0.03,\ -0.06,\ 0.03]^{\mathrm{T}}$ rad/s 时相应的初始姿态角集合。其中,最里面的曲面图对应的是 $\boldsymbol{u}_{\max} = 1$ N · m 时的结果,外面的两层网线图对应的是 $\boldsymbol{u}_{\max} = 2$ N · m 和 3 N · m 的结果。图 9.7(a) 中只有 $\boldsymbol{u}_{\max} = 3$ N · m 的结果, $\boldsymbol{u}_{\max} = 1$ N · m 和 2 N · m 对应的集合为空;图 9.7(b) 中 $\boldsymbol{u}_{\max} = 1$ N · m 对应的集合为空。对比图 9.6 和图 9.7 中四个分图可以看出,随着仿真时间的增加,可达区的尺寸逐渐增大,表示有更多的状态能够满足初始可行条件;当给定仿真时长时,可通过增大控制力矩来使原本不可行的初始状态变得可行。

图 9.8 和图 9.9 分别给出了初始姿态角为 $[0,\ 0,\ 0]^{\mathrm{T}}$ rad 和 $[0.05,\ -0.1,\ 0.06]^{\mathrm{T}}$ rad 时的初始角速度集合,同样,随着仿真时长的增加和控制能力的提高,可达区的尺寸也增大,表示有更多的初始可行状态。图 9.9(a) 中只有 $\boldsymbol{u}_{\max} = 3$ N · m 的结果, $\boldsymbol{u}_{\max} = 1$ N · m 和 2 N · m 对应的集合为空。

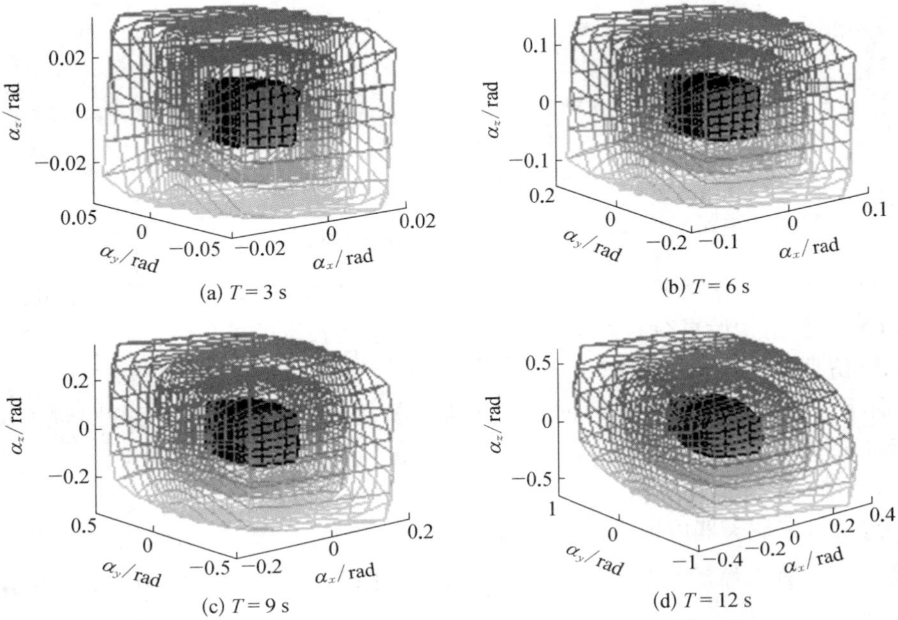

图 9.6 初始角速度为 $[0, 0, 0]^T$ rad/s 时不同时长和控制力矩下的姿态角集合

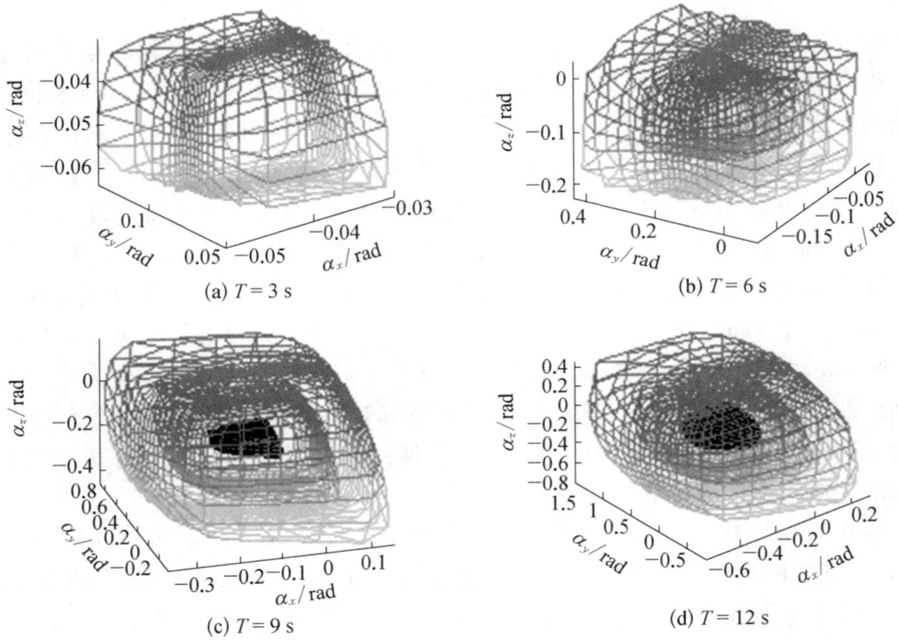

图 9.7 初始角速度为 $[0.03, -0.06, 0.03]^T$ rad/s 时不同时长和控制力矩下的姿态角集合

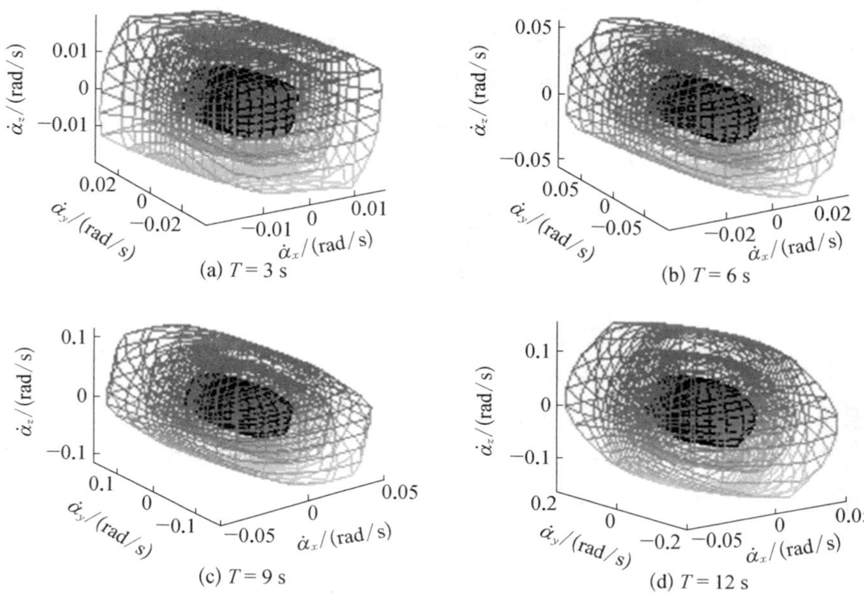

图 9.8　初始姿态角为 [0, 0, 0]^{T} rad 时不同时长和控制力矩下的角速度集合

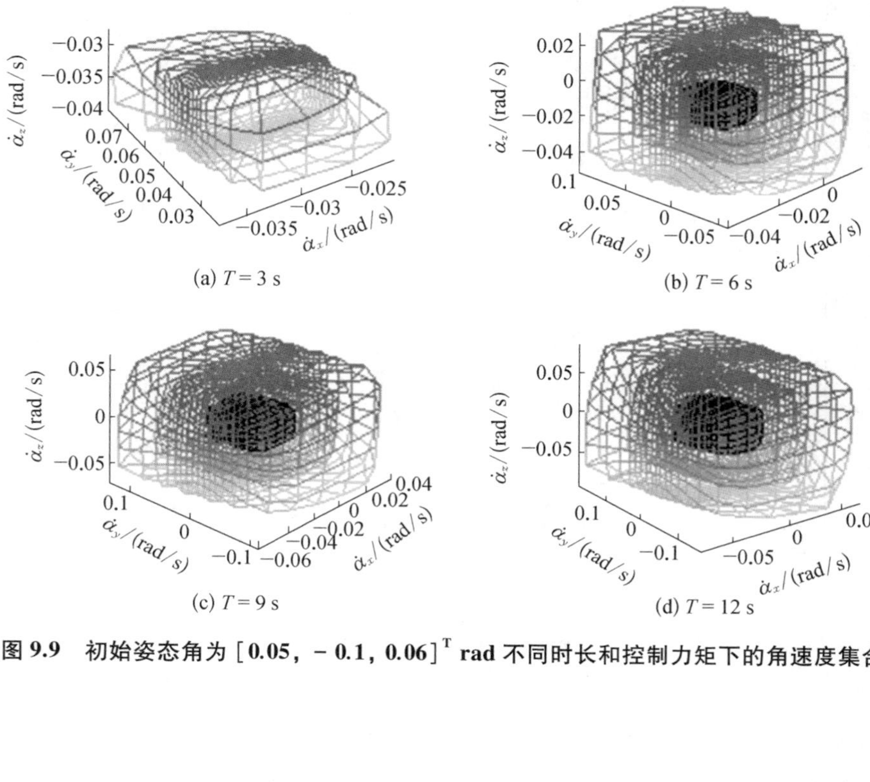

图 9.9　初始姿态角为 [0.05, − 0.1, 0.06]^{T} rad 不同时长和控制力矩下的角速度集合

在优化求解上述各图外包络时，所有方位角 φ 和 γ 的采样间隔均为 9°，从中可以看出，此时已能较好地描述外包络，当外包络形状更为复杂时，可通过减小方位角间隔来提高表征精度。另外，受线性近似模型误差的影响，最大的仿真时长设为 $T = 12$ s，若延长仿真时长，所求结果误差会进一步变大。

2）相对平动运动分析

假设目标航天器上对接点的位置为 $[1,\ 0,\ 0]^{\mathrm{T}}$ m，服务航天器的期望的终端状态为 $[1,\ 0,\ 0,\ 0,\ 0,\ 0]^{\mathrm{T}}$ m。为直观展示分析结果，进一步假设目标航天器绕本体 z 轴以角速度 Ω 匀速转动。从而，服务航天器 z 方向的运动和 $x-y$ 方向的运动相互独立，可分开来分析可达区。

（1）z 方向可达分析。

图 9.10 给出了最大加速度分别为 $u_{\max} = 0.1\ \mathrm{m/s^2}$、$0.5\ \mathrm{m/s^2}$、$0.7\ \mathrm{m/s^2}$、$1\ \mathrm{m/s^2}$，不同时长 $T = 5$ s、10 s、15 s、20 s 下的 z 方向后向可达区。从中可以看出，随着时间的增长，可达区的尺寸也会变大；随着最大加速度的增大，各时刻的可达区按比例增大。

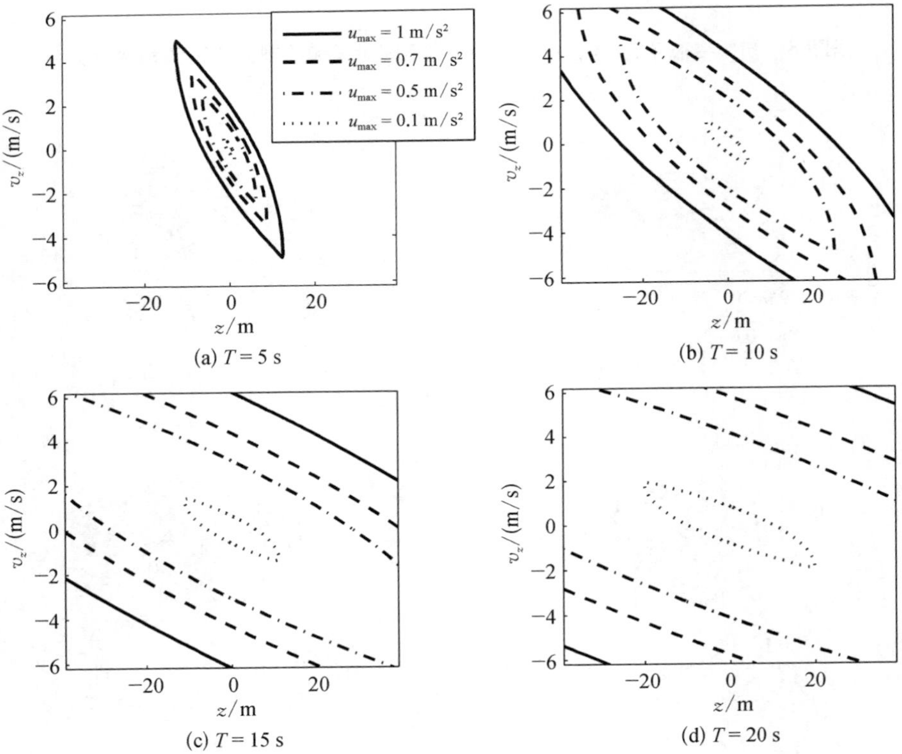

图 9.10　z 方向后向可达区

（2）$x-y$ 方向可达分析。

图 9.11 给出了在不同旋转角速度 Ω、不同控制能力 $\boldsymbol{u}_{\max}$ 和不同时长 T 下，初始速度为 0 时的后向可达区。从图中可以看出，同等条件下，随着失控目标旋转角速度增大，初始可行范围减小。对比文献[8]中的结果，可以看出二者结果一致，但在图 9.11 第四列的最后两个图中，本节得到的结果更加光滑，表明本节方法的表征精度更高。

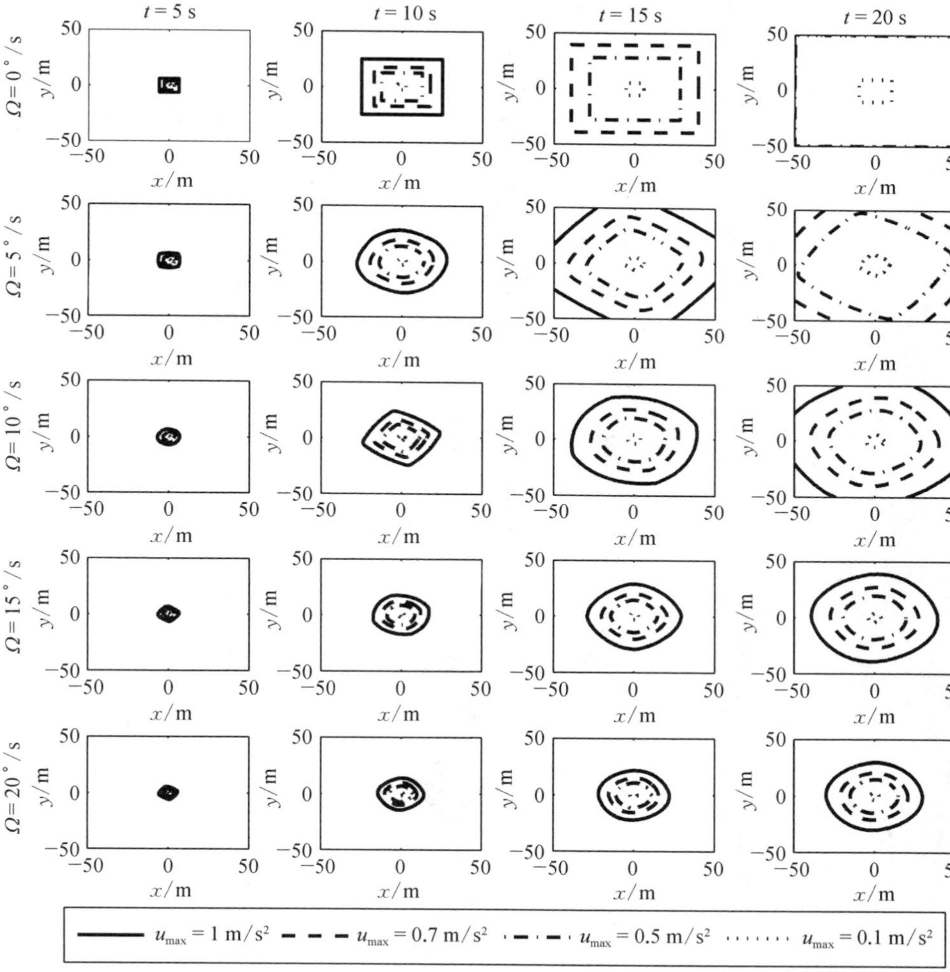

图 9.11　$x-y$ 方向初始速度为 $[0,\ 0]^{\mathrm{T}}$ m/s 时在位置子空间的后向可达区

此外，图 9.11 给出的仿真结果中，服务航天器的机动能力比较强，可以从目标航天器的任意方位接近，然而实际的航天器的机动加速度相对较小。图 9.12 给出了加速度比较小的情况下 $x-y$ 方向后向可达区在位置子空间的投影，其中 a_{min} 为服务航天器克服离心惯性力所需的最小加速度，正方形代表尺寸为 1 m×1 m 的失控目标。从图 9.12 中可以看出，随着控制能力的减弱，不同时长情况下的可达区逐步缩小。同时可以看出，由于控制能力比较小，服务航天器只能从特定方位接近目标点。而且，不同于传统锥形接近走廊正对目标点，由服务航天器机动能力确定的接近走廊是以目标点的螺旋展开线为中心的“号角”状走廊。图 9.13 直观展示了 $u_{max}=0.3\times a_{min}$

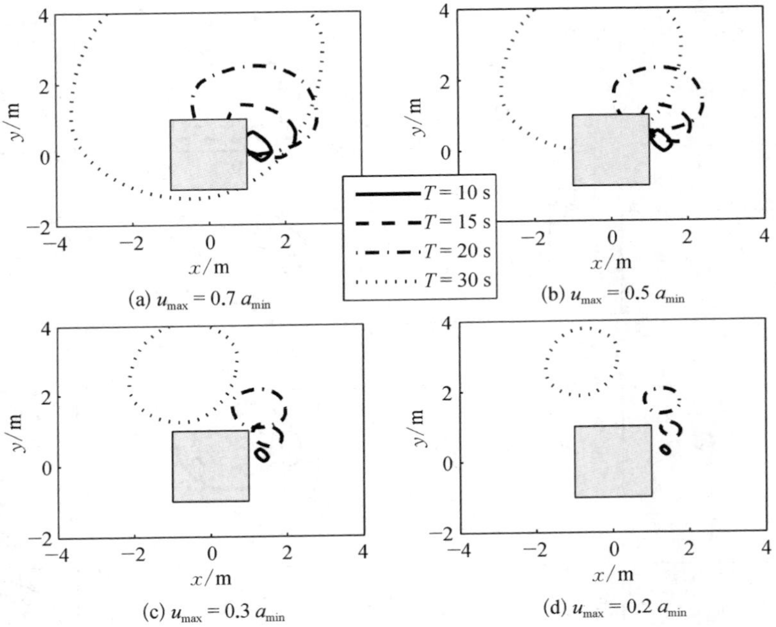

图 9.12　$x-y$ 方向后向可达区在位置子空间的投影

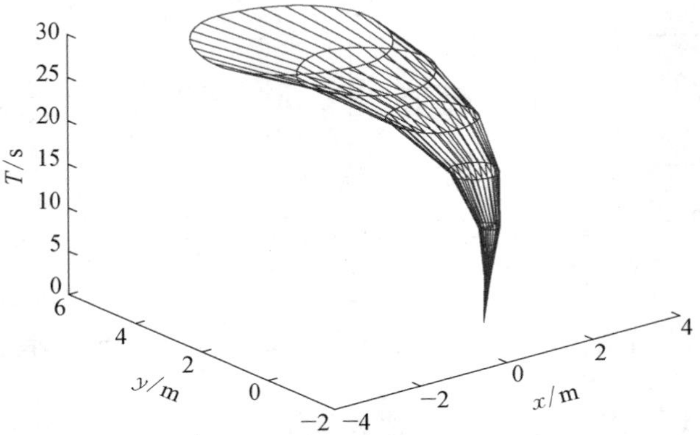

图 9.13　“号角”状终端接近时空走廊

情况下不同时长的后向可达区所形成的“号角”状终端接近时空走廊。

图 9.14 给出了 $x-y$ 方向后向可达区在速度子空间的投影。同样从图中可以看出，随着控制能力的减弱，可达区也变小，且基本呈线性比例变化。

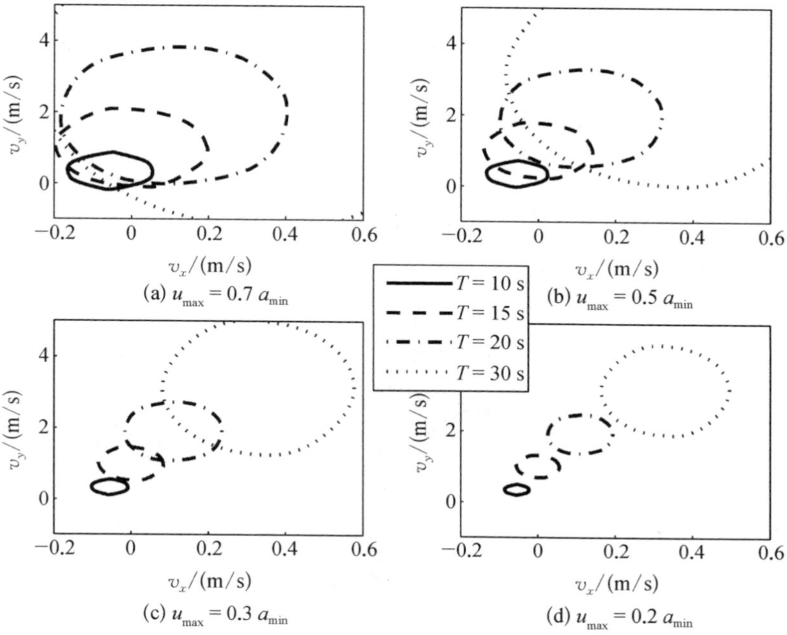

图 9.14　$x-y$ 方向后向可达区在速度子空间的投影

需要注意的是，图 9.12～图 9.14 给出的是后向可达区在位置子空间或速度子空间的投影。对于可达区内的任一点，只能保证存在特定的速度或位置，使得机动航天器在给定的时间达到期望状态，即满足接近任务可行的初始相对位置或速度的必要条件。

9.1.4　基于奇诺多面体可达域的碰撞预警分析

本节利用可达理论来分析不确定的传播，并将其应用到航天器近距离相对运动碰撞预警。首先介绍基于可达理论检验安全的基本思想，然后引入可达域和危险域来考虑航天器相对运动的不确定性和外形的影响，并提出利用奇诺多面体来进行碰撞预警的方法，最后进行数值仿真验证。

1. 基于可达区方法的系统安全检验

假设系统的初始状态是一个有界的凸集合，在有界扰动作用下，可通过检验系统可达区与危险区的交集是否为空来判别系统是否安全，具体示意图如图 9.15 所示。

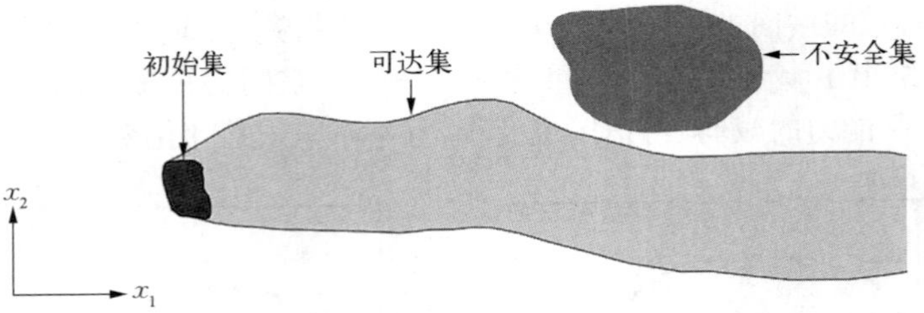

图 9.15　可达区方法检验系统安全示意图[30]

然而,大部分系统的可达区难以精确计算、表征和进行安全检验,为此,需要采用过近似的方法来表征可达区。如果过近似的可达区与危险区没有交集,则可保证系统安全,如图 9.16 所示。

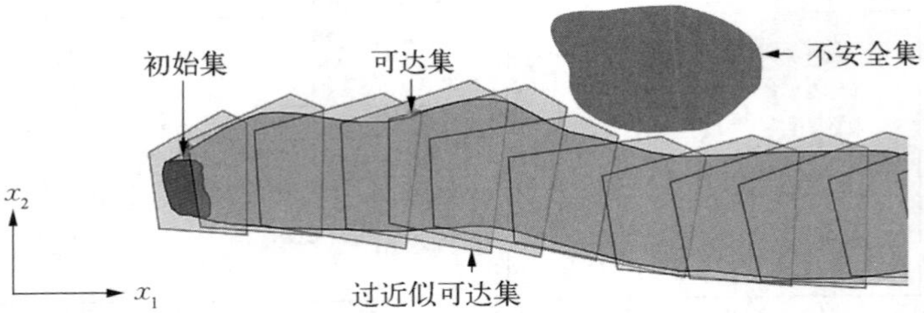

图 9.16　过近似可达区方法检验系统安全示意图[30]

2. 航天器可达域与危险域

根据航天器相对运动模型和前向可达区计算公式,令控制输入为零,可得在航天器自由飞行状态下,受导航不确定、系统扰动等影响下的可达区。可达区是定义在状态(位置和速度)空间的,但碰撞与航天器的相对位置和几何外形相关。一方面,将可达区在位形子空间进行投影,并定义为可达域(reachable domain, RD),来表征不确定对质心相对位置的影响。对于奇诺多面体可达区 $\mathbb{Z}(k)$,其相应的可达域依旧是个奇诺多面体,并记为 $\bar{\mathbb{Z}}(k)$。$\bar{\mathbb{Z}}(k)$ 的中心点和生成向量分别为 $\mathbb{Z}(k)$ 的中心点和生成向量在位形子空间的投影。

另一方面,传统上,航天器可采用球模型来近似,以获得较高的计算效率,但对于携带细长太阳帆板的航天器,这种近似显得过于保守。对于该类航天器,两种常见的近似方法是椭球和长方体。但椭球在集合求和运算下不封闭,即两个椭球集合相加后所得的集合一般不再是椭球。长方体则可以用奇诺多面体表示,便于同可达域相结合,并满足集合求和运算的封闭性。对于位形空间的任意长方体,存在一个奇诺多面体对其进行精确表征,记为

$$\hat{\mathbb{Z}} = (\hat{\boldsymbol{c}}, \langle \hat{\boldsymbol{g}}_1, \hat{\boldsymbol{g}}_2, \hat{\boldsymbol{g}}_3 \rangle) \tag{9.28}$$

式中，$\hat{\boldsymbol{c}}$ 为长方体中心的位置矢量；$\hat{\boldsymbol{g}}_1$、$\hat{\boldsymbol{g}}_2$ 和 $\hat{\boldsymbol{g}}_3$ 分别为平行于长方体各边的正交矢量，且其模分别等于对应各边长度的一半。

在可达域的基础上，进一步考虑航天器的外形尺寸，得到综合考虑航天器导航不确定性、模型扰动和外形尺寸因素下的禁飞区，本书称为危险域（dangerous domain, DD）。危险域表示任何进入该区域的物体都有可能与航天器发生碰撞。图 9.17 给出了可达域与危险域的关系示意图，直观来看，危险域可看作将航天器中心（质心）平移到可达域内的任一点，航天器本体所扫过的所有区域。

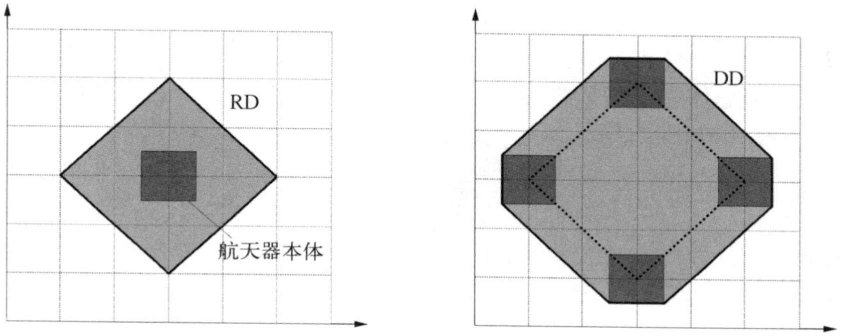

图 9.17　可达域与危险域的关系示意图

根据式(9.15)，危险域依然是个奇诺多面体，可按如下计算

$$\tilde{\mathbb{Z}}(k) = \bar{\mathbb{Z}}(k) \oplus \hat{\mathbb{Z}}^{G} \tag{9.29}$$

式中，$\tilde{\mathbb{Z}}(k)$ 代表危险域；$\hat{\mathbb{Z}}^{G} = (\mathbf{0}, \langle \hat{\boldsymbol{g}}_1, \hat{\boldsymbol{g}}_2, \hat{\boldsymbol{g}}_3 \rangle)$ 只包含了 $\hat{\mathbb{Z}}$ 的生成向量。

注 9.1　对于长方体近似的航天器，可通过旋转矩阵对 $\hat{\mathbb{Z}}^{G}$ 作线性变换得到不同姿态下的危险域。同一航天器不同姿态下危险域的形状和尺寸会有所不同，尤其当可达域的尺寸和长方体的尺寸在同一量级的时候，航天器姿态的影响会更加显著。

3. 基于奇诺多面体的碰撞风险评估

可达域与危险域均是基于奇诺多面体表征的，不便于直接应用，需要将其转化为一般多面体形式，从而进行碰撞风险评估。本节给出将奇诺多面体转化为平行六面体的近似方法，并通过估算奇诺多面体的距离来评估航天器飞行安全。

1）奇诺多面体的转化

尽管奇诺多面体是多面体的特例，准确地将奇诺多面体转换成半平面或顶点表示的多面体的计算非常复杂[29]，一个简便的方法是基于式(9.16)直接将奇诺多面体近似为长方体。为进一步降低保守性，本节采用主成分分析（principal component analysis, PCA）方法[31]来将奇诺多面体近似为一个平行六面体，以较小的计算代价来提高近似精度。

(1) 长方体近似方法。

基于式(9.16),奇诺多面体危险域 $\tilde{\mathbb{Z}} = (\tilde{\boldsymbol{c}}, \langle \tilde{\boldsymbol{g}}_1, \tilde{\boldsymbol{g}}_2, \cdots, \tilde{\boldsymbol{g}}_p \rangle)$ 可用如下长方体近似表示:

$$\text{box}(\tilde{\mathbb{Z}}) = [\tilde{\boldsymbol{c}} - \tilde{\boldsymbol{\delta}}, \tilde{\boldsymbol{c}} + \tilde{\boldsymbol{\delta}}], \quad \tilde{\boldsymbol{\delta}} = \sum_{i=1}^{p} |\tilde{\boldsymbol{g}}_i| \tag{9.30}$$

从中可以看出长方体的面始终与坐标轴垂直,而当奇诺多面体的主轴方向不与坐标轴平行时,这种表示将显得过于保守。

(2) 平行六面体近似方法。

对奇诺多面体表征的危险域 $\tilde{\mathbb{Z}} = (\tilde{\boldsymbol{c}}, <\tilde{\boldsymbol{g}}_1, \tilde{\boldsymbol{g}}_2, \cdots, \tilde{\boldsymbol{g}}_p>)$, 将生成向量写为矩阵形式: $\boldsymbol{G} = [\tilde{\boldsymbol{g}}_1, \tilde{\boldsymbol{g}}_2, \cdots, \tilde{\boldsymbol{g}}_p]$, 定义协方差矩阵为

$$\text{cov}(\boldsymbol{G}) = \boldsymbol{G} \cdot \boldsymbol{G}^{\mathrm{T}} \tag{9.31}$$

根据主成分分析方法的特性,起主要作用的成分对应的方向为主轴方向,可通过求解 $\text{cov}(G)$ 的奇异值分解得到:

$$\text{cov}(\boldsymbol{G}) = \boldsymbol{V} \cdot \boldsymbol{\Lambda} \cdot \boldsymbol{V}^{\mathrm{T}} \tag{9.32}$$

式中,矩阵 $\boldsymbol{V}$ 由 $\text{cov}(G)$ 的特征向量组成; $\boldsymbol{\Lambda}$ 的主轴元素为相应的特征值。

然后,将奇诺多面体 $\tilde{\mathbb{Z}}$ 转换到以主轴方向为基准的坐标系:

$$\begin{aligned} \tilde{\mathbb{Z}}^* &= \boldsymbol{V}^{\mathrm{T}} \tilde{\mathbb{Z}} \\ &= (\boldsymbol{V}^{\mathrm{T}} \tilde{\boldsymbol{c}}, \langle \boldsymbol{V}^{\mathrm{T}} \tilde{\boldsymbol{g}}_1, \boldsymbol{V}^{\mathrm{T}} \tilde{\boldsymbol{g}}_2, \cdots, \boldsymbol{V}^{\mathrm{T}} \tilde{\boldsymbol{g}}_p \rangle) \end{aligned} \tag{9.33}$$

并在该坐标系下对 $\tilde{\mathbb{Z}}^*$ 采取 box( ) 操作,再转回到原坐标系,可得到 $\tilde{\mathbb{Z}}$ 的一个近似平行六面体:

$$\text{box}^*(\tilde{\mathbb{Z}}) = \boldsymbol{V} \cdot \text{box}(\tilde{\mathbb{Z}}^*) \tag{9.34}$$

式中, $\text{box}^*(\cdot)$ 表示采用 PCA 方法对奇诺多面体进行平行六面体近似。

需要说明的是,在采用 PCA 方法时,由于系数 $\beta_i \in [-1, 1]$, 将生成向量的均值假设为 0。至于所得平行六面体是否为奇诺多面体最小近似问题,将在后续的工作中研究。为了对比长方体和平行六面体近似方法的保守性,将优化方法[式(9.27)]确定的多面体外包络作为准确结果进行评判。

2) 点和奇诺多面体之间的距离计算

为评估碰撞风险,航天器危险域之间的距离是一个重要指标。这里先给出点和奇诺多面体的距离计算方法,进而在下一节给出两个奇诺多面体之间的距离计算方法。

首先,奇诺多面体 $\tilde{\mathbb{Z}} = (\tilde{\boldsymbol{c}}, \langle \tilde{\boldsymbol{g}}_1, \tilde{\boldsymbol{g}}_2, \cdots, \tilde{\boldsymbol{g}}_p \rangle)$ 和外部一点 $\boldsymbol{P}$ 的最小距离可通过如下优化算法计算:

$$\begin{cases} \text{find} & \beta_1, \cdots, \beta_p \\ \min & \| \boldsymbol{y} - \boldsymbol{P} \| \\ \text{s.t.} & \boldsymbol{y} = \tilde{\boldsymbol{c}} + \sum_{i=1}^{p} \beta_i \tilde{\boldsymbol{g}}^i, \ -1 \leqslant \beta_i \leqslant 1 \end{cases} \tag{9.35}$$

为避免优化计算,可先将奇诺多面体用平行六面体近似,用点 $\boldsymbol{P}$ 与平行六面体之间的距离来代替精确距离,而点 $\boldsymbol{P}$ 与平行六面体之间的距离可通过解析算法得到,整个计算流程如下。

算法 9.1　估算点和奇诺多面体之间的近似距离 D_{app}

1: 利用式(9.31) ~ 式(9.33),将奇诺多面体 $\tilde{\mathbb{Z}}$ 和点 $\boldsymbol{P}$ 转换到近似主轴方向,可得 $\tilde{\mathbb{Z}}^* = \boldsymbol{V}^{\text{T}} \tilde{\mathbb{Z}}$ 和 $\boldsymbol{P}^* = \boldsymbol{V}^{\text{T}} \boldsymbol{P} = [p_x, p_y, p_z]^{\text{T}}$。

2: 对奇诺多面体 $\tilde{\mathbb{Z}}^*$ 作操作变换,可得到用区间 $[x^-, x^+]$、$[y^-, y^+]$ 和 $[z^-, z^+]$ 表示的长方体。

3: 在 x 轴方向,计算点 p_x 与区间 $[x^-, x^+]$ 的距离 D_x:

$$D_x = \begin{cases} 0, & p_x \in [x^-, x^+] \\ \min\{|p_x - x^-|, |p_x - x^+|\}, & p_x \notin [x^-, x^+] \end{cases}$$

4: 在 y 轴方向,计算点 p_y 与区间 $[y^-, y^+]$ 的距离 D_y:

$$D_y = \begin{cases} 0, & p_y \in [y^-, y^+] \\ \min\{|p_y - y^-|, |p_y - y^+|\}, & p_y \notin [y^-, y^+] \end{cases}$$

5: 在 z 轴方向,计算点 p_z 与区间 $[z^-, z^+]$ 的距离 D_z:

$$D_z = \begin{cases} 0, & p_z \in [z^-, z^+] \\ \min\{|p_z - z^-|, |p_z - z^+|\}, & p_z \notin [z^-, z^+] \end{cases}$$

6: $D_{\text{app}} = \sqrt{D_x^2 + D_y^2 + D_z^2}$。

3) 奇诺多面体之间的距离计算

凸多面体之间的相交检验和距离计算是一个经典问题,有许多成熟的算法可参考 Ericson 的著作[32]。本小节根据奇诺多面体的特性,将两个奇诺多面体之间的距离,转换为一个点和奇诺多面体之间的距离,进而可采用上小节所述方法求解。为此,提出如下定理。

定理 9.1 两个奇诺多面体 $\tilde{\mathbb{Z}}_1=(\tilde{\boldsymbol{c}}_1,\langle\tilde{\boldsymbol{g}}_1^1,\cdots,\tilde{\boldsymbol{g}}_1^p\rangle)$ 和 $\tilde{\mathbb{Z}}_2=(\tilde{\boldsymbol{c}}_2,\langle\tilde{\boldsymbol{g}}_2^1,\cdots,\tilde{\boldsymbol{g}}_2^q\rangle)$ 之间的距离可通过计算中心点 $\tilde{\boldsymbol{c}}_1$ 与新奇诺多面体 $\widehat{\mathbb{Z}}=(\tilde{\boldsymbol{c}}_2,\langle\tilde{\boldsymbol{g}}_2^1,\cdots,\tilde{\boldsymbol{g}}_2^q,-\tilde{\boldsymbol{g}}_1^1,\cdots,-\tilde{\boldsymbol{g}}_1^p\rangle)$ 之间的距离得到。

证明: 对于任意给定的点 $\tilde{\boldsymbol{p}}_1\in\tilde{\mathbb{Z}}_1$ 和 $\tilde{\boldsymbol{p}}_2\in\tilde{\mathbb{Z}}_2$, 两点之间的距离为

$$\tilde{d}=\|\tilde{\boldsymbol{p}}_2-\tilde{\boldsymbol{p}}_1\| \tag{9.36}$$

其中,

$$\tilde{\boldsymbol{p}}_1=\tilde{\boldsymbol{c}}_1+\beta_1^1\tilde{\boldsymbol{g}}_1^1+\beta_1^2\tilde{\boldsymbol{g}}_1^2+\cdots+\beta_1^p\tilde{\boldsymbol{g}}_1^p$$

$$\tilde{\boldsymbol{p}}_2=\tilde{\boldsymbol{c}}_2+\beta_2^1\tilde{\boldsymbol{g}}_2^1+\beta_2^2\tilde{\boldsymbol{g}}_2^2+\cdots+\beta_2^q\tilde{\boldsymbol{g}}_2^q$$

总是存在一点 $\widehat{\boldsymbol{p}}\in\widehat{\mathbb{Z}}$, 点 $\tilde{\boldsymbol{c}}_1$ 和 $\widehat{\boldsymbol{p}}$ 的距离为

$$\widehat{d}=\|\widehat{\boldsymbol{p}}-\tilde{\boldsymbol{c}}_1\| \tag{9.37}$$

其中,

$$\widehat{\boldsymbol{p}}=\tilde{\boldsymbol{c}}_2+\beta_2^1\tilde{\boldsymbol{g}}_2^1+\beta_2^2\tilde{\boldsymbol{g}}_2^2+\cdots+\beta_2^q\tilde{\boldsymbol{g}}_2^q+\beta_1^1(-\tilde{\boldsymbol{g}}_1^1)+\beta_1^2(-\tilde{\boldsymbol{g}}_1^2)+\cdots+\beta_1^p(-\tilde{\boldsymbol{g}}_1^p)$$

因此, $\tilde{d}=\widehat{d}$, $\tilde{\mathbb{Z}}_1$ 和 $\tilde{\mathbb{Z}}_2$ 之间的距离等同于点 $\tilde{\boldsymbol{c}}_1$ 到 $\widehat{\mathbb{Z}}$ 的距离。

4. 仿真算例

本小节给出采用奇诺多面体可达区方法分析航天器飞行安全的数值仿真算例。为了清楚简洁地说明参数设置情况,表 9.1 给出了后续仿真中统一参数的设置,有差别的参数在各自算例中具体指定。航天器的外形采用长方体来近似,并假设长边方向始终与轨道面平行,航天器的姿态由绕轨道坐标系 z 轴的旋转角 θ 确定。考虑导航不确定性,初始状态集合为

$$\mathbb{Z}_0=[\hat{x}(0),\langle\boldsymbol{\Delta}^1,\boldsymbol{\Delta}^2,\cdots,\boldsymbol{\Delta}^n\rangle],\quad \boldsymbol{\Delta}=\mathrm{diag}(\delta\bar{\boldsymbol{x}}) \tag{9.38}$$

式中, $\hat{\boldsymbol{x}}(0)$ 为标称初始状态; $\delta\bar{\boldsymbol{x}}$ 表示导航误差的幅值; diag(·) 表示生成一个主对角方阵; $\boldsymbol{\Delta}^i$ 表示矩阵 $\boldsymbol{\Delta}$ 的第 i 列。

表 9.1 参考航天器轨道根数及航天器特征参数

参数	取值
半长轴 a/km	8 000
偏心率 e	0.1

续　表

参　数	取　值
真近点角 $\nu/(°)$	60
采样周期/s	20
各方向控制加速度幅值上界/(m/s^2)	0.03
各方向扰动加速度幅值上界/(m/s^2)	2×10^{-4}
航天器尺寸/m	$9\times1\times1$

1）单个航天器的可达域与危险域

假设系统导航获得的初始状态和导航误差边界分别为

$$\begin{cases}\boldsymbol{\rho}_0=[-30\quad -50\quad 0]^{\mathrm{T}}\ \mathrm{m}, & \delta\bar{\boldsymbol{\rho}}_0=[0.05\quad 0.05\quad 0]^{\mathrm{T}}\ \mathrm{m}\\ \dot{\boldsymbol{\rho}}_0=[0.03\quad 0.05\quad 0]^{\mathrm{T}}\ \mathrm{m/s}, & \delta\bar{\dot{\boldsymbol{\rho}}}_0=[0.001\quad 0.001\quad 0]^{\mathrm{T}}\ \mathrm{m/s}\end{cases}\tag{9.39}$$

根据前面内容计算奇诺多面体可达域与危险域，并设定 $\gamma=0$、$0\leqslant\varphi\leqslant360°$ 且间隔 2°，通过求解优化问题(9.27)，即可获得可达域与危险域的精确外包络。

图 9.18 和图 9.19 给出了仿真周期为 $T=1\,000$ s 时不同姿态情况下的可达域与危险域。从图中可以看出，由于卫星的外形尺寸和可达域在同一量级上，卫星的姿态对危险域的形状和尺寸影响较大。

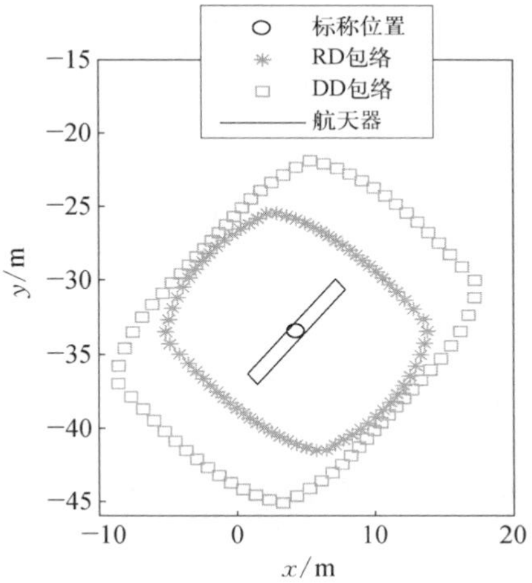

图 9.18　周期 $T=1\,000$ s 和姿态角 $\theta=45°$ 情况下的可达域与危险域

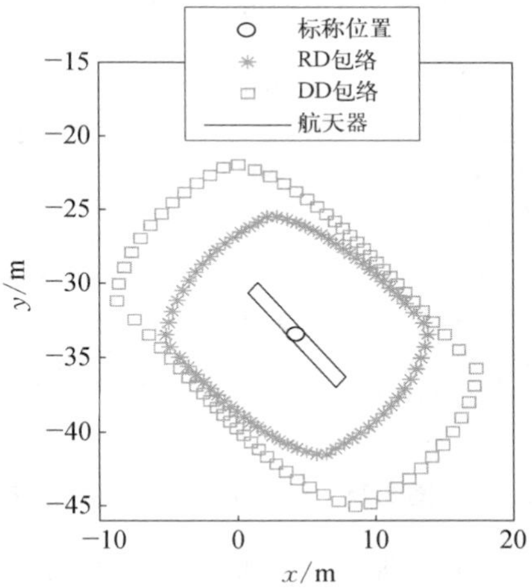

图 9.19　周期 $T=1\,000$ s 和姿态角 $\theta=135°$ 情况下的可达域与危险域

图 9.20 和图 9.21 给出了仿真周期 $T = 2\,000$ s 时不同姿态情况下的可达域和危险域。从图中可以看出，随着仿真周期增加，可达域的尺寸也在增大，且明显大于卫星外形尺寸，这时卫星的姿态对危险域的影响变小。此外，图中给出了分别采用长方体法和平行六面体法近似得到的表征结果，可以看出平行六面体方法的保守性低于长方体方法，表现出更高的表征精度。

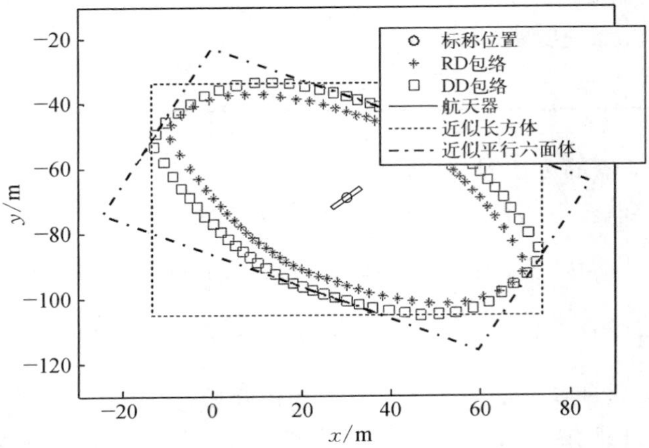

图 9.20　周期 $T = 2\,000$ s 和姿态角 $\theta = 45°$ 情况下的可达域与危险域

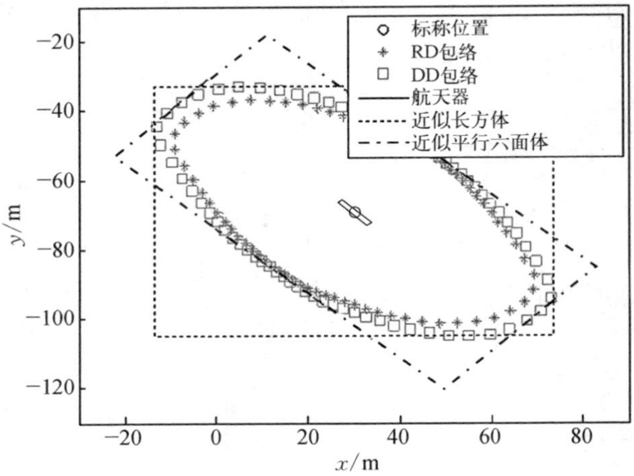

图 9.21　周期 $T = 2\,000$ s 和姿态角 $\theta = 135°$ 情况下的可达域与危险域

2）两个航天器之间的距离计算

前面的算例主要考虑单个航天器的可达域与危险域，这里通过计算不同航天器危险域之间的距离，来对碰撞风险进行评估。假设两个航天器的初始状态和导

航误差上界分别为

$$
\begin{cases}
\boldsymbol{\rho}_{10} = [-30 \quad -50 \quad -10]^{\mathrm{T}}\ \mathrm{m}, & \dot{\boldsymbol{\rho}}_{10} = [0.03 \quad 0.05 \quad 0.005]^{\mathrm{T}}\ \mathrm{m/s} \\
\boldsymbol{\rho}_{20} = [-55 \quad -30 \quad 10]^{\mathrm{T}}\ \mathrm{m}, & \dot{\boldsymbol{\rho}}_{20} = [0.065 \quad 0.08 \quad -0.005]^{\mathrm{T}}\ \mathrm{m/s}
\end{cases}
\tag{9.40}
$$

$$
\delta \bar{\boldsymbol{\rho}}_0 = [0.05 \quad 0.05 \quad 0.05]^{\mathrm{T}}\ \mathrm{m}, \quad \delta \bar{\dot{\boldsymbol{\rho}}}_0 = [0.001 \quad 0.001 \quad 0.001]^{\mathrm{T}}\ \mathrm{m/s}
\tag{9.41}
$$

假设航天器的姿态在轨道坐标系下保持不变,考虑图 9.22 和图 9.23 所示的两种姿态情况。两个航天器沿标称轨迹运动,由于初始状态不确定和系统扰动及姿态的影响,其危险域有可能相交,从而发生碰撞。利用 9.1.4 节方法来计算两个航天器危险域之间的距离,从而进行碰撞风险评判。

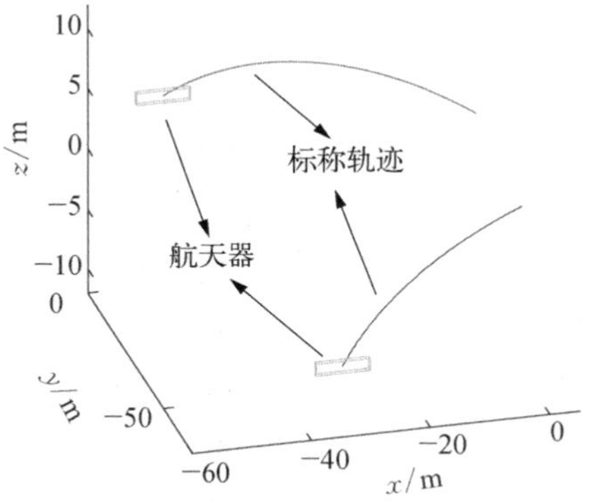

图 9.22　情况 1: $\theta = 0°$

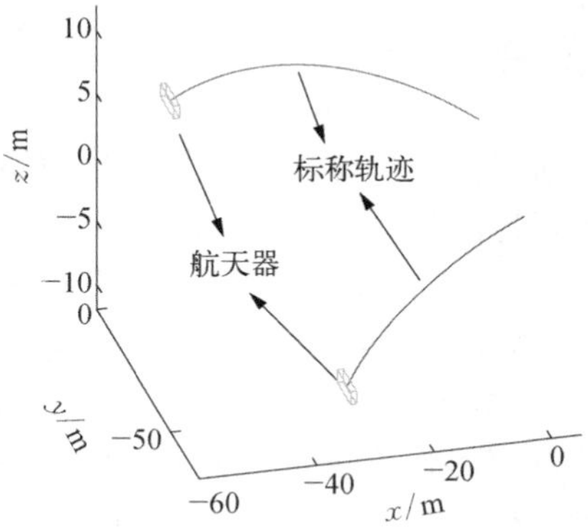

图 9.23　情况 2: $\theta = 90°$

两种情况下计算得到的相对距离变化如图 9.24 和图 9.25 所示。其中实线表示的是标称轨迹之间的距离,虚线代表优化算法式(9.35)的结果,点画线代表算法 9.1 的结果。从图中可以看出,仿真周期为 $T = 1\,000$ s、姿态角 $\theta = 0°$ 时,两个航天器始终是安全的,其危险域之间的距离始终大于 0;而对于 $\theta = 90°$ 的情况,在最后的 40 s, 其相对距离变为 0,存在碰撞风险。此外,采用优化方法和算法 9.1 计算得到的结果相近,检验了算法 9.1 的正确性。两个算法均在装有 8 GB 内存、i5 3.20 GHz 处理器的同一台式计算机上执行,优化方法采用 quadprog 函数,求解耗时 2 s, 而算法 9.1 仅耗时 5 ms, 说明算法 9.1 的计算效率非常高。

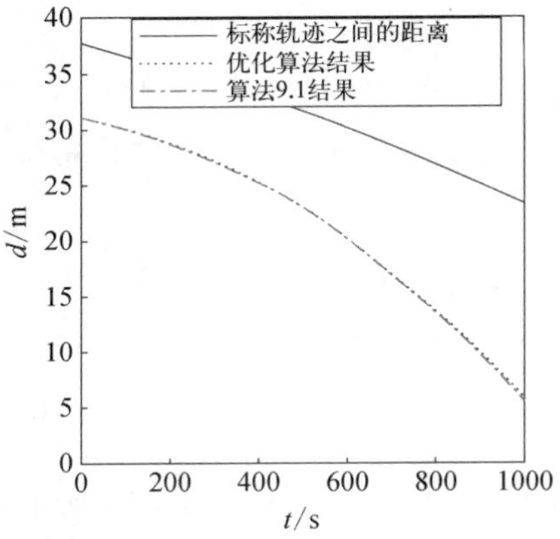

图 9.24 情况 1 下的距离计算

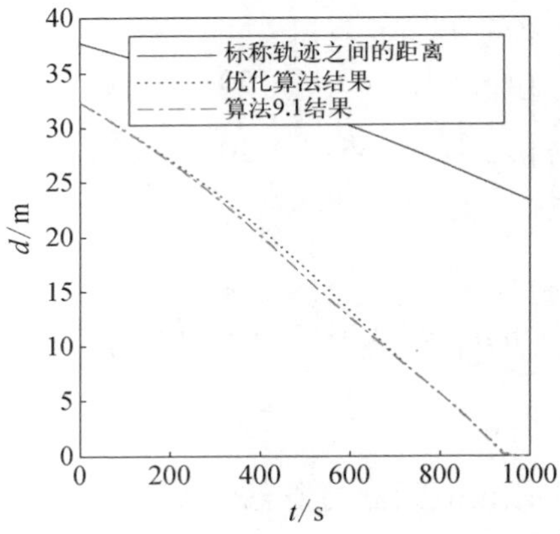

图 9.25 情况 2 下的距离计算

9.2 相对运动安全区及其在航天器碰撞预警中的应用

航天器安全接近任务与通常的编队飞行概念[33]有着显著的区别。作为航天器接近控制的重要环节,近距离操作防撞控制研究也具有重要意义。事实上,影响航天器飞行安全的因素复杂且繁多,碰撞风险除了受导航系统(相对位置、相对速度等相对状态参数测量输出)影响之外,还与系统性能参数相关,如规避控制能力、相对导航定位速率及通信性能,甚至还与系统的可靠性等相关。碰撞风险需要从系统的角度进行研究,并非只着重于导航系统对碰撞风险的影响,碰撞风险评价指标应尽可能反映各影响因素的作用,从而最大限度地降低虚预警及漏报率。本节将结合安全区构建方法的碰撞概率法,进行航天器相对运动的碰撞预警分析。

9.2.1 常用相对运动安全区构建方法

随着航天器及空间碎片数量的增加,航天器飞行的安全性需求日益提高。处在相邻轨道的航天器,尤其是近地轨道航天器面临的碰撞风险更为突出。碰撞风险评估作为近距离机动控制的安全约束预报,直接影响机动燃料消耗,从而影响航天器的生命周期。因此,在执行机动控制前,对碰撞风险进行评估显得尤为重要。航天器近距离飞行碰撞风险评估是指航天器在近距离相对飞行过程中,由于轨迹偏离、故障或任务机动等影响,对航天器之间发生碰撞风险的定性或定量评价估量。

目前,实际应用的碰撞风险评估包括基于安全包络法及碰撞概率两种方法,其典型的应用代表分别为航天飞机及国际空间站,前者采用长方体包络体作为安全域,大小为 2 km(径向)×5 km(迹向)×2 km(法向)。当航天器位于包络体内时,航天飞机执行规避机动。国际空间站采用碰撞概率法进行碰撞危险评估,当碰撞概率大于预设红色警戒阈值时,执行避撞机动,目前国际空间站已基于碰撞概率执行了多次轨道机动。通常情况下,为保证安全,航天器之间的最小距离不能超过规定的安全约束范围,最大碰撞概率必须低于指定门限。下面分别介绍安全包络法和碰撞概率法,并对其适用性进行分析。

1. 问题描述

航天器的自然漂移轨道和受控轨道都需要考虑在轨安全问题。在轨服务交会对接段对安全性的需求尤为突出,各阶段会面临一系列的安全威胁[34]。根据是否需要机动,可以将安全威胁分为以下三类:

(1) 存在碰撞风险,机动无效;

(2) 存在碰撞风险,机动有效;

(3) 不存在碰撞风险。

在轨期间航天器需要对碰撞风险进行快速评估。若安全威胁属于上述三类,应该细化各项指标,对相遇过程的相对运动和碰撞几何进行分析,制定瞬时机动控制策略,实现风险规避。航天器在这一过程中的碰撞风险评估流程如图 9.26 所示。

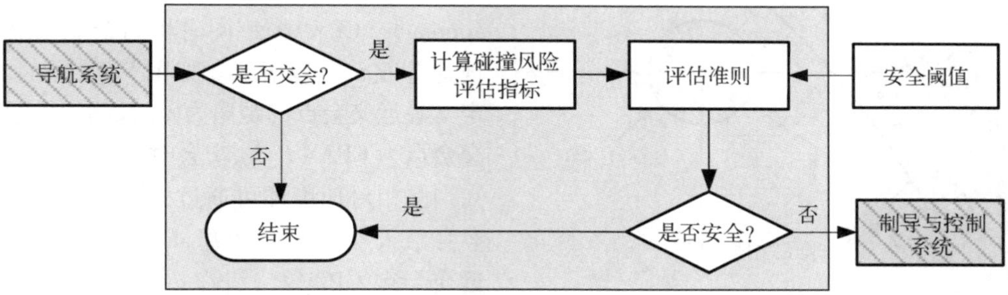

图 9.26　航天器碰撞风险评估的一般流程

航天器碰撞风险评估方法需要做到以下几点。

(1) 降低虚警率(false alarm probability) P_F。虚警率指错误判断碰撞风险,从而认为需要机动的概率。

(2) 降低漏报率(missed detection probability) P_M。漏报率指误认为无碰撞风险的概率。

(3) 减小计算时间 T_{cal},提高在轨评价速度。

基于评估方法的三大评价指标,本节将几种常用研究方法分为安全包络法和碰撞概率法两大类,并对各类方法的适用性展开分析。

2. 安全包络法

安全包络法主要指通过几何表达式描述航天器外形,形成安全区和危险区来达到避撞的目的,本小节将对两种安全包络法进行简单介绍。

1) 安全走廊法

安全走廊法通常通过对外形进行描述来设计禁飞区和接近走廊。对三轴姿态稳定的非旋目标进行安全接近时,最常见的方式是用球形包络作为目标航天器外形,并在球形禁飞区内部设计安全走廊作为最终接近段的避撞约束,如基于椭圆蔓叶线的安全走廊[35];进一步考虑带大帆板的目标航天器外形约束,用最小包络椭圆来描述航天器外形,并通过椭圆的旋转得到非合作目标形成的三维空间禁飞区包络,以此构建双向安全走廊[36]。对旋转目标安全接近时,则需要考虑目标的自旋或章动规律,对特征点的运动特性进行分析,以此来构建动态安全走廊,即在球形禁飞区外建立一个锥形视线角走廊,通过研究走廊的运动实现旋转目标的安全接近[37],或者在球形禁飞区的基础上分别加上停靠点和对接区[38, 39]。在安全走廊的构建过程中,目标外形的细化程度不高,大多为简单的球形或立方体构造[40–42]。

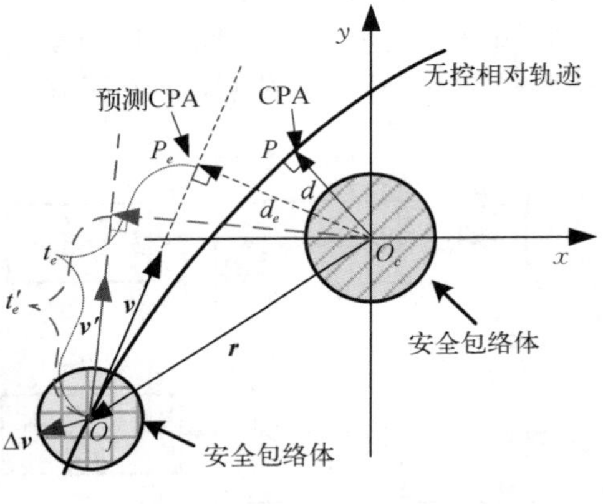

图 9.27 CPA 安全评估模型示意图

2) CPA 模型

在安全走廊法的基础上,基于安全包络体的最近交会点(closet point of approach, CPA)模型同时将两个航天器视为等效安全包络球。如图 9.27 所示,定义最近交会点的距离为 d,预测的最近交会点为 CPA (P_e) ,交会时间为 t_e。已知当前相对速度即可通过式(9.42)得到参考航天器之间的距离 d_e 及预测的最近交会点 CPA(P_e),若 d_e 小于安全阈值,则需要主动机动来保证安全。

$$\begin{cases} t_e = -(\boldsymbol{r} \cdot \boldsymbol{v}) / |\boldsymbol{v}|^2 \\ d_e = |\boldsymbol{r} + t_e \boldsymbol{v}| \end{cases} \tag{9.42}$$

3. 碰撞概率法

1) 传统碰撞概率法

航天器位置测量中需要考虑一系列不确定性,其中质心位置测量误差分布常采用误差椭球描述。安全走廊法和 CPA 模型都对航天器自身物理安全区域进行了描述，且通常为球体或等效包络球。而对于形状不规则的航天器，如国际空间站等则采用其他包络体。碰撞概率的计算常将误差椭球和自身物理安全区域结合，将两航天器的位置误差方差 $n\sigma$ 联合起来形成联合误差椭球，将刚体包络体联合起来形成联合包络体，中心位于主星质心。设相遇域为相遇模型的空间区域，Chan[43] 指出，相对运动可近似为相遇模型的直线空间区域。图 9.28 展示了球形包络体航天器的相遇示意图。

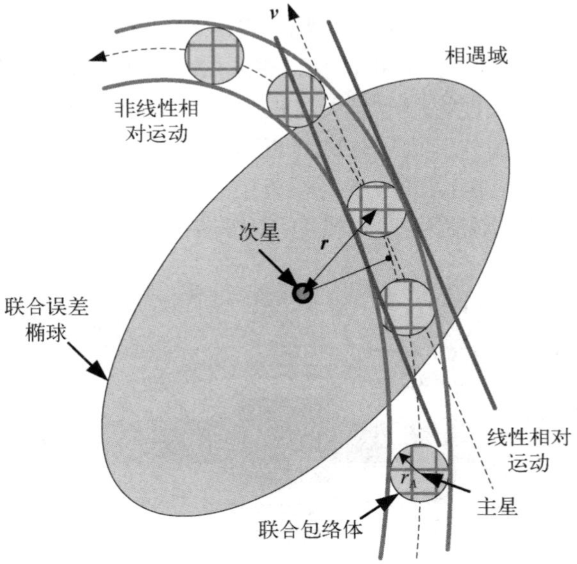

图 9.28　球形包络体航天器相遇示意图

定义相遇平面为垂直于 $\boldsymbol{v}$ 的平面，相遇坐标系以该平面为基准面。碰撞概率指两个位置存在预报误差的空间物体碰撞的概率[44]。设 $\boldsymbol{r} \equiv (x, y, z)$ 为主航天器相对于次星的相对位置，$\boldsymbol{C}$ 为位置误差联合协方差，则相遇域内的高斯概率密度函数(probability density function, PDF)为

$$f(x, y, z) = \frac{1}{\sqrt{(2\pi)^3 |\boldsymbol{C}|}} \mathrm{e}^{-\frac{1}{2}\boldsymbol{r}^{\mathrm{T}}\boldsymbol{C}^{-1}\boldsymbol{r}} \tag{9.43}$$

由高斯概率密度函数可得碰撞概率 P。其中，V 为包络体在相遇域内运动所扫过的体积，当积分体积 V 为联合球体时，式(9.44)为瞬时碰撞概率(instantaneous collision probability, ICP)[34]：

$$P = \iiint_V f(x, y, z)\,\mathrm{d}x\mathrm{d}y\mathrm{d}z \tag{9.44}$$

2）基于等碰撞概率线的安全区构建方法

在某时刻围绕着目标航天器周围的不同相对位置的点具有与其相对应的碰撞概率，具有相同碰撞概率的点组成等碰撞概率线。根据等碰撞概率线法可以计算避障控制力，在该避障控制力作用下，服务航天器不会与目标航天器发生碰撞。在等碰撞概率线法中，将两个航天器的几何外形简化为球形或者椭球形，因此等碰撞概率线法不能处理考虑目标航天器外形影响的安全接近控制。

为解决任意复杂外形目标航天器的安全接近控制，本书结合碰撞概率法、改进等碰撞概率线法和自适应混合高斯模型法，提出了一种航天器安全区定义方法，类似于无人机势能区域[45, 46]与飞机空中加油区域[47–49]划分，建立如图 9.29 所示的航天器安全区。此时，假设将服务航天器视为质点，当服务航天器与目标航天器相距较远时，目标航天器的外形可用球或者椭圆代替；而相对距离较近时，需要考虑目标航天器外形的问题，因此进一步将服务航天器安全接近区域划分为绝对安全区、远距离接近区、相位调整区、安全机动区、终端接近区，以满足接近控制的要求。

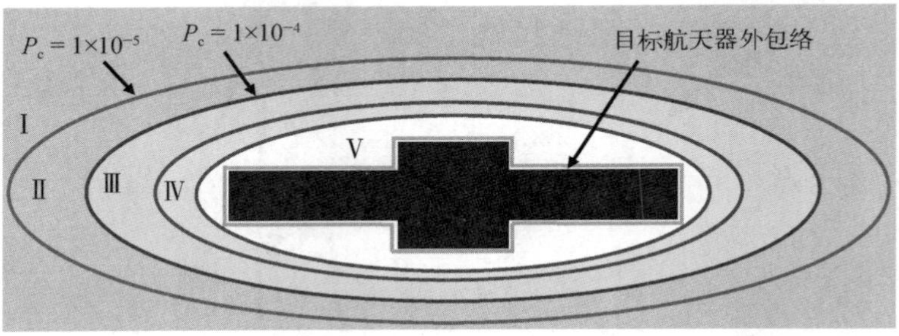

图 9.29　基于等碰撞概率线的航天器安全区划分示意图

（1）绝对安全区：Ⅰ区域。当服务航天器处于绝对安全区时，将目标航天器简化为最小外包络椭球。根据碰撞概率密度函数计算碰撞概率，且针对航天飞机和空间站，NASA 规定 $P_c = 1 \times 10^{-5}$ 为服务航天器进行规避机动的黄线[44, 50, 51]，此时将碰撞概率小于 $P_c = 1 \times 10^{-5}$ 的区域定义为服务航天器绝对安全区，临界值是 $P_c = 1 \times 10^{-5}$ 的等碰撞概率线。该区域的大小主要由服务航天器的相对不确定性和相对位置等共同确定。当航天器在该区域时，服务航天器不进行任何规避机动。

与绝对安全区相对应的是安全不确定区，该区域由远距离接近区、相位调整区、安全机动区和终端接近区四部分组成。

（2）远距离接近区：Ⅱ区域。在该区域，仍将目标航天器简化为最小外包络椭球并计算碰撞概率。除了定义服务航天器进行规避机动的黄线外，NASA 规定 $P_c = 1 \times 10^{-4}$ 为服务航天器进行规避机动的红线[44, 50, 51]，此时将碰撞概率大于 1×10^{-5} 而小于 1×10^{-4} 的区域定义为服务航天器远距离接近区，该区域的大小主要由服务航天器的相对不确定性和相对位置等共同确定，当服务航天器在该区域时，不对服务航天器作任何规避机动，但是需要加快对碰撞概率的计算频率。

（3）相位调整区：Ⅲ区域。在该区域，仍将目标航天器简化为最小外包络椭球。将碰撞概率大于 1×10^{-4} 的区域定义为相位调整区。当服务航天器进入相位调整区时，并不一定恰好在目标航天器待停靠区域正上方，需要沿该区域调整到与期望位置相对应的相位调整区，而该区域的大小主要由服务航天器的相对不确定性、相对位置与服务航天器的控制能力等共同决定。

（4）安全机动区：Ⅳ区域。在该区域，仍将目标航天器继续简化为最小外包络椭球。安全机动区的大小主要由服务航天器的相对不确定性、相对位置与服务航天器的控制能力等共同决定。当服务航天器进入安全机动区时，将激活避障控制力并施加在服务航天器上，进而保证航天器的安全接近。

（5）终端接近区：Ⅴ区域。在该区域，需要考虑目标航天器的外形影响，不能将目标继续简化为最小外包络椭球来处理。该区域的大小主要由服务航天器的相对不确定性、相对位置、服务航天器的控制能力和目标外形等共同决定。当服务航天器进入终端接近区时，将激活同时考虑不确定性和复杂外形影响的避障控制力并施加在服务航天器上。

4. 适用性分析

下面对各类碰撞概率模型的适用性展开分析，假设相遇空间中存在几种空间目标，其联合包络体及误差椭球均相同，如图 9.30 所示。

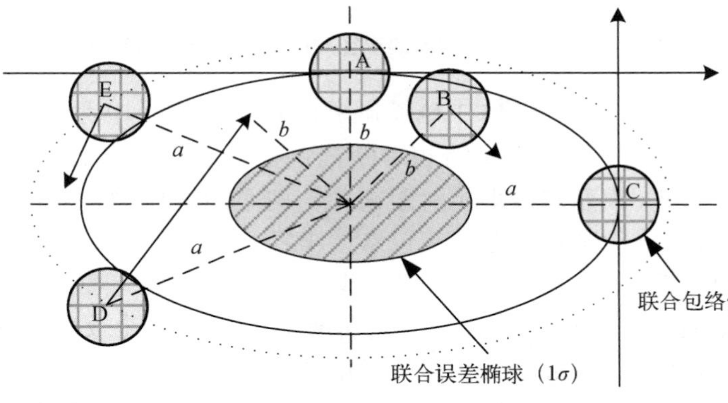

图 9.30　几种瞬时相遇几何示意图

图 9.30 中，设联合误差椭球的短半轴为 b、长半轴为 a。A、B、D 相遇的最小交会距离均为 b，C 与 E 的最小交会距离为 a。结合前面内容，通过分析可知，几个空间物体的 CPA 模型评价指标 $d_A=d_B=d_D<d_C=d_E$，瞬时碰撞概率 $P_B>P_A>P_C>P_D=P_E$，这说明 CPA 模型评价指标与瞬时碰撞概率指标没有直接关系。

进一步分析 CPA 模型,其最小交会距离的求算取决于当前时刻的相对速度方向,需要对交会处的相对距离进行预测,该性质决定了 CPA 模型不能直接反映当前时刻的危险程度,一般用于评估交会风险而不是作为机动指标。而碰撞概率模型则存在瞬时位置误差协方差参数难求解、三重积分难计算、安全约束难添加等问题。

质心相对距离或其指数函数也可以作为风险评价指标[52],图 9.31 中各相遇相对距离关系满足 $r_A = r_B < r_C = r_D = r_E$。对比碰撞概率的评价结果,两评价指标也不存在对应关系。

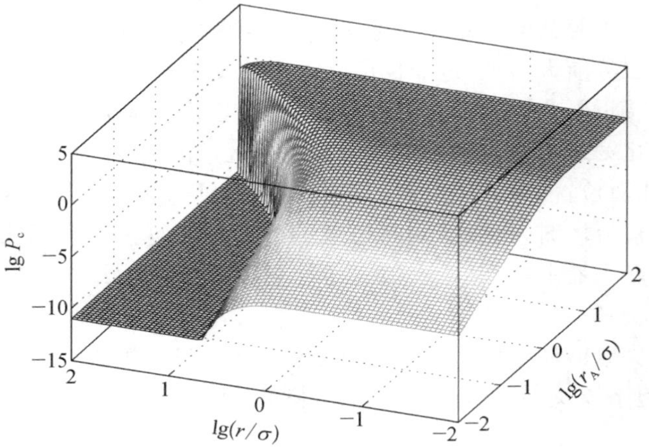

图 9.31　相对距离及等效半径对瞬时碰撞概率的影响

需要特别指出的是,图 9.31 中碰撞概率在区域 $r/\sigma < 10$ 且 $r_A/\sigma < 10$ 内变化较大。保持 σ 不变,碰撞概率随相对距离的减小(或等效半径的增大)而增大。总体来看,CPA 模型和最小相对距离都与两空间物体的相对状态有密切关系,但都没有考虑位置误差协方差及包络体半径的影响。瞬时碰撞概率依赖相对位置误差协方差、相对位置及等效包络体,但没有考虑相遇模式及相对速度对碰撞风险的影响。仅用 CPA 模型或是碰撞概率均不能完全反映航天器面临的碰撞风险。实际任务中,相对轨迹实时变化,使得碰撞概率难以预测,此时可以利用瞬时碰撞概率在线检测和预报,依据实际情况结合最小距离评估在轨碰撞风险[53]。

9.2.2　系统性能参数影响

1. 导航系统性能相关参数

由 9.2.1 节可知,CPA 模型及 ICP 模型均与导航系统的输出参数相关,如相对位置、相对速度及相对位置误差协方差。导航系统的两个重要的性能参数为导航精度和敏感器可靠度。在空间目标位置预报中,不考虑摄动力偏差,迹向位置误差和径向速度误差存在长期项,位置误差的量级由迹向分量决定,速度误差的量级则由径向分量决定,误差发散主要在轨道面内,法向误差不发散[44]。

2. 通信系统性能相关参数

通信性能对碰撞风险评估的主要影响来源于通信时延及误码率导致的航天器之间的状态偏差。其中,通信时延包括通信处理时间(由相互通信获得相对状态的周期)及传送延迟,通信时延产生的相对状态误差可由非线性相对运动模型(考虑 J_2 摄动项及空气阻力的影响)传播计算。机动过程中,由于通信频繁,处理时间一般较短。

3. 推进系统性能相关参数(或姿态偏差导致的控制偏差)

机动时间与相对速度及机动能力(即能提供的最大加速度 $a_{\max}$)相关,相对距离较大或是机动响应时间较小都对避撞机动有利。定义碰撞避免的最小响应时间 T_{ca}:

$$T_{ca} = T_R + \frac{m|\boldsymbol{v}|}{F_{\max}\eta} \tag{9.45}$$

式中, T_R 为最小反应时间; m 为模块质量; $F_{\max}$ 为最大推力; η 为推力效率。

由式(9.45)可见, T_{ca} 与 $\boldsymbol{v}$ 的大小成正比。考虑到体坐标系到参考坐标系的转换, T_{ca} 还与当前的相对姿态相关。由于在碰撞风险评估中估计控制误差(如推力器安装误差)比较困难,需对控制器可靠性进行分析,文献[54]采用认识可靠性和误差分析方法(cognitive reliability and error analysis method, CREAM)进行分析,但该方法为统计分析方法,并不适用于进行实时在线碰撞风险评估。

9.2.3　动态安全域

航天器近距离操作过程中,当面临多个交会危险时,为了便于更直观地指导航天器对危险交会进行避撞机动,需要综合多个量化指标统一表征危险程度。目前,普遍认为碰撞概率作为评估指标的可靠性较高,但其计算模型无法进行扩展,难以加入其他影响安全的因素。本节引入时间参数及相对速度定义动态安全域(dynamic safety zone),保证航天器有足够的时间执行规避机动,同时减小漏报率。

定义动态安全域为相对速度降为零的时间段内,包络球扫过的体积,如图 9.32 所示。速度不确定性带来的影响由等效半径的动态变化反映。动态安全域终端的等效半径 R_A 定义为

$$R_A = K^{g(t_e)}[(T_{ca} + T_{cp} + T_{tl})\sigma_{v,\max}] + r_A \tag{9.46}$$

式中，$\sigma_{v,\max}$ 为最大相对速度误差方差；K 为缩放因子；r_A 为包络体等效半径；T_{ca} 为碰撞避免的最小响应时间；T_{cp} 为通信处理时间；T_{tl} 为通信传输延迟。

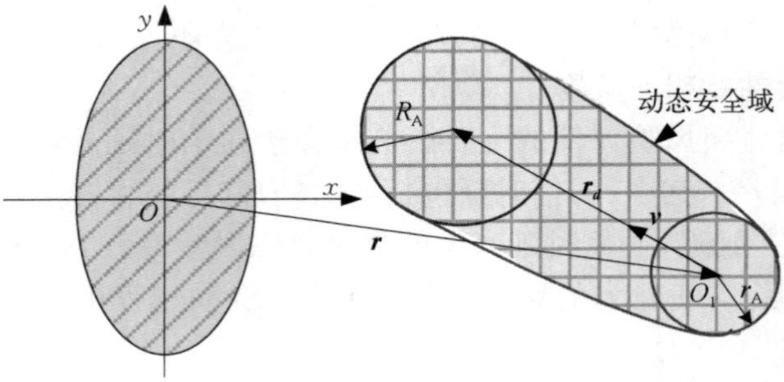

图 9.32 动态安全域定义

指数函数定义为

$$g(t_e)=\begin{cases}\cos(t_e\pi/T_{lb}), & T_{lb}<t_e<0\\ \dfrac{1}{2}+\dfrac{1}{2}\cos(t_e\pi/T_{ub}), & 0\leqslant t_e<T_{ub}\\ \mathrm{sgn}[\mathrm{sgn}(t_e)-1], & 其他\end{cases} \tag{9.47}$$

式中，T_{lb}、T_{ub} 为时间的上下边界量，其与 CPA（即 $t_e=0$）处的相对速度不确定性相关，一般取 $T_{lb}\leqslant -r\sigma_{v,\max}/|\boldsymbol{v}|^2$，$T_{ub}\geqslant\sqrt{2(r_A+3\sigma_{\max})m/(F_{\max}\eta)}$。

指数函数与两者的关系如图 9.33 所示。当两航天器接近时，等效半径动态增加，以增大碰撞概率；当航天器远离时，减小等效半径，以减少虚预警。由定义可知，动态安全域半径的最大值为等效半径的 K 倍，一般选择 $1<K\leqslant 3$。

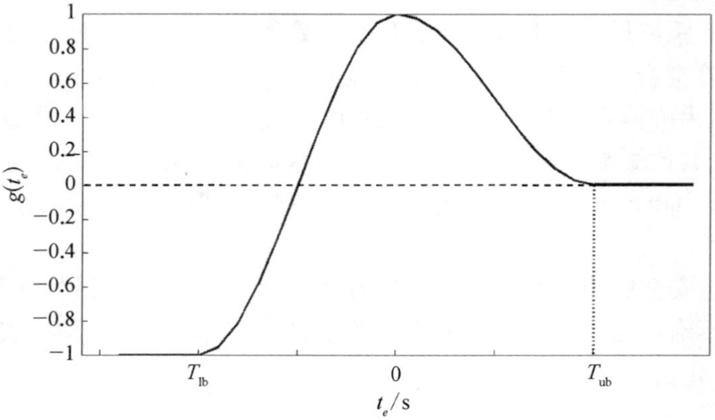

图 9.33 指数函数定义

质心的运动轨迹 $\boldsymbol{r}_d = \left(T_R + T_{cp} + T_{tl} + \frac{m|\boldsymbol{v}|}{2F_{max}\eta}\right)\boldsymbol{v}$。相对速度越大，质心运动距离越大，安全域越大。反之，相对速度越小，安全域越小。

动态安全域的基本思想是在碰撞风险类型(1)出现之前进行避撞机动，期望降低漏报率，同时根据最小交会时间缩放终端等效半径，期望降低虚警率。

9.2.4　碰撞风险评估"3C"模型

采用航天器的体坐标系为参考坐标系，将联合误差椭球的中心建立在航天器质心，将联合安全包络体的中心建立在障碍物的质心，建立碰撞风险评估"3C"模型。已知某时刻航天器的轨道根数、性能参数，以及航天器之间的相对位置、相对速度和相对姿态。将碰撞风险评估分为三个等级，即 3C（care, caution and command）模型，采用评估指标可靠性递阶式的方法对航天器进行碰撞风险估计。若在通信处理时间 T_{cp} 之内，$|\boldsymbol{r}+\boldsymbol{r}_d| > R_A + \sigma_{max}$ 始终成立，则认为航天器无碰撞风险，其中 σ_{max} 为最大位置误差方差。

借鉴航空碰撞风险评估的思想，相对速度方向安全间隔用时间定义，相遇面投影间隔用距离定义。碰撞风险评估"3C"模型流程如图 9.34 所示。

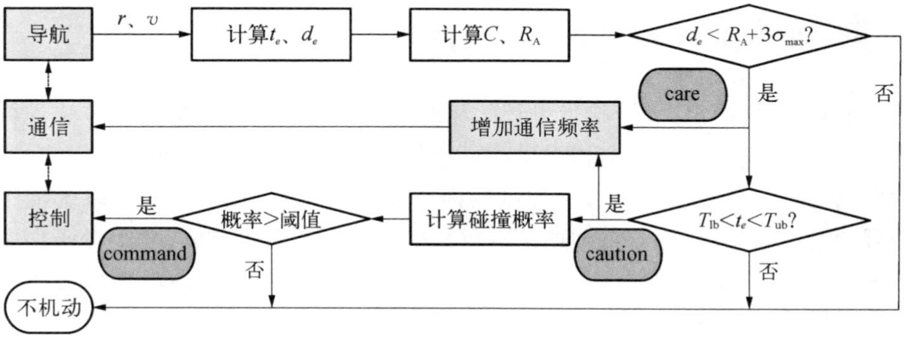

图 9.34　碰撞风险评估"3C"模型流程图

采用"3C"模型进行碰撞风险评估的具体步骤如下。

(1) 根据导航系统或是通信系统，获得相对状态：相对位置 $\boldsymbol{r}$、相对速度 $\boldsymbol{v}$ 及相对状态误差协方差。

(2) 计算联合误差协方差 $\boldsymbol{C} = \boldsymbol{C}_{nav} + \boldsymbol{C}_{com}$ 及联合包络体等效半径 r_A，其中 $\boldsymbol{C}_{nav}$ 为导航系统误差协方差、$\boldsymbol{C}_{com}$ 为通信系统导致的误差协方差。

(3) 根据预测 CPA 模型计算 $t_e = -(\boldsymbol{r}\cdot\boldsymbol{v})/|\boldsymbol{v}|^2$ 及 d_e。

(4) 根据航天器性能参数及式(9.49)计算 R_A 和动态安全域。

(5) 若 $d_e < R_A + 3\sigma_{max}$，启动第一级警报，模块可能发生危险(根据相对距离定义第一级警报)，需要增加通信频率，否则转为步骤(1)。

(6) 若 $T_{lb} < t_e < T_{ub}$，启动第二级警报，碰撞危险正在接近，需要计算相遇面上的瞬时碰撞概率(根据相对速度方向时间定义第二级警报)，否则转为步骤(1)。

(7) 计算动态安全域在相遇域内的碰撞概率。计算碰撞概率时，将动态安全域分为三部分，即半径分别为 r_A、R_A 的半球及近似高度为 r_d 的圆台的连接部，三部分分别进行概率计算并求和。为简化计算，连接部的概率近似表示为 $P_3 = f(\boldsymbol{r} + \boldsymbol{r}_d/2)V_3$，圆台体积为 $V_3 = \pi r_d(R_A^2 + r_A^2 + R_A r_A)/3$。

对于实际在线风险评估应用，由于协方差的影响，更关注已知轨迹的最大瞬时碰撞概率及未知协方差条件下的最差安全情况。通常，某时刻的位置协方差相对精确，但速度误差协方差较小，这是由于协方差计算仅考虑了测量误差，假设动态模型比较理想。一旦导航系统出现故障，可采用外插法预估潜在安全风险。然而，当通信系统或控制系统出现故障时，仍需要地面站进行遥操作，降低碰撞风险。对于自主或半自主运行的航天器系统，安全评估模型不仅可作为控制过程的约束条件，还可以用于指导控制方向。

9.3 本章小结

本章对非合作目标安全接近过程的相对运动可达域和安全区建立方法进行了研究。首先，对航天器近距离相对运动可达分析与碰撞预警方法展开研究，介绍了可达理论的基本概念及其与最优控制的内在联系。然后，介绍了线性系统常用的几种可达区求解方法，并着重阐述了本章采用的奇诺多面体方法；基于奇诺多面体可达区方法，开展了空间翻滚目标终端接近可达分析及航天器近距离相对运动安全预警。最后，对相对运动安全区的常用构建方法进行了介绍，将安全区分为基于安全包络体及碰撞概率两种方法，并对其适用性进分析，并将安全区应用于航天器相对运动碰撞预警中。

参考文献

[1] Ding J, Sprinkle J, Tomlin C J, et al. Reachability calculations for vehicle safety during manned/unmanned vehicle interaction[J]. Journal of Guidance, Control, and Dynamics, 2012, 35(1): 138-152.

[2] Ding J, Sprinkle J, Sastry S S, et al. Reachability calculations for automated aerial refueling [C]. Cancun: 2008 47th IEEE Conference on Decision and Control, 2008.

[3] Stapel J, de Visser C C, van Kampen E J, et al. Efficient methods for flight envelope estimation

through reachability analysis [C]. San Diego: AIAA Guidance, Navigation, and Control Conference, 2016.

[4] Althoff M, Stursberg O, Buss M. Safety assessment of autonomous cars using verification techniques[C]. New York: 2007 American Control Conference, 2007.

[5] Holzinger M, Scheeres D. Applied reachability for space situational awareness and safety in spacecraft proximity operations [C]. Chicago: AIAA Guidance, Navigation, and Control Conference, 2009.

[6] Holzinger M J, Scheeres D J. Reachability results for nonlinear systems with ellipsoidal initial sets[J]. IEEE Transactions on Aerospace and Electronic Systems, 2012, 48(2): 1583 - 1600.

[7] HomChaudhuri B, Oishi M, Shubert M, et al. Computing reach-avoid sets for space vehicle docking under continuous thrust[C]. Las Vegas: 2016 IEEE 55th Conference on Decision and Control (CDC), 2016.

[8] Zagaris C, Romano M. Reachability analysis of planar spacecraft docking with rotating body in close proximity[J]. Journal of Guidance, Control, and Dynamics, 2018, 41(6): 1416 - 1422.

[9] Zagaris C, Romano M. Analysis of spacecraft planar docking with rotating body in close proximity[C]. San Antonio: 27th AAS/AIAA Spaceflight Mechanics Meeting, 2017.

[10] Zagaris C, Romano M. Applied reachability analysis for spacecraft rendezvous and docking with a tumbling object[C]. Kissimmee: 2018 Space Flight Mechanics Meeting, 2018.

[11] 雪丹，李俊峰，宝音贺西. 平面脉冲作用下卫星轨道的可达范围研究[J]. 宇航学报，2009, 30(1): 88 - 92.

[12] 雪丹，李俊峰. 确定卫星可达范围的优化方法[J]. 清华大学学报(自然科学版), 2009, 49(11): 1852 - 1855.

[13] Xue D, Li J, Baoyin H, et al. Reachable domain for spacecraft with a single impulse[J]. Journal of Guidance, Control, and Dynamics, 2010, 33(3): 934 - 942.

[14] Wen C, Zhao Y, Shi P. Precise determination of reachable domain for spacecraft with single impulse[J]. Journal of Guidance, Control, and Dynamics, 2014, 37(6): 1767 - 1779.

[15] Wen C, Zhao Y, Shi P, et al. Orbital accessibility problem for spacecraft with a single impulse [J]. Journal of Guidance, Control, and Dynamics, 2014, 37(4): 1260 - 1271.

[16] 李雪华，和兴锁. 连续推力作用下卫星轨道的相对可达区域研究[J]. 飞行力学，2011, 29(1): 63 - 65, 88.

[17] Wen C, Gurfil P. Relative reachable domain for spacecraft with initial state uncertainties[J]. Journal of Guidance, Control, and Dynamics, 2015, 39(3): 462 - 473.

[18] 石昊，赵育善，师鹏，等. 初值不确定轨道可达区域计算[J]. 宇航学报，2016, 37(4): 411 - 419.

[19] 郑大钟. 线性系统理论[M]. 北京：清华大学出版社，2002.

[20] 仝茂达. 线性系统理论和设计[M]. 合肥：中国科学技术出版社，2012.

[21] Hwang I, Stipanović D M, Tomlin C J. Polytopic approximations of reachable sets applied to linear dynamic games and a class of nonlinear systems [C]. Boston: Advances in Control, Communication Networks, and Transportation Systems: in Honor of Pravin Varaiya, 2005.

[22] Dreossi T, Dang T, Piazza C. Reachability computation for polynomial dynamical systems[J]. Formal Methods in System Design, 2017, 50(1): 1 - 38.

[23] Kurzhanskiy A A, Varaiya P. Ellipsoidal techniques for reachability analysis of discrete-time linear systems[J]. IEEE Transactions on Automatic Control, 2007, 52(1): 26-38.
[24] Le Guernic C, Girard A. Reachability analysis of hybrid systems using support functions[C]. Berlin: Computer Aided Verification, 2009.
[25] Girard A, Guernic C L. Efficient reachability analysis for linear systems using support Functions [J]. IFAC Proceedings Volumes, 2008, 41(2): 8966-8971.
[26] Herceg M, Kvasnica M, Jones C N, et al. Multi-parametric toolbox 3.0[C]. Zurich: 2013 European Control Conference (ECC), 2013.
[27] Girard A, Le Guernic C, Maler O. Efficient computation of reachable sets of linear time-invariant systems with inputs[C]. Berlin: Hybrid Systems: Computation and Control, 2006.
[28] Althoff M, Krogh B H. Zonotope bundles for the efficient computation of reachable sets[C]. Orlando: 50th IEEE Conference on Decision and Control and European Control Conference, 2011.
[29] Althoff M, Stursberg O, Buss M. Computing reachable sets of hybrid systems using a combination of zonotopes and polytopes[J]. Nonlinear Analysis: Hybrid Systems, 2010, 4(2): 233-249.
[30] Althoff M. Reachability analysis and its application to the safety assessment of autonomous cars [D]. Munich: Technische Universitt Mnchen, 2010.
[31] Stursberg O, Krogh B H. Efficient representation and computation of reachable sets for hybrid systems[C]. Prague: Proceedings of the 6th International Conference on Hybrid Systems: Computation and Control, 2003.
[32] Ericson C. Real-Time Collision Detection[M]. San Francisco: CRC Press, 2005.
[33] 林来兴. 分布式空间系统和航天器编队飞行辨析——兼谈航天器知识编队和精确编队飞行应用实例[J]. 航天器工程. 2008, 17(4): 24-29.
[34] 王华. 交会对接的控制与轨迹安全[D]. 长沙: 国防科学技术大学, 2007.
[35] Guo Y, Zhang D W, Li A J, et al. Finite-time control for autonomous rendezvous and docking under safe constraint[J]. Aerospace Science and Technology, 2021, 109(4): 1270-9638.
[36] 王璟贤, 师鹏, 陈致钧, 等. 非合作目标安全走廊设计及飞越逼近轨迹优化 [J]. 北京航空航天大学学报, 2021, 47(9): 1832-1840.
[37] di Cairano S, Park H, Kolmanovsky I. Model predictive control approach for guidance of spacecraft rendezvous and proximity maneuvering [J]. International Journal of Robust and Nonlinear Control, 2012, 22(12): 1398-1427.
[38] Li Q, Yuan J, Zhang B, et al. Model predictive control for autonomous rendezvous and docking with a tumbling target[J]. Aerospace Science and Technology, 2017, 69: 700-711.
[39] Xu Z Y, Chen Y K, Xu Z X. Optimal guidance and collision avoidance for docking with the rotating target spacecraft[J]. Advances in Space Research, 2019, 63(10): 3223-3234.
[40] Mou F, Wu S, Xiao X, et al. Control of a space manipulator capturing a rotating object in the three-dimensional space [C]. Honolulu: 2018 15th International Conference on Ubiquitous Robots (UR), 2018.
[41] Xu W F, Yan L, Hu Z H, et al. Area-oriented coordinated trajectory planning of dual-arm space robot for capturing a tumbling target [J]. Chinese Journal of Aeronautics, 2019, 32(9):

2151 – 2163.

[42] Zhang F H, Fu Y L, Zhu S, et al. Safe path planning for free-floating space robot to approach noncooperative spacecraft[J]. Proceedings of the Institution of Mechanical Engineers Part G-Journal of Aerospace Engineering, 2018, 232(7): 1258 – 1271.

[43] Chan F K. Spacecraft Collision Probability[M]. Houston: The Aerospace Press, 2008.

[44] 白显宗. 空间目标碰撞预警中的碰撞概率问题研究[D]. 长沙: 国防科学技术大学, 2008.

[45] Cetin O, Yilmaz G. Sigmoid limiting functions and potential field based autonomous air refueling path planning for UAVs[J]. Journal of Intelligent and Robotic Systems, 2014, 73(1): 797 – 810.

[46] Cetin O, Yilmaz G. GPUPU accelerated potential field based autonomous air refueling approach for UAVs[C]. Atlanta: Proceedings of International Conference on Unmanned Aerial Vehicles ICUAS13, 2013.

[47] Fezans N, Jann T. Modeling and simulation for the automation of aerial refueling of military transport aircraft with the probe-and-drogue systems[C]. Denver: AIAA Modeling and Simulation Technologies Conference, 2017.

[48] 朱博. 近距平行跑道运行碰撞风险评估研究[D]. 天津: 中国民航大学, 2016.

[49] 王健. 近距平行跑道配对进近碰撞风险评估研究[D]. 天津: 中国民航大学, 2017.

[50] 杨维维. 航天器近距离操作自主防撞控制方法研究[D]. 长沙: 国防科学技术大学, 2013.

[51] Gavin R T. NASA's orbital debris conjunction assessment and collision avoidance strategy[R]. NASA Report, 2010.

[52] 田继超, 荣思远, 崔乃刚. 卫星编队飞行队形重构防碰撞方法研究[J]. 宇航学报, 2009, 30(4): 1525 – 1530.

[53] Chan F K. Miss distance — generalized variance non-central chi distribution[C]. New Orleans: Spaceflight Mechanics Meeting, 2011.

[54] 梁立波, 罗亚中, 王华, 等. 空间交会轨迹安全性定量评价指标研究[J]. 宇航学报, 2010, 31(10): 2239 – 2245.

第 10 章

非合作目标安全接近控制实验技术

本章结合作者团队开展的非合作目标安全接近地面气浮模拟实验和在轨飞行实验，验证本书中的部分跟踪控制和安全接近算法。首先，介绍作者团队构建的地面气浮实验平台软硬件系统组成；然后，分别设计路经约束、跟踪控制、安全接近三种地面实验场景，对本书设计的最优控制、模型预测控制、非奇异终端滑模控制和基于 GMM 的安全接近控制算法进行验证；最后，介绍作者团队研发的多功能实验卫星对“天拓五号”卫星的安全接近在轨飞行实验，对安全接近段和悬停观测段的控制方法进行验证。

10.1　安全接近地面气浮模拟实验系统介绍

由于地面缺乏航天器在轨所处的微重力环境，需要使用模拟装置开展航天器在轨实验验证。现阶段，除了部分采用工业机器人模拟法和水中悬浮模拟法外，大多数研究以地面气浮模拟实验系统为平台。地面气浮模拟实验系统主要由大理石气浮平台、模拟航天器系统、Vicon 运动捕捉系统、主控计算机、通信装置组成。其中，大理石气浮平台为模拟航天器提供一个非常光滑的运动平面；模拟航天器通过气浮轴承持续向下喷出压缩气体，在平台与模拟航天器之间形成一个气膜，模拟空间微重力环境，同时，模拟航天器还配有四个方向的喷嘴充当运动控制执行器；Vicon 运动捕捉系统通过多机位高频拍摄，实时捕捉模拟航天器的运动信息，解算位置和姿态信息数据并提供给主控计算机；主控计算机负责处理和计算实时信息，再通过通信装置向模拟航天器持续发送控制信号。下面将详细介绍地面模拟实验系统的各个分系统。

10.1.1　地面气浮实验平台硬件系统

1. 大理石气浮平台

实验所用大理石平台由 6 块尺寸为 5 m×2 m 的大理石组成，总尺寸为 10 m×

6 m。大理石底部有可升降的基座，通过调整基座可使大理石接缝处高度差小于 10 μm，水平度小于 15μm，整个大理石平面度达到《岩石平板》（GB/T 20428—2006）中规定的 00 级标准。

2. 模拟航天器系统

模拟航天器系统由两个模拟航天器组成，分别模拟目标航天器（A 星）和服务航天器（B 星），由气浮轴承、模拟航天器框架、气控系统、供电系统和驱动系统组成，具备三自由度运动能力，即大理石平台上的两自由度平动运动（x 方向和 y 方向）和垂直于平台方向（z 方向）的旋转运动。模拟航天器实物如图 10.1 和图 10.2 所示。

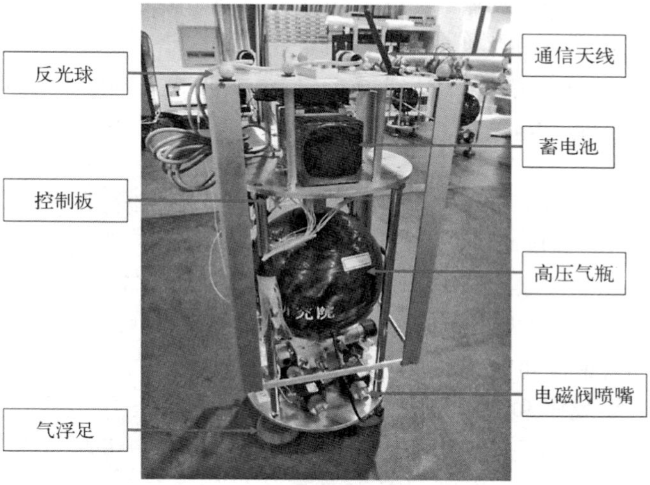

图 10.1　模拟服务航天器实物

图 10.2　模拟目标航天器实物

实验模拟航天器各组成部分详细描述如下。

(1) 气浮轴承：三个直径为 80 mm 的圆形气浮轴承呈正三角形分布在模拟航天器底部，气浮轴承底部喷出气体，使模拟航天器悬浮在大理石平台上，模拟空间微重力环境，且能使模拟航天器在平面上近似做无摩擦运动。

(2) 模拟航天器框架：由铝合金及塑料板材组成，构造出模拟航天器的外形轮廓，同时为各元器件提供安装位置。B 星外包络尺寸为 26 cm×26 cm×60 cm；A 星尺寸较大，具备展开的尺寸为 98 cm×30 cm 的四块太阳帆板和 46 cm×46 cm×60 cm 的主体。

(3) 驱动系统：由转动电机和 6 个电磁阀喷嘴组成，可为模拟航天器提供所需的力矩和力。电磁阀喷嘴布置在模拟服务航天器底部同一水平面的四个方向，前后左右按 2、2、1、1 分配，为模拟服务航天器提供平动和转动所需的动力；转动电机位于模拟目标航天器的主轴底部，可以带动其整体框架按照设定的角速度自旋。

(4) 供电系统：由 25 V 蓄电池和数根导线与开关组成，为无线通信装置、电磁阀喷嘴、旋转电机等提供电能。

(5) 供气系统：主要由气瓶、气管、减压阀、压力表等组成，主要功能是为气浮轴承提供压缩气体和为驱动系统的执行器(电磁阀喷嘴)提供高压喷气。气瓶设计为黑色球形，最高可存储压力为 23 MPa 气体，为模拟航天器的气源。气路包括进气道、两级减压和多个输出阀，如图 10.3 所示。进气通道为进气口—开关 K1—开关 K2—气瓶，是外部气体充入气瓶的通道；一级减压位于减压阀 A1，将管路压力下降到 3 MPa 以下，此压强的气体供给电磁阀喷嘴(6 个输出阀)，使模拟航天器获得机动力；第二级减压位于减压阀 A2，压力下降到 0.6 MPa 以下，为气浮轴承(3 个输出阀)供给持续输出气体，使得实验模拟航天器悬浮于大理石平台表面。通过两级减压，较高压强的气体可以使电磁阀喷嘴具备较大的控制输出力，为模拟航天器提供较大的驱动力；而较小压强的气体负责悬浮做功，节省气源消耗。

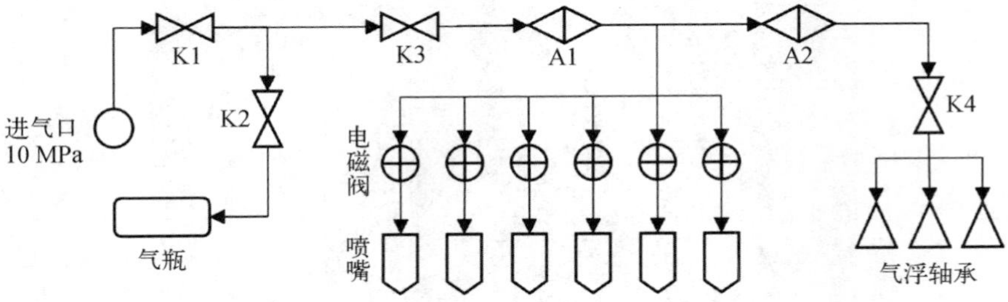

图 10.3　大理石气浮平台气控系统原理图

3. Vicon 运动捕捉系统

Vicon 运动捕捉系统主要由多个运动捕捉相机及相关设备组成,可以捕捉目标的实时位置、姿态等数据,适用于本书研究的相对运动状态信息的捕捉与反馈。该系统需要将一种反光标记球贴在被捕捉的目标上,Vicon 运动捕捉相机可以通过发出红外线照射到标记球表面,捕捉其反射的红外线,从而可以确定每个标记球的二维坐标,经过 Vicon 开发的 Tracker/Nexus 软件进行处理便可以得到人或物体的三维坐标。当在目标上安装多颗标记球时,由标记球之间连线的方向变化可以计算得到目标姿态变化。并且,Vicon 采集器的频率和分辨率都很高,达到 100 Hz 的输出频率,所以捕捉运动参数的精度也很高。最基本的 Vicon 运动捕捉系统构架包含若干个采集器、一台交换机和一台个人计算机(personal computer, PC),如图 10.4 所示。

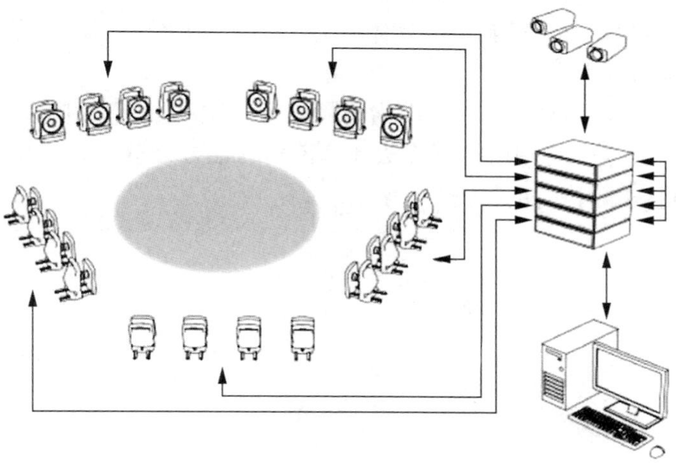

图 10.4　Vicon 运动捕捉系统示意图

4. 无线通信系统

无线通信系统由主从式通信模块组成,负责建立模拟航天器与主控计算机之间的通信服务。所采用的无线通信装置型号为 E64 - DTU,工作频段为 425~450.5 MHz。主控计算机上由 USB① 接口外接主发信号模块,A 星和 B 星上分别装有一个主接收信号模块。

5. 地面接收及处理系统

地面接收及处理系统包括负责分析处理数据的主控计算机和负责管控模拟航天器气流阀门开关的星上 Min - PC。主控计算机上装有 Vicon Tracker、Xcom 等实验所需软件。

① 表示通用串行总线。

10.1.2 地面气浮实验平台软件系统

整个地面气浮实验软件系统是基于虚拟仪器软件、计算仿真软件 Xcom 开发的。其中,整个框架是基于虚拟仪器软件搭建的,计算软件作为一个子部分嵌套在里面。下面对软件系统各部分进行介绍。

1. 导航定位子系统

Vicon 运动捕捉系统对模拟航天器上的多个标记球进行光学定位,提供了模拟航天器的位置和姿态信息(时间间隔为 0.2 s),将 Vicon 定位系统连续 4 个时刻的位置和姿态信息进行差分运算,可得当前时刻近似的速度和角速度,精度也比较高。

2. 驱动子系统

系统的驱动系统由电磁阀气动喷嘴和转动电机组成,其中转动电机可以按照指令以设定的角速度带动模拟航天器旋转,但是电磁阀气动喷嘴只能控制开关时长,不能自动控制开口大小和出口气体压力。因此,拟采用控制电磁阀开启时长来量化输出控制力的大小。

假定电磁阀气动喷嘴以时长 T_s 为间隔执行一次,电磁阀喷嘴单一方向的最大推力为 $F_{\max}$。设某一时刻由控制算法计算得到的推力分量为 F_i,由于气动喷嘴推力幅值的限制,实际执行的推力 $\bar{F}_i$ 为

$$\bar{F}_i = \begin{cases} -F_{\max}, & F_i \leqslant -F_{\max} \\ F_i, & -F_{\max} < F_i < F_{\max} \\ F_{\max}, & F_i \geqslant F_{\max} \end{cases} \tag{10.1}$$

则电磁阀开启时长为

$$T_e = f_T(\bar{F}_i) = \frac{\bar{F} T_s}{F_{\max}} \tag{10.2}$$

实际情况下,电磁阀受控具有延时性,喷嘴喷气产生的冲量和电磁阀开启时长不一定是线性关系。因此,为提高控制输出的精度,需要实现通过实验标定时长指令 T_e 与控制力的关系,得到式(10.2)中的函数 f_T,以此来确定电磁阀开启时长。

3. 闭环控制总系统

整个闭环控制总系统示意图如图 10.5 所示,具体流程为:首先,地面计算机通过 Vicon Tracker 软件获取当前的相邻 4 个时间点的位置和姿态信息,并调用算法接口,先完成速度和角速度的计算,然后代入负反馈控制算法中计算得到控制力,通过转换式(10.1)和式(10.2)计算得到各个电磁阀的开启时间,然后通过 Wi - Fi 模块将各电磁阀开启时间发送到模拟航天器上并执行,启动气动喷嘴控制模拟航天器运动,运动信息由 Vicon 运动捕捉系统捕获,如此重复进行。

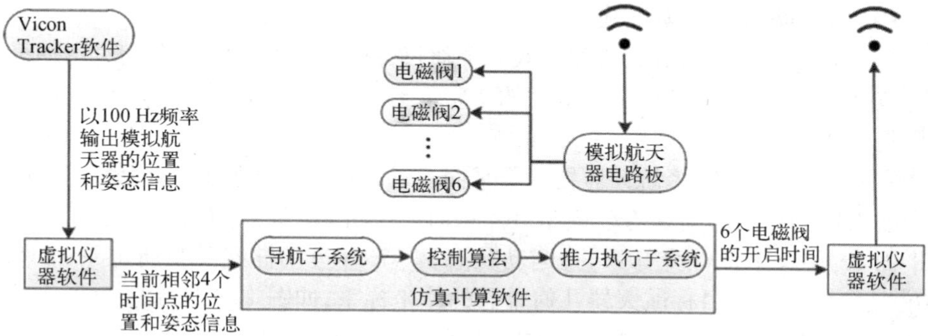

图 10.5　闭环控制总系统示意图

10.1.3　地面气浮实验平台系统参数辨识

实验系统存在气动喷嘴推力非定常、大理石表面不平整、通信丢包等诸多不确定的误差，会对系统性能造成较大的影响。通过实验的方法可获得模拟航天器实际工况下的质量、转动惯量、最大加速度和最大角加速度等信息，从而计算出最大推力和最大力矩。参数辨识的主要步骤如下。

（1）对实验模拟服务航天器进行质量配平，使得质心尽可能位于过电磁阀气动喷嘴执行机构几何中心点的垂直线上。

（2）通过称量得到模拟服务航天器的质量 m。

（3）全状态打开某一方向电磁阀，使模拟航天器沿此方向运动一段足够长的路径，尽可能使模拟服务航天器在大理石平台上沿直线运动，利用 Vicon 运动捕捉系统捕获实时的位置信息，并记录数据。

（4）根据公式 $s = a_0 + a_1 t + a_2 t^2$ 和 $a_2 = F_{max}/2m$，通过拟合、计算得到最大加速度和最大推力 F_{max}。

（5）测量同方向两个电磁阀之间的距离 L，计算得到最大力矩 $M_{max} = F_{max} L$。

（6）全状态开启两个反向电磁阀，使实验模拟航天器在大理石平台上旋转，并利用 Vicon 捕获系统采集实时的姿态变化信息。

（7）根据公式 $\theta = b_0 + b_1 t + b_2 t^2$ 和 $b_2 = M_{max}/2J_z$，通过拟合、计算得到模拟服务航天器沿垂直于平台面（z 方向）的转动惯量 J_z，并计算得到最大角加速度。

本节实验中测得的模拟服务航天器的参数信息如表 10.1 所示。

表 10.1　模拟服务航天器参数信息

参数	质量 m/kg	转动惯量 J_z/(kg·m^2)	最大推力 F_{max}/N	最大力矩 M_{max}/(N·m)
取值	14.84	0.156	0.59	0.043

10.1.4 动力学模型简化

第 2 章中针对服务航天器和失效非合作目标所提出的姿轨耦合相对运动模型具有较强的非线性,将模型用于地面的实验平台上需要对动力学进行一定的简化,下面将具体介绍简化操作。

实验系统中,两模拟航天器在二维平面运动,其相对运动动力学模型与实际太空中航天器的相对运动动力学模型并不一样。首先,坐标系 xOy 定义在大理石平台平面上,是一个惯性坐标系,且运动状态被 Vicon 运动捕捉系统所记录;坐标系 x_bOy_b 是建立在模拟目标航天器几何中心的体坐标系,如图 10.6 所示。由于实验场景是在二维平面运动,不考虑垂直方向的运动,将两个模拟航天器简化成二维垂直投影几何形状表示,如图 10.6 中两个方块图形所示。其中,$\boldsymbol{\rho}_t$ 和 $\boldsymbol{\rho}_s$ 分别表示模拟目标航天器和服务航天器的位置矢量,$\boldsymbol{\rho} = \boldsymbol{\rho}_s - \boldsymbol{\rho}_t = [x \quad y]^{\mathrm{T}}$ 表示两模拟航天器之间的相对位置矢量。

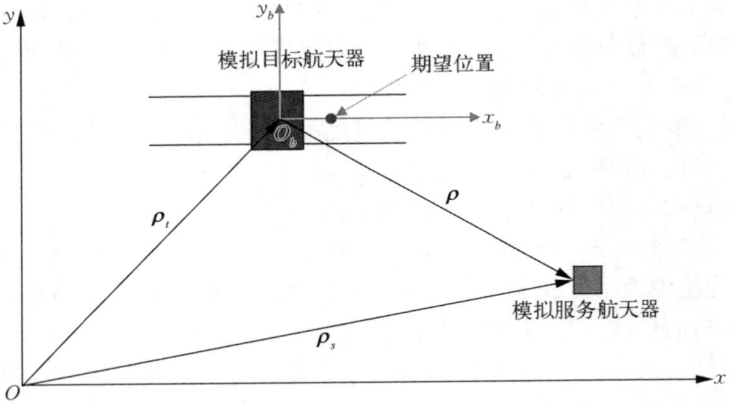

图 10.6 地面气浮实验任务场景

两模拟航天器在实验平台上只具备二维平面的水平运动及垂直方向的转动能力,是一个三自由度的运动,其相对运动动力学模型可以简化为

$$\begin{cases} \ddot{x} = F_x/m \\ \ddot{y} = F_y/m \\ \ddot{\theta} = M_z/J_z \end{cases} \tag{10.3}$$

式中,x 和 y 分别表示模拟服务航天器相对于模拟目标航天器的运动分量;θ 表示模拟航天器垂直方向的旋转方向角;F_x、F_y 分别表示 x、y 方向的控制力;M_z 表示垂直方向的控制力矩;J_z 为模拟航天器绕垂直方向的转动惯量。

定义状态量 $\boldsymbol{X} = [x \quad y \quad \theta \quad \dot{x} \quad \dot{y} \quad \dot{\theta}]^{\mathrm{T}}$ 和控制量 $\boldsymbol{u} = [F_x \quad F_y \quad M_z]^{\mathrm{T}}$，式(10.3)可以转换为如下状态方程形式：

$$\dot{\boldsymbol{X}} = \widehat{\boldsymbol{A}}\boldsymbol{X} + \widehat{\boldsymbol{B}}\,\widehat{\boldsymbol{u}} \tag{10.4}$$

式中，$\widehat{\boldsymbol{A}}$ 和 $\widehat{\boldsymbol{B}}$ 为系统矩阵，表示如下：

$$\widehat{\boldsymbol{A}} = \begin{bmatrix} 0 & 0 & 0 & 1 & 0 & 0 \\ 0 & 0 & 0 & 0 & 1 & 0 \\ 0 & 0 & 0 & 0 & 0 & 1 \\ 0 & 0 & 0 & 0 & 0 & 0 \\ 0 & 0 & 0 & 0 & 0 & 0 \\ 0 & 0 & 0 & 0 & 0 & 0 \end{bmatrix}, \quad \widehat{\boldsymbol{B}} = \begin{bmatrix} 0 & 0 & 0 \\ 0 & 0 & 0 \\ 0 & 0 & 0 \\ 1/m & 0 & 0 \\ 0 & 1/m & 0 \\ 0 & 0 & 1/J_z \end{bmatrix} \tag{10.5}$$

实验的主要目的是，在所设计的控制器的作用下驱动实验中模拟服务航天器进行姿轨跟踪和安全接近的任务演示，下面将对实验作具体介绍。

10.2　路经约束下最优跟踪控制算法地面实验

本节主要对 3.2 节状态相关黎卡提方程算法求解路径约束问题和 3.3 节模型预测控制算法进行实验验证，先给出统一的场景设置，然后分别采用两种方法进行实验。

10.2.1　期望输入最优跟踪控制算法实验验证

1. 场景设置

假设模拟目标航天器位于气浮平台系统 $[2,\ 4.5]^{\mathrm{T}}$ m 处，且沿竖直方向逆时针匀速转动，周期为 2 min，模拟服务航天器要机动至距目标航天器 1 m 的期望圆轨迹上，并保持位置同步和姿态对准。参考坐标系统的动力学可写为

$$\dot{z} = \boldsymbol{G}z, \quad \boldsymbol{G} = \begin{bmatrix} \boldsymbol{0}_3 & \boldsymbol{I}_3 \\ \boldsymbol{g}_{21} & \boldsymbol{0}_3 \end{bmatrix}, \quad \boldsymbol{g}_{21} = \begin{bmatrix} -\Omega^2 & 0 & 0 \\ 0 & -\Omega^2 & 0 \\ 0 & 0 & 0 \end{bmatrix} \tag{10.6}$$

式中，$\boldsymbol{z} = [x_d,\ y_d,\ \theta_d,\ \dot{x}_d,\ \dot{y}_d,\ \dot{\theta}_d]^{\mathrm{T}}$ 为参考坐标系统的状态量；Ω 为目标旋转角速度。

进一步，假设初始时刻参考点的位置为 $[2,\ 3.5]^{\mathrm{T}}$ m，且姿态角为 270°。

服务航天器的初始位置为 $[0.42,\ 5.39]^{\mathrm{T}}$ m，姿态角为 187.9°，且速度和角速度均为零。参考第 3 章状态相关黎卡提方程算法设计思路，跟踪控制系统动力学如式(10.4)，状态量的加权矩阵为 $\boldsymbol{Q} = \mathrm{diag}([2,\ 2,\ 0.1,\ 0,\ 0,\ 0])$，控制量的加权矩阵为 $\boldsymbol{R} = \mathrm{diag}([10^2,\ 10^2,\ 10^4])$，由此求得跟踪控制系统反馈项的增益矩阵为

$$\boldsymbol{K} = \begin{bmatrix} 0.1414 & 0 & 0 & 2.0486 & 0 & 0 \\ 0 & 0.1414 & 0 & 0 & 2.0486 & 0 \\ 0 & 0 & 0.0032 & 0 & 0 & 0.0314 \end{bmatrix} \tag{10.7}$$

控制器为

$$\boldsymbol{u} = -\boldsymbol{K}(\boldsymbol{x} - \boldsymbol{z}) \tag{10.8}$$

2. 实验结果分析

图 10.7 给出了实验过程中服务航天器的运动轨迹，图中小正方形代表航天器的位置，短线代表航天器特征矢量的指向，从图中可以看出服务航天器成功到达距目标 1 m 的期望圆轨迹上，并保持特征方向对准圆心。

采用实验设定的初始条件和参数设置，进行数值仿真，图 10.8 给出了数值仿真和实验两种情况下的位置误差和姿态误差随时间的变化曲线。从图中可以看出，受模型误差、系统扰动等影响，实验结果与数值仿真结果之间存在一定误差。

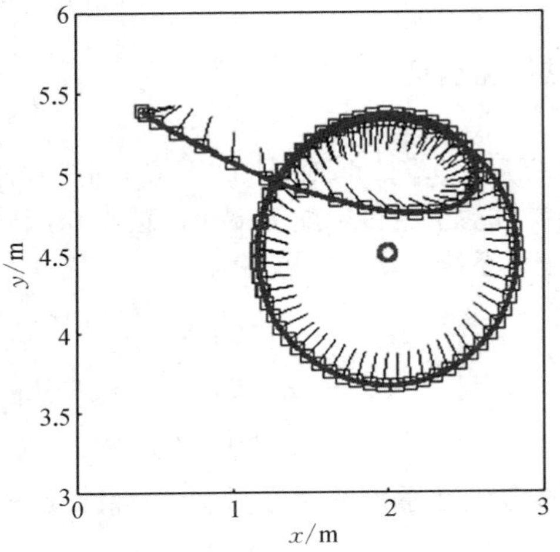

图 10.7 最优跟踪控制实验运动轨迹

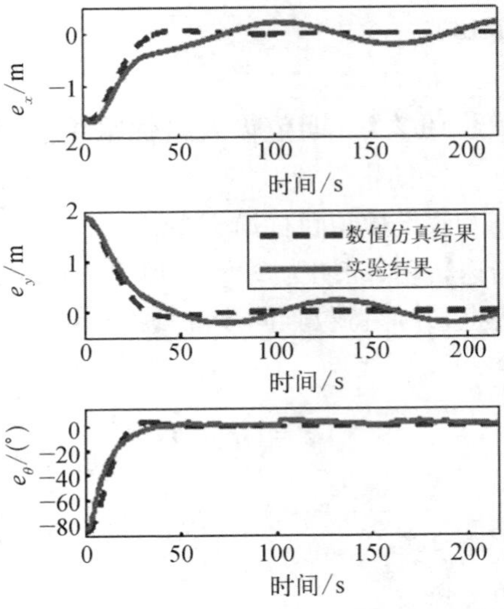

图 10.8 最优跟踪控制实验结果误差分析

实验结果相对收敛较慢,且最终位置误差大概为 0.22 m,角度误差达到 5° 以下精度。而数值仿真结果中的位置误差达到 mm 级以下,角度误差达到 10^{-4}° 以下。

10.2.2 路径约束最优控制算法实验验证

1. 场景设置

实验场景如图 10.9 所示,航天器要从某一初始状态机动至目标状态,过程中要从两个障碍物形成的孔道中穿过,考虑航天器本体的外形尺寸,通过位置和姿态联合作用,使得航天器成功躲过障碍物。

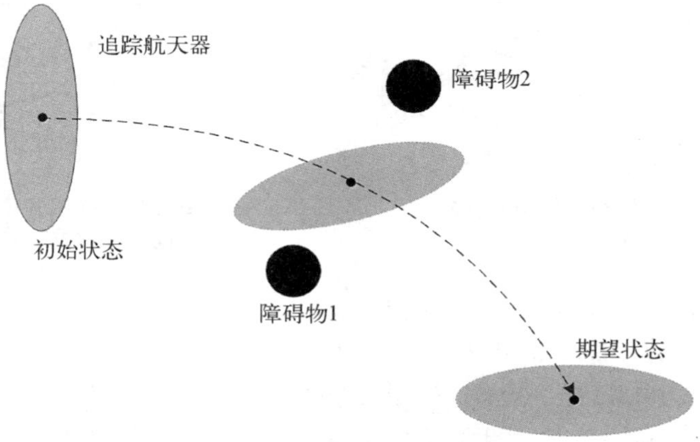

图 10.9 路径约束最优控制问题实验场景

假设航天器的外形为长半轴 $a = 0.6$ m、短半轴 $b = 0.2$ m 的椭圆,两个障碍物的位置分别为 $[-1.5,\ 2.6]^{\mathrm{T}}$ m 和 $[-1.0,\ 3.6]^{\mathrm{T}}$ m,期望的终端位置为 $[0.8,\ 1.0]^{\mathrm{T}}$ m,姿态角为 0°,速度和角速度均为零,如图 10.9 所示。初始位置设于 $[-4.0,\ 5.5]^{\mathrm{T}}$ m 附近,初始姿态角约为 90°,初始速度和角速度均为零。

2. 模型预测控制算法实验

采用第 7 章中的模型预测控制算法进行实验,系统离散周期为 $\tau = 0.2$ s,状态量和控制量的预测步长均为 40,加权矩阵分别为 $\boldsymbol{Q} = \mathrm{diag}([1,\ 1,\ 1,\ 20,\ 20,\ 20])$ 和 $\boldsymbol{R} = \mathrm{diag}([5,\ 5,\ 5\,000])$,模拟航天器实际的初始位置为 $[-3.98,\ 5.45]^{\mathrm{T}}$m,姿态角为 90.3°。

图 10.10 给出了实验过程中的运动轨迹及从初始状态到躲过两个障碍物过程中的姿态变化轨迹,虚线椭圆即代表模拟航天器的外形,从图中可以看出,模拟航天器成功从两个障碍物之间穿过。图 10.11 给出了位置和姿态误差随时间变化曲线,从图中可以看出,位置和姿态均收敛到原点附近,且为了躲过障碍,姿态先反向旋转再减小至零。

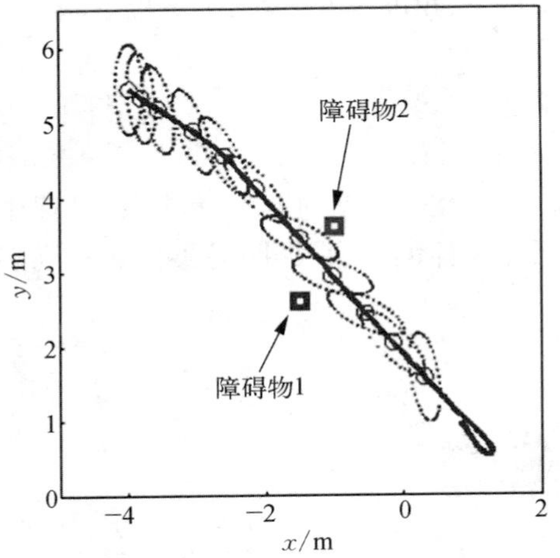

图 10.10　位姿联合避撞实验运动轨迹(MPC 方法)

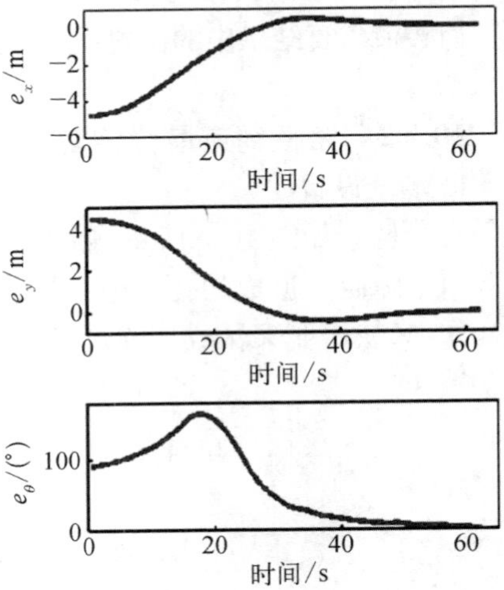

图 10.11　位姿联合避撞实验中位置和姿态误差随时间的变化曲线(MPC 方法)

3. 状态相关黎卡提方程控制算法实验

采用第 3 章所提的状态相关黎卡提方程控制算法进行实验,系统控制频率为 5 Hz,加权矩阵分别为 $\boldsymbol{Q}$ = diag([1, 1, 0.05, 0, 0, 0]) 和 $\boldsymbol{R}$ = diag([250, 250, 5×10^4]), 两个障碍物对应的参数 α、β 和 γ 的取值分别为 $\alpha_1=10$、$\alpha_2=250$、$\beta_1=\beta_2=2$、$\gamma_1=1$、$\gamma_2=2$, 下标与障碍物的标号相对应,模拟航天器实际的初始位置为 $[-4.0, 5.49]^{\mathrm{T}}$ m, 姿态角为 91.3°。

图 10.12 给出了实验过程中的运动轨迹及从初始状态到躲过两个障碍物过程中的姿态变化轨迹,椭圆同样代表模拟航天器的外形,从图中可以看出,模拟航天器成功从两个障碍物之间穿过。图 10.13 给出了位置和姿态误差随时间的变化曲线,从图中可以看出,位置和姿态均收敛到原点附近,且为了躲避障碍,姿态同样先反向旋转再减小至 0。

4. 两种算法实验结果对比分析

下面将两个算法的结果进行对比。无论是模型预测控制算法还是状态相关黎卡提方程控制算法,都是从线性二次型扩展得到的,满足线性二次型的特性,即增大状态量加权矩阵会加快系统响应速度,增大控制量加权矩阵会减少燃料消耗。两个算例的状态量加权矩阵幅值相差不大(位置项),而控制量加权矩阵幅值相比状态相关黎卡提方程算例偏大,所以该算例位置误差收敛相对较慢。

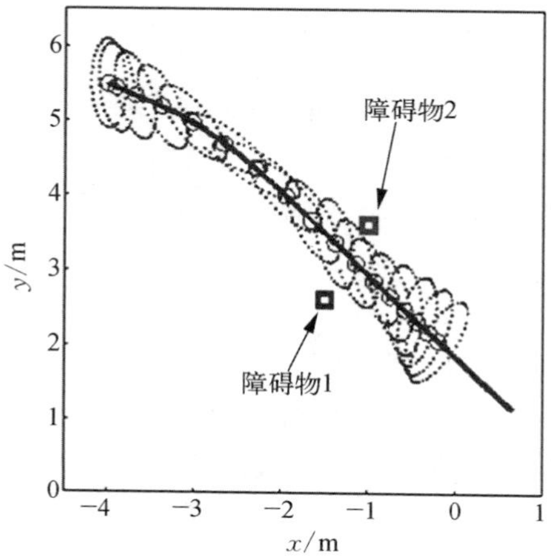

图 10.12　位姿联合避撞实验运动轨迹(SDRE 控制算法)

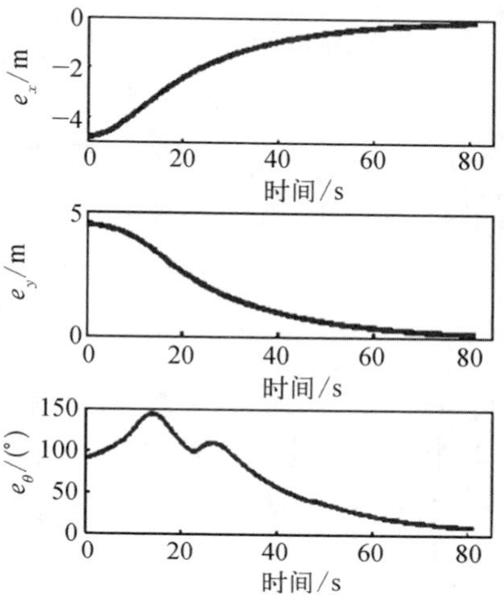

图 10.13　位姿联合避撞实验中位置和姿态误差随时间变化曲线(SDRE 控制算法)

10.3　非合作目标位姿跟踪控制算法地面实验

10.3.1　非合作目标位姿跟踪任务场景描述

本节将对第 3 章所提出的非奇异滑模跟踪控制算法和第 5 章提出的势函数避障算法进行验证,演示位姿跟踪和安全接近任务场景。位姿跟踪场景是演示服务航天器实现位姿同步跟踪,跟踪目标航天器上的指定抓捕位置,并且姿态实现对目标表面的对准;安全接近任务场景,考虑目标航天器存在帆板的阻挡,加入了人工势函数方法进行避障。

10.3.2　非合作目标位姿跟踪控制器设计

1. 非奇异终端滑模控制器

非奇异终端滑模控制器的设计在 3.2 节中已经给出了完备的设计和稳定性分析方法,本节将根据实验系统的简化动力学模型对所设计的终端滑模控制器进行简化。定义 $\boldsymbol{x}_1 = [x,\ y,\ \theta]^{\mathrm{T}}$ 和 $\boldsymbol{x}_2 = [\dot{x},\ \dot{y},\ \dot{\theta}]^{\mathrm{T}}$,则根据 3.2 节所设计的 NTSMC,提出以下滑模面:

$$\boldsymbol{s} = \boldsymbol{x}_2 + \alpha_1 \boldsymbol{x}_1 + \alpha_2 \beta(\boldsymbol{x}_1) \tag{10.9}$$

式中,$0.5 < p < 1$;α_1 和 α_2 都是正的实数;$\beta(\boldsymbol{x}_1)$ 为

$$\beta(\boldsymbol{x}_1)=\begin{cases}\operatorname{sgn}(\boldsymbol{x}_1)\mid\boldsymbol{x}_1\mid^p, & \bar{s}=0\text{ 或 }\bar{s}\neq 0,\mid\boldsymbol{x}_1\mid\geqslant\mu\\ \gamma_1\boldsymbol{x}_1+\gamma_2\operatorname{sgn}(\boldsymbol{x}_1)\boldsymbol{x}_1^2, & \bar{s}\neq 0,\mid\boldsymbol{x}_1\mid\leqslant\mu\end{cases} \tag{10.10}$$

式中，$\gamma_1=(2-p)\mu^{p-1}$ 和 $\gamma_2=(p-1)\mu^{p-2}$ 为控制设计参数；$\bar{s}=\boldsymbol{x}_2+\alpha_1\boldsymbol{x}_1+\alpha_2\operatorname{sgn}(\boldsymbol{x}_1)\mid\boldsymbol{x}_1\mid^p$ 为标称滑模面；μ 为小的正的实数。

进一步，可以提出适用于实验系统的非奇异终端滑模控制器为

$$\boldsymbol{u}_1=-k_1\cdot\operatorname{sig}^{p_1}(\boldsymbol{s}) \tag{10.11}$$

式中，$\operatorname{sig}^{p_1}(\boldsymbol{s})=\operatorname{sgn}(\boldsymbol{s})\mid\boldsymbol{s}\mid^{p_1}$；$k_1$ 和 p_1 为控制参数，满足 $1/2<p_1<1$。

控制器的有限时间稳定性证明方法在 3.4.2 节已经给出，本节不再赘述。在控制器[式(10.11)]的作用下，模拟服务航天器便可以实现对期望位置的位置跟踪、姿态对准。

2. 人工势函数控制器

在位姿跟踪控制器的基础上，进一步考虑非合作目标太阳帆板的影响，基于第 5 章设计的人工势函数，考虑对两个航天器的复杂外包络利用椭圆包络进行重构，椭球之间的最短距离利用特征值方法[1]求解得到。并设计如下安全接近控制部分：

$$\boldsymbol{u}_2=-k_2\nabla\hat{\boldsymbol{\phi}} \tag{10.12}$$

式中，k_2 为控制参数；$\nabla\hat{\boldsymbol{\phi}}$ 为所设计的势函数的梯度。

将所设计的跟踪控制器[式(10.11)]和势函数控制部分[式(10.12)]线性相加，即可得到最终的安全接近控制器。

10.3.3 实验结果分析

1. 实验任务设置

本小节将针对位姿跟踪任务场景开展地面实验和控制算法验证。服务航天器对非合作目标的接近并对准问题，是安全接近和位姿跟踪两种控制策略的结合，在接近过程中要在保证与帆板不发生碰撞的情况下接近期望位置，抵达期望位置附近后，实时跟踪期望位置的时变轨迹。

实验中，分别设定非合作目标航天器上 3 个跟踪位置，如图 10.14 中的“1”“2”“3”所示，任务执行过程中，控制服务航天器安全接近这三个位置并停靠，三个期望点的距离关系如图 10.15 所示。下面给出控制器设计参数，并分析控制精度。

2. 控制器参数

针对以上实验任务设置，所设计的位姿跟踪与安全接近控制算法的控制器参数如表 10.2 所示。

图 10.14　非合作目标地面实验任务场景示意图

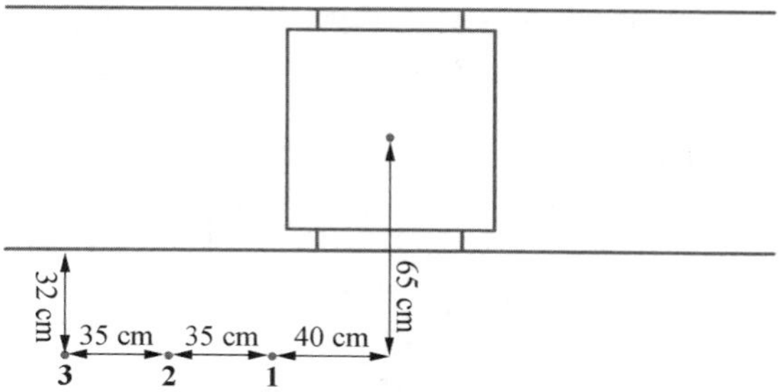

图 10.15　非合作目标期望点位置示意图

表 10.2　地面实验控制器参数

参　　数	取　　值
NTSMC 参数	$\mu = 10^{-3}$、$\alpha_1 = 0.15$、$\alpha_2 = 0.2$、$k_1 = 20$、$p = 0.6$、$p_1 = 0.6$
椭球外包络参数	$\boldsymbol{A} = [1/1.2^2 \quad 0; \quad 0 \quad 1/0.33^2]$ $\boldsymbol{B} = [1/0.13^2 \quad 0; \quad 0 \quad 1/0.13^2]$
安全接近控制器参数	$k_2 = 0.1$

3. 非合作目标跟踪控制实验结果分析

实验中,设置非合作目标的自旋角速度为 0.11 rad/s,服务航天器在控制算法的驱动下分别接近“1”“2”“3”三个位置并实现位姿跟踪。

实验结果如图 10.16~图 10.19 所示。由图 10.16 的结果可以看出,当非合作目标转速为 0.11 rad/s 时,在服务航天器有限的控制能力作用下,服务航天器可以实现对位置 1 的接近并停靠,在接近过程中,不与非合作目标的太阳帆板发生碰撞;由图 10.16(b)和(c)可以看出,实验轨迹对理想的圆轨迹有较好的跟踪精度,并且跟踪误差在 35 s 后收敛到 20 mm 的误差范围内,具有较好的收敛精度。

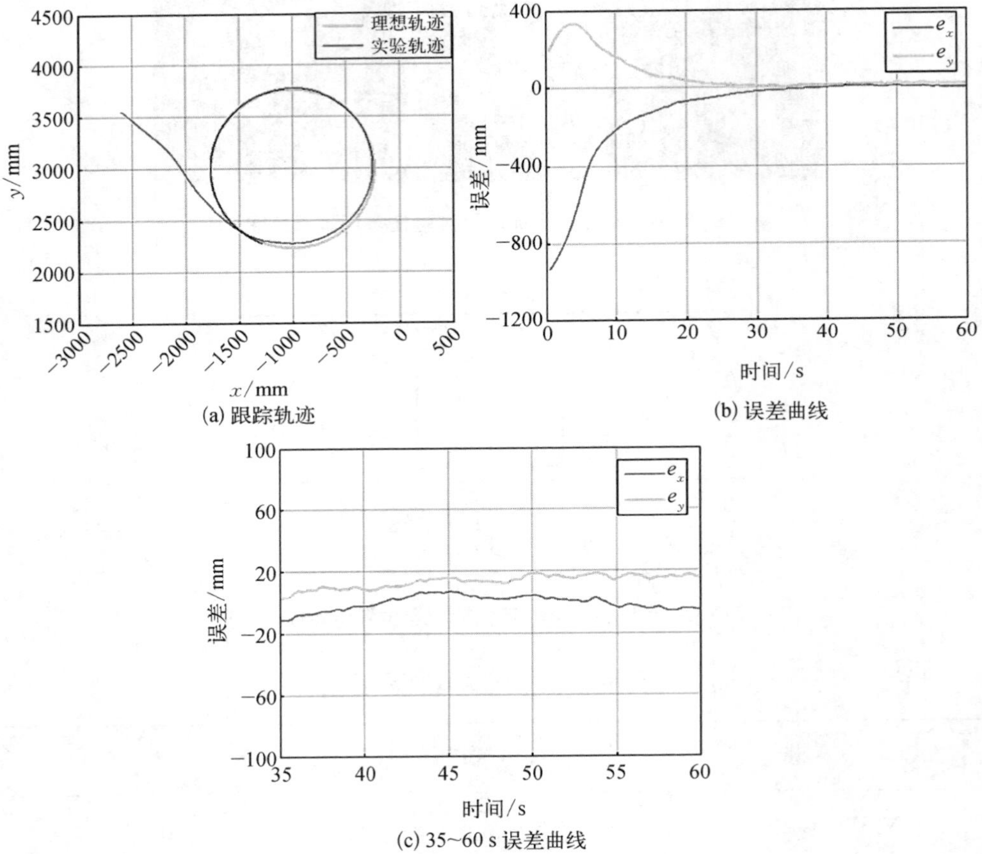

(a) 跟踪轨迹

(b) 误差曲线

(c) 35~60 s 误差曲线

图 10.16　服务航天器对位置 1 的安全接近与位姿跟踪实验结果

图 10.17 展示了服务航天器对位置 2 的安全接近,可以由图 10.17(a)中看出,服务航天器需要跟踪的轨迹圆的半径相比位置 1 显著变大了,此时对于服务航天器的控制能力也提出了更高的要求;在服务航天器有限的控制能力下,依旧能实现对服务点有效跟踪。由图 10.17(b)和(c)可以看出,服务航天器在 20 s 内跟踪服务点位置,并且在接近过程中未与非合作目标太阳帆板发生碰撞,同时跟踪误差精度收敛到 60 mm 的范围内。

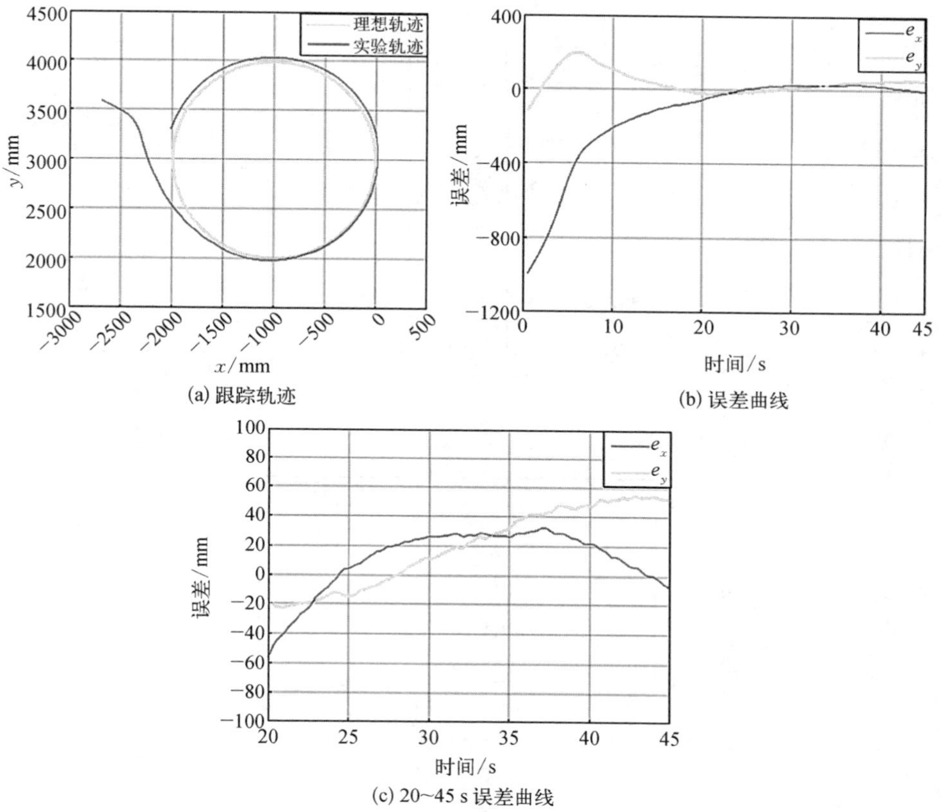

图 10.17　服务航天器对位置 2 的安全接近与位姿跟踪实验结果

图 10.18 展示了服务航天器对位置 3 的安全接近并停靠的过程。由于位置 3 与非合作目标质心的距离进一步增大,由图 10.18(a)中可看出,跟踪的理想轨迹圆的半径进一步增大,但是在服务航天器的控制能力作用下,依旧能够实现对这一位置的跟踪并停靠。由图 10.18(b)和(c)可以看出,误差轨迹在 20 s 收敛到了 80 mm 的范围内,跟踪精度相比位置 1 和位置 2 的精度较差,这是由于在服务航天器控制能力一定并且目标航天器转速固定的情况下,对距离目标质心越远的位置进行停靠,所需的控制力越大,服务航天器有限的控制能力限制了其对服务点有效跟踪,因此对位置 3 跟踪时,不能有效地对误差的变化进行调节。

图 10.19 所示给出了对位置 2 进行接近并停靠的实验场景,图 10.19(a)为初始时刻,图中非合作目标的姿态为初始姿态,服务航天器位于指定的初始位置,此时发送控制指令,服务航天器对指定目标服务点接近;图 10.19(b)为接近过程,图 10.19(c)对非合作目标指定帆板位置实现了接近,过程中未发生碰撞;图 10.19(d)实现了对非合作目标接近后的实时停靠。

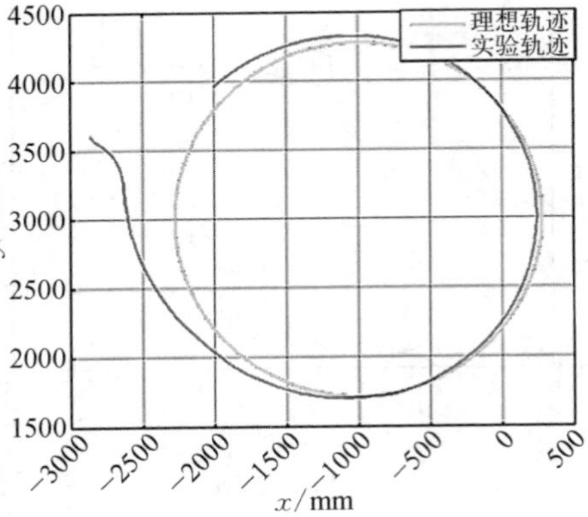

(a) 跟踪轨迹

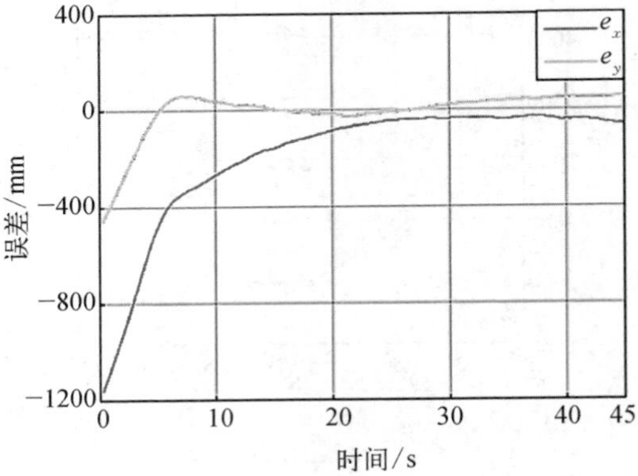

(b) 误差曲线

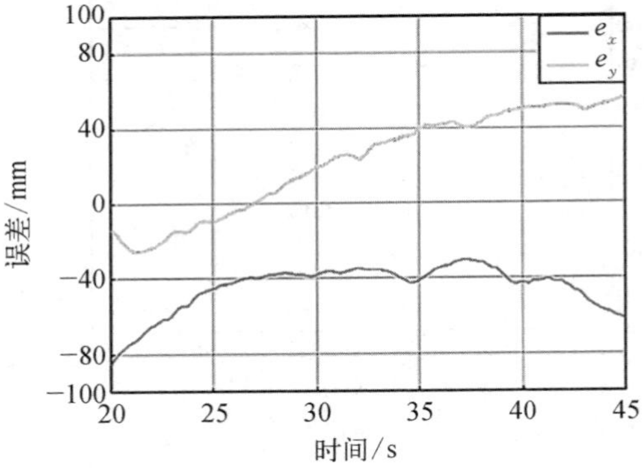

(c) 20~45 s 误差曲线

图 10.18 服务航天器对位置 3 的安全接近与位姿跟踪实验结果

(a) 初始时刻

(b) 接近过程

(c) 实现接近

(d) 实时停靠

图 10.19　对非合作目标安全接近与位姿跟踪实验场景示意图

在实验过程中还有很多影响任务成功的因素,如服务航天器的控制能力、初始位置的选定及非合作目标的自旋角速度大小等都会影响安全接近并停靠的效果,这些因素的影响有待进一步研究和解决。

10.4　复杂外形目标安全接近控制算法地面实验

10.4.1　复杂外形目标安全接近实验场景描述

地面实验模拟场景由两颗模拟航天器组成,一颗为具有复杂外形且具有自旋能力的模拟非合作目标航天器,另一颗为具备受控运动能力的模拟服务航天器。两航天器在大理石平台上做相对运动,实验内容分为两部分:① 验证 6.2 节中设计的 GMM -有限时间控制器,操纵模拟服务航天器安全接近处于静止状态的复杂外形模拟目标航天器,并停靠于两太阳帆板的中间某位置;② 验证 6.3 节中设计的 IGMM -固定时间控制器,操纵模拟服务航天器安全接近旋转的复杂外形模拟目标航天器,并在目标航天器两太阳帆板中间跟随旋转,保持相对静止。地面实验任务场景如图 10.6 所示。

10.4.2　模拟目标航天器复杂外形重构

采用 GMM 采样重构法重构模拟目标航天器的复杂外形,由于不存在垂直方向的位移,只用重构平面投影的外形。模拟目标航天器的形状尺寸见图 10.2,通过对外形尺寸采样得到一系列点云,经过 K 均值聚类算法和 EM 算法解算,得到描述模拟目标航天器复杂外形的 GMM 重构参数 $\hat{\boldsymbol{\pi}}_j$、$\hat{\boldsymbol{\mu}}_j$ 和 $\hat{\boldsymbol{\Sigma}}_j$,如表 10.3 所示。

表 10.3 模拟目标航天器 GMM 重构参数

j	$\hat{\pi}_j$	$\hat{\boldsymbol{\mu}}_j$	$\hat{\boldsymbol{\Sigma}}_j$
1	0.880 9	$[0\quad 0\quad 0]^{\mathrm{T}}$	$\mathrm{diag}([2.17\times10^{-2}\quad 2.12\times10^{-2}\quad 0])$
2	0.029 8	$[0.513\,3\quad 0.2\quad 0]^{\mathrm{T}}$	$\mathrm{diag}([7.27\times10^{-2}\quad 0\quad 0])$
3	0.029 8	$[0.513\,3\quad -0.2\quad 0]^{\mathrm{T}}$	$\mathrm{diag}([7.27\times10^{-2}\quad 0\quad 0])$
4	0.029 8	$[-0.513\,3\quad 0.2\quad 0]^{\mathrm{T}}$	$\mathrm{diag}([7.27\times10^{-2}\quad 0\quad 0])$
5	0.029 8	$[-0.513\,3\quad -0.2\quad 0]^{\mathrm{T}}$	$\mathrm{diag}([7.27\times10^{-2}\quad 0\quad 0])$

基于表 10.3 中的 GMM 重构参数，仿真得到如图 10.20 所示的点云重构和值域分布图。由图可知，GMM 重建的模拟目标航天器外形结果能明显地描绘出目标的帆板和主体，即图 10.20(b)中的高亮部分。而除去目标外形结构的平面区域为深蓝色，即 GMM 在该区域的值为零，特别是两太阳帆板之间存在零值区域。

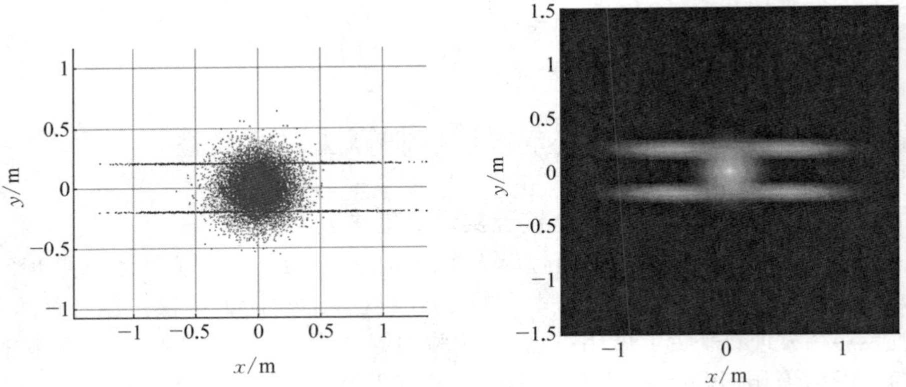

(a) 点云重构　　(b) 值域分布

图 10.20 模拟目标航天器 GMM 点云重构与值域分布

10.4.3 复杂外形目标安全接近控制器设计

实验的主要目标是验证 6.2 节和 6.3 节中针对非合作目标设计的两个安全接近控制算法，由于地面模拟实验中两模拟航天器的相对运动动力学模型与实际太空中不一样，需要对参数进行适当修改，主要是关于系统模型的参数。

1. 考虑复杂外形及不确定性影响的 GMM－NIDSMC 有限时间控制器

此处的控制器设计方法等同于 6.2 节中的方法，只是系统动力学模型及描述目标复杂外形的 GMM 关键参数不同，需要对一些参数进行改写。针对实验系统，

有 $\boldsymbol{x}_1=\boldsymbol{\rho}$ 和 $\boldsymbol{x}_2=\dot{\boldsymbol{\rho}}$，且 $\boldsymbol{f}_1(\boldsymbol{x})=\boldsymbol{x}_2=\dot{\boldsymbol{\rho}}$、$\boldsymbol{f}_2(\boldsymbol{x})=0$，$\boldsymbol{g}_1(\boldsymbol{x},t)$ 和 $\boldsymbol{g}_2(\boldsymbol{x},t)$ 表示实验系统本身存在的不确定性。后续推导如 6.2 节所示，这里不再重复阐述，最后得到一个适用于实验系统的 GMM－NIDSMC 控制器。

2. 考虑复杂外形及姿态变化影响的 IGMM－FTC 控制器

此处的控制器设计方法等同于第 6.3 节中的方法，只是系统动力学模型及描述目标复杂外形的 IGMM 关键参数不同，需要作一些参数上的改写。在实验系统中，设终端期望位置为 $\boldsymbol{\rho}_f$，设终端期望速度为 $\dot{\boldsymbol{\rho}}_f$，定义 $\widehat{\boldsymbol{y}}_1=\boldsymbol{\rho}-\boldsymbol{\rho}_f\in\mathbb{R}^3$ 和 $\widehat{\boldsymbol{y}}_2=\dot{\boldsymbol{\rho}}-\dot{\boldsymbol{\rho}}_f\in\mathbb{R}^3$，类似分块模式系统动力学模型：

$$\begin{cases}\dot{\widehat{\boldsymbol{y}}}_1=\widehat{\boldsymbol{A}}_{11}\widehat{\boldsymbol{y}}_1+\widehat{\boldsymbol{A}}_{12}\widehat{\boldsymbol{y}}_2\\ \dot{\widehat{\boldsymbol{y}}}_2=\widehat{\boldsymbol{A}}_{21}\widehat{\boldsymbol{y}}_1+\widehat{\boldsymbol{A}}_{22}\widehat{\boldsymbol{y}}_2+\widehat{\boldsymbol{A}}_{23}\widehat{\boldsymbol{u}}\end{cases}\tag{10.13}$$

式中，$\widehat{\boldsymbol{A}}_{11}=\boldsymbol{0}_2$；$\widehat{\boldsymbol{A}}_{12}=\boldsymbol{I}_2$；$\widehat{\boldsymbol{A}}_{21}=\widehat{\boldsymbol{A}}_{22}=\boldsymbol{0}_2$；$\widehat{\boldsymbol{A}}_{23}=\begin{bmatrix}1/m & 0\\ 0 & 1/m\end{bmatrix}$。

后续推导如第 6.3 节所示，这里不再重复阐述，最后得到一个适用于实验系统的 IGMM－FTC 控制器。

10.4.4　复杂外形目标安全接近实验结果分析

1. 复杂外形静止目标安全接近实验结果

考虑具有复杂外形的模拟目标航天器处于静止状态，检验 6.2 节中设计的考虑复杂外形影响的 GMM－NIDSMC 算法，实验系统参数设计见表 10.4。首先在计算机软件上进行了仿真，软件仿真初值与实验初值相同，结果如图 10.21 和图 10.22 所示。然后进行地面模拟实验，实验结果见图 10.23 和图 10.24，其中以仿真曲线作为理想参考曲线，仿真曲线与实验结果的总体变化趋势一致，相对位置和速度最终均收敛到 0，实验结果证明 GMM－NIDSMC 算法对于地面模拟安全接近实验是有效的。

表 10.4　静止目标实验系统参数设计

参　数	取　值
模拟目标航天器位置/m	$[1.0\quad 2.5]^{\mathrm{T}}$
模拟服务航天器初始位置/m	$[3.0\quad 3.5]^{\mathrm{T}}$
模拟服务航天器初始速度/(m/s)	$[0.0\quad 0.0]^{\mathrm{T}}$
期望位置/m	$[1.5\quad 2.5]^{\mathrm{T}}$
期望速度/(m/s)	$[0.0\quad 0.0]^{\mathrm{T}}$

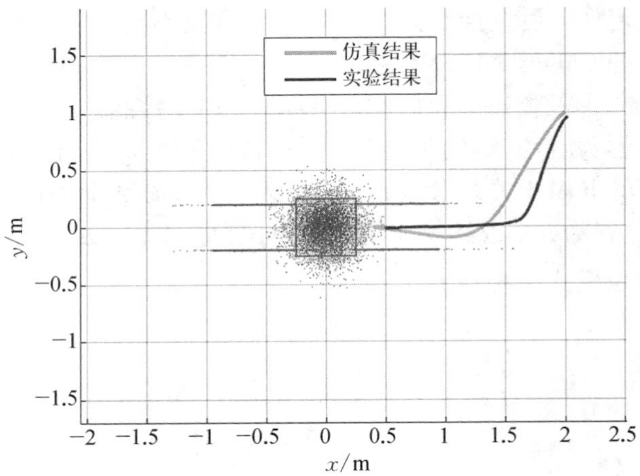

图 10.21　复杂外形静止目标安全接近仿真轨迹

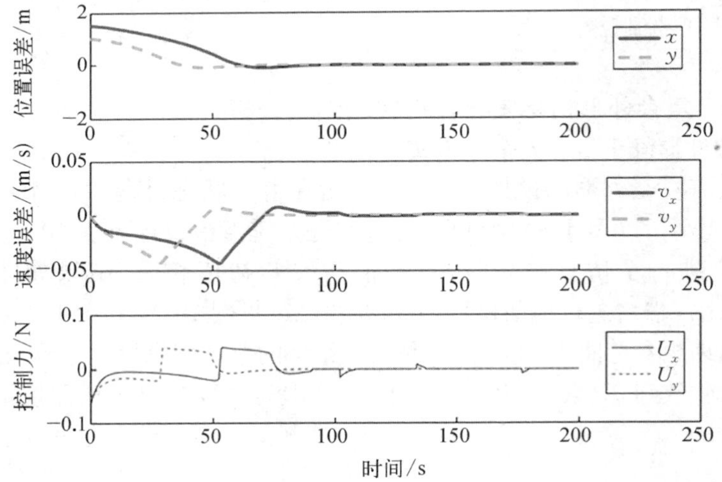

图 10.22　复杂外形静止目标安全接近仿真参数时间响应

由图 10.23 和图 10.24 可知，实验结果曲线与仿真结果存在误差，主要是实验系统工作在非理想环境，存在一些不确定干扰，如大理石平台表面非完全光滑、气动喷嘴气压不稳定、通信丢包等问题。但实验过程中不确定干扰的存在并没有导致安全接近过程失败，从而证明了该算法具有较好的鲁棒性。由图 10.24 可知，实验轨迹与仿真轨迹在未稳定阶段的误差较大，最后达到期望位置，误差大约为 0.01 m，收敛精度较高。

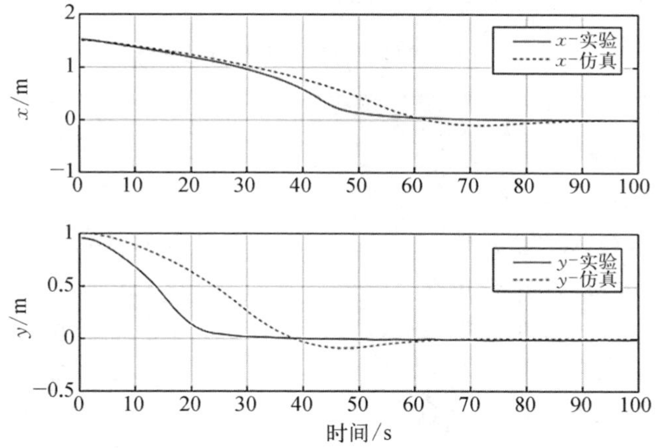

图 10.23　复杂外形静止目标安全接近位置收敛曲线实验与仿真对比

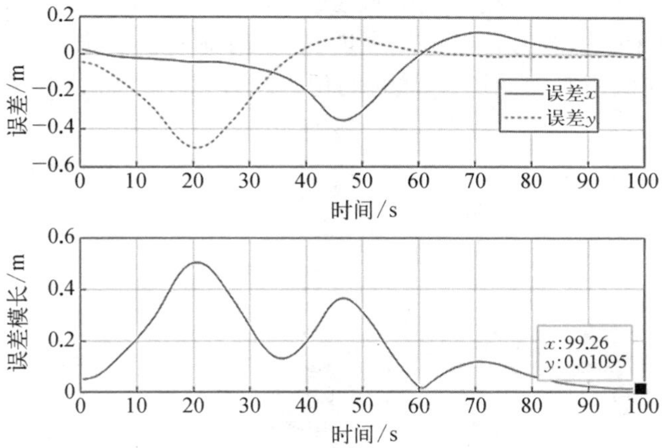

图 10.24　复杂外形静止目标安全接近位置收敛曲线误差

2. 复杂外形旋转目标安全接近实验结果

考虑具有复杂外形的模拟目标航天器按照一定的角速度自旋，检验 6.3 节中设计的考虑复杂外形与姿态变化影响的固定时间控制算法。参数实验系统旋转目标设计见表 10.5，由于涉及目标姿态变化问题，所以坐标以三维形式定义，z 方向为 0。表 10.5 中，$\boldsymbol{R}_{bi}$ 表示由实验平台惯性坐标系 x_iOy_i 到目标体坐标系 x_bOy_b 的转换矩阵。首先在计算机软件上进行了仿真，软件仿真初值与实验初值相同，当仿真验证后再进行地面模拟实验，给出了两次同等条件下的地面模拟实验结果，如图 10.25～图 10.27 所示。实验结果证明，基于 IGMM 的算法对于地面模拟复杂外形旋转目标安全接近实验具有良好的应用效果。

表 10.5　旋转目标实验系统参数设计

参　数	取　值
模拟目标航天器位置 $\boldsymbol{\rho}_t$/m	$[1.5\quad 3.0\quad 0.0]^{\mathrm{T}}$
模拟目标航天器初始姿态 $\boldsymbol{q}(0)$	$[1.0\quad 0.0\quad 0.0\quad 0.0]^{\mathrm{T}}$
模拟服务航天器初始位置 $\boldsymbol{\rho}_s(0)$/m	$[3.6\quad 4.3\quad 0.0]^{\mathrm{T}}$
模拟服务航天器初始速度 $\dot{\boldsymbol{\rho}}_s(0)$/(m/s)	$[0.0\quad 0.0\quad 0.0]^{\mathrm{T}}$
期望位置 $\boldsymbol{\rho}_d$/m	$\boldsymbol{R}_{bi}\cdot[0.5\quad 0.0\quad 0.0]^{\mathrm{T}}+\boldsymbol{\rho}_t$
模拟目标航天器角速度 $\boldsymbol{\omega}_t$/(r/min)	$[0.0\quad 0.0\quad 0.5]^{\mathrm{T}}$
期望速度 $\dot{\boldsymbol{\rho}}_d$/(m/s)	$\boldsymbol{\omega}_t\times(\boldsymbol{\rho}_d-\boldsymbol{\rho}_t)$

图 10.25 中,两组实验轨迹与仿真轨迹趋势相同,模拟目标航天器实际上处于旋转状态,但由于图示能力有限不能展现,实际情况的三条轨迹曲线都比较光滑,整个过程无任何碰撞发生,但实验轨迹与仿真轨迹存在误差,误差来源已在第 6 章分析。

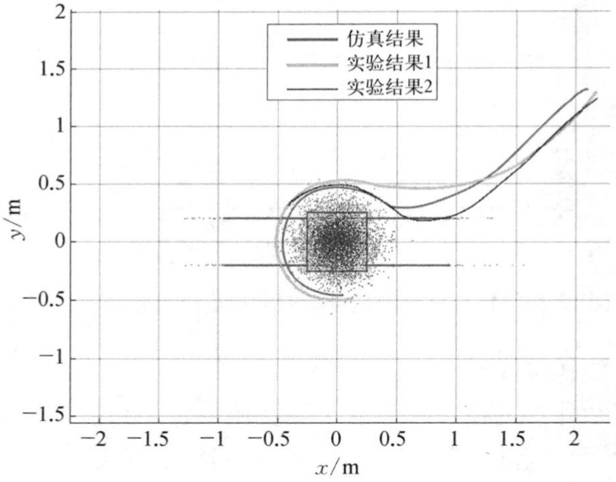

图 10.25　两组实验轨迹与仿真轨迹

由图 10.26 和图 10.27 可知,实验中模拟服务航天器能在 30 s 左右收敛到期望位置,并能在后续时间保持在期望位置(期望位置随目标旋转而变化),跟随模拟目标航天器旋转。易知,两组实验结果中,服务航天器位置的收敛误差都小于

0.02 m,收敛精度较高。实验结果证明第 6 章设计的控制算法能在地面模拟实验系统中得以成功应用,且具有较好的鲁棒性和较高的收敛精度。

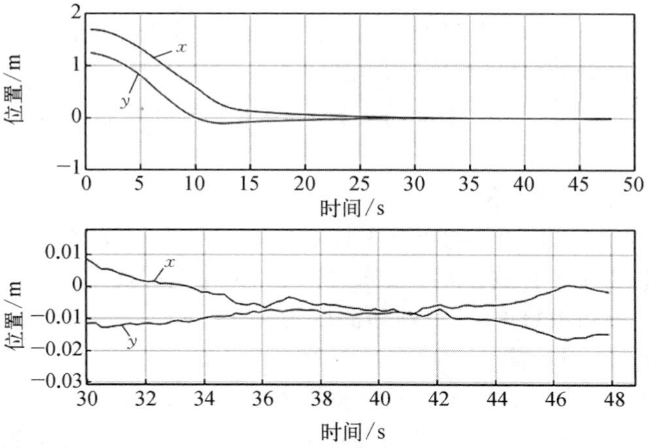

图 10.26　实验 1 中模拟服务航天器接近目标的位置收敛曲线

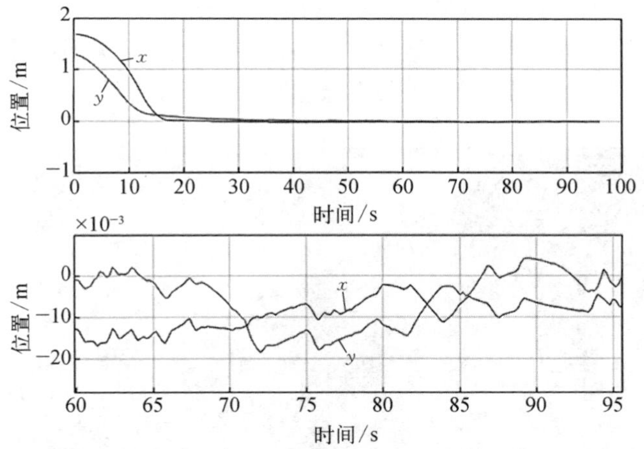

图 10.27　实验 2 中模拟服务航天器接近目标的位置收敛曲线

10.5　双星在轨接近飞行实验简介

本节以作者团队负责研制的两颗卫星——多功能实验卫星和“天拓五号”卫星的在轨实验为背景,对两颗卫星的一次在轨接近飞行实验进行介绍,结合仿真数据对本书所提出的部分控制算法开展验证。

10.5.1 飞行实验任务概述

2020 年 8 月 23 日 10 时 27 分，在酒泉卫星发射中心，使用“长征二号丁”运载火箭成功将多功能实验卫星和“天拓五号”卫星发射入轨。2020 年 12 月，两星开展了在轨接近飞行实验任务，下面将分别对两星及其在轨接近飞行实验任务作简要介绍。

1. 多功能实验卫星简介

多功能实验卫星（以下简称 S 星）主要搭载导航抗干扰增强、复眼相机、综合无线电、长波红外相机等有效载荷，用来开展新体制和新技术的验证，该星质量为 95 kg，卫星在太阳同步轨道运行，轨道高度为 499 km。

2. “天拓五号”卫星简介

“天拓五号”卫星（以下简称 T 星）整星质量为 78.5 kg。卫星在太阳同步轨道运行，轨道高度为 499 km。卫星的主要任务是开展新一代星载船舶自动识别系统（automatic identification system, AIS）信号接收、星载航空目标广播式自动相关监视（automatic dependent surveillance-broadcast, ADS－B）系统信号接收及甚高频数据交换系统（VHF date exchange system, VDES）、数据收集系统（date acquisition system, DCS）、新型电推进系统、微型控制力矩陀螺、50 kg 级通用化微纳卫星平台等新技术验证。图10.28为“天拓五号”卫星在轨飞行示意图。

图 10.28 “天拓五号”卫星在轨飞行示意图

3. 双星接近任务概况

本次任务将完成 S 星对 T 星的接近，通过相位漂移、偏心率修正、刹车控制等，使 S 星逐步向后并接近 T 星，当 S 星在距 T 星 3 km 时进行悬停并执行观测等任务，任务完成后撤离。其中,任务的轨道机动流程分为以下三个阶段: ① 远距接近段,实现 1 300 km 到 60 km 的接近;② 近距接近段,实现 60 km 到 10 km 的接近;③ 安全接近段,实现 10 km 到 3 km 悬停点的接近。本次接近任务的主要轨道控制过程如下。

(1) 相位漂移控制。初始时刻,S 星位于 T 星前方 1 300 km,将 S 星半长轴抬高并兼顾偏心率的要求,使其轨道高于 T 星并逐渐接近 T 星,直至距离 T 星 60 km 位置处。

(2) 偏心率修正兼减速控制。分两次降低 S 星半长轴,目的是进一步修正偏心率,并降低双星接近速度,使 S 星缓慢接近 T 星,控制后 S 星高于 T 星约 14 m,直至双星的相对距离为 10 km。

(3) 安全接近控制。使 S 星从 T 星正前方 10 km 处接近至距 T 星 3 km 的悬停点处,保持距离不变,接近过程中兼顾碰撞风险。在悬停观测点完成对 T 星的成像等任务。

(4) 撤离控制。完成成像任务后即改变 S 星半长轴,完成撤离,拉大双星距离。

在轨道机动过程中,目标航天器 T 星位置信息由地面轨道确定系统与 S 星相机共同测量并提供给 S 星。S 星轨控推力器安装在星体 $-x$ 方向,能够提供 1 N 的推力,相机安装在 $+z$ 方向,S 星的姿态机动速度为 1°/s。

10.5.2 飞行实验仿真数据

在本次双星接近飞行实验中,对本书所提及的部分安全接近控制算法和姿轨控制算法进行了验证。根据任务要求,本书不能提供全部飞行实验数据,本节介绍安全接近段和悬停观测段的实验仿真数据。

1. 安全接近段仿真数据

安全接近段的主要任务是使 S 星从 T 星正前方 10 km 处接近至 T 星正上方 3 km 的悬停观测点处。接近过程中,双星距离将达到千米量级,由于双星的相对距离计算依赖地面测控,碰撞风险较大,需要以保证卫星的安全为第一准则。如果接近过程触发碰撞预警或者不具备成像条件与测控弧段要求,应暂停实验,待条件满足后重新开展实验。本次实验中,初始时刻 S 星的轨道根数如表 10.6 所示。此时,S 星位于 T 星迹向正前方 10 km 处。

表 10.6　初始时刻 S 星轨道根数

半长轴/km	偏心率	轨道倾角/(°)	升交点赤经/(°)	近地点幅角/(°)	平近点角/(°)
6 878.137	0	97.39	0	0	270

仿真结果如图 10.29 和图 10.30 所示。图 10.29 中显示,在安全接近控制算法的驱动下,S 星从初始位置出发,通过轨道机动接近至 T 星正上方 3 km 位置处。图 10.30 显示了两星的相对距离随时间的变化曲线,通过 30 多分钟的轨道机动,其相对距离从 10 km 减小至 3 km,成功到达了对悬停的目标位置处。两星接近过程中的碰撞概率小于 1×10^{-5},不会触发碰撞预警门限,满足安全接近的要求。

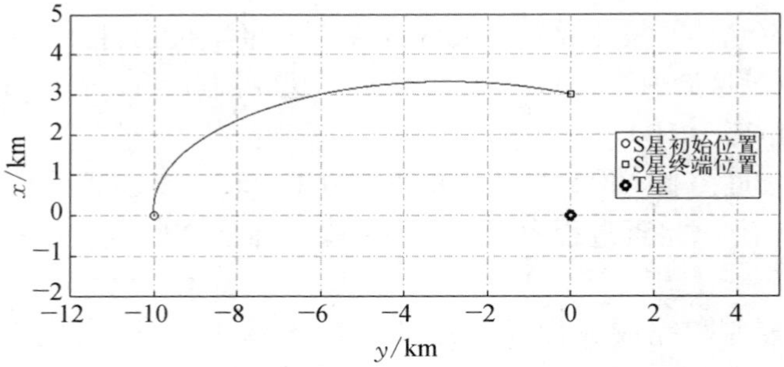

图 10.29 LVLH 坐标系下 S 星对 T 星的安全接近轨迹

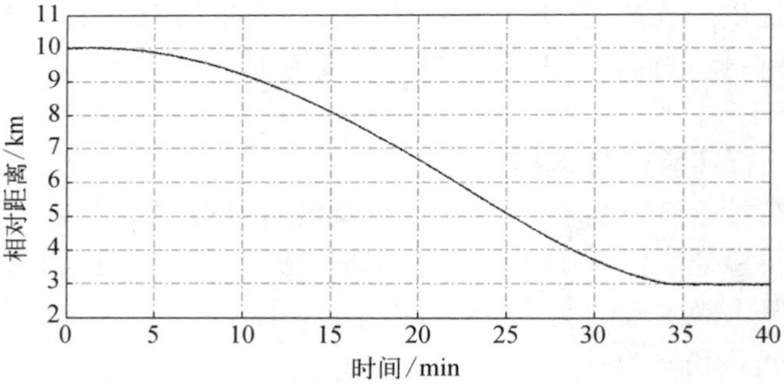

图 10.30 安全接近过程中两星相对距离的时间历程曲线

2. 悬停观测段仿真数据

在飞行任务中,为了实现对特定位置的悬停,需在设计的控制器作用下,通过主动航天器施加持续的推力来抵消与目标航天器的相对加速度,从而在所需的相对位置上达到稳定状态。现有的控制方法大多是基于全驱动系统设计的,在所有径向、轨迹和法线方向上均为独立的控制器。但是,本次飞行实验中,S 星仅在星体 $-x$ 方向上安装有推力器,因此需要设计相应的欠驱动控制方法,以实现对目标的近距离悬停观测等任务。

针对欠驱动控制问题,第 8 章提出了欠驱动悬停的降维控制方法。悬停观测段在安全接近段 S 星抵达 T 星正上方 3 km 处开始,其主要目的是通过推力器驱动,使 S 星在 T 星正上方实现悬停,对欠驱动悬停控制方法进行验证。

由图 10.31 可以看出，S 星有效悬停于 T 星正上方 3 km 处，悬停误差小于 1 m。此时，S 星相机沿径向朝向 T 星方向，推力器沿迹向方向向后推进，平均占空比约 36%。完成悬停观测任务后，S 星撤离，两星距离拉大。图 10.32 是本次接近任务中 S 星对 T 星成像的照片。

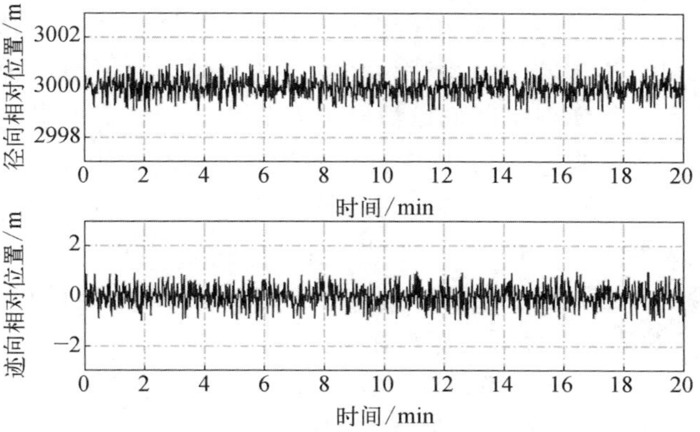

图 10.31　悬停观测过程中两星相对位置的变化曲线

图 10.32　双星接近飞行实验中拍摄的 T 星照片

本小节给出了安全接近段和悬停观测段飞行实验仿真数据，验证了本书所提出的部分安全接近控制方法。由于安全接近并非本次双星在轨实验的主任务，在任务安全和空间安全等要求下，S 星对 T 星的接近和悬停仅达到千米级别，未实现米级的精确接近，但不影响对相关控制算法的有效性验证。

10.6　本章小结

本章借助团队实验室中的地面气浮实验平台，通过实验验证了本书中设计的路径约束、跟踪控制、安全接近等算法,进一步地,介绍了对团队自主研制的两颗卫星开展的安全接近飞行实验。上述实验验证了本章针对非合作目标安全接近任务场景所设计的控制算法的有效性和可行性,具体内容与结论如下。

(1) 路经约束下的最优跟踪控制算法实验。一方面,通过该实验检验了近似最优跟踪控制算法的有效性和实用性;另一方面,通过将理论结果与实验结果对比,反映了系统的精度,为基于数值仿真结果调节实验参数提供了依据。基于位姿联合避撞任务场景,采用模型预测控制算法和状态相关黎卡提方程控制算法进行了求解,两种算法均能实现椭圆形模拟航天器从两个障碍物形成的狭小通道中穿过,并到达期望位置和姿态,检验了两种算法的有效性与实用性。

(2) 非合作目标位姿跟踪控制算法实验。基于所设计的非奇异终端滑模控制算法,使服务航天器实现对非合作目标特定位置的接近并停靠,同时保证姿态同步对准,利用实验的方法验证了本章所提出的位姿跟踪控制策略的可行性,成功实现了在不发生碰撞的情况下接近并停靠在服务点。

(3) 复杂外形目标安全接近控制算法实验。针对无旋复杂外形目标航天器的安全接近实验,验证了设计的 GMM - NIDSMC 控制器;针对自旋复杂外形目标航天器的安全接近实验,验证了设计的 IGMM - FTC 控制器。通过实验成功演示验证了服务航天器对复杂外形旋转目标的安全接近与停靠,过程中避免了与帆板等突出部位的碰撞。

(4) 双星安全接近在轨飞行实验验证。通过团队研制发射的多功能实验卫星和“天拓五号”卫星,对部分安全接近控制方法进行了飞行实验验证。采用安全接近控制方法和欠驱动悬停控制方法,实现了安全接近段和悬停观测段的控制,验证了本书所提出的安全接近方法的可行性。

参考文献

[1] Rimon E, Boyd S P. Efficient distance computation using best ellipsoid fit[C]. Glasgow: Proceedings of the 1992 IEEE International Symposium on Intelligent Control, 1992.

第 11 章

非合作目标安全接近技术总结与展望

安全接近技术作为在轨服务的关键技术前提，对太空战略发展和空间科学计划拓展起到了至关重要的作用。自在轨服务技术问世到商业在轨服务及在轨组装技术兴起，可以预见的是，安全接近技术将在未来航天领域发挥越来越重要的作用。随着非合作目标安全接近技术研究的不断深入，其研究内容逐渐由航天器动力学与控制的单一领域，朝着复杂外形重构、安全接近控制、可达性分析、安全区构建、碰撞预警与规避等多个方向发展。本书以安全接近的关键科学与技术问题为主线，将问题分解为航天器相对运动与姿轨控制技术、复杂外形航天器安全接近控制技术、不确定条件下相对运动与控制技术等三个技术群，并对安全接近控制地面实验与飞行实验技术进行了研究。

按照关键技术群划分，本章首先对非合作目标安全接近关键技术发展情况进行简要总结，接着在此基础上对非合作目标安全接近发展趋势进行展望。

11.1 非合作目标安全接近关键技术总结

1. 航天器相对运动建模与姿轨控制技术

航天器相对运动建模与姿轨控制技术是非合作目标安全接近的基础性技术。为保证服务航天器对非合作目标接近任务的安全进行，精确构建两航天器的相对运动模型并提出快速精准姿轨跟踪控制策略具有重要的研究意义。本书针对非合作目标安全接近过程中涉及的动力学与控制问题，给出了相关的近距离相对运动建模方法和姿轨跟踪控制策略。针对两星相对运动描述问题，给出了轨道相对运动模型、姿态相对运动模型和姿轨耦合相对运动模型。为满足近距离操作过程中对失效翻滚航天器的实时快速跟踪，分别提出了基于状态相关黎卡提方程控制算法、显式模型预测控制算法和非奇异终端滑模控制算法三种姿轨跟踪控制算法。本书针对航天器接近过程中涉及的动力学与控制研究有一定局限性，后续可以从以下几个方面开展更加深入的研究工作。

(1) 考虑航天器大附件弹性变化的姿轨耦合精确建模。本书在研究带有大附件的航天器时,未考虑航天器的帆板等大部件的弹性抖动。航天器的大附件在机动过程中会出现一定幅度的抖动,对接近过程带来影响。在建立刚体运动模型时,应该分析大附件的抖动变化规律,建立带有附件振动的姿轨耦合动力学模型。

(2) 针对随机不确定性系统的跟踪控制方法研究。本书在系统建模中针对的是有界不确定性问题,忽略了不确定的随机分布特性,而不确定的随机分布特性反映了系统真实的物理特性,若把其分布信息考虑进来可以降低控制系统的保守性,所提出的跟踪控制方法将更有利于工程实践。

(3) 多约束强干扰下的最优跟踪控制方法研究。本书提出的最优跟踪控制算法目前仅适用于参考模型已知的情况,而对于多路径约束、多环境干扰的最优跟踪问题,本书所提方法还难以适用。对于一般情况下的最优跟踪控制问题,虽然已有部分学者从线性系统的基本算法出发来求解非线性问题,但从跟踪效果和理论完备性等方面来看,还有待深入的研究。

2. 复杂外形航天器安全接近技术

针对复杂外形航天器的安全接近是实现在轨服务操作的前提。复杂外形航天器安全接近技术,通常是指控制服务航天器在无碰撞的前提下通过机动缩短与非合作目标的距离,直至可开展在轨操作的过程,在这一过程中忽略任何一个航天器外伸结构的影响都可能导致其发生碰撞。本书针对复杂外形航天器安全接近问题,进一步将其细化为复杂外形表征和安全接近控制两个子问题:针对复杂外形表征问题,提出了外形包络表征法和 GMM 采样重构法,实现了对复杂外形非合作目标的外形精确建模与表征;针对安全接近控制问题,分别提出了面向球形包络目标的势函数安全接近控制、面向复杂外形目标的 GMM 安全接近控制、面向双复杂外形航天器的安全接近控制方法,外形构建层层深入,控制方法由浅入深。本书在针对复杂外形非合作目标安全接近的研究工作中取得了一定的突破,解决了复杂外形构建和安全接近控制的多项关键技术难题,并在地面实验和工程实践中得到初步验证,后续可以从以下几个方面开展更加深入的研究工作。

(1) 考虑测量不确定性的航天器复杂外形重构策略。在非合作目标在轨服务工程实践中,需要通过外部测量获取非合作目标的状态信息,测量设备获取的测量信息不可能完全准确,因此可以进一步考虑信息不确定性下的航天器复杂外形构建策略,探索对近距离飞行安全的影响。

(2) 广义安全接近过程机理与控制策略研究。当前,安全接近控制问题的难点主要体现在:复杂外形和姿态耦合影响下的避撞约束构建难,多维多约束下的安全接近规划与控制方法设计难,考虑复杂动态需求下的安全接近控制理论建立难。面向不同任务场景的安全接近控制方法欠缺泛化性,当条件和约束改变时会面临不收敛和收敛速度慢的问题,面向一般安全接近问题的普适过程机理与控制策略有待研究。

（3）多航天器安全接近群体协同决策理论研究。为进一步研究多航天器安全接近运动问题，实现在轨组装等更复杂的在轨操作，可将双星安全接近问题向多航天器群体运动映射，构建多航天器安全接近群体运动协同决策方法。

3. 不确定条件下相对运动与控制技术

在航天器近距离相对运动中，不确定因素的处理对任务的安全与成败起着至关重要的作用，核心问题主要包括两个方面：一方面是不确定性的传播预报，旨在进行碰撞预警；另一方面是不确定性的描述构建，旨在建立不确定条件下的安全区。本书针对非合作目标安全接近过程中的不确定性问题，研究了不确定条件下的航天器悬停控制，以及非合作目标相对运动可达域与安全区构建两个子问题。针对不确定条件下的航天器悬停控制问题，提出了不确定条件下的碰撞风险评估方法，解决了导航偏差影响下的悬停控制问题；针对非合作目标相对运动可达域与安全区构建问题，提出了基于奇诺多面体的航天器相对运动可达域构建方法，实现了考虑航天器几何外形与不确定性的碰撞预警与规避。针对不确定性条件下的相对运动与控制研究，目前仍处于探索阶段，后续可以从以下几个方面开展更加深入的研究工作。

（1）多维约束下航天器终端接近可达域构建与演化机理研究。在接近过程中，若初始条件选择不当，将无法实现服务航天器与目标航天器最终状态的匹配，导致任务失败。针对这一问题，可采用可达域理论分析复杂外形、目标运动形式、服务航天器机动能力、不确定性等多耦合因素对终端接近初始可行条件的影响，分析可达域的演化机理，从而提高接近过程中的安全性和安全接近策略生成的快速性。

（2）非线性系统可达分析研究。本书的可达分析研究针对的是线性系统，而对于非线性系统可达区的高效求解仍是一个研究难点。尤其是航天器轨道动力学本身可看作哈密顿系统，与哈密顿-雅克比可达理论有着相同的数学基础，可从二维平面运动入手，分析二者之间的内在联系，从而提出新的方法来对可达性进行分析，并进一步研究六自由度可达问题。

（3）多要素下非合作目标悬停位置优化。本书对悬停过程的安全特性进行了分析，下一步工作可以在悬停误差带解析模型的基础上，对悬停能量特性进行分析，综合悬停安全特性与能量特性，得到满足帕累托最优的非合作目标期望悬停位置。

4. 空间非合作目标安全接近实验技术

为验证本书中安全接近控制理论的有效性与可行性，团队基于地面气浮实验平台和一次在轨双星飞行实验模拟了非合作目标安全接近过程，通过构建科学严谨、可信度和还原度高的实例，以检验安全接近理论在实践中的可靠性。针对安全接近任务场景,设计了地面安全接近的气浮模拟实验,对最优控制、模型预测控制、非奇异终端滑模控制和安全接近控制算法进行了实验验证;进一步,通过在轨双星安全接近飞行和相应的仿真实验,对安全接近段和悬停观测段的控制方法进行了测试,充分证明了所提出的安全接近控制方法的可行性。后续,可以从以下几个方面开展更加深入的研究工作。

(1) 多类不确定性混合传播影响下的实验模型校验。在实际的在轨操作任务中,复杂外形航天器所在环境往往存在固有可变性,实验环境在模拟操作任务时也不可避免地存在环境噪声与测量误差。在对安全接近控制模型进行校验时,不确定性分析方法应当对多类不确定性的混合传播影响进行分析,保证实验模型的准确度和可行性。

(2) 基于更多自由度的地面实验系统搭建与验证。本书搭建的气浮平台系统只有两个平动自由度和一个转动自由度,可在此基础上升级搭建多自由度软硬件系统,构建 5/6 自由度(2/3 个平动和 3 个转动)实验系统,实现更多自由度的闭环控制,从而对本书提出的安全接近控制方法开展更贴近工程实践的验证。

(3) 针对空间翻滚非合作目标安全接近的飞行实验。在本书介绍的飞行实验中,服务航天器对目标航天器的接近只达到了千米级。下一步,可以进行针对空间翻滚非合作目标的更加精密的安全接近飞行实验,实现米级接近控制,充分发挥本书安全接近控制方法的优势。

11.2 非合作目标安全接近技术发展展望

自 1957 年 10 月 4 日人类首次探索太空至今,已累计发射了 14 000 余颗人造卫星,空间探索领域蓬勃发展,现已全面进入航天新时代。航天新时代以商业航天的快速发展为主要特点,对空间资源的利用与需求逐年增加。航天新时代快速发展的主要技术代表是微纳卫星技术和一箭多星技术,以星链计划为典型代表的商业航天项目仅在 2022 年就利用“可重复运载火箭”累计发射了将近 1 200 颗“标准化卫星”,并且每次都采用一箭多星的方式使 50 颗左右的卫星入轨,这样的发射速度使得空间资源的使用愈发紧张。另外,根据美国空间编目数据库的数据显示,截至 2023 年 3 月 1 日,除了衰落的物体之外,编目中在轨的 26 965 个空间目标中有 10 566 个航天器和 16 399 个空间碎片,碎片数量是航天器数量的 1.5 倍。因此,航天新时代下需要力求空间环境可持续利用的新技术。

在轨服务技术,便是航天新时代所追寻的有效技术,它可使故障或失效航天器恢复工作,使空间碎片安全离轨,通过模块化更换使航天系统的功能扩展。由于目标的非合作特征及在轨服务的安全性要求,安全可靠地对空间非合作目标实现接近，进而完成在轨服务任务，成为航天器控制技术的巨大挑战。从未来技术应用的角度审视非合作目标安全接近技术，其发展趋势如下。

（1）智能化无人化的安全接近将成为主要技术手段。传统通过地面控制方式的在轨操作技术，智能化程度较低，控制回路和时延较长，对测控弧段和人的精细化操作要求较高。有人在轨参与的安全接近则属于载人航天任务，系统的冗余设计复杂，结构难以简化。随着人工智能时代的到来，"航天+智能"的发展路径已经开启，智能化无人化的安全接近技术将成为未来的发展趋势。

（2）安全接近控制平台朝模块化、低成本方向发展。目前的在轨服务主要模式是一次发射一颗服务航天器，完成一次在轨服务，任务成本虽然相比"报废替换"模式有所降低，但发射费用和平台费用难以进一步降低。未来的安全接近控制平台可采用电推进+化学推进的双模推进系统，利用电推进完成奔向目标的远距转移控制，化学推进完成目标附近的安全接近控制，从而有效提升机动能力，通过模块化设计实现单个机动平台搭配多个服务载荷，实现在轨服务任务的"一对多"服务，大幅降低任务成本。

（3）在轨接近技术朝空间博弈方向发展。根据接近对象的不同，在轨接近技术也体现出了两面性，既可应用于商业用途，同时也可用于空间博弈能力的提升。未来接近技术除了考虑以防碰撞为核心的安全性外，还需考虑目标的主动性，研究将朝安全接近、隐蔽接近与博弈性接近三方向融合发展，在催生新技术的同时大幅提升空间博弈的弹性水平。